全国高等农林院校教材

热带植物基因工程原理与操作技术

胡新文　黄贵修　主编

中国林业出版社

图书在版编目（CIP）数据

热带植物基因工程原理与操作技术/胡新文，黄贵修主编．—北京：中国林业出版社，2006.12

全国高等农林院校教材

ISBN 978-7-5038-4695-3

Ⅰ．热… Ⅱ．①胡…②黄… Ⅲ．热带植物－遗传工程－高等学校－教材 Ⅳ．Q943.2

中国版本图书馆 CIP 数据核字（2007）第 008971 号

中国林业出版社·教材建设与出版管理中心

责任编辑：肖基浒

电话：66188720　66170109　　**传真：**66170109

出版发行　中国林业出版社（100009　北京市西城区德内大街刘海胡同 7 号）

E-mail：cfphz@ public. bta. net. cn　电话：（010）66184477

网　址：http：//www. cfph. com. cn

经　销　新华书店

印　刷　中国农业出版社印刷厂

版　次　2006 年 12 月第 1 版

印　次　2006 年 12 月第 1 次印刷

开　本　850mm×1168mm　1/16

印　张　30.25

字　数　644 千字

定　价　42.00 元

目 录

下篇 热带植物基因工程操作技术

前 言

近几十年来，生命科学的发展与进步日新月异。作为生命科学的一个分支，植物基因工程自1983年首次获得转基因烟草、马铃薯以来，短短20余年，其研究和开发进展十分迅速。国际上获得转基因植株的植物已达100种以上，包括水稻、玉米、马铃薯等作物；棉花、大豆、油菜、亚麻、向日葵等经济作物；番茄、黄瓜、芥菜、甘蓝、花椰菜、胡萝卜、茄子、生菜、芹菜等蔬菜作物；苜蓿、白三叶草等牧草；苹果、核桃、李、木瓜、甜瓜、草莓等瓜果；矮牵牛、菊花、香石竹、伽蓝菜等花卉；以及杨树等造林树种。可以说转基因植物研究取得了令人鼓舞的突破性进展。

我国热带、南亚热带地区（以下简称热区）分布在海南、广东、广西、云南、福建、湖南南部及四川、贵州南端的河谷地带和台湾，共有267个县（市）（不包括台湾省）。热区土地总面积 $48\times10^4km^2$（不含台湾），占国土面积的5%。热区农业人口1.17亿人，占全国农村人口的1/8。我国热区农业资源丰富，橡胶、椰子、剑麻、胡椒、咖啡、甘蔗和热带瓜果蔬菜等热带地区特有的经济作物不仅产值高，而且为国民经济建设和人民生活所不可缺，尤其是重要工业原料天然橡胶，在国民经济和国防建设中具有重要的战略意义。

我国热区主要作物有：天然橡胶、剑麻、咖啡、椰子、腰果、澳洲坚果、茶叶、甘蔗、木薯、热带水果（包括菠萝、杧果、香蕉、荔枝、龙眼和阳桃等）、香辛料（包括胡椒、肉桂、八角等）、南药（包括砂仁、益智、槟榔等）和南亚热带花卉等。目前我国热区作物种植面积和初产品已经具有相当规模，至2004年种植面积 $786.4\times10^4hm^2$，总产量 1.41×10^8t（不含椰子和花卉），总产值1 120亿元。其中，天然橡胶种植面积和产量分别为 $69.6\times10^4hm^2$ 和 57.3×10^4t，均居世界第5位；香蕉种植面积和产量分别居世界第5和第3位；我国荔枝、龙眼面积分别占世界的80%和70%以上，产量分别占世界总量的60%和50%以上，是世界最大生产国。剑麻的种植面积虽处于世界第7位，但单位面积产量水平居世界第1位，生产总量居世界第2位。我国还是杧果、菠萝的主产国。近年来，胡椒、咖啡、木薯、香荚兰等也有长足发展。我国已经成为世界热带农产品的主要生产国。

热带作物转基因技术在国家政策的大力扶植下，重点开展橡胶、香蕉、甘蔗等主要热带作物基因组学和转基因技术的研究。以克隆特殊新功能基因为切入点，开展热带生物资源的保护和利用研究；从分子生物学的角度探索植物病理学和抗性机理，进行新型生物农药的研究；针对香蕉等果蔬采后保鲜中所存在的问题，从基因表达调控的角度，进行采后成熟的分子生物学机理以及果蔬保鲜的研究；利用基因工程的技术对热带珍稀花卉和重要园艺作物进行品种改良，培育名优新特品种；在热带植物生物反应器方面，建立以热带水果为主要反应器的研究与开发体系等。先后成功地获得了番木瓜、橡胶、香蕉、甘蔗等转基因作物，其中，抗番木瓜环斑花叶病毒病的转基因番木瓜已进入环境释放试验。

为了让学生尽快了解热带植物基因工程的知识和掌握相关操作技能，承担起热带作物生物技术所面临的重任，我们组织热带作物生物技术领域相关的一线科研、教学人员共同编写了《热带植物基因工程原理与操作技术》一书。全书共分上下两篇，上篇主要讲述热带植物基因工程基本原理，包括绪论、基因工程载体和工具酶、目的基因的分离和克隆、基因重组和基因工程、目的基因的转化、重组体的筛选与鉴定、外源基因的表达与调控和植物基因工程研究进展等 8 章，简要地阐述了重组 DNA 技术的基本原理，同时，吸收了植物基因工程大量的研究新成果，并配有 137 幅的简易图解，使不同知识背景的读者更易理解和掌握植物基因工程的基本原理。下篇为热带植物基因工程操作技术，由目的基因克隆与功能分析、热带植物基因组核酸制备、热带植物基因工程受体系统的建立、热带植物基因工程转化技术、重组体的筛选和鉴定等具体操作技术 5 章组成，书后附录可供参考。该书由胡新文（华南热带农业大学）、黄贵修（中国热带农业科学院）任主编，中国热带农业科学院徐兵强任副主编，以及刘先宝、郭志凯、彭建华、张科立、蔡吉苗和卢昕 6 位中青年科研、教学人员编写完成，共编写了 100 项热带植物基因工程操作技术和常用的名词术语及相关知识，可供学生阅读时使用。

本教材由于编写时间比较仓促，且限于篇幅，很难全面反映热带植物基因工程近 20 年来的发展，可能还存在不少错误，希望各位同仁提出宝贵意见，以便进一步修改和完善。

编 者

2006.09

绪　论

1. 基因工程的基本概念

基因工程（genetic engineering，gene manipulation，gene cloning，recombinant DNA technology，genetic modification，new genetics，molecular agriculture）是现代生物技术的重要组成部分，是20世纪70年代初发展起来的一门新兴技术。这一技术的兴起，标志着人类进入定向控制遗传性状的新时代。

狭义的基因工程指的是DNA重组技术，也就是利用DNA重组技术达到改造或产生新的生物机体的目的。DNA重组技术的基本内容包括以下五步：①基因的分离、纯化；②基因的剪切及与载体DNA重组，载体一般是大肠杆菌质粒，它是大肠杆菌内，染色体以外，能够单独进行复制的环状双链DNA，可出入于大肠杆菌；③重组DNA转入宿主细胞（一般用大肠杆菌）进行扩增；④筛选出带有重组DNA质粒（重组体）的细胞；⑤使重组体在细胞内（大肠杆菌内）高效表达。以上过程也称分子克隆法（molecular cloning）。而广义的基因工程则不包括除DNA重组技术以外的一些其他可使生物基因组的结构得到改造的技术。它包括狭义和广义两方面理解。

狭义基因工程一般是指用生物化学的方法，在体外将各种来源的遗传物质与载体系统的DNA结合成一个复制子。这样形成的杂合分子可以在复制子所在的宿主生物或细胞中复制，继而通过转化或转染宿主细胞，生长和筛选转化子，无性繁殖使之成为克隆；然后，直接利用转化子，或者将克隆的分子自转化子分离后再导入适当的表达体系，使重组基因在细胞内表达，产生特定的基因产物。

广义基因工程是指DNA重组技术的产业化设计与应用，常分为上游技术和下游技术。上游技术是指外源基因重组、克隆和表达的设计与构建（狭义基因工程）；下游技术是指含有外源基因的生物细胞（基因工程菌或细胞）的大规模培养，以及外源基因的表达、分离、纯化过程。

根据目的基因克隆和表达系统的不同，基因工程可以分为微生物基因工程、植物基因工程和动物基因工程等。

基因工程最突出的优点是打破了常规育种难以突破的物种间的界限，使原核生物与真核生物之间、动物与植物之间、甚至人与其他生物之间的遗传信息可进行重组和转移。例如，人的基因可以转移到大肠杆菌中表达，细菌的基因也可以转移到植物中表达。

基因工程具有广泛的应用价值，为工农业生产和医药卫生事业开辟了新的应用途径，也为遗传病的诊断和治疗提供了有效方法。基因工程还可应用于基因的结构、功能与作用机制的研究，有助于探讨生命起源和生物进化等重大问题。

2. 基因工程发展简史

基因工程是在生物化学、分子生物学和分子遗传学等学科的研究成果基础上逐步发展起来的，其研究发展的历程大致可分为以下几个阶段：

（1）准备和酝酿阶段

生物化学、分子生物学和分子遗传学理论和技术发展的积累使得基因工程技术的出现成为必然。1944 年 O. T. Avery 等证明了肺炎球菌转化因子是 DNA，1952 年 A. D. Hershey 和 M. Chase 用已标记^{35}S 和^{32}P 的 T2 噬菌体的蛋白质和核酸来感染大肠杆菌的实验进一步证明了 DNA 是遗传物质。1953 年，Watson 和 Crick 建立了 DNA 分子的双螺旋模型和半保留复制机制。在此基础上，1958 ~ 1970 年的 DNA 遗传信息研究，直接导致了中心法则的确立，64 种密码子的破译，从而成功地揭示了遗传信息的流向和表达问题。

1967 ~ 1970 年 R. Yuan 和 H. O. Smith 等发现了限制性核酸内切酶，1967 年，世界上有 5 个实验室几乎同时发现了 DNA 连接酶。1972 年前后，通过使用小分子量的细菌质粒和 λ 噬菌体作载体，成功地在细菌细胞里实现大量扩增。1970 年 M. Mandel 和 A. Higa 发现经过氯化钙处理的大肠杆菌容易吸收噬菌体 DNA，1972 年 S. Cohen 发现这种处理过的细菌同样能吸收质粒 DNA，从而发现了感受态体系。1960s Vin Thome 发明了琼脂糖凝胶电泳，可将不同长度的 DNA 分离开。1975 年 F. Sanger、A. Maxam 和 W. Gilbert 发明了 DNA 快速测序技术。这些研究成果为基因工程的诞生提供了强有力的技术支撑。

（2）诞生

1972 年 Berg 等将 SV-40 病毒 DNA 与噬菌体 P22 DNA 在体外重组成功，并成功转化进大肠杆菌，使本来在真核细胞中合成的蛋白质能在原核生物——细菌中合成，打破了种属界限；1973 年斯坦福大学的 S. Cohen 小组将含卡那霉素抗性基因的大肠杆菌 R6-5 质粒与含四环素抗性基因的另一种大肠杆菌质粒 pSC101 连接成重组质粒，使其具有双重抗药性。后来又与 Boyer 合作，将非洲爪蟾核糖体基因片段同 pSC101 质粒重组，转化入大肠杆菌，并在菌体内成功转录出相应的 mRNA。这是第一次成功的基因克隆实验，标志着基因工程的正式问世。它不仅宣告质粒分子可以作为基因克隆载体携带外源 DNA 导入宿主细胞，并且证实了真核生物的基因可以转移到原核生物细胞中实现功能表达。1977 年 Boyer 等首先将人工合成的生长激素释放抑制因子 14 肽的基因重组入质粒，成功地在大肠杆菌中合成得到该 14 肽；1978 年 Itakura（板仓）等将人生长激素 191 肽在大肠杆菌中成功表达；1979 年美国基因技术公司开发出利用重组大肠杆菌合成人胰岛素的先进生产工艺，从而揭开了基因工程产业化的序幕。我国在基因工程研究中也取得了不少成果，至今已有人干扰素、人白介素 2、人集落刺激因子、重组人乙型肝炎疫苗、基因工程幼畜腹泻疫苗等多种基因工程药物和疫苗进入生产或临床试用。目前，世界上还有几百种基因工程药物及其基因工程产品正在研制中。这些都成为当今农业和医药业发展的重要方向，将对农业和医学发展产生重要的影响。

（3）迅速发展阶段

自20世纪80年代以来是基因工程迅速发展阶段。基因工程已开始朝着高等动植物物种的遗传特性改良以及人体基因治疗等方向发展。不仅发展了一系列新的基因工程操作技术，而且构建了多种转化（转导）原核生物和动物、植物细胞的载体，获得了大量的转基因生物体。

转基因动植物的出现和基因剔除技术的成功运用是基因工程技术发展的结果。1982年Palmiter等首次将克隆的生长激素基因导入小鼠受精卵细胞核内，培育出比原小鼠个体大几倍的“巨鼠”，激起了人们创造优良品系家畜的热情。我国水生生物研究所将生长激素基因转入鱼受精卵，得到的转基因鱼生长明显加快、个体增大。用转基因动物还能获取治疗人类疾病的重要蛋白质，如导入凝血因子Ⅸ基因的转基因绵羊，分泌的乳汁中含有丰富的凝血因子Ⅸ，能有效地用于血友病的治疗；2005年湖北省农业科学院培育了3头转基因猪，其体内人血清白蛋白含量高达20.3 g/L，并可从其体内提取出应用于临床的人血清白蛋白。此外，转基因牛、转基因兔、转基因猴、转基因鸡等也都相继获得成功。在转基因植物方面，1983年采用农杆菌介导法培育出世界上第一例转基因植物——转基因烟草；1994年耐贮藏转基因西红柿开始投放市场；1996年转基因玉米、转基因大豆也相继投入商品化生产；继美国最早研制出转基因抗虫棉花后，我国科学家也成功地将蛋白酶抑制剂基因转入棉花，获得了抗棉铃虫的转基因植株。至2005年，全球21个国家共种植了13亿亩转基因作物。

基因诊断与基因治疗是基因工程在医学界发展的一个重要方向。1991年美国向一患先天性免疫缺陷病（遗传性腺苷脱氨酶*ADA*基因缺陷）的女孩体内成功地导入重组的*ADA*基因。我国也于1994年用导入人凝血因子Ⅸ基因的方法成功地治疗了乙型血友病患者。据统计，截至2004年6月底，全世界范围内基因治疗的临床试验方案已达987个，但目前只有我国的重组腺病毒——p53抗癌注射液（商品名“今又生”）作为世界上第一个基因治疗产品正式投放市场。据介绍，在临床上使用“今又生”治疗鼻咽癌、肺癌等16种肿瘤有较好疗效。临床试验结果表明，如将它与放/化疗联合使用，不仅可增强疗效，而且对放/化疗副反应具有颉颃作用。所以说，基因诊断和基因治疗在人类医学上具有广阔的发展前景。

如果说20世纪80～90年代是基因工程基础研究日趋成熟，应用研究初露锋芒的阶段，那么，21世纪上半叶将是基因工程应用研究的鼎盛时期，农、林、牧、渔、医等许多产品都将会打上基因工程的标记。

3. 基因工程主要研究内容和基本步骤

(1) 基因工程主要研究内容

基因工程问世以来，其基础研究一直备受广大科研工作者的高度重视。一系列克隆载体和相应表达系统的构建、不同物种基因组文库和cDNA文库的建立、新工具酶的开发、新基因工程操作技术的探索与运用等使基因工程逐渐走向成熟。

①克隆载体的构建：基因工程发展与克隆载体构建息息相关。由于最早构建和发展的克隆载体是直接用于原核生物的克隆载体，所以以原核生物为研究对象的基因工程首先得以迅速发展。Ti质粒的发现及Ti质粒衍生的克隆载体的成功构建，使转基因植物成为现实。动物病毒克隆载体成功构建后，动物基因工程也取得了长足的发展。可以说，克隆载体的构建是基因工程的核心环节。至今，已构建的克隆载体数以千计，但新克隆载体的成功构建与运用仍是今后研究的重要内容之一，尤其是构建适用于高等动物和高等植物转基因的表达载体和定位整合载体。

②受体系统的研究：基因工程的受体与载体是一个系统的两个方面。受体是克隆载体的宿主，是外源目的基因表达的场所。它可以是单个细胞，也可以是组织、器官，甚至是个体。用作基因工程的受体可分为两类，即原核生物和真核生物。

原核生物的大肠杆菌是早期被广为采用的最好受体系统，其应用技术简单、成熟，几乎可以作为现有一切克隆载体的宿主。以大肠杆菌为受体已成功地建立了一系列基因组文库和cDNA文库，获得了大量的转基因菌株，并开发了一批已投放市场的基因产品。蓝细菌（蓝藻）是一种能进行植物型光合作用的原核生物，兼具植物自养生长和原核生物遗传背景简单的特性，便于基因操作和利用光能进行无机培养。近年来，蓝细菌逐渐被广泛地用于廉价高效表达外源目的基因的受体系统。

酵母菌是一种十分简单的单细胞真核生物，具有与原核生物许多相似的特性。酵母菌异养生长，便于工业化发酵且基因组相对较小，有的株系还含有质粒，便于基因操作。因此，酵母菌较早就被用作基因工程受体系统。酵母菌不仅是外源基因（尤其是真核基因）表达的受体，而且成为当前构建高等动植物复杂基因组的良好受体系统。此外，真核生物单细胞小球藻和衣藻也被用于研究外源基因表达的受体系统。

随着克隆载体的发展，一些高等植物也可用作基因工程的受体系统。一般用其愈伤组织、细胞或原生质体，也可用部分组织或器官。目前用于基因工程受体的植物有双子叶植物拟南芥、烟草、棉花、番茄等，单子叶植物主要有水稻、小麦、玉米等。

由于动物体细胞再分化能力差，目前主要以其生殖细胞或胚细胞作为基因工程受体，并已成功地获得了鼠、牛、鱼、鸡、猪等转基因动物。研究发现，动物体细胞也可作为基因工程受体，可获得系列转基因细胞系以用于基因功能研究或用于生产基因工程药物。自克隆羊问世以来，动物体细胞作为基因工程受体的研究越来越受到重视，并已成为21世纪生命科学研究的重要课题之一。人体细胞同样也可作为基因工程受体，其转基因细胞系可用于病理学研究和基因治疗。

③目的基因的研究：基因是一种资源，而且是一种有限的战略性资源。因此，开发和保护基因资源已成为发达国家之间激烈竞争的焦点之一。谁拥有基因专利多，谁就将在基因工程领域占主导地位。基因工程研究的基本任务是开发出特殊需要的基因产物，这样的基因统称为目的基因。具有优良性状的基因理所当然是目的基因。而致病基因在特定情况下同样可作为目的基因，具有很大的开发价值。即使是那些今天尚不清楚功能的基因，随着研究的深入，今后也有可能成为具有巨大开发价值的目的基因。

获取目的基因的途径或方法有很多，可以通过构建基因组文库或cDNA文库，从中筛选出特殊需要的目的基因。近年来，广泛使用PCR技术直接从某生物基因组中扩增出目的基因。对于较小的目的基因可在体外用化学合成或酶促合成的方法获得。现有的目的基因大致可分为3类：一是与医药相关的目的基因；二是抗病、抗虫或抗逆的目的基因；三是编码具有特殊营养价值的蛋白或多肽的目的基因。

④工具酶的研究：基因工程操作是分子水平上的操作，它依赖一些重要的酶作为工具来对目的基因进行人工切割和拼接等。这类基因工程操作使用的酶统称为工具酶，它主要包括DNA聚合酶、限制性核酸内切酶、修饰酶和连接酶等。

自然界的许多微生物体内都存在着一些具有催化功能的酶类。这些酶类参与微生物的核酸代谢，在核酸复制和修复等反应中具有重要作用；有的酶还作为微生物区别内源和外源的DNA，进而降解外源DNA的防御工具。在掌握这些酶类对基因进行切割、拼接机理后，人类获得了最好的基因工程操作工具，从而扩大了人类改造生物的能力。

⑤生物基因组学的研究：基因组（genome）一词由genes和chromosomes合成而来，是用于描述生物全部基因和染色体组成的概念。1986年美国科学家Thomas Roderick首次提出了基因组学的概念（genomics），它是指对所有基因进行基因组作图（包括遗传图谱、物理图谱、转录图谱）、核苷酸序列分析、基因定位和基因功能分析的一门科学。因此，生物基因组学的研究至少应该包括两方面的内容：一是结构基因组学，以构建生物的遗传图谱、物理图谱和转录本图谱及其全序列测序为主要目标；二是功能基因组学，又称为后基因组学，是在结构基因组学研究获得的大量数据与信息评价的基础上来研究基因的功能，包括生化功能、细胞功能、发育功能、适应功能等，其主要研究手段结合了高通量的大规模的实验方法、统计和计算机分析技术。

先期的基因组学研究主要集中于人类和模式动、植物。人类基因组和拟南芥（*Arobidopsis thaliana*）、酵母（*Saccharomyces cerevisiae*）、秀丽线虫（*Caenorhabditis elegans*）及黑腹果蝇（*Drosophilam elanogaster*）等动植物基因组序列测定业已完成。序列测定分析的重点现已转向农业上的重大生物，对于它们的基因组序列分析将会大大促进农业生物基因组学的研究进展，从而加深对相关农业生物学的理解。水稻基因组序列“精细图”绘制已经完成，豆科苜蓿属模式植物 *Medicago truncatula* 基因组序列测定工作正在进行。在微生物方面，已有近 350 种（株）微生物的基因组序列已完成测序，有近 400 种（株）微生物的基因组序列正在测序中，其中包括 20 余种病原微生物。在动物方面，腔棘鱼、猪、家猫和牛等基因组计划也已启动。

随着人类基因组计划的实施并取得了巨大成就，以及模式生物基因组计划的先后完成，我们有理由相信，生命科学研究的重心将从最初的揭示生命的所有遗传信息转移到在分子水平上来整体理解生命基因的功能。

⑥基因工程新技术的研究：自从基因工程问世以来，其操作技术不断涌现、不断更新。围绕外源基因导入受体细胞，建立了一系列用于不同类型受体细胞的 DNA 转化方法和病毒转导方法，特别是近年来研制成功的基因枪和电激仪，它们克服了某些克隆载体的应用局限性，提高了外源基因的转化效率。对于目的基因的检测方法，在放射性同位素标记探针的基础上，近年来又发展了非放射性标记目的基因的探针标记技术，如生物素标记核酸探针、Dig 标记核酸探针、荧光素标记核酸探针等。PCR 技术自 1985 年建立以来，除一般采用的常规 PCR 技术外，还陆续发展了许多特殊的 PCR 技术，如反转录 PCR 技术、反向 PCR 技术、标记 PCR 技术、免疫 PCR 技术、热不对称交错 PCR 技术、定量 PCR 技术、锚定 PCR 技术、重组 PCR 技术、着色 PCR 技术、cDNA 末端的快速克隆 PCR 技术，等等。凝胶电泳技术可以在凝胶板上把不同分子量大小的 DNA 分子或 DNA 片段分开，但是只能分辨几万个碱基的 DNA 分子或片段。随着脉冲电泳技术的问世，不仅能分开上百万个碱基的 DNA 分子或片段，而且能够使完整的染色体彼此分开。

可见，基因工程研究新技术层出不穷的发展，使基因工程得以向深度和广度迅速发展。同时，随着基因工程研究的不断深入，也必将会出现新的基因工程操作技术。

⑦基因工程应用的研究：基因工程应用领域涉及医、农、牧、渔等产业，与环境保护也有密切的关系。基因工程的应用研究包括基因工程药物研究、基因疫苗研究、转基因植物研究、转基因动物研究，以及应用于配制剂工业、食品工业、化学与能源、环境保护等方面。其中，研究成果最显著的是基因工程药物和转基因植物的研究，已取得了许多引人注目的研究成果。

(2) 基因工程的基本步骤

概括起来，基因工程包括如下几个主要的步骤（图 1）：

①从复杂的生物有机体基因组中，经过酶切消化或 PCR 扩增等操作，分离出带有目的基因的 DNA 片段；

②在体外，将带有目的基因的外源 DNA 片段连接到能自我复制且具有选择标记的载体分子上，形成重组 DNA 分子；

③将重组 DNA 分子转移到适当的受体细胞（亦称寄主细胞），并与之一起增殖；

④从大量的细胞繁殖群体中，筛选出获得了重组 DNA 分子的受体细胞克隆；

⑤从筛选出来的受体细胞克隆中，提取出已经得到扩增的目的基因，供进一步分析研究使用；

⑥将目的基因克隆到表达载体上，导入寄主细胞，使之在新的遗传背景下实现功能表达，产生出人类所需要的物质。

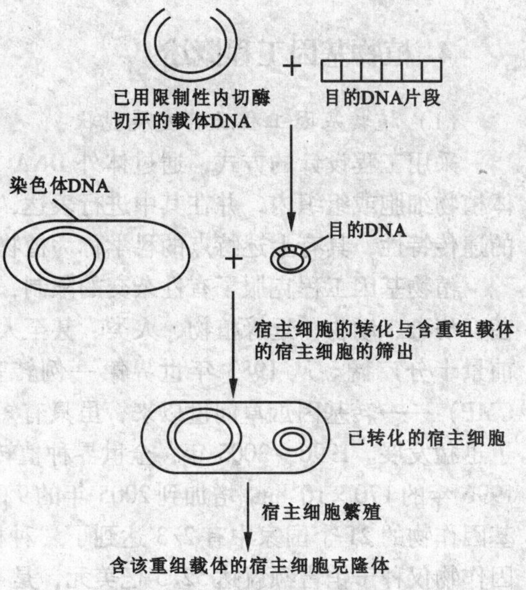

已用限制性内切酶切开的载体DNA
目的DNA片段
染色体DNA
目的DNA
宿主细胞的转化与含重组载体的宿主细胞的筛出
已转化的宿主细胞
宿主细胞繁殖
含该重组载体的宿主细胞克隆体

图1 基因工程示意图

(3) 基因工程的流程

基因工程实验设计是多种多样的，具体操作方法也可灵活多变，各不相同，但其基本过程大体上是一样的。具体工艺流程如图2所示。

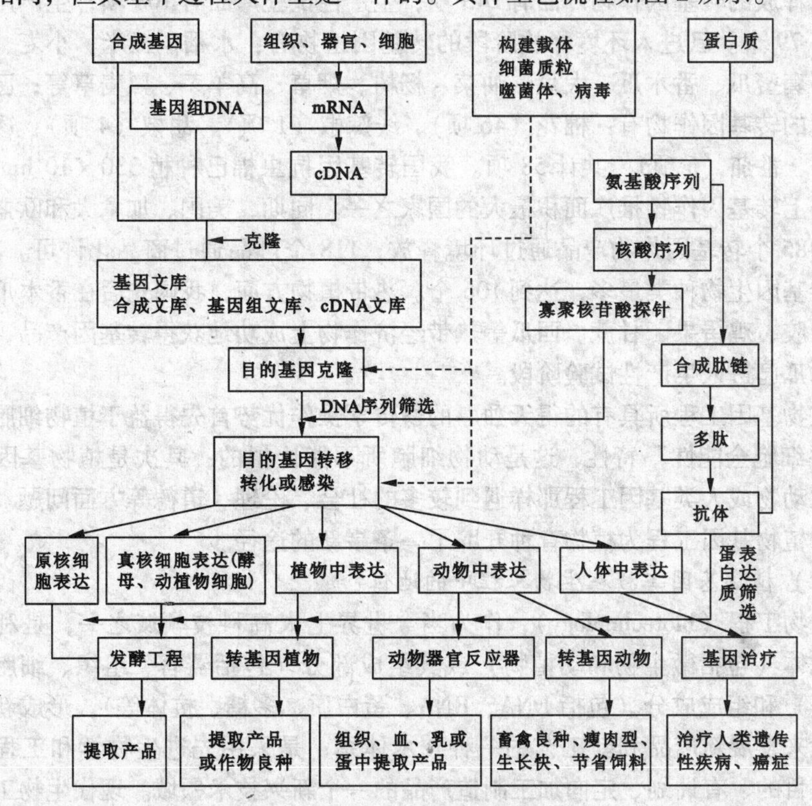

图2 基因工程流程模式图

（引自贺淹才，1999）

4. 植物基因工程概述

(1) 植物基因工程及其发展现状

采用工程设计的方式，通过体外DNA重组技术，将特定的外源基因导入受体植物细胞或组织内，并在其中进行表达，由此获得的转化植物可以表现出预期的遗传特性，具有上述特点的科学称为植物基因工程。

植物基因工程克服了有性杂交的限制，使基因交流的范围无限扩大，可将细菌、病毒、动物、远缘植物、人类、甚至人工合成的基因导入植物，所以其应用前景十分广阔。从1983年世界第一例转基因植物（genetically modified plant，GMP）——转基因烟草问世以来，虽只有短短的20多年，但其研究和应用得到了迅猛发展。1996～2005年，全世界种植转基因植物的国家增至21个，面积从1996年的$170\times10^4hm^2$增加到2005年的$9\ 000\times10^4hm^2$，包括中国在内的种植转基因作物的21个国家中有2/3达到了“种植大国”的水平。2005年全世界转基因作物仅种子销售额就达52.5亿美元，是1995年的63倍。

我国转基因植物研究始于20世纪80年代。1986年启动的“863”计划起了关键的导向、带动和辐射作用。自1997～2003年12月，农业部批准安全评价申请环境释放的转基因作物产品有243项，生产性试验产品有108项，生产用安全证书有79个。已进入环境释放阶段的转基因植物有：水稻、玉米、小麦、马铃薯、河套蜜瓜、番木瓜、大豆、油菜、杨树、烟草、高羊茅、黑麦草等；已实现商业化的转基因作物有：棉花（46项）、线辣椒（1项）、甜椒（4项）、矮牵牛（1项）、番茄（6项），共计58项。我国转基因抗虫棉已种植$330\times10^4hm^2$，成为世界上转基因作物推广面积最大的国家之一。同期，美国、加拿大和欧盟共计有14 485个转基因作物产品通过环境释放，118个产品通过商品化许可。其中，美国转基因生物种类最多，达到106个。热带植物方面，我国先后在番木瓜、香蕉、橡胶、鸡蛋果、甘蔗、西瓜等热带经济作物上成功地获得转基因产品，转基因番木瓜已进入生产性试验阶段。

植物基因工程所具有的得天独厚的遗传学操作优势首先得益于植物细胞所具有的“细胞全能性”特性，这是动物细胞所不能比拟的；其次是植物基因工程不会像动物或人类基因工程那样遇到较多的社会、伦理、道德等方面问题。毋庸置疑，植物基因工程为植物育种开辟了一条崭新的途径。

(2) 植物基因工程在生物工程中的地位

生物工程（biotechnology），作为当今世界七大高科技领域之一，是利用生物有机体（包括微生物和动植物）或其组成部分（包括器官、组织、细胞、细胞器等）和组成成分（包括DNA、RNA、蛋白质、多糖、抗体等），形成新的技术手段来发展新产品和新工艺的一种技术体系；是采用先进生物学和工程学技术，有目的、有计划、定向加工制造产品的一个新兴技术领域。现代生物工程主要包括基因工程、细胞工程、蛋白质工程、微生物工程和酶工程等，以及由此衍生发展的新技术领域。这些技术并不是各自独立的，而是相互联系、相互渗透的，其中基因工程技术是核心技术，细胞工程则是基础和公用平台。二者的结合能带动其他技术的发展，如通过基因工程对细菌或细胞改造后获得的工程菌或细胞，必须通过发酵工程或细胞工程来生产有用物质。它们之间的相互关系可用图3所示。

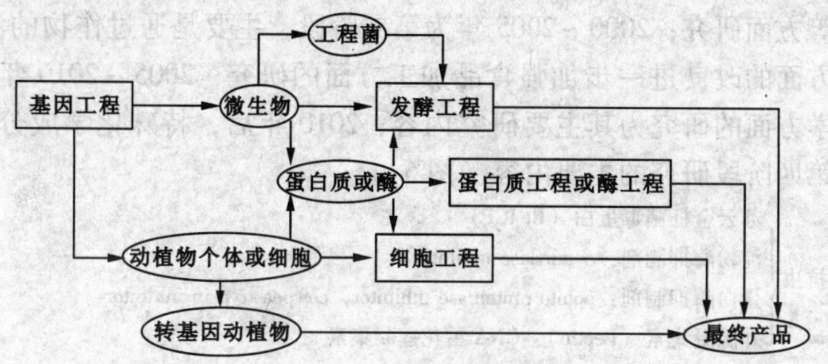

图3 基因工程、蛋白质工程、酶工程、细胞工程和发酵工程之间的关系

（引自陶兴无等，2005）

（3）植物遗传转化的操作过程

植物遗传一般操作过程具体如图4所示。

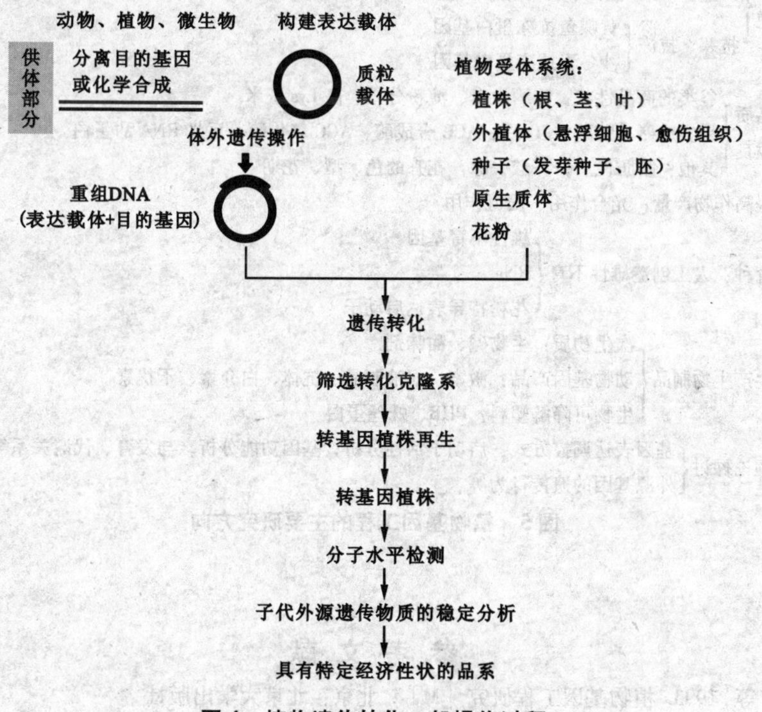

图4 植物遗传转化一般操作过程

（4）植物基因工程的主要研究方向

植物基因工程技术的出现，使人们可以有目的地将从不同物种分离得到、甚至是人工合成的外源目的基因导入特定植物体内进行表达并产生出新的性状，从

而提高植物农业价值和园艺性状。同时，也为人们有目的地利用转基因植物作为生物反应器生产具有重要商业价值的药物蛋白和次生物质提供技术基础。

早在1994年Fraley就对生物工程研究的前景进行了设想，他认为：1995～2000年为第一阶段，主要是作物农艺性状方面的研究，如作物的抗除草剂、抗病、抗虫等方面研究；2000～2005年为第二阶段，主要是通过作物的淀粉、糖、脂肪酸等方面的改良进一步加强食品加工方面的研究；2005～2010年是第三阶段，药物学方面的研究为其主要研究内容；2010年后，特殊化学成分的研制与生产则是第四阶段研究的主要内容（图5）。

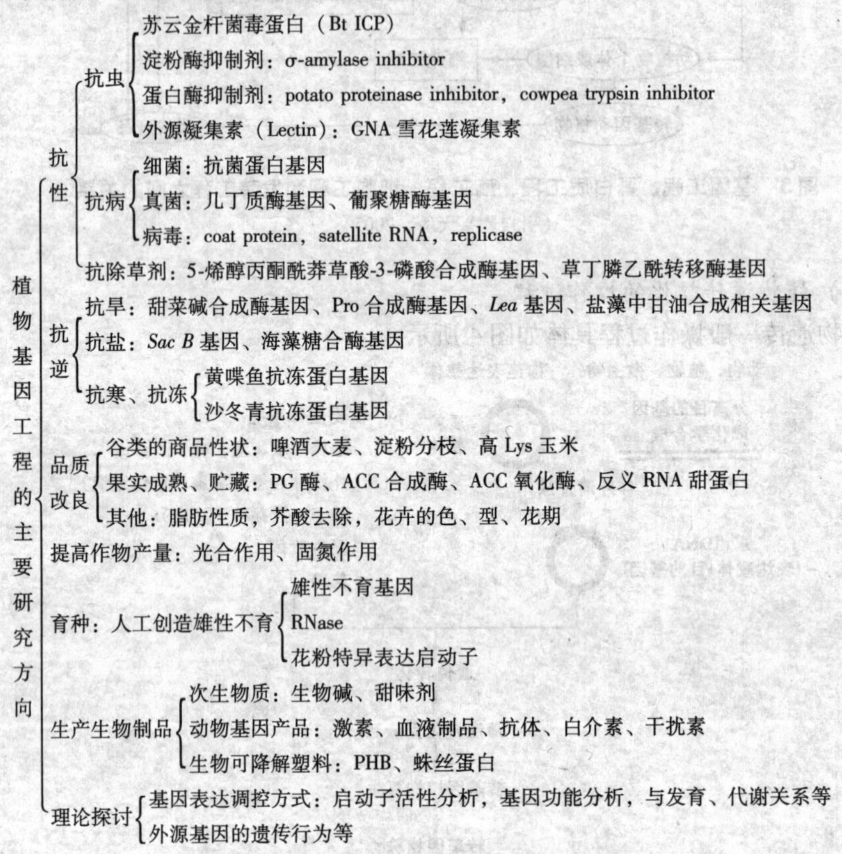

图5 植物基因工程的主要研究方向

参 考 文 献

陈章良，等.1993. 植物基因工程研究［M］. 北京：北京大学出版社.

单雷，赵双宜，夏光敏.2006. 植物耐盐相关基因及其耐盐机制研究进展［J］. 分子植物育种，4（1）：15－22.

傅荣昭，等.1994. 植物遗传转化技术手册［M］. 北京：中国科学技术出版社.

顾红雅，瞿礼嘉，等.1997. 植物基因工程与分子操作［M］. 北京：北京大学出版社.

郭黠，谢辉，何承伟.2006. 转基因动物研究进展［J］. 医学综述，12（5）：268－270.

贺淹才.1999. 简明基因工程原理［M］. 北京：科学出版社.
贾士荣，等.1998. 农杆菌介导的植物遗传转化［M］//莽克强. 农业生物工程. 北京：化学工业出版社.
金冬雁，译.1992. 分子克隆实验指南［M］. 第2版. 北京：科学出版社.
李向辉，等.1994. 植物遗传操作［M］. 北京：高等教育出版社.
雷秉乾，王仁祥.2006. 转基因植物的研究与开发利用［J］. 作物研究，(1) 9－12.
刘彦锋，刘瑛，李娜.2005. 植物抗病基因工程的研究进展及前景展望［J］. 生物技术通报，(5)：7－10.
刘敏丽，张彦芳，冯晨静.2006. 植物抗旱相关基因研究进展［J］. 河北林果研究，21 (2)：167－169.
陆德如，陈永青.2002. 基因工程［M］. 北京：化学工业出版社.
楼士林，杨盛昌，龙敏南，等.2002. 基因工程［M］. 北京：科学出版社.
孙毅.2006. 转基因动物的研究现状及展望［J］. 科技情报开发与经济，16 (1)：143－144.
陶兴无.2005. 生物工程概论［M］. 北京：化学工业出版社.
田波，许智宏，叶寅，等.1996. 植物基因工程［M］. 济南：山东科学技术出版社.
王瑜，齐帜，李鹏.2004. 生物技术制药行业和新兴的基因治疗［J］. 上海医药，25 (5)：220－221.
王述彬，邢贞琦，刘均洪.2005. 用转基因植物生产生物可降解塑料的研究进展［J］. 化工科技市场，(5)：32－36.
Abe H, Urao T, Ito T, Seki M, Shinozaki K, *et al.* 2003. Arabidopsis AtMYC2 (bHLH) and AtMYB2 (MYB) function as transcriptional activators in abscisic acid signaling［J］. Plant Cell, 15 (1): 63－78.
Abraham E, Rigo G, Szekely G, *et al.* 2003. Light-dependent induction of proline biosynthesis by abscisic acid and salt stress is inhibited by brassinosteroid in Arabidopsis［J］. Plant Mol Biol, 51 (3): 363－372.
Cattivell L, Baldi P, Crosatti C, diFonzo N, Faccioli P, Grossi M, *et al.* 2002. Chromosome regions and stress-related sequences involved in resistance to abiotic stress in Triticeae［J］. Plant Mol. Biol, 48 (5－6): 649－665.
Gaxiola R A, Li J, Undurraga S, Dang LM, Allen GJ, Apler SL, *et al.* 2001. Drought－and salt-tolerant plants result from overexpression of the AVP1H-pump［J］. Proc. Natl. Acad. Sci., 98 (20): 11444－11449
Griffths A J F, Miller J H, Suzuki D T, *et al.* 2001. An introduction to Genetic Analysis［M］. 7th. New York: W H Freeman and Company.
Kasuga M, Miura S, Shinozaki K, *et al.* 2004. A Combination of the Arabidopsis *DREB1A* Gene and Stress-Inducible *rd29A* Promoter improved drought-and low-temperature stress tolerance in Tobacco by gene transfer［J］. Plant Cell Physiology, 45 (3): 346－350.
Mou Z, Wang X, Fu Z, Dai Y, Han C, Ouyang J, Bao F, Hu Y, and Li J. 2002. Silencing of phosphoethanolamine N-Methyltransferase results in temperature-sensitive male sterility and salt hypersensitivity in Arabidopsis［J］. Plant Cell, (4): 2031－2043.
Oraby H, Ransom C, Kravchenko A, *et al.* 2005. Barley *HVA1* Gene Confers Salt Tolerance in R3 Transgenic Oat［J］. Crop Science, 45 (6): 2218－2228.

[illegible] 1999. [illegible] [M]. 北京：[illegible]出版社.
[illegible] 1998. [illegible] [M]. [illegible]
[illegible]
[illegible] 1992. [illegible] [M]. [illegible]：科学出版社.
[illegible] 1994. [illegible] [M]. 北京：[illegible]
[illegible] 2006. [illegible] [J]. [illegible]
[illegible] 2005. [illegible] [J]. [illegible] (5): 7-10.
[illegible] [J]. [illegible] 167-169.
[illegible] 2002. [illegible] [M]. 北京：[illegible]出版社.
[illegible] 2002. [illegible] [M]. 北京：科学出版社.
[illegible] 2006. [illegible] [J]. [illegible]
[illegible] 2005. [illegible] [M]. 北京：[illegible]出版社.
[illegible] 1996. [illegible] [M]. [illegible]
[illegible] 2004. [illegible] [J]. [illegible] 23 (5): 220-223.
[illegible] 2005. [illegible] [J]. [illegible] (1): 32-36.
Abe H, Urao T, Ito T, Seki M, Shinozaki K, et al. 2003. Arabidopsis AtMYC2 (bHLH) and AtMYB2 (MYB) function as transcriptional activators in abscisic acid signaling [J]. Plant Cell, 15 (1): 63-78.
Abraham E, Rigo G, Szekely G, et al. 2003. Light-dependent induction of proline biosynthesis by abscisic acid and salt stress is inhibited by brassinosteroid in Arabidopsis [J]. Plant Mol Biol, 51 (3): 363-372.
Cattivelli L, Baldi P, Crosatti C, di Fonzo N, Faccioli P, Grossi M, et al. 2002. Chromosome regions and stress-related sequences involved in resistance to abiotic stress in Triticeae [J]. Plant Mol Biol, 48 (5-6): 649-665.
Gaxiola R A, Li J, Undurraga S, Dang L M, Allen G J, Alper S L, et al. 2001. Drought- and salt-tolerant plants result from overexpression of the AVP1 H+-pump [J]. Proc Natl Acad Sci USA, 98 (20): 11444-11449.
Griffiths A J F, Miller J H, Suzuki D T, et al. 2001. An Introduction to Genetic Analysis [M]. 7th ed. New York: W H Freeman and Company.
Kasuga M, Miura S, Shinozaki K, et al. 2004. A Combination of the Arabidopsis DREB1A Gene and Stress-Inducible rd29A Promoter improved drought- and low-temperature stress tolerance in Tobacco by Gene Transfer [J]. Plant Cell Physiology, 45 (3): 346-350.
Mou Z, Wang X, Fu Z, Dai Y, Han C, Ouyang J, Bao F, Hu Y, and Li J. 2002. Silencing of phosphoethanolamine N-methyltransferase results in temperature-sensitive male sterility and salt hypersensitivity in Arabidopsis [J]. Plant Cell, 14 (9): 2031-2043.
Ouyang B, [illegible] C, [illegible] A, et al. 2005. [illegible] Salt Tolerance in [illegible] [J]. Crop Science, 45 (6): 2218-2228.

上 篇

热带植物基因工程原理

第1章　基因工程载体和工具酶

1.1　基因工程载体

基因工程是有目的地改造、创建生物遗传性，因此，其最基本内容就是要得到目的基因或核酸序列的克隆。由于分离或改建的基因和核酸序列自身不能繁殖，需要载体携带它们到合适的细胞中复制和表达功能，所以，载体的构建和选择是基因工程的重要环节之一。所谓载体是指基因工程中携带外源基因进入受体细胞的“运载工具”，它的本质是DNA复制子。外源DNA克隆插入基因工程载体的基本程序如图1-1所示。载体的功能主要有：① 运送外源基因高效转入受体细胞；② 为外源基因提供复制能力或整合能力；③ 为外源基因的扩增或表达提供条件。目前基因工程中研究最深入、使用最多的载体是经过改造的质粒载体或噬菌体载体。作为基因工程的载体必须具备以下的基本特征：

①在宿主细胞中能独立和稳定的自我复制（即本身为复制子），而且最好要有较高的自主复制能力；

②载体DNA分子中有一段不影响其复制的非必需区域，允许外源基因插入随载体DNA分子一同进行复制或扩增；

③基因组中有合适的筛选标记，赋予寄主细胞新的特性，便于重组子的筛选（如抗药性基因等）；

④相对分子质量较小（小于15 kb），可容纳较大的外源DNA插入片段；

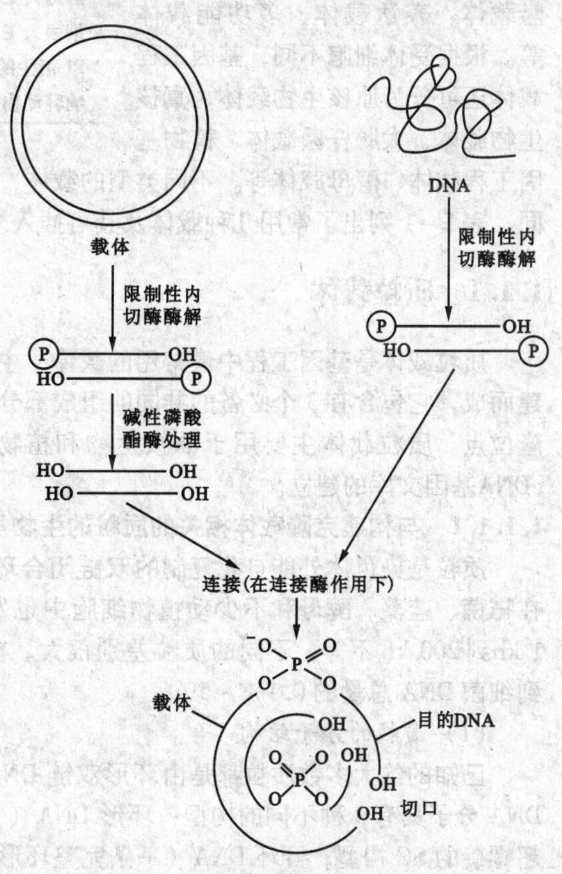

图1-1　外源基因插入载体的过程

⑤克隆载体必须是安全的，不应含有对受体细胞有害的基因，并且不会任意转入除受体细胞以外的其他生物细胞，尤其是人类细胞。

克隆载体在基因工程中占有十分重要的地位，基因工程是随着克隆载体系统的建立才发展起来的。原核生物基因工程之所以起步早，发展快，成果大，就是因为最早建立了适用于原核生物的克隆载体系统，并且至今已构建种类繁多的用于原核生物的大量克隆载体。近十多年来，植物基因工程得以迅速发展，同样是因为成功地构建了适用于植物的一系列克隆载体。因此，国内外把构建新的克隆载体始终作为基因工程基础研究的优先项目，构建的克隆载体可以申请专利保护。

根据来源和性质不同，克隆载体可分为质粒载体、噬菌体载体、病毒载体、噬菌粒载体、黏粒载体、人工染色体等。根据功能和用途不同，基因工程载体又可分为克隆载体、表达载体、多功能载体等。根据受体细胞不同，基因工程载体还可分为原核生物载体、真核生物载体、大肠杆菌载体、植物基因工程载体、酵母载体等。不同类型的载体，其用途范围不同，克隆能力也不相同。表 1－1 列出了常用几种载体及其可插入外源 DNA 片段的大小。

表 1-1　常用几种载体的克隆能力大小

载体类型	可插入外源 DNA 片段的大小
质粒载体	<10 kb
λ 噬菌体载体	24 kb
柯斯质粒载体	35～45 kb
酵母人工染色体	100～2 000 kb
细菌人工染色体	300 kb
P1 衍生的人工染色体	100～300 kb
哺乳动物人工染色体	>1 000 kb

1.1.1　质粒载体

质粒载体是基因工程中最常用的载体，主要由细菌质粒的各种元件为基础组建而成，它包含有 3 个必备的共同的组成部分：复制必需区、选择标记基因和克隆位点。质粒载体主要用于原核生物和植物的基因转移，以及基因组文库和 cDNA基因文库的建立。

1.1.1.1　与构建克隆载体相关的质粒的生物学特性

质粒是染色体外能自我复制的双链闭合环状分子，广泛存在于细菌细胞中。在霉菌、蓝藻、酵母和不少动植物细胞中也发现有质粒的存在。质粒的大小从 1 kb到 200 kb 不等，不同的质粒差别很大。在一个细菌细胞中，质粒量可以占到细菌 DNA 总量的 0.1%～5%。

（1）质粒的分子结构

已知的绝大多数质粒都是由环形双链 DNA 组成的复制子。环形双链的质粒 DNA 分子具有 3 种不同的构型：环形 DNA（共价闭合环形 DNA，cccDNA），呈超螺旋的 SC 构型；开环 DNA（一条完整环形，另一条有缺口）即 OC 构型和线性 DNA（双链都断裂），即 L 构型（图 1-2）。

在琼脂糖凝胶电泳中，不同构型的同一种质粒 DNA，尽管分子量相同，但具有不同的电泳迁移率。其中走在最前沿的是 SC DNA，其后依次是 L DNA 和

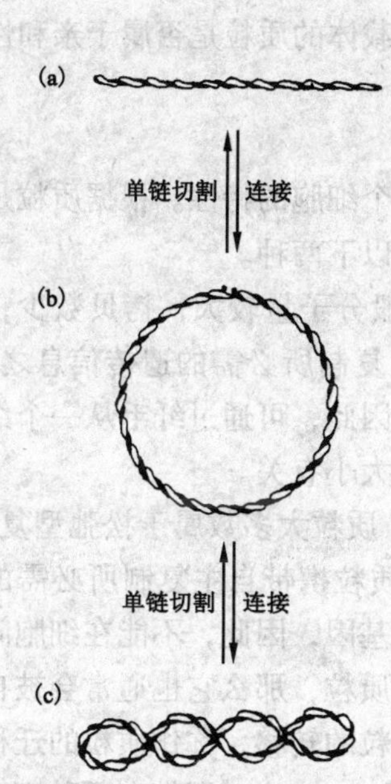

图 1-2 质粒 DNA 的分子构型

（引自吴乃虎，2000）

(a)L 构型 (b)OC 构型 (c)SC 构型

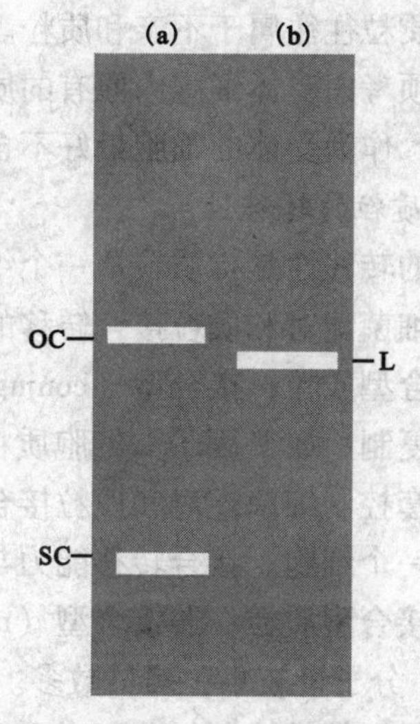

图 1-3 质粒 DNA 琼脂糖凝胶电泳模式

（引自吴乃虎，2000）

由于琼脂糖中加有嵌入型染料溴化乙锭，因此，紫外线照射下 DNA 电泳条带呈橘黄色。（a）道中的 SC DNA 走在凝胶的最前沿。OC DNA 则位于凝胶的最后边（b）道中的 L DNA 是经核酸内切限制酶切割质粒之后产生的，它在凝胶中的位置介于 OC DNA 和 SC DNA 之间

OC DNA（图 1-3）。

（2）质粒的复制类型

虽然质粒 DNA 的复制独立于染色体，但在很大程度上，质粒的复制是由细菌染色体复制所需的一套相同的酶系催化完成的，且在宿主细胞内进行单向复制。根据质粒 DNA 复制与宿主之间的关系或质粒在宿主细胞中拷贝数的多少，可将质粒分为严紧型和松弛型两大类。

①严紧型：受宿主染色体 DNA 复制的“严格控制”，在宿主细胞中拷贝数较少，一般只有 1 ~ 3 个拷贝，如 pSC101。

②松弛型：受宿主的控制比较松，在宿主细胞中具有较高的拷贝数，一般有 10 ~ 200 个拷贝，如 pBR322。

（3）质粒的不相容性

按照质粒的“不相容性”，可以将质粒分为若干个不相容群。所谓质粒的不相容性，是指在没有选择压力的情况下，同一复制系统的不同质粒不能稳定地和平共处的现象。对于单拷贝质粒来说，当两个不相容的质粒同时进入受体细胞后，由于它们含有相同或相似的复制子结构以及质粒拷贝控制机制，因此两者并不复制，待受体细胞分裂时，两者被相同的均分机制分配在两个子细胞中；在多拷贝质粒的情况下，虽然两个相容性质粒可以进行复制，但由于两者复制的起始频率是随机的，因而在细胞分裂前夕，两种质粒的拷贝数并不完全均等。目前，在大肠杆菌中的质粒已至少鉴定出了 30 个以上的不相容群。野生型质粒与其衍

生的重组质粒往往属于不亲和质粒。因此，当质粒载体承载目的基因转化受体细胞时，必须考虑受体细胞内原有的质粒与作为克隆载体的质粒是否属于亲和性质粒。此外，作为受体的细胞最好不含内源质粒。

(4) 质粒的转移性

质粒的转移性是指质粒从一个细胞转移到另一个细胞的特性。根据质粒是否携带控制细菌配对和质粒接合转移的基因，可分为以下两种。

①接合型质粒：接合型（conjugative）质粒一般分子量较大，拷贝数少，属于严紧型复制，如 F 因子。细胞质粒除了携带自主复制所必需的遗传信息之外，还带有一套控制细菌配对和质粒接合转移的基因。因此，可通过纤毛从一个细胞转移到另一个细胞。接合转移能力与复制型及分子大小有关。

②非接合型质粒：非接合型（non-conjugative）质粒大多数属于松弛型复制，如 ColE1，分子量较小，拷贝数多。虽然非接合型质粒携带自主复制所必需的遗传信息，但不携带控制细菌配对和质粒接合转移的基因，因此，不能在细胞间转移。但如果在其宿主细胞中存在一种相容的接合型质粒，那么它也通常会被自我转移。这种由共存了接合型质粒引发的非接合型质粒的转移，称作质粒的迁移作用。利用质粒的转移特性，可构建穿梭载体（shuttle vector），即带有两种宿主的复制子，可用来运载基因在两种生物之间穿梭。

基因工程所用的载体质粒缺乏转移所必需的迁移蛋白基因（*mob*），不能通过接合作用完成从一个细胞到另一个细胞的自我转移，在实验中质粒载体是通过转化直接导入受体细胞的。一般情况下，基因工程中所用的质粒主要是非接合型质粒。

1.1.1.2 理想质粒载体的必备条件

根据克隆载体的基本要求，构建的理想质粒克隆载体除了有其他类型载体相同的特点外，还应具有以下条件：

(1) 具有较小的分子质量和较高的拷贝数

首先，质粒转化受体细胞的效率同其 DNA 分子大小相关，小分子质粒的转化率高；其次，较高的拷贝数不仅有利于质粒 DNA 的制备，而且还会使细胞中克隆基因的剂量增加，扩增后回收率高；最后，低分子质量的质粒载体，对限制性核酸内切酶具有多重识别位点的几率也就相应降低，易于用酶切图谱来鉴定。

(2) 具有若干限制性核酸内切酶的单一酶切位点，能满足基因克隆的需求

作为克隆位点的限制性核酸内切酶的识别序列，一般在质粒克隆载体上只有一个。为了便于多种类型末端的 DNA 片段的克隆，质粒克隆载体中往往组装一个含多种限制性核酸内切酶的识别序列的多克隆位点（MSC）连杆。

(3) 具有供选择克隆子的标记基因

这种为宿主细胞提供的选择标记是易于检测的表型性状，而且在有关的限制性核酸内切酶的酶切位点上插入外源 DNA 片段之后所形成的重组质粒，至少仍要保留一个强选择标记。

(4) 缺失 *mob* 基因

这样质粒就能防止一个细胞转移到另一个细胞中，减少了基因工程生物体扩散的危险性。

(5) 插入外源基因的重组质粒较易导入宿主细胞并复制和表达

构建的质粒克隆载体必须含有能在受体细胞内有效复制的质粒复制起始位点，最好是松驰型质粒的复制起始位点。

1.1.1.3 构建质粒载体的基本原则

根据理想质粒载体的必要条件，质粒载体构建的基本原则如下：

① 删除不必要的 DNA 区域，尽量缩小质粒的分子量，以提高外源 DNA 片段的装载量。一般来说，大于 20 kb 的质粒很难导入受体细胞，而且极不稳定。

② 灭活某些质粒的编码基因。例如，灭活促进质粒在细菌种间转移的 *mob* 基因，从而杜绝重组质粒扩散，保证 DNA 重组实验的安全；同时灭活那些对质粒复制产生负调控效应的基因，提高质粒的拷贝数。

③ 加入易于识别的选择标记基因，最好是双重或多重标记，便于检测含有重组质粒的受体细胞。常用的选择标记基因有氨苄青霉素抗性基因（Ap^r 或 Amp^r）、四环素抗性基因（Tc^r 或 Tet^r）、氯霉素抗性基因（Cm^r 或 Cmp^r）等抗性基因。

④ 在选择性标记基因内引入具有多种限制性内切酶识别及切割位点的 DNA 序列，即 MSC，便于多种外源基因的重组；同时删除重复的酶切位点使其单一化，以确保环状质粒分子经酶处理后只在一处断裂，保证外源基因的准确插入。

⑤ 根据外源基因克隆的不同要求，分别加装特殊的基因表达调控元件，构建成不同用途的特殊质粒载体。

1.1.1.4 质粒载体的构建

由于天然质粒直接作为载体有些局限性，因此，必须对天然质粒进行改造，以获得理想质粒载体。质粒载体构建就是在天然质粒的基础上，根据基因工程的需要，除去一些非必需元件，添加一些必需的元件，使其成为一种既带有多种强选择标记，又具有低分子量、高拷贝，以及外源基因插入不影响复制，且具备多种限制性核酸内切酶的单一切割位点等优点的理想载体。

(1) 大肠杆菌质粒载体 pBR322 的构建

pBR322 是人工构建的一种较为理想的大肠杆菌质粒载体，也是目前应用最为广泛的克隆载体。其命名规则是：p——质粒，BR——发明者 Bolivar 和 Rogigerus，322——编号。pBR322 来源于下列 3 个亲本质粒（图 1-4）：① pSE2124，含有 Amp^r 基因；② pMB1，含有松驰型 ColE1 的复制起点（ori）；③ pSC101，含有 Tet^r 基因。其构建的具体过程如图 1-5 所示。首先，在菌体内将 R1drd19 质粒（沙门氏菌中 R1 质粒的一种变异体）的 Tn3 易位子（携带有 Amp^r 基因）易位到 pMB1 质粒上，构成一个较大的 pMB3 质粒。其次，从质粒 pSC101 获得四环素抗性（Tet^r）标记，用 *Eco*R Ⅰ切割 pSC101 和 pMB8，将 Tet^r 基因重组到 pMB8 上，形成大小为 5.3 kb 的 pMB 9。再次，向 pMB 9 中引入

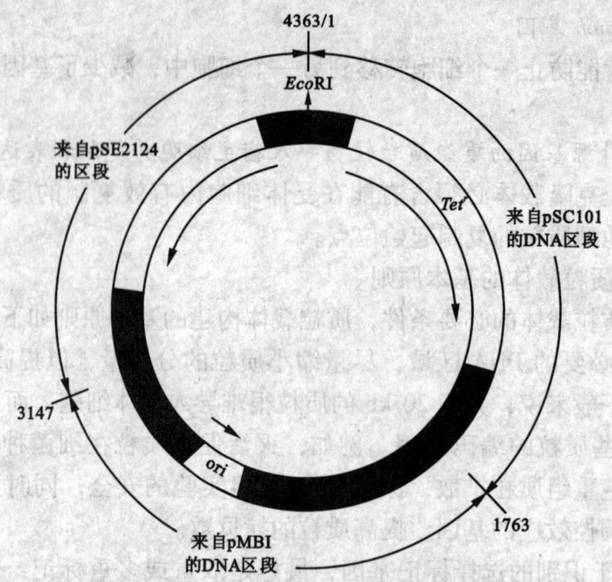

图 1-4　pBR322 质粒载体的结构来源

（引自吴乃虎，1998）

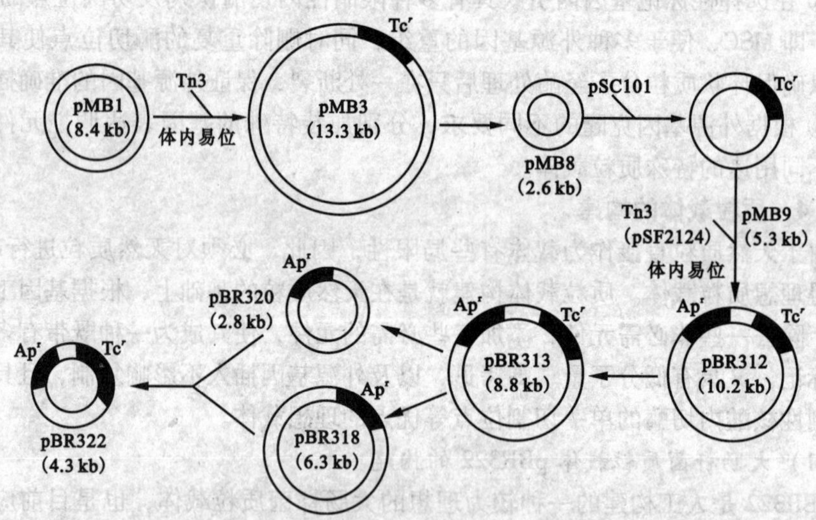

图 1-5　pBR322 质粒载体构建过程示意图

（引自楼士林等，2002）

Amp^r 基因。最后，从 pBR313 质粒下除去两个 *Pst* Ⅰ位点，形成具 Amp^rTet^r 表型的 pBR318 质粒，同时将 pBR313 质粒的 *Eco*R Ⅱ片段去掉，形成具 Amp^rTet^r 表型的质粒 pBR320。然后再将这 2 个都是来源于 pBR313 的派生质粒的酶切消化片段在体外重组，便产生出分子质量进一步缩小的 pBR322 质粒。最终的载体图谱如图 1-6 所示。

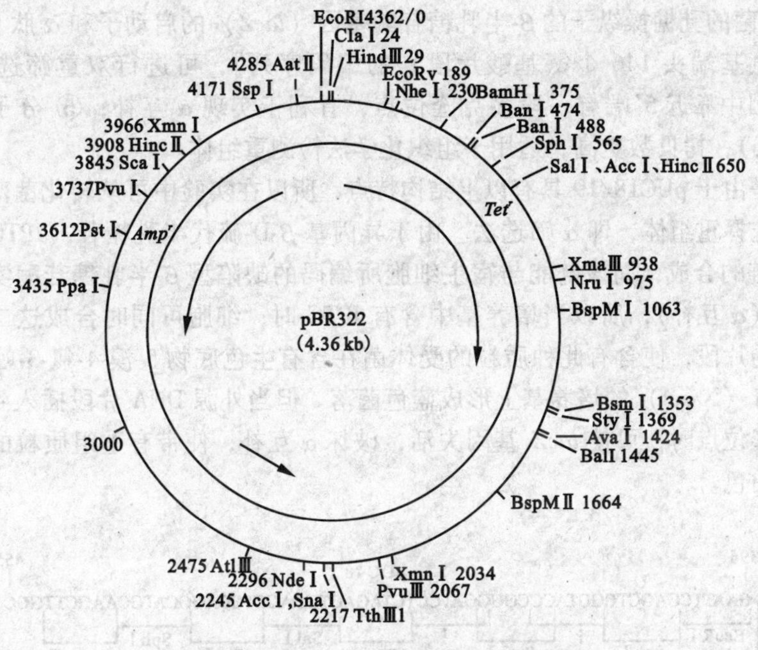

图 1-6　pBR322 质粒限制性内切酶图谱

（引自 Sambrook J. *et al.*，1998）

pBR322 质粒载体具有 3 个优点：

①分子量小（4.3 kb），拷贝数高　pBR322 质粒 DNA 分子核苷酸的计数从 *Eco*RⅠ限制酶的识别位点开始，并公认该序列...GAATTC...中的第一个 T 为核苷酸 1（图 1-6），然后沿着从 Tet^r 基因到 Amp^r 基因按顺时针方向顺序计数。

②具有多个单一的限制性内切酶位点　如 *Eco*RⅠ、*Hind*Ⅲ、*Eco*RV、*Bam*HⅠ、*Sal*Ⅰ、*Pst*Ⅰ、*Pvu*Ⅱ等 7 种限制酶，它们的识别位点是位于四环素抗性基因内部，在其限制位点上插入外源 DNA 都会导致 Tet^r 基因的失活。这种因外源 DNA 插入而导致基因失活的现象，称之为插入失活效应。

③具有两种抗生素抗性基因（Amp^r 和 Tet^r），可供作转化子的选择记号　主要是通过插入失活效应进行筛选含重组 DNA 分子的克隆子。

（2）pUC18/19 质粒载体的构建

pBR322 质粒载体虽含有 Amp^r 和 Tet^r 选择标记基因，可利用 Amp^r 或 Tet^r 基因插入失活效应进行筛选含重组 DNA 分子的克隆子，但这种筛选属于负筛选法，比较麻烦。为了便于直接筛选，又进一步由 pBR322 衍生构建成 pUC18/19 等系列质粒载体。此系列质粒载体与 pBR322 的主要差别是用乳糖操纵子的一个 DNA 片段（446 bp）替换了 pBR322 选择标记 Tet^r 基因。

pUC 系列的质粒载体通常是成对构建的，如 pUC18/19（图 1-7），两者的差别仅在于多克隆位点方向相反。作为一种典型的 pUC 系列的质粒载体，它包括如下几个组成部分：① 来自 pBR322 质粒的复制起点；② 含 Amp^r 抗性基因，但核苷酸序列已不同于 pBR322（不含原来限制酶单一识别位点）；③ 含 *lacZ'*基因

[大肠杆菌的乳糖操纵子的β-半乳糖苷酶基因（*lacZ*）的启动子和α肽（β-半乳糖苷酶氨基端头146个氨基酸片段）的编码序列]，可进行双重筛选；④ 在*lacZ'*基因中靠近5'端有一段多克隆位点，有利于实现α互补；⑤ 分子量更小(2.69 kb)，拷贝数更高，适用于组织化学法检测重组体。

正是由于pUC18/19具有以上结构特点，所以在实验中可从转化菌落颜色的变化来选择重组体，即α筛选法。由于异丙基-β-D-硫代半乳糖苷（IPTG）可诱导α肽链的合成，而该链能与宿主细胞所编码的缺陷型β-半乳糖苷酶实现基因内互补（α互补），所以当培养基中含有IPTG时，细胞可同时合成这二个功能上互补的片段，使含有此种质粒的受体菌在含有生色底物5-溴-4-氯-3-吲哚-β-D-半乳糖苷（X-gal）的培养基上形成蓝色菌落。但当外源DNA片段插入到质粒上的多克隆位点时，可使*lacZ'*基因失活，破坏α互补，使带有重组质粒的细菌菌落呈现白色。

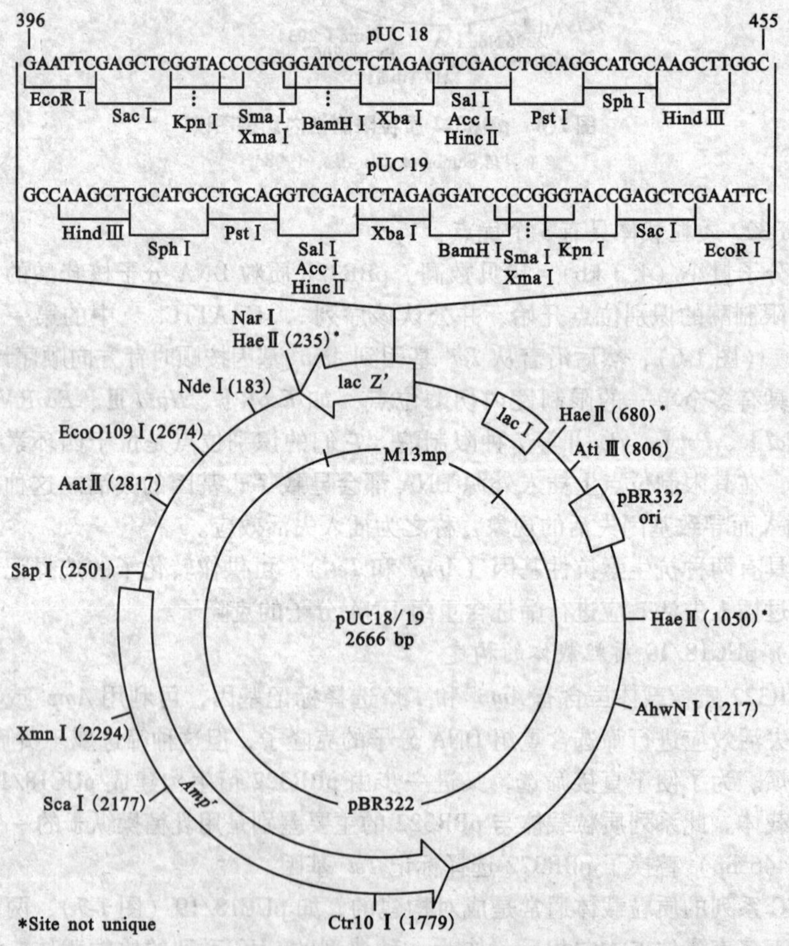

图1-7 pUC18/19的限制性内切酶图谱及多克隆位点

(3) pGEM 系列多功能载体的构建

这类载体具有多种功能，它可以根据需要进行体外转录、克隆、测试、基因表达等方面的基因操作。pGEM 系列质粒载体都是由 pUC 系列质粒载体衍生而来的，它们含有：① 由不同噬菌体编码的依赖于 DNA 的 RNA 聚合酶转录单位的启动子和转录起始位点；② 具备 Amp^r 基因和多克隆位点；③ lac 启动子调控区及编码 lacZ α 肽的基因；④ 噬菌体 f1 的复制起始点；⑤ pUC/M13 正反序列分析引物的结合位点。这些多功能载体主要用于体外转录、对重组体进行组织化学筛选、分子克隆、测序和基因表达等基因工程操作。

(4) 大肠杆菌中所用的表达质粒载体的构建

表达质粒载体是指专用于在宿主细胞中高水平表达外源蛋白质的质粒载体。在基因工程中，人们感兴趣的通常并不是目的基因本身，而是其编码的蛋白质产物，特别是那些在商业上、医药上，以及科研方面具有重要意义的蛋白质。根据所表达的蛋白是否分泌到细胞外，可将表达质粒载体分为非分泌型表达载体（即胞内表达载体）和分泌型表达载体。在此仅简单介绍大肠杆菌中所用的表达质粒载体。作为表达载体必须含有：① 强的启动子（如 Lac、Trp、来自 T7 噬菌体的 T7 启动子等）；② 在启动子下游区和起始密码子（ATG）上游区有一核糖体结合位点序列（SD 序列），可促进蛋白质翻译；③ 在外源基因插入序列的下游区有一个强转录终止序列，保证外源基因的有效转录和 mRNA 的稳定性。例如，pTA1529 是一种分泌型表达载体，在其启动子之后有一个信号肽编码序列，外源基因连同信号肽基因一起转录，翻译成带有信号肽的外源蛋白，当蛋白质分泌到位于大肠杆菌细胞内膜与细胞外膜之间的周质时，信号肽被信号肽酶所切割，便可得到成熟的外源蛋白。

1.1.2 λ 噬菌体载体

1.1.2.1 λ 噬菌体生物学特性

(1) λ 噬菌体基因组结构与功能

λ 噬菌体的基因组是一条线性双链 DNA 分子，大小为 48 502 bp，在 λ DNA 分子的两端各有 12 个碱基的单链互补黏性末端，左边为 5′-GGGCGGCGACCT-3′，右边为 3′-CCCGCCGCTGG A-5′。当 λ 噬菌体进入细菌细胞后，其 DNA 可迅速通过黏性末端配对而形成双链环状的 DNA 分子。这种由黏性末端结合形成的双链区域称为 *cos* 位点（cohesive-end site）（图 1-8）。

λ 噬菌体的基因组含有至少 61 个基因，56 种限制性核酸内切酶识别位点，如 6 个 *Bgl* Ⅱ位点，5 个 *Bam*H Ⅰ位点，5 个 *Eco*R Ⅰ位点，7 个 *Hind* Ⅲ位点等。为了述说方便，往往人为地将 λ 噬菌体的基因组分为 2 个区域：

① 非必需基因：介于基因 *J* 与基因 *N* 之间，被外源基因插入并不影响其生命活动；取代了非必需基因的外源基因可随寄主细胞一道复制和增殖。

② 必需基因：除了非必需基因外的所有基因，参与噬菌体生命活动（图 1-9）。

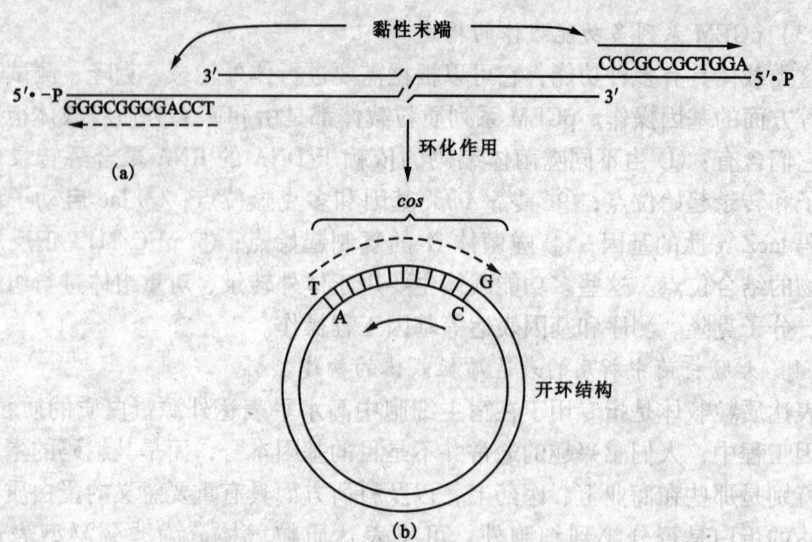

图 1-8　λ 噬菌体线性 DNA 分子的黏性末端及其环化作用

（引自吴乃虎，1998）

（a）具有互补单链末端（黏性末端）的 λDNA 分子，注意在 12 个碱基中，有 10 个 G 或 C，仅有 2 个是 A 或 T　（b）通过黏性末端之间的碱基基间作用力实现的线性分子的环化作用，由此形成的双链区叫做 *cos* 位点

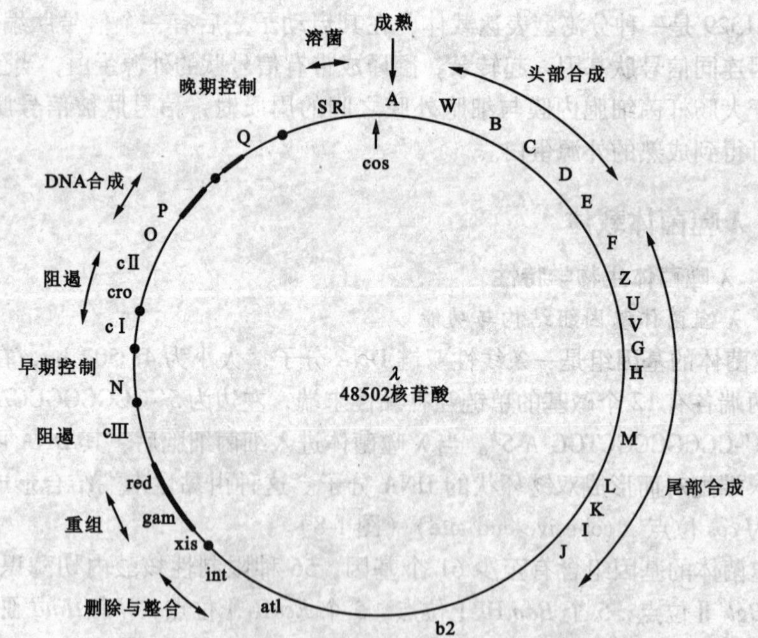

图 1-9　细胞内环化形式的野生型 λ 噬菌体基因图

（引自吴乃虎，1998）

只标示出主要的基因，在包装进蛋白质壳之前，λ DNA 在 *cos* 位点切开，这样的基因图便是线性的，其中一端靠近 A 基因，另一端位于 R 基因附近

(2) λ 噬菌体的生活周期

λ 噬菌体由 DNA（λ DNA）和外壳蛋白组成，菌体分头部和尾部，λ DNA 集中在头部。根据噬菌体和宿主的关系可分为烈性噬菌体和温和噬菌体。温和噬菌体的感染周期有两种途径，即裂解途径和溶源途径，通过这两种途径所进行的生活周期分别称为裂解周期和溶源周期（图 1-10）。

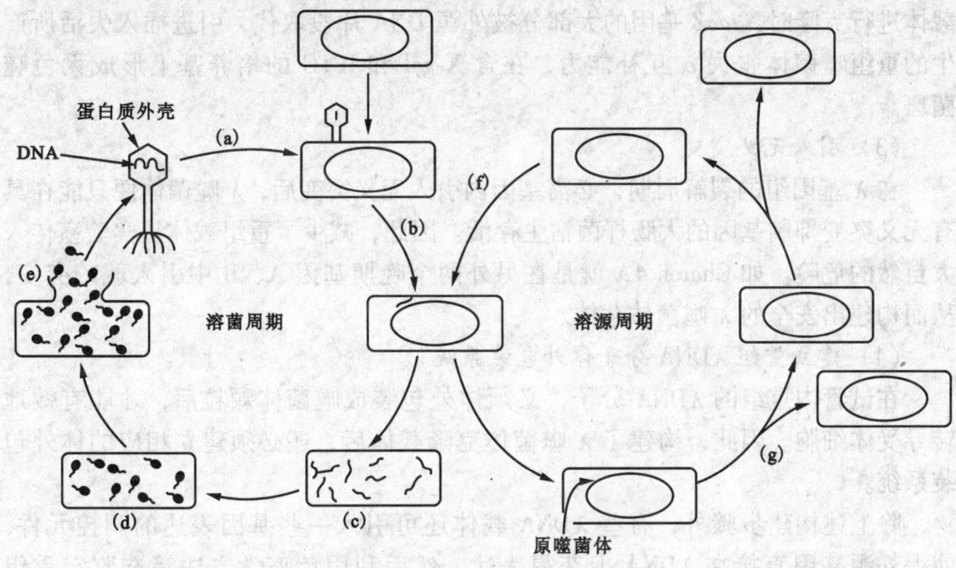

图 1-10 噬菌体的生命周期

（引自吴乃虎，1998）

当温和噬菌体的 DNA 注入到感染的寄主细胞之后，有时会如同烈性噬菌体一样马上进行增殖，有时又会整合到寄主染色体上，转变成原噬菌体 (a) 噬菌体增殖的第一步是吸附到寄主细胞上，同一个细胞可以同时吸附一个以上的噬菌体颗粒 (b) 噬菌体的 DNA 注入到感染的寄主细胞内 (c) 噬菌体 DNA 大量增殖 (d) 子代噬菌体颗粒的组装 (e) 寄主细胞溶菌，释放出大量的新的噬菌体颗粒 (f) 噬菌体的 DNA 从寄主染色体 DNA 上删除下来。发生这种情况很少有，平均每 10 000 次溶源性细胞染色体的分裂周期，才有一次的几率 (g) 溶源性细胞通常按照正常细胞的速率进行分裂

1.1.2.2 λ 噬菌体载体的构建

野生型 λ 噬菌体不适于直接用作基因克隆的载体。主要原因是：① λ DNA 基因组大，而且复杂，特别是其中具有多个基因克隆常用的限制性核酸内切酶识别位点；② λ 噬菌体外壳只能接纳一定长度（即相当于 λ 基因组大小的 75% ~ 105%）的 DNA 分子。所以要满足理想基因工程载体的条件，必须对野生型 λ 噬菌体 DNA 进行改造，以构建 λ 噬菌体载体。具体改造过程如下：

(1) 切除 λ DNA 的非必需区段

在 λ DNA 分子上，一种限制性核酸内切酶往往有多个识别序列。这些限制性核酸内切酶的识别序列有的在非必需区内，有的在必需区内。用这样的限制性核酸内切酶切割，可以切去非必需区，但是同时也会切去必需区而使 λ DNA 上的某些功能消失。因此，对于某种限制性核酸内切酶来说，在构建的克隆载体上只能保留 1 ~2 个识别序列作为克隆位点，用于插入或替换外源 DNA 片段。因此，必须用点突变或甲基化酶处理等方法来使必需区内的这种酶的识别序列失效，以避免外源 DNA 片段插入必需区。

(2) 在 λ DNA 的非必需区引入适当的选择标记

例如，引入大肠杆菌的 *lacZ'* 基因，它们在含 X-gal 和 IPTG 的培养基上，与相应的无 lac 基因的宿主通过 α 互补作用在平板上可形成深蓝色噬菌斑。用这种载体进行克隆时，*lacZ* 基因的大部分被外源 DNA 片段取代，引进插入失活所产生的重组噬菌体丧失 α 互补能力，在含 X-gal 和 IPTG 的培养基上形成无色噬菌斑。

(3) 引入无义突变

在 λ 基因组的裂解周期，必需基因内引入无义突变后，λ 噬菌体便只能在具有无义突变抑制基因的大肠杆菌宿主存活。因此，减少了重组载体从实验室传入大自然的危险。如 Charon 4A 就是在另外两个晚期基因 A、B 中引入琥珀突变，从而构建出安全的 λ 噬菌体载体。

(4) 建立重组 λDNA 分子体外包装系统

在试管内重组的 λDNA 分子，必须体外包装成噬菌体颗粒后，才能有效地转导受体细胞。因此，构建了 λ 噬菌体克隆载体后，还必须建立相应的体外包装系统。

除上述构建步骤外，有些 λDNA 载体还可引入一些基因表达的调控元件，使得外源基因直接在 λDNA 上获得表达，然后利用免疫学方法筛选鉴定重组分子。

目前，基因工程常用的 λ 噬菌体载体主要有两类：

①置换型载体（replacement vectors）　允许外源 DNA 片段替换非必需 DNA 片段的载体，称为置换型载体（图 1-11）。具有两个酶切位点或两组排列相反的多克隆位点，其间的 DNA 片段可被外源 DNA 置换。这类载体适于克隆 5 ~ 20 kb 的外源基因片段，常用于构建基因组 DNA 文库。

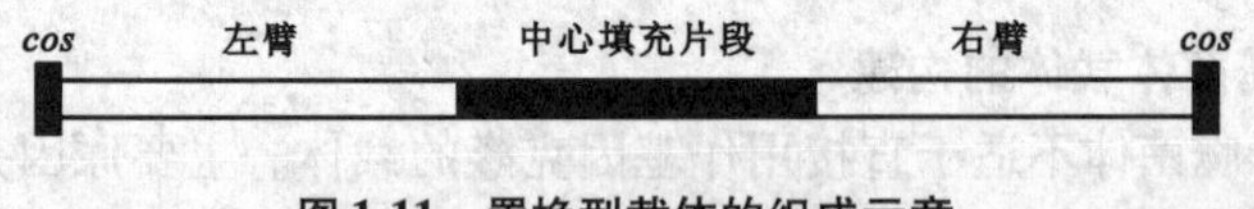

图 1-11　置换型载体的组成示意

②插入型载体（insertion vectors）　通过特定的酶切位点允许外源 DNA 片段插入的载体，称为插入型载体。这类载体只有一个限制性内切酶位点或一组多克隆位点可供外源基因插入，允许插入 5 ~ 7 kb 的外源 DNA，适于构建 cDNA 文库，如 λgt10 噬菌体载体。

λgt10 载体大小为 43 340 bp，是经典的噬菌体载体，主要用作 cDNA 克隆，允许的插入片段大小为 0 ~ 6 kb（图 1-12）。外源 DNA 量有限时较常用，克隆效率高。图 1-12 为 λgt10 载体的结构示意。

1.1.2.3 λ 噬菌体载体的应用

λ 噬菌体载体主要用于以下几个方面。

①基因组 DNA 文库的构建；

②cDNA 文库的构建；

③大容量载体（如黏粒等）中增殖的大片段外源 DNA 序列的亚克隆。

需要强调的是，使用 λ 噬菌体进行克隆时，需要进行一些必要的操作程序以获得较高的效率：① λ 噬菌体载体的制备（λ 噬菌体臂的纯化，利用碱性磷酸酶处理载体，用两种或多种限制酶消化填充片段）；② λ 噬菌体的体外包装（模仿 λ 噬菌体天然包装过程，在体外人为地将重组 DNA 分子与高浓度噬菌体的头前体、包装蛋白和噬菌体尾部混合在一起，使之组装成完整的噬菌体颗粒）（图 1-13）。

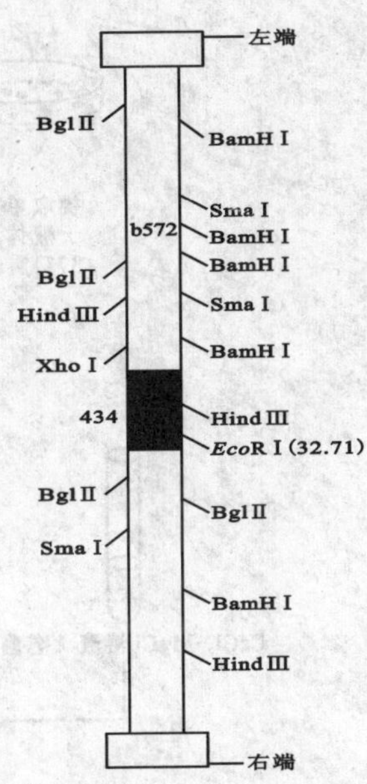

图 1-12 λgt10 载体的结构示意

1.1.2.4 λ 噬菌体 DNA 的分离与纯化

重组噬菌斑可按照制备质粒 DNA 的方法分离得到

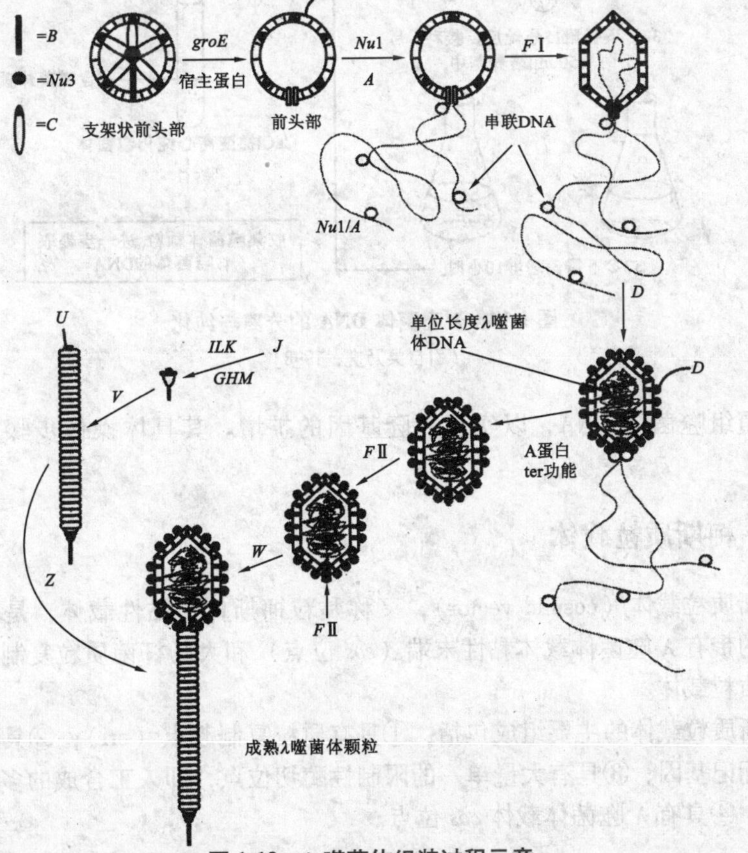

图 1-13 λ 噬菌体组装过程示意

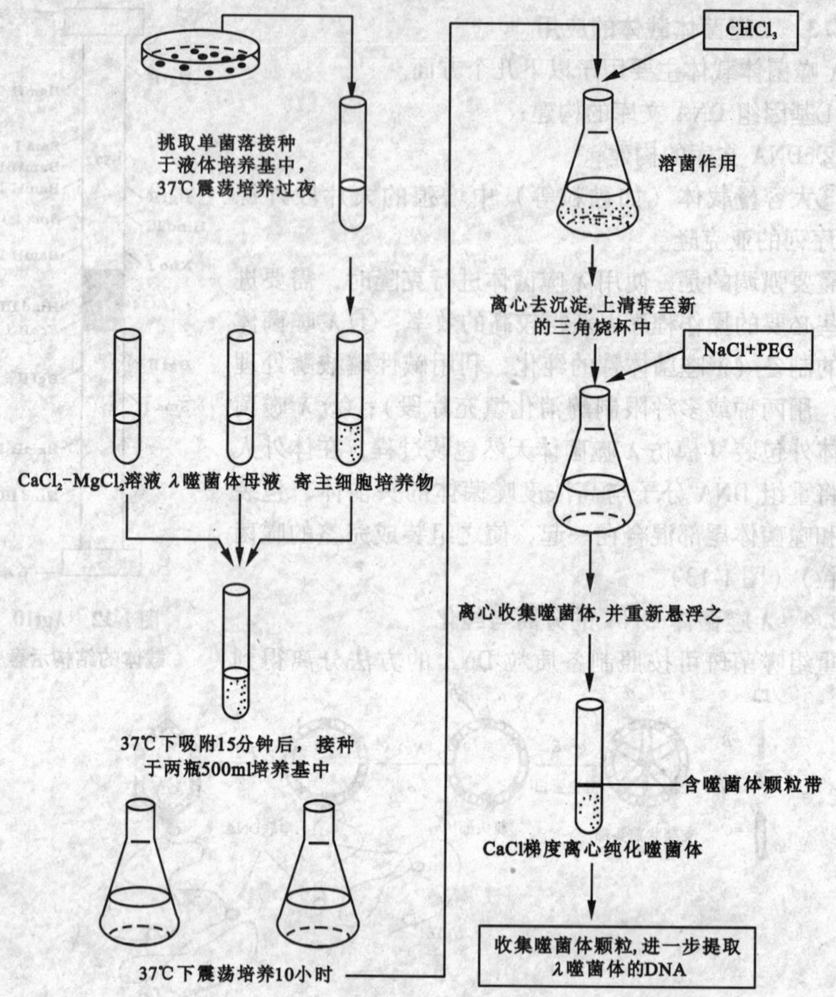

图 1-14 λ 噬菌体 DNA 的分离与纯化

（引自吴乃虎，1998）

大量的重组噬菌体 DNA，以实现克隆基因的扩增。其具体操作步骤如图 1-14 所示。

1.1.3 柯斯质粒载体

柯斯质粒载体（cosmid vector），又称黏粒柯斯体、黏性载体，是一类由人工构建的带有 λ 噬菌体载体黏性末端（*cos* 位点）和大肠杆菌质粒复制子的特殊类型的质粒载体。

柯斯质粒载体的主要组成包括：①具有质粒复制起点（ori）；②具有 1 至几个选择标记基因；③具有大量单一的限制性酶切位点，即人工合成的多克隆位点（MCS）；④具有 λ 噬菌体载体 *cos* 位点。

1.1.3.1　柯斯质粒载体的基本特点

柯斯质粒载体的基本特点主要有以下几个方面：

（1）具有 λ 噬菌体载体特点

① 可体外包装，且转染率高；② 可导入细胞后再进行环化，进行复制，提高基因的拷贝数；③ 不能进入溶源周期，不会形成子代 λ 噬菌体，利于基因片段保持同质稳定性。

（2）具有质粒载体特点

① 可像质粒 DNA 一样进行自我复制；② 质粒一般都有 Cm^r，可在氯霉素作用下进一步扩增，有利于严紧型载体拷贝数在单个宿主中的增加；③ 具有其他的抗生素抗性标记。

（3）具有高容量的克隆能力

cosmid 载体的大小一般为 5 ~ 10 kb，按 λ 噬菌体包装的量计算，能承载的最大克隆约为 42 kb，最小的也有 33 kb。因此，用这样的 cosmid 载体能克隆大的外源 DNA 片段。

（4）具有与同源序列的质粒进行重组的能力

当 cosmid 与一种带有同源序列的质粒共存于同一个宿主细胞中时，它们之间便会通过同源重组形成共合体。

1.1.3.2　柯斯克隆

应用柯斯质粒载体，在大肠杆菌细胞中克隆大片段的真核基因组 DNA 技术，称作“柯斯克隆”。这种技术的理论依据是，在线性 λ 噬菌体 DNA 分子的每一端，都具有一段彼此互补的单链突出序列，即所谓 *cos* 位点。

柯斯质粒作为载体进行基因克隆的一般程序是：先用特定的限制性核酸内切酶局部消化真核生物的 DNA，产生出高分子量的外源 DNA 片段再与经同样的限制性核酸内切酶切割过的柯斯质粒线性 DNA 分子进行体外连接反应。由此形成的连接产物群体中，有一定比例的分子是两端各有一个 *cos* 位点、长度为 40 kb 左右的真核 DNA 片段，而且这两个 *cos* 位点在取向上是一样的。这种分子同在 λ 噬菌体感染晚期所产生的分子是类似的，可作为 λ 噬菌体 Ter 功能的一种适用底物。因此，当加入 λ 噬菌体的包装连接物时，它能识别并切割这种两端由 *cos* 位点包围着的 35 ~ 45 kb 长的真核 DNA 片段，并把这些分子包装进 λ 噬菌体的头部。当然，由包装形成的含有这种DNA片段的 λ 噬菌体头部是不能存活的，但可以它们用来感染大肠杆菌。感染后注入细胞内的这种真核 DNA - *cos* 杂种便通过 *cos* 位点环化起来，并按质粒分子复制和表达的方式进行复制和表达其抗药特性（图 1-15）。

1.1.4　M13 单链噬菌体载体

1.1.4.1　M13 噬菌体的基因组结构

以大肠杆菌为宿主的噬菌体除了基因组 DNA 较大且呈双链结构的 T 系列噬菌体外，还含有一些分子量较小的单链环状噬菌体，其中研究得较为深入的有两

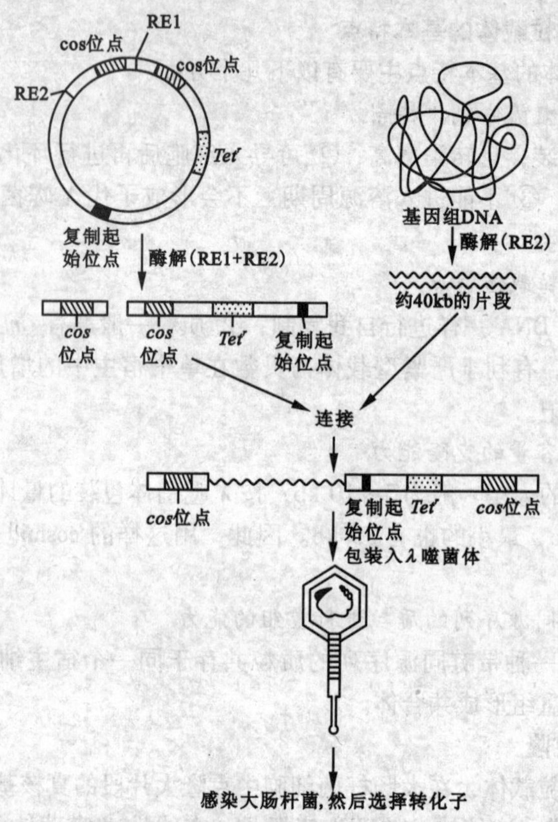

图 1-15　用柯斯质粒克隆大片段 DNA 的流程示意

大家族：主体对称型噬菌体（如 174 和 G4）和雄性专一性丝状噬菌体（如 fl、fd 和 M13）。后者特异性感染含有 F 性散毛结构的大肠杆菌，而且 3 个噬菌体的基因组 DNA 具有很高的同源性。

M13 是丝状噬菌体，大小为 900 nm × 9 nm，长 6 407 个核苷酸，它的基因组 90% 以上都是编码蛋白质基因，分为 10 个区，即基因 *I* 、基因 *II* 、…基因 *X* 。成熟的 M13 噬菌体只含有 DNA 正链，但所有的噬菌体基因均由 DNA 负链转录。在 *II* 和 *IV* 之间有一个长度为 507 个核苷酸（从第 5 498 个核苷酸至第 6 005 个核苷酸）的基因间隔区（IS 区），其上含有复制起点，但基因间隔区的有些核苷酸序列即使发生突变、缺失或插入外源 DNA 片段，也不影响噬菌体 DNA 的复制。M13 噬菌体与宿主菌性散毛结合后，将其单链 DNA（正链）通过散毛内腔注入细菌细胞内，成熟的噬菌体颗粒则从细胞内通过挤压的方式释放出去，并不裂解宿主细胞。然而这种感染过程在一定程度上妨碍了细菌的生长，因此，在生长着大肠杆菌宿主菌的培养平板上，单一 M13 噬菌体颗粒的无性繁殖系导致其区域内的宿主菌比其他区域的宿主菌生长慢，从而形成典型的混浊型噬菌斑。

1.1.4.2　M13 DNA 的复制和 M13 噬菌体的增殖

M13 噬菌体 DNA 的复制周期如图 1-16 所示，其主要步骤包括：

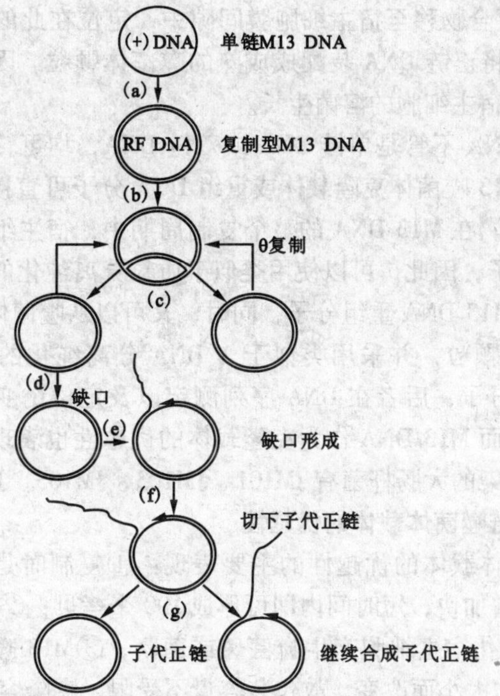

图 1-16 M13 噬菌体颗粒在感染大肠杆菌细胞中的复制过程

（引自吴乃虎，1998）

（a）感染性单链环形（+）DNA 在寄主酶的作用下转变成双链 RF DNA （b）RF-DNA 按 θ 形式进行若干复制循环 （c）RF-DNA 的负链转录成 M13 的 Mrna （d）M13 基因*Ⅱ*编码的蛋白质作用于 DNA 正链的特定位点，切割形成切口 （e）复制叉沿负链模板移动，不断合成子代（+）DNA （f）M13 基因*Ⅱ*蛋白质切下完整的子代（+）DNA，并进行环化 （g）继续合成子代（+）DNA

①在寄主酶的作用下，以进入宿主细胞的噬菌体 DNA 正链为模板，复制其互补的 DNA 负链，形成亲本双链复制型 DNA（RF-DNA）。RF-DNA 按 θ 形式进行若干复制循环；

②由基因*Ⅱ*编码的蛋白质作用于 DNA 正链的特定位点，切割形成切口，并以负链为模板，在宿主细胞 DNA 聚合酶Ⅲ的作用下，从游离的正链 3′末端复制一个正链分子；

③蛋白Ⅱ切开正链二聚体，形成一个带有缺口的 RF 双链分子（由亲本负链与子代正链组成）以及一个被取代了的亲本正链，后者自我环化，继续复制单链 DNA，由此进入 RF-DNA 复制的新一轮循环，每一轮循环都涉及到双链变单链和单链变双链的两个过程；

④与此同时，负链 DNA 还作为转录模板合成子代（+）DNA，不断表达出更多的基因*Ⅱ*和*Ⅴ*的编码产物。

当宿主细胞内 RF-DNA 增殖到 100～200 个分子时，基因*Ⅴ* 的表达产物也已积累到一定的浓度，它通过与正链 DNA 结合形成单链 DNA—蛋白复合物，特异性抑制其复制负链 DNA 的活性，导致宿主细胞内正链 DNA 的大量积累。然后正链 DNA—蛋白 V 复合物移至宿主细胞膜间隙中，定位在此的已经合成的包装蛋白系取代蛋白 V，将正链 DNA 装配成成熟的噬菌体颗粒。因此，M13 噬菌体的增殖过程不会导致宿主细胞的溶菌生长。

制备的 M13 DNA 不管是单链 DNA 或双链 DNA，均可转染大肠杆菌受体细胞，所以构建的 M13 噬菌体克隆载体或重组 DNA 分子可直接转入受体细胞，不需要进行体外包装。在 M13 DNA 的整个复制周期中，宿主细胞内存在多拷贝的双链 RF - DNA 分子，因此，可以使用类似于质粒分离纯化的方法从菌体内制备 RF - DNA 载体和 M13 DNA 重组分子，同时，又可以从噬菌体感染的细菌培养上清液中收获噬菌体颗粒，并采用类似于 λ DNA 分离纯化的方法制备单链 M13 DNA 或重组 DNA 分子，后者在 DNA 序列测定以及定位诱变等分子生物学操作中是极为有用的，而 M13 DNA 作为克隆载体的优越性也表现在这里。用于 M13 噬菌体克隆载体转染的大肠杆菌有 JM101、JM103、JM105、JM107、JM109 等。

1.1.4.3 M13 单链噬菌体载体的优越性

M13 单链噬菌体载体的优越性的主要表现：①复制时是双链的，其形式是 RF-DNA，拷贝数增加快，短时间内即可形成 100 个拷贝；②无论是 ss DNA 或 ds DNA 都可干扰或转化宿主细胞产生噬菌斑或菌落；③M13 噬菌体颗粒大小可随插入染色体 DNA 的大小而改变，故包装容量不受限，克隆容量大。

1.1.4.4 M13 DNA 的改造

M13 DNA 上的所有基因都是噬菌体增殖所必需的，因此不能删除任何 DNA 片段，所缺少的是选择标记和合适的克隆位点。由于 M13 DNA 上的基因排列较为紧密，供 DNA 片段插入的区域仅限于 IS 区域，因而 M13 DNA 载体改造的内容包括：①通过定点诱变技术封闭重复的重要限制性酶切口；②引入合适的选择性标记基因，如含有启动子、操作子和 β - 半乳糖苷酶氨基端编码序列（*lacZ′*）的乳糖操纵子片段（*lac*）、组氨酸操纵子片段（*his*）以及抗生素抗性基因等；③将人工合成的多克隆位点接头片段插在选择标记基因内，如 *lacZ′*，这使得含有重组子的噬菌斑呈白色，而只含有载体 DNA 的混浊噬菌斑呈蓝色；④在多克隆位点接头片段的两侧区域改为统一的 DNA 测序引物序列，使得重组 DNA 分子的单链经分离纯化后，可直接进行测序反应。

1.2 植物基因工程载体

自 20 世纪 60 年代以来，人们发现一些质粒和病毒 DNA 能进入植物细胞并稳定地存在和复制，从而推测可利用这些质粒和病毒 DNA 作为外源基因的载体，有可能将目的基因成功引入植物细胞。现在这些推测已经得到证实，并发展了多种该类型载体系统，在实践中也总结出作为真核基因表达载体所必备条件，即：

①含有原核基因的复制起始序列（如 ColE Ⅰ 复制起始序列 ori）以及筛选标记（如 Amp^r），便于在 *E. coli* 中进行扩增和筛选；

②含有真核基因的复制起始序列［如 SV40 病毒序列、酵母 autonomously

replicating sequence（ARS）序列］以及真核细胞的筛选标记（如氨基糖苷 *G418* 抗性基因）；

③含有有效的启动子序列（可包含有增强子等各种顺式作用元件）；

④RNA 聚合酶*II* 所需的转录终止子和 poly（A）加入的信号序列；

⑤合适的供外源基因插入的限制性内切酶位点。

1.2.1 植物基因工程载体的种类及特性

植物基因工程载体依其功能及构建过程，可分为 4 大类型 9 种载体（图 1-17）。

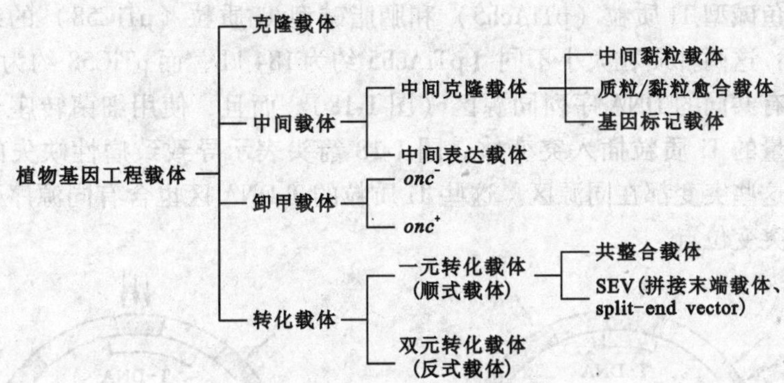

图 1-17 植物基因工程载体的种类示意

（引自王关林等，2002）

（1）目的基因克隆载体

目的基因克隆载体与微生物基因工程类似，通常是由多拷贝的 *E. coli* 质粒为载体，其功能是保存和克隆目的基因。

（2）中间载体

分中间克隆载体和中间表达载体。中间克隆载体是由大肠杆菌质粒插入 T-DNA 片段及目的基因、标记基因等构建而成，它是构建中间表达载体的基础质粒；而中间表达载体是含有植物特异启动子的中间载体，其功能是作为构建转化载体的质粒。

（3）卸甲载体

卸甲载体是解除武装的 Ti 质粒或 Ri 质粒，其功能是作为构建转化载体的受体质粒（大质粒）。

（4）植物基因转化载体

植物基因转化载体是最后用于目的基因导入植物细胞的载体，亦称工程载体。它是由中间表达载体和卸甲载体构建而成。根据它的结构特点又可分为两种转化载体，即一元载体系统和双元载体系统。

虽然植物基因转化系统有多种，但植物基因工程载体主要是指应用于载体转化系统中的载体，具体包括 Ti 质粒转化载体、Ri 质粒转化载体及病毒转化载体等。其中 Ti 质粒转化载体是最主要的。下面以 Ti 质粒为例详细叙述植物基因工程载体的结构、功能及构建过程。

1.2.2 根瘤农杆菌 Ti 质粒

1.2.2.1 Ti 质粒的类型、遗传结构

Ti 质粒是根瘤农杆菌染色体外的遗传物质，为双股共价闭合的环状 DNA 分子，其分子量为 $95\times10^5\sim156\times10^5$ Da，约有 200 kb 碱基对。依其诱导的植物冠瘿碱种类不同，分为章鱼碱型（ocopine）、胭脂碱型（nopaline）、农杆碱型（agropine）和农杆菌素碱（agrocinopine）或琥珀碱型（sucinamopine）4 种类型。

从章鱼碱型 Ti 质粒（pTiAch5）和胭脂碱型 Ti 质粒（pTiC58）的组织结构比较来看：这两种质粒大小不同（pTiAch5 约为 184 kb，而 pTiC58 约为202 kb），但它们具有共同的 DNA 序列同源区（图 1-18），而且，使用细菌转座子均可产生一定数量的 Ti 质粒插入突变体。图 1-18 箭头表示导致致瘤性缺失的突变位点，所有这些突变都在同源区。这些 Ti 质粒的 T-DNA 区也含有同源序列和致瘤性缺失的突变位点。

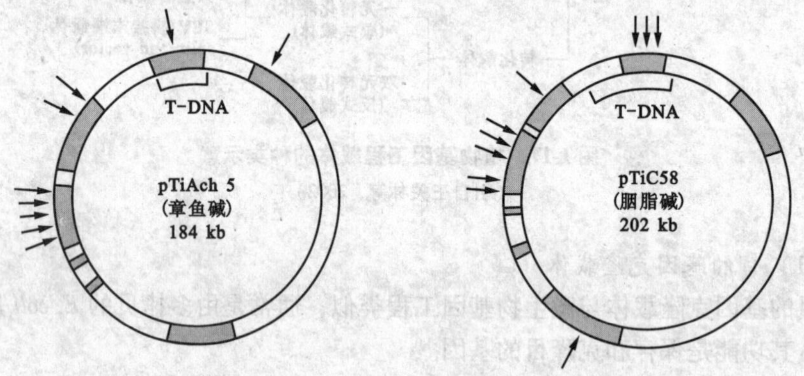

图 1-18 章鱼碱型 Ti 质粒（pTiAch5）和胭脂碱型质粒（pTiC58）的组织结构比较

图中黑色部分表示 DNA 同源区；导致致瘤性丢失的插入（转座子）突变的位置用垂直箭头表示；T-DNA 区用空白部分表示

从章鱼碱型 Ti 质粒的遗传图谱上标明的重要功能区域上看，它与其他质粒组织结构基本类似。Ti 区有一专门用于接合转移的功能区域和一个复制起点，另有 4 个标记区域：2 个 T-DNA 区（T_L 和 T_R）、1 个能增强 T-DNA 转移的增强子序列区和毒性区（Vir 区）（图 1-19）。

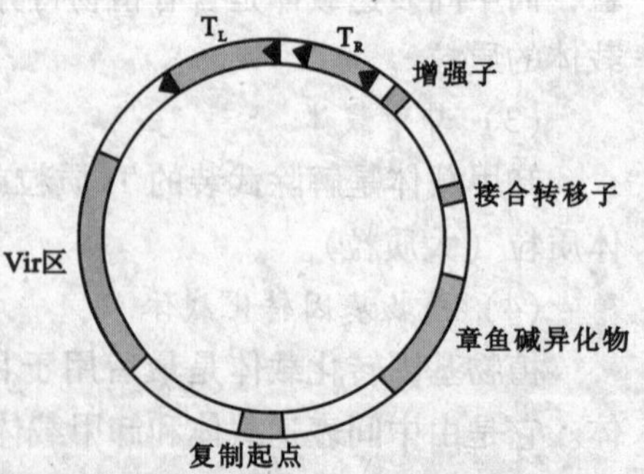

图 1-19 章鱼碱型 Ti 质粒的遗传图谱

1.2.2.2 Ti 质粒的基因位点及其功能区域

一般来说，Ti 质粒通常可分为 4 个区（图 1-20）：

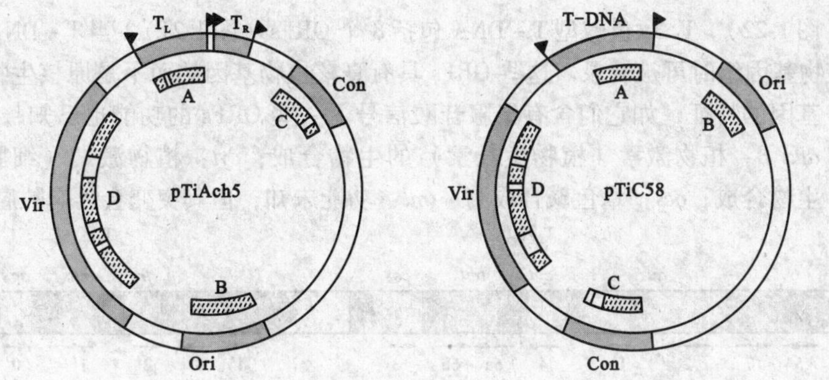

图 1-20 章鱼碱型 pTiAch5 和胭脂碱型 pTiC58Ti 质粒的基因图

（引自 John 等，1988）

（1）T-DNA 区

Chilton 等（1977，1978）利用分子杂交技术证明植物肿瘤细胞中存在一段外来 DNA，它与 Ti 质粒的 DNA 有同源性，是整合到植物染色体的农杆菌质粒 DNA 片段，称转移 DNA（transferred DNA，T-DNA），其内含有致瘤合成酶和冠瘿碱合成酶等基因。该 DNA 片段上的基因与肿瘤的形成有关。

（2）Vir 区（virulence region）

该区段上的基因能激活 T-DNA 转移，使农杆菌表现出毒性，故称之为毒区。T-DNA 区与 Vir 区在质粒 DNA 上彼此相邻，合起来约占 Ti 质粒 DNA 的 1/3。

（3）Con 区（regions encoding conjugations）

该区段上存在着与细菌接合转移的有关基因（*tra*），调控 Ti 质粒在农杆菌之间的转移。冠瘿碱能激活 *tra* 基因，诱导 Ti 质粒转移，因而称之为接合转移编码区。

（4）Ori 区（origin of replication）

该区段基因调控 Ti 质粒的自我复制，故称之为复制起始区。

1.2.2.3 Ti 质粒的生物学功能

Ti 质粒的功能可归纳为以下 7 个方面：①为农杆菌提供附着于植物细胞壁的能力；②参与寄主细胞合成植物激素吲哚乙酸（IAA）和一些细胞分裂素的活动；③诱导植物产生冠瘿瘤并决定所诱导的肿瘤的形态学特征和冠瘿碱成分；④赋予寄主菌株具有分解代谢各种冠瘿碱化合物的能力；⑤赋予寄主菌株对土壤杆菌所产生的细菌素的反应性；⑥决定寄主菌株的植物寄主范围；⑦有的 Ti 质粒能够抑制某些根瘤土壤杆菌噬菌体的生长与发育，即具有对噬菌体的“排外性”。

1.2.2.4 T-DNA 的结构与功能

章鱼碱型 Ti 质粒（pTiAch5）包括两个 T-DNA 区（图 1-21），分别称为左边界（T_L 或 T_B）和右边界（T_R 或 R_B）。T_L 和 T_R 通过一个 24 bp 的正向重复结合在一起，重复序列与胭脂碱型 Ti 质粒的 T-DNA 正向重复边界序列具有序列同源性（图1-22）。T_L 章鱼碱型 T－DNA 包括8个 ORFs（图1-21），当 T－DNA 整合到植物基因组时可被转录。这些 ORFs 具有真核植物基因的而不是原核生物（细菌）基因的特征，如它们含有聚腺苷酸信号。一些 ORFs 的功能也已知，如 *aux* A 和 *aux* B：植物激素（植物生长素）的生物合成；*cyt*：植物激素（细胞分裂素）生物合成；*ocs*：章鱼碱合成酶；*tml*：功能未知，但其突变会影响肿瘤大小。

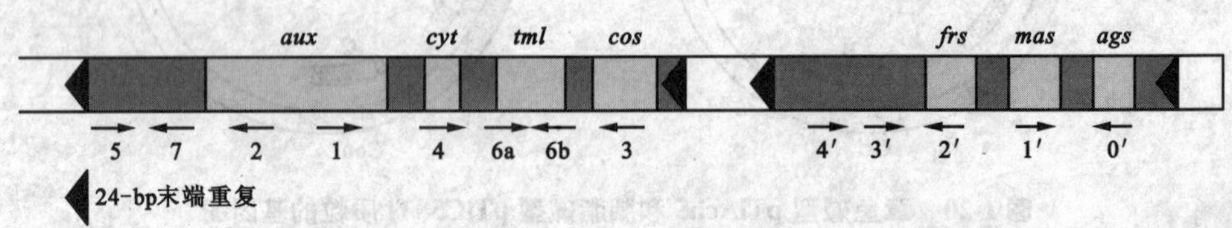

图1-21 章鱼碱型 Ti 质粒的 T-DNA 区的遗传图谱

图中1～7箭头表示 T_L 区的开放可读框0′～4′，箭头部分表示 T_R 区的开放读码框。灰白部分表示已知功能区：*aux*，生长素的生物合成；*cyt*，细胞分裂素生物合成；*tml*，肿瘤大小；*ocs*，章鱼碱合成酶；*frs*，果糖冠瘿碱合成酶；*mas*，甘氨酸成合酶；*ags*，土壤杆菌氨基酸合成酶

(a)

胭脂碱	TGGCAGGATATATTGTGGTGTAAAC	左
	TGACAGGATATAT－GGCGGGTAAAC	右
章鱼碱	CGGCAGGATATAT－CAATTGTAAAT	左
	TGGCAGGATATAA－CCGTTGTAATT	右

碱基表明胭脂碱左边界直接重复序列区别

(b)

增强子序列　　TAAGTCGCTGTGTATGTTTGTTTG

图1-22 Ti 质粒的 T-DNA 边界序列与增强子（超强子）序列

(a) 胭脂碱型和章鱼碱型 Ti 质粒的 T-DNA 边界正向重复序列　(b) T-DNA 转移的增强子（超驱动）序列

在 T_R 区，有5个 ORFs，人们认为其中3个基因负责后续冠瘿碱的生物合成，即 *frs*（果糖冠瘿碱合成酶）、*mas*（甘氨酸合成酶）和 *ags*（土壤杆菌氨基酸合成酶）。

T_R 区有 24 bp 正向重复且能整合到植物 DNA 中，然而没有包含植物激素生物合成基因，这就解释了为什么 T-DNA 区无致瘤性。

已知右边 T-DNA 边界重复是 T-DNA 转移所必需的，而左边边界重复则不重要。来自仅包含右边 T-DNA 边界序列的农杆菌 Ti 质粒构件的 DNA 能转移，部分原因在于增强子序列（有时称之为"超驱动序列"）的存在。这个 24 bp 增强子序列（图1-22）由于存在于 T-DNA 区域之外，但又与右边 T-DNA 边界靠近，因而未被转移到植物基因组中。

1.2.3 农杆菌 Ti 质粒基因转化机理

已知农杆菌附着到植物细胞后只留在细胞间隙中。T-DNA 首先在细菌中被加工、剪切、复制，然后转入植物细胞，并非整个 Ti 质粒都进入植物细胞。

目前，对 T-DNA 从土壤农杆菌到植物细胞核染色体转移的分子机制的理解还远不够，但是这个过程的某些组分已能被鉴定出来，并且已有较为成熟的分子机制模型（图 1-23）。在这个模型里，VirD1、VirD2、VirD3 的蛋白复合体在 T-DNA边界重复区产生单链缺口（图 1-23a），然后 VirD2 蛋白共价连接在被置换的单链 DNA 分子的 5′末端（图 1-23b）。

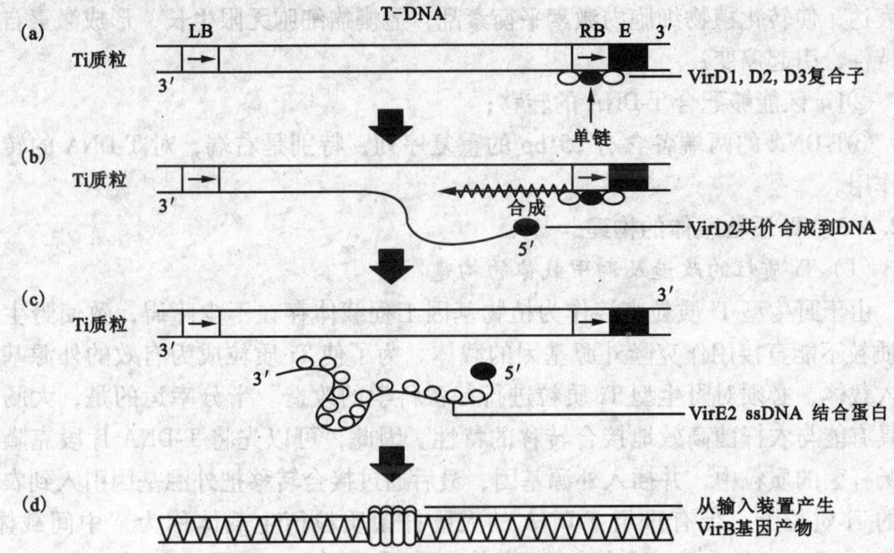

图 1-23 土壤农杆菌单链 T-DNA 形成模型图

表示 VirD1、VirD2、VirD3、VirE2 和 VirB 操纵子的推定功能。参见本文对（a）~（d）阶段的解释

随着单链 DNA-VirD2 分子从双链 DNA 中被置换出来，DNA 修复体系替换这个 DNA 单链，然后被置换的单链结合 VirE2 蛋白，这种结合假定能稳定单链分子（图 1-23c）。现已知在具有活性 *Vir* 基因的土壤农杆菌中，存在 T-DNA 区域的单链和双链拷贝。负责从细菌内输出 T-DNA 的膜结构是由 *VirB* 操纵子编码的蛋白组成（图 1-23d）。

1.2.4 根癌农杆菌 Ti 质粒的改造及载体构建

1.2.4.1 天然 Ti 质粒不能作为转基因载体的原因

虽然 Ti 质粒是植物基因工程的一种天然载体，但野生型 Ti 质粒直接作为植物基因工程载体存在如下障碍：

①分子量过大，一般在 160 ~ 240 kb，难以进行遗传操作；

②缺乏合适的克隆位点；

③T-DNA 区内含有许多致癌基因，其中 *Onc* 基因的产物干扰宿主植物中内源激素的平衡，致使转化细胞变异生成肿瘤，从而阻碍细胞的分化和植株的再生；

④不能在大肠杆菌中复制，在农杆菌中能进行扩增，但农杆菌的接合转化率

极低（10%左右）；

⑤存在一些对于 F DNA（性因子 DNA）转移不起任何作用的基因。

1.2.4.2　Ti 质粒致癌的原因：

Ti 质粒之所以能够致癌，其主要原因有：

①位于 T-DNA 上的一个基因（致癌基因）借助于 T-DNA 整合到植物染色体，T-DNA 保守区上的 *Tms*（肿瘤形态茎芽基因）和 *Tmr*（肿瘤形态根基因）的表达，使转化植物细胞内激素平衡紊乱，冠瘿瘤细胞无限生长，形成激素自主性特性，引起癌变；

②*Vir* 区能够配合 T-DNA 的转移；

③T-DNA 的两端各含有 25 bp 的重复序列，特别是右端，对 T-DNA 的转移起作用。

1.2.4.3　Ti 质粒载体的构建

（1）Ti 质粒的改造及卸甲载体的构建

由于野生型 Ti 质粒直接作为植物基因工程载体存在不少障碍，致使野生型 Ti 质粒不能直接用作克隆外源基因的载体。为了使 Ti 质粒成为有效的外源基因导入载体，必须对野生型 Ti 质粒进行一番科学的改造。十分幸运的是，大肠杆菌具有能与农杆菌高效地接合转移的特性。因此，可以先将 T-DNA 片段克隆到大肠杆菌的质粒中，并插入外源基因，最后通过接合转移把外源基因引入到农杆菌的 Ti 质粒上。带有重组 T-DNA 的大肠杆菌质粒衍生载体称为“中间载体”（intermedisate vector），而接受中间载体的 Ti 质粒则称为“受体 Ti 质粒”（acceptor Ti plasmid），一般是卸甲载体（disarmed vector）。

卸甲载体就是无毒的（non-oncogenic）Ti 质粒载体。由于在利用野生型的 Ti 质粒作载体时，影响植株再生的直接原因是 T-DNA 的 *Onc* 基因的致瘤作用。因此，为了使野生型的 Ti 质粒成为基因转化载体，就必须用大肠杆菌的一种常用质粒 pBR322 代替 T-DNA 上的 *Onc* 基因，即“解除”其“武装”，构建成所谓“卸甲”载体。

常用的受体 Ti 卸甲载体有 3 种，即 pGV3850 *onc*$^-$ 载体、pGV2260 *onc*$^-$ 载体和 pTiB6S3SE *onc*$^-$ 载体。

（2）中间载体的构建

中间载体是为解决 Ti 质粒不能直接导入目的基因的困难而构建的，是一种在一个普通大肠杆菌的克隆载体（如 pBR322 质粒）中插入了一段合适的 T-DNA 片段而构成的小型质粒。从结构特点看可分为两类：共整合系统中间载体和双元载体系统中间载体（图 1-24）。共整合系统中间载体应具有以下特征：① 中间载体必须含有与受体 Ti 质粒同源的序列，有利于重组；② 应具有位点，在有诱导存在的情况下，位点的存在可以使中间载体在不同细菌细胞内进行转移；③ 具有一个或几个细菌选择标记，有利于筛选共整合质粒；④ 含有植物选择标记，有利于植物转化细胞的筛选；⑤ 含有多克隆位点，以利于外源基因的插入；⑥ 可以没有 Ti 质粒的边界序列。而后者与前者不同之处在于：① 不要求系统中的

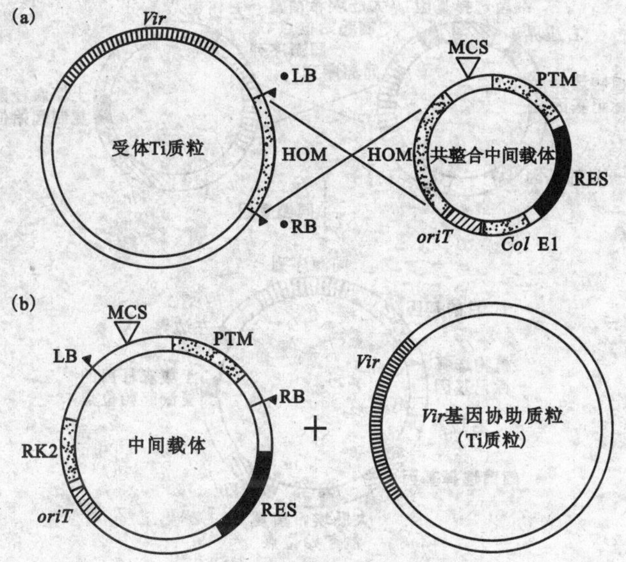

图1-24 两种不同的中间载体和两种不同结构的 Ti 受体质粒（引自 John 等，1988）
（a）共整合系统中间载体 （b）和双元载体系统中间载体

两质粒具有同源序列；② 具有 LB 和 RB 边界序列；③ 必须具有在农杆菌中自主复制的复制子。

常用的基因工程中间载体有：

①广谱中间载体：所谓广谱中间载体是由大肠杆菌广谱质粒克隆 T-DNA 片段后构建而成的。它既能在大肠杆菌中复制，又能在农杆菌中复制。例如，常用的广谱质粒 RK2 衍生的载体 pRK290。

②pBR322 衍生的中间载体：这类中间载体含有 pBR322 质粒的部分序列，是由 pBR322 质粒或其衍生质粒亚克隆 T-DNA 片段而形成。

1.2.4.4 中间表达载体对植物的转化

中间载体失去了野生型质粒的侵染能力，不能直接将外源基因导入植物细胞，必须有相应的辅助质粒或受体 Ti 质粒的存在，才能形成可以侵染植物细胞的基因转化载体，这一步是在农杆菌细菌中完成，只要把中间载体转入农杆菌即可。

（1）一元载体系统的构建

这一类载体系统是由一个共整合系统中间表达载体与改造后的受体 Ti 质粒组成，通常又称为共整合载体（co-integrated vector），如图 1-25 所示。在农杆菌内，通过同源重组将外源基因整合到修饰过的 T-DNA 上，形成可穿梭的共整合载体，在 *Vir* 基因产物的作用下完成目的基因向植物细胞的转移和整合。但这类方法构建困难，整合体形成率低，一般不常用。

（2）二元载体系统的构建

从根癌农杆菌冠瘿病发展而来的双元载体系统是建立在从 Ti 质粒到植物核

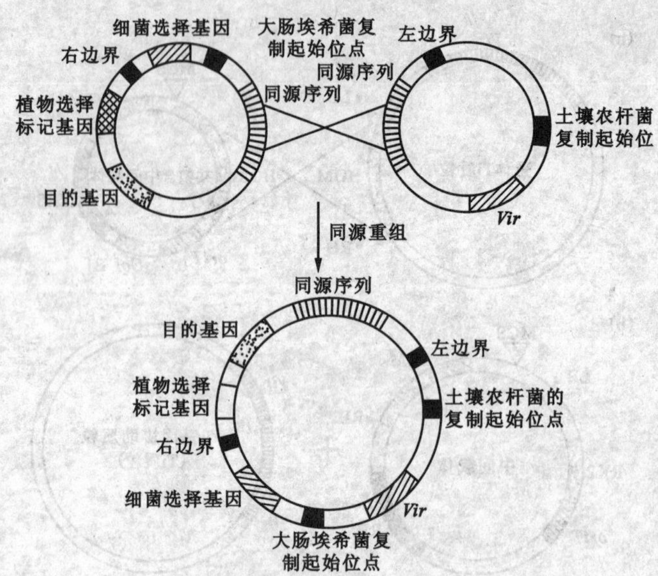

图 1-25　共整合载体与农杆菌质粒重组过程

（引自瞿礼嘉等，1998）

染色体的 T-DNA 转移机理的两种特征上的：

①T-DNA 整合到植物染色体 DNA 所必需的惟一 T-DNA 序列是末端重复序列，这意味着在 T-DNA 边界重复间的 Ti 质粒基因可以被其他遗传信息所取代。因此，这些基因可被转移到植物染色体上。

②产生 T-DNA 转移装置的 *Vir* 基因具有反式互补作用，也就是说，这些基因不必与 T-DNA 位于同一质粒或复制子上。

根癌农杆菌 Ti 质粒的植物转化载体系统所必需的特性可归纳如下：

①去除 T-DNA 上的致癌基因 *aux*A、*aux*B 和 *cyt*，可阻止导致未分化细胞生长的植物激素的过量产生。体外调控植物激素的浓度和比率可诱导已分化的茎和根的生长。

②存在 MCS。多克隆位点是在 T-DNA 边界重复内由一系列单个限制性酶切位点组成的，可允许转化时新 DNA 的插入。

③T-DNA 边界重复内存在选择性标记，允许对具有 T-DNA 构件的植物细胞进行选择。选择性标记经常是源于细菌的抗生素抗性基因（卡那霉素抗性，潮霉素抗性），这些基因通过添加适当的植物信号（植物启动子和聚腺苷酸信号）“转变”成植物基因来进行基因表达。

④在①至③中已详细阐述的 T-DNA 构件应位于一个小型质粒上，这样就很容易在大肠杆菌（*E. coli*）内操作。该质粒应包含质粒克隆载体的一般特征，也就是高拷贝数目复制，包含一个细菌转化的选择性标记（抗生素抗性）和有限的限制性核酸内切酶酶切位点。因此，在 MCS 中的限制性酶切位点是单一的。

⑤含有 T-DNA 构件的小质粒一定能在大肠杆菌内复制和允许 DNA 分子操

作，在根癌农杆菌内将把 T-DNA 构件转移到植物细胞。

⑥使用的根癌农杆菌菌株必须含有卸甲 Ti 质粒，这种质粒包括所有的毒性基因，但没有转移 T-DNA。因此，它不具有致瘤性，但能转移存在于其他更小和更易操作的质粒 T-DNA 构件。

常用的植物转化双元载体质粒如图 1-26 所示：小型质粒 pBAG3（13.5 kb）含有 T-DNA 边界重复序列（LB 和 RB），它是 pBin19 质粒衍生的第一代质粒中的一个。在 T-DNA 的 LB 和 RB 重复序列之间的区段包括以下几部分：

① MCS 含有 21 个单限制性核酸内切酶酶切位点；

② 该 MCS 在 *lacZα* 序列内，此序列编码大肠杆菌 β-半乳糖苷酶（β-galactosidase）N-末端部分，它能与适当的大肠杆菌寄主互补，在细菌转化体中产生有活性的 β-半乳糖苷酶，从而可通过 α-互补产生的蓝白噬菌斑来选择重组体 pBAG3 质粒；

③ 细菌的新霉素磷酸转移酶基因（*Npt* Ⅱ）的编码序列把卡那霉素抗性赋予细胞。为了使此基因能在植物细胞中表达，在其 5′端处有一个花椰菜花叶病毒（CaMV）的 35S 启动子。该启动子在植物的各个部分都具有很高的基因表达水平，且不受环境因素的影响，因此，称之为组成型启动子。尽管启动子来源于病毒，但它与植物的启动子类似，因为在天然的病毒基因组中允许病毒蛋白通过植物转录和翻译产生。*Npt* Ⅱ 基因也有 3′非编码区（包括一个聚腺苷酸信号），它

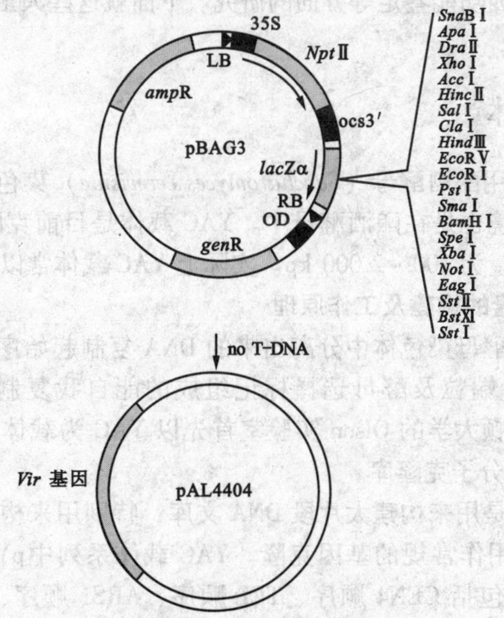

图 1-26 植物转化的双元载体

pBAG3 质粒包括左手边界（LB）和右手边界（RB）T-DNA 重复序列和一个 MCS. pBAG3 质粒可以在大肠杆菌和根癌农杆菌中复制；pAL4404 根癌农杆菌中卸甲辅助质粒；35s，花椰菜花叶病毒的组成型启动子；ocs 3′，章鱼碱合成酶基因的 3′端非编码区；OD，超驱动序列；*lacZα*，5′编码序列加上 *lacZα* 基因的启动子

是在 Ti 质粒章鱼碱合成酶基因（*ocs*）编码序列的 3′末端插入形成的。此序列确保转录的正确终止和 poly（A）尾添加到 *Npt* Ⅱ基因的 mRNA 上，*Npt* Ⅱ嵌合基因将在植物细胞上表达和赋予卡那霉素抗性。

除 T-DNA 的 LB 和 RB 边界序列外，pBAG3 还包括 RB 附近的增强子或超驱动（OD）序列及两个细菌的抗性基因（*gen*R：庆大霉素抗性、*amp*R），它们可作为大肠杆菌和根癌农杆菌质粒选择的另外抗性选择标记。

卸甲 Ti 质粒（pAL4404）是 pTiAch5 的衍生物，pTiAch5 T-DNA 区缺失，但含有全部功能 *Vir* 基因（图 1-26）。

1.3　人工染色体载体

以 λ 噬菌体为基础构建的载体的最大克隆容量只有 24 kb，而柯斯质粒载体也只有 45 kb。许多真核基因由于过于庞大而不能作为单一片段克隆于这些载体中，特别是人类基因组计划、水稻基因组计划需要能克隆更长 DNA 片段的载体。为此，人们开始构建一系列的人工染色体，如酵母人工染色体（yeast artificial chromosome，YAC）、细菌人工染色体（bacterial artificial chromosome，BAC）、P1 派生人工染色体（P1-derived artificial chromosome，PAC）、哺乳动物人工染色体（mammalian artificial chromosome，MAC）等。这类载体主要应用于构建基因组文库、基因治疗、基因功能鉴定等方面的研究。下面就这些人工染色体载体作一简要概述。

1.3.1　YAC 载体

YAC 载体是利用酿酒酵母（*Saccharomyces cerevisiae*）染色体的复制元件构建的载体，其工作环境也是在酿酒酵母中。YAC 载体是目前克隆容量最大的 DNA 克隆载体，克隆容量为 100～2 000 kp。实际上 YAC 载体常以质粒形式出现。

1.3.1.1　YAC 克隆的构建及工作原理

YAC 载体是由酵母染色体中分离出来的 DNA 复制起始序列（ARS，自主复制序列）、着丝点、端粒及酵母选择标记组成的能自我复制的线性克隆载体。1987 年，美国华盛顿大学的 Olson 实验室首先以 YAC 为载体构建了插入片段平均长度为 150 kb 的分子克隆库。

YAC 载体主要是用来构建大片段 DNA 文库，特别用来构建高等真核生物的基因组文库，并不用作常规的基因克隆。YAC 载体系列中pYAC2的遗传结构图（图 1-27），它主要包括 CEN4 顺序、TEL 顺序、ARS1 顺序、TRP1 和 URA3 顺序、ori 和 Amp^r、SUP4 顺序及 HIS3 顺序等 7 个基本功能单位。当用 *Bam*H Ⅰ和 *Sma* Ⅰ切割成线状后，就形成了一个微型酵母染色体。将上述各功能单位组装于 pBR322 的合适位点上，即构成了载体 pYAC2。其一般构建过程如图 1-28 所示：首先用 *Bam*H Ⅰ酶切去除载体 pYAC2 上的 HIS3 顺序，再用 *Eco*R Ⅰ切开克隆位点，形成 YAC 的左右两臂，左臂含有端粒（TEL）、酵母筛选标记 Trp1、自主复制序列 ARS 和着丝粒（CEN4），右臂含有酵母筛选标记 URA3 和 TEL。在制备待克隆的 DNA 时，需将细胞包埋在琼脂糖凝胶中进行细胞裂解、蛋白质消化和 *Eco*R Ⅰ 酶切。酶切片段通过脉冲电场凝胶电泳分离，可制备100～1 000 kb 的 DNA 片段。将经 PFGE 分离的大片段 DNA 与 YAC 的左右两臂用连接酶连接，转化酵母细胞即构成 YAC 克隆。

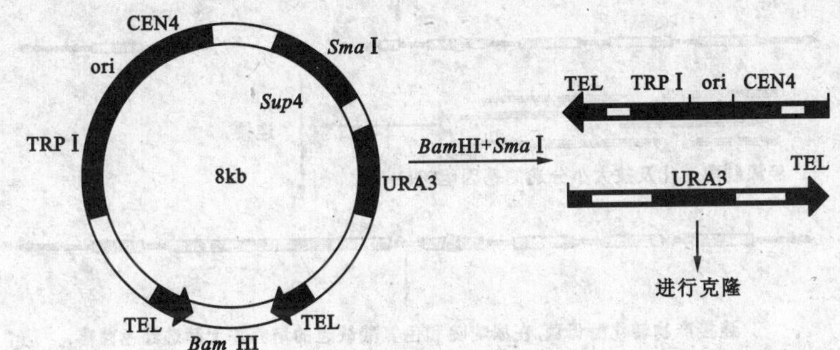

图 1-27　pYAC2 结构与功能图

① CEN4 顺序，保证 YAC 在酵母细胞分裂时向两极运动；② TEL 顺序，保证 YAC 末端不被降解和重组，且能够稳定地复制；③ ARS1 顺序，保证 YAC 在酵母细胞中自主复制；④ SUP4 顺序，为酵母细胞 Trp-tRN 基因的一个赭石突变抑制基因，其中包含有克隆位点；⑤ TRP1 和 URA3 顺序，分别是酵母色氨酸和尿嘧啶营养缺陷型 *trp*1⁻ 和 *ura*3⁻ 的野生型等位基因，在相应的营养缺陷型酵母细胞中可作为选择标记，它们分别位于克隆位点的两侧，当有外源基因插入时，分别出现在 YAC 的左、右臂上，如果将 YAC 转入 *trp*1⁻ 和 *ura*3 宿主菌后，则转化子能在选择性培养基上生长；⑥ ori 和 Amp^r，分别为质粒 pBR322 的复制起点和氨苄青霉素抗性基因，可使 YAC 在大肠杆菌中复制和扩增以及便于筛选

在酵母细胞中，YAC 载体可以链状分子的形式稳定地复制与扩增。对于 *Bam*H Ⅰ 切割后形成的微型酵母染色体，当用 *Eco*R Ⅰ 或 *Sma* Ⅰ 切割抑制基因 *Sup*4 内部的位点后形成染色体的两条臂。在与外源大片段 DNA 在该切点相连后形成一个大型人工酵母染色体，通过转化进入到酵母菌后即可像染色体一样进行复制，并随细胞分裂分配到子细胞中去，以达到克隆大片段 DNA 的目的。装载了外源 DNA 片段的重组子导致抑制基因 *Sup*4 插入失活，从而形成红色菌落；而载体自身连接后转入到酵母细胞中形成白色菌落。这些红色的装载了不同外源 DNA 片段的重组酵母菌菌落的群体就构成了 YAC 文库。由于 YAC 载体上带有 ori 顺序，因而也可将 YAC 载体作进一步亚克隆序列分析。

1.3.1.2　YAC 载体的优缺点

YAC 载体的最大优点是可容纳更长的 DNA 片段，使得用不多的克隆即可包含特定基因组全部序列，可保持基因组特定序列的完整性，利于制作物理图谱。另外，YAC 载体在功能基因和基因组研究中是一个非常有用的工具。由于高等真核生物的基因大多数是多外显子结构并且有较长的内含子，因此，大型基因组片段可通过 YAC 载体转移到动物或动物细胞系中进行功能研究。当然，YAC 载体也存在一些缺点，主要有：①用其克隆外源基因易出现嵌合体（40%～60%）；②某些克隆不稳定，有从插入序列丢失其内部区段的倾向；③YAC 克隆

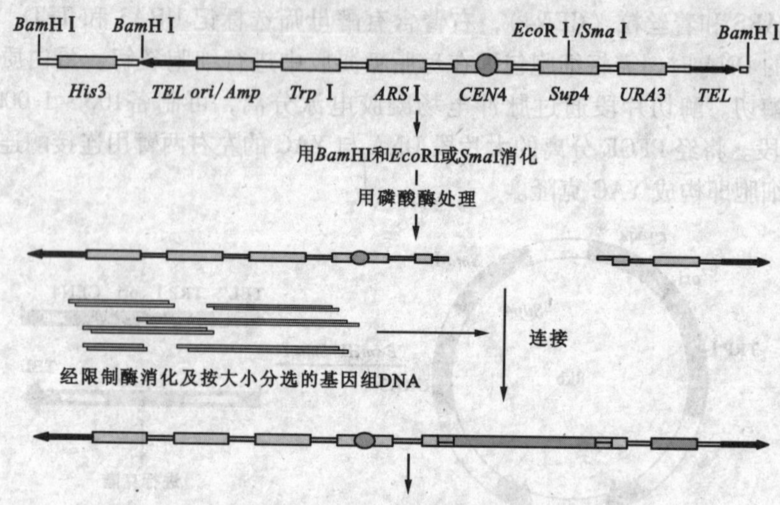

图 1-28　YAC 的构建程序示意

不容易与15 Mb的酵母自身染色体相分离，给制备 YAC 克隆带来许多不便。

1.3.2　BAC 载体

BAC 是以细菌 F 因子为基础组建的高通量、低拷贝的细菌克隆体系。BAC 载体是通过去除 F 因子的转移区、整合区等复制非必需区段，并引入多克隆位点及选择标记构建而成的。每个环状 DNA 分子中均携带 1 个抗生素抗性标记，1 个来源于大肠杆菌 F 因子（致育因子）的严谨型控制的复制子 *ori*S，1 个易于 DNA 复制的由 ATP 驱动的解旋酶（RepE）以及 3 个确保低拷贝质粒精确分配至子代细胞的基因座（*par*A，*par*B 和 *par*C ）。BAC 载体的低拷贝性可以避免嵌合体的产生，减小外源基因的表达产物对宿主细胞的毒副作用。

新型的 BAC 载体可以通过 α 互补的原理筛选含有插入片段的重组子，并设计了用于回收克隆 DNA 的 *Not* Ⅰ 酶酶切位点和用于克隆 DNA 测序的 Sp6 启动子、T7 启动子。*Not* Ⅰ 酶识别序列，位点十分稀少。重组子通过 *Not* Ⅰ 酶消化后，可以得到完整的插入片段。Sp6、T7 是来源于噬菌体的启动子，用于插入片段末端测序。pBeloBAC Ⅱ 是一种常用 BAC 载体（图 1-29）。

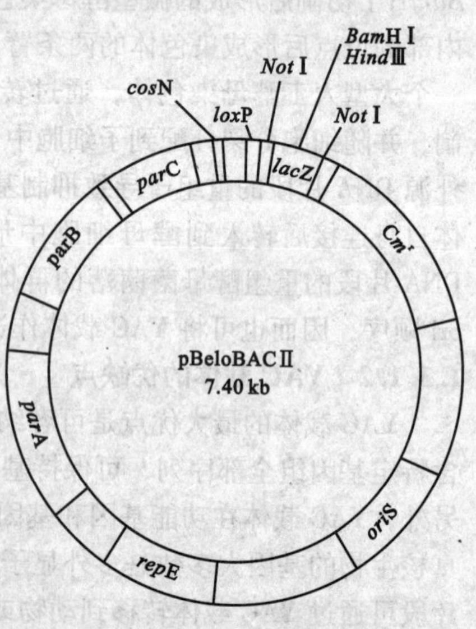

图 1-29　pBeloBAC Ⅱ 遗传结构图

（引自 F. 奥斯伯等，1998）

BAC 载体的特点是：拷贝数低，稳定，

比 YAC 载体易分离；大多数 BAC 文库中克隆的平均大小约 120 kb，但个别的 BAC 重组子中含有的基因组 DNA 最大可达 300 kb。外源基因组 DNA 片段可以通过酶切、连接克隆到 BAC 载体多克隆位点上，通过电穿孔的方法将连接产物导入大肠杆菌重组缺陷型菌株。装载外源 DNA 后的重组质粒通过氯霉素抗性和 *lacZ* 基因的 α-互补筛选。BAC 载体的缺点是对无选择标记的 DNA 片段的产率低。

1.3.3 MAC 载体

MAC 载体是一类正在研究之中的人工染色体，设想从哺乳动物细胞中分离出复制起始区、端粒以及着丝点，以组建 MAC 载体来克隆大于 1 000 kb 的外源 DNA 片段。它主要用于哺乳类细胞中染色体的功能研究和体细胞基因治疗。

1.4 工具酶

DNA 重组技术中对核酸的“精雕细刻”主要是以酶为工具来完成的。分子生物学研究过程中发现的酶，许多都被用作工具，所以统称为工具酶。表 1-2 列出了最常用的几种工具酶。

表 1-2 DNA 重组技术中最常用的工具酶

工 具 酶	主 要 用 途
限制性核酸内切酶	识别 DNA 特定序列，切断 DNA 链
DNA 聚合酶 I 或其大片段（Klenow）	①缺口平移制作标记 DNA 探针
	②合成 cDNA 的第二链
	③填补双链 DNA3′凹端
	④DNA 序列分析
耐热 DNA 聚合酶（*Taq* DNA 聚合酶等）	聚合酶链反应（PCR）
DNA 连接酶	连接两个 DNA 分子或片段
多核苷酸激酶	催化多核苷酸 5′羟基末端磷酸化，制备末端标记探针
末端转移酶	在 3′末端加入同质多聚物尾
SI 核酸酶，绿豆核酸酶	降解单链 DNA 或 RNA，使双链 DNA 突出端变为平端
DNA 端酶 I	降解 DNA，在双链 DNA 上产生随机切口
RNA 酶 A	降解 RNA
磷酸酶	切除核酸末端磷酸基

1.4.1 限制性核酸内切酶

1.4.1.1 限制性核酸内切酶的概念

核酸酶可分为两类：核酸外切酶（exonuclease）与核酸内切酶（endonuclease）。核酸外切酶是从核酸的一端开始，一个接一个把核苷酸水解下来；核酸内切酶则从核酸链中间水解 3′，5′磷酸二酯键，将核酸链切断。很多细菌和细胞都能识别外来的核酸并将其分解。1962 年发现细菌中含有特异的核酸内切酶，能识别特定的核酸序列而将核酸切断；同时，还发现存在特定的核酸修饰酶。最常见的核酸修饰酶是甲基化酶，它能使细胞自身核酸序列上特定的碱基甲基化，从而避免受内切酶水解；而外来核酸没有这种特异的甲基化修饰作用，则易被细胞内核酸酶所水解。这种细胞内独特的限制——修饰体系，其主要功能是用来保护自身的 DNA，降解外来的 DNA，以保护和维持自身遗传信息的稳定，这对细菌的生存和繁衍具有重要意义。这也是限制性核酸内切酶名称中“限制”两字的由来。

1.4.1.2 限制性核酸内切酶的命名原则

限制性核酸内切酶的命名原则是，用具有某种限制性内切酶的有机体学名的缩写来命名酶的名称：用有机体属名的第一个字母（大写）和种名的前两个字母（小写）构成酶的基本名称，若来源于特殊菌株，再加上菌株名称的符号，其后的罗马数字表示在该特殊菌株中发现此种酶的先后次序。例如，从流感嗜血杆菌 d 菌株（*Haemophilus influenzae* d）中先后分离到 3 种限制内切酶，则分别命名为 *Hind* Ⅰ、*Hind* Ⅱ和 *Hind* Ⅲ。

1.4.1.3 限制性核酸内切酶的分类

根据限制性核酸内切酶的组成、与修饰酶活性关系及切断核酸的情况不同，限制性核酸内切酶可以分为 3 类，其基本特性如表 1-3 所示。

表 1-3 三类限制性核酸内切酶

	Ⅰ	Ⅱ	Ⅲ
DNA 底物	dsDNA	dsDNA	dsDNA
辅助因子	Mg^{2+}，ATP，SAM	Mg^{2+}	Mg^{2+}，ATP
识别序列	特异	特异	特异
切割位点	非特定（切于识别序列前后 100～1 000 bp 范围内）	特定（切于识别序列之中或近处）	特定（切点在识别序列之后 25～27 bp 位置上）
甲基化	具有甲基化作用	不具有甲基化作用	具有甲基化作用

1.4.1.4 限制性核酸内切酶的功能

大部分限制性核酸内切酶识别 DNA 序列具有回文结构特征，切断的双链 DNA 都产生 5′磷酸基团和 3′羟基末端。不同限制性核酸内切酶识别和切割的特异性不同，结果会产生两种不同的情况（图 1-30）：① 产生 3′和 5′黏性末端（cohesive end）；② 产生平末端（blunt end）。

许多不同来源的限制酶可以识别和切割相同的 DNA 序列。如 *Mbo* Ⅰ和 *San*3A Ⅰ，它们识别 DNA 分子中相同的靶序列（5′-GATC-3′），切割后产生相同的末端，这类酶被称为同裂酶（isoschizomer）。此外，还存在另外一些限制性内切酶，它们来源各异，识别的靶序列也各不相同，但能产生相同的黏性末端，这类酶称之为同尾酶（isocaudamers）。由同尾酶切割 DNA 所得到的黏性末端可彼此连接起来，但由此形成的重组 DNA 片段往往不能被原来的两种酶中的任何一

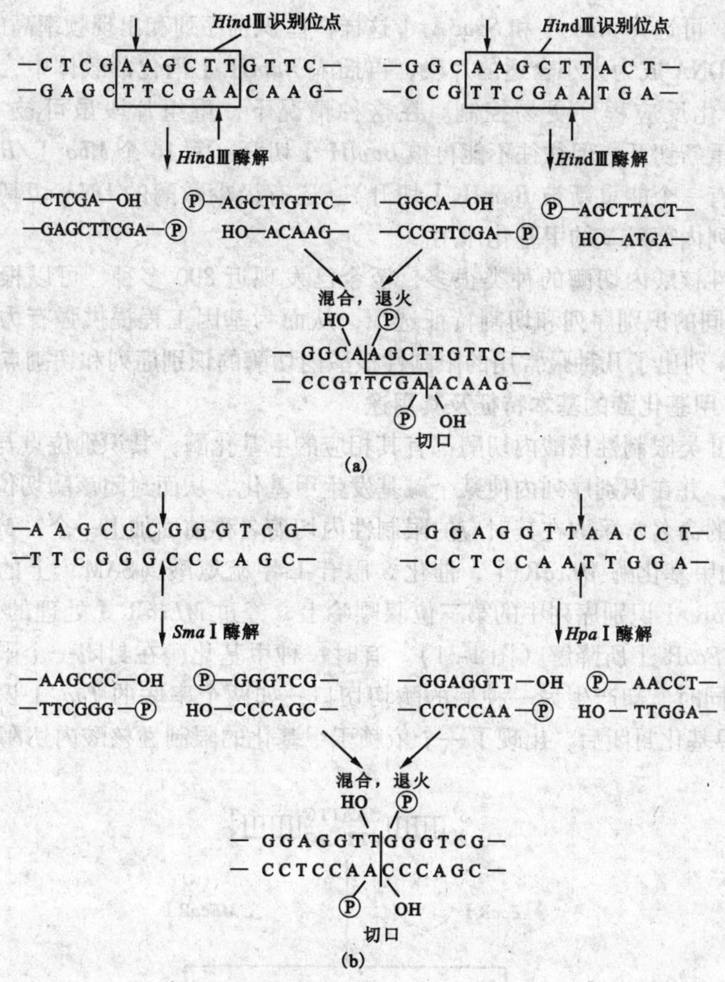

图 1-30 限制性内切酶作用图

（a）产生黏性末端 （b）产生平末端

种酶重新切开，因为这样将使两种酶的识别序列同时消失。有时，一组同尾酶中一些酶可以识别四核苷酸序列，且这些四核苷酸序列包含于另外一些酶的六核苷酸识别序列中。例如，*Bam* H Ⅰ的识别序列（5′-GG ATCC-3′）中包含有 *Mbo* Ⅰ和 *Sau*3A Ⅰ的识别序列（5′-GATC-3′）。这样的一组酶在基因工程中是十分有用。由于四核苷酸上的识别序列和六核苷酸上的识别序列在 DNA 分子中出现的频率不

表 1-4 几种最常用的限制性核酸内切酶

限制性核酸内切酶名称	识别序列和切割点
*Bam*H Ⅰ	G↓GATCC
Cla Ⅰ	AT↓CGAT
*Eco*R Ⅰ	G↓AATTC
Hind Ⅲ	A↓AGCTT
Hind Ⅱ	GTPy↓PuAC
Kpn Ⅰ	GGTAC↓C
Not Ⅰ	GC↓GGCCGC
Pst Ⅰ	CTGCA↓G
Sal Ⅰ	G↓TCGAC
*Sau*3A Ⅰ	↓GATC
Sfi Ⅰ	GGCCNNNN↓NGGCC
Sma Ⅰ	CCC↓GGG
xba Ⅰ	T↓CTAGA
xho Ⅰ	C↓TCGAG

同，由此，可选择 *Mbo* Ⅰ和 *Sau*3A Ⅰ这样一些识别序列和出现频率高的限制酶，完全消化 DNA 成为大小合适的片段，再插入 *Bam*H Ⅰ消化的载体中，这样可使 DNA 的消化反应程序更易控制。在这种情况下，重组片段虽可被 *Mbo* Ⅰ或 *Sau*3A Ⅰ重新切开，但往往不能再被 *Bam*H Ⅰ切开（每16个 *Mbo* Ⅰ/*Bam*H Ⅰ融合位点只有一个能重新被 *Bam*H Ⅰ切开）。还有极少数酶的 DNA 切割活性依赖于识别序列内部碱基的甲基化作用。

限制性核酸内切酶的种类很多，至今已发现近 800 多种，可以根据它们对 DNA 有不同的识别序列和切割特征选用，从而为基因工程提供强有力的操作工具。表 1-4 列出了几种最常用的限制性核酸内切酶的识别序列和切割点。

1.4.1.5 甲基化酶的基本特征及其用途

许多Ⅱ类限制性核酸内切酶都有其相应的甲基化酶，其识别位点与限制性内切酶相同，并在识别序列内使某个碱基发生甲基化，从而封闭该酶切位点。这类甲基化酶的命名常采取在其对应的限制性内切酶名称前面加上一个“M”。例如，*Eco*R Ⅰ的甲基化酶 *MEco*R Ⅰ，催化 *S*-腺苷-L-甲硫氨酸（SAM）上的甲基基团转移到 *Eco*R Ⅰ识别序列中的第三位腺嘌呤上，经过 *MEco*R Ⅰ处理的 DNA 分子便不再为 *Eco*R Ⅰ所降解（图 1-31）。有时一种甲基化酶在封闭一个限制性内切酶切口的同时，却产生另一种酶的酶切切口，如两个串联的 *Taq* Ⅰ识别位点经 *MTaq* Ⅰ甲基化封闭后，出现了一个依赖于甲基化的限制性核酸内切酶 *Dpn* Ⅰ的切割位点。

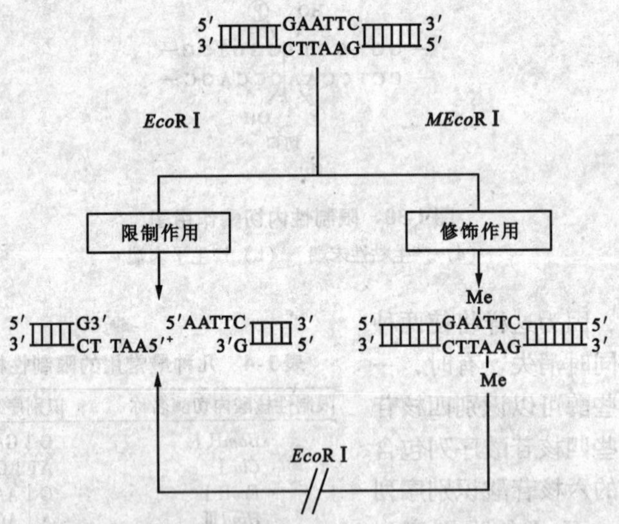

图 1-31 *Eco*R Ⅰ及其修饰的甲基化酶 *MEco*R Ⅰ的限制与修饰作用

*Eco*R Ⅰ识别序列经 *MEco*R Ⅰ甲基化之后，就再不能被 *Eco*R Ⅰ所切割

大肠杆菌细胞内存在着两种 DNA 甲基化酶，即 DNA 腺嘌呤甲基化酶 *Dam*（DNA adenine methylase）和 DNA 胞嘧啶甲基化酶 *Dcm*（DNA cytosine methylase）。这两类酶本身并没有限制性内切酶活性，*Dam* 酶能在 5′GATC3′序列中腺嘌呤 N^6 位置上引入甲基基团，而 *Dcm* 酶则能在序列 5′CCAGG3′或 5′CCTGG3′中

的胞嘧啶 C^5 位置上发生甲基化作用，使得从大肠杆菌细胞中提取的 DNA（包括染色体 DNA 和质粒 DNA）不能被某些限制性内切酶切开。值得注意的是，有些限制性内切酶的识别序列本身并不含有完整的 *Dam* 或 *Dcm* 甲基化酶识别序列，但在其左右两侧的核苷酸也许构成了完整的甲基化酶识别序列。如 *Cla* Ⅰ的识别序列为 5′ATCGA T3′，当其 5′端外侧含有 G 或 3′端外侧含有 C 或两者同时出现时，便可成为 *Dam* 甲基化酶的修饰靶子，而真正的甲基化位点却在 *Cla* Ⅰ的识别位点内。*Dam* 酶的这种甲基化修饰作用反而增加了 *Cla* Ⅰ酶的切割位点特异性，其有效的识别切割序列不再是 5′NATCGATN3′，而是 5′（C/T/A）ATCGAT（T/A/G）3′。另一方面，有些限制性内切酶的酶活性对 *Dam* 和 *Dcm* 的甲基化修饰并不敏感。例如 *Bam*HⅠ、*Bgl*Ⅱ、*Sau*3AⅠ、*Pvu*Ⅱ、*Bcl*Ⅰ和 *Mbo*Ⅰ等酶的识别位点均含有 5′GATC3′序列，但前四个酶的 DNA 切割活性并不为腺嘌呤的甲基化作用所限制，这可能与限制性内切酶酶本身的空间结构及 DNA 切割的作用机制不同有关。

1.4.2 DNA 聚合酶

1.4.2.1 DNA 聚合酶的分类

DNA 聚合酶（DNA polymerase）能在引物和模板存在下，把单个脱氧核糖核苷酸连续地加到双链 DNA 分子引物链的 3′-OH 末端，催化核苷酸的聚合作用。合成方向对应于被合成链而言是从 5′端到 3′端，并且合成的产物与模板互补。根据 DNA 聚合酶所使用的模板不同，可将其分为 3 类。

①依赖 DNA 模板的 DNA 聚合酶：如大肠杆菌 DNA 聚合酶 I 及其 Klenow 片段、T4 DNA 聚合酶、遗传修饰过的 T7 DNA 聚合酶和 *Taq* DNA 聚合酶等。

②依赖 RNA 模板的 DNA 聚合酶：如反转录酶，包括 AMV 和 MMLV 等。

③不依赖于模板的 DNA 聚合酶：如末端脱氧核苷酸转移酶（末端转移酶）等。

1.4.2.2 DNA 聚合酶的特性及其用途

已有多种 DNA 聚合酶用于分子克隆的常规操作，各种 DNA 聚合酶的基本特性见表 1-5。

表 1-5 DNA 聚合酶的特性

聚合酶的名称	3′→5′核酸外切酶活性	5′→3′核酸外切酶活性	聚合反应速率	持续合成能力
E. coli DNA 聚合酶	低	有	中速	低
Klenow 大片段酶	低	无	中速	低
反转录酶	无	无	低速	中
T4 DNA 聚合酶	高	无	中速	低
天然的 T7 DNA 聚合酶	高	无	快速	高
化学修饰的 T7 DNA 聚合酶	低	无	快速	高
遗传修饰的 T7 DNA 聚合酶	无	无	快速	高
Taq DNA 聚合酶	无	有	快速	高

(1) 大肠杆菌 DNA 聚合酶 I（全酶）

大肠杆菌 DNA 聚合酶 I 的催化活性主要有：① 5′→3′DNA 聚合酶活性。以单链 DNA 为模板，催化单核苷酸结合到 DNA 引物的 3′-OH 末端，沿 5′→3′的方向按模板顺序合成 DNA 链；② 5′→3′外切酶活性。从 5′端降解双链 DNA，使之成为单核苷酸，也可降解 RNA：DNA 杂交体中 RNA 成分，即具有 RNA 酶 H 活性；③ 3′→5′外切酶活性。其主要功能是识别并切除错配碱基，并通过这种校正作用保证 DNA 复制的准确性；④ 核酸内切酶活性。当一段 DNA 分子带有游离 5′端磷酸基团的不配对单链时，该酶可作用在与此单链相连的两对配对碱基之间，切断其磷酸二酯键。

大肠杆菌 DNA 聚合酶 I 的主要用途：① 通过切口平移法标记 DNA 分子，制备高活性的探针；② 用于 DNA 的序列分析。

(2) Klenow 酶

该酶实际上是大肠杆菌 DNA 聚合酶 I N 端的分子量为 7.6×10^4 的大片段，是由 Klenow 首先通过枯草杆菌蛋白酶位点特异性降解的方法从 DNA 聚合酶 I 中制备的。目前已将 DNA 聚合酶基因内的相应编码序列进行克隆表达，并由重组大肠杆菌廉价生产。

Klenow 酶保留了大肠杆菌 DNA 聚合酶 I 的 5′→3′聚合活性和 3′→5′外切酶活性，删除了相应的 5′→3′的外切活性及核酸内切酶活性。

Klenow 酶在分子克隆中的主要用途有：① 补平经限制性内切酶消化 DNA 所形成的 3′凹端或 5′ 凹端，及对 3′凹端进行放射性标记；② 在 cDNA 克隆中合成 cDNA 第二链；③ 用于 Sanger 双脱氧末端中止法进行 DNA 的序列分析；④ 在单链模板上延伸寡核苷酸引物，以合成杂交探针和进行体外突变；⑤ 通过相互引导合成，使单链寡核苷酸变成双链 DNA。

(3) T4 DNA 聚合酶

该酶具有 5′→3′ DNA 聚合活性、5′→3′ 外切酶活性，同时也具有极强的 3′→5′ 外切酶活性。其 3′→5′ 外切酶活性约是 Klenow 酶片段的 200 倍，且对单链 DNA 的作用远大于双链 DNA。

T4 DNA 聚合酶的主要用途有：① 选择或无选择性标记线性化双链 DNA 分子的 3′末端，即所谓的“置换反应”；② 加减法 DNA 序列分析；③ 用于补平非平末端的 cDNA 分子及由某些限制性核酸内切酶水解产生的 3′突出末端，以便于平末端克隆。

(4) T7 噬菌体 DNA 聚合酶及测序酶

T7 噬菌体 DNA 聚合酶是所有已知 DNA 聚合酶中持续合成能力最强的一个，它具有 3′→5′外切酶活性（约是 Klenow 片段的 1 000 倍）。其主要用途有：① 用于拷贝长片段模板的引物延伸反应；② 通过补平或交换反应进行快速末端标记。

测序酶是经修饰的 T7 DNA 聚合酶，丧失 3′→5′外切酶活性。测序酶 2.0 版完全丧失外切酶活性，它是用于 DNA 序列分析非常好的酶，可以获得较长的测序结果。

(5) *Taq* DNA 聚合酶

Taq DNA 聚合酶是一种耐热的依赖于 DNA 的 DNA 聚合酶，最初是从极端嗜热的栖热水生菌中纯化出来。*Taq* DNA 聚合酶具有 5′→3′ DNA 聚合酶活性和 5′→3′ 外切核酸酶活性，其最大特点是高度耐热，最佳反应温度是 75～80℃。目前，已有基因工程产品 AmplTaq™出售，其在序列分析及 PCR 操作技术中应用广泛。

(6) 逆转录酶（依赖于 RNA 的 DNA 聚合酶）

逆转录酶催化 RNA 成分合成其 DNA 拷贝，即互补 DNA（cDNA）。它还具有依赖 RNA 的 DNA 聚合酶活性，但是 dNTP 的掺入很慢，且缺乏 3′→5′末端的外切酶活性。此外，逆转录酶可以从 5′末端或 3′末端降解 RNA：DNA 杂合链中的 RNA 分子，这在 RNA 和 DNA 的杂交反应中尤为有用。

逆转录酶主要应用于：① 合成 cDNA。可应用两种引物，一种是特异性互补于 mRNA 3′末端的寡聚腺苷酸的 Oligo（dT）引物，另一种是随机核苷酸的寡聚体；② 补平和标记 5′末端突出的 DNA 片段；③ 代替 Klenow 酶用于 DNA 序列测定。

1.4.3 RNA 聚合酶

可分为以下两种：

(1) 依赖 DNA 为模板的 RNA 聚合酶

如 SP6、T7 和 T3 噬菌体的 RNA 聚合酶，对其相应的启动子具有高度特异性，转录活性高效、快速。其主要应用于：①产生均匀标记的高比活度单链 RNA 探针，用于 DNA 或 RNA 序列的同源性分析；②均匀标记的 RNA 转录物可用于分析 RNA 或 DNA 的末端，用于基因组 DNA 的序列测定和前体 RNA 的剪接方式研究；③RNA 转录物可用于体外翻译，在放射性标记的氨基酸存在下，合成放射性纯的蛋白质；④在 T7 RNA 聚合酶启动子的严格控制下，T7 RNA 聚合酶可用于体内高效表达克隆化基因。

(2) 不依赖 DNA 为模板的 RNA 聚合酶

如 poly（A）聚合酶，该酶利用 ATP 为前体分子，催化 AMP 残基掺入到 RNA 的 3′端游离羟基。其主要应用于：①用［α-^{32}P］ATP 标记 RNA 的 3′末端；②克隆缺少多聚腺苷酸的 RNA，用 poly（A）聚合酶加尾，Oligo（dT）作为引物合成 cDNA。

1.4.4. 连接酶

1.4.4.1 DNA 连接酶

DNA 重组技术的核心步骤是 DNA 片段之间的体外连接。1967 年，世界上有 5 个实验室几乎同时发现了一种能够催化双链 DNA 分子中相邻碱基的 5′磷酸和 3′羟基间形成磷酸二酯键的酶，即 DNA 连接酶。

(1) T4 DNA 连接酶

T4 DNA 连接酶是惟一能在正常条件下有效催化 DNA 平末端连接的酶(图 1-32)。其连接作用如图 1-32 所示。黏性末端的连接通常在 12 ~ 15℃进行,平末端的连接通常在室温下进行,其所需要的酶量往往是黏性末端连接的 10 ~ 100 倍。NaCl 浓度大于 150 mmol/L 时,T4 DNA 连接酶的催化活性受到明显抑制。

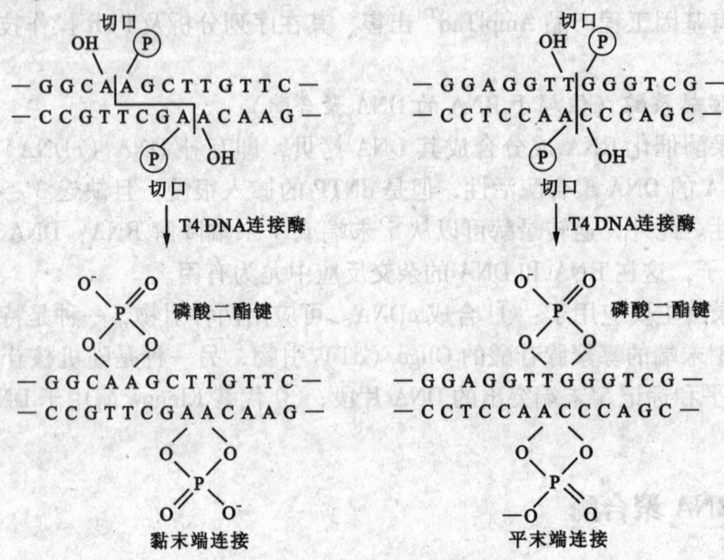

图 1-32 T4 DNA 连接酶的作用

(2) 大肠杆菌 DNA 连接酶

大肠杆菌 DNA 连接酶可修复双链 DNA 中的单链切口,并可催化互补的黏性末端连接。PEG8 000 可提高黏性末端的连接效率。正常反应条件下,大肠杆菌 DNA 连接酶不能催化平末端的连接。它主要用于在非平末端连接时可代替 T4 DNA 连接酶。其产生的背景较低,准确性高。

1.4.4.2 RNA 连接酶

RNA 连接酶可催化单链 DNA 或 RNA 5′末端的磷酸基团与单链 DNA 或 RNA 3′末端的羟基共价连接,形成磷酸二酯键,如 T4 RNA 连接酶。其主要应用于:① RNA 3′末端的放射性标记;② 在寡核苷酸合成中,连接寡聚物产生在特异位点上带有内部标记的寡聚体;③ 寡聚的 DNA 和 RNA 分子环化;④ 增加 T4 DNA 连接酶的平末端连接活性。

1.4.5 核酸酶

核酸酶是一类能降解核酸的水解酶,它在基因工程操作中应用非常广泛。根据核酸酶对底物作用的专一性,可将其分为 3 类:① 外切核酸酶;② 内切核酸酶;③ 核糖核酸酶。

1.4.5.1 外切核酸酶

外切核酸酶是一类从多核苷酸链的末端开始逐个降解核酸的酶。按照酶对底物二级结构的专一性，又可将其分为3类：① 单链5′→3′和3′→5′外切核酸酶，如外切核酸酶Ⅶ；② 双链5′→3′末端外切核酸酶，如λ噬菌体外切核酸酶；③ 双链3′→5′外切核酸酶，如外切核酸酶Ⅲ。

（1）外切核酸酶Ⅶ

外切核酸酶Ⅶ具有从单链DNA5′和3′末端进行外切消化的活性，产生小的寡核苷酸片段，在10 mmol/L EDTA（乙二胺四乙酸）下仍保留完全的活性。

这种酶主要应用于：① 给基因组DNA中内含子的位置作图；② 切除通过poly（dA-dT）加尾插入到质粒载体中的DNA片段。

（2）λ噬菌体外切核酸酶

λ噬菌体外切核酸酶催化从双链DNA5′带磷酸基团的末端开始的持续水解，释放5′核苷单磷酸，但不降解5′为羟基的末端。

其主要应用于：① 在应用双脱氧法测序时，将双链DNA转变为单链DNA；② 去掉双链DNA的5′突出端，便于末端转移酶加尾。

（3）外切核酸酶Ⅲ

大肠杆菌外切核酸酶Ⅲ催化从dsDNA 3′-OH逐一去除单核苷酸的反应，底物为dsDNA或线状及带切口或缺口的环状DNA，反应结果是在dsDNA上产生长单链区。该酶还有对无嘌呤DNA特异性内切核酸酶活性、RNase H活性和3′-磷酸酶活性去磷酸，但不降解核酸内的磷酸二酯键，也不降解单链DNA及带3′突出的dsDNA。该酶持续作用能力不强，产物为切割程度不相上下的群体，有利于分离长短不等的DNA分子。

1.4.5.2 内切核酸酶

（1）*Bal* 31核酸酶

该酶来源于*Alteromonas espejiana* BAL31株，主要表现为3′端的核酸外切酶活性，同时伴有5′端外切及内切酶活性。上述所有的酶活性均严格依赖于Ca^{2+}的存在，因此，可以在反应的不同阶段加入二价阳离子螯合剂EGTA以终止反应。此酶是单链特异的DNA内切酶，它特异性降解双链DNA的缺口或DNA超螺旋上产生的瞬时单链区域。对于双链线性DNA模板，它也可从DNA的3′和5′两端有节制地降解产生缩短的DNA分子。此外，它也作为核酸酶水解rRNA和tRNA。该酶可在十二烷基硫酸钠（SDS）和尿素中保持活性。*Bal* 31核酸酶在分子克隆中的主要用途是：① 可控制性地截短DNA分子；② 在可控条件下产生并克隆不同大小的缺失体；③ 在DNA片段的限制性位点作图；④ 研究经诱变剂处理的超螺旋DNA的螺旋w3区的变化和超螺旋DNA的二级结构。

（2）SⅠ核酸酶

SⅠ核酸酶来源于米曲霉菌，催化反应通常由Zn^{2+}激活，并在酸性（pH值4.0~4.5）条件下进行。该酶的特征是：① 降解单链DNA或RNA，包括不能形成双链的区域（如发夹结构中的环状部分），但降解DNA的速度大于降解RNA的速度；② 降解反应的方式为内切和外切；③ 酶用量过大时会伴有双链核酸的降解，因为该酶的双链降解活性为单链活性的7.5万分之一。SⅠ核酸酶是高度特异性降解的单链内切酶（图 1-33），在尿素、SDS 和甲酰胺溶液中稳定。在 DNA 重组及分子生物学研究中，它主要应用于切除突出的单链末端和制作 S Ⅰ 图谱。

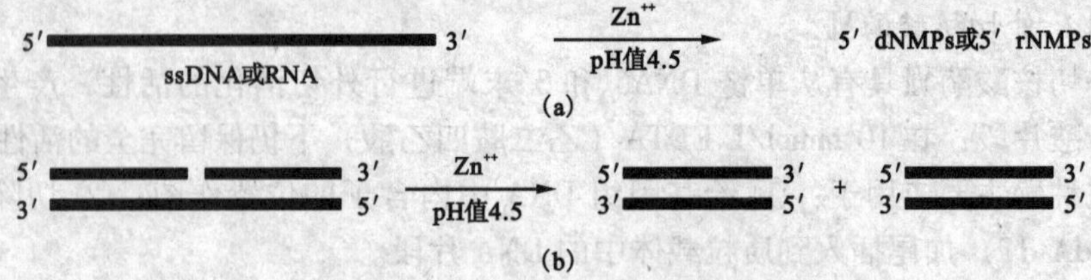

图 1-33 S Ⅰ 核酸酶的活性

（a）对单链 DNA 或 RNA 的活性 （b）对带缺口或裂口的双链 DNA 或 RNA 的活性

（3）微球菌核酸酶

微球菌核酸酶来源于金黄色葡萄球菌（*Staphylococcus aureus*），是非特异性的核酸酶。它能切割单链或双链 DNA 和 RNA，生成带 3′磷酸基团的寡核苷酸和单核苷酸。它往往优先在 AT 或 AU 丰富区进行切割，该酶可被 Ca^{2+} 的特异螯合剂 EDTA 灭活。1U 微球菌核酸酶定义为：在 pH 值 8. 8 和 37℃条件下，每分钟水解天然 DNA 生成 1 μmol 的酸溶性寡核苷酸所需的酶量。

典型的消化反应条件是 10 mmol/L Tris · HCl（pH 值 8. 0）、1 mmol/L $CaCl_2$，但在高 pH 值下活性更高。反应可被 EDTA 或螯合 Ca^{2+} 的乙二醇双（2-氨乙基醚）四乙酸（EGTA）终止。

微球菌核酸酶主要应用于：① 研究染色质的结构；② 从未破坏酶活性的无细胞粗提物中除去核酸。

（4）脱氧核糖核酸酶Ⅰ（DNaseⅠ）

DNaseⅠ来源于牛胰腺，可优先从嘧啶核苷酸的位置水解双链或单链 DNA。在 Mg^{2+} 离子存在下，能独立作用于每条 DNA 链，且切割位点随机，没有特异性。在 Mn^{2+} 离子存在下，它可在两条链的大致同一位置切割 dsDNA，产生平端或 1 ~2 个核苷酸突出的 DNA 片段。

DNase Ⅰ用途广泛，如切口平移标记时在 dsDNA 上随机产生切口；在闭环 DNA 上引入单切口，以将分子截短（在亚硫酸氢盐介导的诱变前）；建立随机缺失的嵌套缺失体，用于功能分析或测序；在 DNA 酶足迹法（DNA footprinting）中分析蛋白 DNA 复合物；除去 RNA 样品中的 DNA 等。

1. 4. 5. 3 核糖核酸酶（ribonuclease，RNase）

（1）核糖核酸酶 A

来源于牛胰脏的 RNA 酶 A，是在 C 和 U 残基后特异性水解 RNA 的内切酶。切割发生在嘧啶核苷酸的 3′磷酸基团和相邻核苷酸 5′羟基之间，RNA 酶 A 的活性可被来源于人类胎盘的特异性抑制剂 RNasin 抑制。

在分子克隆中，核糖核酸酶 A 的主要用途为：① 从 DNA: RNA 杂交体中去除未杂交的 RNA 区；② 确定 DNA 或 RNA 中单碱基突变的位置。在 DNA: RNA

或 RNA: RNA 杂交体中，若存在单碱基错配，可用 RNase A 识别并切割。通过凝胶电泳分析切割产物的大小，即可确定错配的位置。③ RNA 检测，核糖核酸酶保护分析法是近年来发展起来的一种检测 RNA 的杂交技术。④ 降解 DNA 制备物中的 RNA 分子，要达到此目的，必须使用无 DNase I 的 RNase。

(2) 核糖核酸酶 H

RNA 酶 H 是来自于大肠杆菌的内切酶，它特异地水解 RNA: DNA 杂交体中 RNA 的磷酸二酯键，产生末端为 3′羟基和 5′磷酸的产物，但不降解单链或双链的 DNA 或 RNA。RNA 酶 H 的水解可通过用较短的寡核苷酸与 RNA 的杂交而限定于特定的位点。

该酶的主要用途：① 降解 cDNA 第一链合成时产生的 RNA: DNA 双链体中的 mRNA 分子，以利于双链 cDNA 的合成；② 通过合成脱氧核糖核苷酸产生的局部的 RNA: DNA 双链体，诱发特异性的 RNA 降解。

1.4.6 碱性磷酸酶

该酶来源于大肠杆菌和牛小肠。细菌的碱性磷酸单酯酶（BAP）和牛小肠的碱性磷酸单酯酶（CIP）均能特异性催化除去 DNA、RNA 和核苷酸的 5′端磷酸。通过去除 5′磷酸基团，可用于防止 DNA 片段自身连接，或标记 5′端前除去 DNA 或 RNA5′磷酸。CIP 可用蛋白酶 K 消化灭活，或在 5 mmol/L EDTA 下，在 70℃ 处理 10min，然后用酚氯仿抽提，纯化去磷酸化的 DNA，从而去除 CIP 的活性。BAP 抗性强，能够抗高温和抗去污剂。

参 考 文 献

陈宏主 . 2003. 基因工程原理与应用 [M] . 北京: 中国农业出版社 .

F. 奥斯伯，等 . 1998. 精编分子生物学实验指南 [M] . 颜子颖，王海林译 . 北京科学出版社 .

冯斌，谢先芝 . 2000. 基因工程技术 [M] . 北京: 化学工业出版社 .

顾红雅，瞿礼嘉，等 . 1997. 植物基因工程与分子操作 [M] . 北京: 北京大学出版社 .

贺淹才 . 1999. 简明基因工程原理 [M] . 北京: 科学出版社 .

J. 萨姆布鲁克，等 . 2002. 分子克隆实验指南 [M] . 第 3 版 . 黄培堂，等译 . 北京: 科学出版社 .

贾士荣 . 1995. 农杆菌介导的植物遗传转化 [M] . 北京: 农科院生物技术中心出版 .

贾士荣 . 1993. 植物遗传转化的研究进展 . [M] //魏建昆 . 农业高新技术论 . 北京: 科技文献出版社 .

李宝健，等 . 1990. 植物生物技术原理与方法 [M] . 湖南: 湖南科学技术出版社 .

梁国栋 . 2001. 最新分子生物学技术 [M] . 北京: 科学出版社 .

陆德如，陈永青 . 2002. 基因工程 [M] . 北京: 化学工业出版社 .

卢圣栋 . 1999. 现代分子生物学实验技术 [M] . 第 2 版 . 北京: 中国协和医科大学出版社 .

楼士林，杨盛昌，龙敏南，等 . 2002. 基因工程 [M] . 北京: 科学出版社 .

王关林，方宏筠 . 2002. 植物基因工程［M］. 第 2 版. 北京：科学出版社.
吴乃虎 . 1998. 基因工程原理（上册）［M］. 北京：科学出版社.
吴乃虎 . 2001. 基因工程原理（下册）［M］. 北京：科学出版社.
杨吉成 . 2003. 医用基因工程［M］. 北京：化学工业出版社.
张惠展 . 1999. 基因工程概论［M］. 上海：华东理工大学出版社.
John P, *et al*. 1988. Plant Genetic Transformation and Gene Expression［M］. Oxford: Blackwell Scientific Publications.

第2章　目的基因的分离与克隆

2.1　目的基因

基因工程的主要目的之一是使与优良性状相关的基因聚集在同一生物体中，从而创造出具有高度应用价值的新物种。这样必须根据需要从现有生物群体中分离出用于克隆的该类基因，即目的基因。目的基因主要是编码蛋白质（酶）的结构基因，诸如抗逆性相关基因、毒物降解相关基因、抗病相关基因，以及工业用酶相关基因等。随着分子生物学和相关学科技术的发展，科学工作者们已经估算出许多生物的基因数量，如人含有的基因数量是3万~4万个、拟南芥2.55万个、果蝇1.36万个、水稻5万个、蠕虫1.78万个、流感病毒0.175万个等。

从以上的数据可以看出，单个基因在整个基因组中所占的比例极其微小，加上基因结构的复杂性，因此，欲分离某个目的基因并不容易，必须先对其有所了解，然后根据目的基因的性质制定分离基因的方案。有时人们对某一目的基因的性质、结构尚无所知，因而获得这一基因、分析该基因的结构与功能的关系、揭示其表达的调控规律就显得尤为重要，这也是分子生物学研究的主要任务之一。

2.2　目的基因的分离与克隆

目的基因的分离与克隆是基因工程研究和应用的关键内容之一。根据实验目的的需要，待分离的目的基因可能是一个完整的功能基因，它除了编码区外，还包含转录启动区和终止区序列，或者是一个完整的操纵子或基因簇，也可能是仅含有编码序列的基因区，甚至是只含启动子或终止子等部件的DNA片段。不同基因组的类型和基因的大小、组成和排列各不相同，因此，目的基因的分离与克隆所采用的方法和途径往往不同。

随着生物化学、分子遗传学和分子生物学等学科研究技术的发展，包括基因工程技术本身的进步，如今已有很多基因被分离出来。一般来说，功能基因应具备以下4个特性：① 基因有固定的一级结构；② 每个基因在染色体上占有特定的位置；③ 每个基因有特定的转录模式；④ 大部分基因都有功能。

目前，根据已掌握的目的基因分离方法（图2-1），可以将目的基因的分离与克隆方法分为以下几大类：

①根据功能基因蛋白来分离目的基因；

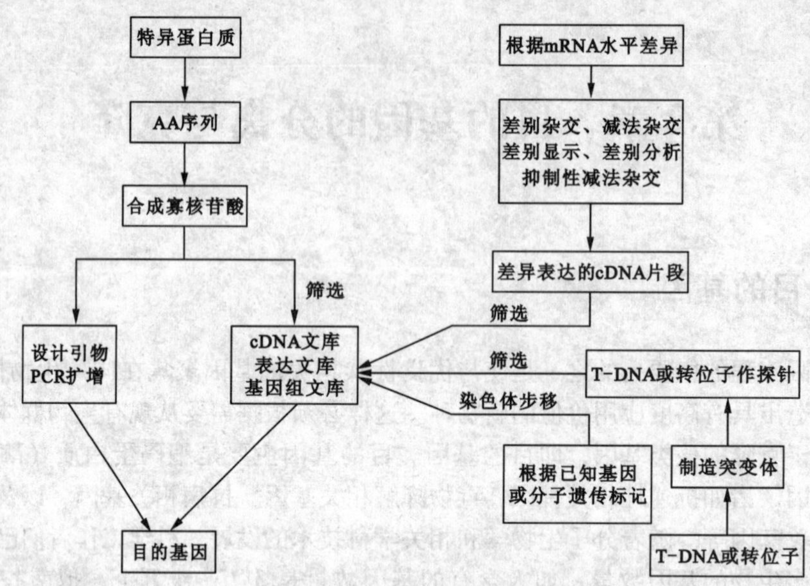

图 2-1 分离目的基因的主要方法

②根据 mRNA 特异性来分离目的基因；

③基因文库技术分离目的基因；

④酵母双杂交系统分离目的基因；

⑤根据 DNA 的插入作用来分离目的基因；

⑥图位克隆分离目的基因；

⑦根据已知核苷酸或蛋白质序列克隆目的基因。

2.2.1 PCR 技术在基因克隆中的的应用

聚合酶链式反应（polymerase chain reaction，PCR）技术是由美国 Cetus 公司的 Mullis 等人于 1985 年建立的一套体外大量快速扩增特异 DNA 片段的系统。目前，PCR 技术已经成为分子生物学及其相关领域的经典实验方法。通过 PCR 技术，可在几小时内将一个分子的遗传物质成百万倍乃至上亿倍的复制。近年来，由 PCR 技术衍生出许多重要的相关技术，它们在基因克隆、基因测序、基因检测、基因改造和突变分析等分子生物学，以及其他生命科学研究中起着举足轻重的作用。

现阶段，PCR 技术运用于目的基因分离与克隆的主要方法有：RT-PCR、mRNA 差别显示法、代表性差式分析技术、cDNA 代表性差式分析技术、抑制性消减杂交法、基因表达系列分析、cDNA 末端快速克隆技术及标签接头竞争 PCR 技术等。本节简单介绍 PCR 技术基本原理及其在目的基因分离与克隆中的应用。

2.2.1.1 PCR 技术

（1）基本原理

PCR 技术的基本原理是模拟 DNA 复制反应，通过与特定 DNA 区域两端互补的寡核苷酸引物，在反应管中选择性地复制合成介于两引物之间的DNA片段，因此，又被称为DNA体外扩增技术。PCR反应循环包括以下3个步骤：①变性。即将模板DNA置于92～96℃的高温下，使双链DNA解开变成单链DNA；②退火。将反应体系的温度降低至37～72℃，使一对引物能分别与变性后的两条模板链相配对；③延伸。将反应体系温度升高到*Taq* DNA聚合酶作用的最适温度72℃，然后以目的基因为模板合成新的DNA链。这三个热反应过程的重复称为一个循环，如此反复进行约30个循环后，位于两条引物之间序列的DNA片段即可被扩增达亿倍，整个反应可在几个小时内完成（图2-2）。

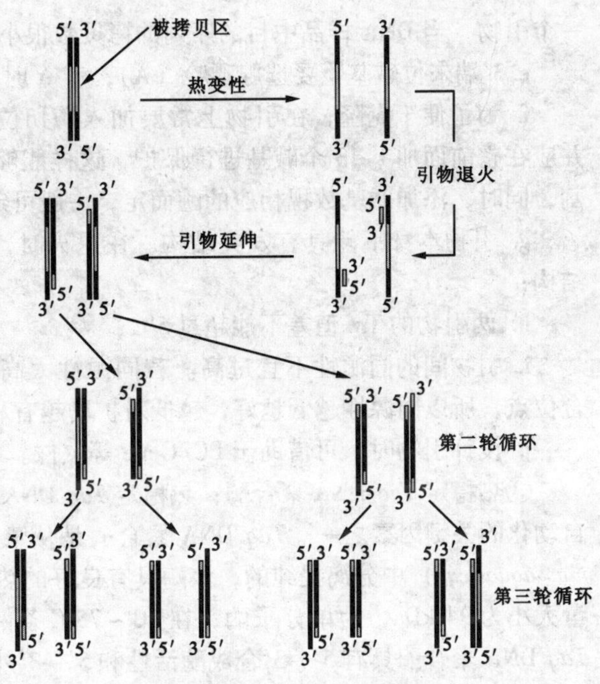

图2-2 PCR扩增原理示意

（2）PCR反应体系

PCR反应体系由脱氧核糖核苷三磷酸（dNTPs）、引物、*Taq* DNA聚合酶、模板和反应缓冲液组成。

①脱氧核糖核苷三磷酸：dNTPs溶液具有较强的酸性，使用时应以NaOH将pH值调至7.0～7.5，分装，－20℃保存，但多次冻融会使dNTP产生降解。需注意的是反应时加入的dNTPs量多但产物不一定多，反而会因dNTPs量过大而增加碱基的错误掺入率和实验成本，一般以20～200 μmol/L为宜。不同的扩增长度，加入的量有所不同，扩增600～1 000bp，加入的dNTP量一般为100～150 μmol/L；若长度达到2 kb，则加入200 μmol/L。

②引物设计及合成：如何设计好PCR引物，是能否得到高质量PCR产物的关键之一。PCR引物长度一般为15～30个核苷酸（nt），主要通过人工合成，20～25 nt最为合适。引物设计的基本原则主要有：

a. 引物中的（G＋C）含量应在45%～55%；

b. 4种碱基应随机分布，避免单一碱基或嘌呤、嘧啶的连续排列；

c. 防止引物内部形成二级结构；

d. 两个引物之间不应发生互补，尤其是在引物的两端，要避免“引物二聚体”的形成。引物二聚体是PCR产物中常见的一种扩增体，它是一个双链片断，长度与两个引物接近。当两个引物3′端互补时，酶很容易在一个引物上延伸另一个引物，当 DNA 样品中目的序列的拷贝数很小时，循环中易出现此类二聚体；

e. 3′端末位碱基不要选腺嘌呤（A），有 A 时，易出现配对错误；

f. 为了便于克隆，在引物上常要加入酶切位点，但该位点必须加在 5′ 端，并应在它前面加 1～3 个碱基进行保护，这样能够保证扩增时产物能被酶识别切割，同时，添加碱基数视相应的酶而定，一般可定为 2 个；

g. 引物本身不能具有发夹结构。在退火时，要避免引物自身形成“发夹”结构；

h. 两引物的 Tm 值差不能超过 5℃；

i. 引物间的同源性不宜过高。若同源性太高，两引物会竞争模板上同一结合位点，所以同源性越低越好，越低对扩增越有利。一般为≤35% 较理想；

j. 设计引物时，可借助于 PC/Gene 等软件。

③热稳定 *Taq* DNA 聚合酶：热稳定 *Taq* DNA 聚合酶的发现是促进 PCR 技术自动化的关键因素之一。*Taq* DNA 聚合酶是从嗜热古细菌的嗜热水生菌（*Thermus aquaticus*）中分离提纯的，该酶具有良好的热稳定性。*Taq* DNA 聚合酶分子量大小为 94 kDa，为单分子酶，在 70～75℃ 条件下可表现出最佳的生物活性。*Taq* DNA 聚合酶具有 5′→3′合成酶活性和 5′→3′外切酶活性，但是无 3′→5′外切酶活性。在温度 95℃ 时，半衰期为 40min。*Taq* DNA 聚合酶启动 PCR 反应的能力很强，聚合速度快，在 72℃ 的聚合速度为 30～100 bp/s。由于没有 3′→5′外切酶活性，在扩增过程中仅有 8.9×10^{5}～11.0×10^{-5} 的错配几率。为保证 PCR 产物的真实性，现已成功地分离了许多具有 3′→5′外切酶活性的耐热性 DNA 聚合酶并已商品化出售，如 TaKaRa 公司的 ExTaq DNA 聚合酶。

④模板 DNA：模板 DNA 的数量会直接影响扩增的效果。对于一般的 PCR 扩增，10^{4}～10^{7} 个模板分子可达到满意的效果。不同的靶 DNA，反应所需量不同，主要由 DNA 的复杂性决定。如果是基因组 DNA，需要的量稍微大些，可达 1～2 μg；如果是线性化质粒，则需要的量小些，一般为 20～50 ng。

⑤PCR 反应缓冲液：PCR 反应缓冲液是提供反应体系达到最高效率的内环境，它包括：

a. Tris · HCl（室温下 pH 值 8.4），主要是调节 pH 值，使 *Taq* 酶的作用环境维持偏碱性。它是一种双极化离子缓冲液，使用浓度是 10～50 mmol/L；

b. Mg^{2+} 离子，是 *Taq* 酶的辅助因子，能够激活 *Taq* 酶的活性中心。Mg^{2+} 离子浓度的高低会影响扩增的特异性和产率，最佳浓度一般在 1.5～2.0 mmol/L；

c. KCl 溶液，促进引物与模板间的退火，最佳浓度为 50 mmol/L，浓度大于 50 mmol/L 将会抑制 *Taq* 酶活性。另外，在 PCR 反应中可添加明胶或牛血清蛋白来保证酶的稳定性；添加甘油、DMSO 或甲酰胺等可提高反应特异性。

（3）PCR 的改进

由于 PCR 技术在获得目的基因中所起的巨大作用，因此从诞生至今，有关 PCR 反应的新仪器、新方法层出不穷。不仅可以直接克隆目的 DNA，而且可以 RNA 为模板通过反转录先获得互补 DNA（cDNA），然后再对 cDNA 进行 PCR

（逆转录 PCR）；也可以对已知序列的 DNA 进行 PCR 反应，且可扩增已知序列两端的未知序列（反向 PCR）；同时，还可扩增那些只知一端序列的目的 DNA（锚定 PCR）。最近发展起来的 PCR 新方法更使分子生物学家们如鱼得水，比如，“多重 PCR”技术可以在一个反应管中使用多套引物，针对多个 DNA 模板或同一模板的不同区域进行扩增，满足同时分析不同 DNA 序列的需要；再如，用硅制薄片制作的反应器取代传统的塑料小管而建立起来的“PCR 芯片”，兼有反应体积小、加热效率高等特点。有人甚至提出研制“纳米 PCR 芯片”来进一步提高热循环效率。最近发展起来的“电子 PCR”则将计算机与 PCR 联系在一起，利用相应的“电子 PCR”软件，在短时间内，可对待测序序列进行成千上万次不同分析。所有这些新技术的建立使 PCR 技术变得越来越强大，应用也越来越广泛。

2.2.1.2　RT-PCR

反转录 PCR（reverse transcriptase - PCR，RT - PCR）是一种联合逆转录反应（reverse transcript- tion，RT）PCR，是以 RNA 为模板扩增 cDNA 拷贝的方法。它可用于检测单个细胞或少数细胞中少于 10 个拷贝的特异 DNA，为 RNA 病毒检测提供了方便，并为获得与扩增特定的 RNA 互补的 cDNA 提供了一条极为有利和高效的途径。此外利用 RT-PCR 易于鉴定已转录序列是否发生突变及呈现多态性，还可用于测定基因表达的强弱，尤其是在可获得的 mRNA 数量有限和目的基因表达水平很低时，可用 RT-PCR 方法来分析。

有关 RT-PCR 的多种变异类型的报道文献已经很多，并且它们有自己的字母缩写形式，尽管其技术细节的描述在不同来源文章中略有差异，但其基本步骤是相同的。

（1）在单引物的介导和逆转录酶的催化下，合成 RNA 的互补链 cDNA。一条寡聚脱氧核苷酸引物先与 mRNA 杂交，然后由 RNA 依赖的 DNA 聚合酶催化合成相应互补的 cDNA 拷贝，后者能进一步用于 PCR 扩增。依据实验的不同目的，针对单链 cDNA 第一链合成的引物，可根据特殊的靶基因设计特殊的引物与之杂交，或用随机引物与所有 mRNA 杂交。

（2）加热后 cDNA 与 RNA 链解离，然后与另一引物退火，并由 DNA 聚合酶催化引物延伸生成双链靶 DNA，最后扩增靶 DNA（图 2-3）。

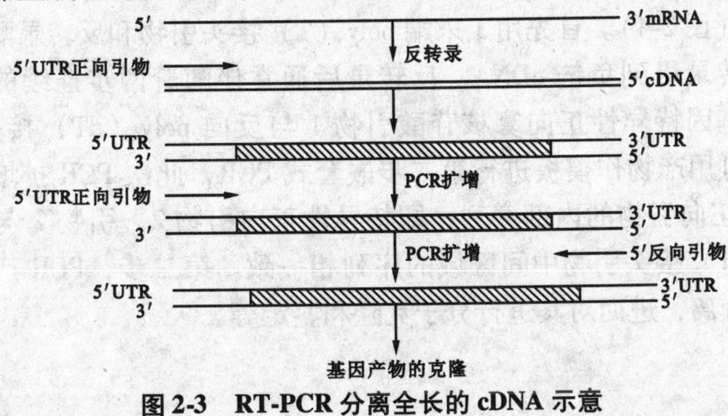

图 2-3　RT-PCR 分离全长的 cDNA 示意

由于 RT-PCR 具有放大作用和很高的敏感性，所以它具有显著的优点：首先，该方法不需要纯化 mRNA，总 RNA 就可以作为合成单链 cDNA 的模板，因而避免了纯化过程中 mRNA 的降解以及丢失。其次，该方法中单链 cDNA 合成后其 3′末端要进行同聚物加尾，不会丢失末端的最后几个核苷酸，所以可以获得相当于 mRNA5′末端的比较完整的序列，其中也包括未知序列的 cDNA 群体。

2.2.1.3 cDNA 末端快速克隆技术

cDNA 完整序列的获得对基因结构、蛋白质表达、基因功能的研究至关重要。当试图分离一种新转录的 cDNA 拷贝时，往往得到的 cDNA 克隆只是原 mRNA的部分序列，缺失的 cDNA 末端可通过 cDNA 文库筛选和末端快速克隆技术所获得。20 世纪 80 年代末发展起来的 cDNA 末端快速克隆技术（rapid-amplification of cDNA ends，RACE）是一种根据已知部分 cDNA 序列扩增转录本 5′→3′之间未知序列的方法。其基本原理是：首先根据已知的 cDNA 部分序列设计基因特异性引物（GSP），以 mRNA 为模板逆转录合成单链 cDNA，再通过常规 PCR 扩增出从已知核苷酸序列内某一特定位点到 5′末端或 3′末端之间的未知核苷酸序列。与普通 RT-PCR 技术所使用两个序列特异性的引物不同，RACE 使用一个序列特异性引物加到 mRNA 的 poly（A）尾（3′RACE）或者 cDNA 末端的多聚同聚体（5′RACE）上，所以，它可分为 3′RACE 和 5′RACE。3′RACE 可以利用 mRNA 的 poly（A）尾来设计锚定引物，而进行 5′RACE 时，先要将合成的第一条 cDNA 链 3′末端加上同聚物尾，再根据同聚物尾来设计锚定引物。

RACE 技术已被广泛用于扩增和克隆稀有 mRNA。RACE 产物可以直接用来克隆与测序，也可用于制备探针或连接在一起得到全长 cDNA。其中一种连接 5′和 3′RACE 产物的方法是使用由 5′及 3′RACE 得到的序列信息设计新的引物，以扩增全长的 cDNA。使用 RNase H 的逆转录酶和高保真的热稳定聚合酶可以对较长的序列进行高保真扩增，从而得到全长 cDNA 克隆。

（1）3′RACE 技术

3′RACE 反应通常用于分离 3′末端未知的序列及对 mRNA 的 3′末端序列进行定序。例如，在研究从单一基因转录出的多种多样的 mRNA 样品时［可能是由不同位点的 poly（A）加尾引起的］，需用 3′RACE 反应来对该基因 3′末端定序。

3′RACE 像 5′RACE 一样，也要求对靶 RNA 或 cDNA 的部分克隆的部分序列有一定了解（图 2-4）。首先用 3′末端 poly（T）接头引物和反转录酶对 mRNA 的总体进行反转录得到负链 cDNA。反转录后通常伴随着两步连续的 PCR：第一步，PCR 用基因特异性正向寡核苷酸引物 1 与反向 poly（dT）接头引物引导。如有必要，可用产物作模板进行第二步嵌套式 PCR，此次 PCR 扩增的引物 1 为第一步 PCR 正向引物的内部序列，即特异性正向引物 2。引物 2 与第一步 PCR 反向 poly（dT）接头引物中间区域的序列相一致。第二步，PCR 产物可用琼脂糖凝胶电泳分离，进而对其进行分子克隆和鉴定等。

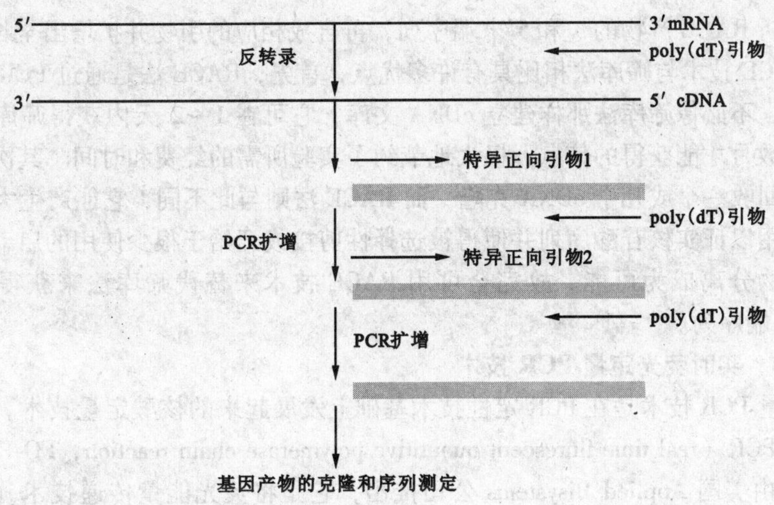

图 2-4 3′Race PCR 扩增示意图 [决定基因转录的 poly (A) 加尾位点]

(2) 5′RACE 技术

与 3′ RACE 技术原理相似，使用 5′RACE 技术可获得 cDNA 5′末端（图 2-5）。首先利用 5′基因特异引物反转录总 RNA，分离反转录产物后用脱氧糖核苷酸末端转移酶（CdC）给第一链加上 poly（C）尾。第二条正链以 5′dG 支撑引物为引物合成，然后用接头引物和位于延伸引物上游的 5′基因特异引物进行 PCR 扩增。

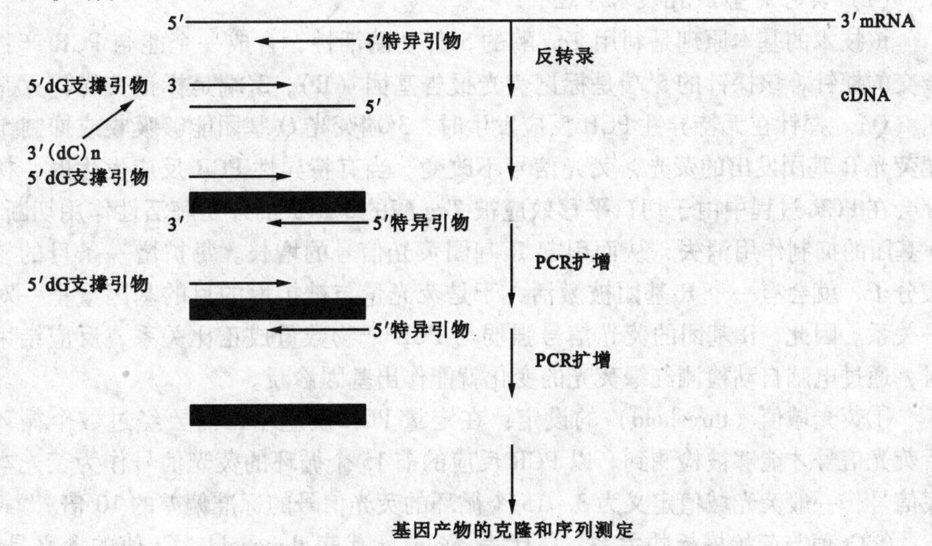

图 2-5 5′Race PCR 扩增示意（决定基因转录的起始位点）

3′RACE 和 5′RACE 扩增得到的双链 cDNA 可用限制性内切酶酶切和 Southern 印迹技术来进行分析与克隆。对同源序列进行克隆，即得到 3′和 5′特异性的 cDNA产物，从两个有相互重叠序列的 3′和 5′RACE 产物可获得全长 cDNA；或者通过分析RACE产物的3′和5′末端序列，再合成相应的引物并扩增出全长cDNA。

RACE 技术与筛库法相比具有许多优点，首先，RACE 法是通过 PCR 技术来实现的，不必像筛库法那样建立 cDNA 文库，它可在 1～2 天内获得筛库法数星期乃至数月才能获得的信息，极大地节约了实验所需的经费和时间。其次，筛库法只能回收一个或几个 cDNA 克隆，而 RACE 法则与此不同，它能产生大量的独立克隆用以证实核苷酸序列并使得被选择性剪接或开始于很少使用的启动子的特殊转录物分离成为可能。故完全可用 RACE 技术来替代筛库法来获得缺失的cDNA末端序列。

2.2.1.4 实时荧光定量 PCR 技术

定量 PCR 技术是在 PCR 定性技术基础上发展起来的核酸定量技术。实时荧光定量 PCR（real time flurescent quantitive polymerase chain reaction，FQ-PCR）于 1996 年由美国 Applied Bisystems 公司推出，它是将荧光能量传递技术（fluorescence resonance energy transfer，FRET）应用于常规多聚酶链式反应中，通过受体发色团之间偶极—偶极相互作用，能量从供体发色团转到受体发色团，受体荧光染料发射出的荧光讯号强度与 DNA 产量成正比，这样，就可以通过检测 PCR 过程的荧光讯号来得到靶序列的初始浓度，从而达到定量的目的。该技术不仅实现了从定性到定量的飞跃，而且具有灵敏度更高、特异性和可靠性更强，且能实现多重反应，自动化程度高等特点。目前已广泛应用于动植物基因工程、微生物和医学研究等领域。

（1）实时定量 PCR 技术原理

该技术的基本原理是利用 *Taq* 酶的 5′外切酶活性，合成一个能与 PCR 产物杂交的探针，该探针的 5′端是标记荧光报告基团（R），3′端是标记荧光淬灭基团（Q）。探针在无特异性 PCR 反应发生时，3′端荧光 Q 基团能够吸收或抑制 5′端荧光 R 基团发出的荧光，荧光信号不改变。当有特异性 PCR 反应发生时，探针会在 PCR 过程中由于切口平移效应被 *Taq* 酶的 5′→3′的外切酶活性作用切断，Q 基团的抑制作用消失，从而引起 R 基团荧光信号的增长。每扩增一条目的核酸分子，就会有一个 R 基团被激活，于是荧光量与被扩增的目的基因量呈一对一关系。因此，R 基团的荧光信号强弱与 PCR 产物数量成正比关系，反应结束时，通过电脑自动检测红绿荧光的变化就能作出基因诊断。

①荧光域值（threshold）的设定：在定量 PCR 反应中，需要经过数个循环后荧光信号才能够被检测到。以 PCR 反应的前 15 个循环的荧光信号作为荧光本底信号，一般荧光域值定义为 3～15 个循环的荧光信号的标准偏差的 10 倍。

②Ct 值与起始模板的关系：C 代表 cycle，t 代表 threshold，Ct 值的含义是：每个反应管内的荧光信号达到设定的域值时所经历的循环数。研究表明，每个模板的 Ct 值与该模板的起始拷贝数的对数存在线性关系，起始模板拷贝数越多，Ct 值越小。利用已知起始模板拷贝数的标准样品可作出标准曲线（其中横坐标代表起始模板拷贝数的对数，纵坐标代表 Ct 值）。因此，只要获得未知样品的 Ct 值，即可通过标准曲线计算出该样品的起始拷贝数。

③荧光化学 荧光定量 PCR 所使用的荧光化学可分为两种：荧光探针和荧光染料。探针类是利用与靶序列特异杂交的探针来指示扩增产物的增加，特异性高；染料类则是利用染料或者特殊设计的引物来指示扩增的增加，特异性受到质疑，但简单易行。

(2) 实时定量 PCR 的特点

实时荧光定量 PCR 技术的特点主要有：① 污染机会少，整个过程都是在封闭条件下进行。② 无需后处理。反应结束后，不需进行杂交、电泳、拍照等操作。③ 自动化程度高。可利用计算机实现高度自动化。④ 用途广泛。可用于定量或定性分析。⑤ 简便易行。可进行多点或单点测定。

2.2.2 根据基因功能蛋白来分离目的基因

这是比较广泛使用的一种分离高等生物目的基因的有效方法，它涉及目的基因编码产物蛋白质的分离、纯化及突变表型的互补克隆。一般真核细胞中蛋白质种类的复杂度比较低，仅有 10 000 种左右，可比较容易地通过电泳分析得到间断的、独立可辨的图谱。因此，对一些大量表达的功能蛋白质的分离还是比较容易办到的。

根据基因功能蛋白来分离目的基因（图 2-6）。首先，从生物体的组织和器官中分离出某一特定发育时期的特异蛋白，然后通过分析该特定蛋白的氨基酸序列，合成简并引物或寡核苷酸片段探针，最后，通过 PCR 扩增目的基因，或利用寡核苷酸片段探针从 cDNA 文库或基因组文库中筛选出目的基因。还可以基因产物作为抗原，并利用免疫动物制备抗体，然后用特异的蛋白抗体来筛选含有目的基因插入序列的 cDNA 表达文库，分离出含目的基因的克隆（图 2-7）。

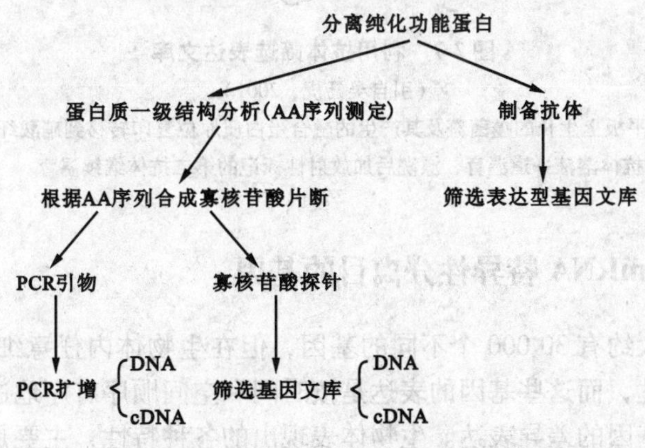

图 2-6 根据基因的功能蛋白分离目的基因的基本技术路线

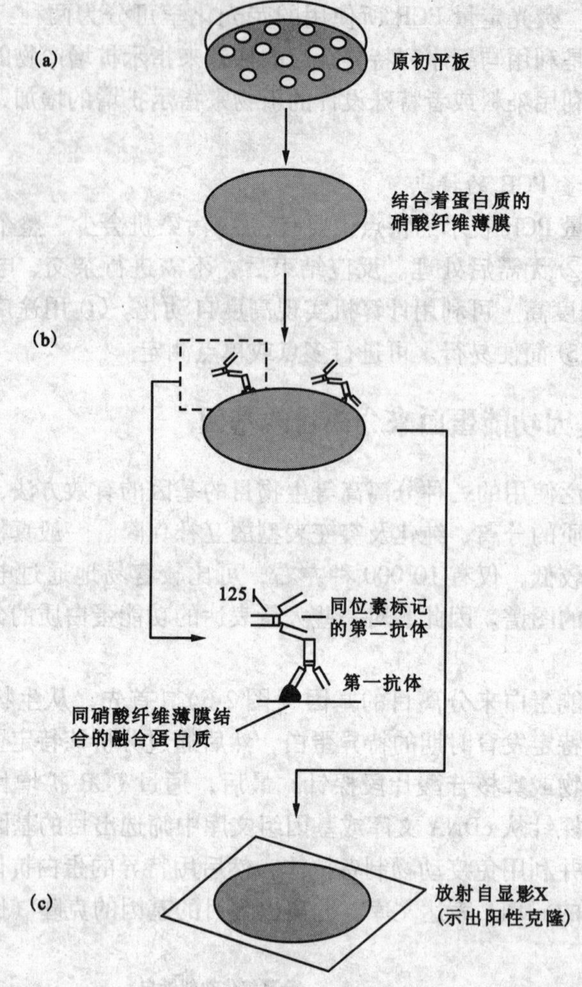

图 2-7　利用抗体筛选表达文库

（引自吴乃虎，2001）

（a）把原初平板上生长的噬菌斑及其产生的融合蛋白质原位复印转移到硝酸纤维素滤膜上
（b）滤膜与第一抗体溶液一道温育，漂洗后加放射性标记的第二抗体继续温育　（c）放射自显影

2.2.3　根据 mRNA 特异性分离目的基因

高等生物大约有 30 000 个不同的基因，但在生物体内任意细胞中只有 10% 的基因得以表达，而这些基因的表达是按时间和空间顺序有序地进行着，这种表达的方式即为基因的差异表达。生物体表现出的各种特性，主要是由于基因的差异表达引起的，这种基因差异表达的变化是调控细胞生命活动过程的核心机制。因此，可以通过比较同一类细胞在不同生理条件下或在不同生长发育阶段的基因表达差异来分离特异性目的基因。

基因差异表达分析的主要技术有：差别杂交（筛选）（differential hybridization)、扣除（消减）杂交（subtractive hybridization of cDNA，SHD)、mRNA 差异显示（mRNA differential display，DD)、cDNA 差别筛选法（cDNA differential hybridization or differential screening)、抑制消减杂交法（suppression subtractive hybridization，SSH)、代表性差异分析（representative display analysis，RDA)、交互扣除 RNA 差别显示技术（reciprocal subtraction differential RNA display)、基因表达系列分析（serial analysis of gene expression，SAGE)、电子消减（electronic subtraction）和 DNA 微阵列分析（DNA microarray）等。本节主要介绍 mRNA 差异显示、DNA 微阵列分析技术、cDNA 差别筛选、cDNA 代表性差异分析、扣除杂交法等技术的基本原理及其应用。

2.2.3.1 mRNA 差异显示技术

mRNA 的水平一般反映了细胞中转录调控的情况。DDRT-PCR 技术主要利用 cDNA 反转录技术，PCR 扩增和高分辨率聚丙烯酰胺凝胶电泳，来显示 cDNA 扩增产物的差异。

（1）mRNA 差异显示技术的基本原理

传统 mRNA 差异显示技术（DDRT-PCR）是根据绝大多数真核细胞 mRNA3′端所具有的多聚腺苷酸尾［poly（A)］结构，利用含 Oligo（dT）的寡聚核苷酸为引物将不同的 mRNA 反转录成 cDNA 的技术。该方法的创始人 Liang P 和 Pardee A 根据 polyA 序列起点前 2 个碱基除 AA 外只有 12 种可能性的特征，设计合成了 12 种下游引物，称 3′-锚定引物，其通式为 5′-T11MN；同时为扩增出 poly（A）上游 500 bp 以内所有可能性的 mRNA 序列，在 5′端又设计了 20 种 10 bp 长的随机引物。这样构成的引物对进行 PCR 扩增能产生出 20 000 条左右的 DNA 条带，其中每一条带都代表一种特定 mRNA 种，这一数字大体涵盖了在一定发育阶段某种细胞类型中所表达的全部 mRNA。

（2）DDRT-PCR 的基本过程

该方法的基本操作程序如图 2-8 所示。第一步，从一对处于不同发育阶段（或不同基因型）的细胞群体中提取总 RNA 或 mRNA；第二步，加入 3′-端锚定引物（5′-T11MN-3′）进行反转录合成第一链 cDNA，并加入一对特定组合的 5′-端随机引物和 3′-端锚定引物（5′-T11MN-3′），以及 ^{35}S-dNTP 进行 PCR 扩增；第三步，将同位素标记的（即所谓热的）PCR 产物加样在变性 DNA 序列胶中进行电泳分离，放射自显影便可观察到差别表达的扩增谱带；第四步，将差别表达谱带回收，进行第二次 PCR 扩增至所需含量，即可通过 Southern blot 或 Northern blot 分析或直接测序来证实差别表达谱带的真实性，从而获得差异表达的目的基因。

（3）DDRT-PCR 的优缺点

mRNA 差异显示技术具有如下优点：

①可以同时比较多个样品间基因的差异表达。

②重现性好：相同的 mRNA 样品，在同一组引物的条件下，显示带重现率大于 95%。

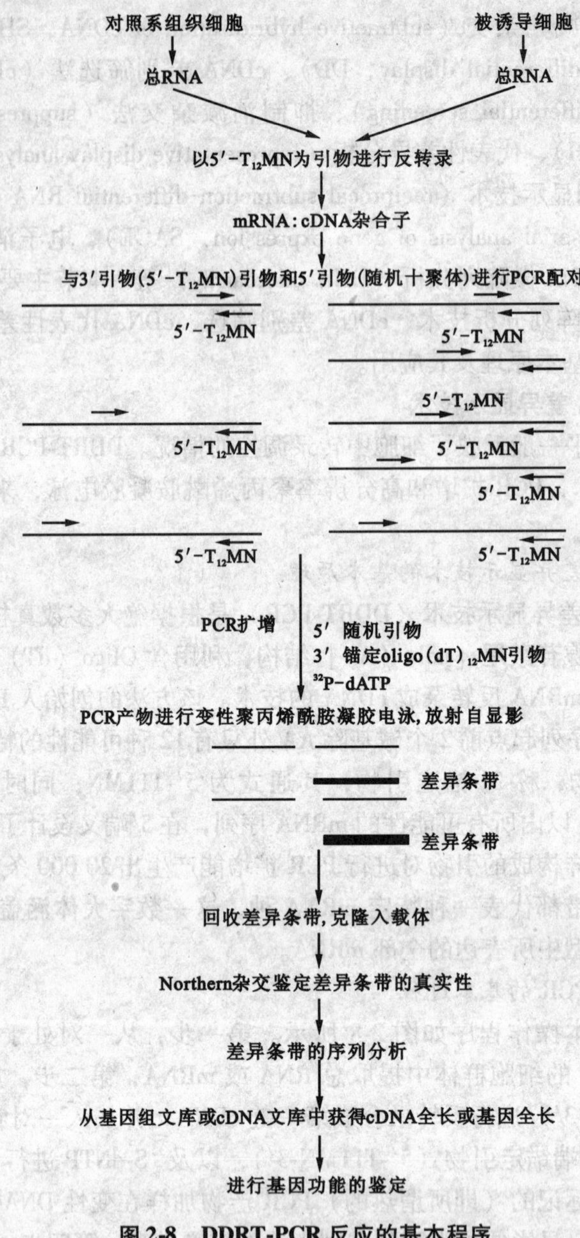

图 2-8 DDRT-PCR 反应的基本程序

(引自王关林等, 2002)

③RNA 用量少，检测灵敏度高：一些低丰度的 mRNA 可经过 PCR 扩增被检测出来。

④操作简单、方便：运用了 PCR 及序列胶电泳分析两项普遍使用的技术，使得操作变得简单化、程序化，较易于实现自动化操作。

正是由于 mRNA 差异显示具备这些优点，使其迅速成为研究与真核生物生殖、发育、分化、衰老、程序化死亡、抗逆性与抗病性等生命过程有关基因差异表达调控及基因克隆的强有力工具。然而，经过数年的实践，人们也发现 mRNA 差异显示技术也存在着一些明显的缺点，有待于进一步改进。这些缺点主要表现在以下几个方面：

①所得特异性 cDNA 片段假阳性率比较高：据测算，在差异显示的 DNA 扩增条带中，假阳性的比例通常可达 50% ~75%，有的高达 85%。主要的原因：一是 DDRT-PCR 反应的引物配对多变，产生的片段带型变化不定所致；二是序列胶中显示的一条特异 cDNA 带中可能含有常规检测不出的重叠带（包括含标记或未标记的异源序列，或差异条带与其邻近条带间位置十分靠近，或样品间 mRNA 丰度大小不等等情况）。我们的实验也证明了从序列胶中回收的单一 cDNA 带中有时的确含有多种不同的序列。当为获得足够克隆所需的 DNA 量而连续两次 PCR 扩增时，这些非专一性的 cDNA 比例将极大提高；三是微量 DNA 的污染，总 RNA 虽经 DNase Ⅰ处理，但仍会有微量 DNA 存在；四是有些特异 cDNA 片段太短，因而在 Northern 杂交检测时往往得不到杂交信号，误以为是假阳性。

②扩增的片段过多过短：这主要与采用的策略有关。早期采用的策略是在 cDNA 第一链上进行多重随机引物配对，以保证"碰"上每一条第一链。这种策略产生过量的片段，拥挤在 DDRT-PCR 胶上，使得相邻片段的电泳分辨十分困难，多数情况下无法分离单个特定的 cDNA 片段，更不用说对推断的差异表达作出精确的判断。这些片段相对较短，平均只有 200 ~ 300 bp 大小，个别的达到 500 bp 左右。这就意味，它们绝大多数是由转录子 3′端不翻译的"尾巴"组成的，这样的序列信息多数情况下对基因鉴别没有什么价值。

③cDNA 的扩增产物的量不仅取决于 mRNA 的丰度，也取决于引物与模板之间的特定匹配情况。即使是高丰度 mRNA，由于随机引物与之匹配不合适，其扩增产物的量将少于用丰度虽低但与引物匹配良好的模板扩增出的量。因此，往往导致对基因表达差异的错误认识。

正是由于 mRNA 差异显示具有突出的优点及不可取代的作用，但同时又存在上述的缺点，所以研究者在使用 mRNA 差异显示技术时不断地对其进行改进和完善，促进它不断发展。

(4) DDRT-PCR 的改良

自 1992 年建立后，由于 DDRT-PCR 具有显著的优越性，因而很快得到广泛的应用。但同时，差异显示技术本身又存在许多缺点，人们在利用该技术的同时，一直在不断地对它进行着改进。第二代差异显示系统——限制性酶切片段差异显示（RFDD-PCR）就是一个很有效的改进技术。

RFDD-PCR 不是直接扩增 cDNA，而是首先通过限制性内切酶酶切 cDNA，然后在酶切后的 cDNA 片段两边加上特殊接头后进行扩增。正是由于 RFDD-PCR 系统使用了一系列特殊接头和引物，特别是特异性 PCR 引物的使用和下游的 PCR 反应使 RFDD-PCR 分析具更好的重复性，因而解决了第一代差异显示系统的重复性问题（图 2-9）。由于 RFDD-PCR 技术不使用以 poly（A）为引物的 PCR 扩增，因而该系统对原核和真核系统皆适用。在第一代的差异显示系统中，下游引物特异性结合 poly（A）尾，因此与3′端未翻译区域相对应的差异表达序列大部分被鉴别出来，而 RFDD-PCR 采用优先切割翻译序列的限制性内切酶（如 *Taq* Ⅰ），因此可以优先展示编码区，更加适合于下游功能分析。使用 RFDD-PCR 获得差异显示基因后，与 disploy fit 网络相连，即可确定哪些基因是已经研究过的，哪些是未知基因，对下一步研究有很好的预知效果。

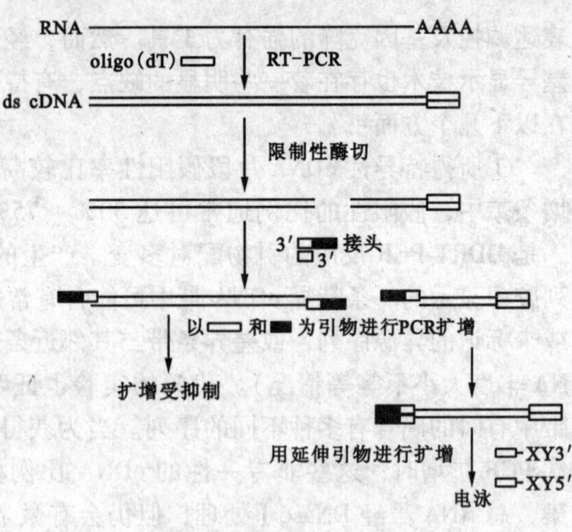

图 2-9 RFDD 实验程序简图

总之，RFDD-PCR 中高度严谨的 PCR 可以产生结果一致的基因表达图谱，重点放大和展示编码区，对原核及真核 RNA 都有用，大大消除了假阳性。

2.2.3.2 cDNA 代表性差异分析技术

为了克服 mRNA 差异显示技术在实际应用中存在的不足，1994 年 Huband 和 Schatz 在代表性差异分析（representative difference analysis，RDA）和 mRNA-DD 二者基础上建立了一种目的基因克隆的新方法，即 cDNA 代表性差异分析（cDNA-representative difference analysis，cDNA - RDA）技术，并将其用于筛选差别表达基因。

在代表性差异分析基础上，以 mRNA 表达水平的差异为差异分析的目标，因而此方法兼有 RDA 和 mRNA-DD 的优点，同时充分发挥了 PCR 反应以指数形式扩增双链模板、以线性形式扩增单链模板这一特性，并通过降低 cDNA 群体复杂性和多次更换 cDNA 两端接头等方法，特异地扩增目的基因片段。与 DD-PCR 相比，具有产物假阳性低、特异性强、灵敏度高、重复性好等优点。而且，通过消减杂交驱逐同源序列，降低了后期鉴定的工作量，但令人遗憾的是，cDNA-RDA 技术也存在着操作复杂、实验周期长及费用高等缺点。

cDNA-RDA 技术操作步骤主要包括（图 2-10）：

①严格选择进行差异分析的体系并限于两者间的比较，这与 RDA 完全不同；

②分别提取总 RNA 或 mRNA，采用与 DDRT-PCR 相似的方法合成其双链 cDNA；

③用识别 4 个碱基的限制性核酸内切酶将 cDNA 酶切消化成带黏性末端的片段；

④在它们的两端接上第 1 对接头 R-Dpn-24/R-Dpn-12 之后，分别用具生物素标记的和不具生物素标记的 5′-端引物 R-Dpn-24 作 PCR 扩增，其产物用 *Dpn* Ⅱ 消化除去第 1 接头，纯化后再与第 2 对接头 J-Dpn-24/J-Dpn-12 连接；随后按

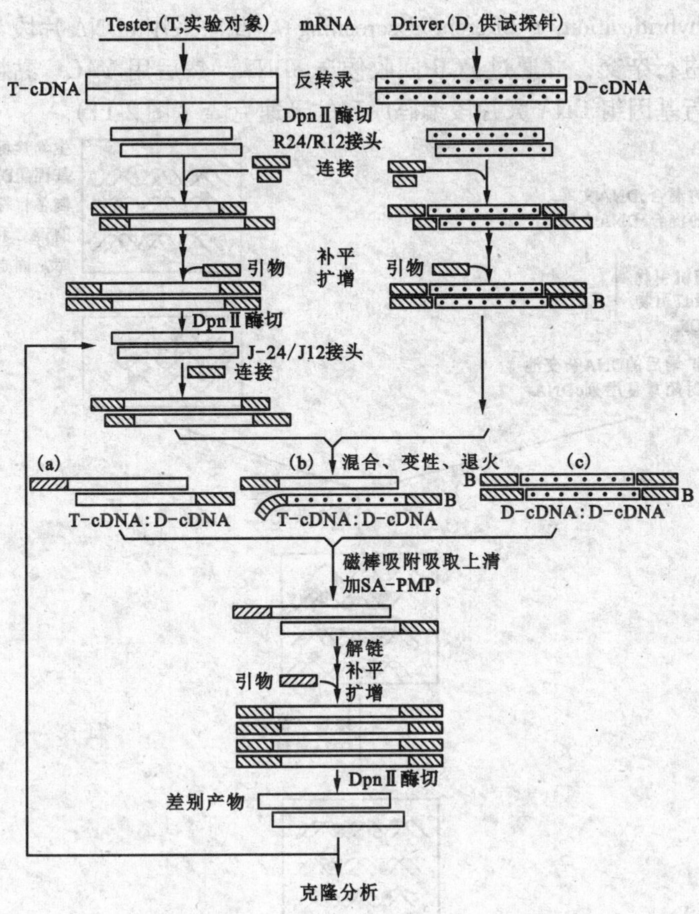

图 2-10 改良的 cDNA-RDA 的操作程序

（引自刁丰秋等，2000）

40∶1 的比例，将具生物素标记的 B-D-cDNA 和不具生物素标记的 T-cDNA 混合做第 1 轮减法杂交，结果形成 3 种不同类型双链 cDNA 分子，即 D-cDNA/D-cDNA、T-cDNA/T-cDNA 和 T-cDNA/D-cDNA。

⑤混合杂交后，离心收集 DNA 沉淀，用磁棒吸附，小心吸取上清液，转移到新试管中，再加入 SA-PMPs，重复结合吸附 1 次，以便较完全地去除 D-cDNA/D-cDNA 和 D-cDNA/T-cDNA 双链分子，这样便得到了纯度较高的第 1 轮减法杂交产物 T-cDNA/T-cDNA 双链分子。

⑥按照第 1 轮减法杂交程序，分别使用第 3 对接头 N-Dpn-24/N-Dpn-12 和第 2 对接头 J-Dpn-24/J-Dpn-12，进行第 2 轮和第 3 轮减法杂交，如此便可得到特异表达的 cDNA 序列条带。

2.2.3.3 cDNA 差别筛选

基因组图谱绘制和基因定位克隆的常见难题是大片段基因组编码 DNA 的鉴定。为解决此问题，1991 年，Parimoos 等首先提出了 cDNA 差别筛选法（cDNA differential hybridization or differential screening）。此法采用 cDNA 片段与固定在膜上的 DNA 进行杂交，并通过 PCR 回收候选 cDNA，然后用 YAC、黏粒克隆扩增 cDNA，进行基因组 DNA 大片段编码序列的迅速克隆（图 2-11）。

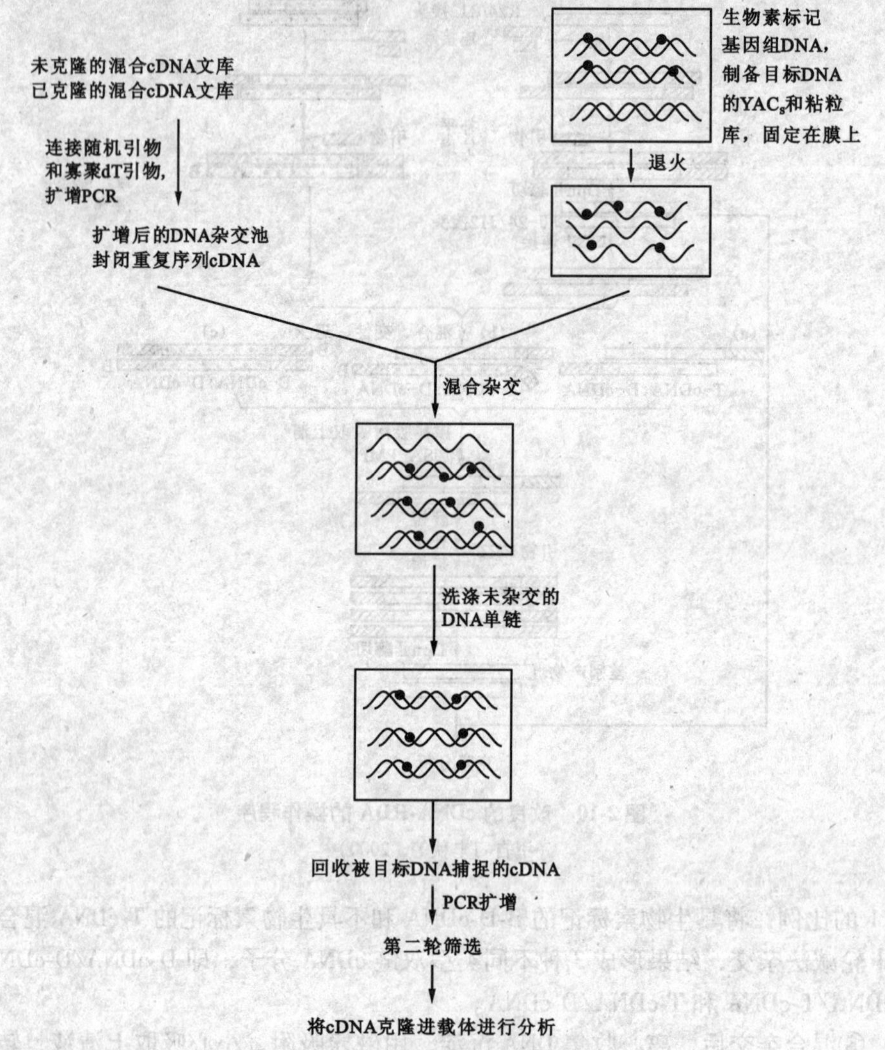

图 2-11　cDNA 差别筛选法示意图

cDNA 差别筛选法不同于以前的差别筛选法，以往的差别筛选法是用一个探针去筛选一系列的膜，cDNA 差别筛选法则用高质量的 cDNA RP-PCR 产物为探针进行文库的筛选，相对于 cDNA 的一链标记产物探针，RP-PCR 的探针要敏感 2～2.5 倍。同样，用 cDNA 的 RP-PCR 产物为探针，进行反向 Northern 杂交鉴定，也增加了杂交信号的强度。但此法相比于以 SSH 产物为特异探针的杂交信号，强度差异仍然比较明显，因为 SSH 的探针是经过差减后扩增的特异探针，所以杂交信号强于反向 Northern 杂交。

2.2.3.4　扣除杂交法

扣除杂交正是针对差别筛选的局限性，为进一步提高筛选效率发展出的通过构建富含目的基因序列的 cDNA 文库方法进行基因分离的技术（图 2-12），该技术与差异显示的差别见表 2-1。其本质就是除去那些普遍共同存在的，或非诱发产生的 cDNA 序列，从而使要分离的目的基因序列得到有效富集，提高了分离敏感性。首先，从野生型植株制备的染色体总 DNA，用一种适当的核酸内切限制酶将其切割成小片段，同时将从缺失突变体植株制备的染色体总 DNA，经随机切割成小片段后，用生物素（biotin）进行标记，供作非同位素标记探针使用。取超量的该种探针，与酶切后的野生型染色体总 DNA 片段混合，经变性、退火

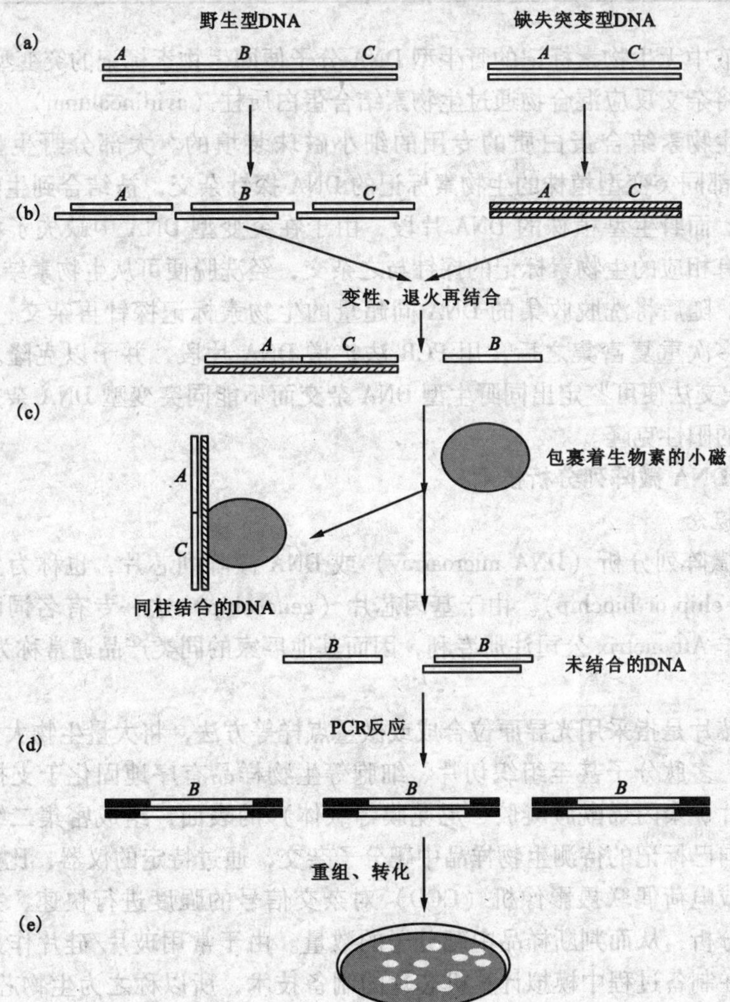

图 2-12　扣除杂交法分离克隆目的基因

（引自吴乃虎，2001）

（a）野生型及突变型 DNA 的切割　（b）DNA 变性并与生物素标记探针杂交　（c）过生物素结合蛋白质柱　（d）PCR 扩增　（e）连接转化形成克隆库

表 2-1　差异显示技术与扣除杂交法的比较

项　目	差异显示技术	扣除杂交法
光键技术	反转录 PCR	建立扣除文库
敏感性	对基因表达的变化非常敏感	相对敏感，特别是对低丰度的 mRNA
样品比较	可进行多样品比较	仅能比较两种样品
检测基因	可检测到基因的上调或下调	仅能发现差别
鉴别效率	很快鉴别一个探针	相对较慢而且复杂
结果可靠性	结果需要通过其他的技术手段证实	结果可靠

处理，溶液中无生物素标记的野生型 DNA 分子便同生物素标记的突变型 DNA 探针杂交。将杂交反应混合物通过生物素结合蛋白质柱（avidincolumn），这种柱是用包裹着生物素结合蛋白质的专用的细小磁珠装填的。大部分野生型植株的 DNA 分子都同突变型植株的生物素标记的 DNA 探针杂交，被结合到生物素结合蛋白质柱。而野生型植株的 DNA 片段，由于在突变型 DNA 中缺失了相应的片段，故没有相应的生物素标记的探针与之杂交，经洗脱便可从生物素结合蛋白质柱中流出。随后将洗脱收集的 DNA 同超量的生物素标记探针再杂交，再过柱。如此经过多次重复富集之后，用 PCR 法扩增 DNA 片段，并予以克隆。最后用 Southern 杂交法便可鉴定出同野生型 DNA 杂交而不能同突变型 DNA 杂交的含有突变基因的阳性克隆。

2.2.3.5　DNA 微阵列分析技术

(1) 概念

DNA 微阵列分析（DNA microarray）或 DNA 微阵列芯片，也称为生物芯片（biological chip or biochip)。由于基因芯片（gene chip）这一专有名词已经被业界的领头羊 Affymetrix 公司注册专利，因而其他厂家的同类产品通常称为 DNA 微阵列。

生物芯片是指采用光导原位合成或微量点样等方法，将大量生物大分子比如核酸片段、多肽分子甚至组织切片、细胞等生物样品有序地固化于支持物（如玻片、硅片、聚丙烯酰胺凝胶、尼龙膜等载体）的表面，组成密集二维分子排列；然后与已标记的待测生物样品中靶分子杂交，通过特定的仪器，比如激光共聚焦扫描或电荷偶联摄影像机（CCD）对杂交信号的强度进行快速、并行、高效地检测分析，从而判断样品中靶分子的数量。由于常用玻片/硅片作为固相支持物，且在制备过程中模拟计算机芯片的制备技术，所以称之为生物芯片技术。它有寡核苷酸芯片、cDNA 芯片和 Genomic 芯片之分，包括 2 种模式：一是将靶 DNA 固定于支持物上，适合于大量不同靶 DNA 的分析；二是将大量探针分子固定于支持物上，适合于对同一靶 DNA 进行不同探针序列的分析。

(2) DNA 微阵列分析技术基本过程

该技术的基本过程包括以下几个步骤（图 2-13）：

①DNA 方阵的构建选择：通常选用硅片、玻璃片、瓷片或聚丙烯膜、尼龙膜等作支持物，先进行相应处理，然后采用光导化学合成和照相平板印刷技术在硅片等表面合成寡核苷酸探针，或者通过液相化学合成寡核苷酸链探针，再进行纯化、定量分析，并由阵列复制器（arraying and replicating device，ARD），或阵列机（arrayer）及电脑控制的机器人，准确、快速地将不同探针样品定量点样于带正电荷的尼龙膜或硅片等相应位置上，由紫外线交联固定后即得到 DNA 微阵列或芯片。

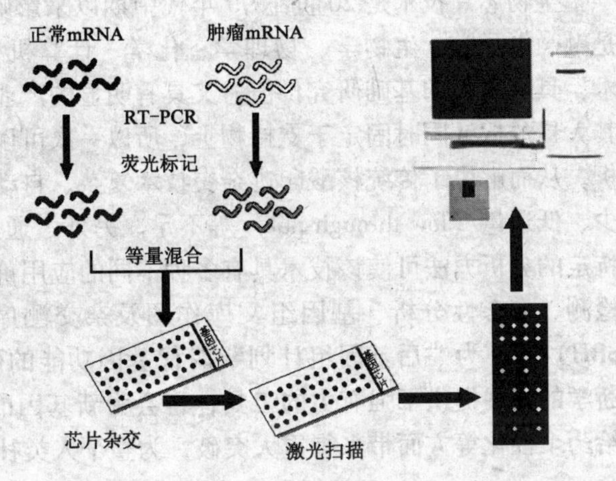

图 2-13 DNA 微阵列分析技术基本过程

②样品 DNA 或 mRNA 的准备：从血液或活组织中获取的 DNA/mRNA 样品在标记成为探针以前必须进行扩增，以提高阅读灵敏度。Mosaic Technologies 公司发展了一种固相 PCR 系统，其性能优于传统 PCR 技术，他们在靶 DNA 上设计一对双向引物，将其排列在丙烯酰胺薄膜上，这种方法无交叉污染，省去液相处理的繁琐，提高了扩增效率；Lynx Therapeutics 公司提出另一个革新的方法，即大规模平行固相克隆（massively parallel solid-phase cloning）。这个方法可以对一个样品中数以万计的 DNA 片段同时进行克隆，不必分离和单独处理每个克隆，使样品扩增更为有效快速。此外，在 PCR 扩增过程中，必须同时进行样品标记，标记方法有荧光标记法、生物素标记法、同位素标记法等。

③分子杂交：样品 DNA 与探针 DNA 互补杂交要根据探针的类型和长度以及芯片的应用来选择及优化杂交条件。如用于基因表达监测时，需低温、长时间及高盐浓度杂交条件，杂交的严格性要求较低；若用于突变检测，则杂交条件相反。芯片分子杂交的特点是探针固化，样品荧光标记，一次可以对大量生物样品进行检测分析，杂交过程只要 30min。美国 Nangon 公司采用控制电场的方式，使分子杂交速度缩短到 1min，甚至几秒钟。德国癌症研究院的 Jorg Hoheisel 等认为以肽核酸（PNA）作为探针效果更好。

④杂交图谱的检测和分析：用激光激发芯片上的样品发射荧光，若是严格配对的杂交分子，其热力学稳定性较高，荧光强；若是不完全杂交的双键分子热力学稳定性低，荧光信号弱（只有前者的 1/35 ~ 1/5）；而不杂交的则无荧光。不同位点信号被激光共焦显微镜，或落射荧光显微镜等检测到，由计算机软件处理分析，便得到相关基因图谱。目前，质谱法、化学发光法和光导纤维法等方法在进行杂交图谱的检测中更灵敏、快速，它们有取代荧光法的趋势。

生物芯片技术是 20 世纪 90 年代中期以来影响最深远的重大科技进展之一，是融微电子学、生物学、物理学、化学、计算机科学为一体的高度交叉的新技术，具有重大的基础研究价值，又具有明显的产业化前景。由于该技术可以将极其大量的探针同时固定于支持物上，所以一次可以对大量的生物分子进行检测分析，从而解决了传统核酸印迹杂交技术复杂、自动化程度低、检测目的分子数量少、低通量（low through-put）等不足。另外，通过设计不同的探针阵列、使用特定的分析方法可使该技术具有多种不同的应用价值，如基因表达谱测定、突变检测、多态性分析、基因组文库作图及杂交测序（sequencing by hybridization, SBH）等，为“后基因组计划”时代基因功能的研究及现代医学科学及医学诊断学的发展提供了强有力的工具，将会为新基因的发现、基因诊断、药物筛选、给药个性化等方面带来得重大突破，为整个人类社会带来广泛而深刻的变革。

2.2.4　基因文库技术分离目的基因

基因文库（gene library）是指某种特定生物所含有的能够包含所有基因的足够数目克隆的集合。广义的基因文库是指来源于单个基因组的全部 DNA 克隆，理想情况下应包含该基因组的全部 DNA 序列，这种基因文库可通过鸟枪法获得。狭义的基因文库有基因组文库和 cDNA 文库之分。基因文库可用于研究基因的结构、功能和筛选基因工程的目的基因。

2.2.4.1　基因文库的类型

根据基因类型，基因文库可分为基因组文库和 cDNA 文库。基因组文库是指基因组 DNA 经过限制性内切酶部分酶解后产生的 DNA 片段随机地同相应的载体

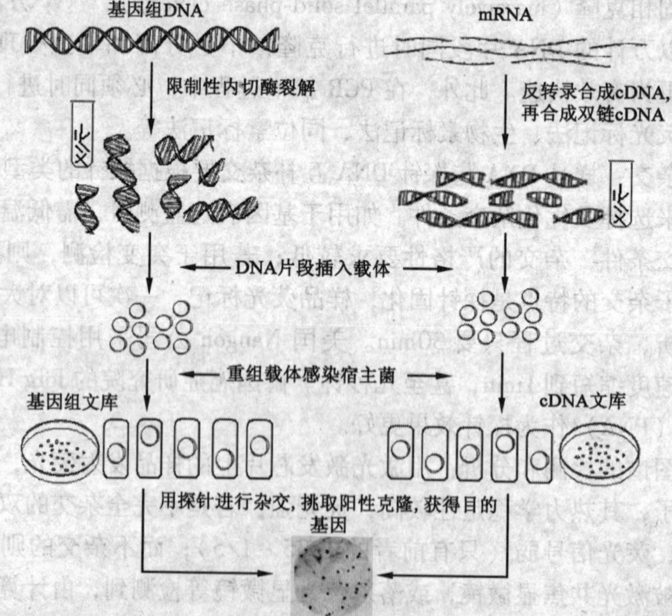

图 2-14　基因组文库与 cDNA 文库筛选目的基因的一般程序

重组、克隆，所产生的克隆群体代表了基因组 DNA 的所有序列。cDNA 文库是指利用纯化的总 mRNA 在逆转录酶作用下合成互补的 DNA，即 cDNA 片段与某种载体连接而形成的克隆的集合。

基因组文库与 cDNA 文库的区别在于 cDNA 文库是有时效性的。基因组文库来源于基因组 DNA，反映基因组的全部信息，用于基因组物理图谱的构建，基因组序列分析，基因在染色体上的定位，基因组中基因的结构和组织形式，以及目的基因的分离等。cDNA 文库来源于细胞表达出的 RNA，只包含生物体特定组织、特定发育阶段表达的基因，反映基因组表达的基因序列信息，用于研究特定细胞中基因的表达和表达基因的功能，以及目的基因的分离等。但两者在用于目的基因的分离时，基本过程是相似的（图 2-14），包括①基因组 DNA 的分离或 cDNA 制备；②载体的选择及制备；③载体与基因组片段的连接；④连接产物在受体细胞的转化与增殖；⑤重组体的筛选、鉴定和保存等过程。

2.2.4.2 基因组文库的构建

基因组文库，又称之为人工构建的基因“活期储蓄所”（gene bank），即像一个贮存有基因组全部序列的信息库。基因组文库构建一般使用 λ 替换型载体、黏粒载体或者 YAC（图 2-15）。

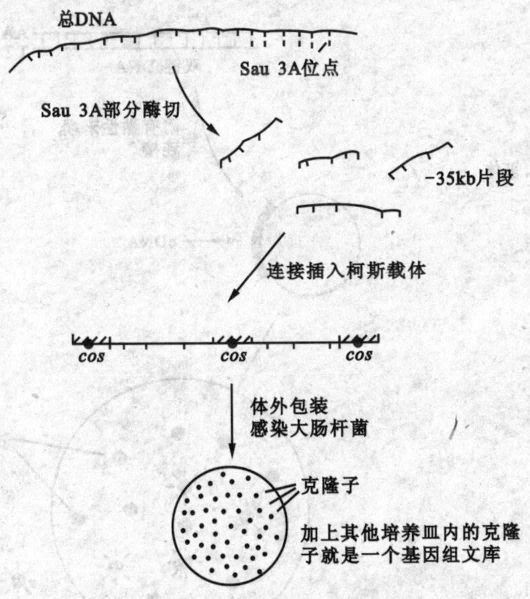

图 2-15 基因文库的构建过程

2.2.4.3 cDNA 文库的构建

对于基因组很庞大的植物和动物，所需要的克隆数很大，DNA 含大量的重复序列和大量的非编码序列，导致直接分离目的基因的 DNA 序列非常困难。在这些生物体中，每一个细胞都含有相同的基因，但不同细胞中有的基因是表达的，而有的基因是关闭的。在某一特定发育阶段和特定组织中，仅有 10% 左右的基因得以表达，利用 mRNA 构建的基因文库，只含有表达的部分基因。所以

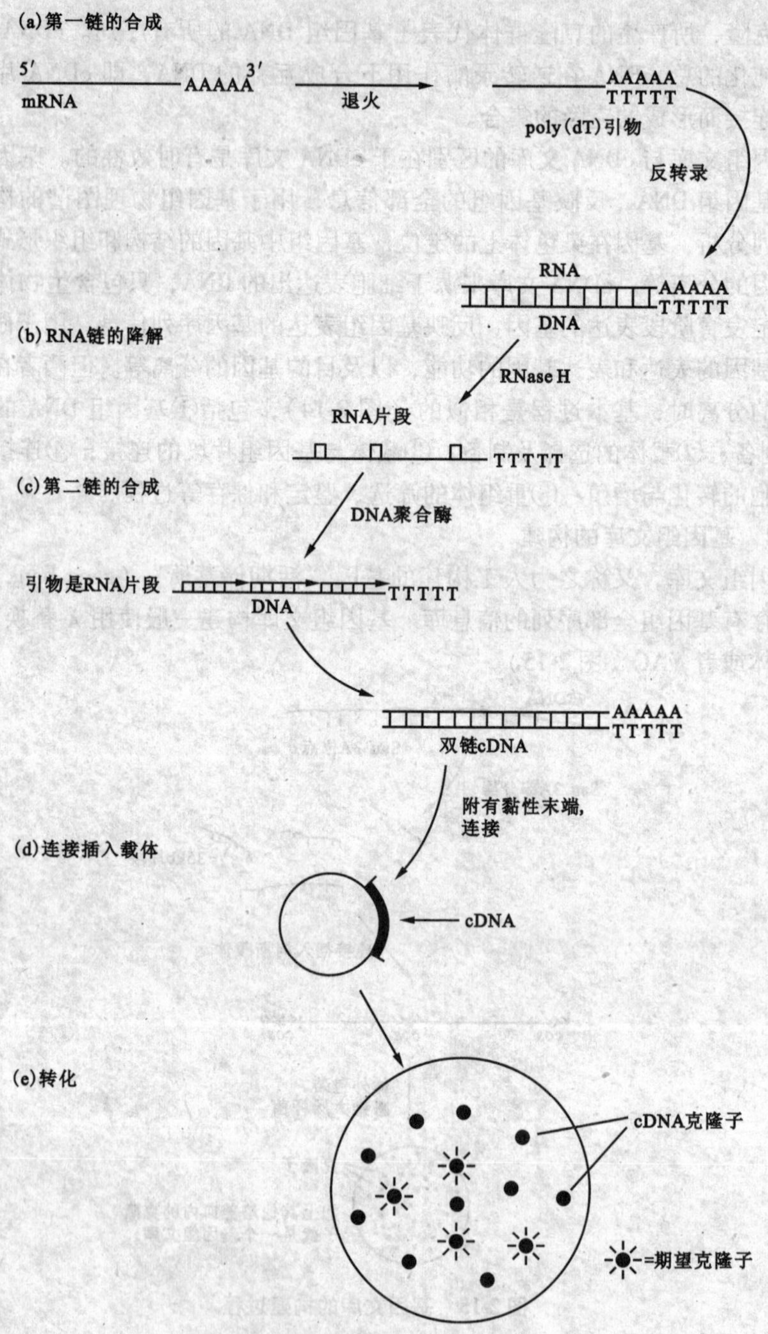

图 2-16 cDNA 文库的构建过程

分离目的基因的 cDNA 序列较为容易，其构建的基本过程如图 2-16 所示。

(1) cDNA 文库的构建

cDNA 文库的构建共分为 5 步（图 2-16）：cDNA 第一链的合成（图 2-17）；RNA 链的降解；双链 cDNA 的合成；连接插入载体；转化。其中，前三步为

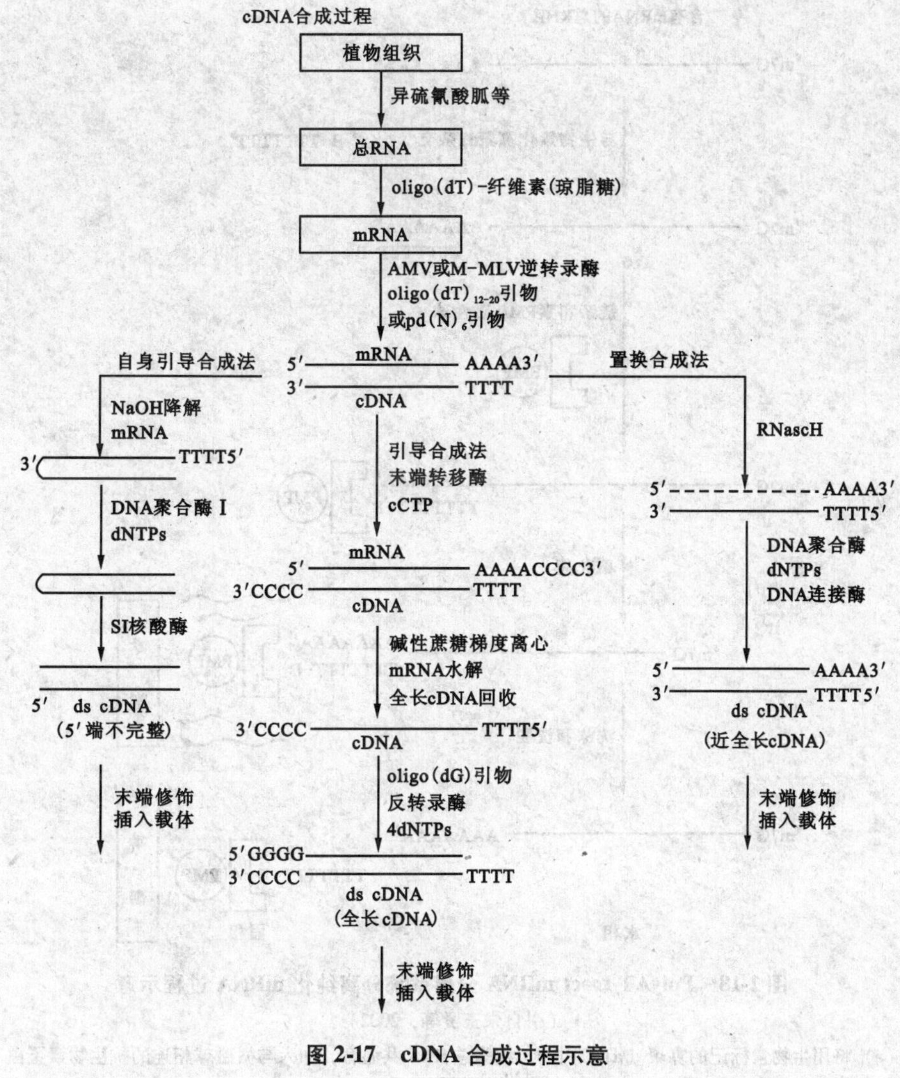

图 2-17 cDNA 合成过程示意

（引自王关林等，2002）

cDNA的合成，其基本合成过程如图 2-17 所示。

①mRNA 的分离纯化及其完整性的确定：细胞总 RNA 主要由 mRNA、rRNA 和 tRNA 三类分子组成。其中，rRNA 含量丰富，约占总 RNA 的 80% ~ 85%，tRNA 和细胞核内的一些小分子 RNA 约占 10% ~ 15%，而 mRNA 仅占 1% ~ 5%。mRNA 分子在结构上有一个显著的特征，即绝大部分 mRNA 在其 3′端有一个 poly（A）尾，尾的长度一般足以使其吸附于寡聚脱氧胸苷酸［Oligo（dT)］—纤维素上。因此，可用 Oligo（dT）纤维素层析法或 PolyAT tract mRNA 分离系统从总 RNA 样品中分离 mRNA（图 2-18)。纯化后的 mRNA 完整性的确定由以下几方面决定：a. 直接测定 mRNA 分子的大小；b. 测定 mRNA 的转译能力；c. 检测总 mRNA 指导合成 cDNA 第一链复分子的能力。纯化后获得的适用的 mRNA 样品，便可以进行 cDNA 合成和克隆等一系列操作。

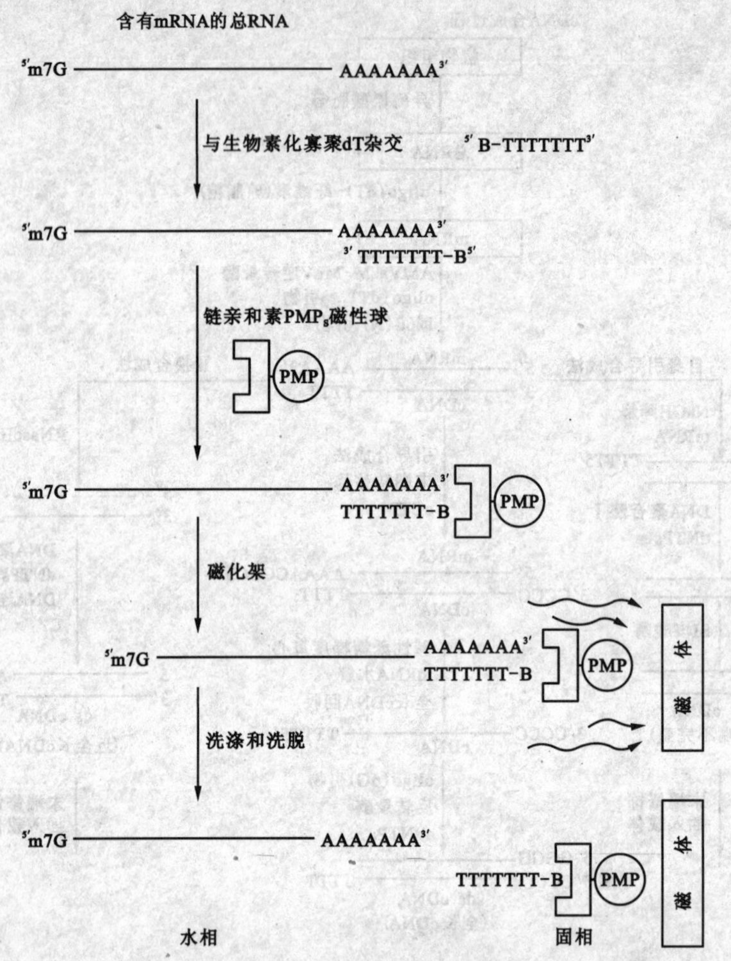

图 2-18　PolyAT tract mRNA 分离系统分离纯化 mRNA 过程示意

（引自朱玉贤等，2002）

（a）将用生物素标记的寡聚（dT）引物与细胞总 RNA 共温育，加入与微磁球相连的抗生物素蛋白

（b）用磁场吸附通过寡聚（dT）引物与抗生物素蛋白及强力微磁球相连的 mRNA

②cDNA 第一链的合成：通常使用的方法叫做 Oligo（dT）引导的 cDNA 合成法（图 2-19），它也是利用真核 mRNA 分子所具有的 poly（A）尾巴这种特性而设计的。实验表明，由 12～20 个脱氧胸腺嘧啶核苷组成的 Oligo（dT）短片段，可同纯化的 mRNA 模板合成第一链 cDNA，这种反应的产物是一种 RNA-DNA 杂交分子。

③cDNA 第二链的合成：从图 2-19 中可以看出，此方法中所产生的具有一个完整发夹结构的双链 cDNA 分子，用 S Ⅰ 核酸酶切割除去后获得了 cDNA 第二链。不过这种单链切割作用会修剪掉许多期望的 cDNA 序列，如此得到的 cDNA 克隆就丧失了 mRNA 5′端的许多信息。除非使用的 S Ⅰ 核酸酶具有极高的纯度，否则还会偶尔地破坏所合成的双链 cDNA。正是由于上述这些原因，现在已经很少使用这种方法合成 cDNA 第二链。这里介绍两种合成 cDNA 第二链的其他方法：

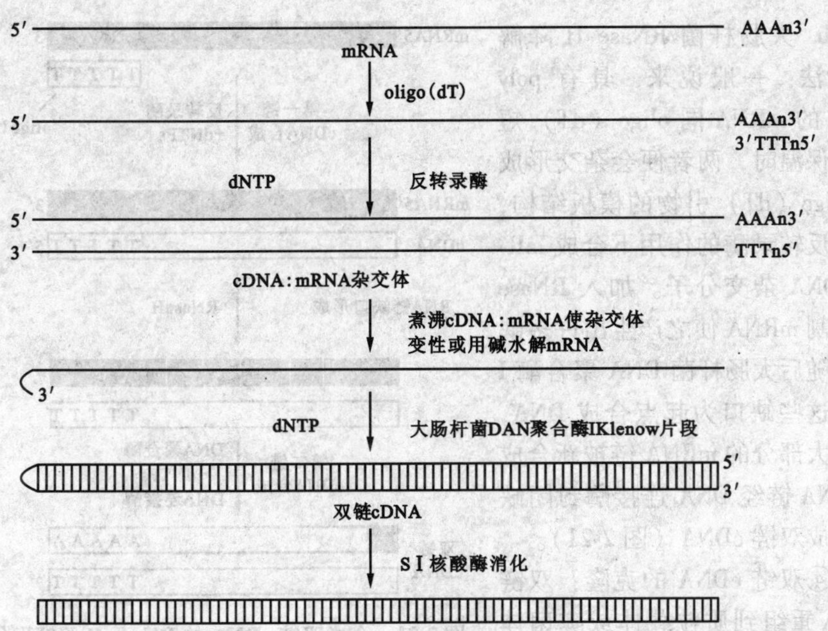

图 2-19 利用 oligo(dT)引导的 cDNA 第一链的合成及自身引导的 cDNA 第二链的合成

(引自 Kotewicz 等,1988)

a. cDNA 第二链的置换合成法:置换合成法是以 cDNA 第一链的合成产物 mRNA-cDNA 杂交体为模板,利用 RNase H 和 DNA 聚合酶Ⅰ共同催化的切口平移反应,由此合成 cDNA 第二链的方法(图 2-20)。

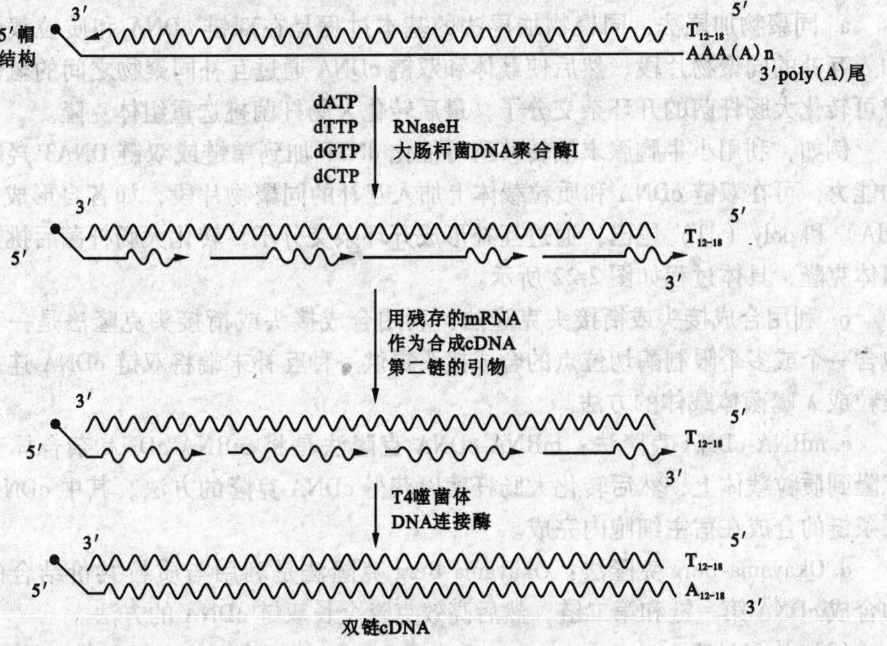

图 2-20 双链 cDNA 的置换合成

(引自 Gubler 等,1983)

b. 大肠杆菌 RNase H 降解取代法：一般说来，具有 poly（A）的 mRNA 同 oligo（dT）短序列保温时，两者便会杂交形成带 oligo（dT）引物的模板结构，并在反转录酶的作用下合成 mRNA-DNA 杂交分子。加入 RNase H 切割 mRNA 使之产生出许多缺口，随后大肠杆菌 DNA 聚合酶 I 便以这些缺口为起点合成 DNA，结果大部分的 mRNA 链被新合成的 DNA 链经 DNA 连接酶封闭缺口形成双链 cDNA（图 2-21）。

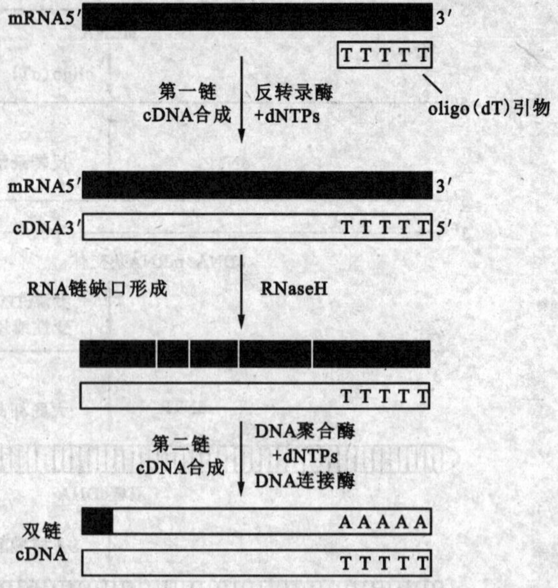

图 2-21 合成双链 cDNA 的 RNase H 降解取代法

（引自吴乃虎，2001）

④双链 cDNA 的克隆：双链 cDNA 重组到质粒载体或噬菌体载体的方式是先用末端转移酶给双链 cDNA 分子加尾，或者更常用的是将人工合成的衔接物加到双链 cDNA 分子的两端，然后与经适当处理而具有相应末端的载体分子连接，最后将这样的重组体分子导入大肠杆菌寄主细胞进行扩增，于是便可得到所需的 cDNA 文库。其具体方法如下。

a. 同聚物加尾法：同聚物加尾法的基本过程是在双链 cDNA 和质粒载体上加入互补的同聚物片段，然后使载体和双链 cDNA 通过互补同聚物之间的氢键形成可转化大肠杆菌的开环杂交分子，最后转化大肠杆菌挑选重组体克隆。

例如，利用小牛胸腺末端转移酶可催化 dNTP 加到单链或双链 DNA3′羟基端的能力，可在双链 cDNA 和质粒载体上加入互补的同聚物片段，如各自形成 poly（dA）和 poly（dT）尾巴，通过互补形成开环杂交分子，转化大肠杆菌后挑选重组体克隆，具体过程如图 2-22 所示。

b. 利用合成接头或衔接头克隆法：利用合成接头或衔接头克隆法是一种由包含一个或多个限制酶切位点的合成接头提供一种互补末端将双链 cDNA 连接到质粒或 λ 噬菌体载体的方法。

c. mRNA-cDNA 克隆法：mRNA-cDNA 克隆法是将 mRNA-cDNA 杂合体直接克隆到质粒载体上，然后转化大肠杆菌以获得 cDNA 克隆的方法。其中 cDNA 第二条链的合成在宿主细胞内完成。

d. Okayama-Berg 克隆法：Okayama-Berg 克隆法是利用与质粒共价结合的引物合成 cDNA 第一链和第二链，然后高效克隆全长双链 cDNA 的方法。

（2）举例说明

在这里，以构建 cDNA 文库为例来说明文库构建的一般过程（图 2-23）。具有poly（A）的 mRNA 在 oligo（dT）引物和反转录酶的作用下，合成出双链

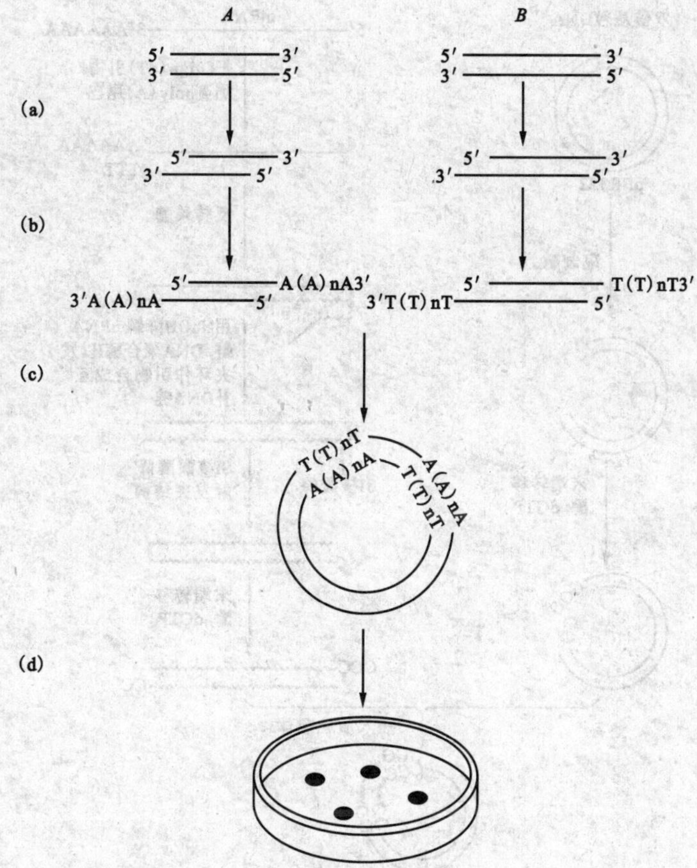

图 2-22 应用互补的同聚物加尾法连接 DNA 片段

(引自吴乃虎，2001)

(a) 用5′末端特异的核酸外切酶处理 DNA 片段 A 和 B，形成了延伸末端 (b) 对片段 A 和片段 B 分别加入 dATP 和 dTTP，以及共同的末端脱氧核苷酸转移酶，各自形成 poly (dA) 和 poly (dT) 尾巴 (c) 混合退火，通过 poly (dA) 和 poly (dT) 之间的互补配对，形成重组体分子 (d) 转化大肠杆菌挑选重组体克隆

cDNA，随后将它与质粒载体构成重组体分子，并转化给大肠杆菌寄主细胞进行扩增。应用这种方法能够分离和扩增出我们所期望研究的基因或 DNA 片段。

2.2.4.4 基因文库筛选方法

从文库中筛选目的基因的方法主要有以下几种：①同源探针筛选法；②异源探针筛选法；③蛋白抗体筛选表达型文库；④其他方法，如寡聚核苷酸探针、PCR 筛选法、cDNA 文库差式筛选等。

(1) 利用同源探针筛选目的基因

来自同一生物或不同生物的任意的两条单链核酸分子都有可能通过碱基配对结合，但由于只有少量的碱基配对成功，所以大部分的配对分子是不稳定的。如果两条链是互补的，则大部分碱基可以配对形成稳定的分子。不仅 DNA 间可以配对，DNA 与 RNA 也可以进行配对，据此可以使用同源探针筛选目的基因（图

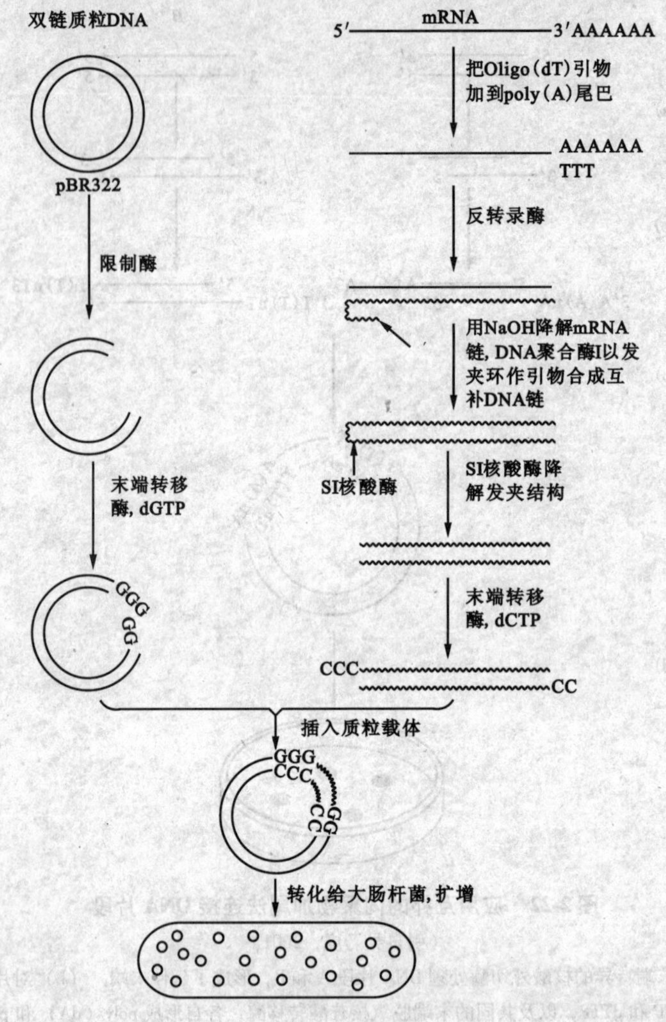

图 2-23 以质粒为载体构建 cDNA 文库

（引自吴乃虎，2001）

2-24）。

如果克隆的基因所编码的蛋白质已知，就可以利用遗传密码子预测相关基因的核苷酸序列，但需要注意的是，只有蛋氨酸和色氨酸无简并密码，其他的氨基酸至少有两种密码子。若用来作杂交的核苷酸序列有上千种可能的排列，则显然不适合于作为探针，只有在用来作杂交的核苷酸序列大部分可以预测时，才有可能利用其合成同源探针筛选目的基因。

例如，细胞色素 C，从 59 号氨基酸的一段序列 Trp-Asp-Glu-Asn-Asn-Met，相应的 DNA 序列是 TGG-GA（T/C）-GA（A/G）-AA（T/C）-AA（T/C）-ATG，在 18 个碱基中有 14 个是可以预测的，所以可以利用同源探针筛选目的克隆（图 2-24）。

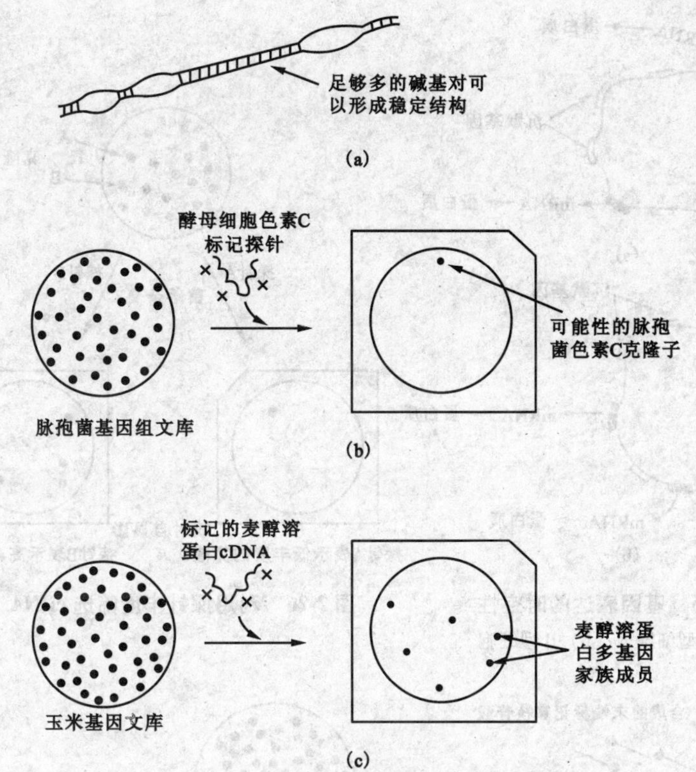

图 2-24 利用同源探针克隆基因

(a) 两条相关 DNA 链间的杂交 (b) 物种间的同源探测 (c) 物种内的同源探测

(2) 利用 mRNA 的丰度筛选 cDNA 文库

利用 mRNA 的丰度筛选 cDNA 文库，必须考虑到目的基因的 mRNA 在特定的生物体组织中的含量问题。在许多组织和培养的细胞中，各种 mRNA 的含量都是极不相同的。其中，有些类型的 mRNA 含量十分丰富，每个细胞可拥有数千个拷贝，而有些类型的 mRNA 的含量则相反，每个细胞只有少数几个拷贝。因此，不同丰度 mRNA 的 cDNA 克隆的检测，必须采用不同技术来筛选含有目的基因序列的重组体克隆。例如，高丰度 mRNA 的 cDNA 克隆的检测，一般是用菌落杂交技术；对于低丰度的检测，通常是构建成 cDNA 基因文库（图 2-25 和图 2-26）。

(3) 利用异源探针鉴定相关的基因

不同生物控制同一蛋白的基因，有许多相同的序列，显示了进化中的保守性。利用相关基因的保守序列可以将不同生物中的相关基因克隆出来。例如，酵母中细胞色素 C 探针可以将其他生物中的细胞色素 C 基因鉴定出来（图 2-27）。此外，异源探针还可以鉴定同一生物中相关的基因。

(4) 利用抗体筛选 cDNA 表达文库

除了杂交探针外，还可以选择免疫学筛选。杂交探针直接鉴定克隆的 DNA 片段，而免疫学方法鉴定的是克隆基因所表达的蛋白质，具体过程如图 2-27 所示。

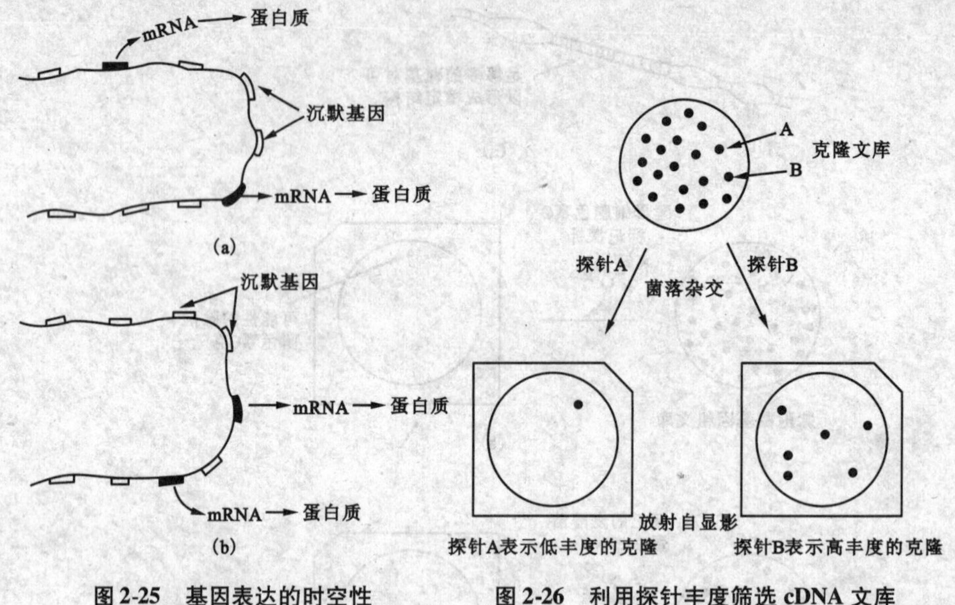

图 2-25　基因表达的时空性

（a）A 型细胞　（b）B 型细胞

图 2-26　利用探针丰度筛选 cDNA 文库

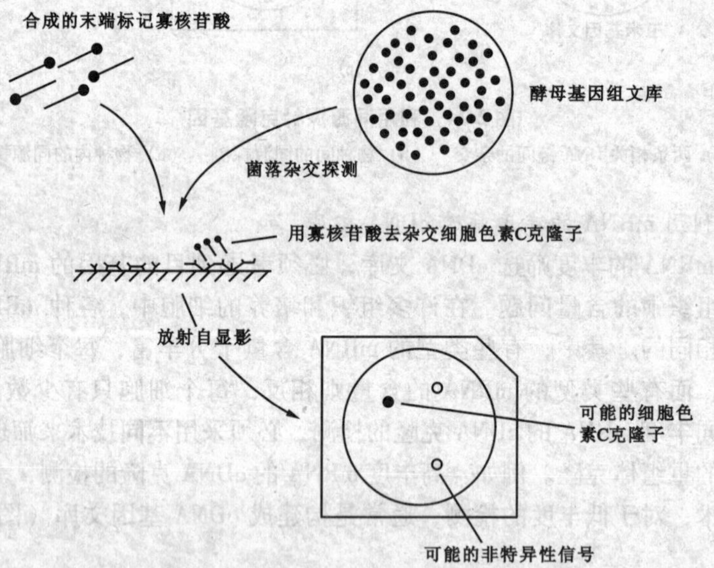

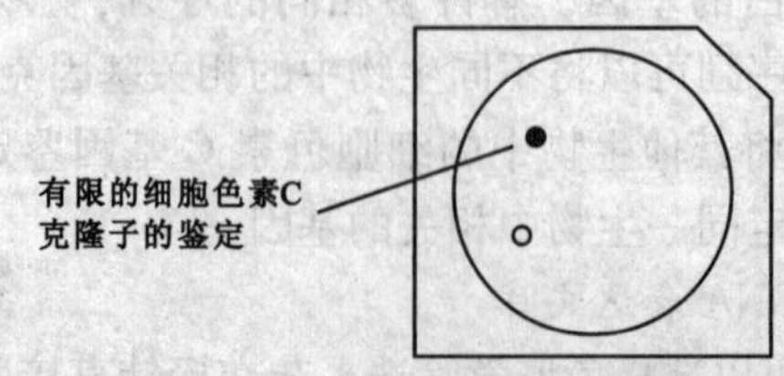

图 2-27　利用异源探针筛选相关基因

2.2.5 酵母双杂交系统分离目的基因

2.2.5.1 基本原理

在研究真核基因转录调控中，Fields和Song等首先建立了酵母双杂交系统。转录因子（如酵母Gal4）通常由DNA结合域（BD）和DNA激活域（AD）两部分组成，前者结合到报告基因的上游，后者激活报告基因转录。2个结构域不但在其连接区适当部位打开时，仍具有各自的功能，而且两结构域可重建发挥转录激活作用。

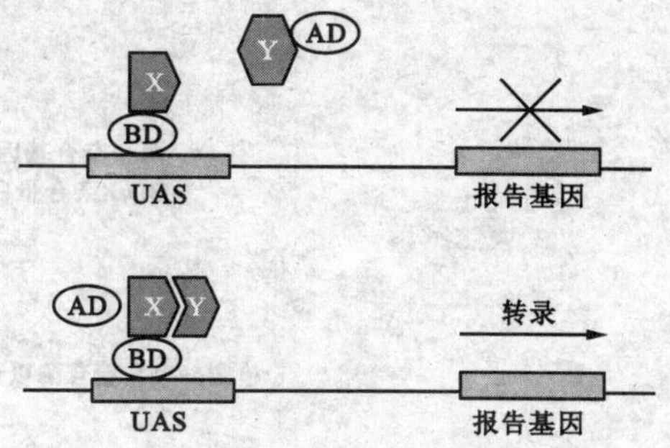

图2-28 酵母双杂交系统基本原理示意

BD：DNA结合结构域 AD：转录激活结构域
UAS：上游激活序列 X：诱饵蛋白
Y：待测蛋白

将编码某一蛋白（X）的DNA序列与DNA结合域BD编码序列融合构建成表达质粒，同时，将编码另一蛋白（Y）的DNA序列与DNA激活域（AD）融合构建成另一个表达质粒，当两种质粒共转染酵母细胞（内含报告基因及其上游DNA结合位点）时，若X和Y可相互作用，则使BD和AD靠近形成一个有效的转录激活子，激活报告基因转录（图2-28）。

2.2.5.2 酵母双杂交技术筛选基因文库流程

酵母双杂交系统利用杂交基因通过激活报道基因的表达探测蛋白—蛋白间的相互作用（图2-29）。酵母双杂交系统要求具备2类载体：①含DNA-结合结构域的载体；②含DNA-激活结构域的载体。上述2类载体在构建融合基因时，测试蛋白基因与结构域基因必须在阅读框内融合。融合基因在报告株中表达，其表达产物只有定位于核内才能驱动报告基因的转录。例如，*GAL4*-bd具有核定位序列（nuclear-localization sequence），而*GAL4*-ad没有此功能。因此，在*GAL4*-ad氨基端或羧基端应克隆来自*SV40*的T-抗原的一段序列作为核定位的序列。目前研究中常用的结合结构域（binding-domain）基因有：*GAL4*（1-147）和*LexA*（*E. coli*转录抑制因子）的DNA-bd编码序列，常用的激活结构域（activating-domain）基因有*GAL4*（768-881）和疱疹病毒*VP16*的编码序列等。

双杂交系统的另一个重要的组件是报告株。报告株是指经改造的、含报告基因的重组质粒的宿主细胞。作为报告株最常用的是酵母细胞。

2.2.5.3 酵母双杂交技术的优点

酵母双杂交系统具有许多优点：①易于转化、便于回收扩增质粒；②具有可直接进行选择的标记基因和特征性报告基因；③酵母的内源性蛋白不易同来源于哺乳动物的蛋白结合。一般编码一个蛋白的基因融合到明确的转录调控因子的DNA-结合结构域（如*GAL4*-bd，*LexA*-bd），另一个基因融合到转录激活结构域（如*GAL4*-ad，VP16）。激活结构域融合基因转入表达结合结构域融合基因的酵

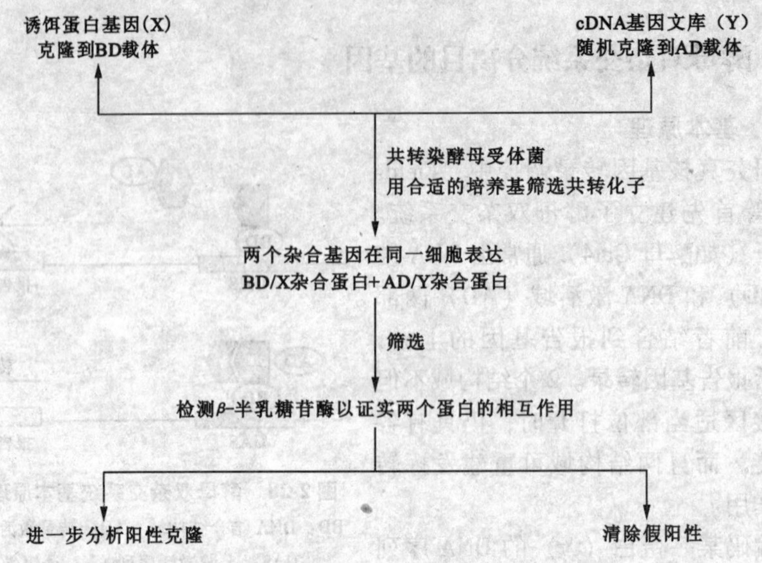

图 2-29 双杂交技术筛选基因文库流程示意

母细胞系中，蛋白间的作用使得转录因子重建，导致相邻的报告基因表达（如 *lacZ*），从而可分析蛋白间的结合作用。

酵母双杂交系统能在体内测定蛋白质的结合作用，具有高度敏感性，主要是由于：①采用高拷贝和强启动子的表达载体使杂合蛋白过量表达；②信号测定是在自然平衡浓度条件下进行，而如采用免疫共沉淀等物理方法为达到此条件需进行多次洗涤，降低了信号强度；③杂交蛋白间稳定度可被激活结构域和结合结构域结合形成的转录起始复合物增强，后者又与启动子 DNA 结合，此三元复合体使其中各组分的结合趋于稳定；④通过 mRNA 产生多种稳定的酶，使信号放大。同时，酵母表型、X-Gal 及 HIS3 蛋白表达等检测方法均很敏感。

2.2.6 DNA 插入作用分离目的基因

DNA 插入诱变法主要用于植物目的基因的克隆与分离研究。当一段特定的 DNA 序列插入到植物基因的内部或其邻近位置时，可使目的基因失活从而确定克隆基因的位置。其基本原理是，对超螺旋质粒 DNA 双链进行随机切割，产生一系列线状分子，然后在这些随机出现的缺口处插入一个人工合成的接头；再用适当限制酶切割接头，并采用适宜的核酸酶从所得线状 DNA 的每一端上除去几个核苷酸，然后用连接酶使线状 DNA 重新环化，即可转变成小段缺失突变，进而达到获得突变体的目的。如果该 DNA 插入序列是已知的，便可用它作为 DNA 分子探针，从突变体植株的基因组 DNA 文库中筛选到突变基因片段；然后再利用此突变基因片段制备探针，从野生型植株的基因组 DNA 文库中克隆出野生型的目的基因。这样插入的 DNA 序列相当于在植物基因上贴了一张标签，因此，DNA 插入诱变法又叫作 DNA 标签法（DNA tagging），它主要包括两种类型：T-DNA 标签法（T-DNA tagging）和转座子标签法（transposon tagging）。

2.2.6.1 突变分类

根据突变性质，可以将其分为：①点突变；②插入突变；③缺失突变。根据使用的技术，可分为：①传统的突变技术：包括化学方法突变和物理方法突变（紫外线突变和电击突变）；②现代分子生物学突变技术：包括REMI插入突变、定点突变、T-DNA插入突变和转座子插入突变。

2.2.6.2 传统的突变技术

(1) 化学诱变

该方法的具体技术路线如图2-30所示。

有资料表明，经上述方法处理后存活下来的个体，有5%是突变体。

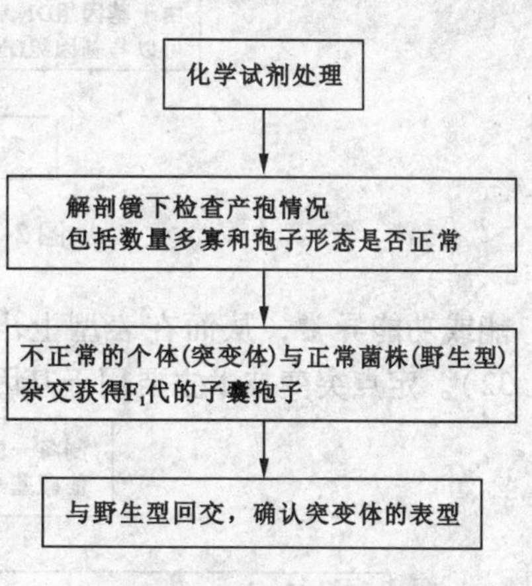

图2-30 化学诱变过程示意

(2) 利用电击诱变

Shi等（1994）在电击实验中，将刚萌发的分生孢子悬浮液与pAN7-2混合，然后在3 000V/cm的电压下电击，结果获得Guy11E46突变体。该突变体产生分生孢子能力下降97%，产生的分生孢子形态异常。但经进一步分析发现，该突变体并不抗潮霉素，基因组DNA中也没有插入质粒DNA，重复实验也没有出现同样的突变体，因此，没能确定是电击造成的突变还是自发的突变。

(3) 传统突变技术的评价

传统的突变技术，尤其是化学诱变，在某些真菌的遗传学研究中起着重要作用，是早期获得真菌突变体的主要途径。这些方法不需要复杂的设备，操作也比较简单。但盲目性大，缺乏筛选标记，基因难定位，目前已经基本不再使用。

2.2.6.3 现代分子生物学突变技术

(1) 限制酶介导的整合技术

①REMI的技术原理：限制酶介导的整合（restriction-enzyme-mediated integration，REMI）技术的原理和过程具体如图2-31所示。

②REMI的优缺点：REMI技术具有许多优点：a. 利用抗性标记，筛选突变体非常方便；b. 突变位点比较随机，突变频率高，基本上可以覆盖整个基因组；c. 可以用于RFLP mapping、promoter trapping等。但该技术也存在一些缺点：a. 需要制备原生质体，成本高；b. 内切酶的选择没有规律可循，随意性大；c. 已经有报道，REMI突变并不完全随机，基因组上某些基因有可能没有覆盖到，所以建成的突变体库有可能造成某些基因“漏网”。目前，REMI技术已经用于研究稻瘟菌（MG）。

(2) 定点突变技术

定点突变（sited-directed mutagenesis）技术的前提条件是必须知道基因的部分序列。通过替换基因的一部分碱基，使该基因负责编码的蛋白质丧失生物学功

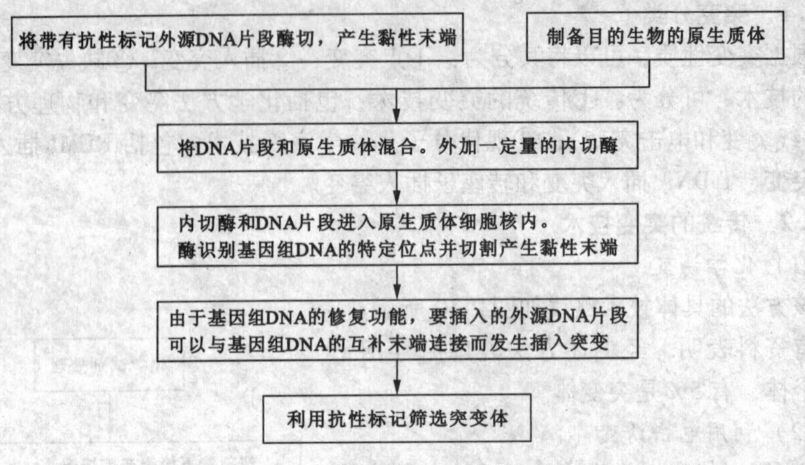

图 2-31 REMI 的技术原理

能或功能异常，从而在表型上出现异常，达到了解该基因功能的目的（图 2-32）。定点突变技术主要用于基因功能的鉴定。

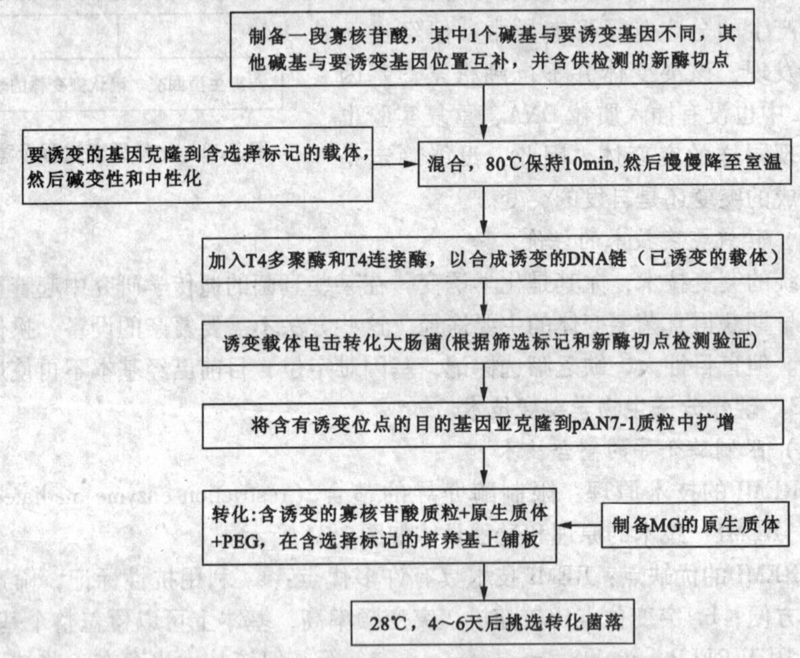

图 2-32 定点突变的原理和技术路线

①T-DNA 插入突变技术：T-DNA 插入突变技术是利用农杆菌的 T-DNA 对寄主基因组的整合功能，将带有选择标记的 DNA 片段插入需要诱变的生物基因组中，使被插入的基因功能失活，同时又获得选择标记。因此，能在含有相应抗生素的选择培养基上生长的个体，很可能就是突变体。通过突变体野生型的表型对比即可鉴定基因的功能（图 2-33）。

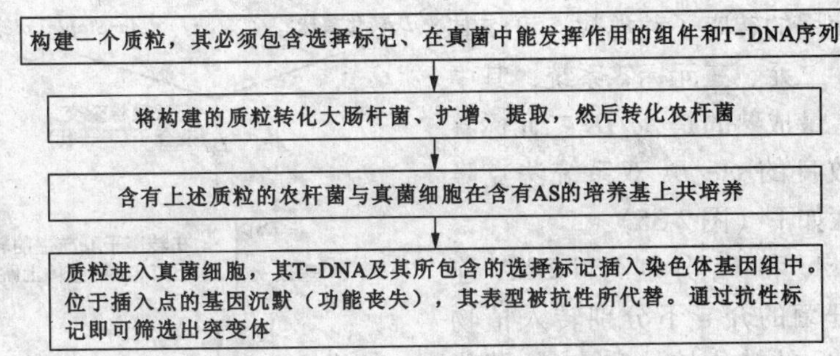

图 2-33 T-DNA 插入突变的原理和技术路线

该技术不用制备原生质体、筛选方便（有良好的选择标记），T-DNA 插入随机，因此，不会有“漏网”的基因。另外，它不仅可用于建立突变体库，还可以通过表型的对比鉴定基因的功能。本技术目前在 MG 上还没有应用的正式报道，但已经成功应用于炭疽菌（*Colletotrchum*）、曲霉（*Arspergillus*）、镰刀菌（*Fusarium*）等丝状真菌的诱变。

②转座子标签法：转座子是染色体上一段可以移动的 DNA 序列，它可以从一个基因座位转移到另一个基因座位，当转座子插入到某个功能基因内部或邻近位点时，就会使插入位置的基因失活并诱导产生突变型，通过遗传分析可以确定某基因的突变是否由转座子引起（图 2-34）。由转座子引起的突变可用转座子 DNA 为探针，从突变株的基因组文库中钓取含该转座子的 DNA 片段，获得含有部分突变株 DNA 序列的克隆，进而以该 DNA 序列为探针，筛选野生型植株的基因组文库，最终得到完整的目的基因，这就是转座子标签法。在转座子作为外源基因通过农杆菌介导等方法导入植物时，由于 T-DNA 整合到基因组所引起的插入突变，也可用上述原理来克隆基因，这样就大大提高了分离基因的效率。

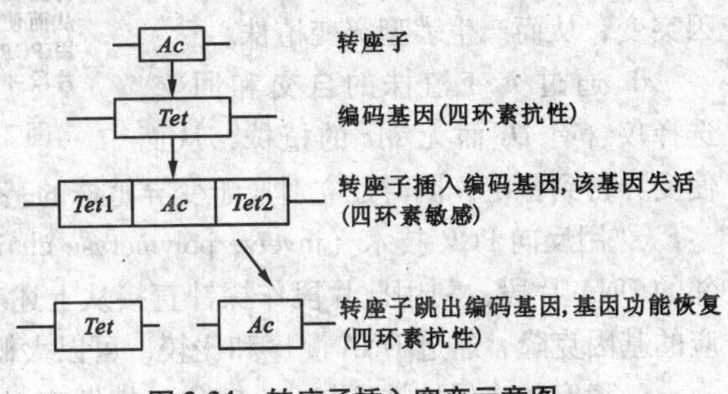

图 2-34 转座子插入突变示意图

利用转座子标签法分离植物基因的主要步骤如下：

a. 构建含转座子的质粒载体；

b. 将含转座子的质粒载体通过农杆菌介导或其他适当的转化方法导入目标植物中；

c. 转座子插入突变的鉴定与分离；

d. 转座子在目标植物体内的活动性能检测；

e. 用转座子序列作探针，与突变体基因组文库杂交，获得部分基因序列；

f. 用部分基因序列作探针，与野生型基因组文库杂交，分离出完整的目的基因。

根据使用的转座子种类数，可将其分为一元、二元、三元标签系统，其中最常用的：最成熟的是 *Ac/Ds* 二元标签系统，其改良的 *sAc/Ds* 双系统法克隆基因的步骤如下（图 2-35）：

a. 将 *sAc* 和 *Ds* 分别与 T-DNA 连接，在农杆菌的介导下分别转入植物中，获得 *sAc* 的转化植株和 *Ds* 的转化植株。

b. 将 *sAc* 转化植株与 *Ds* 转化株杂交，挑选同时含有 *sAc* 和 *Ds* 的子一代植株。

c. 在杂合植株中，*Ds* 在 *sAc* 产生的转位酶帮助下发生转座，引起某个基因突变，从而产生表型突变植株。

d. 通过突变植株的自交和回交，选择仅含有 *Ds* 而无 *sAc* 的植株，从而使变异得到稳定，同时建立对应于变异植株的基因文库或 cDNA 文库。

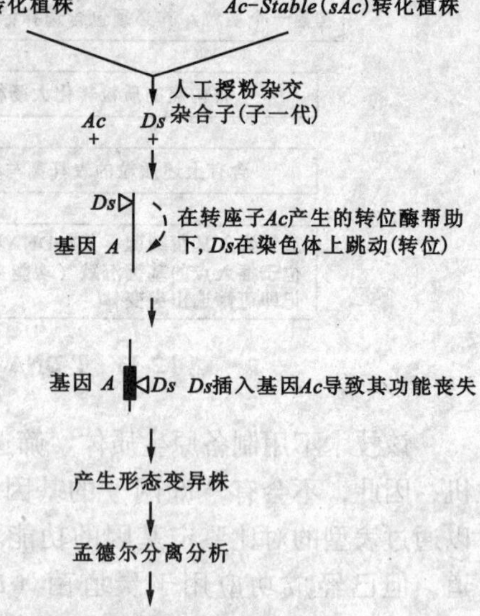

图 2-35　*sAc/Ds* 双系统标签法示意

e. 用反向 PCR 技术（inverse polymerase chain reaction，IPCR）扩增与 *Ds* 相邻的 DNA 片段，利用此片段作探针直接从上述基因文库或 cDNA 文库中筛选对应的基因克隆，通过 DNA 测序和比较，可以大概了解该基因的特征。

f. 稳定的变异植株再与 *sAc* 转化植株杂交，使得 *Ds* 再次转位，使突变的基因得到恢复，从而得到回复突变植株，用于检验所得到的基因是否对应于变异的基因。

2.2.7　图位克隆分离目的基因

2.2.7.1　图位克隆的基本原理

图位克隆（map-based cloning）又称为定位克隆（positional cloning），1986 年最先由剑桥大学的 Alan Couslon 提出，它是近几年来随着各种植物的分子标记图谱相继建立而发展起来的一种新的基因克隆技术。图位克隆是根据目的基因在染色体上的位置进行基因克隆的一种方法，其基本原理是功能基因在基因组中都有相对较稳定的基因座，在利用分子标记技术对目的基因进行精确定位的基础上，使用与目的基因紧密连锁的分子标记筛选 DNA 文库，从而构建目的基因区域的物理图谱，再利用此物理图谱通过染色体步移逼近目的基因或通过染色体登陆的方法最终找到包含该目的基因的克隆，最后通过遗传转化和功能互补验证最终确定目的基因的碱基序列。

2.2.7.2　图位克隆的主要技术环节

图位克隆技术主要包括 4 个基本技术环节（图 2-36）。

(1) 筛选与目的基因紧密连锁的分子标记

筛选与目的基因连锁的分子标记是实现基因图位克隆的关键。常用的分子标记有 RFLP 标记、RAPD 标记、微卫星标记和 AFLP 标记等。

(2) 目的基因的定位

目的基因的定位分为初步定位和精细定位。初步定位是为了找到与目的基因紧密连锁的分子标记，精细定位是为了将基因定位于一个非常狭小的区段内。

(3) 高质量基因文库组的构建

图位克隆的基因组文库主要有 *cos* 质粒文库和 YAC 文库。以 YAC 为载体可以构建高等植物的完整基因组文库。

(4) 筛选和鉴定目的基因

筛选和鉴定目的基因是图位克隆技术的最后一个关键环节。当找到与目的基因紧密连锁的分子标记并鉴定出分子标记所在的大片段克隆后，就可以利用该克隆为探针进行染色体步移，构建覆盖目的基因区域的物理图谱，最终获得含有目的基因的克隆。之后通过遗传转化试验证实所获目的基因的功能并进行序列分析。

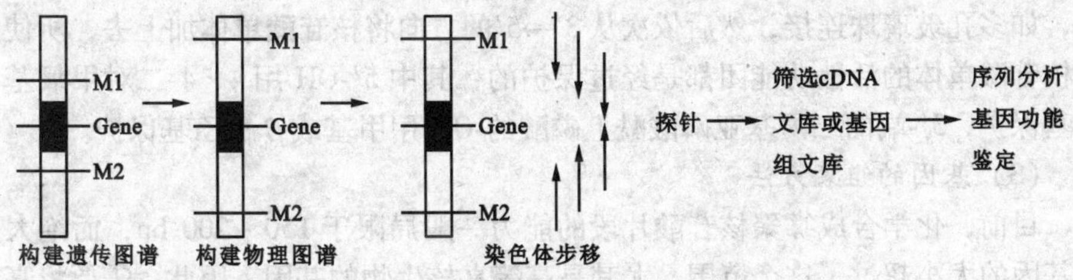

图 2-36 图位克隆技术的具体步骤

2.2.7.3 图位克隆的优缺点

图位克隆技术的主要优点是在分离性状简单、稳定的条件下，理论上任何一个基因都可以按部就班地分离得到。但其缺点也很明显，主要有：①仅适合于小基因组物种；②必须有连锁非常紧密的分子标记；③目的基因区域的精细遗传图谱的完成是图位克隆的前提，群体的构建非常关键，要构建一到多个群体；④必须构建多种文库（基因组文库、cDNA 文库等）；⑤目的基因所控制的性状必须容易识别，受环境因素影响小；⑥工作量巨大。

2.2.8 基因的化学合成

随着分子生物学实验技术的飞速发展，特别是“全球人类基因组计划”的深入研究，人们对基因的认识不断加深，对基因克隆和序列分析技术的掌握不断深入，不仅发现了许多新基因，而且对基因序列已有了充分的了解，一旦某种基因序列测出或公开发表，当实验需要我们重新克隆这些已知核苷酸序列的基因时，就可以用化学的方法进行人工合成。

1972 年 Khorana 等首先用化学合成法合成了相当于酵母丙氨酸 tRNA 结构基

因的 DNA 双链，1979 年又合成了包括启动调节序列在内，长 207 bp 的大肠杆菌酪氨酸校正 tRNA 基因，为基因的合成开辟了一条新的道路。尔后人们又相继合成了生长激素释放抑制因子、胰岛素、生长激素、α 和 γ 干扰素、舒缓激肽、脑啡肽等基因。我国南京大学生物化学系已成功合成肿瘤坏死因子基因，并已获得表达，有的表达产物已投放市场或进入临床研究和应用阶段。

由此可知，化学法主要适用于核苷酸序列已知、分子量较小的目的基因的制备。在基因的化学合成中，通常是先合成一定长度的、具有特定序列的寡核苷酸片段，然后组装成基因。寡核苷酸片段的化学合成方法主要有磷酸二酯法、磷酸三酯法、亚磷酸三酯法，以及在后者基础上发展起来的固相合成法和自动化法。

(1) 磷酸二酯法

该法的基本原理是将一个 5′端带有适当保护基的脱氧单核苷酸与另一个 3′端带有适当保护基的脱氧单核苷酸偶联起来，形成一个带有磷酸二酯键的脱氧二核苷酸分子。

(2) 亚磷酸三酯法

该法的原理是将所要合成的寡核苷酸链的 3′末端先以 3′-OH 与一个不溶性载体，如多孔玻璃珠连接，然后依次从 3′→5′的方向将核苷酸单体加上去，所使用的核苷酸单体的活性功能团都是经过保护的，其中 5′-OH 用 4，4-二对甲氧基三苯基保护，3′-端的二丙基亚磷酸酰上磷酸的-OH 用甲基或 β 氰乙基保护。

(3) 基因的组装方法

目前，化学合成寡聚核苷酸片段的能力一般局限于 150 ~ 200 bp，而绝大多数基因的大小超过了这个范围，尤其是高等真核生物的基因。因此，需要将寡核苷酸适当连接构建成完整的基因，这个过程被称为基因的组装。20 世纪 70 年代末 Khorana 及其同事首次提出基因组装的概念，并成功地合成出了 tRNA 基因。

常用的基因组装方法主要有两种。

①全片段酶促连接法：所谓全片段酶促连接法是将寡聚核苷酸激活，带上必要的 5′-磷酸基团，然后与相应的互补寡核苷酸片段退火，形成带有黏性末端的双链寡核苷酸片段，再用 T_4 DNA 连接酶将它们彼此连接成一个完整的基团或基团的一个大片段。

②酶促填充法：酶促填充法是将两条具有互补 3′末端的长寡核苷酸片段彼此退火，所产生的单链 DNA 作为模板在大肠杆菌 DNA 聚合酶 Klenow 片段作用下，合成出相应的互补链，所形成的双链 DNA 片段，经处理后可插入到适当的载体上。

基因的化学合成法的优点在于准确性高，合成速度快；其缺点是：合成的寡核苷酸链不宜太长，通常为≤60 bp，对于较长 DNA 链的合成，需采用片段缩合方式。

2.2.9 序列克隆法

2.2.9.1 同源克隆

同源克隆（homology-based gene cloning）是一种参考已知同源基因的序列，设计 PCR 引物或者合成杂交探针，通过 PCR 扩增或筛选文库来克隆基因的方法。同源克隆的原理是，来自相同祖先的同源基因的核苷酸序列高度相似，基因家族成员所编码的蛋白质结构中具有保守的氨基酸序列。当克隆某一个基因时，可从 GenBank 或其他数据库中找到它的已知同源基因，分析这些基因的保守序列，设计简并引物，扩增得到基因全长或片段；也可以直接合成探针，从 cDNA 文库中筛选全长基因，其中 PCR 方法最为简单常用。

同源克隆的基本方法是：根据已知同源基因的保守序列设计合成简并引物，从植物中提取 RNA 并反转录为 cDNA，以此为模板进行 PCR 扩增，扩增产物纯化后连接到合适的克隆载体上，测序，并与已知基因序列进行比较分析，从而确定扩增片段的性质。如果只是基因片段，还需要从 cDNA 或基因文库中得到全长序列，或通过 RACE 等技术获得全长序列。

2.2.9.2 电子克隆

表达序列标签（expressed sequence tags，ESTs）是一个 cDNA 克隆测序获得的部分片段，长度一般为 200 ~600 bp，一个全长基因转录本的 cDNA 序列可能包含多个重叠的 EST。由于一个基因 mRNA 剪接位点不同，可获得多个 cDNA 克隆。因此，EST 既可能对应于一个 cDNA 的某一部分，又可能代表 mRNA 的不同剪接方式。

传统的克隆 cDNA 的方法是采用原位杂交筛选 cDNA 文库或是利用 GSP 进行 RACE，其缺点是费时费力、成本高、成功率低。随着基因组测序和生物信息学技术的迅猛发展，尤其是国际联合序列数据库（Genbank + EMBL + DDBJ）中的序列数目与日俱增，一种基于 dbEST 的电子克隆（in silico cloning）技术应运而生，这种技术在 cDNA 克隆方面与传统的方法相比具有事半功倍的优势。

电子克隆是依据生物信息学知识，依托现有的网络资源（EST 数据库、核苷酸数据库、蛋白质数据库、基因组数据库等），利用互联网和计算机工具克隆基因的方法。电子克隆的原理是：从 EST 和基因组数据库中，找到自己感兴趣的一组相互重叠的 EST 或基因组序列片段，发掘未知功能的新基因，或者预测拼接得到目的基因的全长，并通过实验进行序列和功能验证，从而克隆基因。这样一组相互重叠的 EST 或基因组序列片段通常称为重叠群（contig）。

若是通过 PCR 扩增来克隆基因，电子克隆的基本程序是：①选择自己感兴趣的 DNA 或氨基酸序列；②用 BLAST 工具，从 GenBank 中获得一组相互重叠的 EST 或基因组序列片段，并尽可能向两端延长获得大片段或全长 cDNA；③分析开放读码框架（open reading frame，ORF），根据“Kozak 规则”和同源基因的 5′端序列确定翻译起始位点，以及前导肽的有无等情况，从而确定预测基因 5′端的完整性；④在基因的两端设计引物，用 RT-PCR 扩增全长基因；⑤对克隆的基因进行表达分析和功能验证。

若是通过筛选文库来克隆基因，则电子克隆的基本程序是：①对已知的部分序列进行数据库分析，筛选出代表新基因的EST和相应的重叠群及定位信息等，根据所得信息设计引物，制备探针；②用探针进行cDNA文库筛选，得到cDNA阳性克隆，接着用设计引物与cDNA阳性克隆载体臂进行巢式PCR和5′、3′-RACE，得5′端和3′端部分序列（约400 bp）；③对阳性克隆和末端序列进行测序；④通过数据库对新序列进行分析，包括与已知基因的同源性分析、拼接延伸、ORF识别、结构分析、翻译蛋白质分析等；⑤若第一步有新EST的定位信息，即可对基因进行定位和结构分析；若无定位信息，还要筛选基因组文库，进行测序和FISH定位等工作；⑥对发现的新基因进行突变检测和表达分析。

随着基因组测序及生物信息技术的迅猛发展，特别是几十种生物基因组序列和大量EST序列结果的先后公布，电子克隆已成为人类寻找及克隆未知功能新基因的一条有效途径。这种方法具有费用低、速度快、技术简单和目的性强等优点，大大加快了基因克隆的速度，同时也为大规模克隆基因提供了捷径，但前提是要有已知的相关序列。由于电子克隆方法简便，这种方法必将得到更广泛的运用。电子克隆与同源克隆有一定的区别，同源克隆是基于基因家族在进化中是保守的，基因中存在着保守区域；电子克隆则是基于DNA的大规模测序和生物信息学的发展。

参考文献

B. B. 布坎南，W. 格鲁依森姆，R. L. 琼斯. 2004. 植物生物化学与分子生物学［M］. 北京：科学出版社，760－950.

蔡欣，陈宏，汪虹英. 2004. 基于PCR的cDNA基因克隆技术研究进展［J］. 生物技术通讯，15（6）：623－624.

迪芬巴赫C W，等著. 2000. PCR技术实验指南［M］. 黄培堂，等译. 北京：科学出版社.

付春华，陈孝平，余龙江. 2005. 实时荧光定量PCR的应用和进展［J］. 激光生物学报，14（6）：467－472.

高新起. 2000. 转座子标签法克隆基因的改进——sAc/Ds双系统法［J］. 生物学通报，35（9）：31－32.

顾红雅，瞿礼嘉，等. 1997. 植物基因工程与分子操作［M］. 北京：北京大学出版社.

贺超英，张志永，陈受宜. 2001. 大豆中NBS类抗病基因同源序列的分离与鉴定［J］. 科学通报，46（12）：1017－1021.

胡英考. 2003. 转座子标签法克隆分离植物基因的研究进展［J］. 生物技术通报，2：18－21.

解涛，梁卫平，丁达夫. 2000. 后基因组时代的基因组功能注释［J］. 生物化学与生物物理进展，27（2）：166－170.

景润春，黄青阳，朱英国. 2000. 图位克隆技术在分离植物基因中的应用［J］. 遗传，22（3）：180－185.

李子银，陈受宜. 1999. 水稻抗病基因同源序列的克隆、定位及其表达［J］. 科学通报，

44 (7): 727 - 733.
黎裕，王天宇，贾继增. 2000. 植物功能基因组学的发展现状与发展趋势［J］. 4: 6 - 10.
李伟，印莉萍. 2000. 基因组学相关概念及其研究进展［J］. 生物学通报，35 (11): 1 - 3.
李宝健. 2000. 展望21世纪的生命科学［J］. 生命科学，2 (1): 37 - 41.
梁国栋，等. 2001. 最新分子生物学实验技术［M］. 北京：科学出版社，32.
楼士林，杨盛昌，龙敏南，等. 2002. 基因工程［M］. 北京：科学出版社.
毛健民，李俐俐. 2002. 植物基因分离的图位克隆技术［J］. 生物学通报，37 (4): 32 - 33.
宁顺斌，王玲，宋运淳. 1999. 一组基于RT-PCR的未知产物基因克隆技术及其在植物方面的应用［J］. 武汉植物学研究，17 (增刊): 31 - 38.
欧阳松应，杨冬，欧阳红生，马鹤雯. 2004. 实时荧光定量PCR技术及其应用［J］. 生命的化学，24 (1): 74 - 76.
王关林，方宏筠. 2002. 植物基因工程［M］. 第2版. 北京：科学出版社.
王洪振，周晓馥，宋朝霞，刘文广，曾宪录. 2003. 简并PCR技术及其在基因克隆中的应用［J］. 遗传，25 (2): 201 - 204.
吴乃虎. 1998. 基因工程原理 (上册)［M］. 北京：科学出版社.
闫其涛，逯慧，毛万霞，李建粤. 2005. 植物基因分离的图位克隆技术［J］. 分子植物育种，3 (4): 585 - 590.
杨林，袁爱力，李勇，等. 1998. 一种基因克隆的新策略—cDNA的代表性差异分析法［J］. 国外医学. 遗传学分册，21 (3): 113 - 116.
杨吉成. 2003. 医用基因工程［M］. 北京：化学工业出版社.
张惠展. 1999. 基因工程概论［M］. 上海：华东理工大学出版社.
郑先武，翟文学，李晓兵，王文君，徐吉臣，刘国振，朱立煌. 2001. 水稻NBS-LRR类R基因同源序列［J］. 中国科学，31 (1): 43 - 51
周国岭，杨光圣，傅廷栋. 2001. 基因克隆技术［J］. 华中农业大学学报，20 (6): 584 - 592.
朱玉贤，李毅. 2002. 现代分子生物学［M］. 第2版. 北京：高等教育出版社.
朱正歌，孙宗修. 2001. 转座子标签法克隆水稻基因前景. 中国水稻科学，15 (1): 46 - 50.
Actor J K, Limor J R, Hunter R L. 1999. A flexible bioluminescent-quantitive polymerase reaction assay for analysis of competitive PCR amplicons［J］. Clin Lab Anal, 13 (1): 40 - 47.
Aharoni A, Vorst O. 2002. DNA microarrays for functional plant genomics［J］. Plant Molecular Biology, 48: 99 - 118.
Anderson K M, Cheung P H, Kell M D. 1997. Rapid generation of homologous internal standards and evaluation of data for quantitaion of messenger RNA by competitive polymerase chain reaction［J］. Pharmacol Toxicol Methods, 38: 133 - 140.
Baker B, Zambryski P, Staskawicz B, Dinesh-Kumar S P. 1997. Signaling in plant-microbe interactions［J］. Science, 276: 726 - 733.
Becker K, D. Pan and C. B. Whitely. 1999. Real-time quantitative polymerase chain reaction to assess gene transfer［J］. Hum. Gene Ther, 10: 2559 - 2566.
Belkhadir Y, Subramaniam R, Dangl J L. 2004. Plant disease resistance protein signaling: NBS-LRR proteins and their partners［J］. Current Opinion in Plant Biology, 7 (4): 391 - 399.
Bieche I, P. Oondy, *et al.* 1999. Real-time reverse transcription-PCR assay for future management of ERBB2-based clinical apolications［J］. Clin. Chem, 45: 1148 - 1156.

Bouchez D, Hofte H. 1998. Functional genomics in plants [J] . Plant Physiology, 118: 725 - 732.

Cannon S B, Zhu H, Baumgarten A M, Spangler R, May G. , Cook D R, Young ND. 2002. Diversity, distribution, and ancient taxonomic relationships within the TIR and non-TIR NBS-LRR resistance gene subfamilies [J] . Journal of Molecular Evolution, 54: 548 - 562.

Cortese M R, Fanelli E, Giogi C D. 2003. Characterization of nematode resistance gene analogs in tetre-ploid [J] . Plant science, 164: 71 - 75.

Dixon M S , Jones D A , Hatzixanthis K, *et al.* 1995. High resolution mapping of the physical location of the tomato *Cf*-2 gene [J] . Mol Plant Microbe Interact, 8: 200 - 206.

Ellis J, Dodds P, Pryor T. 2000. Structure, function and evotion of plant disease resistance genes [J] . Current Opinion in Plant Biology, 3 (4): 278 - 284

Giraudat J, Hauge B M, Valon C, *et al.* 1992. Isolation of the *Arabidopsis ABI3* gene by positional cloning [J] . Plant cell, 4: 1251 - 1261.

Grant M R, Godiard L, Straube E, Ashfield T, Lewald J, Sattler A, Innes R W, Dangl J L. 1995. Structure of the Arabidopsis *RPM1* gene enabling dual specificity disease resistance [J] . Science, 269: 843 - 846.

Gubler U, Hoffman J. 1983. A simple and very efficient method for generating cDNA libraries [J] . Gene, 25: 263 - 269.

He L, Du C, Covaleda L, Xu Z, Robinson A F, Yu J Z, Kohel R J, Zhang H B. 2004. Cloning, characterization, and evolution of the NBS-LRR-encoding resistance gene analogue family in polyploid cotton (*Gossypium hirsutum* L.) [J] . Molecular Plant-Microbe Interaction, 17 (11): 1234 - 1241.

Hill F, Loakes D, Brown D M. 1998. Polymerase recognition of synthetic oligodeoxyri- bonucleotides incorporating degenerate pyrimidine and purine bases [J] . Proc Natl Acad Sci, 95: 4258 - 4263.

Higgis J A, *et al.* 1998. 5′nuclease PCR assay to detect Yersinia pesits [J] . Clin Microbiol, 36: 2284 - 2288.

Hirochika H. 1997. Retrotransposons of rice: their regulation and use for genome analysis [J] . Plant Mol. Biol, 35: 231 - 240.

Hunger S, di Gaspero G, Mohring S, Bellin D, Schafer-Pregl R, Borxhardt D C, Durel C E, Werber M, Weisshaar B, Salamini F, Schneider K. 2003. Isolation and linkage analysis of expressed disease- resistance gene analogues of sugar beet (*beta vulgaris* L.) [J] . Genome, 46 (1): 70 - 82.

Ke LD, Chen Z, Yung W K. 2000. A reliability test of standard-based quantitative PCR: exogenous vs endogenous standards [J] . Mol. Cell Probes, 14 (2): 127 - 135.

Kuhn D N, Heath M, Wisser R J, Meerow A, Brown J S, Lopes U, Schnell R J. 2003. Resistance gene homologues in Theobroma cacao as useful genetic markers [J] . Theorical and Applicated Genetics, 107: 191 ~ 202.

Kotewicz M L, Sampson C M, D'alessio J M, *et al.* 1988. Isolation of cloned Moloney murine leukemia virus reverse transcriptase lacking ribonuclease H activity [J] . Nucleic Acids Res, 16: 265 - 277.

Levin R E. 2004. The application of real time PCR to food and agricultural systems [J] . A Review Food Biotechnology, 18 (1): 97 - 133.

Liang P, Pardee A B. 1992. Differential display of eukaryotic messenger RNA by means of polymerase chain reaction [J] . Science, 257: 967 -971.

Lisitsyn N, Wigler M. 1993. Cloning the differences between two complex genomes [J] . Science, 259: 946 -951.

Lusser A, Brosch G, Loidl A, *et al*. 1997. Identification of maize histone deacetylase *HD2* as a acidic nuclear phosphoprotein [J] . Science, 277: 88 -91.

Lopez C E, Zuluaga A P, Cooke R, Delseny M, Tohme J, Verdier V. 2003. Isolation of Resistance Gene Candidates (RGCs) and characterization of an RGC cluster in cassava [J] . Molecular Genetics and Genomics. 269 (5): 658 -671.

Lukyanov K A, Matz M V, Bogdanova E A. , *et al*. 1996. Molecule by molecule PCR amplifycation of complex DNA mixtures for direct sequencing: An approach to in vitro cloning [J] . Nuclei Acids Res, 24: 2194 -2195.

Marie Angele. 1998. Activation of plant retrotransposons under stress conditions [J] . Trends in Plant Science, 3: 181 -187.

Matz M, Usman N, Shagin D *et al*. 1997. Ordered differential display: A simple method for systematic comparison of gene expression profiles [J] . Nucleic Acids Res, 25 (12): 2541 -2542.

Michelmore R W, Parau I, Kesseli P U. 1995. Isolation of disease resistance genes from crop plants [J] . Current opinion in biotechnology, 6: 145 -152.

O'Neill M J, Sinclair A H. 1997. Isolation of rare transcripts by representational difference analysis [J] . Nucleic Acids Res, 25 (13): 2681 -2682.

Osborne B I, Baker B. 1995. Movers and shakers: maize transposons as tools for analyzing other plant genomes [J] . Current opinion in biotechnology, 7: 406 -413.

Peakall D, Shugart L. 2002. The human genome project (HGP) [J] . Ecotoxicology, 11 (1): 729.

Puzio P S, Lausen J, *et al*. 1999. Isolation of a gene from *Arabidopsis thaliana* related to nematode feeding structure [J] . Gene, 239: 163 -172.

Rees CB, Li W. 2004. Development and application of a real-time quantitative PCR assay for determining CYP1A transcripts in three genera of salmonids [J] . Aquat Toxicol, 66 (4): 357 -368.

Schnell S, Mendoza C. 1997. Enzymological considerations for a theoretical description of the quantitative competitive polymerase chain reaction (QC-PCR) [J] . Theor Biol, 84 (4): 433 -440.

SHEN Zhi Yuan, Wells R L, LIU Jing mei, *et al*. 1993. Identification of a cytochrome P450 gene by reverse transcription PCR using degenerate primers containing inosine [J] . Proc Natl Acad Sci, 90: 11483 -11487.

Sompayrac L, Jane S, Burn T C *et al*. 1995. Overcoming limitations of the mRNA differential display technique. Nucleic Acids Res, 23 (22): 4738 -4739.

Straus D, Ausbel F M. 1990. Genomic subtraction for cloning DNA corresponding to detetion mutations [J] . Proc Natl Acad Sci USA, 87: 1889 -1893.

Veerasingham S J, Sellers K W, Raizada M K. 2004. Functional genomics as an emerging strategy for the investigation of central mechanisms in experimental hypertension [J] . Prog Biophys Mol Biol, 84 (23): 107 -123.

Venter J C, Adumn M D, Myera E W, *et al*. 2001. The sequence of human genome [J] . Science, 291: 1304 -1351.

Wang X, X. Li, *et al*. 2000. Application of real-time polymerase chain reaction to quantitive induced expression of interleukin-1 beta mRNA in ischemic brain tolerance [J] . Neurosci. Res, 59 (2):

238 - 246.

Wuhu A, Waiztu M, Koch A. 1998. A rapid and sensitive protocol for competitive reverse transcriprase (CRT) PCR analysis of cellular genes [J]. Brain Pathol, 8: 13 - 18.

Zhang H, Zhang R, Liang P. 1996. Differential screening of gene expression difference enriched by differential display [J]. Nucleic Acids Res, 24 (12): 2454 - 2455.

Zhang C, Kim S H. 2003. Overview of structural genomics: fromstructure to function [J]. Curr Opin Chem Biol, 7 (1): 28 - 32.

第 3 章　基因重组和基因工程

3.1　自然界的基因转移和重组

自然界的基因转移和重组是基因变异和物种进化的基础，也在繁殖、病毒感染、基因表达以及癌基因激活等过程中起着重要的作用。在细菌中，质粒通过接合作用转移信息，而噬菌体则是通过感染。噬菌体和质粒都会在其复制子中偶尔携带一些宿主基因。有些细菌还有通过转化作用直接转移 DNA 的现象。真核生物中，一些病毒（尤其是逆转录病毒）能够在感染周期内转移遗传物质。

人们正是在对自然界基因转移和重组认识的基础上发展出 DNA 重组技术。

3.1.1　接合作用

在原核生物中，接合（conjunction）是指两菌体细胞直接接触后，遗传物质（质粒 DNA）从一个菌体细胞中转移到另一菌体细胞中的过程。

细菌基因的接合转移是由 Joshua Lederberg 和 Edward L. Tatum 在 1946 年发现的。后来的研究表明，这是一种从含有性质粒或 F 质粒的细胞向不含有性质粒的细胞的单向转移，染色体上基因的接合转移只发生在少数性质粒整合在染色体上的供体细胞，小质粒从供体向受体转移的频率是 100%。

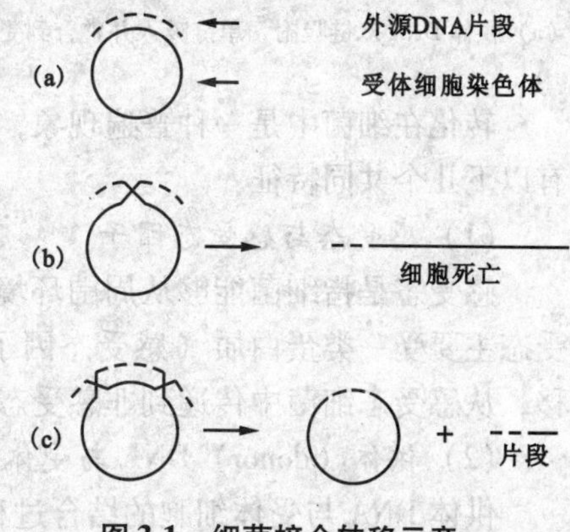

图 3-1　细菌接合转移示意

（a）接合后形成的部分二倍体，包括外基因子和内基因子　（b）受体细胞染色体和外源 DNA 片段之间单交换形成一个线性染色体　（c）双交换形成一个完整的重组染色体和一个游离片段，这一片段随以后的分裂而丢失

原核生物中的交换并不像真核生物那样在两整套基因组间进行，而是在一完整的基因组（F-受体细胞染色体）与一不完整的基因组（Hfr-外源 DNA 片段）间进行，即在部分二倍体间进行（图 3-1）。其中单交换产生的是不平衡的部分二倍体线性染色体，而双交换产生的是有活性的环状重组子和片段。

因此，细菌重组具有如下两个特点：

①只有偶数次交换才能产生平衡的重组子；

②不出现相反的重组子，所以在选择培

养基上只出现一种重组子。

3.1.2 转化作用

转化（transformation）是指某些细菌（或其他生物）能通过其细胞膜摄取周围供体的染色体片段，并将此外源 DNA 片段通过重组掺入到自己染色体组的过程（图 3-2）。

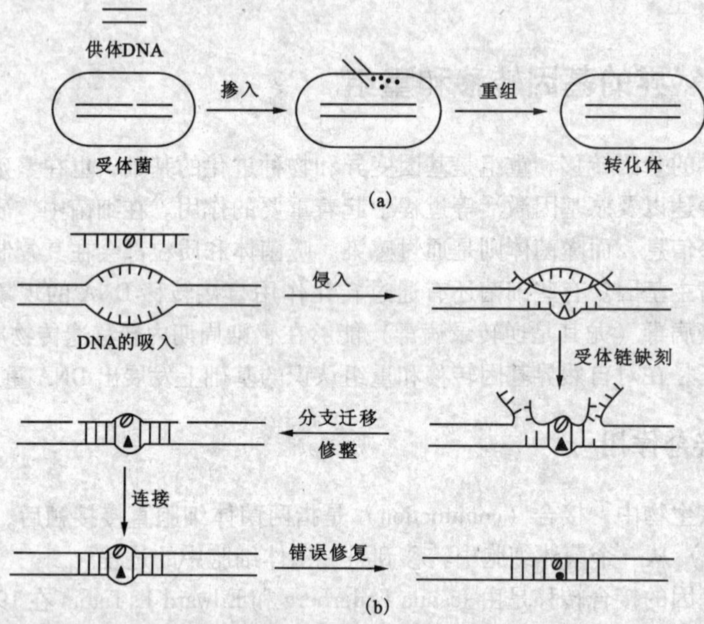

图 3-2 细菌转化过程图解

（a）供体 DNA 双链吸附，单链吸入并整合到受体，然后插入 （b）单链供体 DNA 整合的假说机制

转化在细菌中是一种普遍现象，不同细菌转化过程存在一定差异，但它们也有以下几个共同特征：

（1）感受态与感受态因子

感受态是指细菌能够从周围环境中吸收 DNA 分子进行转化的生理状态。感受态主要受一类蛋白质（感受态因子）影响。感受态因子可以在细菌间进行转移，从感受态细菌中传递到非感受态细菌中，从而可使后者变为感受态细菌。

（2）供体（donor）DNA 与受体细胞的结合

供体 DNA 与受体细胞的结合过程是一个可逆过程。这种结合发生在受体细胞特定部位，即结合点，而且对供体 DNA 片段有一定要求，一般长度为 20 000 个核苷酸对。

（3）DNA 摄取

当细菌结合点饱和之后，细菌开始摄取外源 DNA，外源 DNA 在穿过细菌的细胞膜时，往往只有一条 DNA 单链进入细胞，另一条链在膜上降解。所以，最终细菌摄取的 DNA 是单链 DNA 分子。

(4) 联会 (synapsis) 与外源 DNA 片段整合 (integration)

整合是指供体单链 DNA 进入受体细胞后与受体染色体的某一部分联会，并进一步置换受体的对应染色体区段，从而稳定地掺入到受体 DNA 中的过程。实际上整合就是一个遗传重组的过程，因而研究整合的分子机制事实上也为遗传重组的分子机制作出了贡献。

3.1.3 转染

转染是转化的一种特殊形式。噬菌体常常可感染细菌并将其 DNA 注入细菌体内，也可引起细菌遗传性状的改变。通过感染方式将外来 DNA 引入宿主细胞，并导致宿主细胞遗传性状改变的过程称为转染 (transfection)。在动物细胞中，从周围介质中吸收任何裸露 DNA 都称为转染；在酵母和植物细胞中导入裸露的 DNA 也可称为转染或转化。

3.1.4 转导作用

转导 (transduction) 是指当病毒从被感染的细胞 (供体) 释放出来，再次感染另一细胞 (受体) 时，发生在供体细胞与受体细胞之间的 DNA 转移及基因重组。一般是指以噬菌体为媒介所进行的遗传物质重组的过程，也可指逆转录病毒获得和转移真核基因的过程。转导现象是 1952 年由 Lederberg 及其研究生 Zinder 首先在鼠伤寒沙门氏菌中发现的。

3.1.4.1 转导的机制

转导是在噬菌体包装中因为错误地将细菌染色体片段包装进去，成为内含细菌染色体片段的“假噬菌体”而发生的。具体过程如下：

①噬菌体侵染细菌；

②噬菌体 DNA 使细菌染色体形成片段，合成噬菌体 DNA 和外壳；

③新噬菌体包装，偶尔将细菌染色体片段也包装进去而成为内含细菌染色体片段的“假噬菌体”，“假噬菌体”和真噬菌体一起释放出来；

④“假噬菌体”和真噬菌体一样可再侵染细菌，其中“假噬菌体”侵染时，能将外来的细菌基因注入，经过基因重组改变遗传性状，完成转导的过程。

3.1.4.2 转导的类型

转导可分为普遍性转导和特异性转导。

(1) 普遍性转导

在噬菌体感染的末期，细菌染色体被断裂成许多小片段，在形成噬菌体颗粒时，少数噬菌体将某些细菌的 DNA 小片段误认为是它们自己的 DNA，并包裹进其蛋白质衣壳内，从而形成转导噬菌体。该噬菌体去感染其他宿主时，就将所携带的细菌染色体片段带入受体菌中，形成部分二倍体，进而重组整合，并形成不同转导子。这种转导类型称为普遍性转导 (图 3-3)。

(2) 特异性转导

除了宿主 DNA 片段随机地被包装进噬菌体头部蛋白质外壳中而导致的普遍

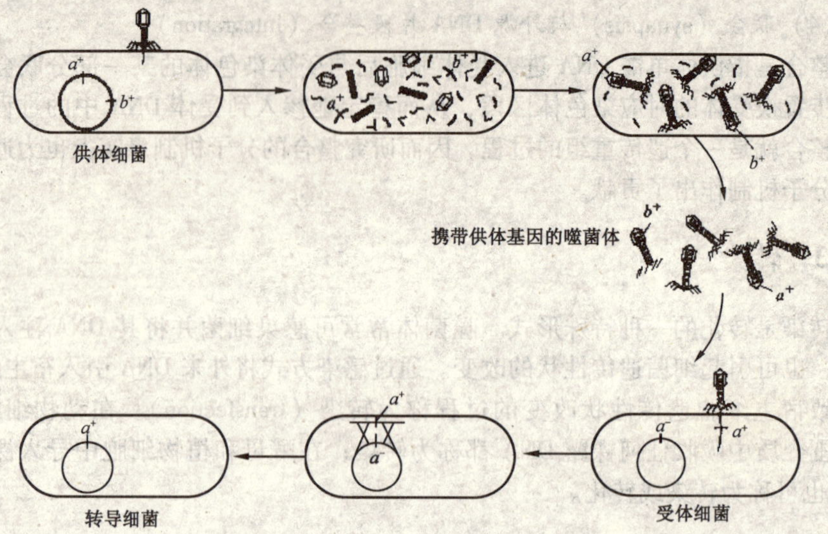

图 3-3 普遍性转导机制

（引自王亚馥，1999）

性转导外，还有一种特异性转导，这类噬菌体只能转导供体基因组中的特定基因。特异性转导是由温和噬菌体（如 λ 噬菌体）介导的转导类型。原噬菌体离开细菌染色体时，偶尔可将噬菌体插入位点两边的细菌基因一起环落下来而形成混杂的 DNA 片段，该 DNA 片段由噬菌体蛋白质衣壳包裹，再去侵染其他宿主细菌，可将特定的细菌基因带入新的受体菌，进而重组整合，这种转导也称为局限转导。

值得注意的是，其转导子形成过程不像转化和普遍性转导那样是供体基因置换受体基因，而是通过特定位点配对、交换，然后形成含有特定基因的转导子。

3.1.5 转座

大多数基因在基因组内的位置是固定的，但有些基因可以从一个位置移动到另一个位置。这些可移动的 DNA 序列包括插入序列和转座子。由插入序列和转座子介导的基因移位或重排称为转座（transposition）。

转座元件是在细菌操纵子中最先被鉴定的自发插入形式。这种序列的插入会抑制其插入基因的转录或翻译。已知转座因子的大小为 750～40 000 bp。目前已有许多不同类型的转座元件已被阐明。

3.1.5.1 简单转座模序

最简单的转座子称为插入序列（insertion sequence，IS）。IS 元件是独立的单元，每个 IS 元件只编码起始自身转座的蛋白。各种 IS 元件在序列上都是不同的，但在结构上有共同特征。IS 元件以反向重复（inverted repeat）序列结尾，邻近末端的旁侧存在宿主 DNA 的短正向重复序列。当 IS 元件转座时，插入位点的宿主 DNA 序列被复制。通过比较复制发生前后靶位点的序列可得知其复制的特性。任何 IS 序列的长度都是固定的，其重复序列长度一般为 9 bp。

多数 IS 元件在宿主 DNA 的多个位点插入，但有些也有其偏爱的特异宿主位点。倒转重复限定了转座子的末端，末端识别对各种转座子都是相同的。位于末端的顺式位点突变抑制转座，它可被一种与转座有关的蛋白识别，这种蛋白称为转座酶（transposase）。

3.1.5.2 复合转座子模序

有一类大转座子，由于中心区携带有抗药性（或其他）标记，两侧有 IS 元件“臂”而被称为复合转座子（composite transposon）。复合转座子两臂大多数是相反方向，也有部分是相同方向。如果两臂为正向重复，则复合转座子结构为：左臂 >——中心区——> 右臂；若为反向重复，结构为：左臂 >——中心区——< 右臂（图 3-4）。箭头表明臂的方向，两臂用 L 或 R 表示转座子基因图上的左或右，复合转座子结构，它同时也总结了一般复合转座子具有的特征。

由于臂上包含 IS 模序，每个模序都有以反向重复序列为末端的一般结构，所以复合转座子也是以同样的反向重复序列为末端的。

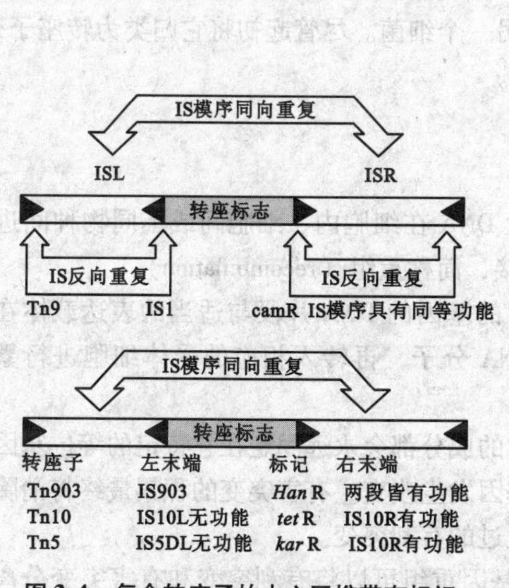

图 3-4 复合转座子的中心区携带有标记（如抗药性）两侧有 IS 模序，每个 IS 具有短的末端重复

（引自李明刚等，2003）

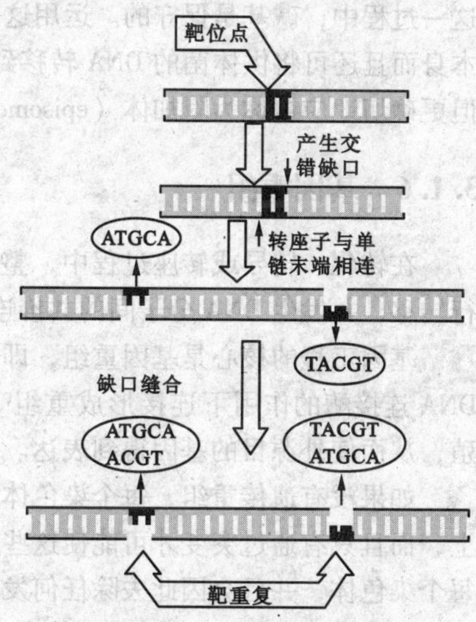

图 3-5 转座子靶位点两翼的正向重复是因交错切割所产生的突出末端与转座子相连而形成的

（引自李明刚等，2003）

3.1.5.3 转座可通过复制和非复制机制

一个转座子插入到一个新的位点，它包括靶 DNA 的交错断裂，将转座子连接到突出的单链末端和填补缺口 3 个过程（图 3-5）。交错末端的产生和填补解释了靶 DNA 在插入位点的正向重复的产生，两条链的两个缺口间的交错决定了正向重复的长度，所以每个转座子的靶重复特性反映了切割靶 DNA 所涉及的酶

的几何特点。

交错末端的使用对于所有方式的转座来说都是普遍的，但依据转座子移动的机制可将转座分为3种类型：

①复制型转座（replicative transposon） 在相互作用时，转座子被复制，因此转座实体是原转座子的一个拷贝（图3-5）。转座子中作为移动的部分被拷贝，其中，一个拷贝保留在原位点，而另一个则插入到新的位点。复制型转座涉及两种类型酶的活性，一是转座酶，它在原转座子的末端起作用；另一种为拆分酶（resolvase），它对复制拷贝起作用。

②非复制型转座（nonreplicative transposon） 转座因子做物理性运动，直接从一个位点移到另一个位点，并且是保守的。这种转座过程涉及转座子从供体DNA的释放，需要一个转座酶。两种非复制型转座导致转座子插入到靶位点以及从供体位点丢失，所以，其存活要求宿主修复系统识别双链缺口并修补它。

③保守型转座（conservitive transposon） 是另一种非复制型转座。在这种转座中，通过一系列事件，转座元件从供体位点上切除，然后插到靶位点上。在这一过程中，碱基是保守的。运用这一机制的转座子较大，不仅可以转移转座子本身而且还可将供体菌的DNA转移到另一个细菌。尽管起初将它归类为转座子，但更确切地应被称为附加体（episome）。

3.1.6 基因重组

在转化、转导或转座过程中，整段DNA在细胞内、细胞间或不同物种间进行转移，并发生DNA分子间的共价连接，简称重组（recombination）。

基因工程的核心是基因重组，即目的基因的DNA片段与适当的表达载体在DNA连接酶的作用下连接形成重组DNA分子，再转入相应的受体细胞进行繁殖，从而使外源目的基因得到表达。

如果没有遗传重组，每个染色体中的成分都会永远固定在它特定的等位基因上，而且只有通过突变才可能使这些基因发生改变。有害突变的积累最终将消除每个染色体，并且会因此去除任何发生过的有利突变。

通过基因改组（shuffling）技术，基因重组可以将有利突变和有害突变分离开，并作为新混合物的单元加以处理。它提供了一种保存和传播有利等位基因的方式，也是消除有害等位基因而不影响与此等位基因有关的其他基因的一种手段。

基因重组有3种类型，其共同点是双链DNA间的物质交换，但各自发生的情况却有所不同：

(1) 非特异性或同源重组

同源重组（homologous recombination）是指发生在同源序列间的重组。同源重组不依赖特异DNA序列，而依赖同源性。同源重组需要一些重组蛋白和酶，如Rec A、B、C、D及DNA连接酶等。

(2) 位点特异的重组

位点特异性重组（site-specific recombination） 是由整合酶催化，在两个DNA序列的特异位点间发生的整合。这类重组在原核生物中最为典型。例如，λ噬菌体的整合酶识别噬菌体DNA和宿主染色体的特异靶位点，而后发生的选择性整合。

(3) 拷贝选择

在RNA病毒中出现较多，聚合酶可以在合成RNA时从一条模板链转换到另一条链上，通过新合成的分子把两个不同亲本中的序列信息连在一起。在双链DNA底物中常使用这种重组类型。

3.2 基因概念的认知

从遗传学史的角度来看，基因概念大致分以下几个阶段：泛基因（或称前基因）阶段、孟德尔的遗传因子阶段、摩尔根的基因阶段、顺反子阶段、操纵子阶段和现代基因阶段。

现代基因阶段实际上是重新认识基因的阶段，认为基因是DNA分子中含有特定遗传信息的核苷酸序列，是遗传物质的最小功能单位。一个基因不仅应包含编码蛋白质肽链或RNA的核酸序列，还包括为保证转录所必需的调控序列、5′非翻译序列、内含子及3′非翻译序列等所有的核酸序列（蛋白质基因和RNA基因）（图3-6和图3-7）。

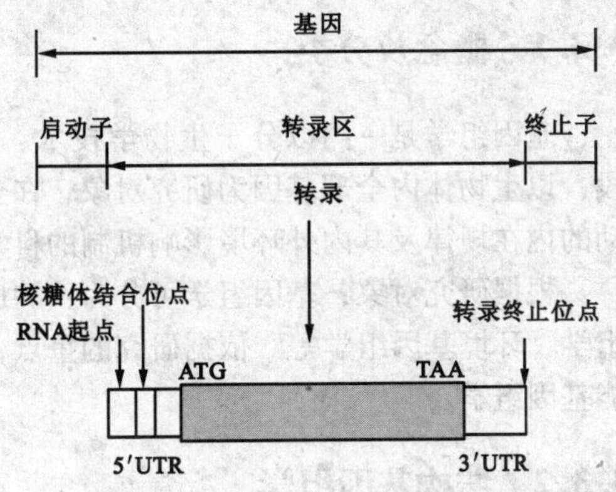

图3-6　一种典型的原核蛋白质编码基因的结构示意

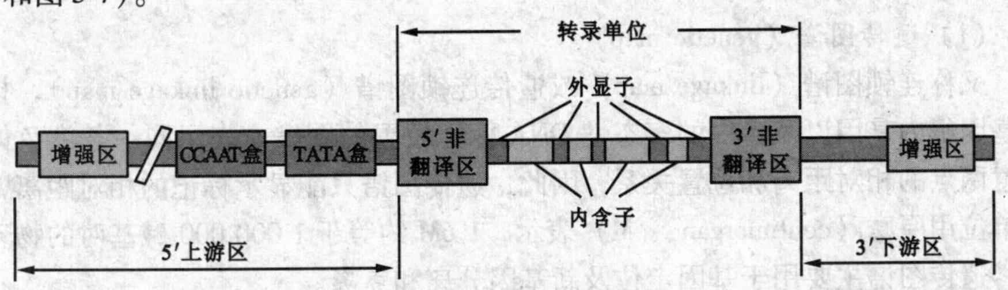

图3-7　现代关于真核基因的认识

根据基因是否具有转录和翻译功能可以把基因分为3类：

①编码蛋白质的基因：它具有转录和翻译功能，包括编码酶和结构蛋白的结构基因及编码阻遏蛋白的调节基因。

②只有转录功能而没有翻译功能的基因：包括tRNA基因和rRNA基因。

③不转录的基因：它不产生任何产物，只对基因表达起调节控制作用，包括启动基因和操纵基因。

基因还可依据其功能分为两类：

①结构基因（structural gene）：指某些能决定特定多肽链（蛋白质）或酶的分子结构的基因。结构基因的突变可导致特定蛋白质（或酶）一级结构的改变或影响蛋白质（或酶）量的改变。

②调控基因（regulator and control gene）：指某些可调节控制结构基因表达的基因。调控基因的突变可以影响一个或多个结构基因的功能，或导致一个或多个蛋白质（或酶）量的改变。

3.3　基因组学

3.3.1　概念及分类

基因组学是一门以分子生物学技术、计算机技术和信息网络技术为研究手段，以生物体内全部基因为研究对象，在全基因背景下和整体水平上探索生命活动的内在规律及其内外环境影响机制的科学。

根据研究对象，基因组学可分为：肿瘤基因组学、植物基因组学、药物基因组学、环境基因组学等。依据研究的重点，基因组学可分为：结构基因组学、功能基因组学。

3.3.2　结构基因组学

3.3.2.1　定义

以全基因组测序为目标的基因结构研究，弄清基因组中全部基因的位置和结构，为基因功能的研究奠定基础，其目的是建立高分辨的遗传图谱、物理图谱、转录图谱和序列图谱。

（1）遗传图谱（genetic map）

又称连锁图谱（linkage map）或遗传连锁图谱（genetic linkage map），指人类基因组内基因以及专一的多态性 DNA 标记位置的图谱。表示同一条染色体的任意两点的相对距离和位置关系，因此，遗传图谱只能显示标记的相对距离，长度单位用厘摩（centimorgan，cM）表示，1 cM 约等于 1 000 000 碱基对的物理长度。遗传图谱主要用于基因定位及新基因分离和克隆。

（2）物理图谱（physical maps）

物理图谱是利用限制性内切酶将染色体切成片段，再根据重叠序列确定片段间连接顺序，以及遗传标志之间物理距离［碱基对（bp）或千碱基（kb）或兆碱基（Mb）］的图谱。以人类基因组物理图谱为例，它包括两层含义，一是获得分布于整个基因组上的 30 000 个序列标志位点（STS，其定义是染色体定位明确且可用 PCR 扩增的单拷贝序列）。将获得的目的基因的 cDNA 克隆，进行测序，确定两端的 cDNA 序列（约 200 bp）；据此序列设计合成引物，分别利用 cDNA 和基因组 DNA 作模板扩增，比较并纯化特异带；利用 STS 制备放射性探针与基因组进行原位杂交，使每隔 100 kb 就有一个标志；二是在此基础上构建覆盖每条染色体的大片段。首先是构建数百 kb 的 YAC，对 YAC 进行作图，得到重叠的 YAC 连续克隆系，被称为低精度物理作图；然后在几十个 kb 的 DNA 片段水平上进行，将 YAC 随机切割后装入黏粒的作图称为高精度物理作图。物理图谱有两种：① 以已定位的 STS 为位标，以 DNA 实际长度为图谱距离的基因组图谱；② 由 YAC 或 BAC 连续克隆重叠群组成的物理图谱。

(3) 转录图谱（表达图谱）

以 EST 为位标，根据转录顺序的位置和距离绘制的图谱。它是染色体 DNA 某一区域内所有可转录序列的分布图，是基因图的雏形。其操作技术是用已在染色体定位的 YAC DNA 或 BAC DNA 为探针，与所有可能相关的各组织 cDNA 文库杂交，寻找其同源克隆并作进一步分析。

(4) 序列图谱（sequence maps，分子水平的物理图谱）

以某一染色体上所含的全部碱基顺序绘制的图谱。既包括可转录序列，也包括非转录序列，是转录序列、调节序列和功能未知序列的总和。

3.3.2.2 结构基因组学研究常用方法

在结构基因组学中，常用的研究方法主要有：

(1) 脉冲场凝胶电泳技术（pulsed field gel electrophoresis，PFGE）

脉冲场凝胶电泳技术是一种分离大分子 DNA 的方法。通过改变电场方向和调整脉冲时间，可将长度不同的 DNA 分开。

(2) 毛细管电泳技术

毛细管电泳（capillary electrophoresis）是一种使用极细内径（10 ~ 200 mm）的毛细管，在高电压下（1 ~ 30 kV）能将带电或非带电物质高效率分离的技术。其基本原理是根据在电场作用下离子迁移的速度不同而对组分进行分离和分析，以两个电解槽和与之相连的内径为 20 ~ 100 μm 的毛细管为工具。毛细管电泳所用的石英毛细管柱，在 pH 值 >3 的情况下，其内表面带负电，和缓冲液接触时形成双电层。在高压电场的作用下，形成双电层一侧的缓冲液由于带正电荷而向负极方向移动，形成电渗流。同时，在缓冲液中，带电粒子在电场的作用下，以不同的速度向其所带电荷极性相反方向移动，形成电泳，电泳流速度即电泳淌度。在高压电场的作用下，根据在缓冲液中各组分之间迁移速度和分配行为上的差异，带正电荷的分子、中性分子和带负电荷的分子依次流出，带电粒子在毛细管缓冲液中的迁移速度等于电泳淌度和电渗流的矢量和，各种粒子由于所带电荷多少、质量、体积以及形状不同等因素引起迁移速度不同而实现分离；与此同时，在毛细管靠负极的一端开一个视窗，可用各种检测器检测。目前已有多种灵敏度很高的检测器为毛细管电泳提供质量保证，如紫外检测器（UV）、激光诱导荧光检测器（LIF）、能提供三维图谱的二极管阵列检测器（DAD）以及电化学检测器（ECD）等。由于毛细管的管径细小、散热快，即使是高的电场和温度，都不会像常规凝胶电泳那样使胶变性，影响分辨率。

(3) 基因芯片技术

基因芯片技术是指将大量探针分子固定于支持物上，然后与标记的样品分子进行杂交，通过检测每个探针分子的杂交信号强度，进而获取样品分子的数量和序列信息的分子操作技术。可用于表达谱测定、突变检测、多态性分析、基因组文库作图和杂交测序等。

(4) 全基因组随机测序技术（全基因组鸟枪法战略）

全基因组随机测序技术是在一定作图信息基础上，绕过大片段连续克隆系的构建而直接将基因组分解成小片段随机测序，利用超级计算机进行组装来获得基因组序列的测序技术。具体包括以下几个过程（图3-8）：

① 用机械方法打断DNA，建立插入片段约2 kb的高度随机基因组文库；

② 高效、大规模的两末端测序；

③ 用有关软件对测序克隆片段进行序列集合；

④ 用适当方法填补缺口。

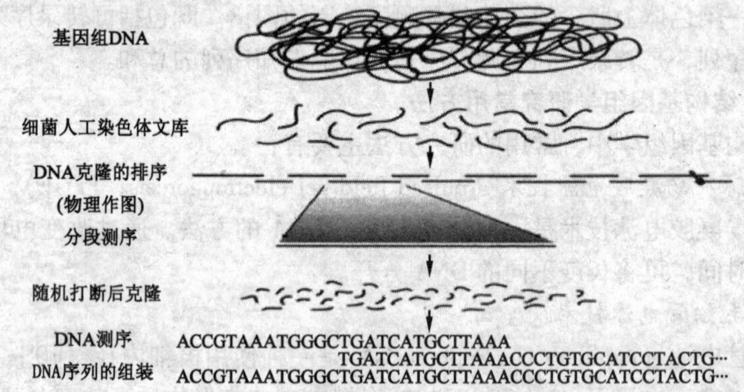

图3-8 基因组测序一般流程（分级鸟枪测序法）

3.3.3 功能基因组学

3.3.3.1 概念

功能基因组学往往也被称为后基因组学。它是利用结构基因组学提供的信息，以高通量、大规模实验方法及统计与计算机分析为特征，全面系统地分析全部基因的功能。从研究角度可分为生物学功能基因组学、细胞学功能基因组学、发育学功能基因组学等。

3.3.3.2 功能基因组学研究技术和方法

功能基因组学以高通量、大规模实验方法及统计与计算机分析为特征，研究内容涉及基因表达谱的绘制、功能基因的研究、基因表达调控研究、模式生物和比较基因组学研究等。采用的手段包括反义核苷酸技术、核酶技术、肽核酸(PNA)技术、RNA干扰技术以及基因敲出和基因敲入技术等。由于这些技术尚未能对基因进行全面系统的分析，因而又产生了一批新的技术和方法，包括基因表达的系统分析技术（serial analysis of gene expression，SAGE），cDNA 微阵列技术，DNA 芯片技术以及蛋白质芯片技术等。

3.4 基因重组

3.4.1 核酸分子特性与利用

3.4.1.1 DNA 双螺旋结构

1944 年 Avery 等人通过实验首次证实了 DNA 就是遗传物质的事实。随后，一些研究逐步肯定了核酸作为遗传物质在生物界的普遍意义，基因一词才有了确切的内容。1951 年，科学家在实验室里得到了 DNA 结晶。1952 年，得到了 DNA X 射线衍射图谱，并且发现病毒 DNA 进入细菌细胞后，可以复制出病毒颗粒。

在此期间，有两件事情对 DNA 双螺旋结构的发现起了直接的“催生”作用。一件是美国加州大学森格尔教授发现了蛋白质分子的螺旋结构，给人以重要启示；另一件是 X 射线衍射技术在生物大分子结构研究中得到有效应用，提供了决定性的实验依据。

正是在这样的科学背景和研究条件下，美国科学家沃森来到英国剑桥大学与英国科学家克里克合作，致力于研究 DNA 的结构。他们通过大量 X 射线衍射材料的分析研究，提出了 DNA 双螺旋结构模型，于 1953 年 4 月 25 日在英国《发现》杂志正式发表，并由此建立了遗传密码和模板学说。

3.4.1.2 DNA 分子的结构和功能

DNA 分子与蛋白质一样，也有其一级、二级和三级结构。

（1）DNA 分子一级结构

DNA 分子一级结构是指 DNA 分子中核苷酸的排列顺序。由于核苷酸的差异主要表现在碱基上，因此也称作碱基序列。

DNA 分子一级结构的 4 种核苷酸按一定排列顺序，通过磷酸二酯键连成主要核苷酸链，连接都是在前一核苷酸 3′-OH 与下一核苷酸 5′-磷酸基团间形成 3′-5′磷酸二酯键，故核苷酸链的两个末端分别是 5′-游离磷酸基和 3′-游离羟基。

（2）DNA 分子二级结构

DNA 分子二级结构，即双螺旋结构（图 3-9）。它是一种核酸的构象，在该构象中，两条反向平行的多核苷酸链间相互缠绕形成一个右手的双螺旋结构。其基本要点是：

①主链（backbone）：由脱氧核糖和磷酸基通过酯键交替连接而成。主链有二条，它们似“麻花状”绕一共同轴心以右手方向盘旋，相互平行而走向相反，形成双螺旋构型。

②碱基对：碱基位于螺旋的内侧，它们以垂直于螺旋轴的取向，通过糖苷键与主链糖基相连。同一平面的碱基在二条主链间形成碱基对，配对碱基总是 A

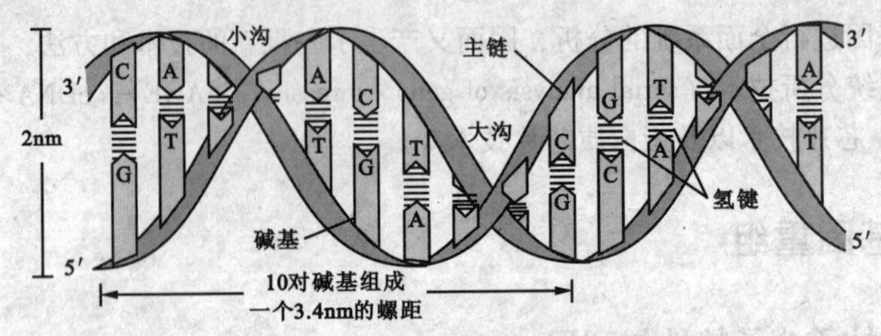

图 3-9 DNA 双螺旋结构

与T和G与C。碱基对以氢键维系，A与T间形成两个氢键，G与C间形成3个氢键。

③大沟和小沟：大沟和小沟分别指双螺旋表面凹下去的较大沟槽和较小沟槽。小沟位于双螺旋的互补链之间，而大沟位于相毗邻的双股之间。这是由于连接于两条主链糖基上的配对碱基并非直接相对，从而使得在主链间沿螺旋形成空隙不等的大沟和小沟。

④结构参数：螺旋直径2 nm，螺旋周期包含10对碱基，螺距3. 4 nm，相邻碱基对平面的间距为0. 34 nm。

DNA右手双螺旋结构是DNA分子在中性环境和生理条件下最稳定的结构，但并不是固定不变的，当改变溶液的离子强度或相对湿度时，DNA结构会发生改变，除了Waston－Crick模型（B－DNA）外，还存在Z－DNA和A－DNA。

（3）DNA分子三级结构

真核生物DNA分子很大，DNA链很长，但却要存在于小小的细胞核内，因此，DNA必须在二级结构的基础上紧密折叠，这就形成了三级结构。

①超螺旋——原核生物DNA分子三级结构：绝大部分原核生物DNA是共价闭合的环状双螺旋分子，此环形分子可再次螺旋形成超螺旋。真核生物线粒体、叶绿体DNA也为环形分子，能形成超螺旋；非环形DNA分子在一定条件下局部也可形成超螺旋。

②真核细胞基因组DNA：真核细胞核内染色体即是DNA高级结构的主要表现形式。组蛋白H_2A、H_2B、H_3、H_4各两分子组成组蛋白八聚体，DNA双螺旋缠绕其上构成核心颗粒，颗粒之间以DNA和组蛋白H_1连成核小体，核小体经多步旋转折叠后形成棒状染色体，存在于细胞核中。

（4）DNA的功能

DNA作为遗传信息载体，其基本功能就是作为生物遗传信息复制的模板和基因转录的模板。它是生命遗传繁殖的物质基础，也是个体生命活动的基础。

3. 4. 2 核酸的理化性质及应用

3. 4. 2. 1 核酸的一般理化性质

DNA是线性高分子，因而黏度极大；而RNA分子远小于DNA，黏度也小得多。DNA分子在机械力的作用下易发生断裂，因此，在提取DNA过程中应注意不能过度用力，如剧烈振荡、吹打等。核酸为多元酸，具有较强的酸性。同时它是两性电解质，既有酸性的磷酸基，又有碱基，故可在电场中向电极方向泳动。由于核酸所含的嘌呤和嘧啶分子中都有共轭双键，使核酸分子在紫外光 260 nm 波长处有最大吸收峰，这个性质可用于核酸的定量测定。

3.4.2.2 核酸的变性与复性

变性（denaturation）和复性（renaturation）是双链核酸分子的两个重要物理特性，也是核酸研究中经常引用的术语。双链 DNA、RNA 双链区、DNA: RNA 杂种双链（hybrid duplex）以及其他异源双链核酸分子（heteroduplex）都具有此性质。

变性是指 DNA 分子由稳定的双螺旋结构松解为无规则线性结构的现象。确切地说就是维持双螺旋稳定性的氢键和疏水键的断裂。断裂可以是部分的或全部的，也可是可逆的或非可逆的。DNA 变性不涉及其一级结构的改变。凡能破坏双螺旋稳定性的因素都可以成为变性的条件，如加热，极端的 pH，有机试剂甲醇、乙醇、尿素及甲酰胺等，均可破坏双螺旋结构引起核酸分子变性。变性能导致 DNA 以下一些理化及生物学性质的改变。

①溶液黏度降低：DNA 双螺旋是紧密的“刚性”结构，变性后代之以“柔软”而松散的无规则单股线性结构，DNA 黏度因此而明显下降。

②溶液旋光性发生改变：变性后整个 DNA 分子的对称性及分子局部的构性改变，使 DNA 溶液的旋光性发生变化。

③增色效应（hyperchromic effect）：指变性后 DNA 溶液的紫外吸收作用增强的效应。DNA 分子具有吸收 250 ~ 280 nm 波长紫外光的特性，其吸收峰值在 260 nm。DNA 分子中碱基间电子的相互作用是紫外吸收的结构基础，但双螺旋结构有序堆积的碱基又“束缚”了这种作用。变性 DNA 的双链解开，碱基中电子的相互作用更有利于紫外吸收，故而产生增色效应。一般以 260 nm 下的紫外吸收光密度作为检测该效应的指标，变性后该指标的观测值通常较变性前有明显增加，但不同来源 DNA 的变化不一，如大肠杆菌 DNA 经热变性后，其 260 nm 的光密度值可增加 40% 以上，其他不同来源的 DNA 溶液的增值范围多在 20% ~ 30% 之间。

以加热为变性条件时，增色效应与温度有十分密切的关系，这主要是变性温度取决于 DNA 自身的性质。热变性使 DNA 分子双链解开所需温度称为熔解温度（melting temperature，简写 Tm）。因热变性是在很狭的温度范围内突发的跃变过程，很像结晶达到熔点时的熔化现象，故名熔解温度。若以温度对 DNA 溶液的紫外吸光率作图，得到的典型 DNA 变性曲线呈 S 型（图 3-10）。S 型曲线下方平坦段，表示 DNA 的氢键未被破坏，待加热到某一温度时，次级键突发断开，DNA 迅速解链，同时伴随吸光率急剧上升，此后因“无链可解”而出现温度效应丧失的上方平坦段。Tm 定义中包含了使被测 DNA 的 50% 发生变性的意义，即增色效应达到一半时的温度作为 Tm 值，它在 S 型曲线上，相当于吸光率增加的中点处所对应的横坐标。不同来源 DNA 间的 Tm 值存在差别，在溶剂相同的前提下，这种差别主要是由 DNA 本身下列两方面的性质所造成的：① DNA 的均一性。它又包括两种含义，首先是指 DNA 分子中碱基组成的均一性，如人工合成的只含有一种碱基对的多核苷酸片段，与天然 DNA 比较，其 Tm 值范围就较窄。前者在变性时，氢链断裂几乎可“齐同”进行，故所要求的变性温度更趋于一致；其次还包含有待测样品 DNA 的组成是否均一的意思，如样品中只含有一种病毒 DNA，其 Tm 值范围较窄，若混杂有其他来源的 DNA，则 Tm 值范围较宽，其原因显然也与 DNA 的碱基组成有关。总的来说，DNA 均一，变性 DNA 链各部分的氢键断裂所需能量较接近，Tm 值范围较窄，反之亦然。② DNA 的（G+C）含量。在溶剂固定的前提下，Tm 值的高低取决于 DNA 分子中（G+C）的含量。（G+C）含量越高，即 G-C 碱基对越多，Tm 值越高。此点是易于理解的，因 G-C 碱基对具有 3 对氢键，而 A-T 碱基对只有 2 对氢键，DNA 中（G+C）含量高则能增强结构的稳定性，破坏 G-C 间氢键所需的能量比 A-T 氢键多，故（G+C）含量高的 DNA，其变性 Tm 值也高。实验说明，Tm 值与 DNA 中（G+C）含量存在着密切相关性（图 3-11），从中可看出，变性温度受到溶液离子强度的影响。Tm 值与（G+C）含量（X）百分数的这种关系可用以下经验公式表示（DNA 溶于 0.2 mol/L NaCl 中）：

$$X\%\ (G+C) = 2.44\ (Tm - 69.3)$$

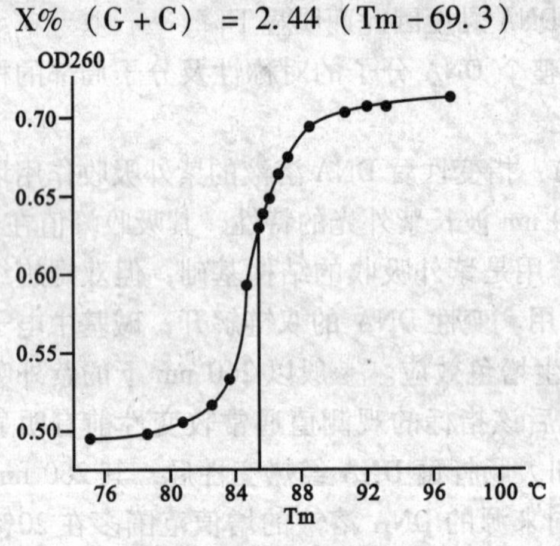

图 3-10　DNA 解链曲线

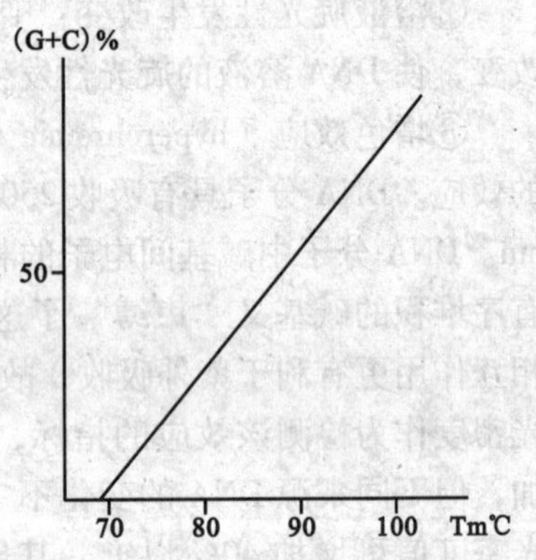

图 3-11　Tm 与（G+C）%的关系

DNA 复性是指变性 DNA 在适当条件下，两条互补链全部或部分恢复到天然双螺旋结构的现象，它是变性的一种逆转过程。热变性 DNA 一般经缓慢冷却后即可复性，此过程称之为“退火”（annealing）（图 3-12）。这一术语也用以描述杂交核酸分子的形成。DNA 的复性不仅受温度影响，还受 DNA 自身特性等其他因素的影响。

①温度和时间：变性 DNA 溶液在比 Tm 值低 25℃ 的温度下维持一段时间，其吸光率会逐渐降低。将此 DNA 再加热，其变性曲线特征可以基本恢复到第一次变性曲线的图形，这表明复性是相当理想的。一般认为比 Tm 值低 25℃左右的温度是复性的最佳条件，离此温度越远，复性速度就越慢。在很低的温度下（如 4℃以下），分子的热运动显著减弱，互补链结合的机会自然大大减少。从热

运动的角度考虑，维持在 Tm 值以下较高温度，更有利于复性。复性时温度下降必须是一缓慢过程，若在超过 Tm 值的温度下迅速冷却至低温（如 4℃以下），复性几乎是不可能的，核酸实验中经常以此方式保持 DNA 的变性（单链）状态。这说明降温时间太短以及温差大均不利于复性。一般认为，比 Tm 值低 25℃为 DNA 复性的最佳条件。

②DNA 浓度　复性的第一步是两个单链分子间的相互作用“成核”。这一过程进行的速度与 DNA 浓度的平方成正比，即溶液中 DNA 分子越多，相互碰撞结合“成核”的机会越大。

③DNA 顺序的复杂性　简单顺序的 DNA 分子，如 poly（A）和 poly（U）这两种单链序列复性时，互补碱基的配对较易实现。而顺序复杂的 DNA，如小牛 DNA 的非重复部分，一般以单拷贝存在于基因组中，这种复杂特定序列要实现互补，显然要比上述简单序列困难得多。在核酸复性研究中，定义了一个 *Cot* 的术语（*Co* 为单链 DNA 的起始浓度，*t* 是以秒为单位的时间），用以表示复性速度与 DNA 顺序复杂性的关系。在探讨 DNA 顺序对复性速度的影响时，将温度、溶剂离子强度、核酸片段大小等其他影响因素均予以固定，以不同程度的核酸分子重缔合部分（在时间 *t* 时的复性率）取对数后对 *Cot* 作图，可以得到如图 3-10 所示的曲线，用非重复碱基对数表示核酸分子的复杂性。如 poly（A）的复杂性为 1，重复的（ATGC）n 组成的多聚体的复杂性为 4，分子长度是 105 核苷对的非重复 DNA 的复杂性为 105。原核生物基因组均为非重复顺序，故以非重复核苷酸对表示的复杂性直接与基因组大小成正比，对于真核生物基因组中的非重复片段也是如此。在标准条件下（一般为 0.18 ml/L 阳离子浓度，长 400 核苷酸的片段）测得的复性率达 0.5 时的 Cot 值（称 Cotl/2），与核苷酸对的复杂性成正比。对于原核生物核酸分子，此值可代表基因组的大小及基因组中核苷酸对的复杂程度。真核基因组中因含有许多不同程度的重复序列（repetitive sequence），所得到的 *Cot* 曲线要比图 3-10 中的 S 曲线复杂。

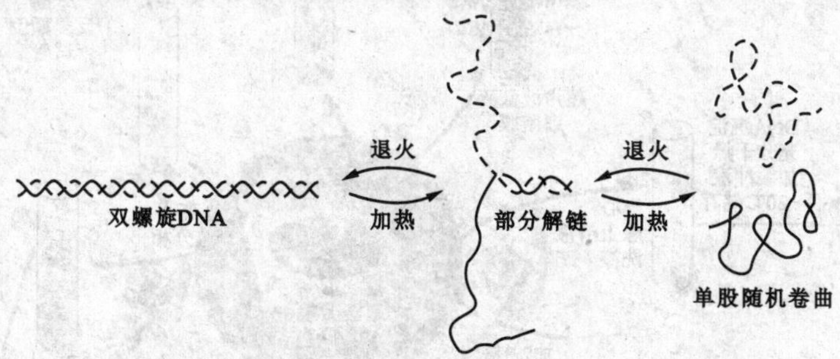

图 3-12　DNA 变性和复性

DNA 复性的实际应用——核酸分子杂交。分子杂交（简称杂交，hybridization）是核酸研究中最基本的一项实验技术。其基本原理就是应用核酸分子的变性和复性的性质，使来源不同的 DNA（或 RNA）片段，按碱基互补关系形成杂交双链分子（heteroduplex）。杂交双链可以在 DNA 与 DNA 链之间，也可在 RNA

与DNA链之间形成。杂交的本质就是在一定条件下使互补核酸链实现复性（加热或碱处理），使双螺旋解开成为单链，因此，变性技术也是核酸杂交的一个环节。很多分子生物学实验技术应用的都是核酸分子杂交的原理，如Southern blot，Northern blot，PCR技术等。

3.4.3 核酸（载体DNA）的提取与纯化

载体DNA的提取及纯化过程主要包括宿主细胞的培养和收获、细胞的裂解和质粒DNA的分离与纯化等步骤。

（1）宿主细胞的培养和收获

从琼脂平板上挑取一个单菌落，接种到含有适当抗生素的液体培养基中培养，然后在4℃条件下，4 000 rpm离心15 min，回收菌体，即可从中纯化质粒。

（2）细胞的裂解

用溶菌酶和EDTA处理，破坏细胞壁和细胞膜，再加入SDS一类的去污剂溶解球形体，使之发生温和的溶菌作用，致使质粒DNA分子多聚核糖体及其他可溶性物质从细胞逐步释放出来，而染色体DNA大分子与细胞碎片缠绕在一起，离心后即可与质粒DNA分开。

（3）质粒DNA的分离与纯化

目前，质粒DNA的分离与纯化的方法有多种，如氯化铯密度梯度离心法、微量碱变性法，且已经有商品化试剂盒出售。在这里我们仅讨论使用试剂盒分离纯化质粒DNA的过程。

使用试剂盒进行质粒DNA分离与纯化的过程如图3-13所示。质粒DNA溶液的纯度、浓度测定的原理、计算方法与纯度标准如图3-14所示。

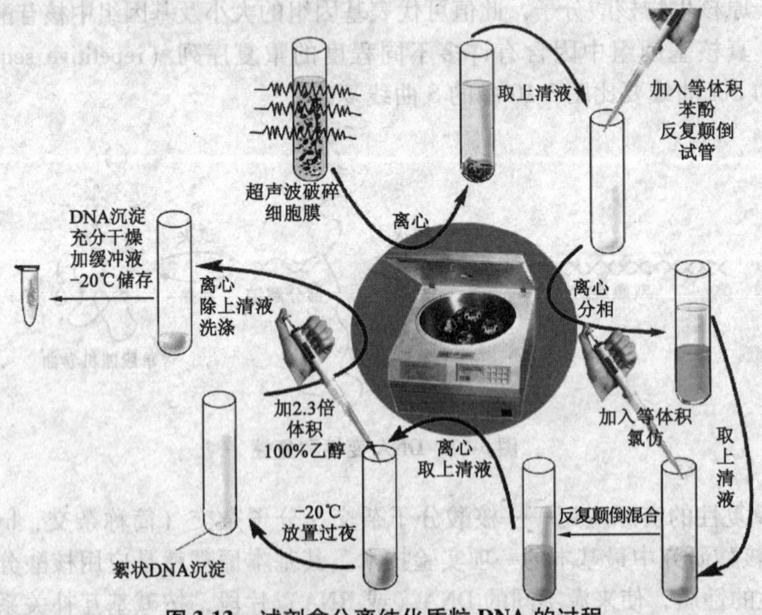

图3-13 试剂盒分离纯化质粒DNA的过程

3.4.4 DNA 重组

外源 DNA 片段与载体分子的连接方法，即 DNA 分子的体外重组技术是基因工程的核心技术之一。其基本原理是通过限制性核酸内切酶和连接酶等的作用，将外源 DNA 片段插入到适当的载体中。目前，DNA 片段体外连接大致有以下 3 种方法：① 用 DNA 连接酶连接具有黏性末端的 DNA 片段；② 用 T4 DNA 连接酶直接将平末端的 DNA 片段加上互补的多聚核苷酸尾巴之后，利用 DNA 连接酶将它们连接起来；③ 先在 DNA 片段末端加上化学合成的衔接物，使之形成黏性末端之后，再用 DNA 连接酶连接。

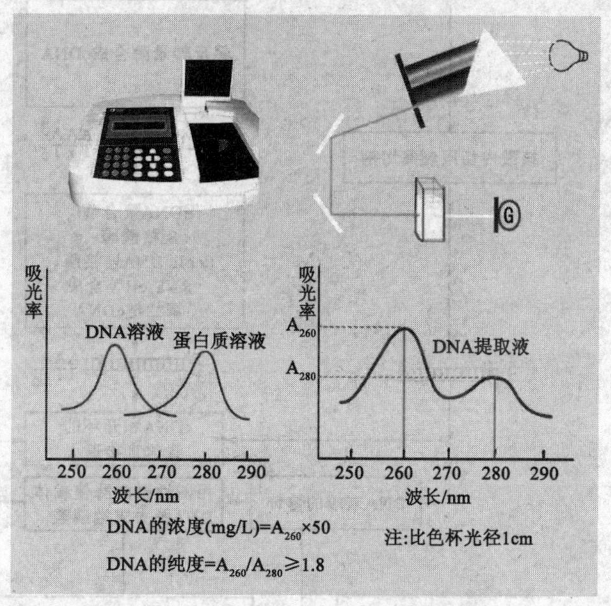

图 3-14 紫外分光光度计测定 DNA 溶液的纯度和浓度

在整个操作过程中需要考虑以下因素：① 合适的载体可以简化重组体的筛选和鉴定工作；② 合适的限制性酶切位点；③ 适于表达的外源 DNA 的插入方向和位置；④ 实验程序简便易行；⑤ 影响反应的因素如 DNA 片段的纯度和浓度、外源 DNA 片段和质粒分子的末端性质、反应温度和其他离子条件等。

归纳起来，DNA 重组分子的构建途径如图 3-15 所示。

3.4.4.1 DNA 连接酶

重组体的构建是通过 DNA 连接酶的催化作用来完成。这种酶催化 DNA 上切口两侧核苷酸裸露的 3′-羟基和 5′-磷酸基，在它们之间形成共价结合的磷酸二酯键，使原来断开的 DNA 切口重新连接起来。在分子克隆中最有用的 DNA 连接酶是 T4 DNA 连接酶，它需要 ATP 作为辅助因子。T4 DNA 连接酶在分子克隆中主要用于：①连接具有同源互补黏性末端的 DNA 片段；②连接双链 DNA 分子间的平端；③在双链平端的 DNA 分子上添加合成的人工接头或适配子。

（1）DNA 连接酶的作用机理

首先产生酶—腺苷酸复合物，接着此复合物结合到 DNA 分子的切口上，在那里腺苷酰基与切口处的 5′-磷酸基发生反应，产生 Ad-p-p-DNA 的结构，最终导致 DNA 分子的修复（图 3-16）。

（2）影响连接反应的因素

①DNA 分子的末端性质　影响连接反应的 DNA 分子的末端性质具体见表 3-1。

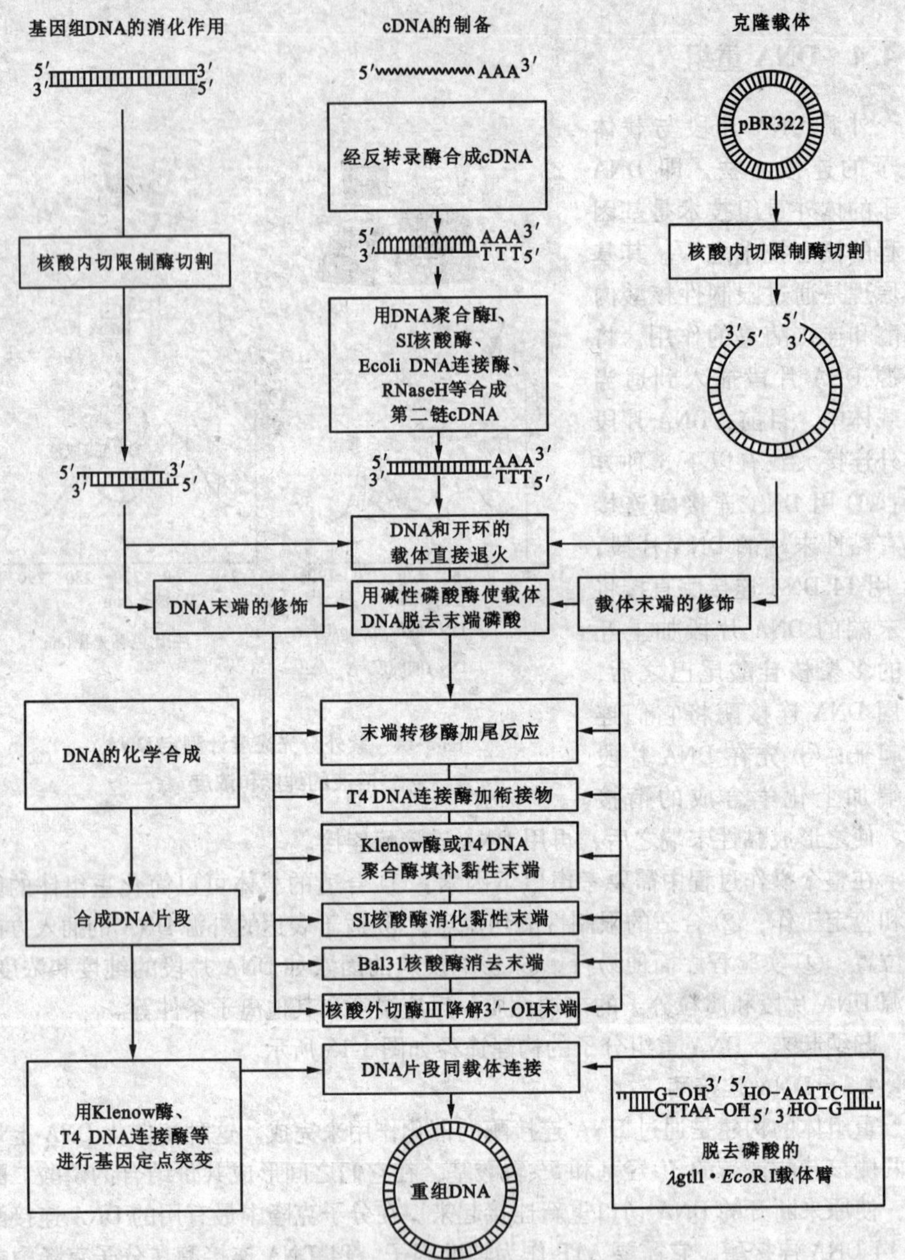

图3-15 重组DNA分子的构建途径

a. 互补黏性末端的连接：一般使用T4 DNA或*E. coli* DNA连接酶；

b. 非互补的黏性末端的连接：通常是先用Klenow酶部分补平3′凹端，再用T4 DNA连接酶连接；

c. 平末端的连接：可直接使用T4 DNA连接酶，但效率仅有粘连的1%，所以可先接上接头或衔接头，转成互补黏性末端，再进行连接，以提高效率。

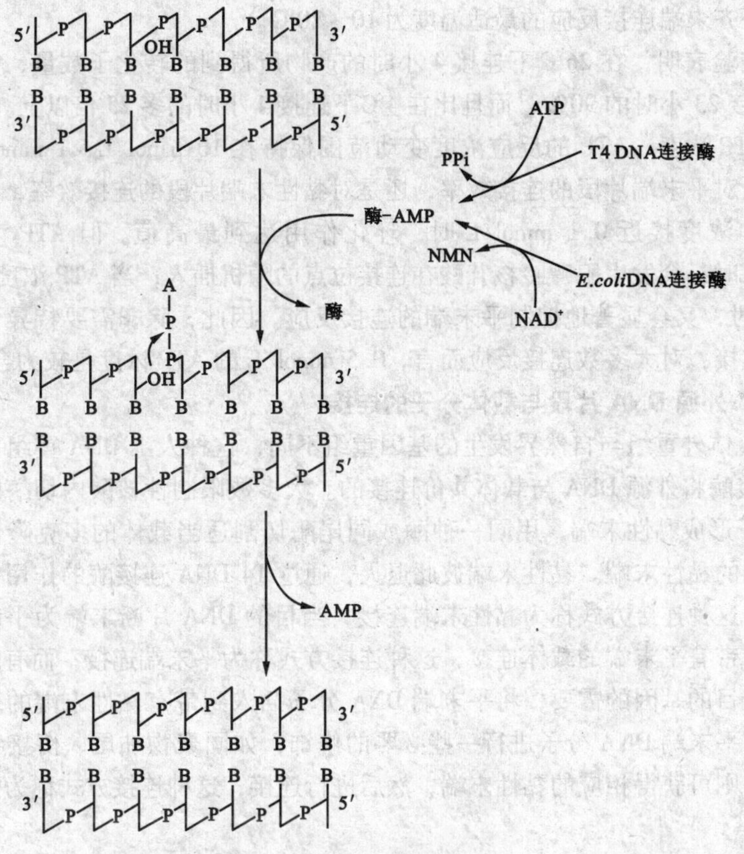

图 3-16 DNA 连接酶催化反应

表 3-1 DNA 分子的末端性质

类 型	要 求	特 点
平 端	高浓度的连接酶	限制酶位点消失，效率低，有串联拷贝
不同黏端	载体酶解后需纯化	限制酶位点保留，单向插入，常用
相同黏端	用磷酸酶去掉 5′-磷酸	限制酶位点保留，有串联拷贝和方向插入
3′A	T-vector	PCR 产物可直接克隆

②DNA 片段的浓度：这主要包括两个方面：一方面，参与连接反应的 DNA 末端的总浓度。在平末端 DNA 分子的连接反应中，最适的反应酶量大约是 1 ~ 2 单位；而对于其黏性末端（如 *Eco*R I 末端）DNA 片段间的连接，在同样的条件下，酶浓度仅为 0.1 单位时，便能得到最佳的转化效率。另一方面，来自外源 DNA 和载体 DNA 的末端比例。要获得最大的有效重组率，不同大小的分子，其最适载体浓度不同。为了减少载体自身环化的机会，外源 DNA 浓度要略大于载体 DNA 浓度。

③温度：1986 年 V. King 和 W. Blakeskey 实验结果表明，连接反应的温度是影响转化效率的最重要参数之一。黏端连接最适温度介于该末端的 Tm 值（多数在 15℃以下）与 DNA 连接酶反应的最适温度（37℃）之间，一般控制在 10 ~

16℃；平齐末端连接反应的最适温度为10～20℃。

有实验表明，在26℃下连接4小时的产物所得到的转化子数量，大约是在4℃下连接23小时的90%，而且比在4℃下连接4小时的多25倍以上。

④ATP浓度 ATP的反应浓度变动范围保持在10 μmol/L～1 mmol/L之间时，无论对平末端片段的连接效率，还是对黏性末端片段的连接效率，都没有什么影响。浓度接近0.1 mmol/L时，环化作用达到最高值。但ATP浓度超过1 mmol/L时，会发生腺嘌呤核苷酸在连接位点的随机插入；当ATP浓度升至2.5 mmol/L时，又会显著地抑制平末端的连接反应。因此，除非需要特异性抑制平末端的连接，对大多数连接反应而言，0.5 mmol/L的ATP浓度是较为合适的。

3.4.4.2 外源DNA片段与载体分子的连接

DNA体外重组与自然界发生的基因重组不同，这种人工DNA重组主要是靠DNA连接酶将外源DNA与载体共价连接的。大多数限制性核酸内切酶能够切割DNA分子形成黏性末端，用同一种酶或同尾酶切割适当载体的多克隆位点便可获得相同的黏性末端。黏性末端彼此退火，通过T4 DNA连接酶的作用便可形成重组体，这种连接方式称为黏性末端连接；当目的DNA片断末端为平端，则可以直接与带有平末端的载体连接，这种连接方式称为平末端连接；而有时为了不同的克隆目的基因的需要，将平末端DNA分子插入到带有黏性末端的表达载体时，要对平末端DNA分子进行一些必要的修饰，如同聚物加尾、衔接物或人工接头等，则可获得相应的黏性末端，然后进行连接，这种连接方式称为修饰黏末端连接。

外源DNA片段与载体分子的连接策略如图3-17所示。

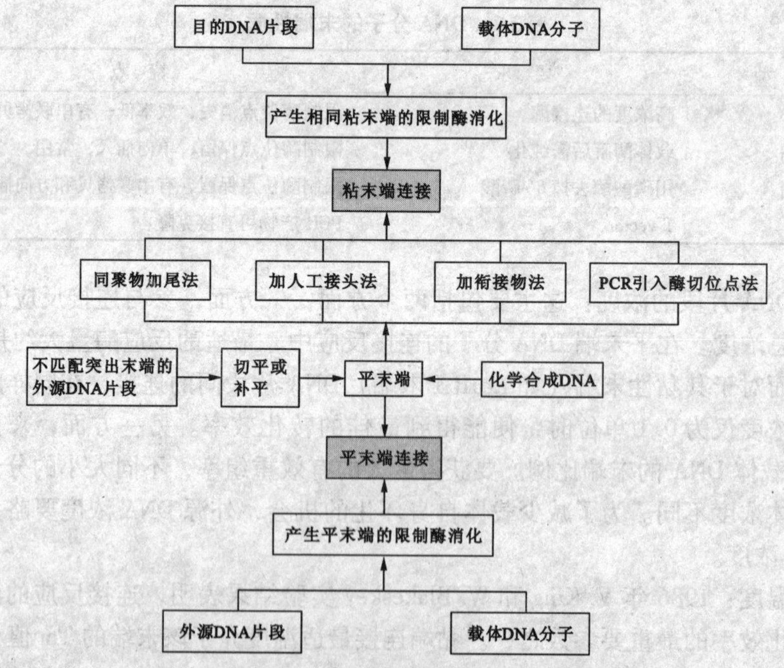

图3-17 外源DNA片段与载体分子的连接策略

(1) 相同黏性末端的连接

如果外源 DNA 和载体 DNA 均用相同的限制性内切酶切割，则不管是单酶酶切还是双酶联合酶切，两种 DNA 分子均含有相同的末端（经双酶酶切后，两种 DNA 的两个末端序列不同），当混合在一起退火，它们能被 T4 DNA 连接酶共价连接为一个重组 DNA 分子（图 3-18 和图 3-19）。经单酶处理的外源 DNA 片段在重组分子中可能存在正反两种方向，而经两种非同尾酶处理的外源 DNA 片段只有一种方向与载体 DNA 重组。当然，所选用的限制性核酸内切酶在表达载体 DNA 分子上应只有一个识别位点，而且还是位于非必需区段内。这样当要原样回收克隆的外源 DNA 片段时，可用相应的限制性核酸内切酶重新切出外源 DNA 片段和载体 DNA。

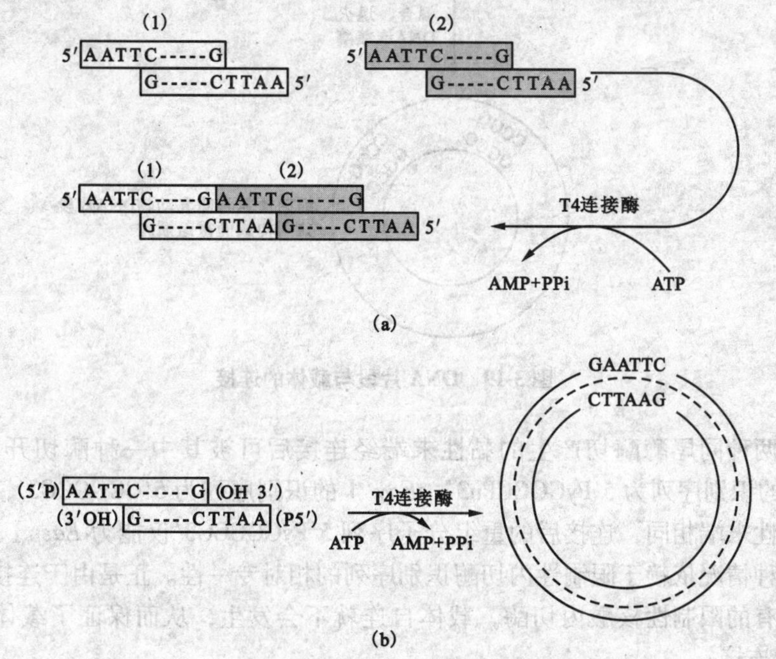

图 3-18 具黏性末端的 DNA 片段之间的结合方式

(a) 具有 *EcoR* Ⅰ黏性末端的 2 条 DNA 片段之间的连接，即分子间的连接 (b) 具有黏性末端的同一条片段的自我连接，即分子内的连接

为了获得更好的重组效率，还可以用同尾酶酶切所产生的黏性末端进行连接。用两种同尾酶分别切割外源 DNA 片段和载体 DNA，由于产生的黏性末端相同，因此也可方便地连接。例如，识别 GGATCC 序列的 *Bam*H Ⅰ和识别 GATC 序列的 *Mbo* Ⅰ切割 DNA 后均可产生 5′突出的 GATC 黏性末端，彼此可互补连接。值得注意的是，它与完全亲和的黏性末端连接不同的是，多数同尾酶产生的黏性末端一经连接，重组分子便不能用任何一种同尾酶在相同的位点切开。例如，*Bam*H Ⅰ（识别序列为 5′GGATCC3′）水解的 DNA 片段与 *Bgl* Ⅱ（识别序列为 5′AGATCT3′）切开的片段连接后，所形成的重组分子在两个原切点处均不能为 *Bam*H Ⅰ和 *Bgl* Ⅱ切割，这种现象称为酶切口的“焊死”作用。只有在少数情况

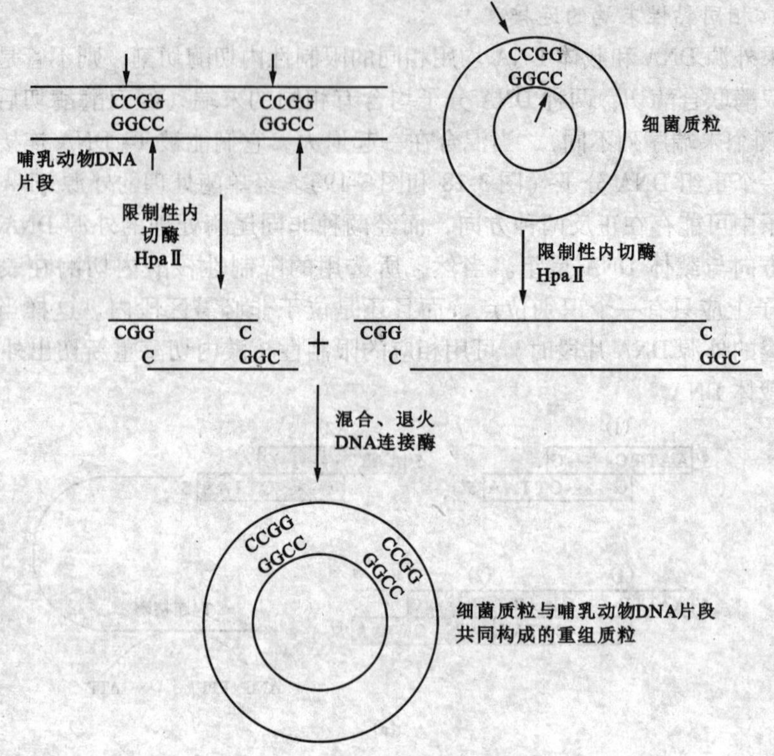

图 3-19　DNA 片段与载体的连接

下，由两种同尾酶酶切产生的黏性末端经连接后可被其中一种酶切开。例如，*Eae* Ⅰ的识别序列为 5′PyGGCCPu3′，*Eay* Ⅰ的识别序列为 5′CGGCCG3′，它们形成的黏性末端相同，连接后的重组分子序列 5′PyGGCCG3′仅能为 *Eae* Ⅰ所识别，显然这种情况依赖于限制性内切酶识别序列的相对专一性。正是由于连接体系中存在原有的限制性核酸内切酶，载体自连就不会发生，从而保证了载体同外源 DNA 的连接。

(2) 平头末端的连接

在很多情况下，由于选择不到合适的限制性核酸内切酶，使载体和外源 DNA 片段产生出互补的黏性末端，而只能形成具有平末端的 DNA 片段，因此，经常必须进行平末端 DNA 片段之间的连接。平头末端的连接有下列几种方法。

①直接连接法：这个过程基本与具有互补黏性末端 DNA 片段之间连接的操作过程相同，但只能用 T4 DNA 连接酶。T4 DNA 连接酶除了能够封闭具有 3′-OH 和 5′-P 末端的双链 DNA 的缺口外，在存在 ATP 和加入高浓度酶的条件下，它还能够连接具有完全配对碱基的平末端 DNA 分子，但其连接效率比黏性末端的连接效率要低得多，通常平头末端的连接速度比黏性末端慢 10～100 倍。

为了提高平头末端的连接速度，可采取以下措施：a. 增加连接酶用量。酶浓度增加 10～30 倍，则平末端连接的频率会大大增加。但这种方法并不多用，因为酶用量过大，反应体系中甘油浓度提高，有时对连接反应未必有利；b. 增加 DNA 平头末端的浓度，以提高平头末端之间的碰撞几率；c. 加入 NaCl 或 LiCl 以及 PEG；d. 适当提高连接反应温度，平头末端连接与退火无关，适当提高反应温度既可提高底物末端或分子之间的碰撞几率，又可增加连接酶的反应活性，一般选择 20～25℃较为适宜；e. 加入少量 T4 RNA 连接酶。这对于平末端连接反应非常有利，这种影响并不是 T4 RNA 连接酶具有催化 DNA 平末端连接的能力，而是对 DNA 连接反应有刺激作用。特别是在 DNA 浓度较低时，RNA 连接酶的刺激反应更为明显，反应速率可提高 20 倍。

②同聚物加尾法：同聚物加尾法是 1972 年由斯坦福大学的 P. Labban 和 P. Kaiser 首次提出的，它利用末端核苷酸转移酶分别在载体分子及外源双链 DNA 片段的 3′端或 5′端加上一段寡聚核苷酸，人工制成黏性末端（图 3-20）。其原理是 DNA 末端转移酶能在没有模板的情况下给 DNA 的 3′-OH 端加上脱氧核苷酸。

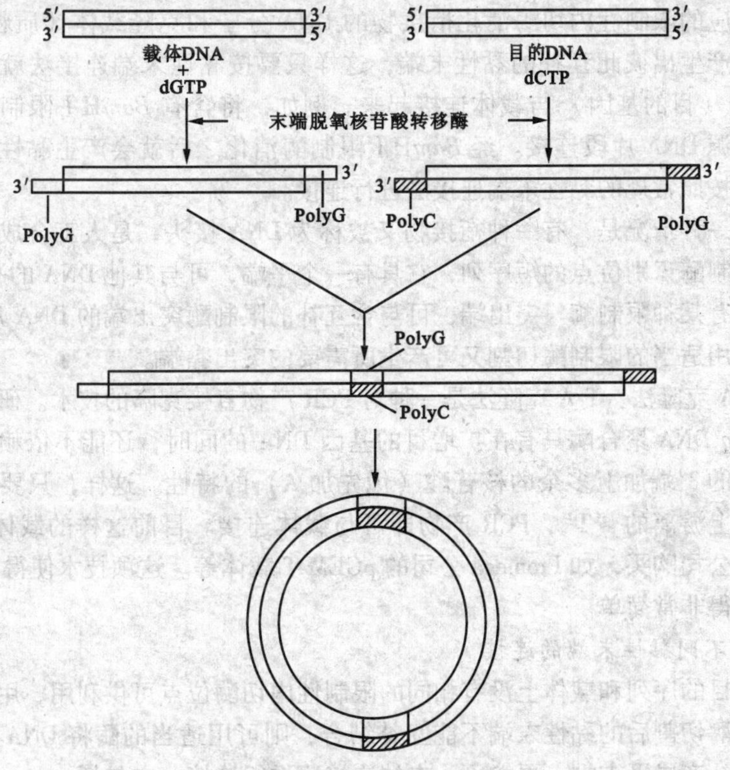

图 3-20　同聚物加尾连接法

为了在平末端的 DNA 分子上产生带有 3′-OH 的单链延伸，先用 5′-特异的核酸外切酶处理 DNA 分子，以便移去少数几个末端核苷酸，然后在核酸外切酶处理过的 DNA、dCTP 和末端核苷酰转移酶组成的反应混合物中，DNA 分子的 3′-OH 末端将会出现单纯由胞嘧啶核酸组成的 DNA 单链延伸，这样的延伸片段称为 poly（dC）尾巴。如果在反应混合物中加入的是 dGTP，那么这种 DNA 分子的 3′-OH 末端就会形成 poly（dG）尾巴，与 poly（dC）互补，因此二者混合反应就可发生 poly（dC）/poly（dG）的互补连接。同样的道理也可采用 poly (dA) /poly (dT) 进行连接。所加的同聚物尾巴的长度没有严格的限制。

同聚物尾巴连接法是一种十分有用的DNA分子连接法。它的优点在于：a. 能把任何片段连接起来；b. 不易自身环化；c. 连接效率较高。但同时它也存在不足，主要是不能把插入片段再切下来。

实际上，两个互补尾巴的长度往往是不会完全相等的，因此连接后的裂口可通过大肠杆菌DNA聚合酶I的作用予以补上，然后留下的单链缺口再由DNA连接酶封闭。当然这种修复反应并不一定要在体外试管中完成，一旦它们进入受体，细胞内部的DNA聚合酶和DNA连接酶就会对重组体DNA分子进行修复。

③用衔接物连接法：所谓衔接物（linker）是指用化学合成法合成的一段10~12 bp的特定限制性内切酶识别位点序列的平端双链。该连接法的过程是首先按直接连接法通过T4 DNA连接酶，在待克隆的DNA片段两端加上衔接物，接着用相应的限制性内切酶消化衔接物的DNA分子和克隆载体（质粒）分子，使二者都产生出彼此互补的黏性末端，这样只要按黏性末端连接法就可使克隆DNA分子（目的基因）与载体连接起来。例如，将含有*Bam*HⅠ限制位点的衔接物与外源DNA片段连接。经*Bam*HⅠ限制酶消化之后就会产生黏性末端，这样就可以按照常规的黏性末端连接法进行连接。

另外一种情况是，有一种衔接物又被称为DNA接头，是人工合成的具有一个以上限制酶识别位点的短序列，它具有一个平端，可与其他DNA的平端连接，同时它还有某种限制酶的突出端，可与含互补的限制酶突出端的DNA片段连接，连接后，用适当的限制酶切割又可产生所需要的突出黏端。

④T-A克隆法：T-A克隆法是一种对PCR产物直接克隆的技术。研究中人们发现，*Taq* DNA聚合酶具有在扩增目的基因DNA的同时，还能不依赖模板而在扩增产物的3′端加上多余的核苷酸（优先加A）的特性。这样，只要载体切口处人工加上游离的“T”，PCR产物即可与载体连接。目前这样的载体（线性）可从一些公司购买，如Promega公司的pGEM-T载体等。这项技术使得PCR产物的克隆变得非常简单。

(3) 不同黏性末端的连接

如果目的序列和载体上没有相同的限制性内切酶位点可供利用，用不同的限制性内切酶切割后的黏性末端不能互补结合，则可用适当的酶将DNA突出的末端削平或补齐成平末端，再按平头末端连接法进行连接。它包括：

①5′突出黏性末端的补齐：限制酶降解产生的5′末端突出的黏性末端，可用大肠杆菌DNA聚合酶I的大片段（Klenow片段）补齐，然后进行连接。

②3′突出黏性末端的削平：含3′突出的黏性末端可通过T4 DNA聚合酶的3′→5′外切核酸酶活性补平，然后进行连接。

在有些情况下，含有不同5′突出黏性末端的两种DNA分子经Klenow酶补平连接后，形成的重组分子可恢复一个或两个原来的限制性内切酶识别序列，甚至还可能产生新的酶切位点，如*Xba*Ⅰ与*Hind*Ⅲ的黏性末端（*Xba*Ⅰ切点恢复）、*Xba*Ⅰ与*Eco*RⅠ（两者切点均保留）及*Bam*HⅠ与*Bgl*Ⅱ（产生*Cla*Ⅰ位点）。

然而这种连接方法产生的重组分子往往会增加或减少几个碱基对，并且破坏原来的酶切位点，使重组的外源 DNA 片段无法回收；若连接位点位于基因编码区内，则会破坏阅读框架，使之不能正确表达。

3.4.4.3 载体和外源 DNA 插入片段的连接结果和注意事项

(1) 连接结果

重组连接可能产生以下几种结果，即外源 DNA 片段之间的连接、载体 DNA 头尾之间的相互连接、一个载体与几个外源 DNA 片段重组、几个载体与一个外源 DNA 片段重组，以及载体 DNA 与外源 DNA 片段之间的连接等（图 3-21）。其中载体自身环化的危害最大，所以必须想办法克服这一缺点。通常用碱性磷酸酶预先处理线性 DNA 载体分子，以除去其 5′末端的磷酸，使质粒载体两端都是羟基，失去了相互共价连接的能力，避免了自身环化，从而保证了外源 DNA 片段的 5′-P 基团同载体质粒的 3′-OH 基团进行连接（图 3-22）。另外，也可用通过提高外源 DNA 的用量或定向克隆等措施，来防止载体间的自身环化。

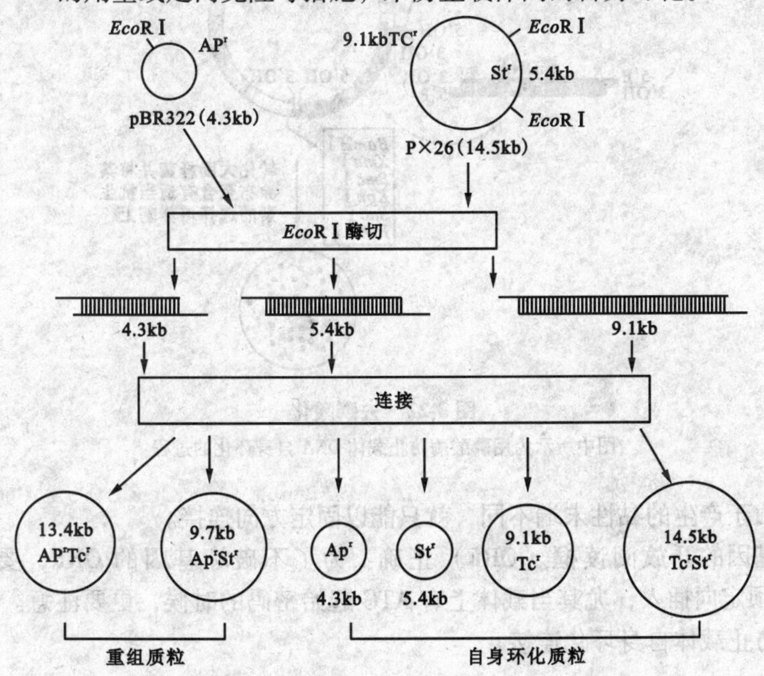

图 3-21 连接反应出现的重组质粒和自身环化质粒

(2) 注意事项

由于重组连接中存在多种非理想连接结果，为了提高连接效率，在操作过程中必须注意以下事项：

①外源 DNA 片段与载体的酶切位点互补：因为相同的黏性末端才能有效地连接，所以要尽量避免平端连接，而且决不能进行非黏性末端连接。这就要求在进行酶切时要用同尾酶酶切或同一种限制性酶酶切。

②要求 DNA 插入的方向正确：要求在实际操作过程中，最好采用双酶切法

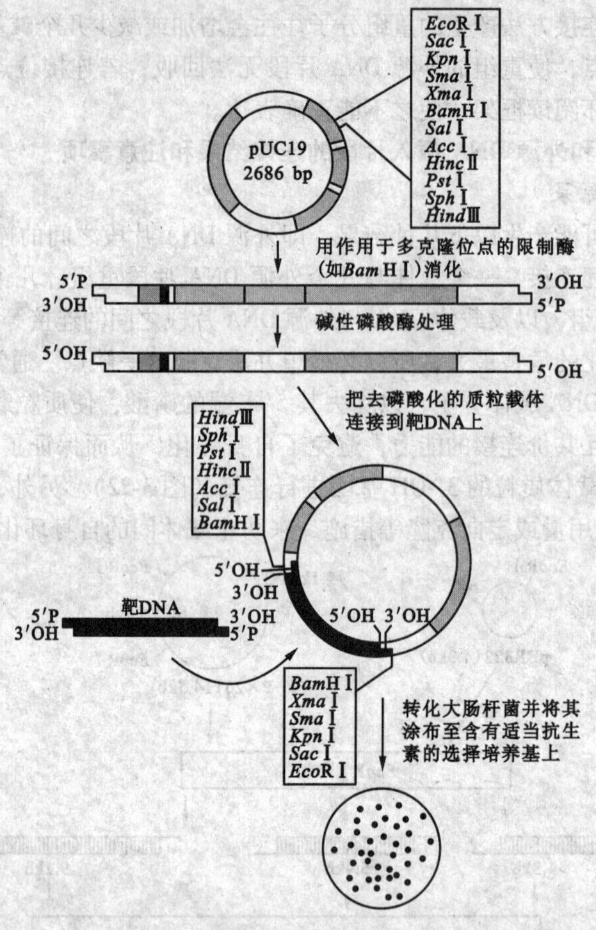

图 3-22 去磷酸化

图中所示为用磷酸酶防止载体 DNA 自身环化的过程

酶切。由于产生的黏性末端不同，就只能以固定方向连接。

③基因的开放阅读框（ORF）正确：为了不破坏基因的 ORF，要求外源 DNA 必须定向插入，尤其当载体上有 ATG 起始密码的时候，更要注意。

④防止载体自身环化连接。

参 考 文 献

F. 奥斯伯，等 . 2002. 精编分子生物学实验指南［M］. 颜子颖，王海林，译 . 北京：科学出版社 .

顾红雅，瞿礼嘉，等 . 1997. 植物基因工程与分子操作［M］. 北京：北京大学出版社 .

贺淹才 . 1999. 简明基因工程原理［M］. 北京：科学出版社 .

J. 萨姆布鲁克，等 . 1998. 分子克隆实验指南 . 第 3 版 . 黄培堂，等译 . 北京：科学出版社 .

楼士林，杨盛昌，龙敏南，等 . 2002. 基因工程［M］. 北京：科学出版社 .

王关林，方宏筠 . 2002. 植物基因工程［M］. 第 2 版 . 北京：科学出版社 .

吴乃虎 . 1998. 基因工程原理（上册）［M］. 北京：科学出版社 .
杨吉成 . 2003. 医用基因工程［M］. 北京：化学工业出版社 .
张惠展 . 1999. 基因工程概论［M］. 上海：华东理工大学出版社 .
朱玉贤，李毅 . 2002. 现代分子生物学［M］. 第 2 版 . 北京：高等教育出版社 .
Benjamin Lewin 著 . 2003. Gene VII. 李明刚，等译 . http：//www.fineprint.com.

第 4 章　目的基因的转化

4.1　重组 DNA 分子转入原核生物细胞

由于原核生物基因工程受体具有其他生物所没有的优点，所以早期开展的基因工程操作都是以它为受体细胞的。不同的重组 DNA 分子、不同的载体根据在不同的宿主细胞中的繁殖方式，外源 DNA 分子导入细胞的方法也不相同。重组质粒 DNA 通过转化进入宿主细胞，而重组噬菌体 DNA 则可经转导或转染导入宿主细胞。

4.1.1　转化

早在 1943 年，Avery 等就发现有毒肺炎双球菌的 DNA 与无毒肺炎双球菌共培养后产生有毒性的肺炎双球菌后代的转化现象。现已发现多种细胞具有转化能力，但 DNA 进入细胞的效率很低。在分子生物学和基因工程工作中可采取一些方法处理细胞，以提高其摄取外源 DNA 的能力；如细胞经适当处理后再与外源 DNA 接触，就能提高其转化效率。下面以革兰氏阳性细菌为例来说明细菌的转化步骤（图 4-1）。

①感受态的形成：典型的革兰氏阳性细菌由于细胞壁较厚，形成感受态时细胞表面发生明显的变化，出现各种蛋白质和酶类，负责转化因子的结合、切割及加工。当转化因子接近细菌细胞时，受体细胞分泌一种小分子量的激活蛋白。其功能是与细胞表面特异受体结合，诱导细菌溶素等特异蛋白的合成，使细菌细胞壁部分溶解，局部暴露出细胞膜上的 DNA 结合蛋白和核酸酶等，此时细菌细胞处于感受态。

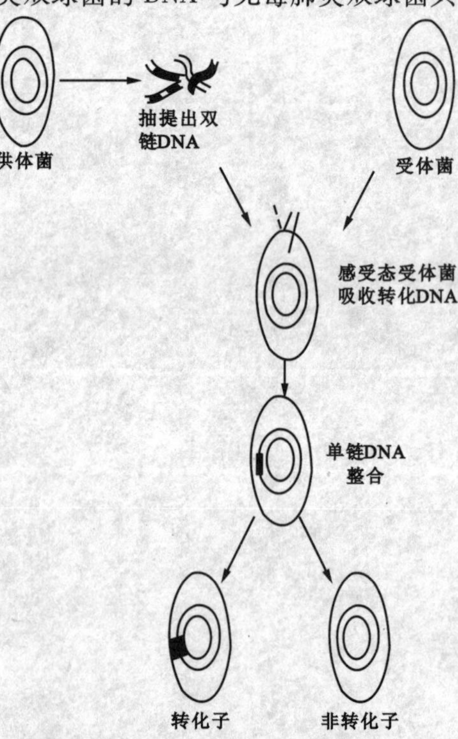

图 4-1　革兰氏阳性细菌的转化步骤

（引自王关林和方宏筠，1998）

②转化因子的吸收：受体菌细胞膜上的 DNA 结合蛋白仅可与转化因子的双链 DNA 结构特异性结合（单链 DNA 或 RNA、双链 RNA 以及 DNA-RNA 杂合双链都不能结合在膜上），激活邻近的核酸酶，将其中一条链逐步降解，而另一条链则被吸收到受体菌中。这个吸收过程为 EDTA 所抑制，可能是因为核酸酶活性需要二价阳离子的存在。

③整合复合物前体的形成　进入受体细胞的单链 DNA 分子与另一种游离的蛋白因子结合，形成整合复合物前体结构，它能有效地保护单链 DNA 免受各种胞内核酸酶的降解，并将其引导至受体菌染色体 DNA 处。

④单链 DNA 转化因子的整合　供体单链 DNA 片段通过同源重组，置换受体染色体 DNA 的同源区域，形成异源杂合双链 DNA 分子结构。

⑤转化子的形成　受体菌染色体组进行复制，杂合区段亦随之进行半保留复制，当细胞分裂后，该染色体发生分离，形成一个新的转化子。

细菌转化的方法主要有 Cohen(化学)转化法、电转化法和原生质体转化法。

4.1.1.1 Cohen 转化法

(1) Cohen 转化法的基本原理

Cohen 转化法，又称为化学转化法，其基本原理是，将对数生长期的细菌置于 0℃下，用预冷的 $CaCl_2$ 溶液进行低渗处理，以使菌体的细胞壁和细胞膜通透性增加，菌体膨胀成球形；同时，Ca^{2+} 离子使细胞膜磷脂层形成液晶结构，构成了大肠杆菌人工诱导的感受态。此时加入 DNA，Ca^{2+} 离子与 DNA 结合形成抗脱氧核糖核酸酶（DNase）的羟基—磷酸钙复合物，并粘附于细菌细胞膜的外表面，再经短暂的 42℃热休克（热激反应）处理后，不仅使介质中的 DNA 易于进入细菌的细胞内，而且不易被菌体中的 DNase 降解。此外，在上述转化过程中，Mg^{2+} 离子的存在对 DNA 的稳定性起很大的作用，$MgCl_2$ 与 $CaCl_2$ 对大肠杆菌某些菌株感受态细胞的建立具有独特的协同效应。

(2) 影响转化作用的因素

影响转化作用的主要因素有：

①合适的菌株：一般选用经常使用而且认为转化效率高的菌株。对用于高效表达目的基因的菌株，往往还需对比不同宿主的表达效率。

②生长时期的影响：通常选用对数生长期的大肠杆菌来制备感受态菌。

③0℃处理时间的影响：研究发现，细菌经 0℃ $CaCl_2$ 处理后，转化率随时间的推移而增加，24h 达最高转化率，而后转化率逐渐下降。感受态细胞需新鲜制备，当天使用最有效。通常不用 4℃长期保存的感受态细胞。

④其他因素：在用预冷的 $CaCl_2$ 溶液进行低渗处理的基础上，联合其他二价阳离子（如 Mn^{2+}、Co^{2+} 离子）、DMSO（二甲基亚砜）、二巯基苏糖醇（DTT）、还原剂和六氨基三氯化钴等，能够提高转化率。

4.1.1.2 电转化法

电转化法是一种电场介导的细胞膜可渗透化处理技术。该法最早用于将 DNA 导入真核细胞，现已被用于大肠杆菌和其他细菌。其基本原理是利用高压脉冲电场，在宿主细胞表面形成暂时性的微孔，使得DNA分子直接与裸露的细胞膜脂双层结构接触，并引发吸收过程；在脉冲过后，微孔复原，在丰富培养基中生长数小时后，细胞进行增殖和质粒复制。

电穿孔法转化较大的重组质粒（>100 kb）的转化效率为转化小质粒（约3 kb）1/1 000，但这比Ca^{2+}离子诱导和原生质体转化方法理想，因为这两种方法几乎不能转化大于100 kb的质粒DNA。另外，该法除需用特殊仪器外，它比$CaCl_2$法操作更简单，转化效率高（一般可达10^9~10^{10}个转化子/μg DNA）（图4-2），无须制备感受态细胞，而且对于几乎所有的细菌均可找到一套与之匹配的电穿孔操作条件，因此电穿孔转化方法有可能成为细菌转化的标准程序。使用这种方法时应注意的是电场强度、电击脉冲时间和DNA浓度等参数的选择。

电转化法具体操作步骤为：当细胞生长到对数生长中期后加以冷却、离心，然后用低盐缓冲液充分洗涤，以降低细胞悬液的离子强度；再用10%甘油重悬细胞，调整终浓度至3×10^{10}个细菌/mL，即可用于电穿孔转化。其操作设备如图4-2所示。电穿孔处理的细菌也可分成小份，在干冰上速冻后再保存于-70℃。电穿孔转化应在0~4℃下进行，如在室温下操作，转化效率有可能只有原来的1%。此法常用于基因文库的构建。

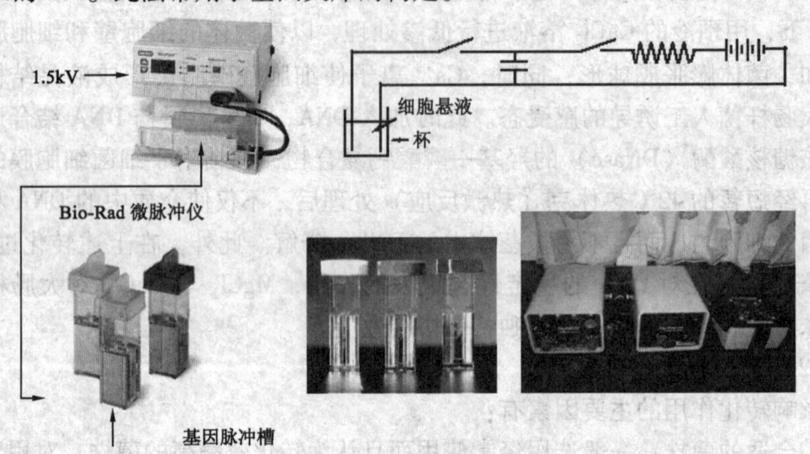

图4-2　电转化法操作设备

4.1.1.3　原生质体转化法

某些微生物，如酵母菌、霉菌和棒状杆菌，很难得到感受态细胞，需要首先制备原生质体来增加细胞对DNA的吸附能力，然后再进行转化。另外，一些微生物如枯草杆菌，既能用感受态细胞转化，也可以先制备原生质体后再转化。菌体需先制备原生质体，然后再进行转化的方法被称为原生质体转化法。原生质体转化法的基本操作步骤是：取在高渗培养基中生长至对数生长期的细菌，用含有适量溶菌酶的等渗缓冲液处理，剥除其细胞壁，同时使它丧失一部分定位在膜上的DNase，以利于双链环状DNA分子的吸收；然后加入含有待转化的DNA样品和聚乙二醇的等渗溶液，混合均匀；通过离心除去聚乙二醇后，将菌体涂布在有利于再生细胞壁的培养基中培养，促进细胞壁再生，最后得到转化细胞。这种原生质体的转化方法不再需要感受态细胞，而且非完整的质粒（如在克隆时留有缺口的质粒及非超螺旋环状分子）也能进行转化。该方法转化效率一般，但制备原生质体及其再生过程过于烦琐，且经常会发生融合而易产生二倍体、三倍体，为随后转化体的进一步纯化工作带来困难。

4.1.2 通过转染/转导作用导入遗传物质

4.1.2.1 转染

重组的 λ 噬菌体 DNA 或重组的黏粒载体 DNA 分子，可以直接转化受体细胞，即所谓转染。重组的噬菌体 DNA 也可像质粒 DNA 分子一样通过转化的方式进入宿主菌，即宿主菌经过 $CaCl_2$、电穿孔等处理成感受态细菌后接受 DNA 分子的导入。进入感受态的噬菌体 DNA 同样可以进行复制和繁殖，这种方式称为转染。近年来用人工脂质膜包裹 DNA，形成的脂质体（liposome）可以通过与细胞膜融合而将 DNA 导入细胞。该种方法简单、有效，现已有商品化脂质体试剂出售，使用日渐广泛。

4.1.2.2 转导

转导是指以噬菌体为媒介，将外源 DNA 分子导入细菌的过程。以 λDNA 为载体的重组 DNA 分子，由于其分子量较大，直接用于转染时效率较低；而且，在体外连接反应中，噬菌体分子与外源 DNA 片段之间的结合完全是随机的，形成的重组 DNA 分子中有许多是没有活性的，从而导致转染效率明显下降,所以通常采取转导的方法将其导入受体细胞内。该方法的基本操作步骤是:外源 DNA 片段和噬菌体 DNA 载体连接后组成重组的噬菌体 DNA 分子,体外包装噬菌体外壳蛋白后,形成有感染能力的噬菌体颗粒;将这些重组的噬菌体颗粒按一定比例与处于对数生长期的大肠杆菌受体细胞混合涂布,过夜培养;利用噬菌体的主动感染,可将含有外源 DNA 片段的重组噬菌体 DNA 导入宿主菌体内。该方法不需制备感受态细胞,转染效率较高(约 10^7 个转化子/μg DNA),常用于文库的构建。

4.2 重组 DNA 分子转入植物细胞

外源基因经体外重组后，要产生具有生物学活性的真核蛋白质，除了在宿主细胞中进行有效转录和正确翻译外，还应进行翻译后的加工与修饰，如磷酸化、糖基化、二硫键的形成等。而这些加工与修饰过程在原核细胞中是不能正常进行的，所以还必须利用真核细胞来作为表达体系。但真核生物的细胞结构、基因组成和基因表达方式等要比原核生物复杂得多，原来适用于原核生物的大多数转基因方法难以有效地应用于真核生物。通过许多学者的努力，现已建立了一系列真核生物表达体系，并成功地获得了相应的转基因真核生物。

4.2.1 植物基因转化系统

建立良好的植物受体系统是进行植物遗传转化的第一步。植物基因转化系统，一般是指用于转化的外植体通过组织培养途径或其他非组织培养方法，能高效、稳定地再生无性系，并能接受外源 DNA 整合，对转化选择抗生素敏感的再生体系。根据转化原理，植物基因转化系统可分为 3 大类：载体转化系统、直接转化系统和种质转化系统（图 4-3）。

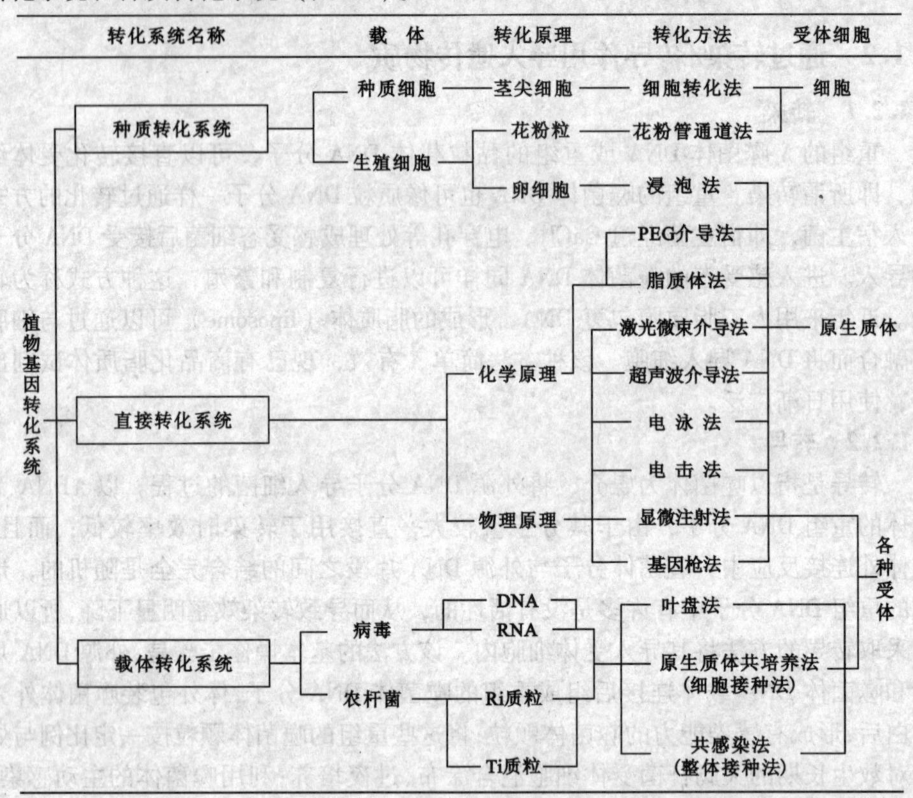

图 4-3 植物基因转化系统示意

（引自王关林等，2002）

4.2.2 根癌农杆菌 Ti 质粒转化系统

载体转化系统是指将目的基因连接于某一载体 DNA 分子上，而后通过载体将外源基因转入植物细胞的分子操作体系。该体系是至今广泛使用的一种有效的外源基因转化方法。根据使用质粒载体的类型，可分为根癌农杆菌 Ti 质粒转化系统和发根农杆菌 Ri 质粒转化系统两大类。

4.2.2.1 根癌农杆菌侵染植物细胞的化学机制

革兰氏阴性土壤根瘤农杆菌（*Agrobacterium tumefaciens*）能特异性感染几乎所有双子叶植物的根部，形成根瘤，并干扰受感染植物的正常生长。这种致瘤特性与细菌体内存在的野生型 Ti 质粒的传递、整合以及相关基因表达密切相关。

在土壤农杆菌侵染和转化植物细胞过程中，农杆菌和宿主细胞之间的化学信号传递、遗传转化及相关的代谢活动发生了一系列的变化。首先损伤的植物细胞产生植物酚类作为农杆菌的侵染信号，这些化学诱导物透过农杆菌的细胞膜，活化 *Vir*A 和 *Vir*G 基因，再诱导活化 Vir 区的其他基因；活化了的 *Vir* 基因作用于 T-DNA 的加工及 T-DNA 的转移；然后 T-DNA 进入植物细胞后整合到核 DNA 上，并在植物细胞中表达产生冠瘿碱及植物激素；接着是农杆菌 Ti 质粒上专一性的冠瘿碱分解酶基因（*Ocs*）启动合成各种酶，并以分解植物细胞产生的冠瘿碱作为惟一碳源和氮源；最后，冠瘿碱促进农杆菌的附着及激活 *TRA* 基因有利于 Ti 质粒的接合转移，扩大侵染范围（图 4-4 和图 4-5）。

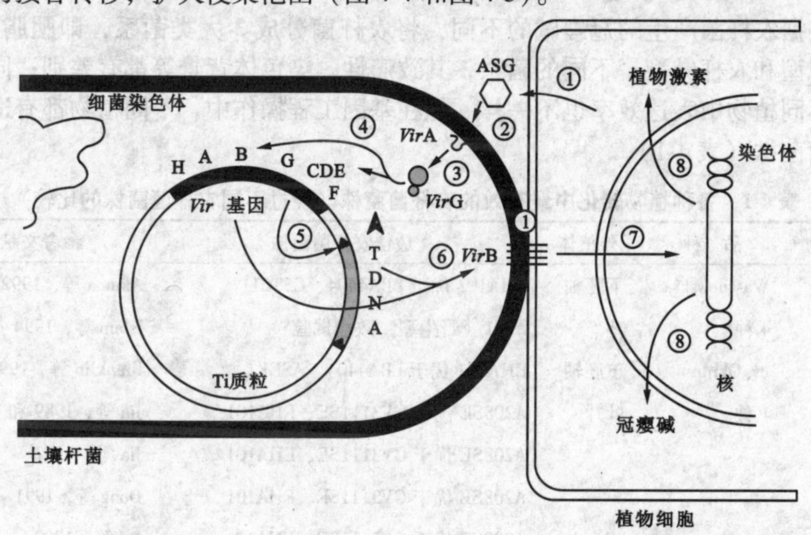

图 4-4 土壤农杆菌的侵染过程和植物细胞的转化过程概况

①植物产生乙酰丁香酮（ASG）和土壤农杆菌向植物细胞壁的吸附 ②土壤农杆菌内膜上的 *Vir*A 自主磷酸化来应答植物产生的乙酰丁香酮 ③*Vir*G 被 *Vir*A 磷酸化 ④ 磷酸化的 *Vir*G 激活其他 *Vir* 基因的转录 ⑤*Vir*D 和 *Vir*E 蛋白产生单链 T-DNA ⑥*Vir*B 蛋白产生输出设备 ⑦T-DNA 整合到植物细胞核 DNA ⑧T-DNA 基因产生植物激素和冠瘿碱

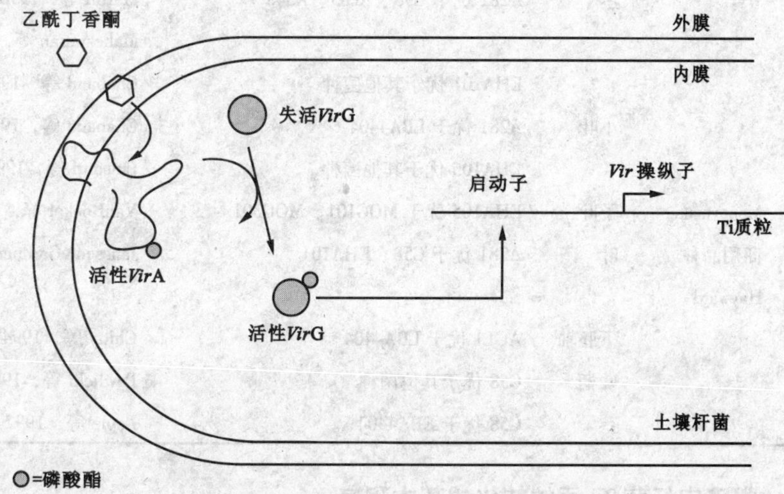

图 4-5 通过 *Vir*A 和 *Vir*G 使毒性基因激活

目前，已经鉴定出在土壤农杆菌中负责侵染和转化过程的另外一组基因，即染色体毒性基因（chromosomal virulence，*Chv*）A 和 B。*Chv*A 和 *Chv*B 基因在 Ti 质粒上不存在，但位于细菌染色体上。这两个基因对土壤农杆菌细胞吸附到植物细胞壁上是必需的。*Chv*B 基因编码一种参与环 β-1，2-葡聚糖合成的蛋白，而 *Chv*A 参与运输这种化合物到细菌的周质间隙。但这种葡聚糖化合物在细胞粘附和侵染方面的精确作用目前还不清楚。

4.2.2.2 基因转化中常用的农杆菌菌株

根据农杆菌产生的冠瘿碱的不同，将农杆菌分成3大类菌系，即胭脂碱型、章鱼碱型和农杆碱型。不同的菌系，其致瘤性、染色体背景等都有差别；同一菌系在不同植物中表达效率也不一样。但在基因工程操作中，不同植物都有适宜的农杆菌菌株（表4-1）。

表4-1 各种植物转化中最有效的农杆菌菌株（经过不同农杆菌菌株的比较）

植 物	品 种	外植体	最佳农杆菌菌株	参考文献
拟南芥	Wassilewskija	下胚轴	EHA101 优于 LBA4404、C58C1	Akama 等，1992
鹰嘴豆	4种	茎	A281（野生型）致瘤试验	Islam 等，1994
花生	cv. Okrun	下胚轴	EHA101 优于 LBA4404、ASE1	Franklin 等，1993
伽蓝菜	1种	叶片	A208SE 优于 GV3111SE、EHA101	Jia 等，1989 和 1993
黄瓜			A208SE 优于 GV3111SE、EHA101	Jia 等，1992
甜瓜			A208SE 优于 GV3111SE、EHA101	Dong 等，1991
西瓜			A208SE 优于 GV3111SE、EHA101	Jia 等，1992
马铃薯	7种		A208SE 优于 LBA4404	Jia 等，1993
甘薯	Chugoku25	叶	ArM123（发根农杆菌）	Otnni 等，1993
苹果	6种	叶	EHA101（pEHA101）优于 LBA4404、C58C1	Bondt 等，1994
		茎	A281 优于 C58、Ach5、A348	Martin 等，1990 Maheswaran 等，1992
苜蓿			EHA101 优于其他菌种	Chabaud 等，1988
Mvoria		小叶	A281 优于 LBA4404	Chabaud 等，1988
豌豆			EHA105 优于其他菌种	Lulsdorf 等，1991
番茄	Moneymaker	子叶	EHA105 优于 MOG101、MOG301	VanRoekel 等，1993
猕猴桃	商用品种 Hayward	叶	A281 优于 C58、EHA101	Janssen&Gardner，1993
Flaveria		下胚轴	AGL1 优于 LBA4404	Chitty 等，1994
胡萝卜		叶柄	C58 优于其他菌种	Pawlicki 等，1992
杨树		茎	C58 优于 EBA4404	Leple 等，1992

4.2.2.3 根癌农杆菌 Ti 质粒转化的基本程序

虽然至今已建立了多种行之有效的转化方法，但它们转化的基本程序、操作步骤及其原理基本相同。农杆菌 Ti 质粒转化的基本程序可分为受体系统的建立、Ti 质粒转化载体的构建及目的基因的转化 3 大部分。目的基因的转化是将目的基因导入受体植物细胞，并能使目的基因表达和稳定地遗传。其转化的基本程序如图 4-6 所示。

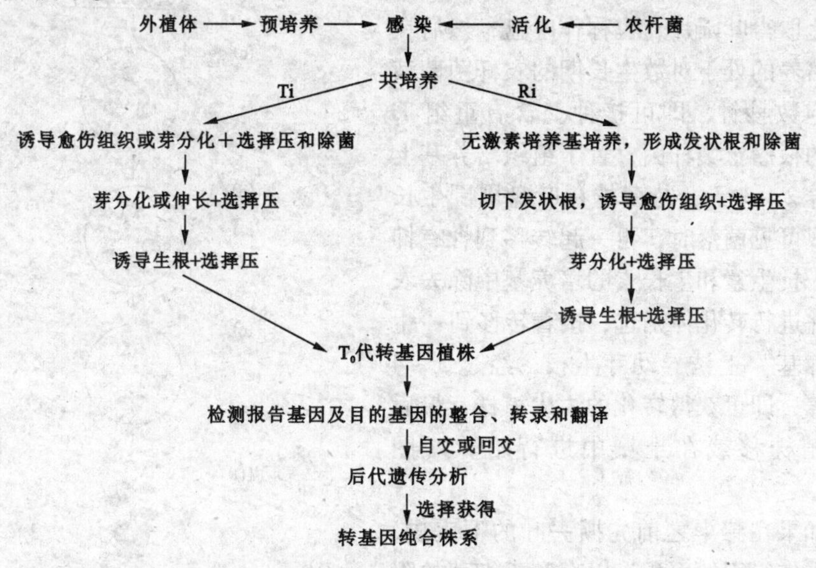

图 4-6 农杆菌 Ti 质粒介导基因转化程序

农杆菌 Ti 质粒转化途径是目前研究最多，理论机理最清楚，技术方法最成熟的植物基因转化途径。至今，200 多种转基因植物中 80% 以上是利用此系统转化成功的。依据受体系统的不同，农杆菌 Ti 质粒转化方法主要有以下几种。

(1) 共感染法

共感染法是模仿农杆菌天然的感染过程，人为地在整体植株上造成创伤部位，然后把农杆菌接种在创面上，或把农杆菌注射到植株体内，使农杆菌在植株体内进行侵染，实现转化，获得转化的植物细胞的转化方法。该方法的关键是必需要在植株上形成新的伤口，并使用强生活力的菌株培养物进行侵染。造成伤口的方法有多种，可以用刀切、针刺或是直接涂在幼株嫩枝的顶部切口等。为了获得较高的转化频率，多采用无菌种子的实生苗或试管苗。非致瘤载体的农杆菌进行整株感染后，受伤部位一般不会出现肿瘤，但可将感染部位的薄壁组织切下来，然后在选择培养基上进行转化体筛选。若是致瘤型的载体，则接种后约 3 周，即可获得大量的愈伤组织，但一般不能再生植株。

该转化方法优点是操作简便，免去了组织培养过程，实验周期短且具有较高的转化成功率。其缺点是转化组织中常混有较多未转化的正常细胞，即产生的嵌合体多，给后续的转化细胞筛选工作带来不少困难，而且需要大量的无菌苗材料。

(2) 叶盘转化法

叶盘转化法（leaf dish transformation）是由 Horsch 等人（1985）发展起来的

一种简单通用的植物细胞体外转化、选择与再生的转化方法。其一般操作程序是：先将实验植物材料，如烟草的叶片进行表面除菌处理，用经过消毒的打孔器从消毒叶片上取得叶圆片，也称作叶盘；然后在过夜培养的处于对数生长期的农杆菌菌液中浸泡数秒钟，即可接种上含有重组 Ti 质粒的根瘤土壤杆菌，置于组织培养基上共培养 2 ~3 天，待菌株在叶盘周围生长至肉眼可见菌落时，再一起转移到含有抑菌剂、抗生素和生长素的培养基中除去农杆菌并进行转化体筛选；接着转移到“生根培养基”上诱导幼芽生根，经过 3 ~4 周培养，即可获得转化的再生植株，最后将小植株移栽在土壤中进行培养（图 4-7）。

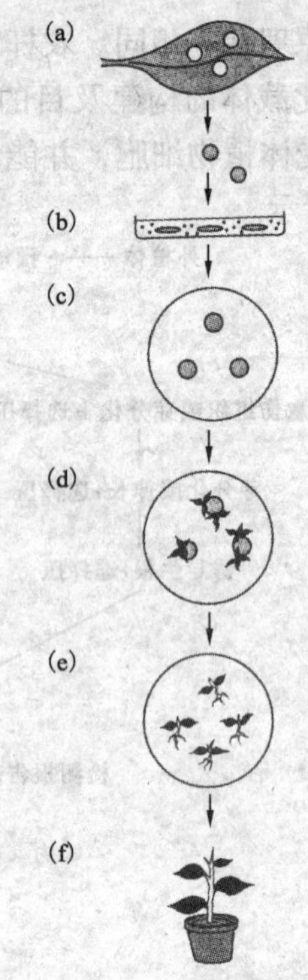

图 4-7 用叶盘转化法转移基因的一般程序

（a）烟草叶 （b）根癌农杆菌 + 叶盘 （c）组织培养基 （d）组织培养基 + 卡那霉素 + 氨噻肟头孢霉素 + 生长素（0.03 mg/L）+ 细胞分裂素（1.0mg/L） （e）组织培养基 + 卡那霉素 + 氨噻肟头孢霉素 + 生长素（3.0 mg/L）+ 细胞分裂素（0.02 mg/L） （f）转基因烟草植株

如果在感染之前先撕去叶的下表皮，增加受伤组织的面积，以有利于细菌的附着，可明显提高转化效率。叶盘转化法的优点是适用性较广，对于各种能被农杆菌感染且能够从叶子再生植株的各种植物均适用。改良的叶盘法还可适用于其他外植体，如茎段、叶柄、胚轴、子叶，甚至萌发的种子等。此外，叶盘转化法还具有操作简单且重复性高的优点，它是目前应用最多、最广的农杆菌 Ti 质粒转化方法之一。

(3) 原生质体共培养法

所谓原生质体共培养法，是指将毒性的农杆菌同刚刚再生出新细胞壁的原生质体作短暂的共培养，以便使农杆菌与细胞之间发生遗传物质的转化。所以，该法也可看作是一种在人工条件下诱发植物肿瘤的一种体外转化法。

该法的操作步骤是：先从叶片分离原生质体，适当培养至再生壁时期，再将其与活化的农杆菌悬浮液共培养 2 ~3 天；离心除去残留的农杆菌，置于含抗生素的选择培养基上培养 3 ~4 周后可见愈伤组织小块；将小块愈伤组织转移到固体培养基上再生愈伤组织，进而将其培养成植株（图 4-8）。利用该法获得的转化植株是来自同一个转化的细胞，因此得到的转化体出现嵌合体的比例较低。但由于原生质体再生的困难，真正获得成功的转化实例很少；而且，原生质体共培养法操作过程复杂，成本较高。

4.2.3　发根农杆菌 Ri 质粒转化系统

4.2.3.1　发根农杆菌的生物学特性

发根农杆菌（*Agrobacterium rhizogenes*，Ar）是根癌菌属的一种土壤细菌，能侵染几乎所有的双子叶植物和少数单子叶植物。它有多种不同的菌株，各自对一些相应的植物品种具有较强的侵染性。发根农杆菌的致病结构包括 *Chv* 基因和 Ri 质粒两部分。*Chv* 是农杆菌的染色体基因，它的活化表达关系着发根农杆菌与植物细胞壁的粘附，是致病早期阶段的必要步骤。Ri 质粒是农杆菌染色体外一个巨大的侵入性质粒，在自然状态下，发根农杆菌通过伤口侵染植物，Ri 质粒上的 T-DNA 能插入植物基因组，其上所携带的基因在宿主细胞中整合表达，使植物产生毛状根（毛根），也称为发状根（发根）。

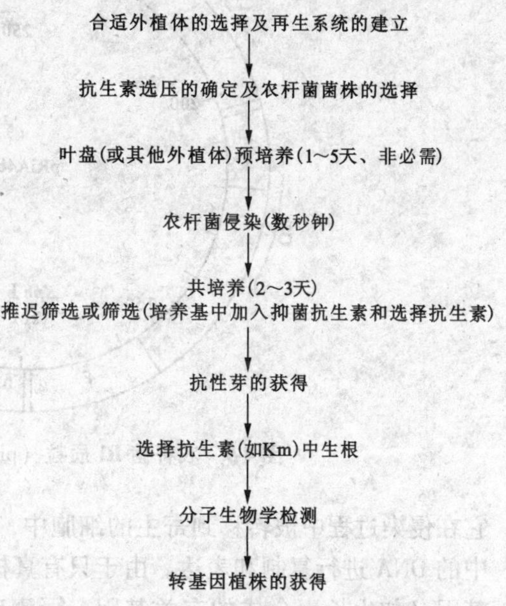

图 4-8　共培养法获得转基因植株示意

Ri 质粒的 T-DNA 上带有冠瘿碱合成酶基因，该基因在植物细胞中表达，能产生特异性氨基酸衍生物即冠瘿碱。根据发根农杆菌转化植物细胞合成冠瘿碱的差异，可将 Ri 质粒分为 3 种类型，即甘露碱型、黄瓜碱型和农杆碱型。一般来说，发根农杆菌的致根特性与其所带的 Ri 质粒类型有关。研究发现，带有农杆碱型 Ri 质粒的农杆菌比带有甘露碱型或黄瓜碱型 Ri 质粒有着更广泛的寄主范围。

4.2.3.2　Ri 质粒的结构和功能

Ri 质粒的环状基因按功能可分为 Vir、T-DNA 和 Ori3 个区，这 3 个功能区在农杆菌侵染植物过程中分工不同（图 4-9）。

①Vir 区：3 种类型 Ri 质粒的 Vir 区具有很高的保守性，并与 Ti 质粒的 Vir 区同源。该区基因不发生转移，但它对 T-DNA 接合转移起着十分重要的作用。这个区的缺失或突变会使发根农杆菌菌株丧失对植物的侵染能力。一般情况下，Vir 区上有 7 个基因群（A-G），除 *Vir*A 属于组成型表达外，其余均处于抑制状态。发根农杆菌感染寄主时，被损伤的植物细胞会合成特殊的小分子酚类化合物乙酰丁香酮等。此时其可以与 *Vir*A 基因的表达产物结合，诱导其他基因的活化，从而发生侵染反应。

②T-DNA 区：T-DNA 区的基因群含有致使发状根产生（包括生长素合成）的有关基因、冠瘿碱合成的有关基因以及某些抗性标记基因和特殊的酶切位点。

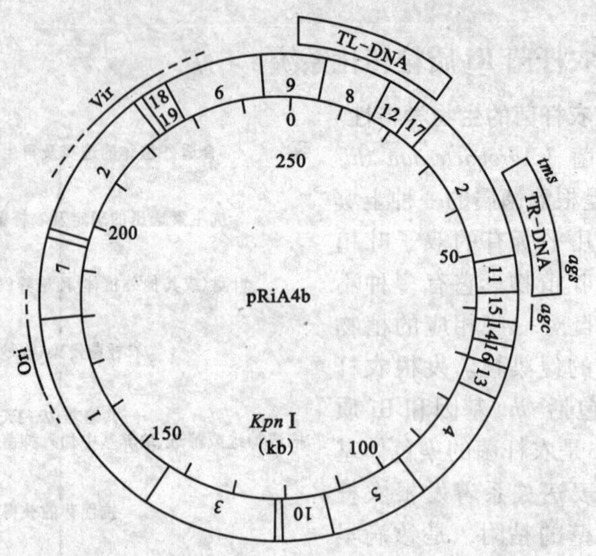

图4-9 农杆菌 Ri 质粒（pRiA4b）*Kpn* I 的酶切图谱

它在侵染过程中被转移到寄主的细胞中，并与细胞 DNA 整合，继而随寄主细胞中的 DNA 进行复制和表达。由于只有真核细胞中才有 T-DNA 区的基因群中某些基因（如生长素合成的有关基因、冠瘿碱合成的有关基因等）的功能启动子，因而这些基因只能在寄主真核细胞中才能转录与表达，在农杆菌中，它们是处于抑制状态的。

③Ori 区：具有在农杆菌中启动质粒 DNA 复制的功能。3 种 Ri 质粒 T-DNA 两端各有一段与 Ti 质粒 T-DNA 左右边界序列高度同源的 25 bp 重复序列，它们是切割 T-DNA 时的特异性酶切位点。但不同类型 Ri 质粒的 T-DNA 区并不相同，农杆碱型 Ri 质粒上的 T-DNA 是不连续的，可分为 TL-DNA 和 TR-DNA，两区之间存在有大约 15 kb 的非转移 DNA。TL-DNA 上存在与根的形态发生及再生植株某些形态特征有关的基因群 *rol* ABCD（coreDNA），其中 *rolB* 最为重要；TR-DNA 上带有编码农杆碱合成酶基因（*Ags*）和生长素合成酶基因（*Tms*21 和 *Tms*22），后者指导 IAA 的合成，因此转化产生的发根是激素自养型的。在转化过程中，TL-DNA、TR-DNA 可独自起作用，但在协同作用下，转化能力大大提高。甘露碱型和黄瓜碱型 Ri 质粒的 T-DNA 是连续的，其上不含生长素合成基因，与农杆碱型 Ri 质粒的 TR-DNA 没有明显的同源性，但具有与 TL-DNA 高度同源的片断。

4.2.3.3 Ri 质粒载体的构建

Ri 质粒的 T-DNA 上的基因不影响植株再生，野生型 Ri 质粒可直接作转化载体。因此，转化策略上与 Ti 质粒略有不同，但转化载体构建程序基本一致，包括：①中间载体构建；②中间表达载体构建，将目的基因导入 T-DNA；③Ri 质粒转化载体的构建，将中间载体导入发根农杆菌工程菌液，转化植物受体细胞诱导毛状根的产生。与 Ti 质粒转化载体的构建一样，Ri 质粒基因转化载体的构建也有两种策略，它们是共整合载体策略和双元载体策略。在此不再赘述。

4.2.3.4 Ri 质粒的转化机制和致病过程

农杆菌转化植物细胞是通过体内的一段 DNA 转移到被侵染的植物细胞而实现的。已有的研究表明，发根农杆菌的致病过程可概括为以下几个步骤。

①*Chv* 基因活化表达，植物受伤细胞产生酚类信号分子（酚类化合物、糖类等），这两种产物共同诱导发根农杆菌作趋化性运动，定向附着于植物受损细胞壁上。

②释放的酚类物质在 *Vir*A 基因产物的介导下活化 *Vir*G 蛋白，活化的 *Vir*G 蛋白以二体或多体的形式结合到其他 *Vir* 基因启动子的特定区域，从而激活其他 *Vir* 基因转录 T-DNA 切割、包装、转移所需的功能蛋白。

③活化的 *Vir* 基因群基因表达产生特异的限制性核酸内切酶，限制性核酸内切酶酶切呈环状的 T-DNA，获得的单链 T-DNA 被转移到植物细胞中与植物的基因组随机整合，Ri 质粒中移走的 T-DNA 区通过 DNA 复制而得到修复。

④插入的 T-DNA 基因在植物体中转录并翻译，使宿主植物产生病症（如产生毛状根等）。

4.2.3.5 发根农杆菌基因转化基本程序

发根农杆菌转化的方法有许多种，但转化的基本程序是相同的：①发根农杆菌的纯化培养；②被转化植物材料的预培养和切割；③菌株在植物外植体上的接种（直接接种法和外植体共感染接种法等）和共培养；④诱导毛根的分离和培养（除菌和增殖培养）；⑤转化体的确认和选择（选择培养）；⑥转化体毛状根植株的再生培养；⑦转化植株的检测（如采用点杂交、Southern blotting 杂交等方法）。

在发根农杆菌介导的转化实验中，作为受体植物的外植体通常有胚轴、子叶、子叶节、幼叶、肉质根、块茎、原生质体及未成熟胚等。此外，整体植株也可作为接种的外植体。

4.2.3.6 Ri 质粒基因转化的优点

与 Ti 质粒相比，Ri 质粒基因转化具有以下优点：①用 Ri 质粒作为基因载体时，不需要“解除武装”，并且转化产生的发根能够再生植株，即用野生型发根农杆菌感染植物可直接再生出完整植株；②由发根农杆菌转化植物产生的发根来源于同一个植物细胞，可以避免嵌合体的产生；③Ri 质粒不含 *Onc* 基因，对植株再生无影响，且再生植株的染色体很少发生畸变；④发根的无性系可以通过激素的自主性进行选择；⑤由发根农杆菌 Ri 质粒转化所产生的发根分化为正常植株的分化率高、倍性稳定、遗传稳定，并且容易建成一系列能够在不同植物细胞核染色体上插入一个 T-DNA 拷贝的株系；⑥Ti 质粒和 Ri 质粒可以配合使用，建立双元载体系统，拓展了两者在植物基因工程中的应用范围；⑦发根适于进行离体培养，而且很多植物的发根在离体培养条件下都表现出合成原植株次生代谢产物的能力。因此，Ri 质粒不仅可作为转化的优良载体，还可应用于有价值的次生代谢物的生产。

4.2.4 植物病毒载体介导基因转化

有效的植物基因转化载体必须具备两种功能：一是能作为媒介将外源基因导入到植物细胞中，并整合到宿主细胞的基因组DNA上；二是能提供被寄主细胞的复制和转录系统所识别的DNA序列，即启动子和复制子起始位点，以保证转化的外源基因能在植物细胞中复制和表达。

植物病毒是一类能够在感染的植物寄主细胞中被识别且可以进行复制和表达的“外来的”核酸类型。通过病毒感染可以使克隆的外源基因随着病毒基因组的复制而扩增。所以，病毒具有执行上述基因载体的两种功能，有希望被发展成为有价值的、可在植物细胞内复制和表达外源基因的克隆载体。根据植物病毒所含的核酸类型，植物病毒可分为两大类，即RNA病毒和DNA病毒。

在已鉴定的300余种植物病毒中，单链RNA病毒约占91%，双链RNA病毒、双链DNA病毒和单链DNA病毒各占3%左右。常见植物病毒种类及结构类型如表4-2所示。但并不是所有的植物病毒都能作为基因转化的载体。目前已开发成为植物基因克隆载体的病毒有3种不同的类型：单链RNA植物病毒、单链DNA植物病毒和双链DNA植物病毒。其中较为成熟的植物病毒载体是花椰菜花叶病毒（CaMV）和番茄金黄色花叶病毒（TGMV）。

表4-2 植物病毒种类及结构类型

遗传信息类型		植物病毒种类	大小（nm）	典型病毒
单链DNA		双联体病毒组	18～20成对	菜豆金黄色花叶病毒
双链DNA		花椰菜花叶病毒组	45～50	花椰菜花叶病毒
			（740～800）×15～18	黄瓜黄脉病毒
双链RNA		植物大肠孤病毒组	70	水稻丛矮病毒
			60～80	玉米粗缩病毒
单链RNA（负链）		弹状病毒组	230×66	莴苣坏死性黄化病毒
单链RNA（正链）	棒状	烟草花叶病毒组	30×15	烟草花叶病毒
		烟草脆裂病毒组	（180～215）×25	烟草脆裂病毒
		大麦病毒组	（100～150）×20	大麦条斑花叶病毒
	线状	马铃薯X病毒组	（470～580）×13	马铃薯X病毒
		石竹隐潜病毒组	（620～700）×13	石竹隐潜病毒
		马铃薯Y病毒组	（680～900）×11	马铃薯Y病毒
		线状病毒组	（600～2000）×12	甜菜黄化病毒
	球状	黄矮病毒组	25	大麦矮化病毒
		芜黄花叶病毒组		芜黄花叶病毒
		番茄丛矮病毒组		番茄丛矮病毒
		南方菜豆花叶病毒组	28～30	南方菜豆花叶病毒
		玉米褪绿矮化病毒组		玉米褪绿矮化病毒
		烟草坏死病毒组		烟草坏死病毒

注：引自王关林等，2002。

4.2.4.1 植物 DNA 病毒载体介导基因转化

(1) *花椰菜花叶病毒*

已知有许多种病毒的遗传物质是双链 DNA，但就植物病毒而言，仅有花椰菜花叶病毒组和黄瓜黄脉病毒组两组病毒的遗传物质是双链 DNA，尤以花椰菜花叶病毒（cauliflower morsaic virus，CaMV）最具代表。将外源 DNA 片段取代有关的致病性基因，重组分子在体外包装成有感染力的病毒颗粒，即可高效转染植物细胞原生质体，进而再生为整株植物。

①CaMV 的结构与特性：CaMV 可感染十字花科的许多植物，如花椰菜卷心菜、萝卜、油菜、拟南芥等，主要以蚜虫为传播媒介，至今尚未发现有任何一种花椰菜花叶病毒组的成员是能够感染豆科植物或单子叶植物。

CaMV 颗粒直径 5 mm，球形，由 44 kDa 磷酸化的衣壳蛋白包裹形成一个个独立的生命颗粒。而 CaMV 是一种直径为 50 nm 的植物双链 DNA 病毒。它像逆转录病毒一样，依靠逆转录酶完成自己的基因复制，但它却不把自身 DNA 序列整合到寄主染色体之内，而是以大约 1 000 条微染色体的形式聚集在寄主细胞核内。

②CaMV DNA 的复制：CaMV DNA 采取以下复制方式：含有缺口的病毒粒体 DNA 分子进入植物细胞，并向核移动，在核内缺口被封闭，从而产生一个超螺旋的分子；然后与寄主蛋白结合成为一种微染色体结构，在极微染色体内，CaMV 的（－）链 DNA 被寄主 RNA 聚合酶Ⅱ转录成 mRNA，即 35S RNA 转录体；它转移至细胞质后在反转录酶的作用下合成一个（－）链 DNA，接着以（－）链 DNA 为模板合成正链 DNA，最后翻译成为蛋白质。

总之，根据 CaMV DNA 基因组的结构特点及可以在植物细胞中由 RNA 聚合酶Ⅱ催化转录等一系列性质及其 DNA 可删除和插入的耐受性，表明 CaMV 是一种潜在的基因转化载体。

(2) *番茄金黄色花叶病毒*

番茄金黄色花叶病毒（tomato golden morsaic virus，TGMV）属单链 DNA 的双生病毒组病毒。成熟的 TGMV 呈双颗粒状，每一颗粒中各含一条不同的 DNA 单链。其中单链 DNA A，又称 TGMV A 组分，能单独在植物细胞中复制，并携带部分病毒包衣蛋白基因和复制基因；而单链 DNA B，又称 TGMV B 组分，则含有另一部分包衣编码基因和感染基因。只有 TGMV 两条 DNA 链同时存在于一个植物细胞，病毒才具有侵染性。双生病毒具有较广的宿主范围，是一种潜力很大的植物病毒载体。

利用 TGMV 病毒将外源基因转化到植物体内的基本过程如下：①从成熟的病毒颗粒中分离 TGMV A 组分，并在体外复制成双链形式；②以外源基因和标记基因（*NPT*Ⅱ）取代 TGMV A 组分 DNA 上的病毒外壳蛋白基因；③将上述重组分子克隆在含有 T-DNA 和根瘤农杆菌复制子的载体质粒上（位于 T-DNA 边界序列 LB 和 RB 之间），接着将所形成的重组质粒转化至含有 Vir 辅助质粒的根瘤农杆菌上；④将上述根瘤农杆菌注射到植物组织中（该植物的染色体上已含有

TGMV B组分），此时重组DNA分子在植物体内被包装成具有活力的病毒颗粒，这些病毒颗粒分泌后再感染其他细胞和组织，使外源基因迅速遍布整株植物。

4.2.4.2 植物RNA病毒载体介导基因转化

大约90%以上的植物病毒的遗传物质，都是具有感染性的正链RNA，即mRNA。利用RNA病毒作为基因载体的基本步骤是：①单链病毒RNA反转录成一条单链cDNA（ss cDNA）；②ssDNA在DNA合成酶的作用下合成双链cDNA（ds cDNA）；③将双链cDNA克隆到细菌质粒或Cosmide中，获得期望的重组质粒，即转移的外源基因插入到ds cDNA中；④把带有外源基因的ds cDNA转录成RNA再感染植物。

与传统的农杆菌T-DNA导入植物细胞核基因组不同，RNA病毒介导的外源基因并不整合到寄主核基因组上，而是随着病毒的入侵在寄主细胞体内增殖、表达。所以，在短时间内（接种1~2周）可以获得大量的表达产物（图4-10）。这种瞬时表达的机制，可以通过在寄主植物中的表现型特征，用来研究未知基因的功能与基因突变体分析；也可用作加工外源蛋白的场所，以生产珍稀的、常规方法不易得到的特殊蛋白。

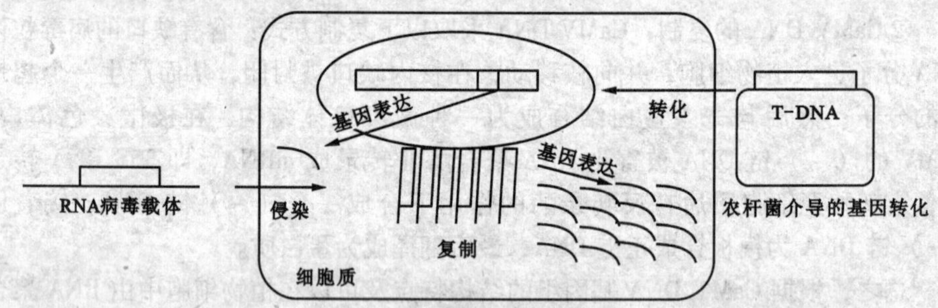

图4-10 农杆菌T-DNA与RNA病毒介导的转化比较

（邓晓东等，1999）

4.2.4.3 植物病毒载体系统的评价

与农杆菌Ti质粒载体相比，植物病毒表达载体系统具有以下几个方面的优点。

①病毒载体在寄主细胞中可反复复制，使外源基因高水平表达 伴随病毒的增殖，外源基因可高水平表达，甚至可达数克外源蛋白/每千克病叶的表达水平。

②病毒增殖速度快：外源基因在很短时间（通常在接种后1~2周）内可达最大量的积累。

③病毒基因组小，易进行遗传学操作：大多数植物病毒可以通过机械接种感染植物，适于大规模商业操作。

④宿主范围广：一些植物病毒可以侵染单子叶、豆科和多年生木本植物等农杆菌的非寄主植物，扩大基因工程的适用范围。

⑤易于纯化和保存，可显著降低下游生产成本：易提纯外源基因融合表达的重组病毒，通常重组病毒颗粒也很稳定，所以植物病毒是外源基因的瞬时高效表

达载体。

⑥可以产生系统感染。

尽管多种植物病毒已被尝试用于构建外源基因的表达载体，但成功构建并广泛应用的载体不多，这主要是因为病毒转化载体尚存在以下几方面的问题：

①稳定性问题：植物病毒载体的致命缺点是稳定性较差，常由于病毒基因的重组而导致外源基因丢失，所以外源基因不能遗传给子代植物（TGMV除外）。

②病毒基因组小，运载基因能力有限：因为置换载体插入外源基因的大小受被置换基因大小的限制，再者，插入载体表达的外源基因如果过大则可能导致表达困难或不能系统侵染。

③安全性问题：病毒是植物重要的病原物，大部分病毒具有较广的寄主范围。尽管部分病毒载体已被修饰，不能引起严重症状或被介体传播，但释放修饰和未修饰的病毒载体仍要严格管理。此外，已有研究表明，少数病毒载体可在转病毒基因植物中发生重组，这也提出了新的安全性问题。另外，还存在宿主范围较小和感染条件较苛刻等问题。

4.2.5 DNA直接转化系统

所谓DNA直接导入转化就是不依赖农杆菌载体或其他生物媒体，将特殊处理的裸露DNA直接导入植物细胞实现基因转化的技术，因此，也称为无载体DNA介导转化。常用的DNA直接转化技术可分为化学方法和物理方法两大类。

4.2.5.1 化学诱导DNA直接转化

在利用原生质体作为受体进行外源基因导入的研究中，已发现一些化合物有助于原生质体摄取外源DNA，包括PEG（聚乙二醇）、PLO（聚-L-鸟氨酸）、磷酸钙等。所以，化学诱导DNA直接转化是以原生质体为受体，借助于特定的化学物质诱导DNA直接导入植物细胞的方法。包括PEG介导法和脂质体介导法两种方法。

（1）PEG介导法

PEG即聚乙二醇，它是一种多聚化合物，具有一系列相对分子质量，以PEG 6 000最常用。PEG介导法是Davey等（1980）和Krens等（1982）建立的，是将原生质体悬浮于含有DNA的介质中，用分子量为1 000 ~ 8 000的PEG在pH值8.0 ~ 9.0下诱导原生质体摄取外源DNA，从而使细胞转化。其作用原理是PEG本身是细胞融合剂，可以使细胞膜之间或DNA与细胞膜之间形成分子桥，促使相互间的接触和粘连。PEG也可引起膜表面电荷的紊乱，干扰细胞间的识别而有利于细胞膜的融合和外源DNA进入原生质体。

该法的具体操作程序如下：

① Ti质粒DNA提取：从构建的农杆菌Ti质粒载体或中间载体中提取Ti质粒DNA。

② 原生质体分离：从新鲜的叶片或其他组织中分离原生质体。

③ 转化培养：将新制备的原生质体悬浮液与Ti质粒DNA一起保温培养，同

时加入相对分子质量为4 000～6 000的PEG，在pH值8.0～9.0下促进原生质体摄取DNA，从而使细胞转化。

④ 在转化培养的同时，加入运载DNA（鲑鱼精DNA或小牛胸腺DNA）促进转化。

⑤ 离心收集原生质体或用Ca^{2+}离子溶液使PEG逐步稀释。

⑥ 选择培养：将原生质体培养于选择培养基上，或先不加选择压力，按一般方法进行选择培养。

⑦ 当细胞团长到一定大小时，将细胞团转移至含选择压力的培养基中筛选转化细胞。

该法是植物遗传转化研究中较早建立的，也是应用较为广泛的转化系统。它具有操作简单，成本低且不受宿主范围限制的优点。但它一般只适用于原生质体的转化，转化效率常常只有$1 \times 10^{-6} \sim 2 \times 10^{-6}$。

(2) 脂质体介导法

脂质体介导法是近年来才建立的一种转化技术。其基本原理是：脂质体用脂类化学物质包裹DNA成球体，通过植物原生质体的吞噬或融合作用把内含物转入受体细胞。它是根据生物膜的结构功能特性合成人工膜，然后把DNA包裹在人工膜内。1990年，朱祯首次用脂质体把人的α-干扰素cDNA导入水稻原生质体，检测了干扰素在水稻细胞中的有效表达，且转化率提高到14%。其基本操作过程是：将脂质体与原生质体在适当的培养基中混合，加入PEG或PRA，再用高pH、高Ca^{2+}溶液漂洗，通过原生质体的吞噬或融合可将外源DNA导入受体细胞。

通常用作脂质体转化的受体主要是原生质体，而对于原生质体培养比较困难的植物来说，这种方法就受到了限制。脂质体也可以介导病毒RNA的转化，且具有较高的转化率。

4.2.5.2 物理法诱导DNA直接转化

物理转化法的原理是基于许多物理因素均可通过对细胞膜的影响，促进外源DNA分子进入细胞，或通过机械损伤后直接将外源DNA导入细胞。它主要包括电击法、超声波法、激光法、微针注射法、基因枪法等方法。

(1) 基因枪法

基因枪法（gene gun），又称微弹轰击法（microprojectile bombardment，particle gun，particle bombardment，biolistics），是目前导入外源基因最有效的方法之一。1987年Klein首次在洋葱上使用。其基本原理是：将DNA包被在微小的金粉或钨粉表面，在高压的作用下高速穿透受体细胞或组织，外源DNA随之导入细胞，整合并表达，从而实现基因的转化（图4-11）。基因枪法按动力系统可分为3种类型：火药式、气动式和高压放电式。

常用的基因枪法操作步骤如下：

① DNA微粒载体的制备：DNA微粒载体制备原理是$CaCl_2$对DNA的沉淀作用，亚精胺、PEG具有的粘附作用。将这些化合物与DNA混合后与钨粉或金粉

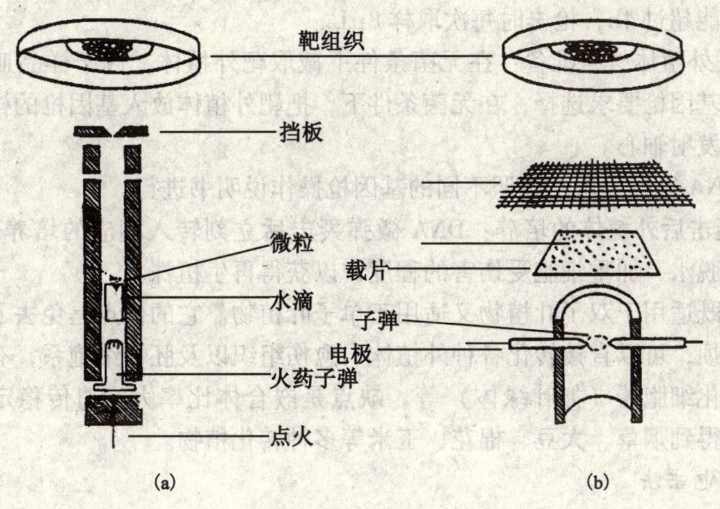

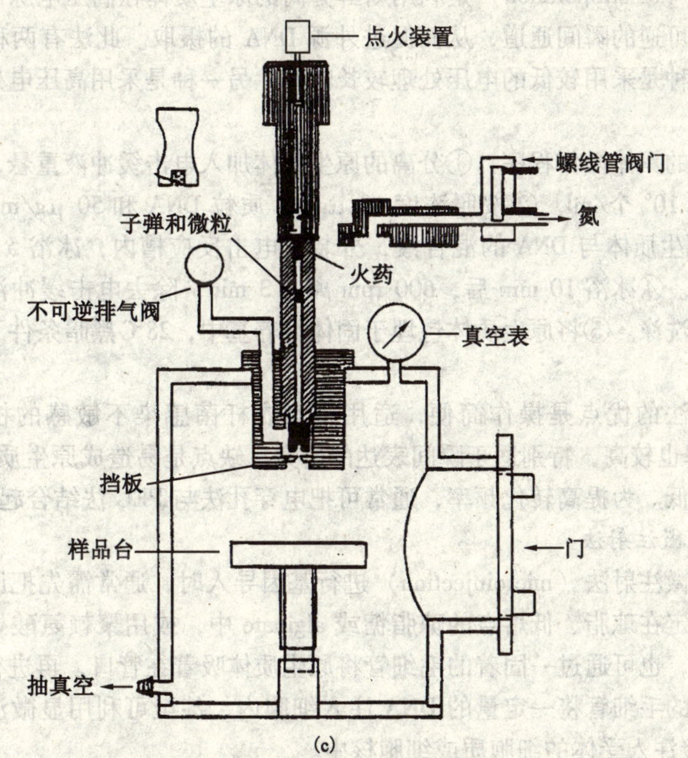

图 4-11 基因枪的原理（引自 Brtnard 等，1993）

（a）火药爆炸为加速动力 （b）高压气体为加速动力 （c）高压放电为加速动力

混合，吸干后，DNA 沉淀在载体颗粒上。

该过程在无菌条件下操作。首先要洗涤微粒体，微粒直径最好选择为细胞直径的 1/10，一般用无水乙醇进行洗涤。洗涤后的微粒体可密闭贮存于室温中，备用，但保存时间不要超过 1 周。制备好的 DNA 微粒载体，可在冰水中存放保存，但不能超过4h，枪击时每次取样8μL。

② 靶外植体材料准备：在无菌条件下截取靶外植体，放于样品皿中，外植体大小按基因枪要求选择；在无菌条件下，把靶外植体放入基因枪的样品室，并对准子弹发射轴心。

③ DNA微弹轰击：按照不同的基因枪操作说明书进行。

④ 轰击后外植体的培养：DNA微弹轰击后立刻转入相应的培养基中培养，避免材料脱水，加重细胞受伤害的程度，以获得再生植株。

该法既适用于双子叶植物又适用于单子叶植物。它的优点是免去了分离原生质体的麻烦，可以直接转化各种外植体、愈伤组织以及胚性细胞系，有证据表明它可以转化细胞器（如叶绿体）等。缺点是嵌合体比率大，遗传稳定性差。利用该法已得到烟草、大豆、棉花、玉米等多种转化植物。

(2) 电击法

电击法（electroporation）是利用新鲜分离的原生质体在高压电脉冲作用下在质膜上形成可逆的瞬间通道，从而促进外源DNA的摄取。此法有两种不同的处理方式，一种是采用较低的电压处理较长时间，另一种是采用高压电处理很短的时间。

该方法的具体操作程序：①分离的原生质体加入电击缓冲液重悬，终密度达$1\times10^6 \sim 2\times10^6$个/ml。②按照浓度10 μg/ml质粒DNA和50 μg/ml鲑鱼精子DNA制备原生质体与DNA的混合液，分装于电击反应槽内，冰浴5 min。③选择电击参数。④冰浴10 min后，600 rpm离心3 min，除去电击缓冲液，接着用液体培养基洗涤。⑤将原生质体包埋于固体培养基中，28℃黑暗条件下进行选择培养。

电穿孔法的优点是操作简便，适用于对农杆菌感染不敏感的植物，导入DNA的效率也较高，特别适于瞬间表达的研究；缺点是易造成原生质体的损伤，使转化率降低。为提高转化频率，通常可把电穿孔法与PEG法结合起来。

(3) 显微注射法

利用显微注射法（microinjection）进行基因导入时，通常需先把原生质或培养的细胞固定在琼脂、低熔点的琼脂糖或alginate中，或用聚赖氨酸处理附着在玻璃平板上，也可通过一固着的毛细管将原生质体吸着在管口，再进行操作，即通过一根细的毛细管将一定量的DNA注入细胞内，甚至可利用显微注射仪将外源DNA直接注入受体的细胞质或细胞核中。

此方法操作步骤是：①原生质体或细胞悬浮液的制备；②质粒DNA的提取；③原生质体或细胞的固定；④显微注射；⑤注射后的细胞放入培养皿中进行悬浮培养；⑥愈伤组织或细胞团转入固体培养基克隆培养。

微注射法的优点是转化效率高，在用线形DNA的一些试验中，转化效率高达60%以上；操作简便；可用光笔在电视屏上指点细胞发射激光；无需特殊的选择系统，并且没有农杆菌宿主范围的局限性。但其缺点也很明显，设备贵，转化率低于电激法和基因枪法，稳定性、安全性差，操作难度大，要求技术要熟练等。该方法已在烟草、油菜、苜蓿等植物原生质体转化中获得成功。

（4）超声波介导法

超声波介导法是指利用低声强脉冲超声波的物理作用，击穿细胞膜造成通道，使外源 DNA 进入细胞。贾士荣等于 1991 年发展了这种新的转化方法。该法有利于原生质体存活，是一种有潜力的转化途径。

该方法的转化频率较高。若在转化反应中加入 DMSO 或携带 DNA，则超声波转化频率还能提高。但该转化方法尚待更深入的研究，使之完善。

（5）激光微束介导法

激光微束介导法的基本原理是将激光引入光学显微镜，聚焦成微半级的微束照射培养细胞后，在细胞膜上形成能自我修复的小孔，使加入细胞培养基里的外源 DNA 流入细胞，实现基因的转移。该方法操作简便；基因转移效率高；无宿主限制，可适用于各种动植物；穿透力强，深度方向可作调整。但其转化较低，一般在 10^{-4} ~ 10^{-3}。

4.2.6 种质转化系统

种质转化系统（germ line transformation）是指借助于生物自身的种质细胞为媒体，特别是植物生殖系统的细胞（花粉、卵细胞、子房、幼胚等）以及细胞的结构来实现转化目的。它是一种在植株整体水平进行目的 DNA 导入的技术。这一技术成功的关键是受体间 DNA 分子的相容性。它包括花粉管通道法、浸泡法和胚束、子房注射法等。

4.2.6.1 花粉管通道法

花粉管通道法（pollen-tube pathway）是由周光宇等（1983）建立，并在长期科学研究中发展起来的利用花粉管通道导入外源 DNA 的技术。其主要原理是授粉后使外源 DNA 能沿着花粉管渗入，经过珠心通道进入胚囊，转化尚不具备正常细胞壁的卵、合子或早期胚胎细胞。这种方法可以应用于任何开花植物的转基因研究。

该方法的操作步骤：

①外源 DNA 制备。外源 DNA 有 3 种来源：一是植物材料；二是细菌中提取的质粒；三是农杆菌中提取的重组 Ti 质粒。

②分析受体植物受精过程及时间，确定导入外源 DNA 的时间及方法。

③导入受体植物。有 3 种方法：一是柱头涂抹法；二是柱头切除法；三是花粉粒吸入法。

④后代材料处理。

应用花粉管通道法进行转基因无需进行原生质体的诱导和转基因苗的再分化等组织培养过程，可在大田或温室中进行操作，程序简单，易于掌握。无宿主特异性，对单子叶和双子叶植物同样有效。由于花粉管通道法只将部分外源 DNA 片断导入受体细胞内，避免供体基因与受体基因组的全面重组，使转基因植株的遗传背景易于稳定，因而可以缩短育种过程。例如，筛选水稻和棉花遗传稳定品系只需3～4代即可。可以任意选择生产上的主栽品种进行外源基因的导入，达到目的基因的转移，由此保留了受体的优良形状而无需考虑体细胞变异等情况。通过全基因组转移可以将一些遗传背景差的品系所含的具有重大经济价值的基因进行转移，初步了解这些基因控制的性状，从而能为基因工程课题的选择打下基础。另外，这一技术也可以应用于重组分子的导入。

目前花粉管通道法仍存在许多问题，如这一技术只限于在开花时期才能应用；方法虽简单，但需要掌握遗传育种、分子生物学等基础知识才能判断外源DNA导入的结果和进行恰当的DNA供受体的组合，才能达到分子育种的目的。

4.2.6.2 生殖细胞浸泡法

生殖细胞浸泡法（germ cell imbibition transformation），也称种胚浸泡法，是将供试外植体如种子、胚、胚珠、子房、花粉粒、幼穗悬浮细胞培养物等直接浸泡在外源DNA溶液中，利用渗透作用把外源基因导入受体细胞并稳定地整合表达与遗传。该方法是1969年由德国人Hess在矮牵牛相关研究中建立起来的。

该方法的主要原理是利用植物细胞自身的物质运转系统将外源DNA直接导入受体细胞。其基本程序是：

①外源DNA制备。外源DNA有2种来源：植物总DNA和质粒DNA。

②种子消毒后，剥去外种皮或剥出幼胚（注意不要操作幼胚）；将剥离后的材料轻度消毒2次，然后浸于0.1×SSC缓冲溶液中，并加入20%的二甲基亚砜（DMSO）。

③加入外源DNA浸泡30 min。

④用无菌0.1×SSC缓冲溶液冲洗种子。

⑤将种子放在不含激素的固体培养基上培养。此外，也可把浸泡液（含外源DNA）注入到子房、胚株或包裹幼穗的颖壳内，达到转化目的。

由于生殖细胞浸泡法在分子生物学方面的证据不足，所以该方法目前只处于研究阶段。近年来又发展了浸泡转化法的技术，即真空浸泡渗入法。早在1993年Bechtold等曾采用真空渗入法成功地将T-DNA导入拟南芥。2004年，徐恒戬等利用真空渗入法获得的转*bar*基因及pinⅡ基因菜薹，进行了外源基因的遗传及表达情况分析。结果表明通过该方法获得的转基因植株，外源基因能够稳定遗传。

4.2.6.3 胚囊、子房注射法

胚囊、子房注射法最早始于动物卵细胞研究中。1990年美国学者通过该种方法获得了转基因鲤鱼。胚囊、子房注射法的基本原理是：使用显微注射仪把外源DNA溶液注入到子房或胚囊中，由于子房或胚囊中产生高的压力及卵细胞的吸收使外源DNA进入受精的卵细胞中，从而获得转基因植株。胚囊、子房注射法的操作程序是：

①外源DNA的制备（同花粉管通道法）。

②确定外源DNA注射的时间。通常在卵细胞受精后，到第1次细胞分裂前这一段时间。

③确定外源 DNA 注射的部位。可以注射在子房室内、胚囊和胎座中。

④注射外源 DNA。在受体植物授粉后一定时间，用自制的玻璃毛细针在膨大的子房上部先扎一小孔，再插入胚珠部位，用微量进样器注入 DNA 导入液，注入量约为 1μL/个，最后用标签标记。

⑤后代材料的筛选。

尽管胚囊、子房注射法的理论机理尚未完全清楚，但已进行了大量的实验，并取得可喜的研究进展。所以许多科学家认为，胚囊、子房注射法是一种简便可靠的转化途径，特别对于那些子房大、胚珠多的作物更为适宜。

4.2.7　植物基因转化系统的比较

上述 3 种植物基因转化系统类型在使用载体、转化原理、寄主范围和受体材料等各方面均有明显不同，具体分析结果见表 4-3。

表 4-3　常用植物基因转化方法特点的比较

评价条件	植物基因转化方法					
	农杆菌质粒载体转化法	PEG 介导法	电击法	显微注射法	基因枪法	花粉管通道法
体材料	完整细胞	原生质体	原生质体	原生质体	完整细胞	卵细胞
宿主范围	有	无	无	无	无	有性繁殖植物
组织培养条件	简单	复杂	复杂	复杂	简单	无
转基因植株转化率	$10^{-3}\sim10^{-1}$	$10^{-5}\sim10^{-3}$	$10^{-5}\sim10^{-3}$	$10^{-3}\sim10^{-2}$	$10^{-3}\sim10^{-1}$	$10^{-4}\sim10^{-1}$
操作复杂性	简单	较复杂	复杂	复杂	复杂	简单
单子叶植物的应用	少	可行	可行	可行	广泛	广泛

从表 4-3 可以看出，农杆菌质粒载体转化系统是双子叶植物最理想的转化方法，目前获得的转基因植物中大多数是采用此系统；但其最大缺点是对单子叶植物不敏感，所以限制了它的适用范围。PEG 介导法、电击法、显微注射法的优点是适用于各种植物，突破了单子叶植物基因转化的禁区。原生质体转化获得的再生植株无嵌合体发生，有利于生产中的应用，但原生质体培养比较困难，再生频率低，重复性差。基因枪法除具有上述直接转化系统的特点外，还克服了以原生质体为受体细胞的缺点，可适用于任何植物的材料；但该方法目前尚不成熟，外源 DNA 整合的机理尚不清晰。花粉管通道法是基因工程技术与常规杂交育种相结合的方法，其直接以花粉管通道为媒体，操作简单；但该方法的转化机制尚未清楚。

综上所述，在实际操作过程中，要根据实验的具体要求和各种转化系统的特点，选择最有效的方法，以达到最佳转化效果。

参考文献

曹冬梅，韩振海，许雪峰. 2003. 发根农杆菌 Ri 质粒研究进展 [J]. 中国生物工程杂志. 23 (2): 74－78.

曹雪松，李毅. 2004. 植物病毒载体的研究进展及其应用 [J]. 植物学通报，21 (6): 719－723.

邓晓东，费小雯，刘志昕，郑学勤. 1999. 植物 RNA 病毒载体构建策略 [J]. 生命科学研究，3 (1): 26－29.

杜旻，吴晓俊，王峥涛，胡之璧. 2005. 发根农杆菌 Ri 质粒及其在植物基因工程中的应用 [J]. 药物生物技术，12 (3): 193－196.

高俊山，林毅. 2003. 植物转基因技术和方法概述 [J]. 安徽农业科学，31 (5): 802－805.

顾红雅，瞿礼嘉，等. 1997. 植物基因工程与分子操作 [M]. 北京：北京大学出版社.

J. 萨姆布鲁克，等. 1998. 分子克隆实验指南 [M]. 第3版. 黄培堂，等译. 北京：科学出版社.

贾士荣. 1995. 农杆菌介导的植物遗传转化 [M]. 北京：农科院生物技术中心出版.

李集临，徐香玲，陈金山. 1993. 发根农杆菌 Ri 质粒及其应用 [J]. 生物工程进展，14 (2): 8.

柳展基. 2001. 禾本科作物基因枪介导遗传转化的研究进展 [J]. 沈阳农业大学学报，32 (6): 465－468.

刘琴，吴震，翁忙玲，李式军. 2002. 发根农杆菌 Ri 质粒及其在植物科学中的应用 [J]. 生物技术通报，(5): 21－25.

罗成科，彭正松，蒲利民. 2004. 发根农杆菌介导的药用植物遗传转化 [J]. 生物技术，14 (1): 58.

楼士林，杨盛昌，龙敏南，等. 2002. 基因工程 [M]. 北京：科学出版社.

卢雄斌，龚祖埙. 1998. 植物转基因方法及进展 [J]. 生命科学，10 (3): 125－131.

年洪娟，杨淑慎，张锡梅. 2002. 外源基因在植物病毒表达载体中表达策略的研究进展 [J]. 西北植物学报，22 (5): 1268－1274.

彭燕，崔晓峰，周雪平. 2002. 植物病毒-新型的外源基因表达载体 [J]. 浙江大学学报（农业与生命科学版），28 (4): 465－472.

宋经元，张荫麟，任春玲. 2000. 农杆菌介导的药用植物的转化 [J]. 中国中药杂志，25 (2): 73.

孙乃恩，等. 1990. 分子遗传学 [M]. 南京大学出版社.

唐克轩. 2005. 中草药生物技术 [M]. 上海：复旦大学出版社.

王关林，方宏筠. 2002. 植物基因工程 [M]. 第2版. 北京：科学出版社.

王关林，方宏筠. 1998. 植物基因工程 [M]. 北京：科学出版社.

王占斌，徐香玲，孙仲平，等. 2002. 发根农杆菌 Ri 质粒在药用植物生物工程中的应用[J]. 生物技术，12 (3): 43.

吴乃虎. 1998. 基因工程原理（上册）[M]. 北京：科学出版社.

夏英武，吴殿星，舒庆尧. 1994. 农杆菌 T-DNA 介导的植物转基因的分子机制 [J]. 生物学杂志，16 (5): 7.

徐恒戬，刘凡，王秀峰，赵泓，曹传增，罗晨. 2004. 真空渗入法 *pin* Ⅱ基因菜薹外源基因的遗传与表达［J］. 园艺学报，31（4）：511－513.

杨培龙，刘德虎. 2000. 植物病毒表达载体研究进展［J］. 生物工程进展，20（3）：43－48.

杨奇志，赵琦. 2003. 基因枪技术在农作物基因转化中的应用和进展［J］. 生物技术通报，（6）：36.

张惠展. 1999. 基因工程概论［M］. 上海：华东理工大学出版社.

张艳馥，刘伟华，姜静，等. 1997. Ri 质粒诱导的植物发根培养体系及其应用［J］. 生物技术，7（3）：4.

张毅，沈文辉. 1989. 植物基因工程的新载体——农杆菌 Ri 质粒［J］. 生物工程学报，5（3）：173－178.

张辉，于荣敏. 2000. 发根农杆菌 Ri 质粒及其在植物次生代谢产物研究中的应用［J］. 沈阳药科大学学报，17（4）：306.

朱正歌，孙宗修. 2001. 转座子标签法克隆水稻基因前景［J］. 中国水稻科学，15（1）：46－50.

Ackermann C. 1977. Pflanzen Aus Agrobacterium rhizogenes-tumoren annicobiana tabacum［J］. Plant Sci. Lett，8：23－30.

Angell S M，Baulcombe D C. 1999. Potato virus X amplicon-mediated silencing of gene expression［J］. Plant Journal，20：357－362.

A razi T，Slutsky S G，Shiboleth Y M，*et al.* 2001. Engineering zucchini yellow mosaic potyvirus as a nonpathogenic vector for expression of heterologous proteins in cucurbits［J］. J. Biotech，87：67－82.

Ayora-Talavera T，Chappell J，Lozoya-Gloria，*et al.* 2002. Overexpression in Catharanthus roseus hairy roots of a truncated hamster 3-hydroxy-3-methylglutaryl-CoA reductase gene［J］. Applied Biochemistry and Biotechnology，97（2）：135.

Azlan G J，Marziah M，Radzali M，*et al.* 2002. Establishment of Physalis minima hairy roots culture for the production of physalins［J］. Plant Cell，Tissue and Organ Culture，69：271.

Baulcombe D C. 1999. Viruses and gene silencing in plants［J］. Arch Virol Suppl，15：189－201.

Estelle V，Frederic D，Rajbirs S N，*et al.* 1997. Role of host cell cycle in the Agrobacterium-mediated genetic transformation of Petunia：evidence of an S-phase control mechanism for T-DNA transfer［J］. Planta，201：160－172.

Hughes E H，Hong S B，ShanksJ V，*et al.* 2002. Characterization of an inducible promoter system in Catharanthus roseus hairy roots［J］. Biotechnology Progress，18（6）：1183.

Ikeda mura S，Ikeda H，Ishikawa J，*et al.* 2001. Genome sequence of an industrial microorganism Streptomyces avermitilis：Deducing the ability of producing secondary metabolites［J］. PNAS，98（21）：12215－12220.

Ikeda H，Nonomiya T，Usami M，*et al.* 1999. Organization of the biosynthetic gene cluster for the polyketide anthelmintic macrolide avermectin in Streptomyces avermitilis［J］. PNAS，96：9509－9514.

Koehle A，Sommer S，Yazaki K，*et al.* 2002. High level expression of chorismate pyruvatelyase（ubic）and HMG-CoA reductase in hairy root cultures of Lithospermum erythrohizon［J］. Plant and Cell Physiology，43（8）：894.

Kumagai H，Kouchi H. 2003. Gene silencing by expression of hairpin RNA in Lotus japonicus roots and root nodules［J］. Molecular Plant-Microbe Interactions，16（8）：663.

Kumagai M H, Keller Y, Bouvier F, Clary D, Camara B. 1998. Fuchloroplasts by viral-derived expression of capsanthin-caps Nicotiana benthamiana [J]. Plant Journal, 14: 305 - 315.

Marusic C, Rizza P, Lattanz L. 2001. Chimeric plant virus particles as immunogens for inducing murine and human immune responses against human immunodeficiency virus type [J]. J. Virol., 75: 8434 - 8439.

Menzel G, Harloff H J, Jung C. 2003. Expression of bacterial poly (3-hydroxybutyrate) synthesis genes in hairy roots of sugar beet (Beta vulgaris L.) [J]. Applied Microbiology and Biotechnology, 60 (5): 571.

Olivier V, Susana R, Pere M, David B. 2003. An enhanced transient expression system in plants based on suppression of gene silencing by the p19 protein of tomato bushy stunt virus [J]. Plant Journal, 33: 949 - 956.

Palmer K E, Rybicki E P. 2001. Investigation of the potential of maize streak virus to act as an infectious gene vector in maize plants [J]. Arch Virol, 146: 1089 - 1104.

Preiszner J, VanToai TT, Huynh L, *et al.* 2001. Structure and activity of a soybean Adh promoter in transgenic hairy roots [J]. Plant Cell Reports, 20 (8): 763.

Thomas C L, Leh V, Lederer C, Maule A J. 2003. Turnip crinkle virus coat protein mediates suppression of RNA silencing in Nicotiana benthamiana [J]. Virology, 306: 33 - 41.

Waterhouse P M, Helliwell C A. 2003. Exploring plant genomes by RNA induced gene silencing [J]. Nat Rev Genet, 4: 29 - 38.

Xu Z Q, Jia J F. 1996. The reduction of chromosome number and the loss of regeneration ability during subculture of hairy root cultures of Onobrychis viciaefolia transformed by Agrobacterium rhizogenes A4 [J]. Plant Science, 120 (1): 107.

Zamore P D, Tuschl T, Sharp A, Bartel D P. 2000. RNAi: double-stranded RNA directs the ATP-depend- ent cleavage of mRNA at 21 to 23 nucleotide intervals [J]. Cell, 101: 25 - 33.

第5章 重组体的筛选与鉴定

目的基因与载体DNA正确连接的效率、重组子导入受体细胞的效率都不是百分之百的，因而最后生长繁殖出来的细胞并不都是带有目的基因的。一般一个载体只携带某一段外源DNA分子，一个受体细胞只接受一个重组DNA分子。在被转化的受体细胞中，除部分含有所期待的重组DNA分子外，还有一些是由于载体自身或外源DNA之间或一个载体与多个外源DNA片段形成的非期待重组DNA分子，而更多的是未发生连接反应的载体和目的DNA片段，使得最后培养出来的细胞群中只有一部分、甚至只有很小一部分是含有目的序列的重组体。因此，必须使用各种筛选与鉴定手段区分转化子与非转化子、重组子与非重组子，以及期望重组子与非期望重组子。所谓转化子就是导入外源DNA后能稳定存在的受体细胞，而含有重组DNA分子的转化子称为重组子，如果重组子中含有外源目的基因则又称为期望重组子或阳性克隆。

重组体的筛选与鉴定可以从不同的层次，利用不同的方法进行。例如，可以从DNA、RNA和蛋白质3个不同的水平来进行鉴定。同时，在构建载体、选择宿主细胞和设计分子克隆方案时都必须仔细考虑筛选和鉴定的问题。

5.1 遗传标记表型特征筛选法

5.1.1 根据载体表型特征进行初步筛选

所谓表型是指机体遗传组成与环境相互作用所产生的外观或其他特征。这里讲的供筛选用的表型特征来自两个方面：一方面是克隆载体提供的，这是主要的和应用最多的；另一方面是插入外源DNA序列所提供表型特征。

根据载体所提供的表型特征，选择重组DNA分子的遗传选择法，可适用于大量群体的筛选，因此，是一种比较简单而又十分有效的方法。在基因工程中使用的所有载体分子，至少都含有一个选择标记。最常见的载体携带的标志是抗药性标志，如Amp^r、Tet^r、Kan^r等。当培养基中含有相应的抗生素时，只有携带相应抗药性基因的载体细胞才能生存与繁殖，这就很容易将没有携带外源载体DNA的细胞筛选出来。如果外源目的基因是插入在载体的抗药性基因中而使该抗药性基因失活，相应的抗药性标志随之消失。根据这些载体所提供的遗传特征来对重组体DNA分子进行筛选，是基因工程操作技术常采用的筛选方法。这类筛选方法常见的有以下几种。

5.1.1.1 抗药性筛选法

抗药性筛选法实施的前提条件是载体DNA分子上携带有受体细胞敏感的抗

生素抗性基因，如 pBR322 质粒上的 *Amp*^{r}（含有一个 *Pst* I 限制性核酸内切酶的惟一识别位点）和 *Tet*^{r}（含有 *Bam*H I 和 *Sal* I 两种限制性核酸内切酶的单一识别位点）。如果外源 DNA 是插在 pBR322 的 *Bam*H I 位点上，则只需将转化扩增物涂布在含有 Amp 的固体平板上，理论上能长出的菌落便是转化子，而未被转化的野生菌株则不能生长。

值得注意的是，经过上述抗药性筛选的大量转化子中有可能既包括需要的重组子，也含有不需要的非重组子。为了进一步筛选出真正的重组子，可进一步利用质粒载体的双抗药性标记基因来进行再次筛选。例如，如果外源 DNA 片段在 *Bam*H I 位点重组，导致载体 DNA 的 *Tet*^{r} 基因插入灭活，选择的重组子具有 *Amp*^{r}*Tet*^{s} 的遗传表型，而非重组子则为 *Amp*^{r}*Tet*^{r} 的遗传表型。因此，先将转化菌株涂布在含有 Amp 的固体平板上，并将存活的 *Amp*^{r} 菌落原位影印到另一个含有 Tet 的琼脂平板上，凡是在 Amp 板上生长，而不能在 Tet 板上生长的菌落，就是所需要的真正的重组子。当然也可以在经转化扩增操作后的细菌悬浮液中，加入含有 Amp、Tet 和适量 D－环丝氨酸的培养基，继续培养一段时间后，具有 *Amp*^{s}*Tet*^{s} 的非转化子被 Amp 杀死；*Amp*^{r}*Tet*^{s} 型的重组子由于 Tet 的存在而停止生长，但不死亡；只有含空载质粒的 *Amp*^{r}*Tet*^{r} 型非重组转化子可以生长，但在生长过程中会被 D－环丝氨酸杀死。细菌培养物经离心去除培养基，用新鲜的不含任何抗生素的培养基洗涤菌体，悬浮稀释，涂布在只含有 Amp 的固体培养基上，长出的菌落便是 *Amp*^{r}*Tet*^{s} 的重组子。

然而，经过上述程序筛选出的菌落的抗药性表型未必都来自载体分子上标记基因表达的结果。相当多的受体菌基因组中存在着一些广谱抗药性基因，它们通常为抗生素诱导表达。另外，也存在载体自身由于酶切不完全或因单酶切的自我环化而重新连接的可能。因此，用抗药性筛选法选择出的重组子仍需做进一步的分子鉴定。

5.1.1.2 显色模型筛选法

目前使用的许多载体（如 pUC 系列质粒载体等）均含有一个大肠杆菌 DNA 的小片段，其中含有 *lac*Z 的调控序列以及氨基端 146 个氨基酸残基的编码序列，即 *lac*Z′。这个编码区中插入了一个多克隆位点，虽然使少数几个氨基酸插入到 β-半乳糖苷酶的氨基端，但它并没有破坏 *lac*Z 的阅读框架，其表达产物为无活性，可作受体。而许多大肠杆菌的受体细胞在其染色体 DNA 上含有 β-半乳糖苷酶羧基端的部分编码序列，由其产生的蛋白质也无酶活性，但可作供体。无论在胞内还是胞外，受体一旦与供体结合，便可恢复 β-半乳糖苷酸的活性，在诱导物 IPTG 存在下，将无色的 X-gal 底物水解成蓝色产物，这一现象称为 α-互补。然而，外源 DNA 片段插入到质粒多克隆位点后，几乎不可避免地导致产生无 α-互补能力的氨基端片段。因此，带重组质粒的细菌形成白色菌落，由此构成颜色选择模型（图 5-1）。这个模型大大简化了在这类载体中鉴定重组体的工作，仅仅通过目测就可轻而易举地筛选数千个菌落，挑选出可能带有重组体的菌落。

有些质粒在应用这一模型时，是不需要诱导物 IPTG。例如，pUC18/19 的标

记基因为 *lac*I′-*lac*OPZ′，其编码阻遏蛋白 I 的基因 *lac*I 是缺失的，因而不能在受体菌中合成具有操作子 *lac*O 结合活性的阻遏蛋白，*lac*Z′基因得以全程表达，筛选时只需在培养基中添加 X-gal 即可。

显色标记基因通常只用于筛选重组子，而转化子的选择则主要利用抗药性标记或营养缺陷型标记来进行筛选。

5.1.1.3 噬菌斑筛选法

以 λDNA 为载体的重组 DNA 分子（其大小必须在野生型 λDNA 长度的 78%～105%内）经体外包装后转染受体菌，转化子在固体培养基平板上被裂解而形成噬菌斑；而非转化子正常生长，很容易辨认。如果在重组过程中使用的是取代型 λ 载体，则噬菌斑中的 λ 噬菌体即为重组子。因为空载的 λDNA 分子不能被包装，在常规的转染实验中不会进入受体细胞而产生噬菌斑。若插入型 λ 载体，由于空载的 λDNA 大于包装下限，所以也能被包装成噬菌体颗粒而产生噬菌斑。此时筛选重组子必须启用载体上的标记基因，如 *lac*Z′等。当外源 DNA 片段插入到 *lac*Z′基因内时，重组噬菌斑无色透明，而非重组噬菌斑则呈蓝色。野生型 λ 噬菌体在携带 P2 原噬菌体的溶源菌中生长受到限制，这种表型称为 Spi^{+}（对 P2 的干扰敏感）。但是，缺少参与重组的两个基因（*red* 和 *gam*）的 λ 噬菌体只要带有 chi 位点，就可以在 P2 溶源菌（同时应为 rec^{+}）中长势良好，即呈 Spi^{-}（对 P2 的干扰不敏感）。λ2001、λDASH 和 EMBL 系列载体的填充片段内都带有 *red* 和 *gam* 基因，外源 DNA 将该片段置换后形成的重组体为 Spi^{-}表型，可以在大肠杆菌的 P2 溶源菌中有效地生长，并形成噬菌斑，与 Spi^{+} 表型区别开来。

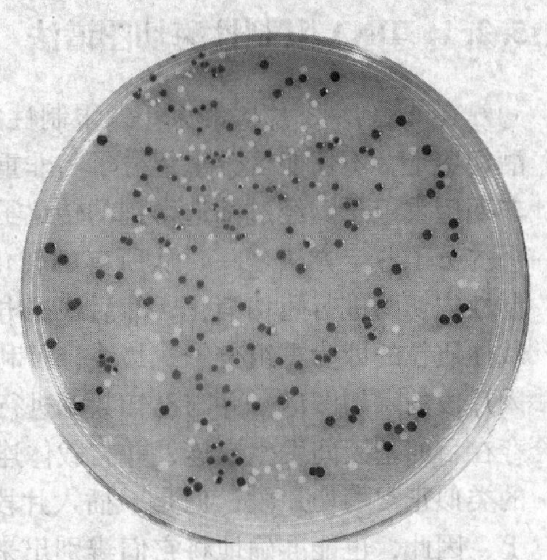

图 5-1 显色模型筛选法效果图

5.1.2 根据插入基因的遗传性状进行筛选

根据插入目的基因在受体细胞中表达产物的性质来筛选含有目的基因的重组子。例如，营养缺陷型筛选法，如果载体分子上携带有某些营养成分（如氨基酸或核苷酸等）的生物合成基因，而受体细胞因该基因突变不能合成这种生长所必需的营养物质，则两者构成了营养缺陷型的正选择系统。将待筛选的细菌培养物涂布在缺少该营养物质的合成培养基上，长出的菌落即为转化子。而重组子的筛选仍需第二个选择标记，并通过插入灭活的方式进行第二轮筛选。例如，当外源目的基因是合成亮氨酸的基因时，将该基因重组后转入缺少亮氨酸合成酶基因的菌株中，并在缺少亮氨酸的基本培养基上进行筛选，只有能利用表达产物亮氨酸的细菌才能生长。因此，获得的转化子都是重组子。

值得注意的是，营养缺陷性的筛选过程同样存在着受体细胞的回复突变问题，因而需要对获得的转化子做进一步的分子鉴定。

5.2 重组子结构特征筛选法

5.2.1 DNA限制性酶切图谱法

在外源DNA片段的大小及限制性酶切图谱已知的情况下，对重组分子进行酶切鉴定，不仅能区分重组分子与非重组分子，有时还能初步确定期望重组子与非期望重组子。经过筛选得到的转化子需做进一步的分子鉴定，酶切鉴定是最常用的分子鉴定方法之一。从所有的转化子中快速抽提质粒DNA，采用合适的限制性内切酶进行酶切消化，然后根据电泳图谱分析质粒分子的大小，分子量大于载体质粒的即为重组分子。最终，可利用载体上的已知酶切位点建立重组质粒插入片段的酶切图谱，并与已知数据进行比较，进而确定期望重组子。即使有可能存在目的基因间发生自连，并与载体连接而出现多聚体转化子，电泳图谱上出现的类似正常酶切片段，但是，插入片段的亮度往往会比正常的条带要亮1倍以上，因此，也能准确地将它们辨别出来。例如，一个长600 bp的目的序列利用它两端的*Eco*R Ⅰ和*Sal* Ⅰ酶切后的黏性末端连接插入pUC19的多克隆点，则重组质粒就增大为3.3 kb。提取转化细菌的质粒DNA，用*Eco*R Ⅰ和*Sal* Ⅰ双酶酶切后则会出现600 bp和~2.7 kb两条DNA谱带。如插入的目的序列中有其他限制性内切酶位点，也能在酶切电泳图谱上体现出来。这种方法可以进一步鉴定重组体是不是所期望的目的克隆。

值得注意的是，利用该方法所得产物进行凝胶电泳时，由于染料溴化乙锭分子是嵌合在DNA分子两条链之间的，待检测的DNA分子越长，染料分子结合得就越多，亮度也越大。对于等分子量的酶切片段而言，荧光亮度与DNA片段的大小有顺变关系，如果染料加量适中，甚至会呈线性关系。因此，在同一种质粒的酶切图谱中，如果发现小分子量条带的亮度比大分子量片段的亮度还要强，则可断定小分子量条带中含有两种或两种以上的DNA片段。需要特别注意的是，酶切反应不彻底时也会出现这种现象。

5.2.2 PCR筛选法（菌落PCR技术）

在载体DNA分子中，外源DNA插入位点的两侧序列多为固定已知的，如pMD18-T载体中多克隆位点两侧序列。利用能与插入基因片断两端互补的特异引物，以少量抽提的质粒DNA为模板进行PCR反应，能扩增出特异片断的转化子即为携带目的基因的重组子。这种筛选方法常称为菌落PCR技术，它不仅可用于分离和扩增目的基因片断，而且还可将PCR产物直接进行DNA序列测定。目前该方法已得到广泛应用。

5.2.3 核酸序列分析法

5.2.3.1 DNA 序列测定法

核酸序列测定法是重组体筛选与鉴定方法中最可靠、最直接的方法。原则上来说，所得到的目的序列或基因的克隆，都需要用其核酸序列测定法来进行最后的验证。已知序列的核酸克隆需要经序列测定来确认所获得的克隆序列准确无误；未知序列的核酸克隆同样需要测定序列才能确知其正确结构以推测其功能，便于进一步的分析与研究。因此，核酸序列测定是分子克隆中必不可少的鉴定步骤。DNA 序列测定，即核酸一级结构的测定，简称 DNA 测序，是在核酸的酶学和生物化学的基础上建立和发展起来的，它是现代分子生物学和基因工程分子操作技术中极其重要的技术之一。通过亚克隆法去除大片段无关的 DNA 区域后，对含有目的基因的 DNA 片段进行序列测定与分析，以便最终获得目的基因的编码序列和基因调控序列，精确界定基因的边界，这对于从分子水平上研究目的基因的表达及其功能具有十分重要的意义。

从理论上讲，早在 20 世纪 60 年代末期人们就已经掌握了 DNA 序列测定技术所需的基础知识。只是由于当时在某些技术应用能力和研究思路上存在的缺陷，许多科学家在研究思路上没有摆脱 RNA 或蛋白质序列分析法框框的束缚，阻碍了这门技术从理论转变为现实。60 年代中期，Sanger 终止了对蛋白质序列测定方法的研究，将注意力转向建立大片段 RNA 的简单测序方法上。为了使 DNA 核苷酸序列分析成为可能，著名华裔生物化学及分子生物学家吴瑞博士（Dr. Ray Wu）在 1968 年独创性地设计了一种崭新的引物延伸测序策略，发展出了测定 DNA 核苷酸序列的第一种方法，并于 1971 年首次成功地测定了 λ 噬菌体两个黏性末端的完整序列。F. Sanger 在他的引物延伸策略的基础上，于 1975 年首次设计了利用 DNA 聚合酶进行聚合反应的所谓加减法 DNA 测序程序，并利用这种技术很快测定了 X174 噬菌体 5 386 bp DNA 的全部序列。但这种方法测定的误差率较高，因而未得到广泛应用，但它却开辟了 DNA 测序的新思路。

1977 年，Maxam 和 Gilbert 创建了用化学降解法来测定 DNA 序列，其优点不仅快速可靠，而且对试剂的要求也较为简单。他们利用这种方法在不到 1 年的时间里确定了 pBR322 的全部 DNA 序列（4 362 bp）。同年，Sanger 再次建立起双脱氧末端终止法测定 DNA 序列技术。5 年后，在 Sanger 实验室进修的我国分子生物学家洪国藩将这项技术与 M13 DNA 克隆系统相结合，完成了噬菌体 DNA 全序列（48 502 bp）的测定，这是当时国际上已知的生物一级结构的最大基因组序列。根据双脱氧末端终止法的巧妙构思和原理，很快就设计出了世界上第一台全自动 DNA 序列分析仪。这台仪器可在 8h 内直接阅读出 2 000 bp 的 DNA 序列。作为分子生物学的一个崭新领域，不断得以补充和完善的 DNA 测序技术，以及相应的数据分析编辑系统已在现代生物基因组学研究中发挥越来越重要的作用。下面就现行的几种 DNA 测序方法及其在重组体筛选与鉴定上的应用做一简要概述。

（1）DNA 双脱氧终止法测序技术

DNA 双脱氧终止法测序技术，也称为引物合成法或酶催化引物合成法测序技术。它的基本原理是：在 DNA 的聚合过程中通过酶促反应的特异性终止进行测序，反应的终止依赖于特殊的反应底物 2′，3′-双脱氧核苷三磷酸（ddNTP）；它们与 DNA 聚合反应所需的底物——2′-脱氧核苷三磷酸（dNTP）结构相同，惟独在其 3′位是氢原子而非羟基（图 5-2）。在 DNA 聚合酶存在的情况下，ddNTP 同样能根据模板链的要求，与新生链的 3′端游离羟基形成磷酸二酯键。然而，一旦 ddNTP 掺入到 DNA 的新生链中，聚合反应即告终止。因此，该项技术的关键是利用在 DNA 的聚合过程中需要依赖特殊反应底物（ddNTP）的特异性来终止 DNA 的测序。

DNA 双脱氧终止法测序的基本过程如图 5-3 所示：①待测 DNA 分子用限制性内切酶切成 300～400 bp 的片段；②用琼脂糖凝胶分离纯化，获得单链 DNA；③同时选择一段与待测 DNA 单链互补的引物，并标记上放射性同位素；④在 4 个反应管中分别加入待测 DNA 模板链、引物分子、4 种 dNTP（其中有一种是带 ^{32}P 放射性标记的）和 DNA 聚合酶 I，另外还需在反应管中各加入一种适量的 ddNTP，使 DNA 链的合成随机终止于某一特定 ddNTP；⑤最后通过聚丙烯酰胺凝胶电泳和放射自显影即可从 X-胶片上直接读出待测 DNA 片段的序列。

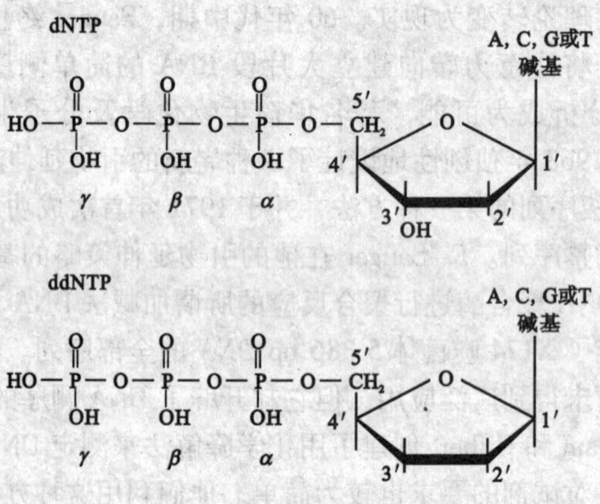

图 5-2 脱氧核苷三磷酸（dNTP）和双脱氧核苷三磷酸（ddNTP）的分子结构式

（引自朱玉贤等，2002）

末端终止测序法的操作关键是 ddNTP 与 dNTP 的用量比例，两者较为理想的分子比在 1∶3～1∶4 之间。过高或过低都会使新生 DNA 链终止在距离引物很近的核苷酸处或者在特定的核苷酸处不能终止，这是导致测序发生错误的直接原因。因此，通常采用两条 DNA 单链分别测序的方法，可以最大限度地保证测序结果的可靠性。另外，在末端终止法中，新生 DNA 链聚合反应是从引物 3′端定向进行的，因而待测 DNA 片段无须从载体上切下。事实上，载体的存在不但不影响测序的结果，反而有利于测序的进行。因为在实际操作中，引物往往不是与待测

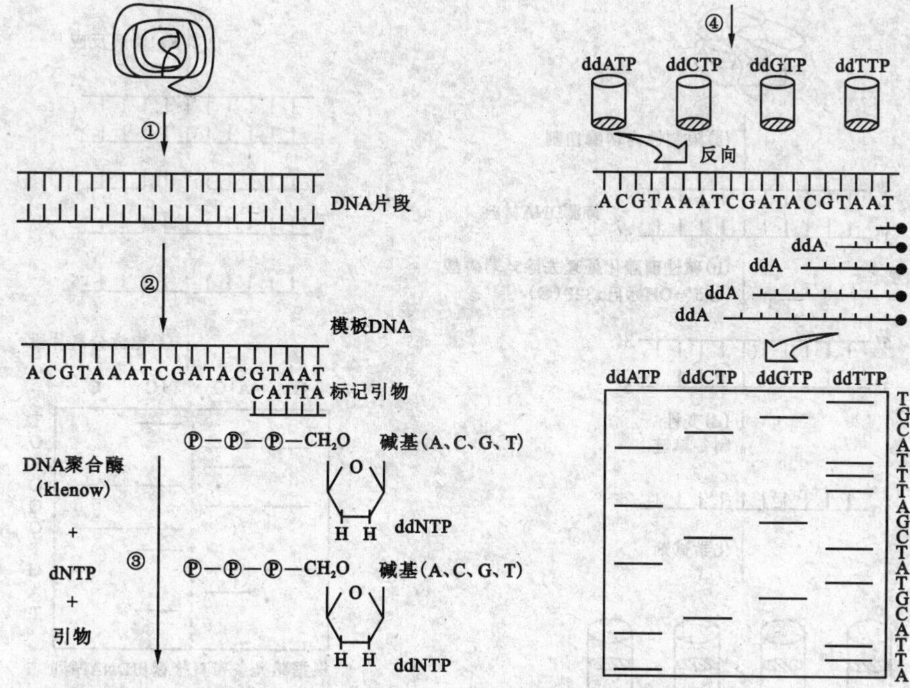

图 5-3 Sanger 双脱氧终止 DNA 序列分析法原理及过程

在每个反应试管中，都加入一种互不相同的 ddNTP 和全部 4 种 dNTP，其中有一种带有^{32}P 同位素标记。在 A 管中，由于 dATP 和 ddATP 的同时存在，两者均可能在模板链出现 T 的时候掺入到 DNA 新生链中。如果 dATP 掺入，则聚合反应继续进行下去，直到碰到模板链上的下一个 T；如果 ddATP 掺入，则聚合反应立即终止。由于模板 DNA 分子的大量存在，因此可以肯定 DNA 模板链上任何出现 T 的地方，均存在着相应的新生链部分聚合反应产物，它们由一系列以 A 为末端的不同长度的 DNA 片段组成。同理，在分别含有 ddCTP、ddGTP 和 ddTTP 的反应管 C、G 和 T 中，也相应地合成了 3 套分别以 C、G 和 T 为末端的不同长度的 DNA 片段。反应物通过聚丙烯酰胺凝胶电泳和放射自显影产生可见的谱带。谱带的判读是从胶的底部开始，逐渐读向顶部。所得出的核苷酸顺序，是同模板链 5′→3′方向的碱基顺序互补的。图中●号表示带有放射性同位素标记的核黄素苷酸

DNA 的 3′端互补，而是与紧邻待测 DNA 片段的载体 DNA 左右两个区域（即待测 DNA 片段的克隆位点两侧）互补，这样可以测定完整的 DNA 序列。

（2）DNA 的化学降解测序法

DNA 的化学降解测序法是由美国哈佛大学 A. M. Maxam 和 W. Gilbert 发明的，所以又称为 Maxam-Gilbert DNA 序列分析法。这种方法的实质是用化学方法特异性断裂末端带有放射性标记的 DNA 单链，然后电泳和放射自显影，分析断裂片段的大小，最终确定 DNA 序列（图 5-4）。

①待测模板 DNA 分子的制备：待测 DNA 分子用限制性内切酶切成 200 ~ 300 bp 的片段，先用碱性磷酸单酯酶除去其 5′端的磷酸基团，再用 T4-PNP 酶将^{32}P-磷酸基团标记在上述 DNA 片段的 5′端羟基上。

②化学降解待测模板：碱变性该双链 DNA 分子后，通过聚丙烯酰胺凝胶电

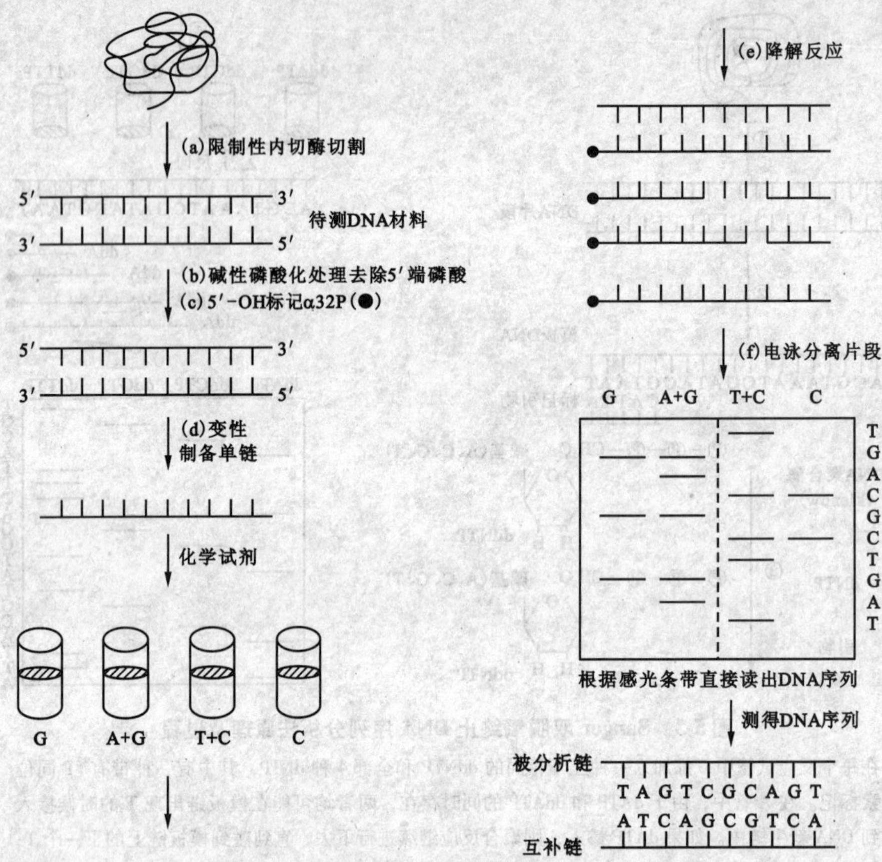

图5-4 Maxam-Gilbert 化学修饰 DNA 测序法原理及过程

由于在聚丙烯酰胺序列胶中，越小的片段迁移速度越快，因此，跑在所有带的最前面，亦即位于凝胶底部的带是单核苷酸分子A，第二条带是二核苷酸分子A-C，其余类推。如果在两个反应体系中出现相同的条带，例如，在G+A和G反应体系中存在相同的条带时，则表明该片段是在G处断开；同理，可以确定另两管中片段是否在T处断开。图中●号表示带有放射性同位素标记的核黄素苷酸

泳分开两条单链，回收其中一条单链分子，分装在4个反应管中，每管含有不同的特定化学试剂，只要严格控制反应条件，即可使各管中的DNA单链分子在特定的碱基位点发生部分降解并断裂。第一管中的反应试剂可特异性地断裂鸟嘌呤处的磷酸二酯键，而不完全反应条件又使该管中的单链DNA分子分别在不同的鸟嘌呤碱基上断裂。由于这些断裂位点的不完全性和随机性，造成单链DNA分子每个鸟嘌呤碱基处断裂，每个单链DNA分子断裂后至少形成两段，其中只有一段带有放射性同位素标记；第二管中的反应产物除了具有上述一系列片段外，还有一套在腺嘌呤碱基处断裂的片段；第三管产生两套分别在胸腺嘧啶和胞嘧啶处断开的片段；第四管的降解产物则是一系列在胞嘧啶处断裂的片段。

③待测模板DNA分子的序列分析：反应结束后，4管反应物分别点样进行电泳，然后进行放射自显影，从X-光胶片上直接读出DNA序列。

上述4管中的单链DNA分子虽然断裂在不同的位点上，但其化学反应的基本原理是一致的。首先碱基经过特殊修饰，并从核糖上释放或被其他分子取代，这个结果导致DNA磷酸二酯键的断裂。在DNA化学降解测序法中，专门用来对核苷酸作化学修饰，并打开核苷酸碱基环的化学试剂有硫酸二甲酯和肼。

a. 硫酸二甲酯（dimethylsulphate）：它是一种碱性的化学试剂，在中性条件下，能使单链DNA上鸟嘌呤的第七位氮原子甲基化，甲基化的嘌呤环可被呱啶取代，这种结构在碱性条件下极不稳定，导致磷酸二酯键断裂。腺嘌呤在这种条件下也具有相类似的反应，所不同的是，它是使第三位氮原子甲基化。若在反应体系中加入六氢吡啶，再通过控制反应温度和时间，可以做到选择性地断裂鸟嘌呤所处的位点。

b. 肼（hydrazine）：又叫联氨，在碱性条件下，单链DNA经肼处理后，胸腺嘧啶和胞嘧啶环断开，并被呱啶取代，形成新的5原子环。如果反应系统中含有1 mol/L浓度的盐，则盐能抑制肼与胸腺嘧啶之间的反应。因此，只能选择性切割胞嘧啶，并导致该处的磷酸二酯键断裂。

化学降解测序法不仅适于单链DNA，也适于双链DNA，但其末端（5′端或3′端）必须带有放射性标记的^{32}P-磷酸基团。所以，在进行碱基特异的化学切割反应之前，需先对待测定的DNA片段作末端标记。化学降解测序法主要用于研究DNA的一级和二级结构、DNA甲基化位点测序和DNA－蛋白质相互作用等方面。

（3）DNA大片段测序策略

上述两种DNA测序方法都是建立在通过聚丙烯酰胺凝胶电泳分离不同大小的DNA片段基础上的，因此，一次测序能直接读出的DNA序列长度受到凝胶分离效果的限制。所以，DNA大片段的大规模测序需要开发新的技术策略，而大规模DNA序列测定的关键是如何获取连续的小片段序列。目前，获得连续小片段序列的测序策略主要有定向测序策略（directed strategies）、随机测序策略（random methods）和多路测序策略或称复合测序法（multiplex sequencing）。

①定向测序策略：定向测序策略是从一个大片段DNA序列的一端开始，按顺序进行序列分析。传统的方法是用高分辨率限制酶切图谱确定小片段的排列顺序，然后将小片段亚克隆插入合适的克隆载体并进行序列分析。最近，又发展出了3种定向测序方法：

a. 引物引导的步行测序：初始一轮的DNA测序是通过载体特异性通用引物的酶法进行的，接下来重复测序反应的引物是由上一轮测序反应所获得的DNA片段末端序列确定的，这样通过“引物引导步行”（primer-directed walking）便可进行大规模测序［图5-5（a）］。

b. 缺失片段法测序：克隆的DNA片段在末端特异性外切酶作用下，经过不同时间处理，可产生具有共同末端的不同长度的DNA片段。于是，通过带有通用引物的缺失末端对这些克隆进行测序［图5-5（b）］。

c. 转座子插入法测序：从同源DNA克隆中获得一批含有随机插入转座子的

克隆，然后根据转座子间片段长度进行分离并测序。这种转座子序列可为酶解测序提供公用的引物位点序列，这样用一对共同引物就能完成所有序列分析［图5-5（c）］。

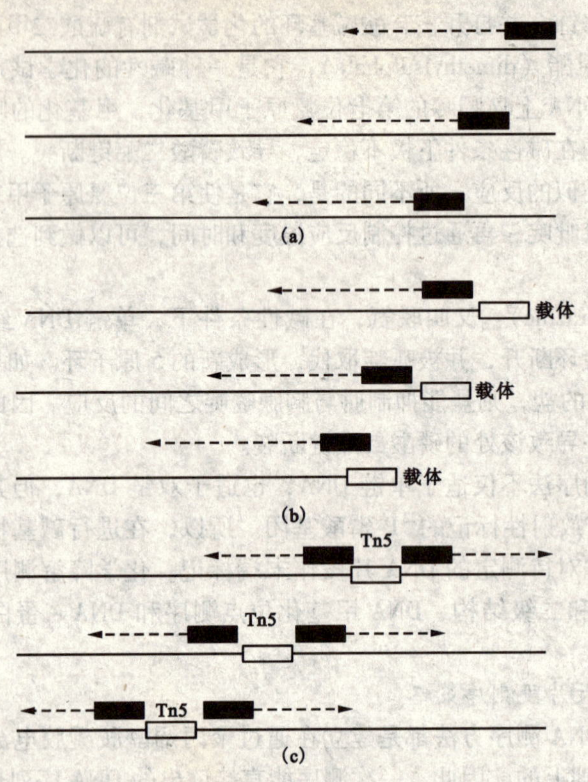

图 5-5 定向测序战略

（a）步行测序 （b）缺失片段法测序 （c）转座子插入法测序

定向测序策略的缺陷是次级克隆甚为耗时，测序后的数据处理和分析工作量大，易造成序列重复测定和丢失某些序列，且待测 DNA 片段上不具分布均匀的合适酶切位点的情况相当多。因此，该策略成功实施的关键是高度自动化的 DNA 测序技术的建立和发展。

②引物走读策略：引物走读策略的原理如图 5-6 所示，是将待测 DNA 片段克隆在质粒载体上，利用引物走读延伸，从 DNA 片段的一端开始逐步进行序列测定，直至延伸至另一端为止。为了避免引物与 DNA 模板的错配，使用的引物至少应有 24 碱基的长度，此外引物本身不能具有互补结构。这种方法的优越性是显而易见的，它克服了分段克隆策略的盲目性，并省去多次次级克隆操作，也不需要对待测 DNA 片段进行 DNase I 处理，而且每次阅读的长度根据放射性自显影的效果可长可短，缺点是需要多种引物的化学合成。如果实验室装备有 DNA 合成仪，采取这种方法测序则是最理想的选择。

③多路测序战略：多路测序战略是鸟枪法的一种发展策略，是通过多个随机克隆同时进行电泳及阅读，快速分析 DNA 序列的一种技术。这种方法的复合随

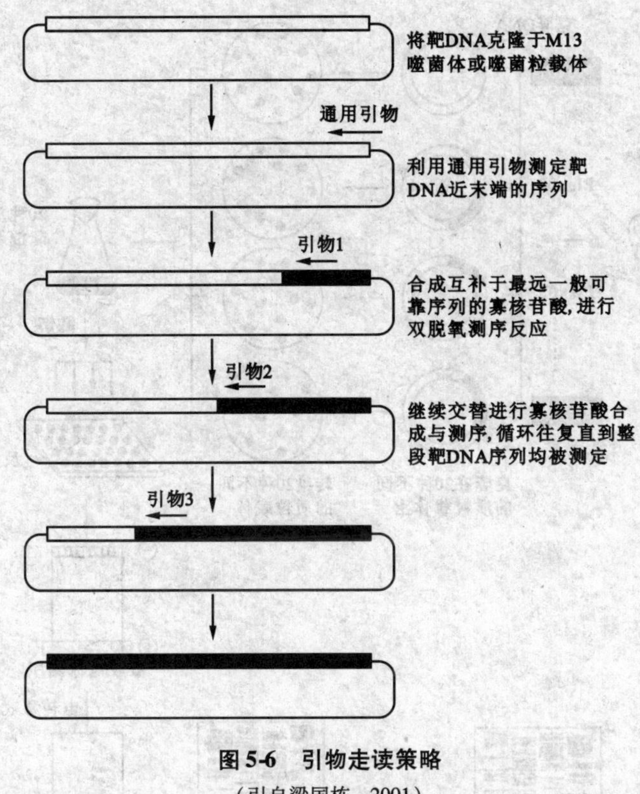

图5-6 引物走读策略

（引自梁国栋，2001）

机克隆文库来源于相同的基因组DNA。多路测序战略的主要步骤是：①将DNA片段克隆到20种不同的质粒载体上，再亚克隆进不同的质粒载体；②将来源20个亚克隆库的克隆进行重组培养，这20种测序质粒的惟一区别是在多克隆位点与引物互补区之间装有一小段（约50 bp）不同的标记序列；③每20种含有不同测序质粒的重组克隆进行混合培养，并从细菌培养物中分离纯化其重组质粒的混合物；④按常规方法进行测序反应。

反应结束后，将测序产物在4个相邻的变性凝胶泳道中分离，这样可同时形成多套电泳带，被分离的电泳转到尼龙膜上，经紫外线交联固定。由于薄膜上的所有DNA条带均含有20种不同标记序列中的一种序列，因此，以20种与标记序列互补的DNA片段为探针，逐一杂交薄膜，每轮杂交可以测出来自6个不同克隆的DNA片段的序列，它们均克隆在同一种质粒上，因而与同一种探针具有互补区域。第一轮读出后，洗去杂交探针，然后用另一种探针进行第二轮杂交和阅读，循环洗涤，如此重复，最终在一张膜上进行20轮杂交，获得大量的DNA序列信息（图5-7）。

（4）DNA测序技术的发展

DNA测序的经典方法是化学裂解法和酶解法。但凝胶电泳一次测序反应只能读出几百到1 000个碱基的片段长度，所以大规模测序需要开发新的技术策略。DNA测序实现规模化的重要条件是自动化和机械化。目前，DNA制备、克

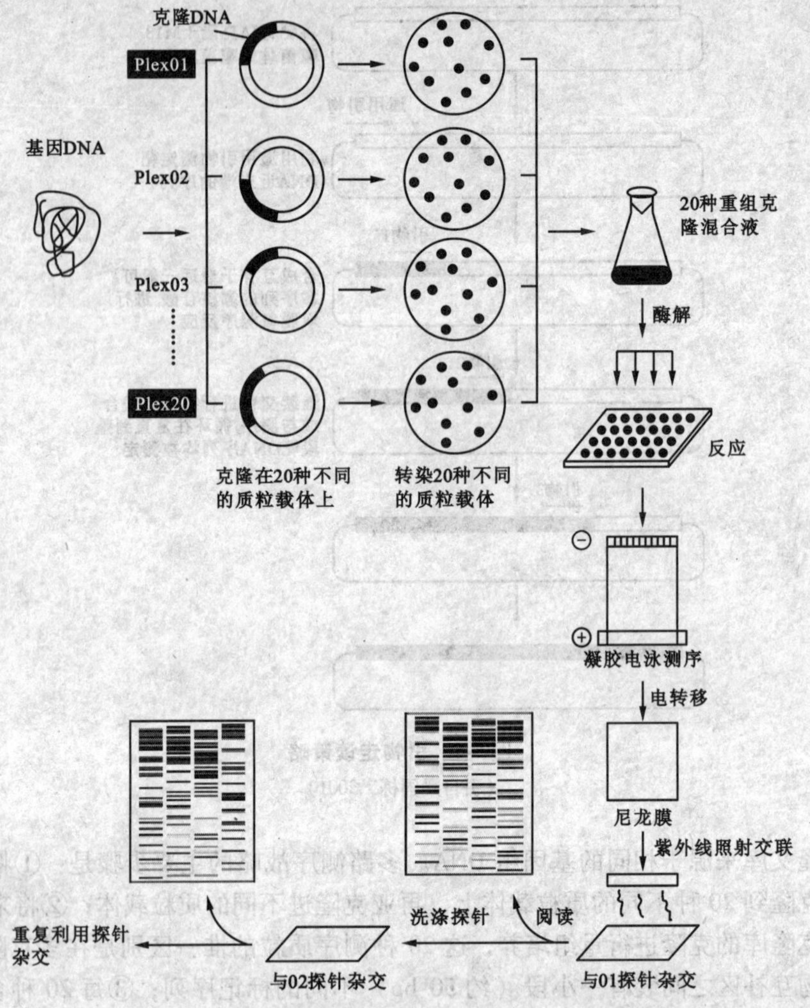

图5-7 多路测序战略示意

隆文库的组建及筛选、DNA 测序分析、数据的分析、碱基序列阅读、重叠克隆群顺序排定等过程均已平行发展，自动化操作紧随其后。随着 DNA 测序不断由半自动化向自动化过渡，原始数据积累将不成问题，关键是把全基因的散测序组装起来，以实现 DNA 测序的完整性，因此，建立一套新的 DNA 高速测序方法势在必行。这就要求必须对现有技术进行改进，主要包括：①在自动测序仪内增加每块胶上的脉道数；②改进软件分析系统，提高对增加泳道和延长 DNA 片段初始荧光数据的分析能力；③采用新型凝胶电泳技术，提高条带的分辨率，扩展单反应数据范围；④改进光学检测系统，开发新型荧光标记，提高检测的灵敏度，降低对模板数量及质量的要求；⑤采用自动加样系统，提高加样质量和速度。

在上述基础上，目前已有种类繁多的 DNA 测序方法得以应用，主要包括 DNA 全自动序列分析系统、质谱法、杂交测序法、单分子测序法、扫描隧道显微镜、超薄水平凝胶电泳技术、毛细管电泳法、芯片技术和 PCR 技术等。

目前在实验室中使用或者正在发展的DNA高速测序技术有以下几种：

①DNA全自动序列分析系统：DNA全自动序列分析系统（ALF System）是由DNA聚合反应终止试剂盒、凝胶电泳检测装置以及序列分析处理工作站组成（图5-8）。试剂盒中包括Sanger双脱氧末端终止测序法所必需的所有试剂，如用于M13或pUC载体克隆片段测序的荧光标记的统一引物、Klenow酶或*Taq* DNA聚合酶等。DNA全自动序列分析系统的工作过程是：由激光发射器产生的激光束，通过精密的光学系统后被导向凝胶表面的检测区，在此，激光束垂直射向凝胶，同经过检测孔的DNA片段发生作用，并提供能量激发荧光发色基团发射出具特异性波长的荧光。这些荧光通过聚焦透镜集中后传给滤光镜/棱镜组件，以便将4种碱基产生的不同标记波长区别开来。经成像透镜最后由高灵敏度的（CCD）相机分段收集信号，传送给计算机分析处理。这种自动阅读系统具有较高的分辨率和灵敏度，从一块凝胶板上一次可以读出400~600个碱基序列，在提高测序速度的同时，也相应减少了工作强度。

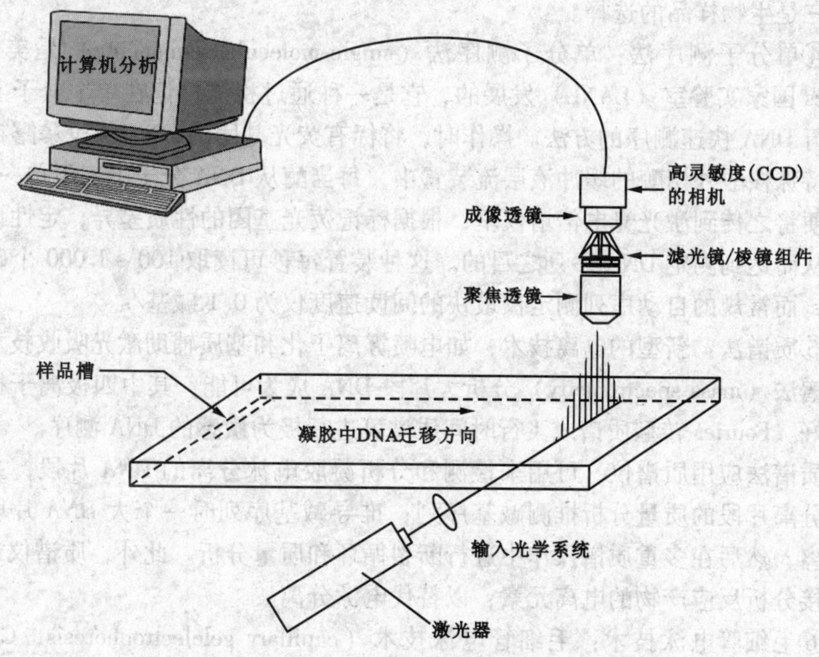

图5-8 高速自动DNA测序仪的结构及工作原理

②超薄水平凝胶电泳技术：1990年，Swerdlow H首次采用超薄水平凝胶电泳技术（horiazontal ultrathin gel electrophosis，HUGE）进行DNA测序研究。该技术是在单一超薄凝胶平板上放入多道平行样品，在超高压电场作用下，通过HUGE检测系统进行测序。该系统超薄凝胶厚度为10 艴（原来为800 艴）。电泳时间由原来的10 h降至2 h，一次性阅读由原来的500 bp上升至1 000 bp或更多，总的效果是测序速度提高到8 000 bp/h以上。同时，减少了次级克隆的工作量和重叠区域的重复测序，总的测序速度至少提高2倍以上。

HUGE 可用于自动化 DNA 测序。该系统含有激光器、可见光收集器和 CCD 探头，并与电脑直接连接。系统工作时，首先是激光器发出的光从侧面照射到凝胶层上，同时激发所有的电泳通道，穿过 DNA 迁移带，反射到聚光透镜上；然后再通过滤波器或棱镜装置折射到成像透镜，通过 CCD 探头把光谱信息传递给电脑并进行数据储存分析。

③扫描隧道显微镜测序技术：扫描隧道显微镜测序技术（scanning tunneling microscope，STM）是由 IBM 瑞士苏黎世研究所的科学家发明的，是一种用来直接观察单分子、单原子结构的技术。最近有人将其应用于阅读 DNA 序列。这种显微镜可以分辨 DNA 单链骨架上的嘌呤环和嘧啶环。首先它将固定在一个平面上的单链 DNA 分子依次拍成三维结构照片，供电脑识别其潜在的分子差异，并做记录。平面以一定的速度移动，不同区域的 DNA 单链结构便连续不断地被扫描、分析、识别和记录，这样便有可能直接从 DNA 单链上读取碱基序列。影响隧道电流形成的因素：一是针尖和样品表面的电压差；二是针尖与样品间的距离；三是生物样品的选择。

④单分子测序法：单分子测序法（single-molecule sequencing）是美国 Los Alames 国家实验室（LANL）发展的，它是一种通过检测标记在单个分子上的荧光进行 DNA 快速测序的方法。操作时，将标有荧光基团的 DNA 片段暴露在一种含有特殊核酸外切酶的缓冲液层流装置中，每当酶从 DNA 分子上切下单一碱基，层流便将之传到激光光电倍增仪里，根据标记荧光基团的性质差异，定性识别碱基，从而达到测定 DNA 序列之目的。这种装置每秒可读取 100 ~ 1 000 个碱基的序列，而常规的自动序列测定仪最快的阅读速度仅为 0. 1 碱基/s。

⑤质谱法：新型的电离技术，如电喷雾离子化和基质辅助激光吸收技术使利用质谱法（mass spectrometry）分析大片段 DNA 成为可能，其中四极离子捕获效果更好。Fourier 转型质谱或飞行时间质谱可进行极为敏感的 DNA 测序。

质谱法应用质谱仪，可用来检测和分析凝胶电泳分离的 DNA 片段，主要是通过分离片段的质量分析推测碱基序列；推导碱基序列时一个大 DNA 片段可先被电离，然后在多重质谱操作中进行断裂循环和质量分析。此外，质谱仪还可用来直接分析反应产物的电离元素，以替代电泳分离。

⑥毛细管电泳技术：毛细管电泳技术（capillary gelelectrophoresis，CE）是 Luckey 等（1992 年）在聚丙烯酰胺平板电泳的基础上发展起来的新技术。它具有分辨率高、重现性好、灵敏度高、快速和易于实现自动化等优点，对微量样品分析具有较大的优势。随着与激光诱导荧光检测器的结合使用，极大地提高了分析的灵敏度。

毛细管电泳采用直径为 100 ~ 500 艴的毛细管充填聚丙烯酰胺，在高压电场下进行 DNA 分离和测序。这种方法不仅样品用量少，而且可驱散高压电场的热量，比传统的电泳测序速度提高 26 倍。把共聚焦显微镜与光电管结合应用于毛细管阵列，大大提高 DNA 测序容量，但目前该技术还处于实验阶段（图 5-9）。

CE 技术除用于 DNA 测序外，还可用于 DNA 点突变检测。同时，随着 CE 技

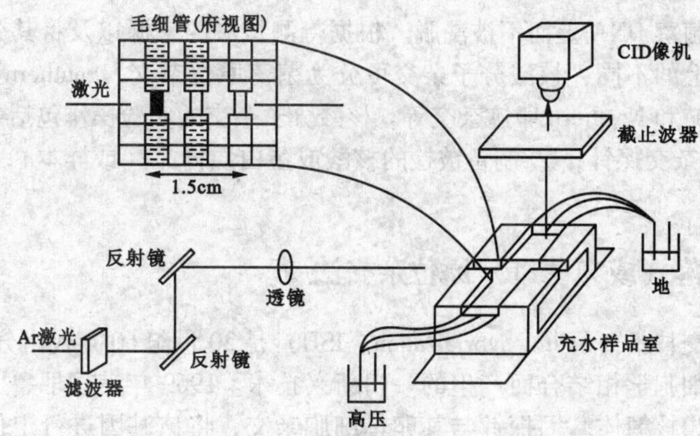

图 5-9 应用毛细管阵列进行电泳的 DNA 测序装置示意图

术的自动样品采集、制备、微柱快速数据分析处理等环节自动化程度的不断提高，DNA 点突变的 CE 检测在临床研究中将发挥重要作用。

⑦杂交测序法：杂交测序法（sequencing by hybridization，SBH）是一种创新性的 DNA 测序技术。其基本原理是采用一系列特定长度的所有可能的寡核苷酸与未知 DNA 靶序列进行杂交，记录下最适的杂交片段，然后组装便可获得未知片段的碱基序列。其主要特点是：此法是非凝胶测序，无需酶和复杂的化学过程；可作为一种传统测序的补充手段，对其他方法获得的序列进行检验；适用于快速查找碱基突变或证实其他方法获得碱基顺序的可靠性，可将已知序列的基因与克隆的基因序列进行比较；在寡核苷酸作为反应物平行固化到芯片上时，此法能提供大量的测序数据，并可在大规模自动化测序过程中降低冗余度（基因芯片）。由于它具有适于自动化的特点，因此具有很大的发展潜力。但由于这一方法对计算机程度要求很高，并且难于区分最适杂交与少数碱基错配的杂交，所以在单独使用这种方法时，需要加强对杂交反应的控制。

5.3 核酸分子杂交检测法

在许多情况下，期望重组子与非期望重组子之间无法用遗传学方法区分。通过分子杂交则能从成千上万个重组子中迅速检测出期望重组子，但前提条件是必须拥有与目的基因某一区域同源的探针序列。由此可以根据核酸杂交原理，通过探针序列特异性地杂交目的基因，利用放射性或非放射性标记基团来进行定位检测。

利用标记的核酸做探针与转化细胞的 DNA 进行分子杂交，可以直接筛选和鉴定目的序列克隆。其基本原理是：具有互补的特定核苷酸序列的单链 DNA 或 RNA 分子混合在一起时，其特定的同源区将会退火形成双链的结构。具体做法是：将转化后生长的菌落复印到硝酸纤维膜上，用碱裂解菌落，菌落释放的 DNA 就被吸附在膜上，再与标记的核酸探针温育杂交，核酸探针就结合在含有目的序列的菌落 DNA 上而不被洗脱。根据待测核酸的来源以及将其分子结合到固体支持物上的不同，核酸分子杂交可分为菌落原位杂交、Southern 印迹杂交、斑点印迹杂交和 Northern 印迹杂交等。核酸分子杂交的实验操作包括 3 方面的内容：① 制备杂交探针；② 制备被检的核酸或蛋白质样品（或样本）；③ 印迹及杂交。

5.3.1 菌落（或噬菌斑）原位杂交法

原位杂交技术（*in situ* hybridization，ISH）是 20 世纪 60 年代由分子生物学、组织化学及细胞学相结合而产生的一门新兴技术。1969 年美国耶鲁大学的 Gall 等首先用爪蟾核糖体基因探针与其卵母细胞杂交，将该基因进行定位；与此同时，Buongiorno-Nardelli 和 Amaldi 等（1970）相继利用同位素标记核酸探针，进行细胞或组织的基因定位，从而创造了原位杂交技术。它是一种核酸分子杂交技术与组织学定位相结合的 DNA 分子标记技术，即利用标记的 DNA 探针与染色体上的 DNA 杂交，以检测细胞中特定基因在染色体上的位置、活性和表达。因这种杂交是待测 DNA 分子位置不变而进行的杂交，所以称之为“原位杂交”。它具有特异性强、灵敏度高、定位准确等特点。原位杂交法有菌落（或噬菌斑）原位杂交（图 5-10）和真核细胞原位杂交两种。具体操作详见本书下篇。

菌落或噬菌斑原位杂交在实际操作过程中的缺陷是：阳性杂交斑呈圆形，它

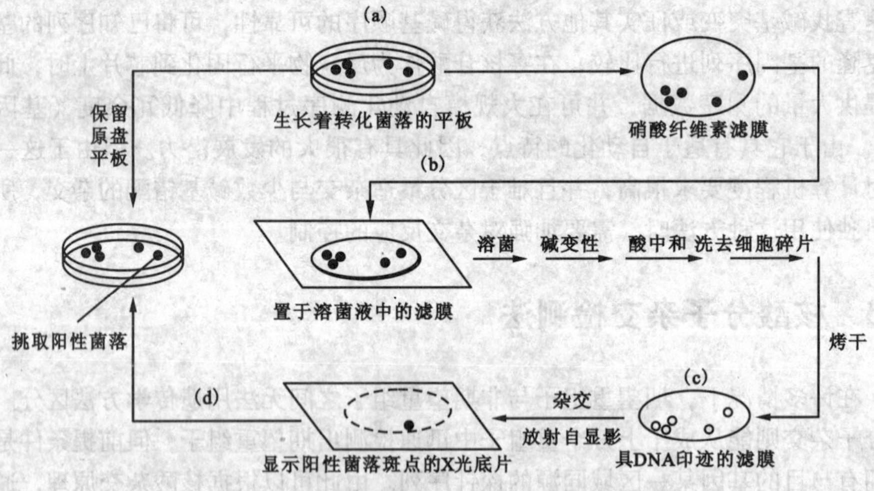

图 5-10 检测重组体克隆的菌落杂交技术

（引自吴乃虎，1998）

（a）将硝酸纤维素滤膜铺放在生长着转化菌落的平板表面，使其中的质粒 DNA 转移到滤膜上 （b）取出滤膜，作溶菌、碱变性、酸中和等处理后，置 80℃下烤干 （c）带有 DNA 印迹的滤膜同 ^{32}P 标记的适当探针杂交，以检测带有重组质粒（含有被研究的 DNA 插入片段）的阳性菌落 （d）将放射自显影的 X 光底片同保留下来的原菌落平板对照，从中挑出阳性菌落作进一步的分析研究

与放射性本底很难区分，造成众多的假阳性杂交斑，这在所使用的探针与检测对象同源性较低时尤为严重。为了克服上述困难，可将待筛选的克隆每 8 ~ 12 个一组涂在同一块平板上，37℃培养过夜后洗下菌体，用沸水浴法快速抽提混合质粒，以合适的酶使之线性化，并进行琼脂糖凝胶电泳分离。将硝酸纤维素薄膜覆盖在凝胶板上转移 DNA，然后依照菌落原位杂交程序制备杂交膜并进行杂交反应。获得杂交阳性带后，从对应平板上的单个克隆菌中逐一抽提质粒，再进行一轮小规模的杂交即可筛选出期望重组子。该方法使杂交信号由菌落原位杂交程序中的一个圆点放大到一条带，因而可方便地与杂交本底相区别。

5.3.2 Southern 印迹杂交

Southern 印迹杂交（Southern blot）是由 E. Southern 于 1975 年建立并使用的。它是根据毛细管作用的原理，使在电泳凝胶中分离的 DNA 片段转移并结合在适当的滤膜上，然后通过与已标记的单链 DNA 或 RNA 探针的杂交作用，检测这些被转移的 DNA 片段。Southern 印迹杂交是研究 DNA 图谱的基本技术，在遗传病诊断、DNA 图谱分析及 PCR 产物分析等方面有重要价值。Southern 印迹杂交的基本过程是：将 DNA 样品用限制性内切酶消化后，经琼脂糖凝胶电泳分离各酶解片段；然后经碱变性，Tris 缓冲液中和，高盐条件下利用毛吸管作用将 DNA 从凝胶中转移至硝酸纤维素膜上，烘干固定后即可用于分子杂交。凝胶中 DNA 片段的相对位置在 DNA 片段转移到滤膜的过程中继续保持着，附着在滤膜上的 DNA 与 ^{32}P 标记的探针杂交，利用放射自显影技术确立探针互补的每一条 DNA 谱带的位置，从而可以确定在众多消化产物中含某一特定序列的 DNA 片段的位置和大小（图 5-11）。具体操作详见本书下篇，在此仅简要介绍琼脂糖凝胶电泳和印迹转移过程。

（1）琼脂糖凝胶电泳

利用琼脂糖凝胶电泳可以很容易地将植物总 DNA 限制酶消解片段（0.3 ~ 25 kb）分离开，分离大分子 DNA 片段（800 ~ 12 000 bp）用低浓度琼脂糖（0.7%）；分离小分子片段（500 ~ 1 000 bp）用高浓度琼脂糖（1.0%）；300 ~ 5 000 bp 的片段则用 1.3% 的琼脂糖凝胶。根据分离样品品质，分离速度和分辨率要求的不同，可选用不同规格的电泳槽。电泳时，同时将分子量标记物加到旁边孔中，便于确定样品 DNA 的分子量。20V 恒压电泳过夜，电泳完毕，将胶浸到含 0.5 μg/mL EB 的 TBE（或 TAE）缓冲液中染色 30 min，也可将 EB 直接加到电泳缓冲液中或在灌胶前加入胶片中，在紫外光的照射下，琼脂糖凝胶电泳中 DNA 的条带便呈现橘黄色的荧光，高速一次成像（图 5-11）。

（2）印迹转移

① 将胶片切成合适大小，切去右上角作为记号。

② 将胶片放进盛有变性缓冲液（1.5 mol/L NaCl，0.5 mol/L NaOH）的盘中轻晃 15 min；再换到中和缓冲液（1 mol/L Tris - HCl，pH 值 8.0，0.15 mol/L NaOH）的盘中轻晃 30 min。

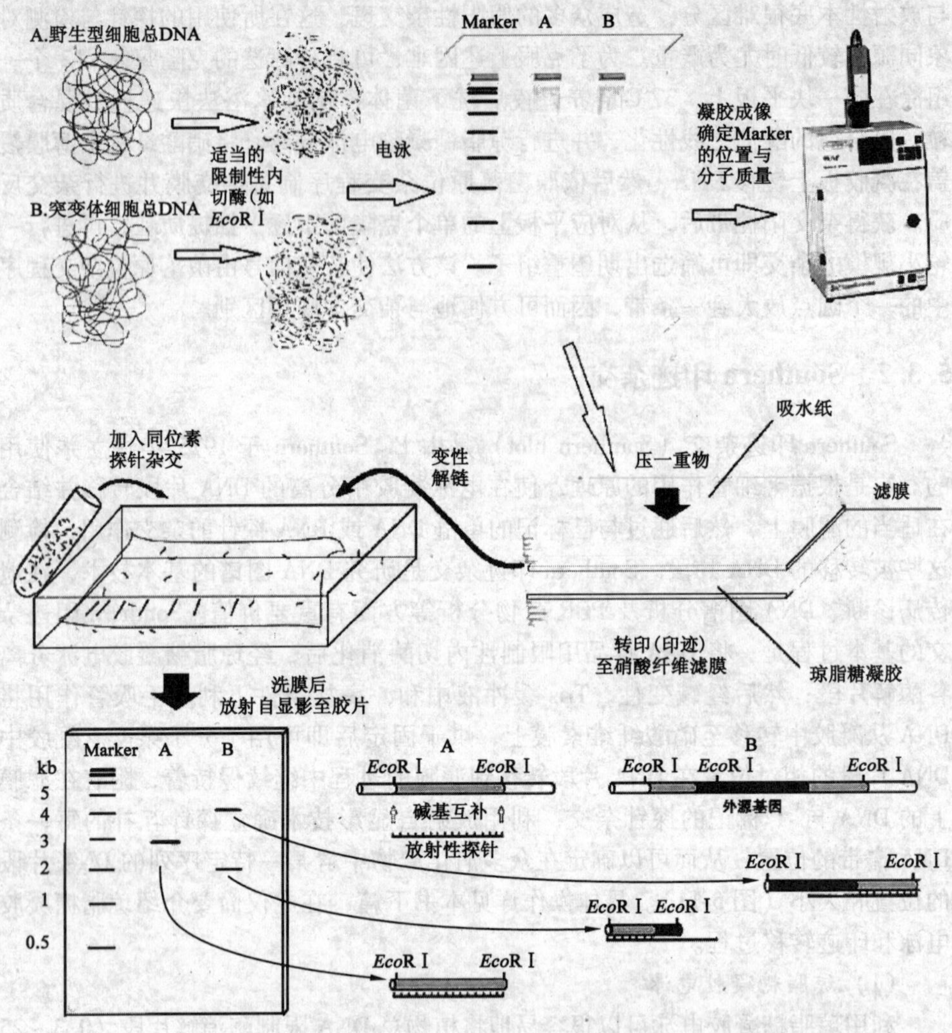

图 5-11 Southern 印迹杂交法示意

③ 裁一张硝酸纤维素膜、2 ~4 张 3 mm 滤纸和吸水纸（可用卫生纸），大小与胶的大小相同。先将硝酸纤维素膜浸到水中，再放入 10 × SSC 缓冲液。注意接触胶和硝酸纤维素膜时都要戴手套操作。

④ 平盘上平放一块平板，上面铺一张 3 mm 大小的滤纸，起灯芯作用，盘中加入少量 10 × SSC 缓冲液（2. 5 cm 厚），不能没过平板，使 3 mm 滤纸充分饱和，接着将胶倒扣在 3 mm 滤纸上。

⑤ 浸湿的硝酸纤维素膜在胶上，对齐。铺膜时从一边逐渐放下，防止产生气泡，有气泡时，可用吸管赶出。注意膜不能与胶直接接触。

⑥ 膜上放一张 3 mm 滤纸，不能与胶接触；再在上面加吸水纸及重物(500 g左右)。

⑦ 通过滤纸的灯芯作用，平盘中的缓冲液就会通过胶上移，从而将 DNA 吸

印到膜上，及时更换浸湿的吸水纸，在室温下转印过夜。

⑧ 清除膜上面的东西，用镊子将膜小心从平板上取出，在 6 × SSC 中洗一下，然后让其自然干燥，再于 80℃ 真空烘烤 2 h 使 DNA 固定。

⑨ 这样的膜就可进行杂交，或室温密封保存。

虽然通过各种预处理方法可以提高 DNA 片段的转移效率，但传统的 Southern 印迹杂交法的转移效率仍不高，尤其是对于大分子的 DNA 片段。近年来发展了一些新的转移方法，如电转移法和真空转移法等，大大提高了转移效率，而且操作简单、耗时短，应用越来越广。

5.3.3 Northern 印迹杂交

Northern 印迹杂交（Northern blot）是一种将 RNA 分子变性及电泳分离后，从琼脂糖凝胶中转印到硝酸纤维素膜上进行核酸杂交的方法。RNA 印迹技术正好与 DNA 印迹技术相对应，故被称为 Northern 印迹杂交。与此原理相似的蛋白质印迹技术，则被称为 Western 印迹杂交。RNA 印迹技术用于检测特定基因的转录水平及强弱程度，以及在基因工程中检测目的基因的转录情况，而且也广泛用于功能基因调控的研究。

Northern 印迹杂交的 RNA 印迹程序中除总 RNA 或 mRNA 变性凝胶电泳分离外，其他步骤与 Southern 印迹杂交的 DNA 印迹方法相同。下面仅介绍两者不同之处。

①Northern 印迹杂交在进样前，用甲基氢氧化银、乙二醛或甲醛使 RNA 变性，而不是用 NaOH，防止 NaOH 水解 RNA 的 2′-羟基基团。

②RNA 的变性利于在转印过程中与硝酸纤维素膜结合，它同样可在高盐中进行转印，但在烘烤前与膜结合得并不牢固，所以在转印后需用低盐缓冲液洗脱，否则 RNA 会被洗脱出来。

③在电泳胶中不能加 EB，因为它会影响 RNA 与硝酸纤维素膜的结合。为测定片段大小，可在同一块胶上加分子量标记物一同电泳，之后将标记物切下、上色、照相，样品胶则进行 Northern 转印。标记物胶上色的方法宜在暗室中进行，将其浸在含 5 μg/mL EB 的 0.1 mol/L 醋酸铵中 10 min，胶在水中就可脱色，然后在紫外光下高速成像。RNA 胶要尽可能少接触紫外光，若接触太多或在白炽灯下暴露过久，会使 RNA 杂交信号降低。

④琼脂糖凝胶中分离功能完整的 mRNA 时，常用甲醛作为变性剂。因为甲醛能与 RNA 的碱基结合，形成具有一定稳定性的复合物，阻止碱基配对。同时甲醛对蛋白质分子中的亲核基团如 ε-胺基、胍基、巯基等具有一定反应性，可使酶分子失活。

⑤转移完毕取下固相膜后，不要像 Southern 印迹杂交那样先漂洗再进行固定，而应立即在室温条件下使膜干燥。80℃ 真空烘烤 2 h 以上，使 DNA 固定，经固定结合在膜上的 RNA 不再对 RNase 敏感。

⑥由于变性剂的存在会干扰杂交灵敏度，所以在固定之后要去除变性剂后再

杂交，这样可极大提高杂交灵敏性，使RNA条带的检出量降至1 pg左右。变性剂去除方法：真空干燥后的膜放入20 mmol/L pH值8.0 Tris·HCl缓冲溶液或NH_4Ac中，95℃，浸泡5～10 min，可使与RNA结合的甲醛或乙二醛脱下而RNA很少损失。

需要注意的是，所有操作均应避免RNase的污染。

5.3.4 探针的制备

探针的长度以及与目的基因之间的序列同源性是杂交实验成败的关键。尽管有时探针只有20个碱基或更小，但一般来说，最佳的探针长度范围为100～1 000 bp；另外，探针本身不能含有大面积的互补序列，否则会直接影响探针与DNA靶序列的杂交。探针的获取有下列几种方法。

(1) 目的基因的同源序列

目的基因的同源序列是指与目的基因的部分序列完全互补的核酸探针，长度约为19～24个核苷酸。它主要是用于从cDNA或基因组DNA文库中筛选含有目的序列的克隆子，以及通过核酸杂交等技术来鉴定或检测特定的基因序列。例如，利用现有的目的基因片段为探针，筛选含有完整目的基因的重组子；或者利用某一DNA片段为探针，寻找与其连锁在一起的上下游DNA序列，这是染色体走读法和染色体跳跃法的基本策略。有时还可以用一种生物（甚至是同一属）的某个基因作为探针，去筛选另一种生物或同一属的相同或相似基因，而且两个基因的同源性越高，成功的可能性就越大。一般来说，探针与目的基因的同源性大于80%，就能通过杂交较为顺利地找到靶序列。

(2) cDNA

如果实验室中拥有目的基因的mRNA，则可通过逆转录酶将其反转录成单链cDNA。将这些cDNA片段进行示踪标记后即可作为探针使用，以cDNA为探针无论在长度，还是在同源性上都是较为理想的。它可分为总cDNA探针和特异性cDNA探针，前者一般用于对应于高丰度的mRNA的cDNA克隆的筛选，后者一般用于低丰度的。

(3) 人工合成

在既无目的基因的同源DNA序列又无mRNA的条件下，如果知道目的基因的蛋白质编码产物的至少6个氨基酸连续序列，则可根据遗传密码表将这一短小氨基酸序列演绎为相应的基因编码序列，然后按此序列人工合成单链探针。然而，这种方法有时并不那么简单，因为密码子具有简并性。在图5-12所给的例子中，半胱氨酸（Cys）、天冬氨酸（Asp）和谷氨酸（Glu）各有两个简并密码子，为了保证所合成的探针序列必须严格地与目的基因的cDNA序列互补，而不会与其他无关的cDNA序列互补，必须合成8种不同序列的17聚体。这些同聚体的密码简并程度最低，并且其中必有一种序列与目的基因的相应序列100%同源。

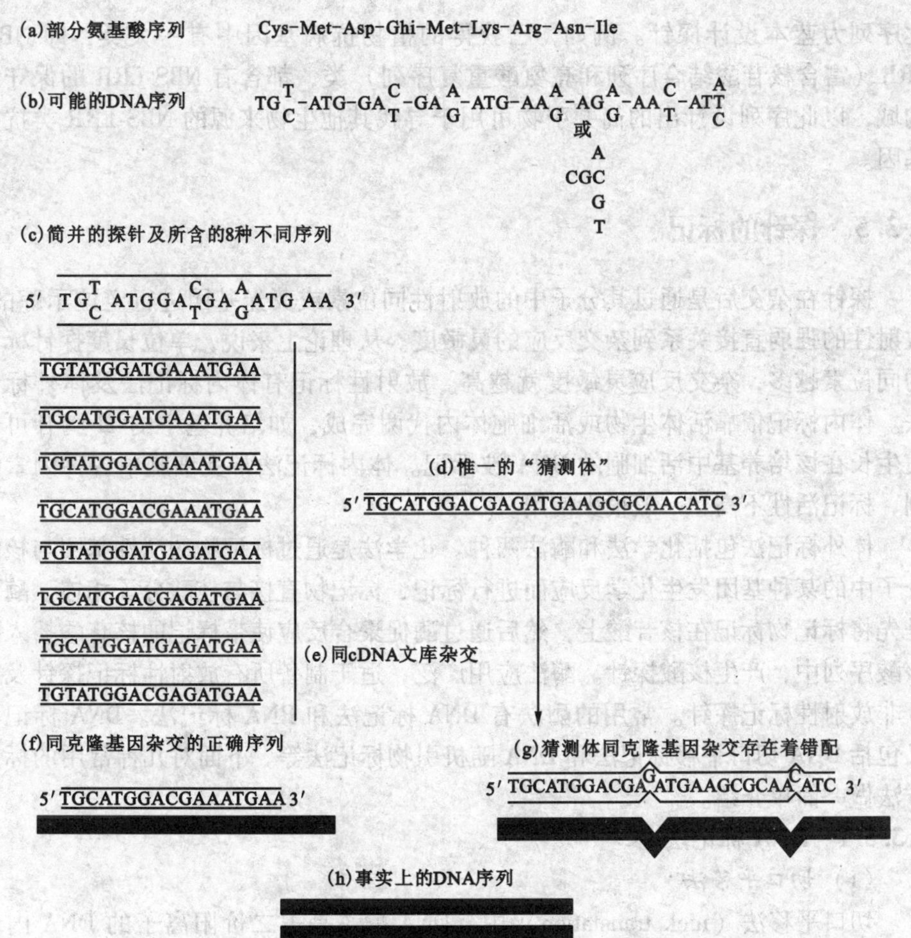

图 5-12　根据蛋白质氨基酸序列合成寡核苷酸探针

（引自吴乃虎，1998）

用作合成寡核苷酸探针依据的多肽分子，其中半胱氨酸、天冬氨酸和谷氨酸各自都有两个密码子，据此合成的寡核苷酸实际上是由 8 种不同序列构成的寡核苷酸库。所有这 8 种可能的寡核苷酸序列都能够编码这 6 种氨基酸。这个寡核苷酸库的复杂度是根据 17 个而不是 18 个核苷酸推导出来的，因为最后一个密码子的第 3 个位置的核苷酸是简并的，故略去

人工合成探针的另一种方法是根据特定生物体中某已知蛋白质的密码子的使用频率，选择性地确定一个含有密码子简并程度最低的更长（如 27 聚体）的“假定探针”序列。尽管这一“假定探针”序列并不一定与目的基因序列完全同源，但由于它具有足够的长度，在杂交过程中，即使有几对碱基不能配对，待测体杂交作用的强度也足以较为准确地找到期望重组子。然而，如果彼此互补的区段过短，或者具有简并密码子的氨基酸过多，则按上述思路设计的“假定探针”往往不能奏效。

有时，对目的基因编码产物的氨基酸序列一无所知，但这个基因产物所属家族的其他成员之间具有一段较为保守的氨基酸序列，并且这个序列已知，也可以

此序列为蓝本设计探针。例如，已获得的植物抗病基因中有一大类，即 NBS-LRR（富含核苷酸结合序列和亮氨酸重复序列）类，都含有 NBS-LRR 的保守结构域，以此序列设计出的简并引物可用于寻找其他生物来源的 NBS-LRR 类抗病基因。

5.3.5 探针的标记

探针在杂交后是通过其分子中的放射性同位素或荧光基团进行定位示踪的，放射性的强弱直接关系到杂交反应的灵敏度。从理论上来说，单位长度探针标记的同位素越多，杂交反应灵敏度就越高。放射性标记有体内标记法及体外标记法。体内标记依靠活体生物或活细胞体内代谢完成，如培养基中的^{3}H-胸苷可以使生长在该培养基中活细胞的 DNA 被标记。体内标记法常受细胞中各种因素限制，标记活性不高，一般很少使用。

体外标记法包括化学法和酶法两种。化学法是通过标记物的活性基团与核酸分子中的某种基团发生化学反应而进行标记，标记物直接与核酸分子相连。酶法是先将标记物标记在核苷酸上，然后通过酶促聚合反应使带标记的核苷酸掺入到核酸序列中，产生核酸探针。酶法应用广泛，适于制备所有放射性标记探针及部分非放射性标记探针。常用的酶法有 DNA 标记法和 RNA 标记法。DNA 标记法又包括 DNA 切口平移标记法和 DNA 随机引物标记法等。下面对几种常用的标记方法做一简单介绍。

5.3.5.1 DNA 标记法

（1）切口平移法

切口平移法（nick translation）中，DNA 酶 I 是需二价阳离子的 DNA 内切酶，在 Mg^{2+} 存在下，水解待标记的双链 DNA 片段，使之在不同位点上产生缺口，并暴露出游离的 3′羟基末端，此时通过大肠杆菌 DNA 聚合酶 I 5′→3′聚合酶活性，可把核苷酸残基加到切口处的 3′羟基端，并通过其 5′→3′的核酸外切活性从 5′末端将核苷酸逐一切除。与此同时，其 5′→3′的聚合活性又从 3′端开始依此向前推移聚合新生 DNA 链，并在聚合反应中，将［α-^{32}P］dATP 中的同位素基团带入新生的 DNA 链中。高放射活性的核苷酸置换了原有核苷酸，可制备比活度高于 10^8 的^{32}P 标记的 DNA 探针（图 5-13）。这种方法与 cDNA 标记法很相似，但适用范围更广，是一种快速、简便，成本较低，高效率的 DNA 标记法，是常用的探针标记手段。它可以用来制备专一性序列的探针，进行基因文库的筛选，基因组 DNA 印迹分析等。目前已有切口平移法的试剂盒出售，使得该法操作更为便利、快捷。

但是，使用该标记方法标记探针时，需注意以下几个问题：

①DNA 酶 I 的用量可控制模板中核苷酸置换的程度和标记 DNA 链的长度。

②DNA 聚合酶 I 中所污染 DNA 酶的量也会影响切口平移产物的大小。因此，每批 DNA 聚合酶 I 的质量都需进行检验。

③标记探针的比活度在很大程度上取决于所用放射性标记 dNTP 的比活度。

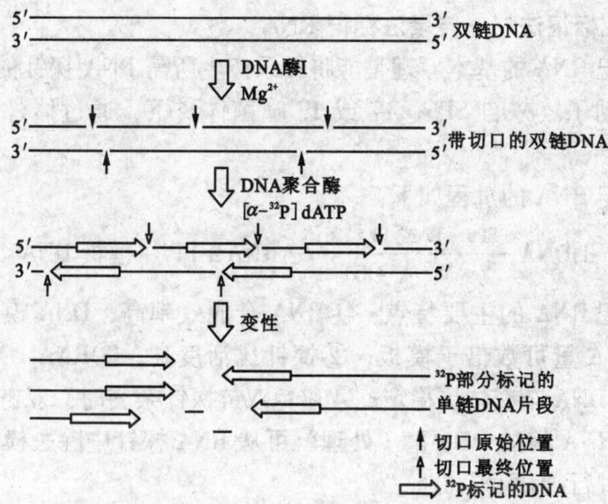

图 5-13 切口平移法原理示意

(2) 随机引物标记法

随机引物标记法（random priming）的基本原理是利用 Klenow 大片段酶具有 5′→3′聚合酶活性，但不具有 3′→5′外切酶活性这一特性，在模板双链 DNA 变性后，外加随机寡核苷酸引物在不同模板处退火，形成局部的双链区，以此进行引物标记。因此，随机引物标记产物的产生全部是通过延伸而不是通过切口平移合成（图 5-14）。

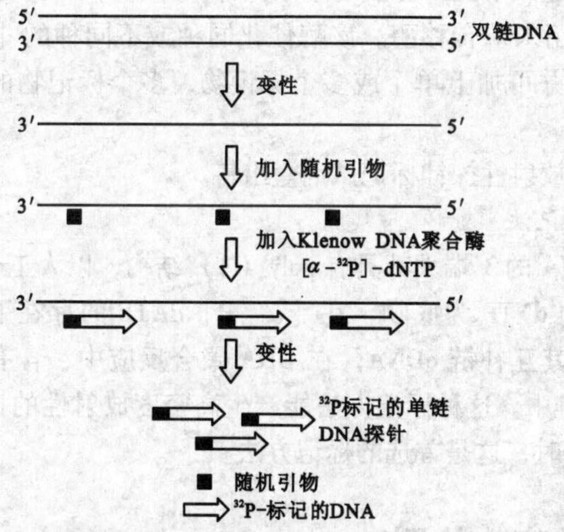

图 5-14 随机引物标记法原理示意

随机引物标记法的主要特点：①产生高比活性（10^8 ~ 10^9 cmp/μg）探针；②探针的平均大小与引物的浓度呈负相关；③若以 ssRNA 为模板，可采用依赖 RNA 的 DNA 聚合酶（反转录酶）；④随机引物探针的长度通常在 400 ~ 800 nt。

5.3.5.2 RNA 标记法——转录法标记 RNA

转录法标记 RNA 的基本原理是能将转录产生所需 RNA 探针的双链 cDNA 克隆到噬菌体启动子（来自 SP6、T7 或 T3 噬菌体）下，通过体外转录产生所需 RNA 探针。

转录法标记 RNA 的过程如下：

$$\text{dsDNA} \xrightarrow[\text{Mg}^{2+},\ 4\text{NTP}]{\text{SP6、T7 或 T3 噬菌体}} \text{RNA} + \text{PPi} + \text{模板 DNA}$$

转录法标记 RNA 的主要特点：①RNA 合成效率高，DNA 模板可多次被转录，产生的 RNA 量可数倍于模板；②探针比活度高；③RNA-DNA、RNA-RNA 杂交体比 DNA-DNA 杂交体更稳定；④避免双链探针杂交时，双链探针自身再结合；⑤仅用无 RNA 酶的 DNA 酶 I 处理就可从 RNA 探针中除去模板 DNA，而不必用凝胶电泳进行纯化。

5.3.5.3 其他主要方法

（1）末端标记法

该方法标记的是线性 DNA 或 RNA 的5′端或3′端，属非均一性标记。用作探针的人工合成双链 DNA 片段在 DTT、Mg^{2+}、［γ-^{32}P］dATP 和过量 ADP 的存在下，由 T4-PNP 酶催化，将^{32}P 同位素标记的 γ-磷酸基团转移至双链 DNA 的 5′端，原来的磷酸基团则交给 ADP 形成 ATP；但对其他来源的寡核酸，应先用碱性磷酸单酯酶除掉 DNA 的 5′端磷酸基团，然后再用 T4-PNP 酶标记。标记反应结束后，加热变性制备单链探针。采用这种方法每个 5′末端只能标记一个放射性基团，因此，较适用于人工合成的短小探针。

3′端标记可使用末端转移酶。该酶催化同种或不同种的［α-^{32}P］NTP 加到寡核苷酸的3′端，并可加上单个或多个标记物，多个标记物的加入可以提高探针的比活。

目前已有各种放射性探针标记试剂盒出售。

（2）反转录标记法

真核生物 mRNA 的3′端大都具有 poly（A）结构，以人工合成的寡聚 T 或寡聚 U 为引物，四种 dNTP 为底物，在［α-^{32}P］dATP 的存在下，由反转录酶以 mRNA 为模板合成其互补链 cDNA，在 DNA 聚合反应中，含有放射性同位素的 dATP 掺入到新生链中。这种标记方法能产生高密度放射性的探针，特别是探针只能从 mRNA 制备时，这是首选的标记方法。

5.4 目的基因定位检测法

鉴定出期望重组子后，接下来的工作便是目的基因的定位。如果期望重组子中外源 DNA 的片段为 10 kb，而目的基因长度仅为 1.0 kb，则目的基因在 DNA 片段上所处的位置必须确定，以便删除非目的基因的 DNA 片段，简化目的基因的进一步分析。基因定位研究是对重组 DNA 分子进行遗传分析的重要内容，也是进一步分析目的基因的基本前提之一。虽然限制性内切酶图谱法或 Southern 印迹杂交法可将基因定位在某一限制酶片段上，但更为精确和有特别价值的方法是克隆基因定位法。基因定位法中有价值的策略是亚克隆和转座子插入失活。

5.4.1 亚克隆法

亚克隆（subcloning），又叫次级克隆，是指从一个克隆的 DNA 片段上分割几个区域，然后再次克隆在新载体上，获得一系列新的重组子，从而确定基因所在位置的过程。次级克隆的名词含义是指上述再次克隆过程中所得到的无性繁殖菌落，每个次级克隆都含有一种新的重组分子。次级克隆在定位目的基因的同时，也分离出含有目的基因的最小 DNA 片段。

现举例说明该方法的基本程序。若一个在初级克隆中获得的重组分子中含有 *Hind* III 外源 DNA 片段，目的基因位于这个 DNA 片段的某个区域。在已知目的基因的酶切图谱情况下，根据限制性酶切图谱，选择几个理想的酶切位点进行酶切。为了避免片段中含有原来载体的 DNA 部分，这些酶切位点应包括 *Hind* III 且不存在于载体分子中。用选择的限制性内切酶处理重组分子，得到的 DNA 片段分别与具有相应限制性酶切末端的新质粒重组，转化受体细胞，最终获得一系列重组子。然后，用下列方法进一步确定含有目的基因的期望重组子。①根据目的基因的遗传表型进行检测，具有目的基因遗传特征的重组子即为期望重组子；②探针杂交重组质粒（因为次级克隆数量很少，没有必要进行菌落原位杂交）。如果只有一种重组质粒呈杂交阳性反应，则可基本上确定目的基因存在于这个重组质粒中。

如果含有目的基因的克隆 DNA 片段的限制性核酸内切酶酶切图谱尚未阐明，仅选用某一种限制性核酸内切酶处理克隆 DNA 片段，则亚克隆时的酶切位点就很容易选在目的基因内部，造成杂交阳性的重组质粒只含有部分目的基因。当然，在上述的探针杂交实验中，即便不能获得含有完整目的基因的期望重组子，也可以掌握目的基因的限制性酶切位点分布基本情况。具体做法是选用多种不同的限制性内切酶对克隆 DNA 片段进行处理，然后进行探针杂交。如果在某个酶的酶切片段中只有一条大于目的基因的杂交阳性带，这个片段就有可能包含完整的目的基因，而任何出现两条或多条杂交谱带的限制性内切酶以及小于目的基因长度的均可被排除。杂交探针的分子越大，这种检测方法就越有效。

如果目的基因两端附近区域没有合适的酶切位点，那么也可利用次级克隆法获得的期望重组子上仍会存在一些不需要的 DNA 区域。进一步的删除方法是：利用 *Bal* 31 核酸酶从重组分子中外源 DNA 一端或两端同时缩短非目的基因区，根据产生重组子的遗传表型消失与否或者根据测定 DNA 序列决定降解反应的程度，最终获得含有目的基因的最小 DNA 片段。

5.4.2　插入灭活法

目的基因在期望重组子中的定位，也可采取插入灭活的方法。插入灭活的基本原理是在重组质粒的外源 DNA 片段上，选择若干个分布较为均匀的限制性酶切位点，分别插入一段无关的 DNA 片段，获得一系列插入重组子，检测各重组子目的基因的遗传表型，确定目的基因的所处区域，然后进一步利用此插入 DNA 作为标记物，对失活基因进行定位。从理论上来讲，插入位点越多越均匀，目的基因的定位越精确。然而，如果待检测的外源 DNA 片段过长，且酶切位点分布不均匀甚至没有合适的酶切位点可用，则这种方法并不实用。为了解决上述问题，可以采用转座子诱变法，即随机插入、失活目的基因的方法，进行目的基因定位研究。其具体步骤是：将携带转座子的质粒或噬菌体 DNA 引入含有待检测重组分子的受体细胞中，进行一段时间培养，质粒或噬菌体 DNA 上的转座子有可能转移到待测重组分子上，这些转座子的插入位点是随机发生的，有可能在不同的细胞中，也有可能在同一细胞的多个重组质粒拷贝上。从这些细胞所形成的菌落中分别抽提重组质粒，并转化到合适的受体细胞中，通过重组质粒上原有的标记和转座子携带的抗性标记，鉴定出含有转座子的转化子。再次分离重组质粒，制作相应的限制性酶切图谱，进而确定转座子的插入位点，然后根据每个选择转化子的目的基因遗传表型表达与否，进一步定位目的基因（图 5-15）。

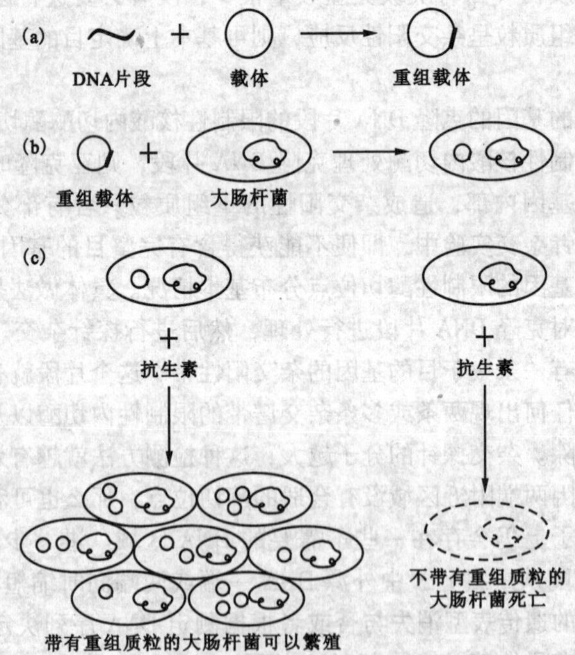

图 5-15　插入灭活法筛选重组体

上述过程中，携带有转座子的质粒或噬菌体 DNA 转化含有待检测重组质粒的细菌，会导致双质粒的同时存在，这为后续操作带来许多不便，而且转座子既可转移在重组质粒上，又有可能直接插入到细菌染色体 DNA 上，因而重组质粒接受转座子的能力极为有限。为了克服这些困难，一种改进的方法是，先通过质粒或噬菌体 DNA 转化的方法构建受体细菌的染色体突变株，使得转座子定位在染色体 DNA 上的某个标记基因内，同时消除质粒或噬菌体 DNA；然后将待测重组质粒转化这种受体菌突变株，利用重组质粒的筛选标记筛选转化子；当染色体上的转座子转移到重组质粒上时，原来被插入灭活的染色体基因复原，利用这个标记基因的遗传表型可以筛选接受了转座子的重组子。

5.5 转基因植物的检测与鉴定

随着分子生物学的发展，遗传转化方法得到广泛的使用，可以将所要求的外源目的基因导入受体植株，通过对转化植株的鉴定选择，创造出人类所需的新种质。由于转基因植物中存在嵌和体现象，只有获得纯合系以后，再进行株系和其他经济性状的比较，才有可能培育出生产上可以利用的植株。同时植物外植体经过农杆菌等介导或 DNA 的直接转化后，大部分转化体包括细胞、组织、器官或植株是没有转化的，只有少数被转化。另外，在转基因植物中存在外源基因的整合位点不明确、外源基因失活和外源基因沉默现象，这就需要采用特定的方法将未转化的细胞、组织、器官或植株与已转化的区分开来，淘汰未转化的部分。

目前，应用于转基因植株的鉴定方法可分为利用标记基因或报告基因进行鉴定、分子检测和免疫技术 3 大类。在实际操作中，可根据各实验室具备的条件、检测要求和待测样品的状态等，选择适宜的检测方法，达到定性或定量的目的。

通过 Southern 杂交可以检测到外源基因是否存在于受体细胞中，但并不能确定外源基因能否转录。利用 Nouthern 杂交技术则可以检测外源基因是否转录出 mRNA，因此，需在翻译水平上对特异蛋白质进行检测以确定转录效果，检测的主要方法有 3 种：

①生化反应检测法：主要通过酶反应来检测。

②免疫学检测法：通过目的的蛋白（抗原）与其抗体的特异性结合进行检测，具体方法有免疫沉淀法、酶联免疫吸附法（ELISA）及 Western 杂交。

③生物学活性检测法：通过外源基因生物学活性来进行检测，主要方法有 β-葡萄糖苷酸酶（β-D-glucuronidase，*gus*）基因检测法、绿色荧光蛋白（green-fluorescent proteins，Gfps）检测法、氨基糖苷-3′-磷酸-转移酶（neomycin phosphtransferase Ⅱ，NPT Ⅱ）检测法等。

表5-1 常用报告基因

名称	原理	用途	优点	缺点
氯霉素乙酰基转移酶（CAT）	CAT催化乙酰辅酶A的乙酰基转移至氯霉素，通过分离乙酰化和非乙酰化氯霉素，估计CAT活性	体外分析：色谱，差异抽提	原核生物酶，哺乳动物细胞中不存在，蛋白稳定（半衰期为50h）	操作繁琐，常用同位素，灵敏度低，费用高
β-半乳糖苷酶	催化各种β-半乳糖苷类物质的水解，有多种不同底物	体内分析：X-gal为底物，进行组织化学染色；体外分析：比色分析，荧光或化学发光	非同位素，有多种分析方法，方法灵敏	最灵敏的分析需要荧光计或发光计
绿色荧光蛋白（GFP）	GFP可吸收蓝光或紫外光，激发后产生绿色荧光	可用于体外分析和体内分析	报告活细胞内的基因表达和蛋白定位，荧光是该蛋白的内在属性，不需要底物和辅助因子，对细菌或细胞无明显毒性	某些方法不够灵敏

5.5.1 标记基因的表达检测

一般来说，检测外源基因是否转化成功，首先是对报告基因进行检测，必要时再进行目的基因检测。转基因植物一般都含有标记基因，而且标记基因通常与目的基因构建在同一表达载体上一起转入受体植物。所谓标记基因是用来区分目的基因转化细胞和非转化细胞的一类特殊基因。按功能区分，标记基因可分为选择基因和报告基因。常用的选择基因和报告基因见表5-1和表5-2。转化体由于携带标记基因，会具备一些非转化体所不具有的特性，如对抗生素或除草剂的抗性增强、具有某种特定酶活性等。利用这些性状采取一定的方法，可以筛选出转化体。

应用报告基因主要目的是报告基因与上游表达调控序列融合，构成哺乳动物细胞表达系统，以研究上游表达调控元件、启动子激活蛋白结合位点等，以转录调控序列和促进基因翻译的能力。而作为报告基因的基本条件就是报告基因表达产物对于转染细胞的生理活动没有或只有很小的影响，并且在报告分子定量分析时操作简单、灵敏。

表 5-2 真核细胞常用选择标记基因

序号	名 称	选择试剂	选 择 机 理	基因扩增
1	腺苷脱氨酶（ADA）	Xyl-A dcF	腺嘌呤-9-b-D 呋喃木糖苷（Xyl-A）可转化成 Xyl-ATP，并掺入核酸中，导致细胞死亡；Xyl-A 被 ADA 解毒成为其肌苷衍生物；dcF 是 ADA 过渡态类似物，可以灭活 ADA	能逐步提高 dcF 水平
2	氨基糖苷磷酸转移酶（NEO）	G418	G418 通过干扰核糖体的功能而阻断细胞的蛋白合成，*neo* 基因表达产物可解除 G418 毒性	否
3	二氢叶酸还原酶（DHFR）	无核苷培养基 氨甲喋呤（MTX）	DHFR 对于嘌呤的生物合成是必不可少的，在无核苷培养基中，DHFR 的存在对细胞的生长是必需的，MTX 是 DHFR 的竞争性抑制剂，增加 MTX 浓度可选择 DHFR 的高表达	能逐步提高 MTX
4	潮霉素 B 磷酸转移酶（HPH）	潮霉素 B	潮霉素 B 通过破坏转位及促进错译而抑制蛋白质的合成。HPH 通过磷酸化作用而解除潮霉素 B 的毒性	否
5	胸苷激酶（TK）	反向选择（TK＋至TK－） Budr 正向选择	Budr 被 TK 磷酸化后可掺入 DNA 中，杀死 TK＋细胞	否
6	黄嘌呤－鸟嘌呤磷酸核糖转移酶（XGRPT，gpt）	氨基喋呤 霉酚酸	氨基喋呤及霉酚酸都可以阻断 GMP 的合成，使细胞死亡。XGPRT 的表达是细胞能从黄嘌呤合成 GMP，使细胞存活	否
7	谷氨酰氨合成酶（GS）	蛋氨酸磺草酰（MSX）	谷氨酰氨是（Gln）细胞的一种必需氨基酸，MSX 能够抑制 GS 合成 Gln，只有当 GS 基因扩增后才能保证足够的 Gln 的合成	能逐步提高 MSX 浓度

5.5.1.1 *Gus* 基因的检测

目前在转基因植物中广泛应用的 *Gus* 基因由大肠杆菌 *E. coli* 菌株 K12 中 *uidA*（也称为 *gus*A）基因座编码。该基因编码的 β-葡萄糖苷酸酶，系统命名为 β-D-glucuronidase，简称 Gus。该酶是一种外切水解酶，能催化多种 β-葡萄糖苷酯类物质，产生具有发色团或荧光的物质。*Gus* 的表达受 *Gus* 底物的诱导。底物分子的糖链部分决定了 *E. coli* Gus 酶的专一性。几乎任何糖苷配基与 β-D-葡萄糖醛酸 C1 上游离的羟基通过半缩醛连接的物质都可以作为 *Gus* 的底物。1987 年 Jefferson 等克隆了 *Gus* 基因并进行了测序，由此发展出用 *Gus* 基因作为基因融合标记的系统。由于在绝大多数植物细胞内不存在内源的 *Gus* 活性，许多细菌及真菌也缺乏内源 Gus 活性，而且 *Gus* 基因表达产物具有检测方法简单、灵敏度高、易于定量及定位分析且可以与其他蛋白质基因融合等优点，使得*Gus*基因成为近年来在植物基因工程研究中应用最为广泛的报告基因之一。

用于*Gus*基因检测的常用底物有5-溴-4氯-3-吲哚-β-D-糖苷酸酯（X-Gluc）、4-甲基伞形酮酰β-D-糖苷酸苷（4-MVG）和对硝基苯基β-D-糖醛酸苷（PNPG）3种。这3种底物分别用于不同的检测方法，现分别介绍如下。

（1）组织化学染色定位法

植物切片Gus组织化学定位分析是分辨组织的不同细胞个体和不同的细胞类型基因（*Gus*）表达差异的一种有效方法，在植物遗传转化中应用较多。该法以X-Gluc为底物，通过显色反应可直接观察到组织器官中*Gus*基因的活性，这一底物能够在酶活性位点形成蓝色沉淀物。Gus作用于X-Gluc的初始产物为无色的吲哚衍生物，经过氧化二聚化作用形成不溶解的5，5′-二溴-4，4′-二氯深色的靛蓝色物质，使得具有Gus活性的部位呈现蓝色。因此，将被检材料浸泡在含有底物的缓冲溶液中保温，若Gus表达，在适宜条件下该酶可将X-Gluc水解生成蓝色物质，这样就可用肉眼或在镜检下直接观察到。检测时要以非转化的材料作对照。采用这种定位法，存在很多干扰因素，如溶液中存在的氧化催化物（铁氰化钾/铁氰化物）、过氧化物酶等。

植物组织或培养的材料都可制成不同匀浆用作Gus活性分析。首先将材料磨碎，然后提取Gus高抗蛋白酶，此酶在活细胞或提取液中半衰期很长。提取液可贮存在－70℃相当长时间，在4℃下酶化学损失也小，但－20℃贮藏则会使酶失活或降解。若组织中（如根、融合处理的原生质体）含有高浓度的内源荧光成分或产生高水平的多酚物干扰分析，则可在提取液中加入PVP或离心柱层析法除去，可提高分析效果。

用植物原生质材料作Gus活性分析需用混合酶液制备原生质体，再用蔗糖纯化；用农杆菌转化的植物材料必须是无菌的组织并设置对照。

在测定时，由于植物体内的过氧化物酶能促进氧化二聚作用，使颜色加深，所以染色程度不能准确地反映出Gus活性，以高铁氰化钾/亚铁氰化钾混合物作氧化剂可解决这一问题。

（2）荧光法测定Gus活性

荧光分析法分析时以4-MVG为底物，Gus酶催化其水解为4-甲基伞形酮（4-methylum- belliferone，简称4-MU）及β-D-葡萄糖醛酸。4-MU分子中的羟基解离后在365 nm的光激发下产生455 nm的荧光。荧光分光光度计测定的是相对值，因此用荧光分光光度计测定时必须用标准物4-MU进行校准。测定时，此分析法一般使用Na_2CO_3终止反应并创造碱性的测定条件。

荧光定量分析Gus活性有两种基本方法：①在一个时间点测定Gus酶作用产物的总荧光量，这种测定方法需要设定空白对照，以消除内源荧光强度；②测定酶反应不同时间溶液荧光量。在酶反应初始阶段，酶作用产物与时间有线性关系，而内源性荧光物质的荧光量与时间没有线性关系，由此可计算Gus酶活力。此法不仅非常灵敏、简单、快速，而且植物背景活性低，并可定量分析。

(3) 分光光度法测定 Gus 活性

对硝基苯基β-D-糖醛酸苷（pnitropteny-β-D- glucuronidase，PNPG）是该法的最好底物，Gus 将其水解为对硝基苯酚（p-nitrophenol），在 pH 值 7.15 时，离子化的发色团吸收 400 ~420 nm 的光，溶液呈黄色，因而终止反应后可在 415 nm 测定吸收值。

采用分光光度法测定 Gus 活性操作简单，不需要昂贵的仪器，但灵敏度不高。通常通过延长反应时间来增强显色，同时在反应液中加入 0.02% 的 NaN_3 抑制微生物的生长。大多数植物所含的色素与硝基苯酚有相同的最大吸收波长，样品需要脱色处理或设置对照消除。

(4) Gus 活性的荧光法定性检出

目前常用的方法有底物凝胶荧光检测法和 SDS-PAGE 法。

①底物凝胶荧光检测法　8 mg 琼脂糖与 5 mg 的 MVG 分别溶于 5 mL 缓冲液中，混合倒入培养皿，待凝固后，用打孔器制备成检测小块。提取待测液后，在待测液中加入一块底物凝胶，于室温或 37℃ 条件下保温 10 min 或放置过夜。酶反应结束后取出凝胶，置于紫外光下检测凝胶中是否有荧光。若有，则表明被测样品中有 Gus 活性，证明 *Gus* 基因转化成功并正常表达。

②SDS-PAGE 法　用含有 0.1% SDS 的 7.5% PAGE 分离被检植物材料的 Gus 提取物，鉴定产生荧光区带的酶的分子量是否正确。

5.5.1.2　*Gfp*（绿色荧光蛋白）基因的检测

1962 年 Shimomura 等首次从维多利亚多管水母（*Aequorea victoria*）中分离纯化出一种荧光物质，并将其定性为蛋白质，称之为绿色荧光蛋白（greenfluorescent proteins，Gfps）。目前研究得较为深入的是来自多管水母（*Aequorea*）的 Gfp，它是由 238 个氨基酸组成的单体蛋白，相对分子质量为 26 888 Da。该 Gfp 在 395 nm 处具有吸收高峰，发射 509 nm 绿色荧光。目前有关 Gfp 发光的机理还不太清楚，较普遍认同的是 Gfp 在荧光酶的参与下被 Ca^{2+} 所激活，使蛋白质的共价键发生一定的变化，从而形成不稳定的中间体，中间体分解时，释放能量，产生绿色荧光。

与其他报告基因相比，如 *gus* 和源于细菌及荧火虫的荧光素酶基因，利用 GfP 检测具有以下优点：①不需要添加任何反应底物或辅助因子，用紫外光或蓝光激发即可发出绿色荧光；②检测方法简便，不需要测定酶的活性；③*gfp* 基因表达和荧光激发没有种属特异性，适用于各种生物的基因转化；④便于活体检测，十分有利于活体内基因表达调控的研究；⑤检测时可获得直观信息，利于研究和防范转基因植物所带来的安全性问题；⑥*gfp* 基因本身比较小，容易在基因工程中操作使用。

转化细胞的检测方法是用蓝光照射，在显微镜下挑出具有强烈绿色荧光的细胞。目前一般都使用荧光激活的细胞分拣器（FACS）来分离转化体与未转化体。

5.5.1.3　*NPT* Ⅱ基因的检测

NPT Ⅱ基因广泛用作植物基因工程的报告基因或选择标记基因。它来源于

细菌转座子 Tn5 上的 *ahp*A2。该酶编码氨基糖苷-3′-磷酸-转移酶（neomycin phosph-transferase Ⅱ，NPT Ⅱ），又称新霉素磷酸转移酶。该酶使氨基糖苷类抗生素（卡那霉素等）磷酸化而失活，所以可以在抗性培养基上直接进行筛选。

由于 *NPT* Ⅱ基因表达产物是酶，所以还可以通过酶反应检测其表达，其检测原理是使用放射性标记的［γ-^{32}P］ATP，通过 γ-磷酸基因转移，生成带放射性的磷酸卡那霉素。具体操作有 3 种方法：a. 点渍法；b. 层析法；c. 凝胶原位检测法。

5.5.2 免疫学检测法

5.5.2.1 酶联免疫吸附法

酶联免疫吸附法（enzyme-liked immuno sorbont assay，ELISA）是一种利用免疫学原理检测抗原、抗体的技术。它是抗原抗体的免疫反应和酶的高效催化反应有机的结合，其原理是包被抗原或抗体后，通过抗原抗体反应使酶标抗体结合到载体上，将结合的酶标抗体与游离酶标抗体一起加入底物显色。二抗上携带一种酶能催化一种反应，将无色的底物转变为有色的物质（或发光），再通过比色测定有色物质的含量（或光强度），从而推测目标分子的含量。

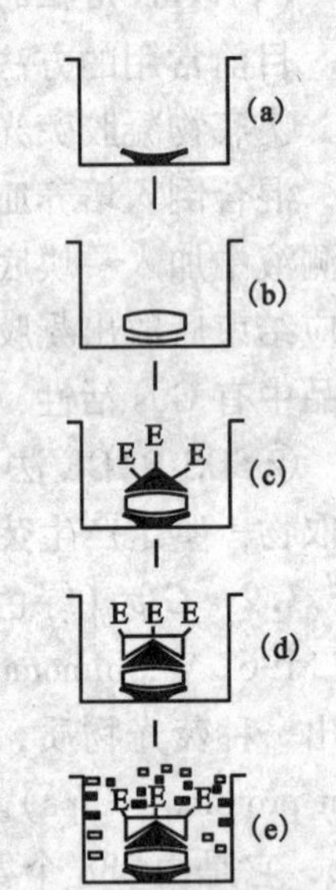

图 5-16 双抗夹心法和间接法示意（参考卢圣栋，1993）

ELISA 检测程序包括固定样品、一抗结合、二抗结合、显色反应和比色 5 个步骤。ELISA 检测可溶性抗原主要有直接法、间接法和双抗夹心法。使用较多的是双抗夹心法，其灵敏度最高，可检出 1 pg 的目的物。一般 ELISA 法为定性检测，但若作出已知转基因成分浓度与吸光值的标准曲线，也可确定此样品转基因成分的含量，达到半定量测定。该方法已应用于辣椒、水稻、烟草、番茄等转化植株的鉴定。

双抗夹心法，先将抗体包被在固相载体上［图 5-16（a）］；抗原从样品中俘获，也就是样品中的特异抗原与包被在载体上的抗体结合，形成抗体—抗原复合物，从而被固定下来［图 5-16（b）］；再加入酶标记的抗体（酶标—抗），形成抗体—抗原—酶标抗体复合物［图 5-16（c）］，或先加入非酶标记的抗体，形成抗体—抗原—抗体复合物后再加入酶标记的抗体［图 5-16（d）］；这样，酶便被固定在有抗原结合的固相载体的表面。洗涤除去未结合的酶标抗体，加入该酶的显色或荧光底物，通过酶促反应所发生的颜色或荧光变化可测定出抗原的量［图 5-16（e）］。

ELISA 法具备了酶反应的高灵敏度和抗原抗体反应的特异性，具有简便、快速，费用低等特点，但易出现本底过高，缺乏标准化。在加工过程中蛋白质会发生降解，因而这种技术只能检测未加工产品，而且只能检测有限种类的转基因产品。

5.5.2.2 Westhern 杂交

Westhern 杂交是将蛋白电泳、印迹、免疫测定融为一体的特异蛋白检测方法。其原理是转化的外源基因正常表达时，转基因植株细胞中含有一定量的目的蛋白，从植物细胞中提取总蛋白质或目的蛋白质，不经纯化或者初步纯化以后，将蛋白质样品溶解于含去污剂和还原剂的溶液中，经 SDS-PAGE 使蛋白质按分子大小分离，将分离的各蛋白质条带原位转移到硝酸纤维素膜或尼龙膜上，膜在高浓度的蛋白质溶液中温育，以封闭非特异性位点，然后与特定蛋白质标记的抗体（同位素或化学发光物标记）结合，经放射自显影出带纹，根据带纹的密度可确定蛋白质表达的相对量。

Westhern 杂交过程包括转基因植株蛋白质的提取、SDS-PAGE 分离蛋白质、蛋白质条带印迹、探针制备、杂交 5 个步骤。在做 Westhern 杂交实验设计时，首先必须设置正对照和负对照。负对照要有两个，一个是以免疫前血清作不与目的蛋白反应的负对照，另一个是完全不含目的蛋白的同类蛋白制品。负对照用来确定非特异性蛋白条带；正对照是含已知量的目的蛋白的同类蛋白制品，通过正对照可确定被检样品中目的蛋白的位置，并估计大致的含量。

这种方法将电泳较高分离能力、抗体特异性和酶促反应显色灵敏性结合起来，是检测复杂混合物中特异蛋白质最有力工具之一，普遍用于分离、检测特异目的蛋白质，灵敏度为 1 ~5 ng。

5.5.3 PCR 的检测

5.5.3.1 PCR-ELISA

PCR-ELISA 检测法将 PCR 和 ELISA 两种技术结合在一起。首先，将寡核苷酸作为固相引物共价交联在一种经过处理的特殊管（也可用 PCR 管代替）上，并在 Taq 酶作用下，以目标 DNA 为模板进行扩增，扩增产物经洗涤后大部分交联在管壁上为固相产物，洗涤液中也游离有一小部分扩增产物为液相产物，然后用生物素或地高辛标记的探针与固相产物进行杂交，再加入含碱性磷酸酯酶标记的抗生物素或抗地高辛抗体进行 ELISA 检测，最后加入底物显色，通过酶标仪读数测定。液相产物可通过凝胶电泳进行检测，也可进行杂交检测。常规的 PCR-ELISA 检测法只是定性实验，若以不同浓度标准的阳性样品作参照，做出吸光值与转基因含量的标准曲线图，以此便可以确定检测样品的转基因含量，实现半定量检测的目的。目前国外已开发出转基因产品 PCR-ELISA 检测试剂盒，我国也已建立了检测转基因产品的 PCR-ELISA 法。

PCR-ELISA 检测方法具有如下优点：

①快速，灵敏度高：与常规 PCR 相比，PCR-ELISA 增加了杂交步骤来检测 PCR 产物的特异性，用酶联反应来放大信号提高了检测的准确性、灵敏度及自动化程度；

②特异性强、检测结果可靠，可用于半定量检测：PCR-ELISA 采用了特异

探针与固相产物杂交，提高了检测的特异性；在对扩增的固相产物进行 ELISA 检测的同时，可通过凝胶电泳对液相产物进行检测，这两次检测有效地避免了假阳性出现，提高了检测结果的可靠性；用紫外分光光度计或酶标仪判定结果，以数字的形式输出，无人为误差；

③所需仪器简单，操作简便，杂交检测可自动化，适于大批样品同时检测。

5.5.3.2 PCR-Southern 杂交检测

PCR-Southern 杂交技术是一种近年来开始使用的检测外源基因整合的方法。该技术首先对被检材料进行外源 PCR 扩增，接着将 PCR 扩增产物转移到硝酸纤维膜或尼龙膜上，再与标记的特异性探针进行杂交，然后放射自显影，检测有无特定的扩增片段及相对含量。这种检测方法的灵敏度比 PCR 产物 EB 染色电泳分离法的至少高 10 倍。由于非放射性同位素标记探针的应用，使得 PCR-Southern 杂交技术应用更简便。

PCR-Southern 杂交技术是将 PCR 扩增产物变性后直接点在膜上，与标记的特异性探针进行杂交，它耗时短，可用于半定量分析，一张膜上可同时检测多个样品。缺点是只能看到一个斑点，必须小心控制反应条件，设立阳性及阴性对照，以便对待检测标本做出正确鉴定。

在实验设计时，为确保检测的真实性，除被检样品外，实验中还应设置 3 个对照：空白对照（无任何 DNA 模板）、阳性对照（以外源基因的重组质粒 DNA 为模板）和阴性对照（以非转化植株基因组 DNA 为模板）。

5.5.4 外源基因整合的 RFLP 及 RAPD 分析

5.5.4.1 RFLP 分析原理

RFLP（restriction fragment length polymorphism）即限制性片断长度多态性，它是指使用特定的核酸内切酶切割有关的 DNA 分子所产生出来的 DNA 片段在长度上的变化。它可以检测个体间基因微细差别。

RFLP 是了解基因细微结构及其变化的一种分析方法。RFLP 除常用于植物品种遗传分析及分类外，还可以研究基因突变及基因转化。由于基因内个别碱基的突变以及序列的缺失、插入或重组，造成核苷酸序列出现差异，从而导致限制性内切酶的识别位点不同。酶切时，产生 DNA 片段的数目和大小不同，电泳会出现不同的片段，即产生了多态。据此通过分析样品 DNA 限制性酶切片段多态性的有无来判定外源基因的整合与否（图 5-17）。

RFLP 是一项利用放射性同位素或非放射性物质标记探针，与转移在固相膜上的基因组 DNA 进行杂交，通过显示限制性内切片段的大小来检测不同遗传位点等位变异的一项技术。它包括 DNA 的分离、核酸内切酶酶切、琼脂糖凝胶电泳、Southern 印迹转移和 DNA 杂交及放射自显影 5 个步骤。通过对转化后得到的不同克隆系的 RFLP 分析，可获得不同克隆系在外源基因整合数及整合位点上的信息。

5.5.4.2　RAPD 分析原理

RAPD 是继 RFLP 之后于 1990 年由美国杜邦公司的科学家 J. G. K. Wiiams 和加利福尼亚生物研究所 J. Welsh 领导的两个小组几乎同时发展起来的一项新技术。RAPD（randomly amplified poymorphic DNA）为随机扩增多态 DNA，读作“rapid”。RAPD 是在 PCR 的基础上发展起来的，它是利用人工合成的一系列不同的寡聚核苷酸作为引物，对所研究的基因组 DNA 进行 PCR 扩增，引物结合位点 DNA 序列的改变以及两扩增位点之间碱基的缺失、插入或置换都能导致扩增片段的数目和长度的差异，最后扩增产物通过聚丙烯酰胺凝胶电泳或琼脂糖凝胶电泳分离，经溴化乙锭染色或放射自显影检测扩增产物 DNA 片段的多态性。这些扩增产物 DNA 片段的多态性反映了基因组相应区域的 DNA 多态性，从而形成了 RAPD 标记。

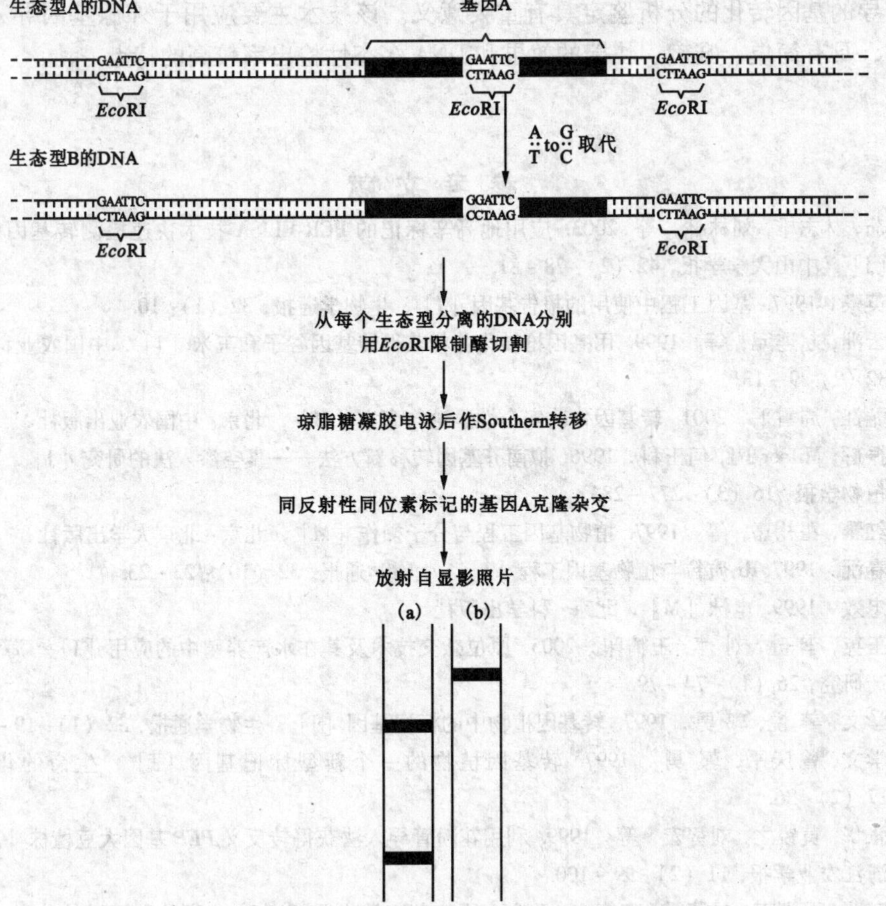

图 5-17　同一物种不同生态型之间 DNA 的趋异性产生的 RFLP

由于 AT→GC 碱基对取代的结果，使生态型 A 之基因序列失去了中间的一个 *Eco*R Ⅰ限制位点。(a) 在生态型 A 的个体 DNA 中，两个 *Eco*R Ⅰ限制片段落都含有基因 A 的序列　(b) 在生态型 B 的个体 DNA 中，基因 A 的全部序列都集中在一个大分子量的 *Eco*R Ⅰ限制片段中。放射自显影照片中呈现的是与放射性标记的基因 A 探针同源的 DNA 限制片段

RAPD以PCR为基础，核心是DNA片段扩增，其与常规PCR不同之处在于引物。常规PCR需要两个引物，而RAPD分析时，只需要一个随机引物，长度为10个核苷酸左右。RAPD是利用PCR技术从扩增的DNA片段上分析多态性。由于片段被引物选择性地扩增，并不是所有序列都扩增，扩增了的片段能在凝胶上清晰地显现出来，这样就可以通过同种引物扩增条带的多态性，反映出模板的多态性。

外源基因转化后，转化植株基因组DNA与非转化植株基因组DNA在外源基因插入的部位有着明显不同。在一定条件下，当引物适宜时，扩增的条带带型就会不同，因此，利用RAPD分析可以快速对导入的外源基因进行鉴定。

由于RAPD可以在被检对象无任何分子生物学资料的情况下对其基因组进行分析，所以对DNA直接导入法基因转化、花粉管通道导入基因转化及种质系统介导的基因转化的分析鉴定具有重要意义。该技术主要应用于外源基因导入追踪，具有简单、准确、快捷的效果和DNA多态性检出率较高的特点。

参考文献

陈茄，林志雄，刘林林，等. 2003. 应用地高辛标记的PCR-ELISA技术快速检测转基因水稻［J］. 中山大学学报，42（2）：78－81.

程英豪. 1997. 基因工程中使用的报告基因［J］. 生物学通报，32（1）：10.

董云洲，赵连元，等. 1999. 用基因枪转化花粉获得转基因谷子和玉米［J］. 中国农业科学，32（2）：9－13.

樊龙江，周雪平. 2001. 转基因作物安全性争论与事实［M］. 北京：中国农业出版社.

巩振辉，Milner J J，何玉科. 1996. 拟南芥基因转移新方法——真空渗入法的研究［J］. 西北植物学报，16（3）：277－283.

顾红雅，瞿礼嘉，等. 1997. 植物基因工程与分子操作［M］. 北京：北京大学出版社.

郭春沅. 1997. Ri质粒与植物基因工程［J］. 生物学通报，32（10）：22－23.

何忠效. 1999. 电泳［M］. 北京：科学出版社.

何玉英，李健，刘萍，王清印. 2005. 原位杂交技术及其在水产养殖中的应用［J］. 海洋水产研究，26（1）：74－79.

侯学文，姜悦，郭勇. 1997. 转基因植物中的标记基因［J］. 生物学通报，32（1）：19－21.

侯学文，曾庆平，郭勇. 1997. 转基因植物的一个新型标记基因［J］. 生命的化学，17（2）：36.

胡张华，黄锐之，刘智宏，等. 1999. 利用花粉管导入法获得转反义*PEP*基因大豆植株［J］. 浙江农业学报，11（2）：99－100.

胡守萍，尹训南，付德霞，李伟杰. 2005. 原位杂交技术展望［J］. 畜牧兽医科技信息，12：14－15.

贾士荣. 1999. 转基因作物的安全性争论及其对策［J］. 生物技术通报，15（6）：32－35.

金万枚，巩振辉，李桂荣，张桂华. 2000. 植物遗传转化方法和转基因植株的鉴定［J］. 陕西农业科学，1：24－29.

开国银，张磊，张红宇，许铁峰，唐克轩，张汉明. 2002. 无标记：转基因植物研究的新趋势

［J］．植物学报，44（8）：883－888.

李晋涛．1999. DNA 芯片技术及其在基因表达检测中的应用［J］．生物技术，9（4）：30－33.

李恩义．1999. 多聚阳离子基因导入法［J］．上海农业科技，1：8，10.

李新锋，赵淑清．2004. 转基因植物中报告基因 GUS 的活性检测及其应用［J］．生命的化学，24（1）：71－74.

黎昊雁，王 玮．2003. 新一代转基因植物研究进展［J］．中国生物工程杂志，23（6）：22－26.

雷勃钧，吕晓波，等．2004. PCR－ELISA 法对大豆品种的转基因定性检测研究［J］．大豆科学，23（1）：55－58.

刘翠芳，蒋继志，马平李．2005. PCR－ELISA 在转基因植物检测中的应用［J］．西北农林科技大学学报（自然科学版），第 33 卷（增刊）：185－186.

刘金元，时香玉，陈晓，等．1999. 利用基因枪技术转化小麦、玉米的研究［J］．山东农业科学，2：5－8

刘建强，孙仲序，赵春芝．2002. 转基因植物鉴定方法的研究概况［J］．山东林业科技，142（5）：39－44.

刘光明，徐庆研，龙敏南，等．2003. 应用 PCR-ELISA 技术检测转基因产品的研究［J］．食品科学，24（1）：101－105.

吕忠进，成美英．1993. 核酸原位杂交技术及其进展［J］．生物技术，3（1）：1－4.

卢圣栋．2001. 现代分子生物学实验技术［M］．第 2 版．北京：中国协和医科大学出版社．

卢圣栋．1993. 现代分子生物学实验技术［M］．北京：高等教育出版社．

楼士林，杨盛昌，龙敏南，等．2002. 基因工程［M］．北京：科学出版社．

奇文清，李樊学．1996. 植物染色体原位杂交技术的发展与应用［J］．武汉植物学报研究，14（3）：269－278.

邵碧英，陈文炳，江树勋，李寿崧．2004. 转基因产品检测方法概述［J］．生物技术通讯，15（5）：516－518.

唐祚舜，等．2000. 基因枪法转基因水稻中 *hpt* 基因稳定遗传［J］．遗传学报，27（1）：26－33.

王关林，方宏筠．2002. 植物基因工程［M］．第 2 版．北京：科学出版社．

王飚，林其谁．1997. 阳离子脂质体介导基因转染的最优化条件［J］．生命的化学，17（1）：32－34.

王光清，王蕴珠，等．1996. 青菜花粉管通道法导入［J］．外源 DNA 的研究初报，32（2）：127－131.

王兴春，杨长登．2003. 转基因植物生物安全标记基因［J］．中国生物工程杂志，4：19－22.

吴乃虎．2001. 基因工程原理（下册）［M］．北京：科学出版社．

夏其昌，等．1997. 蛋白质化学研究技术与进展．北京：科学出版社．

许新萍，卫剑文．1998. 基因枪转化籼稻的影响因素［J］．中山大学学报（自然科学版），37（1）：88－92.

杨金水．2002. 基因组学［M］．北京：高等教育出版社．

杨朝辉，雷建军．2000. 绿色荧光蛋白基因研究进展［J］．生物学杂志，17（5）：12－14.

杨吉成．2003. 医用基因工程［M］．北京：化学工业出版社．

余舜武，张端品，宋运淳．2001. 基因组原位杂交的新进展及其在植物中的应用［J］．武汉植物学研究，19（3）：248－254.

张广辉，巩振辉，薛万新，等．1998. 大白菜和油菜真空渗入遗传转化法初报［J］．西北农业大学学报，26（4）：1 –4.

张惠展．1999. 基因工程概论［M］．上海：华东理工大学出版社．

张菊梅，吴清平，周小燕，郭伟鹏，吴慧清，王元平．2001. 荧光素酶研究进展［J］．微生物学通报，28（5）：98 –101.

赵文军，陈红运，黄文胜，等．2001. PCR – ELISA 在转基因产品检测中的应用［J］．植物检疫，15（5）：227 –229.

郑成木．2002. 植物分子标记原理与方法［M］．长沙：湖南科学技术出版社．

朱玉贤，李 毅．2002. 现代分子生物学［M］．第2版．北京：高等教育出版社．

周奕华，韩厉玲．1998. 利用激光微束空刺法将 *gus* 基因导入百脉根并获得转基因植株的研究［J］．激光生物学报，7（1）：57.

Bailey A M, Mitchell D J, Manjunath K L, *et al.* 2002. Identification to the species level of the plant pathogens Phytophthora and Pythium by using unique sequences of the ITS1 region of ribosomal DNA as capture probes for PCR – ELISA［J］. FEM SM icrobiology Letters, 17（1）: 153 –158.

Brett G. M, Chambers S J, Huang L, and Morgan M R A. 1999. Design and development of immunoassays for detention of proteins［J］. Food Control, 10（6）: 401 –406.

Brunnert H J, Spener F, and Brchers T. 2001. PCR-ELISA forthe CaMV – 35S promoter as a screening method for genetically modified Roundup Ready soybeans［J］. Eurl Food Res. Technol, 213, 366 –371.

Clive James. 2004. Preview: Global Status of Commercialize Transgenic Crops: 2005 A. In: ISAAA. ISAAA Brief No. 34 C. Ithaca: ISAAA, 3 –20.

Edi Cecching, Zhen hui Gong, Chiara Geri, *et al.* 1997. Transgenic Arabidopsis lines Expressing Gene V I from Caulifower Mosaic Virus Variants Exhibit a Range of Symptom – like pheonotypes and Accumulate Inclusion Bodies［J］. The American phytopathological Society, 10（9）: 1094 –1101.

Gandhi R, Paramjit Khurana, Khurana P. 1999. Stress-mediated regeneration from mature embryo-derived calli and gene transfer through Agrobacterium in rice（*Oryza sativa*）［J］. Indian-Journal-of-Experimental-Biology. 37: 4, 332 –339; 33 ref.

Gornuny E, Gabrielli I, Cataudella S, and Sola L. 1997. CMA3 – banding pattern and fluorescence *in situ* hybridization with 18s rRNA genes in zebrafish chromosomes［J］. Chromosomes Res, 5（1）: 40 –46.

Gough K C, Hawes W S, Kilpatrick J, Whitelam G C. 2001. Cyanobacterial GR6 glutamate 1 semialdehyde amino transferase: a novel enzyme based selectable marker for plant transformation［J］. Plant Cell Rep, 20（4）: 296 –300.

Haseloff J, Amos B. 1995. GFP in plants. Trends Genet, 11: 328 –329.

Hu W, Cheng C L. 1995. Expression of Aequorea green fluorescent proteinin plant cells［J］. FEBS-Lett, 369: 331 –334.

Iturra P L, N, de la Fuente M, Vergara N, and Medrano J F. 2001. Characterization of sex chromosome in rainbow trout and coho salmon using fluorescence *in situ* hybridization（FISH）［J］. Genetica, 111（123）: 125 –131.

J W. 2000. Guidelines for the validation and use of immunoassays for determining of introduced proteins in biotechnology enhanced crops and derived food ingredients［J］. Food Agric, Immunol,

12, 153 - 164.

Kolb A F, Ansell R, McWhir J, Siddell S G. 1999. Insertion of a foreign gene into the beta-casein locus by Cre-mediated site-specific recombination [J]. Gene. 227: 1, 21 - 31; 41 ref.

Lipp M, Brodmann P, Pietsch K, PauwelsJ, and Anklam E. 1999. IUPAC collaborative trial study of a method to detect genetically modified soybeans and maize in dried powder [J]. AOAC Intl, 82, 923 - 928.

Matsuka T, Kuribara H, *et al.* 2001. A multiplex PCR method of detecting recombinant DNAs from five lines of genetically modified maize [J]. Shokuhin Eiseigaku Zasshi, 42 (1): 24.

Miguel C M, Oliveira M M. 1999. Transgenic almond (Prunus dulcis Mill) plants obtained by Agrobacterium-mediated transformation of leaf explants [J]. Plant Cell Reports, 18: 5387 - 5393; 24 ref.

Tian Wen- Zhong, *et al.* 1998. Rice Transformation with a phytoalexin gene and bioassay of the transgenic plants [J]. Acta botanica Sinica, 40 (9): 803 - 808.

Wang Y P, Xu Z, and Guo X. 2000. Chromosomal location of some repetitive DNA in *Crassostrea oyster* as determined with FISH [J]. Shelfish Res, 19 (1): 618.

Wang Y P, Xu Z, and Guo X. 2001. Centromeric location of a satellite sequence in the Pacific oyster (*Grassostrea gigas Thunberg*) determined by fluorescence *in situ* hybridization [J]. Biotechnology, 3 (5): 486 - 492.

Xianggan Li, Sandy L Volrath, David B G Nicholl, Charles EChilcott, Marie A Johnson, Eric R Ward, Marcus D Law. 2003. Development of protoporphyrinogen oxidase as an efficient selection marker for *Agrobacterium tumefaciens* mediated transformation of maise [J]. Plant Physiology, 133 (2): 736 - 750.

Xu De-ping, Qing Zhong - xue, Duan X, *et al.* 1996. Constitutive expression of a cowpea trypsin inhibitor gene. *cpti*, in transgeneticric rice plants confers resistance to two major rice insect pests [J]. Molecular Breeding, 2: 167 - 173.

第6章 外源基因的表达与调控

6.1 基因的表达与调控概述

生物体的所有遗传信息都是以基因的形式储存在遗传物质DNA（或RNA）分子中，基因表达过程就是把它所承载的遗传信息转变为有特定氨基酸顺序的多肽或蛋白质分子。对基因表达过程的调节称为基因表达调控，基因调控是现阶段分子生物学研究的中心课题，基因表达的最终产物是RNA和蛋白质，这两大类物质及其次级产物维持着整个生命的有序运动。任何基因表达调控程序上的缺陷或紊乱，均会对生物体造成严重后果。因此，基因工程的本质是通过基因的体外拼接稳定高效地表达其蛋白产物。

表达外源目的基因的系统有原核生物和真核生物两大类，二者在基因转录的起始与终止，翻译的起始调节以及翻译后的加工过程都是显著不同的。由于真核生物细胞的结构较为复杂，所以相对原核生物来说，真核生物基因表达的调控范

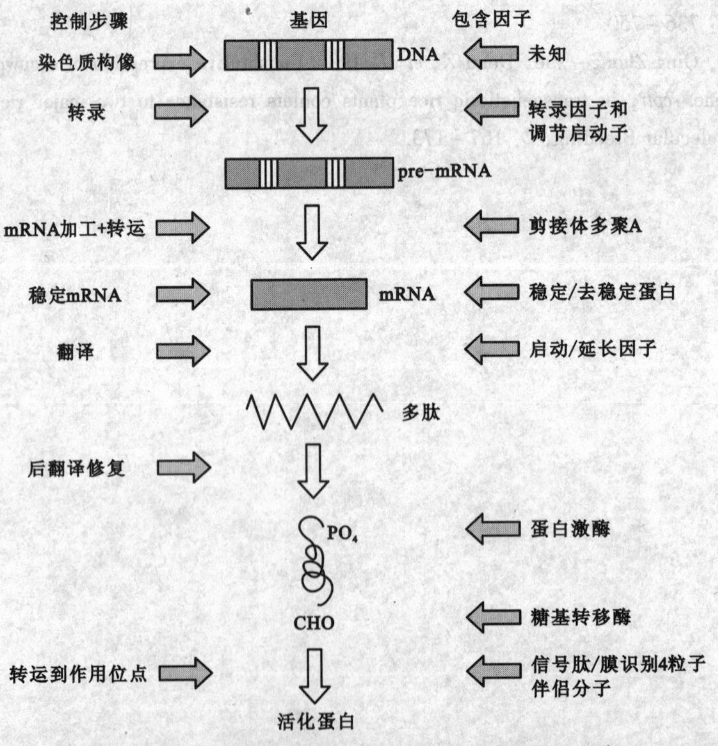

图6-1 植物基因表达的调控及调控阶段和所包括的因子

围更大，包括染色质的构象、转录的调控、转录后加工、mRNA 翻译，以及翻译后加工的调控等众多层次的调控（图 6-1）。然而，不管是原核生物还是真核生物，转录环节是最主要的调控位点，其决定于 DNA 的结构、RNA 聚合酶的功能、蛋白因子及其他小分子配基的相互作用。原核生物和真核生物在基因表达调控的细节上尽管差异很大，但两者的调控模式却有着惊人的相似性和可比性。除此之外，原核生物和真核生物的基因表达调控元件也具有相对的统一性。

6.1.1 启动子的调控作用

最近的研究发现，顺式元件的调控作用是转录水平调控的主要方式。转录调控序列通常包括基因 5′端的启动子、增强子，以及 3′端的调控序列等。

启动子是启动基因转录所必需的一段 DNA 顺式调控元件，位于转录起始点上游，是 DNA 链上一段能与 RNA 聚合酶特异结合并能启动 mRNA 合成的序列。其长度因生物的种类而异，一般不超过 200 bp。一旦 RNA 聚合酶定位并结合在启动子上，即可启动转录过程。因此，启动子是基因表达调控的重要顺式元件，它具有如下特征：

①序列特异性：在启动子的 DNA 序列中，通常只有大约 20 bp 是相对保守的，其中更换或增减一个核苷酸均可影响转录效率。

②方向特异性：启动子是一种极性顺式调控元件，即在正反两种方向中只有一种具有功能。

③位置特异性：启动子只能位于它所启动转录基因的上游或基因内部的前端。在基因下游，或在基因上游离所要启动的基因起始点距离太长或太短，均会影响转录效率，甚至无活性。

④种属特异性：原核生物的不同种属、真核生物的不同组织或器官，都具有不同类型的启动子及相对应的反式调控元件。一般来说，亲缘关系愈近，两种生物的启动子通用的可能性就愈大。

6.1.1.1 原核生物的启动子

典型的原核生物启动子由以下几个部分组成：转录起始位点、近侧元件和间隔区，如图 6-2 所示。

识别区 Pribnow框

5′——TTGACA————TATAAT————+1A//G——3′

-35区 -10区 转录起始点

图 6-2 原核启动子示意

①转录起始位点（TCS）：多数细菌启动子的转录起始区域序列为 CAT，转录从第二个碱基开始，90% 以上的启动子在这个位点是嘌呤（A/G）。

②TATA 框和 TTGACA 框：近侧元件通常位于离 TCS 75 bp 染色体的范围之内，由两个基序组成：TATA 框和 TTGACA 框。在距转录起始位点上游 6 bp 处，存在一个六聚体的保守序列：TATAAT，也称为 Pribnow 框，它是 RNA 聚合酶核心酶的结合位点。由于其中间的碱基位于转录起始位点上游 10 bp 处，故又称为

-10区。少数启动子的Pribnow框中间碱基位置在-9~-18之间变化。

另一个基序的中间碱基距离转录起始位点上游约35 bp处，称为-35区，又称Sextama框。它是RNA聚合酶的σ亚基的识别位点，RNA聚合酶的一个亚基首先定位在该区域，然后其他亚基再与-10区结合，转录作用便在+1起始点开始进行。

③间隔区：原核生物启动子在TCS与Pribnow框之间、Pribnow框与Sextama框之间存在长度不等的间隔序列。TCS与Pribnow框之间的距离约为5~9 bp，Pribnow框与Sextama框之间为15~21 bp，90%间隔区是16~18 bp。尽管间隔区内的碱基序列是不重要的，但其长度与RNA聚合酶和两个保守区域的相互作用的程度密切相关。

大量基因突变实验结果表明，大肠杆菌及其亲缘关系密切的其他原核细菌的启动子的最佳构成是：TATA框位于转录起始位点上游7 bp之前，TTGACA框位于TATA框上游17 bp之前。

6.1.1.2 真核生物的启动子

目前已从植物、微生物和动物中分离了许多适用于植物基因工程使用的启动子。按作用方式及功能不同，可将其分为3类：组成型启动子、组织特异性启动子和诱导型启动子。它们的来源基因及其表达特征见表6-1。在某些情况下，一种类型的启动子往往兼有其他类型启动子的特性。真核生物启动子与原核生物启动子有很多不同，主要体现在：①真核生物启动子有多种元件：TATA框，GC框，CATT框，OCT等；②真核生物启动子结构不框定。有的有多种框盒，如组蛋白H_2B；有的只有TATA框和GC框，如SV40早期转录蛋白；③真核生物启动子的位置、序列、距离和方向都不完全相同；④有的真核生物启动子有远距离的调控元件存在，如增强子；⑤真核生物启动子的调控元件往往具有控制转录效率和选择起始位点的作用；⑥真核生物启动子不直接和RNA polymerase结合，转录时先和其他转录激活因子相结合，然后才与聚合酶结合。

表6-1 植物基因工程中常用的启动子

类别	来源基因	表达特征
T-DNA	*nos*	组成型表达
	ocs	组成型表达
	mas（Tr-DNA）	组成型表达
	tml	组成型表达
	5号基因双向启动子	组织特异性表达，可双向控制两个基因的表达
病毒	CaMV基因Ⅵ	组成型表达
	CaMV35S基因	组成型表达（活性强），细胞周期S特异表达
植物	叶绿素a/b结合蛋白	叶片中光诱导表达
	RuBP羧化酶小亚基（*rbcS*）	叶片中光诱导表达
	查尔酮合成酶（*chs*）	光诱导表达
	大豆热激蛋白	根瘤中特异表达
	大豆血红蛋白	40℃培养时表达
	玉米醇溶蛋白Z_4	胚乳特异性表达
	玉米醇脱氢酶	厌氧条件下表达
	玉米热激蛋白	高温时表达
	玉米泛蛋白	组成型表达
动物	果蝇热激蛋白	热诱导性表达

(1) 组成型启动子

组成型启动子是指在该类型启动子控制下，结构基因的表达大体恒定在一定水平上，在不同组织部位表达水平也没有明显差异。

组成型启动子的特点是：表达具有持续性；表达量相对稳定；不表现时空特异性；不受外界因素诱导；在结构上存在六聚体花纹序列（TGACTG），往往以重复形式出现并被6~8个核苷酸隔开。目前使用广泛的组成型启动子是花椰菜花叶病毒（CaMV）35S启动子，Nos和Oct启动子。

①CaMV 35S启动子：该启动子来自花椰菜花叶病毒（CaMV），其转录产物的沉降系数为35S，故得名。

最近发现35S启动子可以划分为两个区域：从 -90 ~ +8 为A区域，主要负责在胚根、胚乳的根及根组织内表达；从 -343 ~ -90 为B区域，主要负责在胚的子叶及成熟植株的叶组织及维管组织内表达，在B区域内的增强子序列可以提高表达水平。

②Nos和Oct启动子：来自根癌农杆菌Ti质粒T-DNA区域的胭脂碱合成酶基因和章鱼碱合成酶基因，具有植物启动子的特性。

(2) 组织特异性启动子

组织特异性启动子也称为器官特异性启动子，在这类启动子的调控下，基因的表达往往只发生在某些特定的器官或组织部位，并表现出发育调节的特性。这种特异性通常以特定的组织细胞结构和化学物理信号为基础。典型的组织特异性启动子有：烟草的花粉绒毡层细胞中特异表达基因启动子TA29、马铃薯块茎蛋白基因启动子、番茄果实成熟特异性表达的多聚半乳糖醛酸酶基因启动子、小麦胚乳特异表达的ADP-葡萄糖焦磷酸化酶基因启动子、花粉特异表达基因（*lat52*）启动子和木质部特异表达的苯丙氨酸脂肪酶基因（*pal*）启动子等。

(3) 诱导型启动子

所谓诱导型启动子就是在某些特定的物理或化学信号的刺激下，可以大幅度地提高基因转录水平的启动子。该类启动子常以诱导信号命名，如共生细菌诱导表达基因启动子、光诱导表达基因启动子、热诱导表达基因启动子、创伤诱导表达基因启动子和真菌诱导表达基因启动子等。

诱导型启动子有3种类型：①A型启动子。A型启动子可以被植物体内合成的某些产物，诸如脱落酸（ABA）、赤霉素（GA）、生长素（IAA）以及创伤诱发产生的系统素等所诱导。②B型启动子。在高温、低温、水淹或土壤中的高浓度的盐或重金属离子等环境因子的作用下，B型启动子便会被诱导。③C型启动子。C型启动子是指那些能够对外界使用的人工合成的化学诱导物，包括Tet（启动与Tet^r相关的启动子）和地塞米松（启动与糖皮质激素相关的启动子）等发生反应的启动子。

6.1.2 增强子的转录调控作用

增强子是由一组与启动子关系密切的DNA顺式调控元件组成。增强子的结构类似于启动子，由多个元件组成，每个元件可以与一种或多种转录调控因子结合。增强子在激活基因表达方面具有如下特性：

①增强子的功能作用与方向无关：增强子的正反两个方向都有正激活的功能活性。

②重复序列：增强子是一类相对较大的调控元件，通常都含有能独立行使功能的重复序列。

③增强子的功能作用与位置无关：增强子可处于转录起始位点的上游、下游，甚至处在转录序列之中，都能够发挥增加转录活性的功能。

④特异性：大多数增强子具有组织特异性，或在特定细胞的特定阶段发挥作用，只有少数增强子能在所有类型的细胞中发挥作用。

⑤增强子可以远距离发挥功能作用：大多数真核生物的增强子都是位于5′上游100～500 bp处，但有实验结果表明，在距5′上游数千bp，甚至10 kbp的增强子，同样可以发挥促进转录活性的功能效应。

增强子最早是在SV40病毒基因组中发现和鉴定的，它位于以两个72 bp的正向重复顺序为特征的早期基因组区域内，距转录起始位点上游约200 bp。该区域呈现不寻常的染色质结构，DNA链很大程度上裸露出来形成一个核酸酶的超敏感区。碱基缺失图谱表明，这两个正向重复顺序的任何一个均能维持正常的转录，但两者同时缺失时，则基因转录速度会大幅度下降。与启动子结构不同，组成增强子的各元件（15～20 bp）排列较为密集，它们分别是特定蛋白型转录因子的结合位点，其中有些位点是典型启动子结构中的共有元件，如AP1和八聚体等。

真核生物细胞内的增强子具有与病毒增强子相似的性质，一个增强子可以作用于其上、下游最邻近的启动子，组织特异性转录启动机制既可能由启动子决定，也可能由增强子决定，也就是说，在这方面两者具有互补性。

6.1.3 终止子的转录调控作用

终止子虽然不具有增强子的功能，但它对基因的正常表达具有重要意义。转录启动后，RNA聚合酶沿着DNA链移动，持续合成RNA链直至遇到转录终止信号。终止反应必须破坏RNA链与DNA链之间的所有氢键，以便DNA双螺旋结构的复原。

6.1.3.1 原核生物终止子

原核生物的终止子结构可分为两类：不依赖ρ因子型终止子和ρ因子依赖型终止子。原核生物的两类终止子有共同的顺序特征：终止子序列有一段富含A/T区域和一段富含G/C的区域，G/C富含区域具有回文对称结构，故终止子转录后形成的RNA具有柄—环构型，不依赖ρ因子的终止子中回文序列的G/C含量比依赖ρ因子者更为丰富。

（1）不依赖ρ因子型终止子

不依赖ρ因子型终止子，又称为本征终止子（intrinsic terminator），是指不需要其他蛋白辅助因子便可在特殊的 RNA 结构区域内实现终止作用。它具有两大特征，即发夹结构和大约由 6 个 U 组成的尾部结构，两者均为终止反应所必需。终止位点上游处一般存在一个富含 GC 碱基的二重对称区，由这段 DNA 的转录产生的 RNA 容易形成发夹结构。所有 RNA 中的发夹结构均可导致 RNA 聚合酶延缓或暂时停止 RNA 的合成，然而发夹结构本身并不足以导致转录最后终止，因为 RNA 分子存在着大量的二级结构，发夹结构所造成的转录延缓或暂停作用只是为最后终止创造了一个有利条件，紧邻发夹结构下游的寡聚尿嘧啶核苷酸（U）尾部结构才是真正的转录终止信号。寡聚 U 的存在使 RNA-DNA 杂合双链的 3′端部分出现不稳定的 rU-dA 区域。两者共同作用使 RNA 从 RNA-DNA-RNA 聚合酶三元复合物中解离出来，从而导致该三元复合物的解体，RNA 聚合酶从 DNA 链上剥落下来，转录随即终止。

（2）ρ 因子依赖型终止子

ρ 因子依赖型终止子是指其终止作用需依赖于专一的蛋白质辅助因子（ρ 因子）的存在。ρ 因子是一个相对分子量为 2.0×10^5 的六聚体蛋白质，具有 RNA 依赖型的 ATP 酶活性。ρ 因子直接识别终止位点上游的 50 ~ 90 碱基区域，该区域拥有一个普遍的结构特征：RNA 序列中 C 碱基含量为 41%，但 G 碱基贫乏，为 14%，转录终止位点位于该区域最后三个碱基中的任何一个碱基。其作用机理：ρ 因子通常与终止子结构上游的某一特异性位点结合，然后沿着 RNA 链向下游前进，由于其速度快于 RNA 聚合酶在 DNA 模板上的移动速度，故当 RNA 聚合酶到达终止子区域并处于暂停状态时，ρ 因子也赶到此处；随后它便利用其 ATP 酶活性水解 ATP，将释放的能量用于解开 RNA-DNA 杂合双链，同时随 RNA 聚合酶一起从 DNA 和 RNA 链上离解下来，转录终止。

6.1.3.2 真核生物终止子

目前对真核生物转录的终止机制了解甚少，其主要原因是难于确定原始转录物的 3′端序列，因为绝大多数真核生物基因在转录后迅速进入 RNA 前体的加工工序。RNA 聚合酶 I 和 III 的转录终止模式类似于原核生物的 RNA 聚合酶，但 RNA 聚合酶 II 是否也依照这个模式还不清楚。

不同来源的终止子对外源基因的表达有着很大影响。例如，使用 35S 启动子与 *NPT* II 结构基因形成共整合体，并与不同来源的终止子构建成融合基因，转化烟草。结果发现，不同的终止子使 *NPT* II 基因的表达水平可相差 60 倍。植物基因的终止密码子多用 UGA，而在双子叶植物中，终止密码子 UAA 的使用频率高于 UGA。

6.1.4 5′，3′端序列的调控作用

基因的整体表达过程包括：转录，初级转录产物的加工、运输，mRNA 的翻译，以及蛋白产物的后加工这一系列步骤。每个步骤都存在着复杂而精细的调节，只提高外源基因的转录活性并不能有效地提高细胞中相应的 mRNA 水平和蛋白质含量。分析和改造转录产物的结构、提高 mRNA 的稳定性和翻译活性是

转录后调控研究的重点。

6.1.4.1 5′末端帽序列的调控

5′末端帽序列是真核基因 mRNA 区别于原核基因 mRNA 的显著特征。它参与翻译起始过程，既可以促进蛋白质生成及起始复合物的形成，又可以提高翻译起始频率，还能保护 mRNA 免遭外切核酸酶的降解，提高它的稳定性。

值得注意的是，在5′末端有一先导序列，它是从真核基因 mRNA 5′端帽子到起始密码子之间的不翻译核苷酸序列。先导序列的结构、组成和长度对翻译效率的影响是存在的，但不是绝对的。如 TMV 基因组 RNA68 碱基的先导序列和 AMV 基因组 RNA436 碱基的先导序列具有提高外源基因 mRNA 翻译活性的功能。

6.1.4.2 poly（A）及其信号序列的调控

Poly（A）和某些蛋白因子的结合能保护 mRNA 免遭外切核酸酶的降解。3′端聚腺苷酸信号附近的一些核苷酸序列能够促进植物基因表达水平，很可能是通过促进 mRNA 加工和增加其稳定性而发挥作用。

大多数 mRNA 的3′末端都加上了一段多聚腺苷酸 poly（A）。动物的共有 poly（A）信号（AAUAAA）出现在多聚腺苷酸位点附近，功能研究证实植物多聚腺苷酸信号不同于哺乳动物和酵母。研究发现只有 33% 的植物基因含有这一信号，而这 6 个碱基中的 4 ~ 5 个碱基组合序列却在另外的 50% 的植物基因中发现。这意味着相当大一部分植物基因中没有 AAUAAA 相似的信号。另外，如果存在 poly（A）信号，大多数植物转录物会含有一个以上的多聚腺苷酸信号。

当前对植物 poly（A）信号的理解大部分是基于对不同来源的 4 种基因［CaMV19S/35S 单位，*rbcS*-Eg 基因（RuBP 羧化酶小亚基的基因），*ocs* 基因，玉米醇溶蛋白基因］的研究。由于这些研究得出了一个相似的模式，这便可能可以推广到其他的植物基因。植物多聚腺苷酸信号，它由 3 个元件组成（图 6-3）。离转录物的剪切位点和多聚腺苷酸位点最远的元件称为远端上游元件（FUE），这些区域是在功能实验中通过研究它们对多聚腺苷酸化作用的影响而被鉴定出来。虽然没有大量的序列同源性，但基序 UUGUA 出现在其中 3 个基因中，而且所有的 FUE 都富含 UG 双核苷酸。近端上游元件（NUE）出现在距离多聚腺苷酸位点 40 个核苷酸范围之内，其特征是与 AAUAAA 相关的序列。目前，对这些序列的功能研究很少，但这个元件的变异表明在植物中多聚腺苷酸还有新的机制存在。对实际剪切位点和多聚腺苷酸位点很不清楚，而最重要的特征可能是与 NUE 之间的距离。

对具有多个多聚腺苷酸（A）位点的豌豆 *rbc*S 基因的研究表明，在一系列的

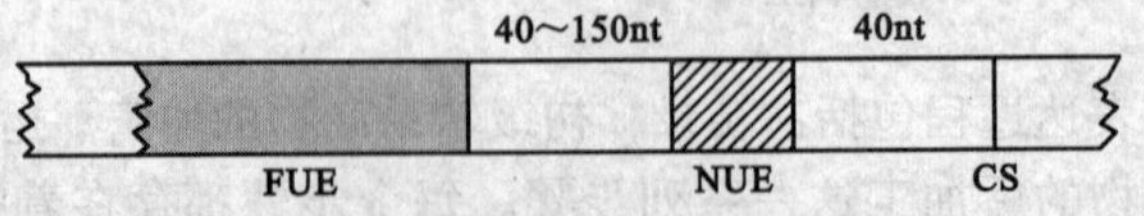

图 6-3 植物基因多腺苷酸信号

CS：多聚腺苷酸位点 FUE：远端上游元件 NUE：近端上游元件

环境和发育阶段没有不同的多聚腺苷酸位点选择。但是一些研究者的结果则显示在某些情况下，会优先使用一个多聚腺苷酸位点。这需要进一步的实验以阐明多个位点存在的重大意义。

6.1.5 内含子的表达调控作用

内含子的表达调控作用主要表现在以下两个方面：①内含子有利于基因的变异进化。在内含子序列之间发生重组，可产生新的基因；内含子切割点的变异可导致外显子延伸；②内含子具有提高外源基因表达水平的作用。由于内含子的有效拼接提高了细胞中成熟 mRNA 的水平，从而有利于基因表达。

许多植物核基因中有间插序列或内含子（也称剪接内含子）。这些序列从初级转录产物中通过剪接切除。RNA 前体的剪切过程是在转录全部完成之后才开始，它不依赖于 RNA5′端和 3′端的修饰作用。剪接经过两步：①5′端接位点发生断裂，同时内含子的 5′端切口和位于内含子内部 3′端剪接点位置上游的腺嘌呤核苷酸共价接合；②3′端接位点断裂，两个外显子（编码序列）连接。剪接依赖于剪接体的大复合物的序列信号识别，剪接体由蛋白和富含尿嘧啶的小核 RNA（UsnRNAs）组成。尽管对植物剪接了解较少，但内含子序列信号和 Usn RNAs序列相似性表明，植物剪接的机制与动物和酵母剪接的机制相似。

绝大多数真核生物的核内基因在内含子—外显子交界处的内含子两侧各有一个短小的保守序列，其中最保守的序列为 GT…AG（有意义链），它们分别是典型内含子的左右边界，因此这种内含子的剪切联结位点严格遵守 GT-AG 规律。通过 1 334 种植物对比显示，内含子产生的 5′端剪接位点（AAG：GTAAGT）和 3′端剪接位点（T16GCAG：GT）共有序列与在动物基因中发现的相似。实际上内含子 3′端的 AG 双核苷酸在所有内含子中都是保守的，大约有 1% 的内含子其 5′端的 GT 核苷酸被 GC 核苷酸代替。动物和植物的内含子不同之处包括：①植物内含子 3′端剪接位点上游的 C 丰度低；②多聚嘌呤片段不突出；③植物内含子的 AU 含量高。双子叶植物和单子叶植物内含子的区别在于双子叶植物比单子叶植物拥有较高的 AU 含量。实验表明，绝大多数双子叶植物中 59% 的 AU 含量是高效剪接所需的最低含量，只有 1.6% 的双子叶植物内含子的 AU 含量低于这个数字；而在 38.2% 的单子叶植物中，内含子的 AU 含量不足 59%。

6.1.6 衰减子的调控作用

衰减子（attenuator）是一种基因表达调控的精细调节装置。它利用原核细菌转录与翻译偶联的特性，依靠自身巧妙的特征序列以及相对应的 RNA 二级结构，对基因转录进行开关式的微调作用，这种效应称为衰减作用。其目的是保证原核生物在相关操纵子处于阻遏状态下仍能以一个基底水平合成氨基酸、核苷酸以及抗生素等。

衰减子结构本身不能够实现衰减作用，必须依赖于核糖体与前导序列的结合，因此，衰减作用实质上是通过翻译手段调控基因的转录。衰减作用最早发现于细菌的色氨酸操纵子中，衰减子位于操作子与第一个结构基因 *trp*E 之间。在 *trp*E 上游的 mRNA 前导序列中有一个编码 14 个氨基酸残基的开放阅读框架，其上游是核糖体结合位点（SD）序列，下游相隔 42 个碱基，存在一个典型的本征终止子结构，由 28 个碱基组成。与前导序列、终止子结构以及间隔区相对应的 DNA 序列共同组成衰减子。研究发现，色氨酸操纵子的转录是否在衰减子处终止，取决于细胞内色氨酸的浓度。除色氨酸操纵子外，还有其他氨基酸合成操纵子（组氨酸操纵子、苯丙氨酸操纵子等）含有衰减子结构。

6.1.7 信号肽序列对翻译产物的调控作用

翻译的完成不是基因表达的结束，初级翻译产物即前体蛋白并不具有生物活性。它还需要加工、修饰和正确折叠才能成为有活性的蛋白。前体蛋白的信号肽与活性蛋白的成熟有关，也与蛋白质的运输和分泌有关。前体蛋白质有功能活性蛋白及其运输与分泌的途径主要有两条：①初级转译产物→前体蛋白→加工、修饰和正确折叠→有功能活性蛋白；②前体蛋白→N-末端信号肽（signal peptide）去除→成熟活性蛋白及蛋白的运输和分泌。信号肽序列对翻译产物的调控作用就体现在对这些途径的作用上。

6.2 外源基因的瞬时表达和稳定表达

基因的表达调控具有时空两重性，两者的调控程序语言均由基因自身编码。时序控制包括基因表达的先后次序和相对强弱（速度与总量）；空间控制包括基因表达的区域（细胞器、细胞或组织）和环节。蛋白质编码基因的表达需要转录和翻译两大环节，每个环节都存在着不同的基因表达调控位点。

6.2.1 转化外源基因的瞬时表达

在合适的条件下，转化的外源基因通常在数小时后就能检测到其表达的产物，并在 1 ~2 天内达到最高值，随后又逐渐降低，至十多天后完全消失。这种短时间内的外源基因表达称之为瞬时表达。

6.2.1.1 外源基因瞬时表达的机制

外源基因瞬时表达是未整合的外源基因的表达，是一种正常形式的表达方式。由于此时的大部分外源 DNA 并未插入到染色体上，而是以游离状态存在。同样以游离状态存在的还有基因扩增片段，它是细胞内某些特定基因的拷贝数专一性地大量增加的结果。由此可以推测瞬时表达是一种正常形式的表达方式。

6.2.1.2 外源基因瞬时表达的影响因素

影响外源基因瞬时表达的主要因素有：

(1) 质粒 DNA 的基因结构

导入的质粒 DNA 通常是重组后的质粒 DNA，其调控序列必须齐全，否则会影响外源基因的瞬时表达。

(2) 细胞内源核酸酶的影响

由于内源核酸酶的存在会降解外源 DNA，因此在瞬时表达时，必须考虑受体细胞内源核酸酶的影响。

(3) 受体细胞生理状态的影响

许多实验结果表明，受体细胞的生理状态不同，其细胞内转录能力及翻译系统能力存在明显差异，从而影响外源 DNA 的表达速度和总量。

6.2.1.3 外源基因瞬时表达的应用

外源基因瞬时表达主要应用在以下两个方面：

(1) 在基因转化研究中的应用

主要应用于：① 农杆菌转化能力的检测，通过检测标记基因表达量和速度来判断其转化能力；②优化基因转化条件，选择导入 DNA 的方法，确定农杆菌共培养的时间等。

(2) 植物基因表达调控的研究

主要表现在：①启动子、增强子、内含子、终止子的功能研究；②外界因素对基因表达调控的影响；③植物激素的调控机理。

6.2.2 转化外源基因的稳定表达

转化外源基因的稳定表达是指外源基因整合到核基因组 DNA 分子上，并能稳定遗传的外源基因的表达。要实现外源基因在植物细胞中稳定表达，必须满足如下的条件：①表达时间长，未出现迅速衰退现象，不像瞬时表达那样 10 天左右就急速降低，甚至完全消失；②要确定 DNA 已整合到植物基因组中；③能够遗传给后代，并符合分离规律。

6.3 原核生物的基因表达与调控

原核细胞，特别是大肠杆菌表达系统有着几十年的研究基础，其基因表达的规律已经比较清楚，有许多可供选择的表达载体和宿主菌，有可遵循的技术方案，具有操作方便，成本较低的优势。因而至今，原核表达系统仍然是真核基因表达的首选表达系统。基因工程产品中，大多是由原核系统表达生产的，在医药、农业、食品工业等领域获得了广泛的应用，有着极为优越的社会效益和经济效益。下面以大肠杆菌表达系统为例，分析原核基因表达系统的基本特点。

6.3.1 外源基因正确表达的基本条件

外源基因的表达主要涉及转录和翻译两个过程。转录是以基因 DNA 为模板，在 RNA 聚合酶的作用下生成 mRNA 的过程。翻译是按 mRNA 的信息，在核糖体上（rRNA）组装由转移 RNA（tRNA）转移的氨基酸进而合成为多肽分子，如酶、结构蛋白、激素、抗体等多种蛋白的过程。在很多情况下，新生的多肽还需经过翻译后加工和修饰才能成为有生物活性的蛋白质。大量资料已证明，不仅原核细胞的基因能在大肠杆菌中表达，而且真核细胞的基因也可有效表达，但这种基因表达要有一定条件。

①外源基因插入序列必须保持正确的方向和阅读框架。其遗传密码不得缺失、遗漏、错位和错码，否则会导致有关基因表达的失败，特别是目的基因序列内部不能含两端酶切位点的识别序列。

②插入的外源基因必须放在原核的启动子控制之下，以便原核RNA聚合酶能够识别插入的基因。在理想的条件下，还应在其3′末端具有一个转录终止子。

③外源基因必须能在大肠杆菌中进行有效转录，如需有一个核糖体结合位点。这就要求大肠杆菌能够有效转录和翻译，而且编码的蛋白产物不会被内源性蛋白酶降解，能够维持正常的稳定性。

6.3.2 大肠杆菌表达载体的基本成分

一种理想的大肠杆菌表达载体，除了必须具有参与控制转录与转译的必不可少的遗传元件之外，还应该拥有一个标记基因，以便使载体带上选择表型，并依此判断它是否进入了寄主细胞。另外还应拥有一个决定载体拷贝数的复制起点和外源基因正确插入的多克隆位点。大肠杆菌表达载体的主要组成有如下几个部分。

(1) *启动子*

大肠杆菌及其噬菌体的启动子是控制外源基因转录的重要顺式调控元件。在一定条件下，mRNA的生成速率与启动子的强弱密切相关。大肠杆菌启动子的强弱与启动子和外源基因转录起始位点之间的距离有很大关系，一般为6～9 bp，但对于要表达的外源基因来说，启动子与转录起始位点的最佳距离还有待实验来确定。目前几种广泛用于表达外源基因的大肠杆菌启动子，其促进转录启动的活性几乎与外源基因的性质无关。

作为最佳启动子，必须具备以下几个条件：①首先是一种强启动子，可使外源基因的蛋白质产物的表达量占细胞总蛋白的10%～30%；②能够呈现出一种低限的本底转录水平；③是诱导型启动子，同时能够通过简单的方式，使用廉价的诱导物诱导。

(2) *终止子*

终止子分为转录终止子和翻译终止子。外源基因在强启动子的控制下表达，容易发生转录过头现象，形成长短不一的mRNA混合物。过长转录物不仅影响mRNA的翻译效率，而且使外源基因的转录速度大幅度降低。转录终止子能够阻止转录通过位于下游的另一个启动子，能使外源基因的转录被限定在最低的本底水平上，还能增强mRNA分子的稳定性。翻译终止子，即终止密码子，在大肠杆菌表达载体的构建时，通常给其安置上全部的3个终止密码子，以阻止发生核糖体的“跳跃”现象。为达到高效表达的目的，一般采用强的启动子和强的终止子。

(3) SD 序列

外源基因在大肠杆菌中的高效表达不仅取决于转录启动频率，而且在很大程度上还与 mRNA 的翻译起始效率密切相关。大肠杆菌细胞中结构不同的 mRNA 分子具有不同的翻译效率，主要由其 5′端的结构序列所决定，称为核糖体结合位点（RBS）。影响 mRNA 翻译起始效率的因素包括 Shine-Dalgarno（SD）序列、翻译起始密码子、SD 序列与翻译起始密码子之间的距离，以及碱基组成和基因编码区 5′端若干密码子的碱基序列。

一般来说，mRNA 与核糖体的结合程度越强，翻译的起始效率就越高，而这种结合程度主要取决于 SD 序列与 16S rRNA 的碱基互补性，其中在 16S rRNA 的碱基中以 GGAG4 个碱基序列尤为重要。这 4 个碱基中任何一个换成 C 或 T，均会导致翻译效率大幅度下降。所谓 SD 序列是 Shine－Dalgarno 首先提出的，故称为 SD 序列，是 mRNA 能在细菌核糖体上产生有效结合和转译所需要的序列。它是位于 mRNA 的 5′末端不转译的前导区段内的 3～9 bp 的保守序列。SD 序列与起始密码子 AUG 之间的序列，对翻译起始效率的影响则表现在碱基组成和间隔长度两个方面。实验结果表明，SD 序列后面的碱基若为 AAAA 或 UUUU，翻译效率最高；而若为 CCCC 或 GGGG，翻译效率则分别是最高值的 50% 和 25%。一般情况下，SD 序列与起始密码子 AUG 之间的距离为 6～8 bp，多数为 7 bp。所以在构建表达载体时，为使翻译效率达到最高，应尽量满足上述条件。

值得注意的是，由于真核生物和原核生物的 mRNA 5′端非编码区结构序列有很大的差异，因此要使真核生物基因能够在大肠杆菌中高效表达，应尽量避免基因编码区内前几个密码子碱基序列与大肠杆菌 SD 序列之间可能存在的互补作用。另外，为了能使真核基因在原核细胞中有效地翻译真核细胞蛋白，现在通常在构建载体时于启动子下游装上大肠杆菌核糖体结合位点序列，即转录后的前导区段内含有与 rRNA 3′末端互补的 SD 序列，以促使二者特异互补结合，定位起始位点。

(4) 起始密码子

规定多肽链的第一位氨基酸的密码子为起始密码子，细菌的起始密码子通常为 AUG，它转译为 N-甲酰基甲硫氨酸（一种修饰过的氨基酸），或是较罕见的 GUG（缬氨酸）。真核生物的起始密码子总是 AUG，并转译为甲硫氨酸，起始密码子在 mRNA 链为 AUG，在 DNA 链上为 ATG，AUG 也可用来表示 DNA 中的相应顺序 ATG。

不同的生物，甚至同种生物不同的蛋白编码基因，对于同一氨基酸所对应的简并密码子，使用频率并不相同，也就是说生物体基因对简并密码子的选择具有一定的偏爱性。所以，在构建表达载体时，必须考虑所表达基因的种类和性质，对外源基因的碱基进行适当置换，或对克隆载体上的调控序列进行适当的调整。

(5) 选择标记

为了方便从大量的重组菌落中将被转化的重组子分离出来，必须在构建质粒载体时加上一定数量的选择标记基因，从而使得转化体产生新的表型。对大肠杆菌等宿主菌的表达载体来说，一般选择抗生素基因作为选择基因，常见的有 Amp^r、Crm^r 和 Tet^r 等抗性基因。此外，在构建大肠杆菌表达载体的过程中，选择何种抗性基因，还要考虑是否会对特定宿主细胞的代谢活动产生影响。

6.3.3 常见的大肠杆菌表达载体类型

原核表达系统（如大肠杆菌表达载体）表达外源基因时，有很多种载体可供选择，其对重组质粒的基本要求是要有较高的拷贝数和在菌体内能稳定存在。大肠杆菌表达载体大体上可分为4种类型：①非融合型表达载体；②融合蛋白表达载体；③分泌型表达载体；④包涵体型表达载体。

（1）非融合蛋白表达载体

所谓非融合蛋白是指外源蛋白不与宿主蛋白融合，使其自身单独表达。为了在原核细胞中表达非融合蛋白，可将带有起始密码子ATG的真核基因插入到合适的原核启动子和SD序列下游。经转录和翻译，就可在原核细胞中，表达出非融合蛋白。其优越性在于表达的非融合蛋白与天然状态下存在的蛋白在结构、功能以及免疫原性等方面基本一致，从而可以方便地进行后续研究。为提高翻译效率，人们在设计表达载体时采用了许多办法，如：①优化翻译起始区以达到高效表达；②构建一套SD－AUG间隔不等的表达载体以供选择利用；③在构建表达载体时，使用近年来发现的“原核翻译增强子”序列，以提高翻译效率；④将“原核翻译增强子”和双顺反子结构结合到一起，从而提高表达效率。

（2）融合蛋白表达载体

当蛋白质表达以后，有效的分离纯化或分泌就成为获得目标蛋白的关键因素。通过以融合蛋白的形式表达，并利用载体编码的蛋白或多肽的特殊性质可对目标蛋白进行分离和纯化。

所谓融合蛋白是指蛋白质的N端由宿主基因（通常只是N端的部分序列）编码，C端由外源基因编码的蛋白质，换言之，融合蛋白是由一条短的原核多肽和真核蛋白结合在一起的杂合蛋白。表达融合蛋白的一般模式为，原核启动子—SD序列—起始密码子—原核结构基因片段—目的基因序列—终止密码子。由于翻译起始信号在调控翻译强度中是最重要的，融合表达载体通常SD－AUG间隔已固定，翻译起始信号组织合理，有利于翻译起始，而且简化了蛋白分离纯化工艺。融合蛋白在细胞内比较稳定。外源蛋白特别是相对分子量较小的蛋白，通常在宿主细胞内极易被胞内蛋白酶所清除。但是如果外源蛋白与宿主的一个蛋白构成融合蛋白，就可保护外源蛋白不受宿主细胞降解。许多融合蛋白可用作抗原。

但是获得的融合蛋白产物需要用化学法或酶法切去融合的多余肽段，给后处理工作增添了麻烦，因此在多数情况下人们还是愿意选择表达非融合蛋白。

（3）分泌型表达载体

除了在细胞内表达外，还可让表达的蛋白分泌到细胞外或细胞周质区中。这种表达方式可避免细胞内蛋白酶的降解，或使表达的蛋白正确折叠，或去除N-

末端的甲硫氨酸，从而达到维护目标蛋白活性的目的。

分泌型表达载体除具有一般表达载体的基本结构外，还需要具有编码信号肽的序列。通常信号肽与外源蛋白的 N 端连接，由于信号肽中含有带正电荷的氨基酸和疏水氨基酸，故能携带表达蛋白越膜分泌到周质或胞外，然后质膜上的信号肽酶将信号肽切除。

目前已知真核生物的分泌蛋白，大多能在大肠杆菌中得到很好分泌，此外一些小分子量的多肽也能较好分泌，但是对于原来属于真核生物的非分泌蛋白，即使装上信号肽，也常不能被分泌到周质或外膜内，最多只能结合到细胞内膜上。因此考虑外源蛋白分泌表达时，首先须考虑该表达蛋白被分泌的可能性。

(4) 包涵体型表达载体

当外源蛋白在大肠杆菌高水平表达时，常常在细胞质内聚集而形成包函体。在利用大肠杆菌生产非融合蛋白的过程中，多数情况下外源蛋白是以包函体的形式存在的。

包函体的形成有利于外源蛋白的高水平表达和防止蛋白酶对外源蛋白的降解，也可避免外源蛋白对宿主细胞的毒害作用。此外包函体也有利于表达产物的分离。但是包函体形成后，表达蛋白不具生物学活性。此外由于外源蛋白形成包函体，影响负责 N 端加工的酶对表达蛋白的加工作用。因此，通常在经过差速离心得到包涵体后，必须对其进行变性和复性处理，以便得到具有正确构象和生物活性的蛋白质产品。

为了获得可溶性的活性蛋白，通常在经过差速离心得到包涵体后，必须进行变性和复性处理，以便得到具有正确构象和有生物活性的蛋白质产品。

6.3.4 在大肠杆菌中高效表达外源基因的策略

要使真核基因直接在大肠杆菌表达载体中实现高效表达，需解决一些问题，主要有：①真核基因，至少是高等真核生物的基因，在结构上同原核基因之间存在着很大的差别；②真核基因的转录信号同原核的不同；③真核基因 mRNA 的分子结构同细菌的有所区别；④大多数真核基因的蛋白质产物，都要经过转译后的加工修饰，如正确的折叠和组装，而大多数的这类修饰作用在细菌细胞中并不存在；⑤细菌的蛋白酶，往往能够识别外来真核基因所表达的蛋白质分子，并把它们降解掉。

一般来说，在 *E. coli* 中高效表达外源基因需要遵循以下几项基本原则：①优化表达载体的设计，主要是对启动子序列和 SD 序列进行优化；②提高稀有密码子 tRNA 的表达作用；③提高外源基因 mRNA 的稳定性，主要是防止内源核酸酶将其降解；④提高外源基因表达产物的稳定性，主要是防止蛋白水解酶对表达产物的降解，因为表达产物可能会提高蛋白酶的活性；⑤优化发酵过程。

6.4 真核生物的基因表达与调控

6.4.1 高等生物基因的分子结构特点

6.4.1.1 真核蛋白质编码基因的基本结构

真核蛋白质编码基因的基本结构可以划为3个区（图6-4），即5′上游区（up-stream 5′）、转录编码区（transcribed region）和3′下游区（down-stream 3′）。在3′端下游区有一个翻译终止子，在5′端的转录启动区有一个启动子（promoter），启动子主要由两部分组成：距离转录起始点（CAP site）约 -70 bp 和 -30 bp处各有一个CAAT盒和TATA盒子，它们是与RNA聚合酶Ⅱ结合的位点。在CAP site 3′末端下游是一个起始密码子ATG（在mRNA上为AUG），编码甲硫氨酸，两者之间区域是不转录区，即5′UTR。在转录编码区，内有一个或多个内含子和多个剪切点（split site），转录区的末端是终止密码TGA、TAA或TAG（在mRNA上UGA、UAA或UAG）。其后接一个不转录区，即3′UTR，并且有一个3′端的多聚腺苷酸信号，其典型特征是富含AT。

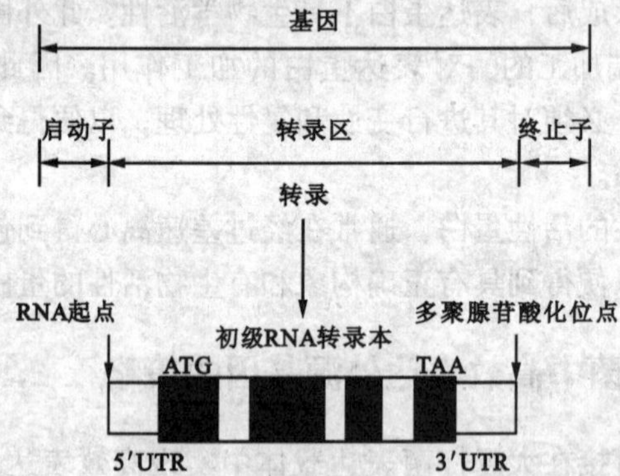

图6-4 一种典型的真核蛋白质编码基因的结构示意

与原核的蛋白质编码基因相比，真核蛋白质编码基因最主要的特点是转录区的编码序列是间断的、不连续的，其中编码氨基酸的序列叫做外显子，非编码序列则叫做内含子。转录产生的初级RNA转录本，经过剪辑加工（即去掉内含子）后形成功能的mRNA分子

6.4.1.2 真核生物基因分子结构与原核生物基因分子结构的差异

原核生物和真核生物在基因分子结构有些相同之处，如翻译的起始密码（ATG）和终止密码（TAA，TAG，TGA）是一样的。但二者的基因分子结构存在明显差异（图6-5），主要有以下几点：

①启动子结构不同　真核生物启动子由CAT盒和TATA盒组成，而原核生物中无CAT盒，代之的是TTGACA，即Pribnow盒，故细菌的RNA聚合酶不能识别启动子顺序，致使真核生物基因不能在原核生物中转录，只有采用原核生物的启动子才能进行转录。

②启始转录位点序列不同　原核生物是 CAT，而真核生物在 CAPsite 的序列尚未清楚。

③SD 序列差异　在细菌中它由不同长度组成，通常为 3 ~9 bp，位于 5′端不转录区。SD 序列在 mRNA 上与 16S 核糖体 RNA3′末端碱基互补，控制转录翻译的起始。原核生物中的 SD 在 DNA 上的序列是 GAGG，真核生物中 mRNA 转译的调控信号较复杂，尚未清楚。所以，在基因工程中，为了在原核细胞中能够有效地表达真核生物基因，现在都借助于载体上的核糖体结合位点（如 SD）进行。

当然，原核生物和真核生物在基因分子结构上仍有相同之处，如翻译的起始密码（ATG）和终止密码（TAA，TAG，TGA）是一样的。

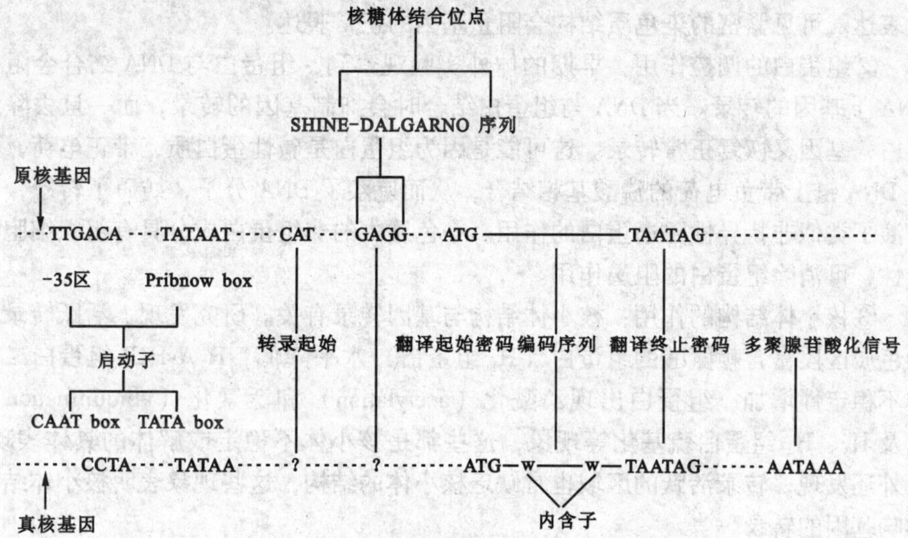

图 6-5　原核生物与真核生物基因结构比较

（引自李宝健，1990）

6.4.2　真核生物基因表达调控系统的特点

真核基因表达调控是当前分子生物学研究中的前沿领域。现有的研究表明，真核生物基因表达调控系统远比原核生物表达调控系统复杂，它不仅与基因本身及其功能相关，也与细胞及整个有机体的功能息息相关。真核生物基因表达调控系统具有以下几方面的特点：

（1）真核基因表达调控的环节更多

基因表达是基因经过转录、翻译，产生有生物活性的蛋白质的整个过程。同原核生物一样，转录依然是真核生物基因表达调控的主要环节，但真核基因转录发生在细胞核内（线粒体基因的转录在线粒体内），翻译则多在胞浆，两个过程是分开的，因此其调控增加了更多的环节和复杂性。其次，真核生物中是多级调控系统（multi-stage regulation system），它包括转录前调控、转录水平调控、转录后加工调控、转运调控、翻译水平调控及蛋白质活性调控等。此外，真核细胞在分化过程中也会通过基因重排、基因丢失和基因扩增等方式在 DNA 水平上进行基因活性的调节。

(2) 真核基因的转录与染色质的结构变化有关

真核基因组 DNA 绝大部分都在细胞核内与蛋白质（组蛋白和非组蛋白）结合，形成十分复杂的染色质结构。染色质构象的变化、染色质中蛋白质的结构状态的变化等都会影响转录，从而影响基因的表达调控，这主要体现在：

①染色质结构影响基因转录：常染色质（euchromatin）为松散的染色质，其中的基因可以转录，但异染色质（heterochromatin）是紧凑折叠的结构，其中未见有基因转录表达，并且原本在常染色质中表达的基因转移到异染色质内就会停止表达。可见紧密的染色质结构会阻止基因的正常表达。

②组蛋白的调控作用：早期的体外实验观察到，组蛋白与 DNA 结合会阻止 DNA 上基因的转录。当 DNA 与组蛋白结合时会抑制基因的转录，而一旦去除组蛋白，基因又恢复正常转录。这可能是因为组蛋白是碱性蛋白质，带正电荷，易与 DNA 链上带负电荷的磷酸基相结合，从而遮蔽了 DNA 分子，妨碍了转录，即扮演了类似非特异性阻遏蛋白的作用。染色质中的非组蛋白成分具有组织细胞特异性，可消除组蛋白的阻遏作用。

③核小体结构的作用：核小体结构与基因转录有关。研究发现，活跃转录的染色质区段富含赖氨酸的组蛋白（H_1 组蛋白）水平降低，H_2A-H_2B 组蛋白二聚体不稳定性增加；组蛋白出现乙酰化（acetylation）和泛素化（ubiquitination），以及 H_3、H_4 组蛋白巯基化等现象，这些都是核小体不稳定或解体的具体表现。另外还发现，转录活跃的区域也常缺乏核小体的结构，这些现象表明核小体结构影响基因的转录。

核小体的相位与基因转录也有着重要的联系。所谓相位是指在同一类型的所有细胞中，组蛋白八聚体在 DNA 序列上特殊的定位。由于相位的改变，使核小体外的 DNA 上调控元件相对位置发生改变，从而影响基因的转录。

④DNA 拓扑结构变化：天然双链 DNA 的构象大多是负超螺旋。当基因活跃转录时，RNA 聚合酶转录方向前方的 DNA 构象是正超螺旋，其后方的 DNA 构象为负超螺旋。正超螺旋 DNA 构象会拆散核小体，有利于 RNA 聚合酶向前移动和转录；而负超螺旋 DNA 构象则有利于核小体的再形成。

⑤DNA 碱基修饰变化：真核生物 DNA 分子中大约有 20% ~70% 的胞嘧啶存在着甲基化修饰。DNA 分子中的甲基化修饰多发生在 CG 二核苷酸对上，分为完全甲基化（两条链上的 CG 二核苷酸对上的两个 C 都出现甲基化）和半甲基化（仅有一条链上的 CG 二核苷酸对中的 C 出现甲基化）。

实验证明，基因表达与 DNA 甲基化修饰呈负相关。近年有关的研究还表明，DNA 甲基化对转录抑制主要取决于甲基化 CG 对的密度和启动子的强度这两个因素。启动子附近甲基化 CG 对的密度是阻碍作用的主要决定因素之一。而且在转录的充分激活和完全阻碍之间的调节开关，决定于甲基化 CpG 的密度和启动子强度的平衡。当然，DNA 甲基化和去甲基化同基因活性的关系也并不是绝对的。

由此可见，真核基因的转录与染色质的结构变化有关，但其作用机理尚未得到充分的解释。

(3) 真核基因表达以正调控为主

真核 RNA 聚合酶对启动子的亲和力很低，基本上不依靠自身来起始转录，需要依赖多种激活蛋白的协同作用。真核基因调控中虽然也发现有负调控元件，但并不常见。虽然真核基因转录表达的有些调控蛋白可起阻遏或激活作用，有些两者兼有，但总是以激活蛋白的作用为主，即多数真核基因在没有调控蛋白作用时是不转录的，需要表达时就要有激活的蛋白质来促进转录。换言之，真核基因表达以正调控为主导。

6.4.3 真核基因表达调控与原核基因表达调控的异同

真核生物基因表达调控的许多机理与原核生物基因（以下称原核基因）表达调控机理基本相同，主要表现在：①与原核基因的表达调控一样，真核基因表达调控也有转录水平调控和转录后的调控，并且也以转录水平调控为主；②真核结构基因的上游和下游（甚至内部）也存在着许多特异的调控成分，并通过特异蛋白因子与这些调控成分的结合与否来调控基因的转录。

真核生物基因表达调控与原核生物基因表达调控也存在明显的不同：①原核细胞的染色质是裸露的 DNA，而真核细胞染色质则是由 DNA 与组蛋白紧密结合形成的核小体。在原核细胞中染色质结构对基因的表达没有明显的调控作用，而在真核细胞中这种作用十分明显。②在原核基因转录的调控中，既有激活物参与的调控（阳性调控或正调控），也有阻遏物参与的调控（阴性调控或负调控），二者同等重要；而真核细胞中虽然也有正调控成分和负调控成分，但目前已知的主要是正调控，且一个真核基因通常都有多个调控序列，必须有多个激活物同时特异地结合上去才能调节基因的转录。③原核基因的转录和翻译通常是相互偶联的，即在转录尚未完成之前翻译便已开始，而真核基因的转录与翻译在时空上是分开的，从而使真核基因的表达有多种调控机制，其中许多机制是原核细胞所没有的。④真核生物大都为多细胞生物，在个体发育过程中发生细胞分化后，不同细胞的功能不同，基因表达的情况也就不一样。某些基因仅特异地在某种细胞中表达，称为细胞特异性或组织特异性表达，因而具有调控这种特异性表达的机制。

6.4.4 反式作用因子的调控

真核生物基因表达调控是严格按一定时间、空间、顺序发生的事件，转录调控是通过顺式作用元件（*cis*-acting element）与反式作用因子（*trans*-acting factor）的相互作用来实现的。了解这些元件和因子的结构功能及作用机制对调控转化外源基因的表达及提高表达效应具有十分重要的意义。

反式作用因子是指能直接或间接地识别或结合到顺式作用元件上的特异

DNA 序列，并通过两者相互作用而实现其调节效应的蛋白因子，即 DNA 结合蛋白（DBP），又称转录因子（transcription factor，TF）。TF 分为通用转录因子和转录调节因子两大类。基因表达的组织特异性及细胞周期特异性受上述元件和因子的相互作用所决定。通用转录因子中识别 TATA 盒的为 TFⅡD，可与 RNA 聚合酶Ⅱ结合并起始转录；而识别 GC 盒的 DBP 为 SP1（一个 O-糖基化的转录调节因子），可调控转录效率。通用转录因子的基本结构中有 3 个主要的功能结构域：DNA 识别或 DNA 结合结构域、激活基因转录的功能结构域和结合其他因子或调控蛋白的调节结构域。现有的研究结果发现，通用转录因子主要有以下 5 种结构模式：螺旋—转折—螺旋结构、锌指结构、碱性—亮氨酸拉链、碱性—螺旋—环—螺旋结构和同源域蛋白结构。

反式作用因子的主要作用规律为：①同一 DNA 序列可被不同蛋白质识别。②同一蛋白质因子可与多种不同 DNA 序列发生联系。多数是先蛋白质—蛋白质相互作用，再与 DNA 结合，发挥调节作用。③反式作用因子的自身生物合成有相当大的可变性、可塑性。

反式作用因子与顺式作用元件相互作用的特定结构域有两种类型：①通用转录因子的结构域为识别特异 DNA 的 DNA 结合结构域，如锌指结构。②转录调节因子的结构域又称转录活化结构域，如酸性 α-螺旋结构域。

6.4.5 RNA 干扰对基因表达的调控

RNA 干扰（RNA interference，RNAi），即 RNA 沉默，是最近几年发现和发展起来的一门新兴的、在转录水平上的基因阻断技术。它是一个双链 RNA（double-stranded RNA，dsRNA）分子在 mRNA 水平上关闭相应序列基因的表达或使其沉默的过程，也就是序列特异性的转录后基因沉默（post-transcriptional gene silencing，PTGS）。RNAi 是一种进化上保守的防御机制，既能对抗如病毒基因或人工转入基因所表达的 mRNA 等外源基因的侵害，又能降解自身正常基因产生的 mRNA。这种属于 RNA 水平上的基因抑制，可能是生物普遍存在的 RNA 水平上调节基因表达的方式，同时也提供了一种特异性失活功能基因的研究方法。它在哺乳动物中被称为 RNAi，在植物中被称为 PTGS，而在真菌中被称为淬灭（quelling）。

6.4.5.1 产生背景

20 多年前，Rich Jorgensen 和同事在对转基因植物矮牵牛（*petunias*）进行的研究中发现，将一个能产生色素的基因置于一个强启动子后，导入矮牵牛中，试图加深花朵的紫颜色，结果是不仅转入的基因未表达，而且自身色素合成也减弱了。当时将这种现象称为 PTGS 或共抑制（cosuppression）。

1992 年，Ramamor N. 等在粗糙脉孢菌（*Mold neurospora crassa*）中导入合成胡萝卜素基因后，约 30% 的被转化细胞中自身合成胡萝卜素的基因失活。当时将这种现象命名为基因表达的阻抑作用。

1995 年康乃尔大学的 Guo S. 等用反义 RNA 技术阻断秀丽新小杆线虫

（*C. elegans*）中 *parl* 基因的表达时，发现正义 RNA 和反义 RNA 均能阻抑基因功能表达，而且两者的作用是相互独立的，机制各异。

1998 年华盛顿卡耐基研究院的 Andrew Fire 和马萨诸塞大学癌症中心的 Craig Mello 首次将双链 dsRNA（double-stranded RNA）注入线虫，结果诱发了比正义链和反义链的单独注射都要强十几倍的基因沉默。他们将这种由 dsRNA（double-stranded RNA）引发的特定基因表达受抑制现象称为 RNA 干扰作用，并首次在秀丽新小杆线虫中证明上述现象属于转录后水平的基因沉默。

6.4.5.2 RNA 干扰技术理论基础

植物中的 PTGS 是一种与动物中的 RNAi 相似的 RNA 降解（RNA-degradation）机制。PTGS 特异性的引起所有同源 RNA 分子降解，是在把一额外拷贝的内源基因或者在一外源启动子控制下与内源基因相应 cDNA 序列导入到植物时被首次发现的。转基因或它的转录产物在很多方面都类似于植物细胞的入侵者，如病毒、类病毒等。PTGS 信号触发，可能是植物的防御体系将外源基因的转录产物作为类似病毒的 RNA 或 RNA 蛋白质复合物来对待，从而激发 PTGS。

6.4.5.3 RNAi 的可能形成机制

RNAi 是由 dsRNA 诱导的多步骤、多因素参与的过程，属于基因转录后调控

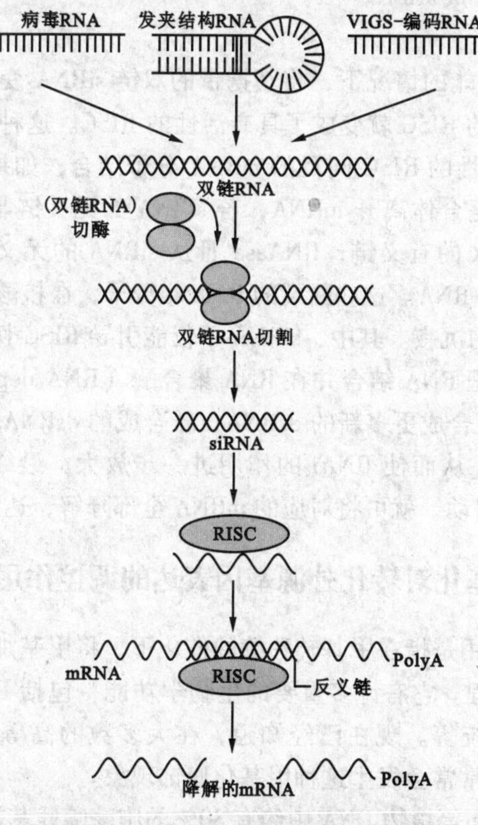

图 6-6 RNA 介导的基因沉默模型

（引自 Peter M *et al.*，2003）

(图6-6)。这一过程需要ATP的参与，一方面，ATP是反应体系中成员之一；另一方面，ATP能维持dsRNA 5′端磷酸化，尤其是要与靶mRNA互补配对的反义链，是RNAi发挥功能所必需的。但也有人提出：在哺乳动物细胞中，dsRNA 5′端是否磷酸化，对RNAi的效率并无多大影响，实际应用RNAi技术中，也可以使用5′端非磷酸化的dsRNA。细胞内靶mRNA在dsRNA出现后，即发生降解。

大量的生化和遗传学研究表明，RNAi的可能机制大致分为起始阶段和效应阶段。

(1) 起始阶段

起始阶段又可分为siRNA形成阶段和RNA诱导的沉默复合物（RNA-induced silencing complex，RISC）形成阶段。首先由外源导入或者由转基因、病毒感染等各种方式引入的dsRNA，在细胞内与核酸内切酶RNase Ⅲ家族的Dicer（是RNA酶Ⅲ家族中一种序列特异性的核酸内切酶，可以在U处降解dsRNA）结合，在ATP存在下逐步将外源dsRNA切割成21～23 nt的小片段，即siRNA（small interfering RNA或short interfering RNA，siRNA）。此小片段RNA具有与对应mRNA足够的序列同源性。然后，被Dicer加工成的siRNA同Agonaute2等一些酶蛋白家族成员结合，形成RISC。

(2) 效应阶段

RISC在ATP供能的情况下，将其携带的双链siRNA变成单链siRNA分子，携带了单链siRNA的RISC就变成了具有活性的RISC。这种具有活性的RISC又被称为Slicer。有活性的RISC同目的mRNA分子结合，如果siRNA的无义链与mRNA不互补，则复合体离开mRNA，若siRNA的无义链与mRNA发生互补交换，则置换出siRNA的有义链，RNAase Ⅲ从siRNA的无义链一端切断mRNA，形成25 nt的小分子RNA。这些断裂的RNA小分子，在核酸酶的作用下被降解，从而导致目的基因的沉寂。其中，siRNA不仅能引导RISC切割同源单链mRNA，而且可作为引物与靶RNA结合并在RNA聚合酶（RNA dependent RNA polymerase，RdRP）作用下合成更多新的dsRNA；新合成的dsRNA再由Dicer切割产生大量的次级siRNA，从而使RNAi的作用进一步放大，最终将靶mRNA完全降解。故RNAi一旦启动，就可将对应的mRNA全部降解，达到缺失突变的效应。

6.4.6 DNA甲基化对转化外源基因表达的调控作用

DNA甲基化作用是指在甲基转移酶的催化下，将甲基加到DNA分子的核苷酸碱基上的生化过程。它有许多重要的生物学功能，包括DNA复制起始、突变频率、修饰限制系统等。现在已经知道，在大多数的高等真核生物的细胞中，DNA分子合成之后常常会发生这种甲基化修饰现象。

研究表明，在高等植物DNA中约有30%的胞嘧啶残基被甲基化，DNA的甲基化具有抑制基因表达的作用，而通过改变DNA的甲基化状态可以调控基因的表达。

(1) DNA 甲基化的作用机制

细胞内甲基化过程发生在 DNA 合成以后，通常是以半保留方式进行 DNA 修饰，即双链 DNA 中仅对新合成链的对应位点胞嘧啶残基进行甲基化的修饰。真核生物细胞内存在两类起甲基化修饰作用的酶：一种是日常型甲基化酶，可在甲基化的 DNA 模板链指导下使其新合成的对应部位发生甲基化；另一种是从头合成型甲基化酶，它不需要甲基化的 DNA 模板指导，可以使非甲基化的 DNA 甲基化。在真核细胞中绝大多数甲基化发生在 CG 二核苷酸上，使 C_pG 成为 mC_pG，但速度很慢。

DNA 甲基化对基因表达可能产生以下几种作用：①甲基化影响 DNA 与蛋白质的相互识别与作用。DNA 甲基化导致某些区域 DNA 构象变化，从而影响了蛋白质与 DNA 的相互作用，抑制转录因子与启动区的结合效率；②甲基化影响 DNA 的构象，如形成 Z-DNA，从而调节 DNA 的基因活性。而若以 5-氮胞嘧啶核苷取代胞苷，诱导消除甲基化修饰，又可激活基因；③启动区 DNA 分子上的甲基化密度与基因转录受抑制的程度密切相关；④DNA 甲基化提高了该位点的突变频率。

(2) DNA 甲基化在转基因植物中的作用

众多实验表明，DNA 甲基化严重影响外源基因在转基因植物中的表达水平。所以对 DNA 甲基化与基因表达之间的关系作深入的研究，不但在理论上，而且在实践上也有重要意义。

6.4.7 激素对转化外源基因表达的调控作用

植物激素对植物细胞的生长、分化、发育、开花、衰老和成熟都有十分明显的调节作用，但调节机理还不甚清楚。近年来，随着分子生物学的发展，采用分子生物学实验技术来研究激素作用机制，在激素对基因表达的调控方面取得了一定进展。由于转化的外源基因同样受到激素的调控，所以通过分析外源基因表达的水平可以了解激素的调控机理。植物激素主要包括细胞分裂素、生长素、赤霉素、乙烯和脱落酸等，每种激素调控途径和机制都有所不同，如细胞分裂素，这种激素通过 3 种途径对转化外源基因的表达进行调控：①直接调控细胞核基因活力；②调控核蛋白质的磷酸化；③调控蛋白质的翻译。再如生长素，最近有研究者提出了这种激素对转化外源基因的表达调控的新假说：IAA→诱导 mRNA→H^+ 分泌→cell 伸长。

基于植物激素对外源基因表达的调控作用，在基因转化及调控外源基因的表达中，合理地使用激素就显得格外重要。

6.4.8 提高转化外源基因表达的策略

(1) 克服转化外源基因失活的策略

在某些情况下，外源基因失活表现为基因沉默。造成基因沉默的原因较多，它可能与基因的重复拷贝、DNA甲基化、染色质结构重排和转录后产物的不稳定有关。在实际工作中可通过筛选单拷贝转基因株系及使用核基质附着区等措施来提高基因表达效率。

(2) *启动子、增强子、内含子、5′和3′端调控序列的正确利用*

外源基因在植物细胞的稳定存在并有效表达受许多因素影响。构建高效表达的转化载体是提高外源基因在植物细胞中表达的有力措施之一。在构建植物基因表达载体时应选择合适的启动子类型，组入完整的基因表达调控序列（包括5′端和3′端调控序列)，合理插入内含子从而提高外源基因的表达水平，合理使用转译过程上的调控序列从而有利于翻译和翻译后的调控。因此，构建一个高效表达的转化载体应该具备以下几个条件。

①具有完整的基因表达调控序列。

②使用适合的植物基因表达调控系统。

③正确地选择启动子的类型，调控强度，组织特异性等。

不同的启动子在不同的转基因植物中表达效率差异较大，目前在大多数的研究工作中都是使用组成型的强启动子。在植物转基因研究中，使用天然的启动子往往不能取得令人满意的结果，尤其是在进行特异表达和诱导表达时，表达水平大多不够理想。所以，除了筛选更强的启动子外，采用复合式启动子和对启动子进行改造也是很重要的途径，是未来发展的一种方向。

④合理插入具有促进功能的内含子，以增加外源基因的表达水平。

内含子增强基因表达的作用最初是由Callis等在转基因玉米中发现的，玉米乙醇脱氢酶基因（*Adhl*）的第一个内含子（intron 1）对外源基因表达有明显增强作用，该基因的其他内含子（如intron 8，intron 9）也有一定的增强作用。多项研究表明，内含子对基因表达的增强作用主要发生在单子叶植物，在双子叶植物中不明显。

目前，对内含子增强基因表达的机制还不清楚，但一般认为可能是内含子的存在增强了mRNA的加工效率和mRNA稳定性。但也有研究指出，特定内含子对基因表达的促进作用取决于启动子强度、细胞类型、目的基因序列等多种因素，甚至有时取决于内含子在载体上的位置。由此可见，内含子对基因表达的作用机制是很复杂的，如何利用内含子构建高效植物表达载体，目前还缺乏一个固定的模式，值得进一步探讨。

⑤合理排列5′端和3′端的调控序列，注意它们的位置、距离顺序等。

真核基因的5′和3′非翻译序列区，如3′端的poly（A）序列、切割序列和加工序列等，对提高翻译效率起着非常重要的作用。因为这些序列对基因的正常表达是非常必要的，该区段的缺失常会导致mRNA的稳定性和翻译水平显著下降，而且，不同基因的3′端序列提高基因表达的效率有所不同，有些相差达60倍。

⑥合理使用转译过程中的调控序列，有利转译及转译后的基因表达调控。

⑦避免转化基因植株中的失活和沉默。

(3) 优化先导序列，提高表达产物含量

提高翻译效率同样是调控外源基因表达的重要环节。5′端的先导序列对翻译效率起着重要作用。先导序列的长度和二级结构被认为是重要的决定因素，在翻译起始时，先导序列与核糖体结合，形成适当的结构识别起始密码子，可以提高转基因表达效率和稳定性。所以优化先导序列可大大提高起始翻译的效率。

在胞浆和内质网上合成的多肽可进一步定位到不同的细胞部位，其定位特异性是由多肽的定位信号决定的。内质网及其衍生蛋白体在植物细胞内为外源蛋白提供了一个相对稳定的环境，有效防止了外源蛋白的降解。Wandelt 等和 Schouten 等将内质网定位序列（四肽 KDEL 的编码序列）与外源蛋白基因相连接，发现外源蛋白在转基因植物中的含量有了显著提高。

另外，人们还发现，在转化基因之后使用 3′-多聚腺苷酸信号可以影响蛋白的累积，提高抗原的表达量。Richter 等为了提高 HBs Ag（乙肝表面抗体-Ag）在马铃薯中的表达，使用了 3′-多聚腺苷酸信号，HBs Ag 在新鲜块茎中的表达水平由原来的 1. 14 ug 上升至 1. 6 ug。

(4) 构建融合基因

将外源基因与植物特异蛋白基因及其调控序列连接起来，使重组蛋白在植物体内的表达具有器官和组织特异性，可大大提高外源蛋白的表达量。这种方法是利用在植物中能够高效表达基因的部分序列、启动子和调控序列与目的基因结合，构建融合基因，从而实现外源基因的表达和分泌。利用融合蛋白的特性将目的蛋白富集和保护起来，免受宿主体内蛋白水解酶的攻击，从而提高外源蛋白的含量。

(5) 使用偏爱的密码子

不同的生物，甚至同种生物不同的蛋白编码基因，对于同一氨基酸所对应的简并密码子，使用频率并不相同，也就是说生物体基因对简并密码子的选择具有一定的偏爱性。许多实验也表明，在 DNA 重组技术实际应用中，同一生物使用不同密码子，外源基因的表达水平存在明显差异，有的相差 100 倍。

(6) 叶绿体转化

为了克服细胞核转化中经常出现的外源基因表达效率低，由于位置效应及由于核基因随花粉扩散而带来的不安全性等问题，近几年出现一种新兴的遗传转化技术——叶绿体转化。构建叶绿体表达载体时，一般都在外源基因表达盒的两侧各连接一段叶绿体的 DNA 序列，称为同源重组片段或定位片段（targeting fragment）。当载体被导入叶绿体后，通过这两个片段与叶绿体基因组上的相同片段发生同源重组，就可能将外源基因整合到叶绿体基因组的特定位点。在以作物改良为目的的叶绿体转化中，要求同源重组发生以后，外源基因的插入既不引起叶绿体基因原有序列丢失，又不致于破坏插入点处原有基因的功能。

叶绿体转化技术的优点主要有：

①以定点整合方式导入外源基因从而消除位置效应和转基因沉默；

②叶绿体基因拷贝数大，为实现外源基因的超量表达提供了前提；

③每个植物细胞存在多至10 000个拷贝的叶绿体DNA分子，外源蛋白的表达量可大幅度提高；

④具有原核表达方式，可直接表达来自于原核生物的基因，且能以多顺反子的形式表达多个基因；

⑤可接受大片段或多个基因的插入；

⑥叶绿体转化的植物花粉中无重组蛋白表达，降低了花粉介导的杂交，不影响生物多态性。

到目前为止，已在烟草、水稻、拟南芥、马铃薯和油菜5种植物中相继实现了叶绿体转化，使得这一转化技术开始成为植物基因工程中新的生长点。当然，目前叶绿体转化还存在一定的局限性，尤其是在转基因植物可食疫苗的应用方面是困难的。

参考文献

陈颖，朱明华．2003. RNA干扰［J］．中国生物工程杂志，3：39－43.

黄 海．2003. RNA干扰技术的进展及应用［J］．国外医学－泌尿系统分册，增刊．

郝海红，卿柳庭，郭定宗．2005. RNA干扰技术［J］．动物医学进展，26（7）：104－107.

金万枚，等．2000. 植物遗传转化方法和转基因植株的鉴定［J］．陕西农业科学，1：24－29.

康 洁，刘福林．2004. RNAi，生物体内的基因免疫［J］．生物学通报，39（8）：16－17.

李宝健，等．1990. 植物生物技术原理与方法［M］．湖南：湖南科学出版社．

李旭刚，等．2001. DNA甲基化对转基因表达的影响［J］．科学通报，46（4）：322－325

楼士林，杨盛昌，龙敏南，等．2002. 基因工程［M］．北京：科学出版社．

吴乃虎．2001. 基因工程原理（下册）［M］．北京：科学出版社．

王继文．2003. RNA干扰技术及应用的研究进展［J］．国外医学分子生物学分册，152－157.

王亚馥，等．1996. 遗传学［M］．北京：高等教育出版社．

王关林，方宏筠．2002. 植物基因工程［M］．第2版．北京：科学出版社．

王 彪，武天龙．2005. 提高外源基因在植物体内表达的策略［J］．热带亚热带植物学报，13（1）：80－84.

于 湄．2001. 转基因植物抗病毒机制［J］．生物学通报，35（9）：9.

杨吉成．2003. 医用基因工程［M］．北京：化学工业出版社．

张惠展．1999. 基因工程概论［M］．上海：华东理工大学出版社．

朱玉贤，李毅．2002. 现代分子生物学［M］．第2版．北京：高等教育出版社．

Brummelkamp T R, Bernards R, Agami R. 2002. A system for stable expression of short interfering RNAs in mammalian cells［J］. Science, 296（5567）: 550－553.

Fire A. 1999. RNA triggered gene silencing［J］. Review Trend Genet, 15（9）: 358－363.

Fire A, Albertson D. 1991. Preluclíun of antisense RNA lead to effective and specific inhibition if gene expression in *C. elegans* muscle［J］. Development, 113: 503－514.

Fire A, Xu S, Montgomery M K, *et al.* 1998. Potent and specific genetic interference by double-strand RNA in *Coenorhabditis elegans*［J］. Nature, 391（6669）: 744－745.

Guo S, Kemphues K J. 1995. Par 1, a gene required for establishing polarity in *C. elegans* embryos, encodes a putative Ser/Thr kinase that is asymmetrically distributed [J]. Cell, 81 (4): 611-620.

Hammond S M, Bernstein E, Beach D, Hannon G J. 2000. An RNA-directed nuclease mediates post-transcriptional gene silencing in Drosophila cells [J]. Nature, 404 (6775): 293-296.

Jacque J M, Triques K, Stevenson M. 2002. Modulation of HIV-1 replication by RNA interference [J]. Nature, 418 (6896): 435-438.

Mlynrov L, Keize L C P, Stiekema W J, *et al.* 1996. Approaching the lower limits of transgene variability [J]. Plant Cell, 8: 1589-1599.

Meuse L, Pham T T, *et al.* 2002. RNA in adult mice [J]. Nature, 418: 38-41.

Park Y D, Papp I, Moscone E A, *et al.* 1996. Gene silencing mediated by promoter homology occur at the level of transcription and results in meiotically heritable alterations in methylation and gene activity [J]. Plant J, 9 (2): 183-194.

Prins M, Goldbach R. 1996. RNA-mediated virus resistance in transgenic plant [J]. Arch. Virol, 141: 2259-2276.

Romano N, Macino G. 1992. Quelling: Transient inactivation of gene expression in *neurospora crassa* by transformation with homologous sequences [J]. Mol Mirobiol, 6: 3343-3353.

Peter M, Waterhouse, Christopher A, Helliwell. 2003. Exploring plant genomes by RNA-induced gene silencing [J]. Nature Review Genetics, 2: 29-38.

Sojikul P, Buehner N, Mason H S. 2003. A plant signal peptide - hepatitis B surface antigen fusion protein with enhanced stability andimmunogenicity expressed in plant cells [J]. Proc Natl Acid Sci, 100 (5): 2209-2214.

Tom van den B, Geo rge P, Lomono ssoff and Jeffrey W D. 1998. Can we explain RNA-mediated virus resistance by homology dependent gene silencing? [J] Mol Plant Microbe Interact, 7: 717-723.

van Houdt H, Ingelbrecht I, van Montagu M, *et al.* 1997. Post-transcriptional silencing of a neomycin phosphotransferase Ⅱ transgene correlates with the accumulation of unproductive RNAs and with increase cytosine methylation of 3' flanking regions [J]. Plant J, 12 (2): 379-392.

Xiao N Z (肖乃仲), Bai Y F (白云峰), Liu J X (刘锦绣), *et al.* 2003. Plant as bioreactor for the production of pharmaceutical proteins [J]. Hereditas (遗传), 25 (1): 107-112.

Zu Y, Perle M A, Yan Z, Liu J, Kumar A, Waisman J. 2001. Chromosomal abnormalities and p53 gene mutation in a cardiac angiosarcoma [J]. Appl Immunohistochem Mol Morphol, 9 (1): 24-28.

第7章　植物基因工程研究进展

植物基因工程是近20多年来随着DNA重组技术、基因遗传技术及植物组织培养技术的发展而兴起的生物技术。其目的是通过导入外源基因对植物基因遗传进行转化，使作物具有抗病、抗虫、抗逆境、高产优质，以及生产药物和美化环境等方面的能力，从而获得转基因植物，使人类更大限度地利用植物资源。

转基因植物打破了生物的种间隔离，扩大了基因交流范围。在农业上转基因植物主要应用于作物品质改良、有效控制病虫及杂草危害、提高耐环境胁迫能力、增加食品营养、减少污染和改善人们生活等方面。

自1983年获得第一株转基因烟草以来，转基因植物及其产品大量问世。至今，科学家们已在200多种植物中成功地实现了基因转移，这些作物包括粮食作物、经济作物、蔬菜、瓜果、花卉及泡桐、杨树等造林树种。目前，大面积推广应用的转基因植物主要有抗虫、抗除草剂作物品种。同时，为了满足人们生活质量提高的需求，科学家正在培育抗旱耐盐、改良品质、增加营养、医疗保健及生物能源用的第二代、第三代转基因植物。这不仅可使消费者从转基因植物中直接受益，还将为解决与广大消费者日常生活紧密相关的全球性水资源短缺、环境污染和能源危机作出重大贡献。毫无疑问，转基因植物不仅从根本上改变了对传统农作物的培育和种植方式的认识，也为农业生产带来了新一轮的技术创新革命。但在转基因植物取得惊人发展的同时，其安全性问题也受到人们广泛的关注，已成为当今世界农业共同关注的焦点。

7.1　转基因植物发展现状

7.1.1　国际转基因植物发展现状

现代生物技术为人类解决粮食、药品和环境等问题开辟了一条新的途径，其已广泛应用于农业、医药、林业、水产、食品、环保等行业和领域。近20年来，世界现代生物技术发展迅猛，在研究、开发和生产上取得了一系列突破性进展。自1983年第一例转基因植物问世以来，目前世界上已有超过35科120多种转基因抗除草剂、抗虫、抗病以及品质改良的作物新品种（品系）相继进行了中间试验和环境释放，其中转基因大豆、棉花、玉米、油菜、西红柿等作物的种植面积从1996年的170多万公顷猛增到2005年的9 000多万公顷，10年间增长了52倍，累计种植面积已达$4.746\times10^{8}hm^{2}$（合71.19亿亩），相当于我国耕地面积的3.75倍，参与种植的国家从6个增至21个（图7-1）。

据农业生物技术应用国际组织（ISAAA）调查，2005年，经核准的转基因作物全球种植面积为 9 000 × 10^4hm²。2005 年种植转基因作物的 21 个国家中包括 11 个发展中国家和 10 个工业化国家。值得关注的是，欧洲的葡萄牙和法国在分别中断 5 年和 4 年后又恢复种植转基因作物，伊朗也于 2004 年正式推广种植了转基因抗虫水稻。目前，转基因植物按种植面积大小排序，分别是美国、阿根廷、巴西、加拿大、中国、巴拉圭、印度、南非、乌拉圭、澳大利亚、墨西哥、罗马尼亚、菲律宾、西班牙、哥伦比亚、伊朗、洪都拉斯、葡萄牙、德国、法国和捷克共和国；其中，美国、阿根廷、巴西、加拿大和中国仍是全球主要的生物技术作物种植国，种植面积分别为 4 980 × 10^4hm²（占该类作物全球种植面积的 55%）、1 710 × 10^4hm²、940 × 10^4hm²、580 × 10^4hm² 和 330 × 10^4hm²。就作物种类而言，Bt 大豆种植面积为 5 440 × 10^4hm²（占转基因作物全球种植面积的 60%），其后是玉米（2 120 × 10^4hm²，24%）、棉花（980 × 10^4hm²，11%）和油菜（460 × 10^4hm²，5%）。就导入的外源基因性状而言，耐除草剂性状作物种植面积第一，其次是抗虫和多性状作物；而耐除草剂的大豆、玉米和油菜占全球转基因作物总种植面积的 71%（6 370 × 10^4hm²），Bt 作物占 18%（1 620 × 10^4hm²），多基因作物占 11%（1 010 × 10^4hm²）。此外，多外源基因作物以 2004 年和 2005 年间发展最快，增长率达 49%；相比之下，耐除草剂的增长率仅为 9%，抗虫性的增长率也仅为 4%。

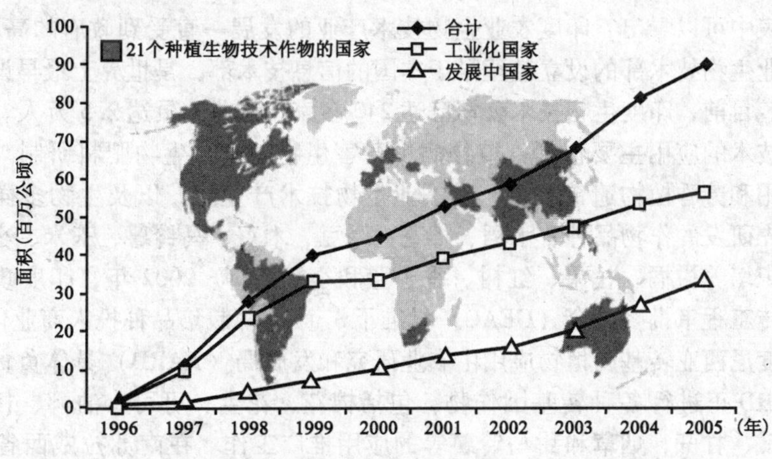

图 7-1 生物技术作物的全球分布图（1996～2005 年）

（引自 Clive James，2005）

2004～2005 年间增长了 11%，即 900 万 hm²

7.1.2 亚洲转基因植物发展现状

目前，很多亚洲国家政府都将生物技术研究确定为优先发展的重点科研项目，他们希望通过这些研究，来迎接提高作物产量、改善农民生活状况、推动农村发展和满足食物安全要求等诸多方面的严重挑战。表 7-1 列出了某些亚洲国家的农业生物技术重点研究和开发（R&D）机构初步确定的优先研发的作物种类。

表 7-1 某些亚洲国家的国家作物生物技术重点研究和开发机构优先研发的作物种类

国家	重点研发机构	优先研发的作物
中国	中国国家生物技术中心 中国农业科学院生物技术研究所	水稻、棉花、玉米、小麦和蔬菜
印度	科学技术部生物技术研究署	水稻、棉花、绿豆、木豆、马铃薯、玉米、小麦和蔬菜、组培柑橘、杧果、红树、香子兰和小豆蔻
印度尼西亚	生物技术研究和开发中心 农业研究和开发部	水稻、木薯、玉米、棉花和大豆
马来西亚	国家生物技术管理局 科学、技术和环境部	水稻、番木瓜、兰花、辣椒、橡胶植物、油椰和柚
菲律宾	国立分子生物学和生物技术研究所	水稻、玉米、椰子、杧果、香蕉和番木瓜
泰国	国家遗传工程和生物技术中心	水稻、玉米、棉花、木薯、榴莲、橡胶、番茄和兰花
越南	国家自然科学技术中心生物技术研究所	水稻、玉米、马铃薯、甘薯（白薯）和木薯

从表中可以看出，印度农业生物技术产业的发展一直受到政府的高度重视。印度农业生物技术部的设立甚至早于本国的信息技术部，是世界上最早设立的类似机构。目前，印度生物技术公司已达240多家，从业人员达2.5万人。印度农业生物技术的应用主要包括：植物病虫草害生物防治，生物肥料研制，生物勘查，药用和芳香植物遗传改良，丝蚕业生物技术产业化，以及生物多样化保护等。优先研发的作物品种有水稻、棉花、绿豆、木豆、马铃薯、玉米、小麦和蔬菜、组织培养柑橘、杧果、红树、香子兰和小豆蔻等。2002年，印度政府通过印度遗传工程审批委员会（GEAC）批准了3个Bt棉栽培品种投入商业化种植。

印度尼西亚转基因植物应用由农业研究和发展局（AARD）具体负责。现阶段，AARD正进行各种转基因作物，包括棉花、花生、可可、油椰、甘薯、水稻、木瓜、甘蔗、烟草和甜马铃薯等的应用推广工作。在南苏拉威西省，Bt棉的商业种植面积就超过4 000hm^2。

近年来，马来西亚政府对农业生物技术的研发、及其基础设施和人力资源开发等给予了大量的资助。政府启动了生物谷计划，拟斥资37亿美元，用于构建设置生物谷的多媒体超级走廊（MSC）。生物谷中设立3个研究所，分别从事染色体组及分子生物学、营养学和农业生物技术学研究工作。优先研发的作物品种有水稻、木薯、玉米、棉花和大豆等。

菲律宾政府则早在1998年就已投资启动了5个农业生物技术研究计划，其研究重点包括抗束顶病毒转基因香蕉和抗环斑病毒转基因番木瓜品种培育，延迟成熟的转基因番木瓜和转基因杧果品种培育，转Bt基因玉米品种培育，高月桂酸转基因椰子品种培育等。目前，转Bt基因玉米新品种已进入中试。

而泰国农业生物技术的研究重点则集中在对传统作物、水果和出口商品的遗传改良上。现已被列为优先研发的作物品种有水稻、木薯、甘蔗、橡胶植物、榴莲和兰花等。目前，正对17种转基因植物或材料，包括晚熟番茄、抗环斑病毒番木瓜、转Bt抗虫棉、转Bt抗虫和耐除草剂玉米和水稻等品种进行生物安全评价。

越南农业生物技术的研发，正处于对国外先进技术的引进和吸收阶段。目前优先研发的作物品种有水稻、玉米、马铃薯、甘薯（白薯）和木薯等。

此外，韩国政府计划投入3.24亿美元用于支持本国农业生物技术在植物染色体组、生物信息学和转基因技术等方面的研究工作，使本国的农业生物技术水平尽快达到世界先进水平。新加坡政府也拟在未来5年内，投入7亿美元将新加坡建成亚洲的生物制药中心。

7.1.3 我国转基因植物发展现状

我国转基因植物研究始于20世纪80年代。1986年启动的“863”计划起了关键性的导向、带动和辐射作用。自1997年至2003年12月，我国农业部批准转基因植物安全评价申请环境释放243项，生产性试验108项，生产用安全证书79个。已进入环境释放阶段的转基因植物有：水稻、玉米、小麦、马铃薯、河套密瓜、番木瓜、大豆、油菜、杨树、烟草、高羊茅、黑麦草；已商业化种植的转基因作物有：棉花（46项）、线辣椒（1项）、甜椒（4项）、矮牵牛（1项）、番茄（6项），共计58项。目前我国接受转基因生物安全性评价的植物品种有1 000多项，通过国家安全性评价的转基因作物有5种，包括抗虫棉花、改变花色的矮牵牛、延熟番茄、抗病毒的甜椒和番茄等。另外，美国孟山都公司的抗虫棉也获准在我国进行商品化种植。2004年我国转基因作物的种植面积为$370 \times 10^4 hm^2$，占全球转基因作物种植总面积的5%；种植的转基因作物主要是抗虫棉，其种植面积占当年全国棉花种植总面积的66%。

总体上看，我国转基因植物研发的整体水平在发展中国家处于领先地位，尤其是在基因测序、转基因植物、疫苗研制、高技术筛选农作物、基因治疗等方面。例如，我国是世界上继美国之后第二个拥有自主研制抗虫棉技术的国家，转基因水稻研制水平位于世界前列，也是世界上第一个商品化种植抗黄瓜花叶病毒（CMV^R）和抗烟草花叶病毒（TMV^R）双价转基因烟草的国家。

7.1.3.1 植物抗虫基因工程

全世界农作物每年因病虫害损失的产量占总产量的37%，其中的13%是由虫害引起的。每年因害虫造成的损失达1 000多亿美元，仅水稻一项损失就高达450亿美元。为了降低农药使用量、减轻环境污染和减少经济损失，亟需培育抗虫转基因品种。目前，抗虫基因主要有毒蛋白基因、蛋白酶抑制剂基因、植物凝集素基因和淀粉酶抑制剂基因等，其中，苏云金芽孢杆菌Bt晶体毒素蛋白基因是最早被利用的杀虫基因。自从1987年我国首次获得转Bt基因烟草和番茄以来，相继获得了转Bt基因棉花、水稻、玉米等。为了解决我国棉花生产受棉铃虫严重危害的问题，在国家“863”计划的支持下，中国农业科学院生物技术研究所成功地人工合成和改造了Bt基因，并与江苏省农业科学院和山西省农业科学院等单位合作将Bt基因转入到我国长江、黄河流域的棉花主栽品种，获得了高抗棉铃虫的转基因棉花品种和品系。抗虫棉的总体抗虫能力达80%以上，丰产性、适应性与当地主栽品种相当。目前已经有4个抗虫棉品种通过审定并进行推广。农业部基因工程安全委员会已批准在安徽、山东、河北、河南、江苏、新疆、辽宁等地分别进行转Bt基因抗虫棉商业化生产。至1999年，抗虫棉累计种植面积已经超过$13.3\times10^4hm^2$。中国农业科学院棉花研究所与生物技术研究所合作也育成中12、中13、中17、中16、中19的转Bt基因抗虫棉新品系。此外，中国农业科学院棉花研究所、南京农业大学和山西省农业科学院棉花所等单位还以转基因抗虫棉为亲本，育成了一批抗虫能力在80%以上，单产比主栽品种高15%以上的转基因抗虫杂交棉组合。据统计，中国农业科学院的科学家已育成并审定转基因抗虫棉品种46个，2005年种植面积超过$240\times10^4hm^2$；自1999年推广7年来，累计种植面积$846\times10^4hm^2$，减少农药使用65×10^4t，农田环境污染指数降低21%，创造社会经济效益超过221亿元。拥有我国自主知识产权的抗虫棉花的育成和大面积推广应用，标志着我国转基因植物研究开始进入产业化发展阶段。

在成功育成单价基因抗虫棉花的基础上，中国农业科学院生物技术研究所又与棉花研究所和石家庄市农业科学院等单位合作将Bt+CPTI（胰蛋白酶抑制剂基因）双价基因导入棉花，获得一系列转双价基因抗虫棉品系并获准在河北、山东、安徽、山西4省进行商业化生产。

将具有不同杀虫机理的两个基因同时导入植物能有效地延缓棉铃虫抗性的形成，因而能增强抗虫棉的持久抗虫性。这一成果进一步显示了我国抗虫棉研究的特色，具有更为广阔的应用前景。

为了有效控制水稻害虫的危害，中国农业科学院生物技术研究所和华中农业大学合作，成功地获得了转Bt基因杂交水稻，对二化螟、三化螟和稻纵卷叶螟的毒杀效果达到95%。浙江大学也成功地将Bt基因导入水稻早稻品种。目前转Bt基因抗螟虫水稻已进入环境释放阶段。中国科学院遗传与发育生物学研究所研制成功的转CPTI基因抗虫水稻也分别获准在北京、福建和山西进入中间试验和环境释放。此外，中国农业大学研制的转基因抗玉米螟玉米、复旦大学遗传学研究所研制的转基因抗褐习虱水稻、中国科学院微生物研究所和中国林业科学院林业科学研究所研制的抗虫转基因杨树也都进入环境释放阶段。

7.1.3.2 抗病基因工程

随着世界人口的迅速增长，粮食问题已成为人类生存的关键问题。但是，由于千百年来人类生产活动的影响以及全球气候的变迁，加之植物病害本身所具有的长期性、反复性和突发性，进入20世纪90年代以来，植物病害又呈现严重上升趋势。一般年份因病害造成的农作物损失占农作物产量的10%以上，并且还导致农产品质量的下降。由于植物病害对各种化学农药的耐药性、抗药性的增强及农药所带来的污染问题日趋严重，也给病害防治造成了更大的障碍。实践证明，控制病害比较长期有效的手段应该是从提高植物自身的抗病性出发，而植物的抗病性是一个非常复杂的系统工程，它是由寄主植物遗传型和病原物遗传型互作决定的。

近年来，细胞生物学、分子遗传学和分子生物学等理论与技术不断发展并逐渐向植物病理学渗透，使人们对植物抗病分子机制的研究逐步深入，从而也为病害防治提供了新的策略和措施。基因工程方法和技术的应用，开辟了一条培育抗病植物品种的全新而有效的途径。

中国农业科学院生物技术研究所已成功地人工合成和改造了来自天蚕蛾的抗菌肽基因，并导入我国马铃薯主栽品种米拉，获得抗病性提高Ⅰ~Ⅲ级的抗青枯病的转基因株系，现已经农业部批准在四川进行环境释放。目前抗菌肽基因已经供给国内10多家研究单位，进行抗水稻白叶枯病、马铃薯软腐病、花生和番茄的青枯病、大白菜软腐病、柑橘细菌性溃疡病、桑树和桉树青枯病、樱桃根肿病等抗细菌病基因工程研究。

白叶枯病是危害水稻生产最为严重的病害之一。中国农业科学院生物技术研究所与国外合作研制成功的转 Xa21 基因抗白叶枯病水稻明恢63 株系已分别在安徽和海南进行环境释放；华中农业大学和中国科学院遗传与发育生物学研究所研制的转 Xa21 基因抗白叶枯病水稻也分别进入中试阶段。

真菌病是严重影响农作物生产的一类病害。中国农业科学院生物技术研究所与中国科学院上海植物生理研究所等单位合作，成功地克隆和修饰了植物来源的几丁质酶基因和葡萄糖氧化酶基因，通过花粉管通道法分别将这两个基因导入棉花，获得了抗黄萎病和枯萎病的转基因棉花，这些株系在病圃中表现良好，现已进入中试阶段。

在抗病毒的基因工程方面，国内也取得了很好进展。北京大学克隆了烟草花叶病毒 TMV、黄瓜花叶病毒 CMV、马铃薯 X 病毒等中国株系以及水稻矮缩病毒的外壳蛋白基因，研制成功的抗黄瓜花叶病毒甜椒和番茄都已经分别在云南和福建进入中试或环境释放。中国农业科学院油料研究所研制的转基因抗条纹病毒花生、北京市农林科学院蔬菜研究中心育成的抗芜菁花叶病毒白菜和新疆农科院核技术生物技术所获得的抗黄瓜花叶病毒转基因甜瓜都已分别进入中试。此外，国内一些研究单位还获得了抗环斑病毒（PRSV）的番木瓜，抗黄矮病和黄花叶病毒的小麦等抗病毒病的基因工程植株。

7.1.3.3 植物抗逆基因工程

植物对逆境的抵抗一直是人们关心的问题。为提高植物对干旱、低温、盐碱等逆境的抗性，研究人员把这些逆境基因克隆后转入植物，使其获得抗性。我国在抗盐基因工程上已取得了一些进展，先后克隆了脯氨酸合成酶（proA），山菠菜碱脱氢酶（BADH），磷酸甘露醇脱氢酶（mtl）及磷酸山梨醇脱氢酶（gutD）等与耐盐相关的基因，通过遗传转化获得了对1% NaCl 有耐性的苜蓿、对0.8% NaCl 有耐性的草莓及对2% NaCl 有耐性的烟草，这些转基因植物已进入田间试验阶段。中国科学院遗传与发育生物学研究所将 BADH 基因导入水稻，获得的转基因水稻有较高的耐盐性，并能在盐田中结实。

7.1.3.4 植物品质改良的基因工程

随着人们生活水平的提高，人们对饮食质量的要求越来越高。利用转基因技术可以有效地改良植物的营养成分、口感、外观等品质性状。目前科学家们按照人类的意愿，已对不同作物的蛋白质、碳水化合物、油脂、微量元素和维生素等营养物质进行了成功的改良实验，获得了许多有应用价值的转基因作物品系。北京大学已将编码必需氨基酸的基因转入马铃薯，获得含量高的必需氨基酸的马铃薯品系，这些品系已在内蒙古试种，正准备进入中试开发。中国农业大学成功地将高赖氨酸基因导入玉米，获得的转基因玉米中赖氨酸含量比对照提高 10%。

在控制植物发育的基因工程中，较为成熟的技术是延迟番茄成熟的研究。华中农业大学和中国科学院植物研究所分别获得了这种转基因番茄，贮存时间可延长 1～2 个月，有的可达 80 多天。1997 年农业部基因工程安全委员会已批准这种耐储存番茄进行商业化生产。中国农业大学利用反义基因技术培育的耐储存番茄新品种已进入环境释放。

北京大学成功地将与植物花青素代谢有关的查尔酮合酶基因导入花卉植物矮牵牛，转基因矮牵牛的花色呈现自然界没有的变异，提高了花卉的观赏价值。此外，转基因兰花和转基因非洲菊的研究工作正在进行中。

7.1.3.5 植物叶绿体基因工程

中国农业科学院生物技术研究所在国内较早开始进行植物叶绿体遗传转化研究。1996 年建立了烟草叶绿体遗传转化体系，并成功地将 Bt 基因导入烟草叶绿体中，转基因植物杀虫效果显著。他们还开展了将固氮酶基因（nifH 和 nifM）、抗剂基因（bar 基因）和绿色荧光蛋白（GFP）基因导入烟草叶绿体的研究。

7.1.3.6 植物生物反应器

利用转基因植物作为生物反应器生产药用蛋白的研究正逐渐受到各国的重视，研究探索的热点之一是利用转基因植物生产口服疫苗。目前，香蕉、番茄、烟草、马铃薯、莴苣等植物都已被用来生产食用疫苗。中国农业科学院生物技术研究所的科研人员将乙型肝炎病毒表面抗原基因导入马铃薯和番茄，饲喂小鼠试验检测到较高的保护性抗体，浓度足以对人类产生保护作用。该所还进行了利用植物叶绿体作为生物反应器生产药用蛋白的探索，目前已将丙肝病毒（HCV）抗原基因成功导入衣藻叶绿体。利用转基因植物生产口服疫苗可以大大降低疫苗的生产成本，在发展中国家更有良好的发展前景。

21 世纪植物转基因技术对于我国农业的可持续发展和 13 亿人的食物安全将发挥重要的作用。从目前情况看，抗虫、抗除草剂基因工程产品开发较快，抗病基因工程的研究开发需要进一步深入，抗逆、品质改良、生长发育等基因工程还有待基础研究的新的突破。无论如何，我国植物基因工程技术体系已经初步建立，并取得了可喜的令人瞩目的进展。

7.1.3.7 热带作物转基因植物

我国热带、南亚热带地区（以下简称热区）分布在海南，广东、广西、云南、福建、湖南的南部，以及四川、贵州南端的河谷地带和台湾，共有267个县（市）（不包括台湾）。热区土地总面积$48\times10^4km^2$（不包括台湾），占国土面积的5%。热区农业人口1.17亿人，占全国农村人口的1/8。我国热区农业资源丰富，橡胶、椰子、剑麻、胡椒、咖啡、甘蔗、热带瓜果蔬菜等热带地区特有的经济作物不仅产值高，而且为国民经济建设和人民生活所不可或缺，尤其是重要工业原料天然橡胶，在国民经济和国防建设中具有重要战略意义。

我国热区主要作物有：天然橡胶、剑麻、咖啡、椰子、腰果、澳洲坚果、茶叶、甘蔗、木薯、热带水果（包括菠萝、杧果、香蕉、荔枝、龙眼和杨桃等）、香辛料（包括胡椒、肉桂、八角等）、南药（包括砂仁、益智、槟榔等）和南亚热带花卉等。目前我国热区作物种植面积和初产品已经具有相当规模，至2004年种植面积$786.4\times10^4hm^2$，总产量1.41×10^8t（不含椰子和花卉），总产值1 120亿元。其中，天然橡胶种植面积和产量分别为$69.6\times10^4hm^2$和57.3×10^4t，均居世界第5位；香蕉种植面积和产量分别居世界第5和第3位；我国荔枝、龙眼面积分别占世界的80%和70%以上，产量分别占世界总量的60%和50%以上，是世界最大生产国。剑麻的种植面积虽处于世界第7位，但单位面积产量水平居世界第1位，生产总量居世界第2位。我国还是杧果、菠萝的主产国。近年来，胡椒、咖啡、木薯、香荚兰等也有长足的发展。我国已经成为世界热带农产品的主要生产国。

热带作物转基因技术在国家政策的大力扶植下，重点开展橡胶、香蕉、甘蔗等主要热带作物基因组学和转基因技术的研究。以克隆特殊新功能基因为切入点，开展热带生物资源的保护和利用研究；从分子生物学的角度探索植物病理学和抗性机理，进行新型生物农药的研究；针对香蕉等果蔬采后保鲜中所存在的问题，从基因表达调控的角度，进行采后成熟的分子生物学机理以及果蔬保鲜的研究；利用基因工程的技术对热带珍稀花卉和重要园艺作物进行品种改良，培育名特优新品种；在热带植物生物反应器方面，建立以热带水果为主要反应器的研究与开发体系等。先后成功地获得了番木瓜、橡胶、香蕉、甘蔗等转基因作物。其中，抗番木瓜环斑花叶病毒病的转基因番木瓜已进入环境释放试验。

7.2 转基因植物的应用

7.2.1 转基因植物的研究进展

7.2.1.1 目的基因的类型

获得有用的目的基因是基因工程的基本前提。近几年来，应用于植物的外源基因包括抗病毒、抗虫、抗除草剂、改变蛋白质成分含量、雄性不育、改变花色和花形、延长保鲜期等，并将这些基因分别转入烟草、马铃薯、棉花、番茄、大豆、玉米、油菜、苜蓿、矮牵牛等植物。迄今为止，全世界已分离出植物目的基因100余个，获得转基因植物近200种，已有近1 000例转基因植物被批准进入田间试验，涉及的植物物种有50余个，已批准了48个转基因植物品种进行商业化生产。转入的基因主要有以下几大类型：

(1) 抗除草剂基因

该类植物由于转入了抗除草剂基因，表现出抗不同类型除草剂的性状。目前已获得了一些抗除草剂作物，如抗草丁膦（glufosinate）转基因作物冬油菜，抗草甘膦（农达）转基因作物大豆、玉米、棉花、油菜、向日葵、甜菜，抗磺酰脲类除草剂转基因作物大豆、棉花，抗溴苯腈转基因作物油菜、小麦、棉花、烟草，抗阿特拉津（atrazine）转基因作物大豆、玉米，抗唑啉酮类除草剂转基因作物玉米、油菜、甜菜、小麦、水稻以及脱卤素酶转基因抗除草剂作物。此外，解溴苯腈毒害的BXn基因和解2，4-D毒害的tfDA基因等也在抗除草剂作物选育中获得成功地表达。

(2) 抗虫基因

比利时植物遗传公司的科学家于1987年首次将苏云金杆菌（*Bacillus thuringiensis*）毒蛋白基因导入烟草中得以表达，表现出对一龄烟草夜蛾幼虫的抗性。经过10多年的发展，此类抗虫基因的研究已取得较大的进展，并实现了大面积的商业化应用。抗虫基因有两类：一类是Bt杀虫蛋白基因，来自苏云金芽孢杆菌，杀虫毒性为伴孢晶体蛋白，对鳞翅目（Lepidoptera）、双翅目（Diptera）和鞘翅目（Coleoptera）昆虫有毒杀作用，现已导入棉花、玉米、水稻、烟草、番茄、马铃薯、核桃（*Juglans* sp.）、杨树（*Populus* sp.）、落叶松（*Larix* sp.）等；另一类是蛋白酶抑制剂基因，可抑制蛋白酶活性，干扰害虫消化作用而导致其死亡，是植物对虫害的自卫反应，主要有丝氨酸类、半胱氨酸类、含金属类、天冬酰氨类，现已导入棉花、烟草、番茄、龙葵（*Solanum nigrum*）等。根据转化所使用的基因类型，大体可以将抗虫转基因植物的发展过程分为两代：第1代即以转入Bt杀虫晶体蛋白基因为主，其产生的许多转基因作物都已进入商品化生产，如获得Bt杀虫晶体蛋白基因的烟草和番茄植株；第2代则转入Bt杀虫晶体蛋白基因之外的高效杀虫蛋白基因，这一代转基因作物大部分还处在实验室阶段，少数进入田间试验。抗虫基因在棉花作物上得到了最成功的应用，获得转基因抗虫棉的Bt基因已见诸报道的有CryIA（b），CryIA（c），CryIIA和CryIVA基因。成功运用的美国、中国、澳大利亚、埃及、法国、印度、前苏联、泰国等。目前已获得转化植株的蛋白酶抑制剂基因有：大豆胰蛋白酶抑制剂基因（SKTI）、豇豆胰蛋白酶抑制剂基因（CpTI）、慈姑胰蛋白酶抑制剂基因（API）等几类；其中获得转CpTI基因的植物种类最多，有苹果、油菜、水稻、番茄、向日葵、甘薯、烟草、马铃薯等10余种。我国转CpTI棉花的研究已开展多年，先后获得了转CpTI基因和转Bt + CpTI双价基因棉花，并开始了商业化生产。另外，外源凝集素基因（GNA）也在油菜、西红柿、水稻、甘薯、甘蔗、向日葵、烟草、马铃薯、大豆和葡萄等10种植物上获得了表达，均表现出一定的抗虫性。

(3) 抗病基因

1986年，美国Beachy研究小组首次将烟草花叶病毒（TMV）外壳蛋白基因（CP）导入烟草，培育出抗TMV的烟草植株，开创了抗病毒育种的新途径。通过导入植物病毒的外壳蛋白基因来提高植物的抗病毒能力的技术，已在多种植物病毒中进行了试验，如梁小友等将抗病毒的CMV-cp基因和抗虫的Bt-toxin基因导入番茄，获得了再生的番茄植株。目前被导入的抗病基因有：抗烟草花叶病毒蛋白基因（MP）、抗白叶枯病基因、抗棉花枯萎病基因、抗烟草花叶病毒（TMV）和黄瓜花叶病毒（CMV）基因、小麦抗赤霉病、纹枯病和根腐病基因，并进行了抗水稻白叶枯病，花生、番茄青枯病，大白菜软腐病，柑橘溃疡病，桑树、桉树青枯病，根肿病等研究。获得转基因抗病性状的植物有：烟草、番茄、棉花、大麦、燕麦草、小麦、马铃薯、水稻等。除了外壳蛋白基因这一有效途径外，近年来国内外研究人员正在摸索多种抗病毒基因工程的新方法，包括卫星RNA、复制酶基因以及病毒复制抑制因子、核糖体失活蛋白、致病相关蛋白、核酸酶等。细菌病和真菌病的抗病基因工程研究基本上还处于实验室阶段。我国培育的转基因抗黄瓜花叶病毒甜椒和番茄已实现商品化生产。

(4) 抗逆境基因

目前已分离出大量与抗逆代谢相关的基因，包括与抗（耐）寒有关的脯氨酸合成酶基因、鱼抗冻蛋白（AFP）基因、拟南芥叶绿体3-磷酸甘油酰基转移酶基因、与抗旱有关的茧蜜糖合成酶基因及一些植物去饱和酶基因等。我国在抗逆基因的分离、克隆和转化等方面的研究已取得一定进展，克隆了耐盐碱相关基因，通过遗传转化已获得了耐1% NaCl的苜蓿（*Medicago sativa*），耐0.8% NaCl的草莓，耐2% NaCl的烟草，抗逆基因工程作物已进入田间试验阶段。刘岩等获得了耐盐性明显提高的转基因玉米植株；张荃等获得了耐盐性提高的转基因番茄。

新疆石河子大学生物工程部用花粉管通道法将芦苇和细菌的耐盐碱基因导入小麦，育成抗盐碱转基因小麦253，282，221等新品系，耐盐碱力明显加强。Sakamoto等获得了两种耐盐性和耐寒性均提高的水稻转基因植株。Capell等利用CaMV35S启动子在水稻中过量表达Ade，在干旱胁迫下抑制了叶绿素的降解，提高了抗旱性。Steponkus等发现转入Corl5a的拟南芥的叶绿体和原生质体耐寒性提高。Mekersie等将从烟草中克隆的Mn-SOD的eDNA置于35S启动子下转入苜蓿，转基因苜蓿经两个冬季的田间试验比较，越冬成活率大于未转化植株，平均提高25%。美国用抗性基因工程技术育成抗冻的草莓，已用于大田生产。美国斯坦福大学把仙人掌基因导入小麦、大豆等作物，育成抗旱、抗瘠新品种。

(5) 改良品质基因

品质改良主要涉及蛋白质的含量、氨基酸的组成、淀粉和其他多糖化合物以及脂类化合物的组成。富含蛋氨酸的转基因烟草、直链淀粉含量降低的转基因水稻、月桂酸含量高达40%的转基因油菜都相继成功，有的已进入大田试验。另外，延熟转基因番茄和改变花色转基因玫瑰也已实现商品化种植。“金米的故事”（将水仙花的两个基因和一种细菌的一个基因一起植入一种名为 T309 的水稻中，获得一种水稻新品种。这样获得的新水稻品种富含铁元素、锌元素和可转化为维生素 A 的胡萝卜素，能防止贫血和维生素 A 缺乏症，大米呈金黄色）告诉我们通过转基因技术改良大米品质，解决人类营养不良已成为可能。我国学者将玉米醇溶蛋白（*Zein*）基因导入马铃薯后，田间转基因植物的块茎中必需氨基酸含量提高 10% 以上，而含硫氨基酸的增加尤为显著。

另外，采用转基因技术抑制乙烯合成或促进细胞分裂素合成的抗早衰基因也已见诸报道。生物反应器生产中的转基因可用于生产口服疫苗、工业用酶、脂肪酸、基因药物等。其中比较成功的例子就是利用转基因油菜生产非食用性工业用油，其中包括制造肥皂等去垢剂的十二碳月桂酸，同时转基因油菜还被用于生产润滑油和尼龙的原料芥酸以及用于冰淇淋制作的 6-十八碳烯酸。此外，转基因植物还用于生产高分子材料，如生物可以降解的聚羟丁酯塑料和天然棉花与聚酯的混合纤维等。在所有的目的基因中，诸如抗虫、抗病、抗除草剂等这些为减少投入的性状常被称为第一代转基因植物性状；而第二代转基因性状是指增加产出性状，如品质改良、加工增值、专用产品、医药保健等，消费者更易接受。

7.2.1.2 目的基因的转化方法

转基因植物产生以来，各种基因遗传转化的方法也应运而生。迄今为止，已经建立了多套植物基因转化系统，它们特点各异，分别使用于不同的受体植物。正确选择转化系统也便成了实现某一植物基因转化成功的先决条件。

目的基因的遗传转化是指将外源 DNA 通过载体、媒体或其他物理、化学方法导入植物细胞并得到整合和表达的过程，实现这一转化的途径称之为转化系统。外源 DNA 通过载体介导实现其转化的系统称之为基因载体转化系统。目前已经建立了 10 余种基因转化方法，按转化系统的原理，可以分为 3 大转化系统类型：

①以质粒 DNA 等为载体的转化系统，如农杆菌法，迄今为止所获得的转基因植物中约 80% 是利用根癌农杆菌转化而来的。

②不用任何载体，通过物理化学方法直接将外源基因导入受体细胞的直接转化系统，如显微注射法、基因枪法。

③以植物自身的生殖系统种质细胞，如花粉粒或其他细胞等为媒体的转化系统，如花粉管通道法。

7.1.2 转基因植物的应用概况

7.1.2.1 转基因植物的研究发展历程

1983 年，世界第一例转基因植物——转基因烟草在美国问世。1986 年，首批转基因植物——抗虫和抗除草剂棉花进入田间试验。值得说明的是，1992 年中国成为世界上第一个商品化种植转基因植物的国家，开创了转基因植物商品化应用的先河，当时种植的是一种抗黄瓜花叶病毒和烟草花叶病毒双价转基因烟草。1993 年，转基因植物——延熟番茄获得美国农业部批准进入商业化生产种植，成为第一个获准商业化种植的转基因植物。1994 年，第一个转基因植物产品——延熟番茄“Flavr Savr”获得美国食品与药品监督管理局（FDA）批准进入市场。自 1983 年起，这 20 多年来，植物基因工程的研究和产品开发进展十分迅速。

7.1.2.2 全球转基因植物的应用概况

从全球范围看，转基因植物商业化的成功应用主要集中在转基因农作物上，其种植面积和销售收入以倍数增长，发展迅猛。

①种植面积 1996 年，全球转基因作物种植面积为 $170\times10^4hm^2$，之后，每年都有大幅度的增加。1997 年为 $1\ 100\times10^4hm^2$，1998 年 $2\ 780\times10^4hm^2$，1999 年 $3\ 990\times10^4hm^2$，2000 年 $4\ 420\times10^4hm^2$，2001 年、2002 年分别为 $5\ 260\times10^4hm^2$、$5\ 870\times10^4hm^2$，至 2005 年全球转基因作物种植面积已达 $9\ 000\times10^4hm^2$，较 2004 年的 $8\ 110\times10^4hm^2$ 增加了 11%，是 1996 年的 53 倍。

②4 种主要转基因作物种植情况 2005 年，种植面积最大的 4 种转基因作物为：大豆（$5\ 440\times10^4hm^2$，占同类作物面积的 60%）、棉花（$980\times10^4hm^2$，占同类作物面积的 28%）、油菜（$460\times10^4hm^2$，占同类作物面积的 18%）、玉米（$2\ 120\times10^4hm^2$，占同类作物面积的 14%）。

③种植趋势 到 2005 年，已有 21 个国家 850 万农户参与种植转基因作物。美国是转基因植物种植面积最大的国家，其转基因作物种植面积达 $4\ 980\times10^4hm^2$（占该类作物全球种植面积的 55%）中，大约有 20% 为包含 2 种或 3 种基因的混合基因产品。2005 年美国的第一种混合 3 基因产品——玉米正式问世。美国、加拿大、澳大利亚、墨西哥和南非已开始种植此类作物，菲律宾政府也已批准种植。2005 年种植转基因作物发展最为迅速的国家是巴西，初步预测的增加值为 $440\times10^4hm^2$（2004 年为 $500\times10^4hm^2$，2005 年为 $940\times10^4hm^2$）；印度的年度增长比率是最快的，几乎增长了 3 倍，从 2004 年的 $50\times10^4hm^2$ 增长到 2005 年的 $130\times10^4hm^2$。

④转基因作物种子的销售情况 1995 年，全球转基因作物种子的销售额（包括一部分技术费）为 0.84 亿美元，1996 到 2003 年依次为 3.47 亿，11.13 亿，22.59 亿，29.31 亿，30.45 亿，42.50 亿，47.5 亿美元，到 2005 年增加到 52.5 亿美元，销售额 10 年增加了 63 倍，相当于 2005 年全球作物保护市场（340.2 亿美元）的 15%，以及全球商业种子市场（300 亿美元）的 18%。价值 52.5 亿美元的生物技术作物市场包括 24.2 亿美元的 Bt 大豆（占生物技术作物全球市场的 46%）、19.1 亿美元的 Bt 玉米（36%）、7.2 亿美元的 Bt 棉花（14%）以及 2.1 亿美元的 Bt 油菜（4%）。根据国际农业生物技术应用机构（ISAAA）预测，2006 年预计将超过 55 亿美元，2010 年，将达到 200 亿美元。

7.1.2.3 中国转基因植物的研究与应用

自 20 世纪 80 年代以来，美国、加拿大和欧盟共计有 14 485 个通过环境释放、118 个通过商品化许可，美国转基因生物种类最多，为 106 个。在应用方面，我国转基因抗虫棉的研究和开发得到迅猛发展，是继美国之后在转基因植物上具有自主知识产权的第二个国家，是基因工程用于农业生产的一个成功范例。1998 ~ 2003年6年累计推广种植面积超过 $800 \times 10^4 hm^2$，占国内棉花总种植面积的比例逐年上升。2002年，Bt 棉种植面积已达 $210 \times 10^4 hm^2$，占棉花总面积 $410 \times 10^4 hm^2$ 的51%，首次突破50%的比例。转基因抗虫棉的种植应用每年可减少农药使用量40% ~70%，大大减少农药中毒事故，产生了巨大的社会、经济和生态效益。同时带动了抗虫转基因水稻、玉米、杨树等生物技术产品的研究开发。我国转基因产业正在悄然形成。

毋庸置疑，随着植物转基因技术的进一步合理化和精确化，新一代转基因植物将对人类更安全、对环境更友好，这将从根本上化解人们的担忧和有关安全性的激烈争论，为转基因技术的进一步发展创建良好的社会氛围，为人类创造更美好的未来。

7.3 转基因植物的安全性评价

毫无疑问，植物转基因技术将为农业生产带来一场新的革命，它将为农作物的持续增产和解决全球人口爆炸所造成的粮食危机作出巨大贡献。但也有人对这一技术持怀疑态度，认为目前人类还不能对它的潜在危险性做出正确的评价。因此，在大规模应用前有必要对转基因植物的安全性进行更深入的研究和分析。

7.3.1 转基因植物安全性评价的必要性

传统的育种技术是通过植物种内或近缘种间的杂交将优良性状组合到一起，从而创造产量更高或品质更佳的新品种。这一技术对20世纪农业生产的飞速发展作出了巨大贡献，但其由于基因交流范围有限，很难满足农业生产在21世纪持续高速发展的要求。转基因技术克服了植物有性杂交的限制，基因交流的范围无限扩大，可将细菌、病毒、动物、人类、远缘植物甚至人工合成的基因导入植物，所以其应用前景十分广阔。

从理论上说，转基因技术和常规杂交育种都是通过优良基因重组获得新品种的，但常规育种的安全性并未受到人们的质疑。其主要理由是常规育种是模拟自然现象进行的，仅限于种内或近缘种间进行，并且在长期的育种实践中并未发现什么灾难性的结果。而转基因技术则不同，它可以把任何生物甚至人工合成的基因转入植物。因为这种事件在自然界是不可能发生的，所以人们无法预测将基因转入一个新的遗传背景中会产生什么样的结果，故而对其后果存在着疑虑。而消除这一疑虑的有效途径就是进行转基因植物的安全性评价，也就是说要经过合理的试验设计和严密科学的试验程序，积累足够的数据，人们就可以根据这些数据判断转基因植物的田间释放或大规模商品化生产是否安全。经试验证明安全的转基因植物可以正式用于农业生产，而对存在安全隐患的则要加以限制，避免危及人类生存以及破坏生态环境。只有这样，我们才能扬长避短，充分发挥转基因技术在农业生产上的巨大应用潜力。

7.3.2 转基因植物安全性评价的主要内容

目前对转基因植物的安全性评价主要集中在两个方面，一个是环境安全性，另一个是食品安全性。

7.3.2.1 转基因植物的环境安全性

环境安全性评价的核心问题是转基因植物释放到田间去是否会将基因转移到野生植物中，是否会破坏自然生态环境，打破原有生物种群的动态平衡。

(1) 转基因植物演变成农田杂草的可能性

杂草往往生长迅速并且具有强生存竞争力，能够生产大量长期有活力的种子而且这些种子具有远、近距离的传播能力，甚至能够以某种方式阻碍其他植物的生长。一种植物是否成为难以控制的杂草，取决于它内在的遗传特性及其特征表现所需要的特定环境，两者缺一不可。若转基因植物可以在自然生态条件下生存，势必会改变自然的生物种群，打破生态平衡。但从目前在水稻、玉米、棉花、马铃薯、亚麻、芦笋等转基因植物的田间试验结果来看，转基因植物在生长势、越冬能力等方面并不比非转基因植株强，也就是说大多数转基因植物的生存竞争力并没有增加，故一般不会演变为农田杂草。

不过最近有报道，加拿大转基因油菜在麦田中已经变成了杂草，而且难以治理。所以对那些原本具有杂草特性的植物如向日葵、油菜、草莓等在进行基因遗传转化时，应特别慎重。

(2) 基因漂移到近缘野生种的可能性

基因漂移是指基因通过花粉授精、杂交等途径在种群之间扩散的过程。在自然生态条件下，有些栽培植物会和周围生长的近缘野生种发生天然杂交，从而将栽培植物中的基因转入野生种中。若在这些地区种植转基因植物，则转入基因可以漂流到野生种中，并在野生近缘种中传播。所以，在进行转基因植物安全性评价时，应从两个方面考虑，一方面是转基因植物释放区是否存在与其可以杂交的近缘野生种。若没有，则基因漂移就不会发生；另一方面是若存在近缘野生种，则基因可从栽培植物转移到野生种中，这时就要分析考虑基因转移后会有什么后果。如果是一个抗除草剂基因，发生基因漂移后，会使野生杂草获得抗性，从而增加杂草控制的难度。如果是多个抗除草剂基因同时转入一个野生种，则会带来杂草泛滥的灾难。但若是与品质相关的基因转入野生种，由于不能增加野生种的生存竞争力，所以影响不大。

(3) 对自然生物类群的影响

在植物基因工程中所用的许多基因是与抗虫或抗病性有关的，其直接作用对象是生物。因此，要考虑转基因作物对自然生物类群的影响，如转入 Bt 杀虫基因的抗虫棉，其目标昆虫是棉铃虫和红铃虫等植物害虫，如大面积和长期使用，昆虫有可能对抗虫棉产生适应性或抗性，这不仅会使抗虫棉的应用受到影响，而且会影响 *Bt* 农药制剂的防虫效果。为了解决这个问题，在抗虫棉推广时一般进行 *Bt* 作物的轮作，即与含有 Bt 毒素基因的作物或非转基因作物间的轮作，将会有助于害虫抗性的延迟。除了目标昆虫外，我们还要考虑转基因植物对非靶昆虫的影响。如有人用Bt蛋白饲料喂棉田中6种非靶昆虫，当杀虫蛋白浓度高于控制目标昆虫浓度100倍时，对非靶昆虫均未有明显的生长抑制。除了Bt毒素蛋白基因外，可用如蛋白酶抑制剂基因，包括豇豆胰蛋白酶抑制剂（*CpTi*）基因、马铃薯蛋白酶抑制剂-Ⅱ（*Pin*Ⅱ）和水稻巯基蛋白酶抑制剂基因、淀粉酶抑制剂基因、外源凝集素基因等等，可以将它们与Bt基因一起转入作物，具有不同结合位点的多种Bt基因也可同时转入同一作物，用于提高转基因抗虫作物的抗虫能力。

7.3.2.2 转基因植物的食品安全性

食品安全性也是转基因植物安全性评价的一个重要方面。基因工程食品安全性问题主要是由于抗生素或抗除草剂抗性标记基因存留于转基因植物中产生的，这类标记基因及其产物可能是对人畜有毒的或是过敏的。1993年经济合作与发展组织（OECD）提出了食品安全性评价的实质等同性原则。2000年5月在日内瓦会议上进一步认为“等同实质性”原则可作为“转基因食品安全评价的基本框架”予以公布，即若转基因植物生产的产品与传统产品具有实质等同性，则可以认为是安全的；若转基因植物生产的产品与传统产品不存在实质等同性，则应进行严格的安全性评价。所以在进行实质等同性评价时，一般要从以下几个主要方面考虑。

（1）外源基因对人体有无毒性

由于目前转基因植物大量使用细菌或病毒中的基因序列作为外源基因的组成部分，消费者担心这些外源基因会像细菌或病毒一样对人体有毒害作用。所以必须确保转入外源基因或基因产物对人畜无毒。如转Bt杀虫基因玉米除含有Bt杀虫蛋白外，与传统玉米在营养物质含量等方面具有实质等同性。要评价它作为饲料或食品的安全性，则应集中研究Bt蛋白对人、畜的安全性。目前已有大量的实验数据证明Bt蛋白只对少数目标昆虫有毒，对人畜绝对安全。

（2）过敏源形成与否

来源于病毒等其他生物的外源基因，在转基因植物中通过表达可以产生相应的蛋白质分子，这些蛋白质分子是传统食品中不具有的新成分，这些新蛋白质可能引起食用者或接触者出现过敏反应。如果将控制过敏源形成的基因转入新的植物中，则会对过敏人群造成不利的影响。所以，转入过敏源基因的植物不能批准商品化。如美国有人将巴西坚果中的2S血清蛋白基因转入大豆，虽然使大豆的含硫氨基酸增加，但也未获批准进入商品化生产。另外，还要考虑营养物质和抗营养因子的含量等。

（3）外源抗生素标记基因编码蛋白是否会使食用者产生抗生素抗药性

在转基因植物研制过程中，为了帮助筛选转化细胞，大量使用抗生素抗性基因作为选择标记，因此，大多数转基因植物中都含有此类抗生素抗性基因。由于抗生素抗性基因编码产生的蛋白质可以改变抗生素的分子结构，使抗生素失效，因此，公众担心食用此类转基因植物是否会产生抗生素抗药性。

(4) 转基因植物中外源基因的次生效应问题

目前科学技术虽然可以让研究人员在体外对基因进行准确切割和重组，但当外源基因导入到受体植物细胞后，对外源基因在受体植物染色体上的具体插入位点却无法控制，由此产生了转基因植物中外源基因的次生效应问题。

7.3.3 国内外转基因植物的安全性评价概况

7.3.3.1 国外转基因植物的安全性评价

世界主要发达国家和部分发展中国家都已制定了各自对转基因生物（包括植物）的管理法规，负责对其安全性进行评价和监控。如美国是在原有联邦法律的基础上增加转基因生物的内容，分别由农业部动植物检疫局、环保署及联邦食品和药品监督管理局负责环境和食品两个方面的安全性评价和审批。由于各国在对转基因的看法、法规和管理方面存在着很大的差异，特别是许多发展中国家尚未建立相应的法律法规，一些国际组织如经济合作发展组织（OECD)、联合国工业发展组织（UNIDO)、联合国粮农组织（FAO）和世界卫生组织（WHO）等在近年来都组织和召开了多次专家会议，积极组织国际间的交流，试图建立多数国家（尤其是发展中国家）能够接受的生物技术产业统一管理标准和程序。目前，虽然出台了许多相关文件，但由于存在许多争议，故尚未形成统一的条文。

总体来说，美国和加拿大对转基因植物的管理较为宽松。美国2005年种植的转基因作物面积4 980 $\times 10^4 hm^2$，占当年全世界转基因作物种植面积的55%；加上加拿大和阿根廷，这3国种植的转基因作物占全世界的80%。与此形成鲜明对照的是欧盟，对转基因植物实行严格管理制度，符合要求的才允许种植。2003年，欧盟会议批准了《生物安全议定书》，该议定书允许各国在认为没有足够的科学依据可以证明转基因产品安全性的情况下可以禁止转基因产品的进口。而且，只要与生物技术有关的活动都要进行安全性评价并接受严格管理。除允许个别作物进口外，基本采取禁止在环境中释放培育，并严格禁止转基因食品（GMF）上市，对GMF产品也要贴上标签。同欧盟的态度一样，瑞士对外来转基因产品监控也很严，严格实施标签制度，凡含有任何转基因成分的实物制品及动物饲料（包括添加剂在内）都要贴上“转基因生物”或“含有转基因生物”的标签。2000年瑞士成为世界上第一个把含转基因的药品纳入标签制度的国家。

7.3.3.2 我国转基因植物的安全性评价

我国是世界上第一个实现转基因作物商品化种植的国家，1994年首次种植CMV^r和TMV^r双价的转基因烟草。我国正在研究的转基因生物超过95种，涉及的基因种类超过200种。为了促进中国农业转基因生物技术研究、保障人体健康和动植物、微生物安全，保护生态环境，推进科技创新，中国政府先后制定并颁布了农业转基因生物安全管理法规。原国家科委在1993年12月发布了“基因工程安全管理办法”。根据这一原则，农业部在1996年7月颁布了“农业生物基因工程安全管理实施办法”。按照这一实施办法的规定，农业部设立了农业生物基因工程安全管理办公室，并成立了农业生物基因工程安全委员会，负责全国农业生物遗传工程体及其产品的中间试验、环境释放和商品化生产的安全性评价。从1997年开始，农业部的安全委员会每年2次开展全国农业生物基因工程安全性评价申报与审批。截至去年，农业部共受理了8批200多项申请，并批准转Bt基因抗虫棉、反义RNA技术延熟番茄、改变花色的矮牵牛、抗病毒的甜椒和番茄的商品化生产。为了进一步加强和规范管理，2001年5月国务院颁布了《农业转基因生物安全管理条例》（以下简称《条例》），《条例》将农业转基因生物安全管理从研究试验延伸到生产、加工、经营和进出口各环节。农业部依据《条例》赋予的职责，负责全国农业转基因生物安全的监督管理工作。2002年以来，先后发布了与《条例》配套的4个管理办法，即《农业转基因生物安全评价管理办法》《农业转基因生物进口安全管理办法》《农业转基因生物标识管理办法》和《农业转基因生物加工审批办法》。这些法律、法规的实施，标志着中国农业转基因生物安全管理进入法制化、规范化的管理轨道。

参考文献

安利国. 2005. 细胞工程［M］. 北京：科学出版社.

柏亚罗. 2005. 耐草甘膦作物的发展历程和展望［J］. 现代农药，4（5）：26－30.

毕喜红，张兴国. 2005. 转基因植物及其安全性评价［J］. 西南园艺，33（4）.

程 燕. 2005. 转基因植物及其安全性问题［J］. 合肥学院学报（自然科学版），15（1）：12－15.

陈向荣，吉前华，孔祥文. 2003. 基因工程植物的安全性问题［J］. 生态科学，22（1）：82－85.

冯 坚. 2006. 转基因耐除草剂作物的历史、现状及展望［J］. 杂草科学，1：1－6.

弗诺斯特，苏利万. 2003. 亚洲农业生物技术及其可持续发展［J］. 陈林达，编译. 中国辣椒（季刊），1：36－38.

胡笑形. 2003. 亚洲农业生物技术与可持续发展［J］. 国际化工信息，11：5－6.

黄锡生，许 珂. 2006. 论我国转基因食品安全的法律完善［J］. 现代食品科技，22（3）：190－192.

贾士荣. 1999. 转基因作物的安全性争论及其对策［J］. 生物技术通报，6：1－7.

苏贤坤，张晓海，汪自强. 2004. 转基因作物与我国农业可持续发展［J］. 农业现代研究，25（1）：77－80

王国英. 2001. 转基因植物的安全性评价［J］. 农业生物技术学报，9（3）：205－207.

汪开治译. 2005. 亚洲农业生物技术发展现状和前景［J］. 生物技术通报，（3）：54.

汪其怀. 2006. 中国农业转基因生物安全管理回顾与展望［J］. 世界农业，6：18－21.

王忠华，李旭晨，夏英武. 2002. 作物抗旱的作用机制及其基因工程改良研究进展［J］，生物技术通报，1：16－19.

汪 正，刘 坚. 2002. 转基因植物研究进展［J］. 生物学教学，27（9）：1－3.

王海波，赵 和. 2001. 转基因植物研究开发的国内外现状［J］. 河北农业科技，25（1）：67－69.

谢杰，余沛涛，王全喜．2006. 转基因植物的安全性问题及其对策［J］．上海农业学报，22（1）：80 – 84.

阎新甫．2003. 转基因植物［M］．北京：科学出版社．

姚建任，彭于发，董丰收，等．2002. 国际社会对转基因植物食品安全性的关注［J］．科学导报（8）：43 – 46.

于惠敏，夏光敏，侯丙凯．2005. 提高农杆菌介导小麦遗传转化效率的几个因素［J］．山东大学学报（理学版），40（6）：120 – 124.

赵洪锟，李启云，董英山．2006. 转基因作物产业化现状及研究进展［J］．中国农学通报，22（4）：57 – 60.

张永军，吴孔明，彭于发，等．2002. 转基因植物的生态风险［J］．生态学报，22（11）：1951 – 1959.

张林生，俞嘉宁，曹 让，赵文明．2002. 转基因植物在农业上的应用［J］．西北植物学报，22（4）：1011 – 1017.

张启发，李振声，石元春，等．关于我国转基因作物研究和产业化发展策略的建议［J］．中国农业科技信息网．

Altabella T, Chrispeel S M. 1990. Tobacco plants transformed with the bean an gene express an inhibitor of insect amylase in their seeds［J］. Plant Physiol, 93: 805 – 810.

Ajay K. Garg, Ju-Kon Kim, Thomas G. Owens, *et al.* 2002. Trehalose accumulation in rice plants confers high tolerance levels to different abiotic stresses［J］. Proc. Natl. Acad. Sci. USA, 99（2）: 15898 – 15903.

Broglie K, Chet I, Hollida Y M, *et al.* 1991. Transgenic plants with enhanced resistance to the fungal pathogen *Rhizoctonia solani*［J］. Science, 254: 1194 – 1197.

Clive James. Global Review of Commercialized Transgenic Crops. ISAAA［EB/OL］.［2005-1-12］. http: //www. isaaa. org / kc/bin/ESum- mary/ index. htm.

Gregory Conko. 2003. Safety, risk and the precautionary principle: ethink precautionary approaches to the regulation of transgenetic plants［J］. Transgenic Research（12）: 639 – 647.

Gotp F, Yoshihara T, Shigemoto N, *et al.* 1999. Iron fortification of rice seed by the soybean ferritin gene［J］. Nature Biotech（17）: 282 – 286.

Hancock J F. 2003. A framework for assessing the risk of transgenic crops［J］. Bio Sci, 3: 512 – 519.

Halsberger A G. 2003. Codex guildelines for GM food include the analysis of unintended effects［J］. Nat Biotech, 21: 739 – 741.

Kuiper H A, Kleter G A, Natepoon H P. 2001. Assessment of the food safety issues related to genetically modified foods［J］. Plant Journal, 27（6）: 503 – 528.

Mazur B, Krebbers E, Tingey S. 1999. Gene discovery and product development for grain quality traits［J］. Science, 285: 372 – 375.

Stephen O Duke. 2005. Taking stock of herbicide – resistant crops ten years after introduction［J］. Pest Manag Sci, 61: 211 – 218.

Snow A A, Moran – Palma P. 1997. Commercialization of transgenic plants: potential ecological risks［J］. Biosci, 47: 86 – 96.

Stark D M, Timmerman K P, Barry G F, *et al.* 1992. Regulation of the amountof starch in plant tissues by ADP glucose pyrophorylase［J］. Science, 258: 287 – 292.

Tsaftaris A. 1996. The development of herbicide tolerant transgenic crops [J]. Field Crops Research, 45: 115-123.

Ye X, Al-Babil I S, Klotia, *et al.* 2000. Engineering the provitam in A (beta-carotene) biosynthetic pathway into (caro tenoid-free) rice endosperm [J]. Science, 14; 287 (5451): 303-305.

下　篇

热带植物基因工程操作技术

第 8 章　目的基因克隆与功能分析

8.1　聚合酶链式反应(polymerase chain reaction,PCR)技术*

8.1.1　材料

马铃薯腐烂茎线虫。

8.1.2　方法

8.1.2.1　单条线虫总 DNA 的提取

①在解剖镜下将线虫挑到盛有灭菌水的表面皿中，重复两次清洗线虫；

②用移液枪取 15 μl 的灭菌重蒸水滴在一干净的小培养皿盖上，挑取线虫到水滴中，在解剖镜下用解剖刀将线虫切 2 ~ 3 段；

③将 11.7 μl 含有线虫片段的水溶液移入装有 8 μl 预冷的线虫裂解液（WLB）的小 PCR 管中；再加 0.3 μl 预冷的蛋白酶 K（20mg/ml）；

④将小 PCR 管置于 -80℃冰箱中冷冻,1 h 以上；65℃下温浴 1h（蛋白酶 K 降解各种蛋白质），然后 94℃加热 10 min（使蛋白酶 K 变性）；

⑤14 000 rpm 离心 2 min，置于 -20℃冰箱待用。

8.1.2.2　PCR 扩增

用已提取的 *D. destructor* 基因组 DNA 为模板，扩增引物为 Vrain *et al.*（1992）公布的扩增线虫核糖体 DNA 的通用引物，序列如下：

rDNA1（5′→3′）：TTGATTACGTCCCTGCCCTTT

rDNA2（5′→3′）：TTTCACTCGCCGTTACTAAGG

PCR 反应体系：

10 × PCR buffer	2.5 μl
Mg^{2+}（25 mmol）	1.5 μl
dNTP（10 μmol）	0.5 μl
rDNA1（100 μmol）	0.1 μl
rDNA2（100 μmol）	0.1 μl
Taq 聚合酶（5 U/μl）	0.2 μl

加水补足 25 μl。

---

* 文献来源：刘先宝．马铃薯腐烂茎线虫的鉴定及分子检测．中国热带农业科学院 & 华南热带农业大学硕士学位论文．（指导教师：谭志琼　教授）

PCR 反应条件：94℃ 2.5min，94℃ 1min，53℃ 2min，72℃ 2min，72℃ 10min；40 个循环。

8.1.2.3 电泳分析

灌制 1% 的琼脂糖凝胶板，室温凝胶 30 min，取 7 μl PCR 产物和 1 μl 凝胶加样缓冲液（6 × Loading Buffer 混匀后点样，在 100 V 恒压下，1 × TAE 中电泳 1h，直至溴酚兰移至 2/3 处时结束电泳。溴化乙锭（0.5 μg/ml）染色 30 min 使用 Alpha5500 型凝胶扫描仪照相。

8.1.2.4 产物回收

用大连宝生物公司的 Agarose Gel DNA Purification Kit Ver. 2.0 从琼脂糖凝胶中回收 DNA 片段，该方法的原理是：离心柱上所含有的 resin（树脂），质子化以后，具有在高盐/低 pH 值情况下吸附 DNA，低盐/高 pH 值情况下释放 DNA 的性质。

8.2 RT-PCR 技术*

8.2.1 材料

番木瓜环斑病毒典型症状病叶样品分别采自海南、云南、广西和广东 4 省（自治区）番木瓜种植基地。

8.2.2 方法

8.2.2.1 总 RNA 提取

利用小量 RNA 抽提试剂盒（上海华舜生物工程有限公司）提取番木瓜病叶样品总 RNA，具体操作步骤如下：

①称取 0.2 g 叶片（病叶），用液氮研磨成粉末；

②取适量粉末转移到 1.5 ml 离心管中，加入 500 μl TCP buffer，枪头吸打 5 ~ 10 次，4℃条件下 12 000 rpm 离心 3 min；

③转移上清液到新的 1.5 ml 离心管中，加入 250 μl 75% 乙醇，颠倒混匀；将混合液转移到带吸附柱的离心管中，12 000 rpm 离心 30 s；

④离心后倒掉收集管中的液体，吸附柱放回原收集管中，加入 500 μl RP buffer，12 000 rpm 离心 30 s；

⑤离心后倒掉收集管中液体，吸附柱放回原收集管中，加入 500 μl W3，静置 1 min，12 000 rpm 离心 15 s；

⑥将离心后的吸附柱放入新的收集管中，加入 500 μl W3 buffer，12 000 rpm 离心 15 s；

---

* 文献来源：蔡群芳．利用 RNA 介导技术培育番木瓜广谱抗环斑病毒品种（系）的初步研究．中国热带农业科学院 & 华南热带农业大学硕士学位论文．（指导教师：周 鹏 研究员）

⑦弃去收集管中液体，12 000 rpm 离心 1 min；

⑧吸附柱放入干净的无 Rnase 的 1.5 ml 离心管中，37℃静置 1 min；

⑨12 000 rpm 离心 1 min，将离心后的液体于 -80℃储存备用。

8.2.2.2 RNA 纯度及完整性检测

取 4 μl RNA 溶液稀释 20 倍，测量 260 nm、280 nm 的 OD 值，计算 $OD_{260/280}$ 比值以检测总 RNA 质量，并用1%的琼脂糖凝胶，3 ~5 V/cm 的电压下电泳检测提取结果。

8.2.2.3 PRSV-CP 引物设计

根据已报道的 PRSV-CP 3′，5′-端的 DNA 序列，设计合成以下扩增引物：

pPRSV-CP1：5′ GGAAGCGTACATCGCGAAGAGGAAT 3′；

pPRSV-CP2：5′ AGTTGCGCATACCCAGGAGAGAGT 3′。

8.2.2.4 反转录合成 cDNA 第一链

①在 0.5 ml 的 Eppendorf 管中加入下列试剂：

总 RNA	4 ~5 μg
10 μmol 互补引物	1 μl
ddH_2O	加至 10 μl
总体积	10 μl

混匀、水浴 5 min，冰浴 2 min。

②依次加入下列反转录体系：

5 × First Strand Buffer	5 μl
10 mmol dNTPs	2 μl
RNase	1 μl
M-MLV	1 μl
ddH_2O	16 μl
总体积	25 μl

混匀后，42℃，温育 1 h；95℃，5 min 终止反应，取 2 μl 用于 PCR 扩增。

8.2.2.5 RT-PCR 扩增

扩增体系：在 0.2 ml 离心管中加入：

10 × PCR buffer	2.0 μl
25 mmol $MgCl_2$	1.7 μl
2 mmol dNTPs	2.0 μl
Taq 酶	0.3 μl
pPRSV-CP1	2.0 μl
pPRSV-CP2	2.0 μl
cDNA	2.0 μl
ddH_2O	8.0 μl
总体积	20 μl

样品混匀后置于 PCR 仪中按下列参数进行 PCR 扩增：① 预变性：94℃，2 min；② 94℃，1 min，55℃，1 min，72℃，1 min；35 个循环；③ 最后延伸

72℃，10 min。

扩增结束后，用 1.0% 的 1×TAE 琼脂糖凝胶电泳。取 5 μl PCR 产物加 2 μl 溴酚蓝点样，以 3～5 V/cm 的电压电泳，直至溴酚蓝迁移至胶的 2/3 处结束电泳，紫外灯下观察并照相。

8.2.2.6 PCR 产物回收

将剩余 PCR 反应液经 1% 的 agarose 凝胶电泳分离 PCR 片段后，采用 QIAGEN 公司的 Wizard DNA clean up 试剂盒回收扩增的目的片段。

①电泳结束后，在紫外分析仪上尽可能小地切下含有目标 DNA 片段的凝胶小片，装入 1.5 ml 离心管中；

②加入 300 μl Binding Buffer，涡旋振荡后，56℃水浴 10 min，使凝胶溶解；

③加入 150 μl 异丙醇，涡旋振荡混匀；

④将离心管中的液体转移至新的过滤柱管中，套上收集管，12 000 rpm 离心 1 min，倒掉滤出液；

⑤向滤柱管中加入 500 μl Washing Buffer，12 000 rpm 离心 1 min，倒掉滤出液。再加入 200 μl Washing Buffer，重复洗涤一次，丢掉收集管，换一新的 1.5 ml 离心管；

⑥向滤柱管中加入 30 μl 的 Elution Buffer（预热 50～60℃），12 000 rpm 离心 30 s 收集滤出液，即为目的片段溶液，于 -20℃保存备用。

8.3 mRNA 差别显示法*

从中国热带农业科学院橡胶所早期预测试验地采集不同品系的橡胶树胶乳和树皮组织，分别提取纯化 mRNA 合成 cDNA 第一链。通过 4 个简并锚定引物和 10 个随机引物进行 PCR 扩增，经 6% 变性聚丙烯酰胺凝胶电泳后发现了至少 4 个差异 DNA 片段只在健康树中表达而在死皮树中没有出现。这 4 个差异 DNA 片段分别命名为 Hb1（725 bp），Hb2，Hb3，Hb4。对 Hb1 进行了分离、纯化，经 Northern 杂交证实，Hb1 在健康树胶乳中表达活跃，而在死皮树胶乳中表达受到强烈抑制，表明 Hb1 是与死皮病相关的 cDNA 片段。进一步将 Hb1 片段进行回收和克隆，并进行 DNA 序列分析。序列在 GenBank 中进行 BLAST 分析未发现相关同源片段。死皮病相关 cDNA 片段的获得，将为分离全长死皮病相关基因，搞清该基因表达调控的机理提供条件，进而为从分子水平上阐明死皮病的致病机理打下基础。

8.3.1 材料

采集不同品系的橡胶树胶乳和树皮组织。

---

* 文献来源：黄贵修．利用 mRNA 差别显示技术探索橡胶树死皮病病因的研究．华南热带农业大学硕士论文。(指导教师：陈守才 研究员)

8.3.2 方法

8.3.2.1 总 RNA 提取及样品中微量 DNA 的去除

(1) 胶乳总 RNA 提取

①先将所有需用的玻璃器皿和硬塑离心管用 0.1% 的 DEPC 处理，37℃保温 12 h 以上，然后高压灭菌；大小新枪头也须高压灭菌；

②割胶后让胶乳自流几分钟（前 20 滴胶水不要），使割面杂质流尽，然后在液氮下收集适当体积的胶乳。注意胶刀和引子（引导胶水流到胶杯的铝片，俗称“鸭舌”）使用前须经灼烧以除去 RNase。液氮取回的胶乳可在 -70℃短期保存，或立即用于提取 RNA；

③取约 10 ml 胶水加入预先准备好的 20 ml 提取缓冲液，随后加入 30 ml PCI，充分涡混，冰浴 15 min；

④4℃，12 000 rpm 离心 10 min；

⑤吸取上清，加入等体积 PCI，重抽提 1 次；

⑥小心吸取上清至另一离心管（冰上放置），加入 1/10 体积预冷 3 mol/L NaAc（pH5.2）、2.5 倍体积预冷无水乙醇或等体积异丙醇，于 -20℃放置 30 min；

⑦于 4℃，12 000 rpm 离心 10 min，小心去尽上清液，加入 1.5 ml ddH_2O 溶解沉淀（可稍涡散），加入 1.5 ml 预冷 4 mol/L LiCl 溶液，冰浴 1 h；

⑧ 4℃，12 000 rpm 离心 10 min，收集 RNA 沉淀。将沉淀用 75% 冷乙醇洗涤两次，于冰上晾干，溶解于 200 μl ddH_2O；

⑨取 4μl RNA 水溶液用 ddH_2O 稀释至 400 μl 进行紫外分光扫描分析，根据 OD_{230}、OD_{260}、OD_{280} 的吸收值和 $OD_{260/230}$、$OD_{260/280}$ 的比值计算总 RNA 溶液的浓度及 RNA 纯度。取 4 μL 进行 1% 甲醛变性胶电泳，进一步确证所提取 RNA 的纯度及完整性；

⑩所得的总 RNA 可以直接用于 cDNA 第 1 链合成，或进行 mRNA 纯化或者加入 3 倍体积无水乙醇于 -75℃保存。

(2) 橡胶树皮总 RNA 提取

①用经灼烧去除 RNase 的解剖刀取下离割线适当距离，长宽约为 4×5cm 的树皮组织，迅速用 RNase-Free 水冲洗掉沾附胶水；随后，用经灼烧的新刀片取下离木质部 1~2mm 厚的树皮组织，速置于液氮下；

②取 1 g 树皮组织放于经 180℃烘烤 12 h 以上的研钵中（预先加入液氮），在液氮中充分研磨树皮组织；

③加入到预先准备好的装有 20 ml 提取缓冲液的离心管中，充分涡散 10 min，加入 20 ml PCI，涡散 10 min，冰浴 15 min；

④4℃，12 000 rpm 离心 10 min；

⑤小心吸取上清至另一离心管（冰上放置），加入等体积 PCI，抽提 2 次；

⑥4℃，12 000 rpm 离心 10 min；

⑦小心吸取上清至另一离心管（冰上放置），加入1/10体积预冷3 mol/L NaAc（pH值5.2）和等体积异丙醇，于-20 ℃放置30 min；

⑧4℃，12 000 rpm离心15 min；

⑨小心去尽上清液，加入10 ml 3 mol/L NaAc（pH值6.0）涡散沉淀，冰浴5 min；

⑩4℃，12 000 rpm离心20 min；

⑪洗涤沉淀一次；

⑫沉淀溶于0.7 ml RNase-Free水，加入0.7 ml预冷的4 mol/L LiCl，冰浴1 h；

⑬4℃，12 000 rpm离心10 min；

⑭75%乙醇洗涤RNA沉淀3次；

⑮冰上晾干，溶于100μl RNase-Free水。取4μl RNA水溶液用ddH_2O稀释至400 μl进行紫外分光扫描分析，根据OD_{230}、OD_{260}、OD_{280}的吸收值和$OD_{260/230}$、$OD_{260/280}$的比值计算总RNA溶液的浓度及RNA纯度。取4 μl进行1%甲醛变性胶电泳，进一步确证所提取RNA的纯度及完整性；

⑯所得的总RNA可以直接用于cDNA第1链合成，或进行mRNA纯化或者加入3倍体积无水乙醇于-75℃保存。

(3) 总RNA样品中微量DNA的去除

DNA污染对DDRT-PCR有明显的影响，无论用哪种方法提取RNA，均避免不了有少量DNA的存在。因此，必须用DNase去除污染DNA；

①在0.2 ml Eppendorf管中依次加入：

ddH_2O	20μl
Total RNA	50μl
10×DNase buf.	10μl
100 mmol/L DTT（Promega）	10μl
DNase（17.5 U/μl，Pharmacia）	8μl
RNasin（40 U/μl，Promega）	2μl
总体积	100μl

②于37℃，温育15 min；

③用等体积PCI抽提，Votex冰浴10 min；

④于4℃，12 000 rpm，离心10 min；

⑤小心吸取上清，加入1/10体积3 mol/L NaAc（pH值5.2）、2.5倍体积无水乙醇，-75 ℃放置30 min以上；

⑥于4℃，12 000 rpm离心10 min；

⑦用0.5 ml预冷的70%乙醇洗涤沉淀1次；

⑧晾干，溶于50 μl ddH_2O；

⑨取4 μl测OD值以估算浓度。取4 μL进行甲醛变性电泳来判断RNA纯度及完整性。

8.3.2.2 mRNA 逆转录合成 cDNA 第一链

①在 0.2 ml 离心管中依次加入（冰上操作）：总 RNA（1 μg/μl）1μl，锚定引物（0.4 μg/μl）1μl，RNasin（40 U/μl，Promega）1μl，ddH_2O 8μl；

②稍混匀，于 65 ℃温育 10 min，迅速置于冰上；

③加入 5 × first strand buffer 4μl，100 m mol/L DTT 2μl，dNTPs mix（10 mmol/L）2μl；

④轻轻混合，于 37℃温育 2 min；

⑤加入反转录酶 1 μl（50 U/μl，Bochringer Mannheim）；

⑥轻轻混合，于 42℃温育 1 h；

⑦于 95℃温育 2 min，－20℃保存备用。

8.3.2.3 cDNA 片段的 PCR 扩增（双链 cDNA 的合成）

①在 0.2 ml 离心管中依次加入：

ddH_2O	1.95 μl
10 × Taq DNA polymerase buffer	1.00 μl
$MgCl_2$（25 mmol/L）	1.50 μl
dNTPs mix（250 μmol/L）	2.00 μl
5′ArP.（2 μmol/L）	1.75 μl
3′AnP.（5 μmol/L）	0.70 μl
RT mix	1.00 μl
Taq 酶（10 U/μl）	0.10 μl
总体积	10 μl

②用离心机稍离心片刻后，将离心管置于 PCR 仪 2400 型（PE 公司产品）工作板孔内，进行如下扩增循环：

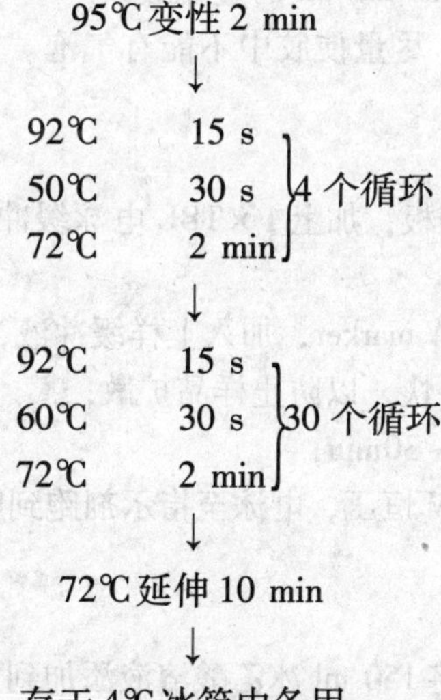

8.3.2.4　PCR产物变性聚丙烯酰胺凝胶电泳

(1) 6%变性聚丙烯酰胺凝胶的制备

①短玻璃板［每次在制备凝胶之前都要用黏合硅烷（bind silane）处理短玻璃板］：

a. 用2 N NaOH浸泡1 h以上，用自来水冲洗，用软布蘸洗涤剂将板清洗干净，自来水冲洗掉全部洗涤剂，在无离子水中过3遍，晾干；

b. 在1 ml含95%乙醇和0.5%冰乙酸的混合液中加入5 μl黏合硅烷，配成黏合溶液；

c. 用新配的黏合溶液浸透擦镜纸擦拭已仔细清洗过并经自然干燥的玻璃板，整个板面都必须擦拭到；

d. 4~5 min后，用95%乙醇单向擦拭玻璃板，然后略微用力沿垂直方向擦拭玻璃板，重复3次此擦拭过程。

（注意：用过的凝胶可用2 mol/L NaOH浸泡后除去，为防止交叉污染，用于清洗短玻璃板的工具必须与清洗长玻璃板的工具分开，准备处理长玻璃板前要更换手套。）

②长玻璃板处理：

a. 2 N NaOH浸泡1 h以上，用自来水冲洗，用软布蘸洗涤剂将板清洗干净，用自来水冲洗掉全部洗涤剂，在无离子水中过3遍，晾干；

b. 用Sigma Cote浸透的薄棉纸均匀擦拭玻璃板。5~10 min后，用薄棉纸擦掉多余的Sigma Cote液；

c. 按要求将两块玻璃板及夹条安装好；

d. 制胶（6%变性胶）：Acr-Bis 19:1，尿素8 mol/L，Tris-Cl 90 mmol/L，硼酸90 mmol/L，EDTA（pH值8.0）2 mmol/L，TEMED（%）0.05；抽气5~10 min，临用前加入150 μl 10 mg/ml的过硫酸铵；

e. 灌胶：小心灌胶，尽量使胶中不能有气泡。胶灌好后，插入梳子，静置2~3 h，待胶凝固。

(2) 电泳

①在电泳仪上装好胶板，加上1×TBE电泳缓冲液，拔出梳子，立即用双蒸水冲洗加样孔；

②准备好样品及DNA marker，加入上样缓冲液，于70℃水浴2 min；

③加样，加样动作要快，以防止样品扩散；

④2 000V预电泳20~30min；

⑤电泳，维持2 000V恒压，电泳至指示剂跑到胶下沿。

(3) 银染

①溶液配制：

a. 固定-终止液：将150 ml冰乙酸溶液添加到1 350 ml的超纯水中；

b. 染色溶液：将1.5 g硝酸银（$AgNO_3$）和2.25 ml 37%甲醛混合于1 500 ml超纯水中；

c. 显影溶液：在3 000 ml超纯水中溶解90 g碳酸钠（Na_2CO_3），冷却至

10～12℃备用。临用前添加 4.5 ml 37% 甲醛及定量吸取的 600 μl 硫代硫酸钠溶液（10 mg/ml），丢弃剩余的硫代硫酸钠溶液；

②凝胶板分离：电泳结束后，用一个塑料楔子小心地分开两块玻璃板，凝胶应该牢固地附着在短玻璃板上；

③凝胶固定：将附着凝胶的玻璃板置于固定－终止液中浸泡过夜或震荡 30min，直至示踪染料不再可见，保留固定－停止溶液，准备用于以下的终止显影反应；

④凝胶洗涤：用超纯水振荡洗涤凝胶 3 次（每次 2min）。将凝胶板从水中取出，竖起控干水流 10～20 s；

⑤凝胶染色：把凝胶转移至染色溶液充分振荡 30min；

⑥凝胶洗涤：将染色后的胶板放入超纯水中 2～3 s，迅速取出并竖起控水，随后把胶板放入预冷的显影液中（用量为总量的 1/2），充分震荡。当第一批条带出现后，把胶板移入预冷的另一半显影液中，震荡，直至全部条带出现；

⑦终止显影：显影溶液中直接加入等体积的固定－终止溶液（第三步操作时用过），停止显影反应并固定像相。

⑧洗涤凝胶：在超纯水中洗涤凝胶 2 次，每次 2min；

⑨凝胶干燥：将显影后的胶板置于室温下，自然干燥。

⑩照相。

8.3.2.5 回收目的条带和再次扩增

①用干净刀片切下目的条带，放入 1.5 ml 离心管；

②用 1 ml TE 缓冲液快速冲洗 1 遍，吸去 TE 缓冲液；

③加入 50 μl 1×TE 缓冲液，小心碾碎胶条，于室温在摇床上放置 12 h；

④100℃水浴 15min；

⑤于 4℃，12 000 rpm 离心 5min；

⑥小心吸取上清，加入 5μl 3 mol/L NaAc（pH 值 4.8）、1μl 糖元（10 μg/μl），125 μl 无水乙醇、于－20℃过夜或加 150 μl 无水乙醇，于－75℃30min；

⑦于 4℃，12 000 rpm 离心 15min；

⑧小心去除上清，用 80% 乙醇洗涤沉淀 1 次；

⑨室温晾干，溶于 10 μl 灭菌水；

⑩取 2 μl 回收的 cDNA 片段进行再次扩增；

⑪在 0.2 ml 薄壁管中依次加入：

ddH_2O	23.25 μl
10×PCR buffer	5.0 μl
dNTPs mix（10 m mol/L）	1.25 μl
ArP.（2 μmol/L）	12.5 μl
AnP.（5 μmol/L）	5.0 μl
Taq 酶（3 U/μl 华美）	1.0 μl

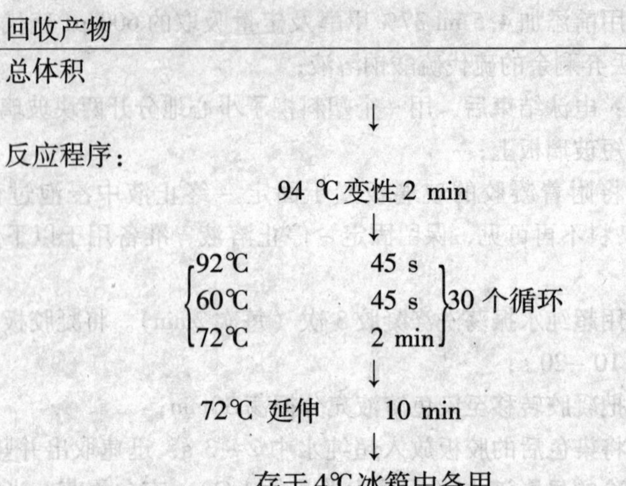

回收产物	2.0 μl
总体积	50.0 μl

↓

反应程序：

94 ℃变性 2 min

↓

92℃	45 s	30 个循环
60℃	45 s	
72℃	2 min	

↓

72℃ 延伸 10 min

↓

存于 4℃冰箱中备用

⑫取 30 μl 每种 PCR 反应样品在 1.5% 的琼脂糖凝胶上电泳并用 0.5 μg/ml 溴化乙锭染色。剩下的 PCR 样品可贮于 -20℃（可保存数年）。经过 1 次重新扩增后，绝大多数的 DNA 都能看见。重扩增后片段的分子量应与在变性凝胶上电泳的条带进行比较，二者应该是一致的。如果第 1 次再扩增看不到条带，可以用水将 PCR 产物按 1：100 稀释，然后取 4 μl 再进行 30 个循环扩增；

⑬从琼脂糖凝胶中（来自于步骤 11）抽提所需的 DNA，以此作为探针用于 Southern 杂交、Northern 杂交分析及 cDNA 文库筛选；也可以将剩下的 PCR 产物（来自于步骤 12）进行亚克隆或者测序；

⑭进行基因功能鉴定。

8.4 抑制消减杂交法*

北美海蓬子（*Salicornia Bigelovii* Torr.）属于藜科（Chenopodiaceae）海蓬子属（*Salicornia*），是一种耐盐性极强的真盐生植物。其抗盐能力超过海水盐度的 20% ~40%，耐盐极限达到 5% NaCl 浓度，嫩茎中的可溶性盐分含量高达 37%（干重百分比）。以播种于含 0 mmol/L 的 NaCl 的液体 MS 基本培养基上的北美海蓬子幼苗总 RNA（0 号）和 200 mmol/L NaCl 的液体 MS 基本培养基诱导 24 h 后的幼苗总 RNA（2 号）为模板，运用 SMART PCR cDNA 合成技术分别合成全长 cDNA。将两种cDNA群体进行抑制差减杂交，用 T/A 法分别构建正向差减文库（含 205 个克隆）和反向差减文库（含 235 个克隆）。

8.4.1 材料

播种于含 0 mmol/L 的 NaCl 的液体 MS 基本培养基上的北美海蓬子幼苗和

---

* 文献来源：叶妙水．北美海蓬子耐盐相关基因的克隆与分析．中国热带农业科学院与华南热带农业大学硕士学位论文．（指导教师：郭建春 研究员）

200 mmol/L NaCl 的液体 MS 基本培养基诱导 24 h 后的幼苗。

8.4.2 方法

8.4.2.1 北美海蓬子幼苗总 RNA 提取

分别提取 0 mmol/L NaCl 的 MS 基本培养基上培养的北美海蓬子幼苗总 RNA 和 200 mol/L NaCl 诱导 24 h 后的北美海蓬子幼苗总 RNA，标记为“0”号和“2”号。

8.4.2.2 利用 SMART PCR cDNA 合成技术合成 ds-cDNA

(1) cDNA 第一链合成

①在无菌的 0.5ml 离心管中，混合以下物质：

Total RNA (1 μg/μl)	2.5 μl
3′ BD SMART CDS Primer ⅡA (12 μmol/L)	1.0 μl
BD SMART ⅡA Oligonucleotide (12 μmol/L)	1.0 μl
RNA 酶抑制剂	0.5 μl
总体积	5.0 μl

将以 0 号和 2 号 Total RNA 为模板的反应管分别标记为 0FS 和 2FS。

②充分混匀，瞬时离心；

③在 PCR 仪中 70℃温浴 2 min；

④瞬时离心，保持在室温；

⑤在该离心管中加入以下组分：

5 × 第一链缓冲液	2.0 μl
二硫苏糖醇 (20 mmol/L)	1.0 μl
50 × dNTP (10 mmol/L)	1.0 μl
PowerScript 反转录酶	1.0 μl
总体积	5.0 μl

轻轻涡旋，瞬时离心。

⑥42℃温浴 1 h，加入 40 μl TE 缓冲液稀释第一链；

⑦72℃温浴 7 min；

⑧ -20℃保存，此即为第一链 cDNA。

(2) LD-PCR 最佳循环数的确定与 ds-cDNA 扩增

①预热 PCR 仪到 95℃；

②取两个无菌 PCR 管标上 0FS 和 2FS；

③在两个管中加入 cDNA 单链 0FS 和 2FS 各 2 μl 分装，各自加水到终体积 10 μl；

④在一个无菌的 PCR 管中加入以下物质：

无菌水	2 × 74 μl
10 × advantage 2 PCR 缓冲液	2 × 10 μl

50×dNTP（10 mmol/L）	2×2.0 μl
5′ PCR 引物ⅡA（10 μmol/L）	2×2.0 μl
50×Advantage 2 聚合酶	2×2.0 μl
总体积	2×90 μl

⑤涡旋混匀，瞬时离心；

⑥各取 90 μl 混合物加入到单链 cDNA 中；

⑦在 PCR 仪上进行以下反应：

95℃预变性	3 min	
94℃变性	15 s	24 个循环
65℃退火	30 s	
68℃延伸	6 min	
68℃延伸	10 min	
4℃	pause	

⑧加入 2 μl 0.5 mol/L EDTA 终止反应；

⑨将分别扩增到 15，18，21 和 24 循环的 PCR 产物各取 5 μl，在 1.2% 的凝胶上进行电泳分析；

⑩确定最佳循环数，并用最佳循环参数对 cDNA 进行扩增，取产物 5 μl，在 1.2% 的凝胶上进行电泳分析。

（3）双链 cDNA 的回收

将 0 号和 2 号 LD-PCR 产物分别进行回收，各留 5 μl 用于回收效率检测。

①将 0 号、2 号 ds-cDNA 样品分别加到两管无菌 1.5 ml 离心管中；

②加入等体积的酚∶氯仿∶异戊醇（25∶24∶1），涡旋充分混匀，14 000 rpm，离心 10 min；

③取出上层水相到新 1.5 ml 的离心管中；

④加入 700 μl 正丁醇，涡旋混匀，浓缩产物体积到 40 ~ 70 μl；

（注意：若浓缩过度会使核酸沉淀，此时可加水至产生水相；若体积小于 40 μl，则加水使体积达到 40 ~ 70 μl。）

⑤14 000 rpm，室温，离心 1 min，遗弃上相；

⑥颠倒 CHOMA SPIN-1 000 柱子数次，完全重悬凝胶；

⑦静置排除气泡后，打开柱子上盖和下盖，将柱子放置于 1.5 ml 离心管中，排干缓冲液；

⑧加入 1.5 ml TNE，排干（柱混合物约为 0.75 ml）；

⑨小心加入样品于凝胶表面，注意不能使样品沿凝胶表面流下；

⑩加入 25 μl TNE，并排干柱子，再加入 150 μl TNE，并排干柱子；

⑪转移柱子到 1.5 ml 离心管，加入 320 μl TNE，收集流出液，其中含有纯化后的 ds-cDNA 片段。

⑫取 5 μl 用于电泳分析回收效率，其余 −20℃保存；

⑬加入 75 μl TNE，另收集流出液，电泳检测洗脱是否完全。

8.4.2.3 抑制差减杂交

(1) 限制性内切酶 *Rsa* Ⅰ消化 ds-cDNA

①在纯化后的 ds-cDNA 中加入以下物质：

10×Rsa I 缓冲液	35 μl
Rsa I 酶（10 U）	1.5 μl
ds-cDNA	315 μl
总体积	351.5 μl

②涡旋混匀，瞬时离心；

③37 ℃温浴 3 h；

④取 5 μl Rsa I 消化后产物进行电泳分析，判断酶切是否完全。

(2) Rsa Ⅰ消化产物回收

①向酶切完全的 ds-cDNA 样品中加入等体积酚: 氯仿: 异戊醇（25:24:1）；

②充分混匀，14 000 rpm 离心 10 min；

③取上清，加入等体积氯仿: 异戊醇（24:1）；

④充分混匀，14 000 rpm 离心 10 min；

⑤将上清液转到另一离心管中，加入 1/2 体积 4 mol/L 醋酸氨溶液；

⑥加 2.5 倍 95% 乙醇，混匀，14 000 rpm 离心 20 min；

⑦弃上清，加入 80% 的乙醇 200 μl 覆盖沉淀，14 000 rpm 离心 5 min；

⑧弃上清，稍离心后吸干上清，室温静置晾干沉淀；

⑨加 5.5 μl 水溶解，储存于 -20℃。

(3) 接头连接

①配制 T4 DNA 连接混合液，在一离心管中配制 Master Mix：

成分	per rxn	for 2-rxn
无菌水	3 μl	6 μl
5×Ligation Buffer	2 μl	4 μl
T4 DNA Ligase（400 U/μl）	1 μl	2 μl
总体积	6 μl	12 μl

②将 5 μl 灭菌水和 1 μl Rsa Ⅰ 酶切过的 Tester ds-cDNA 混匀。Driver ds-cDNA 不加接头；

在 2 个 0.5ml 离心管中分别依次加入如下成分：

成分	Tester1-1	Tester1-2
Diluted tester ds cDNA	2 μl	2 μl
Adaptor 1（10 μmol）	2 μl	–
Adaptor 2R（10 μmol）	–	2 μl
Master Mix	6 μl	6 μl
总体积	10 μl	10 μl

③从步骤2中待测子1-1和待测子1-2各取2 μl，加入1 ml水稀释，这个样品将用作PCR，作为未进行差减杂交的待测子对照组1-c；

（注意：在正向差减杂交时，待测子cDNA来源于200 mmol/L NaCl诱导的材料（2号），驱动子cDNA来源于0 mmol/L NaCl培养的材料（0号），连接头1的为Tester 1-1，连接头2R的为Tester 1-2；进行反向差减杂交时，待测子cDNA来源于0 mmol/L NaCl培养的材料（0号），驱动子cDNA来源于200 mmol/L NaCl诱导的材料（2号），连接头1的为Tester 2-1，连接头2R的为Tester 2-2，未进行差减杂交的待测子对照组2-c。）

④稍稍离心，16℃连接过夜；

⑤加入20×EDTA/糖原混合物1 μl终止连接反应；

⑥72℃灭活连接酶5 min；

⑦稍离心，取1-c 1 μl加1 ml无菌水进行稀释，作为以后PCR反应对照模板；

⑧cDNA接头连接完成，储存于-20℃备用。

（4）第一次杂交（First Hybridization）

①同时进行两组杂交，一组是正向杂交，即以200 mmol/L NaCl诱导的海蓬子ds-cDNA为待测子（2号）；另一组则相反，称为反向杂交，即以0 mmol NaCl培养的海蓬子ds-cDNA为待测子（0号）。

在2个灭菌的0.5ml离心管中分别依次加入以下成分：

成分	杂交样品1(μl)	杂交样品2(μl)
RsaⅠ酶切过的Driver cDNA	1.5	1.5
接头1-ligated Tester1-1	1.5	-
接头2R-ligated Tester1-2	-	1.5
4×杂交缓冲液	1.0	1.0
总体积	4.0	4.0

（注意：如果是反向杂交，则加tester2-1和tester2-2。）

②加一滴矿物油覆盖样品，稍离心，在PCR仪中98℃变性1.5 min；

③在PCR仪中68℃杂交8 h，然后立即进行第二次杂交反应。

（5）第二次杂交（Sond Hybridization）

①在1个灭菌的0.5 ml离心管中分别依次加入以下成分：

Driver ds-cDNA	1 μl
4×杂交缓冲液	1 μl
无菌水	2 μl
总体积	4 μl

②取1 μl这种混合液至一个灭菌的0.5 ml离心管中，加一滴矿物油覆盖样品；

③在PCR仪中98℃变性1.5 min；

④从PCR仪中移出新变性的Driver管，为保证杂交样品1和杂交样品2只在新变性的Driver存在下同时与Driver混合，须按下述步骤进行：

a. 将微量称液器调至 15 μl 刻度；

b. 将移液器吸头轻轻伸至杂交样品 2 的管中矿物油与样品 2 的界面处，小心吸取杂交样品 2 至吸头中；

c. 将移液器从管中移开，放松移液器按纽，使吸入小量空气创造一个小气室；

d. 吸入新变性的 Driver ds-cDNA；

e. 将吸头中含有的杂交样品 2 和 Driver ds-cDNA 一起加入含有杂交样品 1 的管中，吸打混匀；

⑤稍离心后 68℃杂交 8 ~ 12 h；

⑥加入 200 μl 稀释缓冲液（dilution buffer）于管中，吸打混匀；

⑦在 PCR 仪中 68℃保温 7 min，保存于 -20℃。

(6) 第一次 PCR 扩增

①在 PCR 反应管中依次加入下列组分：

无菌水	39.0 μl
10×PCR 缓冲液	5.0 μl
dNTP Mixture（10 mmol/L each）	1.0 μl
50×Taq DNA 聚合酶	1.0 μl
PCR Primer1（10 mmol/L）	2.0 μl
总体积	48.0 μl

PCR Primer1：5′-CTAATACGACTCACTATAGGGC-3′。

②涡旋混匀，稍离心；

③取两个 PCR 反应管，每管取上述 PCR 混合物 24 μl，分别加入 1 μl 经差减杂交的稀释 cDNA 和 1 μl 未经差减杂交的稀释对照 cDNA；

（注意：如果用 2 号样品作为待测子，对照用 1-c；如果用 0 号样品作为待测子，对照用 2-c。）

④立即在PCR 仪中进行以下循环：

75℃补平接头	5 min	
94℃变性	20 s	27 个循环
66℃退火	30 s	
72℃延伸	1.5 min	
72℃延伸	7 min	
4℃	pause	

⑤取出 5 μl 用于电泳检测。

(7) 第二次 PCR 扩增

①将第一次 PCR 反应产物稀释 10 倍，分别取 1 μl 为模板进行第二次 PCR 反应。取两个 PCR 反应管，每一 PCR 反应管中依次加入下列组分：

无菌水	18.5 μl
10×PCR 缓冲液	2.5 μl
dNTP Mixture（10 mmol/L/each）	0.5 μl
Nested PCR Primer1	1.0 μl
Nested PCR Primer2R	1.0 μl
50×Taq DNA 聚合酶	0.5 μl
总体积	24.0 μl

Nested PCR Primer1：5′-TCGAGCGGCCGCCCGGGCAGGT-3′；

Nested PCR Primer2R：5′-AGCGTGGTCGCGGCCGAGGT-3′。

②混匀后，瞬时离心，覆盖一滴石蜡油立即在PCR仪中进行以下循环：

94℃	25 s	
94℃变性	20 s	12个循环
68℃退火	30 s	
72℃延伸	1.5 min	
72℃延伸	7 min	
4℃	pause	

③取5 μl用于电泳分析，其余贮存于-20℃。

8.4.2.4 差减cDNA文库的构建

（1）第二次PCR扩增产物的回收

①在PCR反应液中加入3倍体积的DB Buffer，均匀混合；

②转移混合液至Spin Column中，置Collection tube上，12 000 rpm离心1 min；

③将滤出液倒回Spin Column中再离心一次以提高回收效率，弃滤液；

④加500 μl的Rinse A至Spin Column中，12 000 rpm离心30 s，弃滤液；

⑤加700 μl的Rinse B至Spin Column中，12 000 rpm离心30 s，弃滤液。重复该步骤一次；

⑥将Spin Column放置于一个新的1.5 ml离心管上，在Spin Column的膜中央处加入25~30 μl预热至60℃的无菌水，室温静置1 min；

⑦12 000 rpm离心1 min，1.5 ml离心管中洗脱液即为DNA回收液；取5 μl用于电泳分析，其余-20℃保存。

（2）连接pMD18-T载体

（3）转化感受态宿主菌

平板37 ℃恒温培养10~12 h后，通过蓝白斑筛选初步确定含有重组质粒的阳性菌落。将平板上的所有白色菌落挑出来，接种于盛有含氨苄青霉素（100 μg/ml）的LB培养液的1.5 ml离心管中，编号后于37℃，300 rpm振荡培养过夜，加15%的甘油，液氮速冻，-70℃保种备用。

8.5 cDNA 微列阵分析技术*

本研究旨在分离香蕉采后在果实中特异表达的基因，进而鉴定这些基因在香蕉果实成熟过程中的作用。首先，运用 SMART PCR 合成 cDNA，采用微列阵（Microarray）技术对这些 cDNA 片段进行基因表达差异分析。200 个 cDNA 片段以“点印”方法制备微列阵，用地高辛标记的 0 号、2 号 ds-cDNA 作为探针分别进行杂交，获得微列阵。本研究的结果建立了香蕉采后成熟过程中表达基因的分离与鉴定的方法，为获得一批新基因奠定基础，初步分析了香蕉采后成熟与品质形成的遗传学机理。

8.5.1 材料

巴西香蕉（MAAA Group Cavendish）果实采自中煤绿原农业开发公司海南临高美台香蕉种植基地。实验样品 0，1，2，3 号分别为采摘 0 h、24 h、48 h、72 h,在 28℃，空气中放置的香蕉果实（包括果皮和果肉），因为它们处于同株同穗同梳相邻位置，所以具有相同或相似的生理状态。

8.5.2 方法

8.5.2.1 香蕉果实总 RNA 的提取

方法参见第 3 章中的基分离技术因组。

（注意：RNA 提取缓冲液的配制：200 mmol/L + 水合硼酸钠（borax），30 mmol/L EGTA，1% SDS，10 mmol/L DTT，1% 脱氧胆酸钠（sodiμmol deoxycholate）、2% PVP－40、0.5% NP－40。其他试剂配制参考分子克隆。）

8.5.2.2 利用 SMART PCR cDNA 合成技术合成 ds-cDNA

（1）cDNA 第一链合成

①在无菌的 0.5ml 离心管中，混合以下物质：

总 RNA（1 μg/μl）	2.5 μl
3′SMART CDS 引物 II A（10 μmol/L）	1.0 μl
SMART II A 寡核苷酸（10 μmol/L）	1.0 μl
RNA 抑制剂	0.5 μl
总体积	5.0 μl

②充分混匀，瞬时离心；

③在 PCR 仪中 70℃温浴 2 min；

④瞬时离心，保持在室温；

* 文献来源：苏伟．香蕉采后果实成熟特异表达基因的分离与鉴定．中国热带农业科学院 & 华南热带农业大学硕士学位论文．（指导教师：金志强　研究员）

⑤在该离心管中加入：

5×第一链缓冲液	2.0 μl
二硫苏糖醇（20 mmol/L）	1.0 μl
50×dNTP（10 mmol/L）	1.0 μl
PowerScript 反转录酶	1.0 μl

⑥轻轻涡旋，瞬时离心；

⑦42℃温浴 1 h，加入 40 μl TE 缓冲液稀释第一链；

⑧72℃温浴 2 min；

⑨放入 -20 ℃保存。

（2）通过 LD-PCR 进行 cDNA 扩增

①预热 PCR 仪到 95.0℃；

②取 2 μl cDNA 单链加水到终体积 10 μl；

③将以下物质进行混合：

去离子水	74 μl
10×advantage 2 PCR 缓冲液	10 μl
50×dNTP（10 mmol/L）	2 μl
5′ PCR 引物 II A（10 μmol/L）	2 μl
50×Advantage 2 聚合酶	2 μl
总体积	90 μl

④涡旋混匀，瞬时离心；

⑤取 90 μl 混合物加入单链 cDNA 中；

⑥在 GeneAmp PCR System2400 上进行以下反应：95.0℃变性 1 min；95.0℃ 5 s，65.0℃ 5 s，68.0℃ 6 min，分别在扩增到 15、18、21 循环时，吸出 15 μl 另一个离心管中，储存于 4℃，用于凝胶电泳以确定最佳的循环数。到 24 循环完毕时，PCR 反应体积为 55 μl；

⑦加入 2 μl 0.5 mol/L EDTA 终止反应；

⑧将分别扩增到 15、18、21 和 24 循环的 PCR 产物各取 5 μl，在 1.2% 的凝胶上进行电泳，在凝胶成像系统中观察，成像。

（3）ds-cDNA 的纯化

①在 ds-cDNA 溶液中加入等体积的酚，慢慢涡旋 5 ~10 s；

②4℃，12 000 rpm 离心 1 min，吸取上相；

③加入等体积的氯仿，慢慢涡旋 5 ~ 10 s；

④4℃，12 000 rpm 离心 1 min，吸取上相；

⑤加入两倍体积预冷的 95% 的乙醇，再加入 1/10 体积 3 mol/L 醋酸钠（pH 值 4.5）。20 μg 糖原，涡旋 5 ~ 10 s；

⑥15 000 rpm 离心 10 min；

⑦去上清，用 100 μl 预冷的 80% 的乙醇；

⑧15 000 rpm 离心 5 min；

⑨去上清，在空气中干燥；

⑩用 17 μl TE（10/0.1，pH 值 7.5）溶解沉淀，涡旋 5 ~ 10 s；

⑪然后取 1.0 μl 酶切反应液进行 1.0% 琼脂糖凝胶电泳，5 V/cm 恒压条件下电泳 30 min 后，于紫外灯下观察。

8.5.2.3 探针的标记

①取 15 μl 纯化后的 ds-cDNA 放入 0.5 ml 离心管中，在沸水中煮 10 min，立即放入冰水混合物中冷却；

②向离心管中加入以下物质：

六聚核苷酸混合物（DIG 试剂盒中 5 号管）	2 μl
dNTP 标记混合物（DIG 试剂盒中 6 号管）	2 μl
Klenow 酶（ DIG 试剂盒中 7 号管）	1 μl
总体积	5 μl

离心 30 s，37℃温浴 20 h。

③加入 2 μl 0.2 mol/L EDTA（pH 值 8.0），终止反应。

8.5.2.4 微列阵点样样品的制备

①使用 QLAquick Gel Extraction Kit，将 25 μl PCR 扩增反应液进行 1.0% 琼脂糖凝胶电泳，5 V/cm 恒压条件下电泳 30 min 后。紫外灯下切下含有目的片段的琼脂糖块，并转移至一个 1.5 ml 离心管中；

②加入 3 倍体积的 QG 缓冲液（试剂盒提供），50℃温浴 10 min，将琼脂糖凝胶完全溶解；

③将溶解液转至 QIAquick 离心柱；

④25℃，12 000 rpm 离心 1 min；

⑤去除离心管中的液体，加入 0.75 ml PE 缓冲液（试剂盒提供）至 QIAquick 离心柱；

⑥25℃，12 000 rpm 离心 1 min；

⑦去除离心管中的液体，25℃，12 000 rpm 离心 1 min；

⑧加入 10 μl EB 缓冲液至离心柱的膜上，将离心柱置于一个无菌的 1.5 ml 离心管中，25℃，12 000 rpm 离心 1 min；

⑨取 1.0 μl 离心收集的回收液，进行 1.0% 琼脂糖凝胶电泳，于凝胶成像系统观察，成像。

8.5.2.5 微列阵点样

①安装 MicroCASTerTM 玻片点样器，将玻片 1、2 放入基板中，并将两根导向针放入起始位置（1，1）；

（说明：点样针为 8 针型，分列两排；一根导向针指引纵向位置，有 1 ~ 12 孔，决定 12 × 4 = 48 列，另一根导向针指引横向位置，有 1 ~ 8 孔，决定 8 × 2 = 16 行。总共可点样 48 × 16 = 768 个，玻片规格为 0.8 × 57 × 26 mm^2。）

②在微量点样板上，从 1 号 cDNA 片段开始，按顺序加入 5 μl 等量样品及

1 μl溴酚蓝（示踪作用），每次点8个样品；

③用点样针从微量点样板上沾取样品，每次提起点样针的速度、蘸取的深度及按动点样针的力度都要相同，且点样针不可以碰到微量点样板的底和壁；

④第一次纵向导向针处于1位时，横向导向针也处于1位，按动点样针，将样品点印于CAST玻片1，然后再进行同样操作在玻片2上点样；

⑤让点样针依次通过5%漂白粉溶液、两个蒸馏水浴和一个酒精浴，然后用热风机干燥点样针；

⑥移动横向导向针分别到3、5、7位置，重复2~5步操作；

⑦然后让纵向点样针在1、2、4、6、8、10、12位置移动，每次重复2 ~6步操作；

⑧取出玻片1和玻片2，将点样针用超声波除菌；

⑨ 将玻片膜面向下，置于0.4 mol/L NaOH ，3 mol/L NaCl 的GB002滤纸上，变性5 min，然后转到浸润于0.5 mol/L Tris，1.5 mol/L NaCl（pH值7.0）的GB002滤纸上，中和5 min；

⑩在120 mjoμles/cm^2 的紫外光下照射，使DNA交联在玻片上；

⑪将玻片在室温下，放入蒸馏水中5 min，然后晾干玻片。

8.5.2.6 杂交

①每张玻片准备600 μl 1×预杂交液，预热到42℃；

②将杂交袋黏于玻片上，从孔中注入预热的预杂交液，然后用胶片将孔封住，轻压5 s后，将玻片插入杂交夹；

③玻片在杂交箱中42℃ 温浴1 h；

④将500 μl杂交液预热到42℃；

⑤将0号、2号探针在100℃沸水中煮10 min，立即放于冰水混和物上；

⑥从杂交夹中取出玻片，揭开胶片，用微量移液器吸出预杂交液；

⑦加入变性探针到预热杂交液中使探针浓度达到50 ng/ml，分别加入0号、2号探针溶液到玻片1、玻片2的杂交袋中，用胶片封孔；

⑧再次将玻片夹在杂交夹中，放入杂交箱中，在42℃ ，70 rpm杂交20 h。

8.5.2.7 洗膜及显色

①将玻片取出，并回收杂交液（可重复利用）；

②室温下将玻片在20 ml 2× SSC/0.1% SDS溶液中，70 rpm洗两次，每次5 min；

③转入68.0℃，20 ml 0.1 × SSC/0.1% SDS溶液，70 rpm洗两次，每次15 min；

④用20 ml Washing Buffer，70 rpm洗膜5 min；

⑤然后将膜浸泡于100 ml 1×封闭液中70 rpm，30 min；

⑥用1×封闭液稀释anti-DIG-AP结合物（DIG标记与检测试剂盒中的8号管到150 mU/ml（1:5 000）；

⑦将玻片浸泡于20 ml步骤6制备的溶液中，70 rpm轻摇30 min；

⑧用 Washing Buffer 洗膜两次，每次轻摇 15 min；

⑨玻片在 20 ml Detection Buffer 中平衡 5 min；

⑩将玻片置于显色液中（黑暗中且不能晃动）显色，放置 2 h；

⑪待显色清晰后，将玻片浸泡于 TE（ pH 值 8.0）溶液中终止反应，将结果扫描并照相；

注：所需试剂的配置

a. 20×SSC：3 mol/L NaCl，0.3 mol/L 柠檬酸钠；

b. 预杂交液：5×SSC，0.1% N—十二烷基肌苷酸，0.02% SDS，2% 封闭剂，50% 去离子甲酰胺；

c. 顺丁烯二酸缓冲液：0.1 mol/L 顺丁烯二酸，0.1 mol/L NaCl pH 值 7.5；

d. Washing Buffer：2×SSC，0.1% SDS；

e. Detection Buffer：顺丁烯二酸缓冲液，1% 封阻试剂；

f. TE 溶液：1 ml pH 值 8.0 的 1 mol/L Tris·HCl 缓冲液与 0.2 ml pH 值 8.0 的 0.5 mol/L EDTA 溶液混合后，用 ddH_2O 定容到 100 ml；

g. 显色液：10 ml Detection Buffer，45 μl NBT 溶液，35 μl X-磷酸盐。

8.5.2.8 数据处理与分析

使用芯片数据提取软件 ScanAlyze2.0 从图像中提取数据，该软件下载于 http://rana. stanford. edu/software。用网格确定图像背景和识别样品斑点位置，计算机根据路径给定的域值，对图像作积分处理，将样品斑点内各像素光密度值累加和像素个数累加，可以在微列阵 1，2 中分别提取光密度积分值 Ch1I，Ch2I（样品斑点内各像素的光密度值之和），平均光密度值 Ch1B，Ch2B（光密度积分值除以样品斑点内像素总数）等数值。并使用公式：Chl/Ch2 =（Ch1I - Ch1B）/（Ch2I-Ch2B）（该公式的意义是：两微列阵各对应点间差异比率等于两微列阵光密度积分值与平均光密度值差值之比。）计算两张微列阵各对应点间差异，并用 Microsoft Excel 绘制 cDNA 片段表达差异图。

8.6 RACE 技术*

本研究对 43 kD 的橡胶粒子膜蛋白进行了分离纯化，并对 N 端氨基酸进行了序列分析，N 端前 20 个氨基酸序列为 MQIFVKTLGKTITILEVESS。根据 43 kD 的橡胶粒子膜蛋白 N 端氨基酸序列，设计一简并引物，通过 3′ RACE 的方法，获得了 43 kD 的橡胶粒子膜蛋白的 cDNA。对于探讨 43 kD 橡胶粒子膜蛋白的生物学功能具有重要的意义。

* 文献来源：彭世清．巴西橡胶树 43 kD 橡胶粒子膜蛋白 cDNA 的克隆及表达．中国热带农业科学院 & 华南热带农业大学博士学位论文．（指导教师：陈守才 研究员）

8.6.1 试验材料

橡胶树（*Hevea brasiliensis* Muell. -Arg.）RRIM600 种植在中国热带农业科学院试验场，胶乳、幼叶和树皮采集后用于 RNA 的提取。

8.6.2 方法

8.6.2.1 橡胶胶乳总 RNA 的提取

方法参见第 3 章中的基因组分离技术。

8.6.2.2 mRNA 的纯化

采用 Promega 公司的 mRNA 分离纯化试剂盒（polyA Tract RNA Pnritication System），方法参考产品使用说明进行。

8.6.2.3 用于 3′ RACE 的 cDNA 第一链合成

按照 GIBCO BRL 公司的 3′ RACE System for Rapid Amplification of cDNA Ends 使用说明书进行：

①在一 0.5 ml 离心管加入 50 ng 的 mRNA（溶于 11 μl 的 DEPC 处理的水中），再加入 1 μl 的 AP 溶液；

②70℃加热 10 min 后，冰上冷却 1 min 以上；

③在离心管中依次加入以下成分：

10 × PCR 缓冲液	2 μl
25 mmol/L $MgCl_2$	2 μl
0.1 mol/L DTT	2 μl
10 mmol/L dNTP	1 μl

④42℃ 加热 5 min 后，加入 1 μl SUPERSCRIPT Ⅱ 反转录酶，42℃ 反应 50 min；

⑤70℃加热 15 min，冰上冷却；

⑥加入 1 μl RNAase Ⅱ在 37℃反应 20 min；

⑦反应混合物于 −20℃保存。

AP 溶液：10 μmol/L 的接头引物（adapter primer）溶液

接头引物序列为：5′GGCCACGCGTCGACTAGTACTTTTTTTTTTTTTTTTT 3′

8.6.2.4 43kD 橡胶粒子膜蛋白 cDNA 的 3′ RACE PCR 扩增

在 0.2 ml 的离心管中分别加入以下成分：

10 × PCR 缓冲液	5 μl
25 mmol/L $MgCl_2$	5 μl
25 mmol/L dNTP	5 μl
cDNA 第一链	1 μl
引物 1（10 pmol）	1 μl

3′-RACE 引物（10 pmol）	1 μl
ddH_2O	32 μl

混匀后，94℃预变性 3 min 后加入 Taq DNA 聚合酶，进行 PCR 反应。反应参数为 94℃变性 30 s，55℃退火 30 s，72℃延伸 1 min30 s，35 个循环后，在 72℃延伸 10 min，4℃保存。引物 1 是根据 43kD 橡胶粒子膜蛋白 N 端测序结果设计的简并引物：5′ATGCARATHTTYGT NAARAC 3′，其中 R 代表 dA 或 dG，H 代表 dA 或 dT 或 dC，Y 代表 dT 或 dC，N 代表 dA、dC 或 dG。3′ RACE 引物由 3′ RACE Kit 提供，序列为：5′GGCCACGCGTCGACTAGTAC 3′。

8.6.2.5 PCR 扩增产物的克隆及重组子筛选

（1）PCR 产物的凝胶电泳观察

取 2.0 μl PCR 扩增反应液进行 1.2% 琼脂糖凝胶电泳，5 V/cm 恒电压条件下电泳 40 min 后，紫外灯下观察。

（2）PCR 扩增产物的回收

①100 μl PCR 扩增反应液进行 1.5% 低熔点琼脂糖凝胶电泳，室温，2 V/cm 电泳 2 h；

②紫外灯下切下含目的片段的琼脂糖块，并转移至一 1.5 ml 离心管中；

③加入 400 μl TE（pH 值 8.0）缓冲液，65℃水浴保温 5 min；

④冷却至室温后，加入 500 μl Tris · HCl 平衡酚（ pH 值≥7.5 ）抽提 1 次；

⑤于 25℃，12 000 rpm 条件下离心 5 min；

⑥转移 500 μl 上清液至另一 1.5 ml 离心管中，加入等体积氯仿: 异戊醇（24:1）抽提 1 次；

⑦重复步骤 5，取 400 μl 上清液至另一 1.5 ml 离心管中，加入 20 μl 3.0 mol/L NaAc（pH 值 5.2），1 ml 无水乙醇，混匀后室温放置 5 ~ 10 min；

⑧于 4℃，12 000 rpm 条件下离心 5 min，去上清液，沉淀用 1 ml 70% 乙醇洗 1 次；

⑨沉淀物干燥后溶于 20 μl ddH_2O；

⑩取 1.0 μl 目的片段，进行 1.0% 琼脂糖凝胶电泳，估算目的 DNA 片段浓度。

（3）目的片段的克隆

①连接反应

在一 0.5 ml 离心管中依次加入下列各成分：

2 ×T4 DNA 连接缓冲液	2.5 μl
目的 DNA 片段（约 25 ng）	1.0 μl
载体 pGEM-T Easy（25 ng）	0.5 μl
T4 DNA 连接酶（1.5 weiss）	0.5 μl
ddH_2O	0.5 μl

混匀后稍稍离心，将管壁上的液滴收集到管底。室温放置 2 ~ 4 h。

②感受态 *E. coli* DH 5α 的制备

a. 用无菌牙签从 LB 平板上挑取新培养的 *E. coli* DH 5α 单菌落1个接种到盛有25 ml LB 液体培养基的100 ml 三角瓶中。

b. 于37℃，300 rpm 条件下振荡培养3 h。

c. 将培养液转入50 ml 的无菌离心管中，冰浴冷却10 min。

d. 4℃，5 000 rpm 条件下离心5 min。

e. 尽可能将上清去除干净，沉淀物用5～10 ml 冰预冷的0.1 mol/L $CaCl_2$ 溶液重悬。

f. 4℃，5 000 rpm 条件下离心5 min。

g. 去上清液，用500 μl 冰预冷的0.1 mol/L $CaCl_2$ 溶液重悬沉淀物，置于4℃下备用。

③转化

a. 将100 μl 感受态细胞 DH5α 转入一1.5 ml 离心管中，置于冰上。

b. 加入2.0 μl 连接反应液，混匀后，冰浴30 min。

c. 42℃水浴热激处理90 s。

d. 快速冰浴冷却1～2 min。加入400 μl LB 液体培养基，混匀后，37℃水浴保温45 min。

e. 取200 μl 转化液涂布到含100 μg/ml 氨苄青霉素（ampicillin，Amp）的 LB 固体培养基上。

（注意：在涂布之前，需在培养基表面按每皿20 μl 涂上蓝白菌斑显色底物（使用前混和16 μl 50 mg/ml 的 X -Gal 和4 μl 200 mg/ml IPTG），在无菌条件下适当吹干。）

f. 37℃恒温培养12～16 h。

④质粒 DNA 的微量提取

a. 在超净工作台上，用无菌牙签从 LB 平板中挑取单菌落并分别接种到盛有2～3 ml LB 液体培养基（含100 μg/ml Amp）的试管中。37℃，300 rpm 条件下连续振荡培养8～10 h。

b. 分别转移1.4 ml 左右培养物至1.5 ml 离心管中。4℃，12 000 g 条件下离心30～60 s。

c. 尽可能倒尽上清，再在5 000 rpm 离心数秒，将残液收集到管底，并用取液器将残液吸尽。用400 μl STE 溶液重悬沉淀。

d. 4℃，12 000 rpm 条件下离心30～60 s。

e. 弃上清，加入200 μl Solution Ⅰ，旋涡，将细胞沉淀物彻底重悬。

f. 加入200 μl Solution Ⅱ，盖紧管盖并颠倒3～4次至溶液呈透明黏稠状。

g. 加入200 μl Solution Ⅲ，盖紧管盖，颠倒数次至白色絮状沉淀呈均匀分散状。

h. 于4℃，12 000 rpm 条件下离心5 min。吸取400 μl 上清液，并用1 ml 无水乙醇沉淀质粒 DNA。

i. 于4℃，12 000 rpm 条件下离心15 min。去上清液，沉淀物用1 ml 70% 无

水乙醇洗涤一遍，再稍稍离心，将残液吸尽。

j. 干燥后，用 50 μl ddH_2O 将质粒溶解，置于 4℃下备用。

⑤重组子的酶切鉴定

对于电泳滞后的质粒，需做进一步的酶切鉴定。

在 0.5 ml 离心管中，依次加入下列各成分：

10×Buffer H	1.0 μl
质粒 DNA	4.0 μl
ddH_2O	4.0 μl
EcoRI（10 U/μl）	1.0 μl
总体积	10.0 μl

混匀后，稍稍离心，37℃温育 30～60 min。然后取 5.0 μl 酶切反应液进行 1.2% 琼脂糖凝胶电泳，并以 DNA 分子量标准（marker）做对照。5 V/cm 恒压条件下电泳 30 min 后，于凝胶成像系统中观察。如果能够酶切下一段分子量大小符合的 DNA 片段，即可确定为真正的重组子。

8.7 T-DNA 插入突变技术*

杧果炭疽病（Mangifera Anthracnose）是杧果生产上最严重的病害之一。采用新近发展起来的 T-DNA 介导的插入突变技术，对杧果炭疽菌（*Colletotrichum gloeosporioides* Penz）进行诱变，建立了杧果炭疽菌突变体系；并通过 PCR、Southern blot 分子鉴定证实了所获突变体确为 T－DNA 介导的插入突变体，单拷贝插入率为 75%。为从分子水平上阐明杧果炭疽菌的分子致病机制，制定炭疽病持久高效的防控措施提供实验材料。

8.7.1 材料

8.7.1.1 菌株及质粒

杧果炭疽菌（*Colletotrichum gloeosporioides* Penz）SC2（以下简称 *C. glo*）样品来自四川，从杧果病叶上分离得到。所用双元载体为 pBHt2，由 E. D. Mullins 等以 pCAMBIA 1300 为基本骨架构建而成；根癌农杆菌（*Agrobacterium tumefaciens*，以下简称 AT.）选用 AGL-1 菌株。

8.7.1.2 生化试剂

选择转化子时用的潮霉素 B（hygromycin B）为德国 Roche 公司生产；链霉素（streptomycin Sulfate，以下简称 Strep.）和四环素（tetracyclin，以下简称 Tet.）购自中昊生物科技公司；卡那霉素（kanamycin sulfate，以下简称 Kana.）

* 文献来源：薛迎春．杧果炭疽菌（*Colletotrichum gloeosporioides* Penz）突变体库的构建．华南热带农业大学学士论文．（指导教师：黄贵修　副教授）

和 AS（acetosyringone，以下简称 AS）购自欣经科；MES 购自北京三博远志生物技术有限责任公司；其他试剂均为国产分析纯，购自广州化学试剂厂。

8.7.1.3 培养基

（1）马铃薯培养基

马铃薯	200 g
葡萄糖	20 g

加水至 1 000 ml，121℃灭菌 30 min，固体培养基加 1.5% 琼脂。

LB（*Luria-Bertani*）培养基：

配制每升 LB 培养基时，应在 950 ml 去离子水中加入：

胰化蛋白胨	10 g
酵母提取物	5 g
NaCl	10 g

摇动容器直至溶质溶解，用 5 mol/L NaOH（约 0.2 ml）调 pH 值至 7.0。用去离子水定容至 1 L。固体培养基加 1.5% 琼脂。在 113℃ 灭菌 40min。保温 50℃，加入卡那霉素（Kana.），倒平板。低温下划线培养农杆菌（At.）。

（2）最小培养基（minimal medium，MM 培养基）

$K_2HPO_4 \cdot 3H_2O$	2.686 g/L
KH_2PO_4	1.45 g/L
NaCl	0.15 g/L
$MgSO_4 \cdot 7H_2O$	0.5 g/L
$CaCl_2 \cdot 6H_2O$	0.1 g/L
$FeSO_4 \cdot 7H_2O$	0.002 5 g/L
$(NH_4)_2SO_4$	0.5 g/L
葡萄糖	2 g/L

（3）诱导培养基（induction medium，IM 培养基）

$K_2HPO_4 \cdot 3H_2O$	2.686 g/L
KH_2PO_4	1.45 g/L
NaCl	0.15 g/L
$MgSO_4 \cdot 7H_2O$	0.5 g/L
$CaCl_2 \cdot 6H_2O$	0.1 g/L
$FeSO_4 \cdot 7H_2O$	0.002 5 g/L
$(NH_4)_2SO_4$	0.5 g/L
葡萄糖	2 g/L
MES	8.54 g/L
甘油	5.00 g/L

加水至 1 000 ml，无须调节 pH 值，IM 固体培养基中加 17 ~ 20 g/L 琼脂，113℃灭菌 40 min，50℃保温。IM 培养基中加入乙酰丁香酮（acetosyringone，以

下简称 AS.）。灭菌后的 MM 培养基瓶底会有轻微的沉淀。为了保证灭菌过程中葡萄糖不被分解，可把葡萄糖先过滤灭菌，然后待培养基温度降到 50℃再加入。

8.7.1.4 PCR 引物

C. glo 1：5′-TGCGCCCAAGCTGCATCAT－3′，

C. glo 2：5′-TGAACTCACCGCGACGTCTGT－3′。

以上引物由上海博亚生物工程有限公司合成。

8.7.2 方法

8.7.2.1 杧果炭疽菌 SC2 孢子的获得

以 PDA 为基本培养基，添加 50 μg /ml 四环素（*Tet.*）+ 100 μg /ml 链霉素（*strep.*）。暗培养 5 ~7 天，连续光照 3 天。用液体 IM 培养基刮板，miracloth 过滤收集孢子，镜检，调节孢子浓度为 1×10^6 个/ml。

8.7.2.2 农杆菌的获得

将低温保存在试管（含 Kana 试管）中的农杆菌菌株在 LB 培养基上活化，3 ~5 天后挑取农杆菌单菌落，放入含有 10 μg/ml 利福平，50 μg/ml Kana 的 MM 液体培养基 10 ml 无菌试管中。按以下步骤进行：

在 28℃ 振荡摇菌培养 48h

↓

4 000 rpm 离心 5min，弃上清

↓

加入 10 ml IM 培养基重悬

↓

4 000 rpm 离心 5min，弃上清

↓

5 ml IM 培养基重悬 + 5 μl AS

↓

28℃ 振荡摇菌 6h

8.7.2.3 抗生素用量的优化

实验中抑制其他杂菌生长的链霉素（*Strep.*）和四环素（*Tet.*）的用量按常规分别为：100 μg/ml 和 50 μg /ml。对选择转化子时用的潮霉素（hygromycin，以下简称 Hyg.）量，根据经验设计一系列潮霉素的梯度试验，最终确定其最优用量。

8.7.2.4 共培养转化及筛选程序

本实验采用如下的双元载体进行农杆菌转化，转化后进行转化子筛选。

转化子筛选程序：

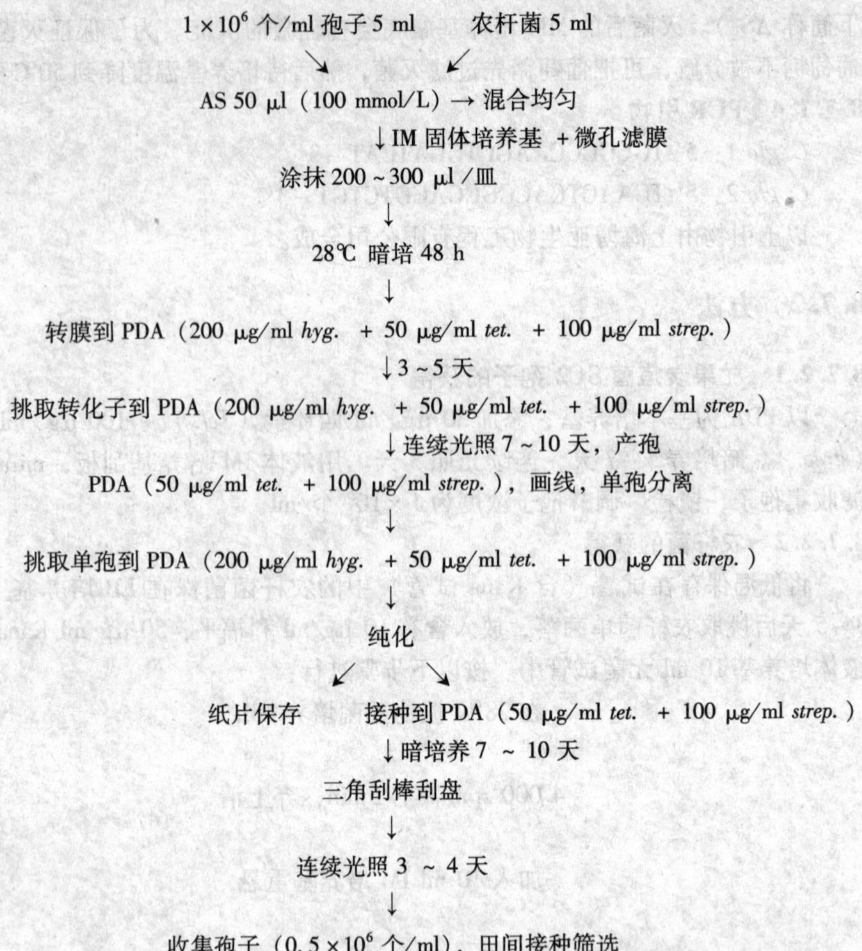

8.7.2.5 菌种的纯化保存

共培养 24h 后，转膜。一个共培养平板的菌体稀释转接到 5 个 H^+PDA 平板上。3～5 天后观察结果，挑取具有扩展形态的转化子。

菌种采取纸片保存法，具体步骤如下：将滤纸剪碎，灭菌，铺到菌苔上，生长 5～7 天后收集碎滤纸，装于事先经灭菌的牛皮纸袋里，用不干胶条封口，在 40℃下烘干（2～3 天），取出保存于干燥器中。除烘干、保存外，所有操作均在超净工作台里进行，使用器具应小心，尽量避免交叉污染。

8.7.2.6 T-DNA 插入突变体分子检测

（1）杧果炭疽菌基因组 DNA 提取

用 PDA 液体培养基将突变体摇菌培养后，过滤收集菌体，采用 CTAB 法提取杧果炭疽菌基因组 DNA。

①CTAB 挑取缓冲液配制：2% W/V CTAB，1.4 mol/L NaCl，100 mmol/L Tris-HCl（pH 值 8.0），20 mmol/L EDTA，1% PVP

②提取程序

a. 挑取少量菌丝于 PDA 培养基中摇菌培养至菌丝团，miracloth 滤纸过滤，-80℃保存备用；

b. 约 0.5 g 菌丝于液氮中研磨至粉状，迅速将粉末移入 2.0 ml 预冷离心管；加入 1 ml 预热至 65℃的 2×CTAB 提取缓冲液，颠倒摇匀；65℃水浴 20 min，间或温和混匀 4~5 次；

c. 13 000 rpm 离心 20 min，取上清至新离心管；加等体积的氯仿/异戊醇（24∶1），摇匀，13 000 rpm 离心 20 min；

d. 加 2 μl RNase A（10 μg/ml）混匀，37℃水浴 30 min；

e. 加等体积的氯仿/异戊醇（24∶1），摇匀，13 000 rpm 离心 20 min；

f. 上清加 1/10 体积 3 mol/L NaAC 和 2 倍体积预冷无水乙醇，室温或 -20℃放置 60 min；

g. 12 000 rpm 离心 10 min，弃上清；70% 乙醇洗涤沉淀两次；

h. 自然凉干 DNA，溶于 200 μl ddH_2O，-20℃保存备用。

(2) 杧果炭疽菌突变体 PCR 检测

① PCR 反应体系

10×PCR 反应缓冲液	2 μl
2.5 mmol/L dNTP	1 μl
25 mmol/L $MgCl_2$	1.2 μl
20 μmol/L Primer *C. glo*1	0.2 μl
20 μmol/L Primer *C. glo*2	0.2 μl
5 U/μl Taq DNA 聚合酶	0.1 μl
模板 DNA	10 ~ 20 ng
ddH_2O	至 20 μl

②反应参数设定：94℃ 2 min，94℃ 30 s，58℃ 30 s，72℃ 60 s，进行 35 个循环后，72℃延伸 5 min，4℃保存。反应完成后，1% 琼脂糖凝胶电泳，凝胶成像系统中观察照相。

(3) 突变体中 T-DNA 插入拷贝数确定

①基因组 DNA 限制性内切酶酶切

10×反应缓冲液	2 μl
*Pst*I	5 U
杧果炭疽菌 DNA	0.5 ~ 1 μg
ddH_2O	至 20 μl

37℃，酶切过夜，1% 琼脂糖凝胶电泳 5 ~ 6 h。

②转膜：分别将胶置于 0.25 mol/L HCl 和 0.4 mol/L NaOH 溶液中轻轻震荡 15 min。用 0.4 mol/L NaOH 溶液，毛细管转移法将 DNA 转移到 Hybond N^+ 尼龙膜（Amersham，Buckinghamshire，UK）。

③随机引物标记法标记探针：将通过 PCR 扩增得到的潮霉素基因（*hpt*）片

段用 DNA 回收试剂盒回收、纯化。用 Primer-a-gene Labeling System 标记试剂盒，α-［^{32}P］dCTP 标记 PCR 产物，用作 Southern blot 杂交探针。

反应体系如下：

5×标记缓冲液	10.0 μl
dATP，dGTP 和 dTTP 混合液	2.0 μl
α-［^{32}P］dCTP	2.5 μl
BSA（无核酸酶）	2.0 μl
变性的 DNA 模板	20 ~ 50 ng
Klenow 大片段（5U/μl）	1.0 μl
无核酸酶 ddH_2O	至 50.0 μl

将上述试剂混匀，37℃温育 1 h。

④ 杂交

a. 杂交液用 Church 缓冲液。将转移了 DNA 的 Hybond-N$^+$ 膜有 DNA 的一面朝向管的内侧放入杂交管中，加入杂交液（20 ml）预热至 65℃；

b. 取 0.2 ml 超声波处理的 10 mg/ml 鲑精 DNA，95℃变性 5 min，冰上放置 5 min 后，加入杂交管中，65℃预杂交 5 h。

c. 将标记好的探针 95℃加热 5 min，立即置冰上冷却 5 min。加入杂交管中杂交过夜；

d. 分别用 2×SSC，0.1% SDS 和 1×SSC，0.1% SDS 于 65℃洗膜 15 min，直到膜上有放射性信号部分和无放射性信号部分对比明显为止；

e. 将洗好的膜，用保鲜膜包好，固定于暗盒上，于暗室中压 X 光片；

f. 压片 24 h 后，即可冲洗 X 光片。

8.8 酵母双杂交技术*

以植物 Rho 家族成员 osRACD 为诱饵。采用酵母双杂交体系从水稻幼穗中分离到肌动蛋白基因家族的一个新成员 Act。借助 5′ RACE 技术克隆到该基因的 cDNA 全长。这些对 Rho 家族和肌动蛋白家族在进化和功能上的关系的研究具有十分重要的意义。

8.8.1 材料与试剂

植物材料为农垦 58N 水稻（*Oryza sativa* ssp. *japonica*）是个亚种。双杂交体系报告酵母菌株采用的是 YRG-2（Stratagene），大肠杆菌 XL1-Blue MRF 用于酵母质粒的转化，pGEM2T-Easy 载体用于 PCR 产物的克隆。各种限制性内切酶购

---

* 文献来源：梁卫红，唐朝荣，吴乃虎．一种新的水稻肌动蛋白基因-Act 的分子克隆及特征分析．自然科学进展．2004，14（6）：646－653.

自 MBI 公司，AMV 反转录酶和 RACE 试剂盒购自 Invitrogen 公司，Prime-a-Gene 随机引物标记试剂盒购自 Promega 公司。

8.8.2 方法

8.8.2.1 cDNA 文库的构建

取处于雌雄蕊形成期（第Ⅳ期）的水稻农垦 58N 幼穗材料 0.5 g，以 QuickPrep Micro mRNA Purification Kit（Pharmacia）提取 mRNA，Timesaver cDNA Synthesis Kit（Pharmacia）进行双链 cDNA 的合成，添加 *Eco*R Ⅰ 接头和 *Xho* Ⅰ 消化后的 cDNA 与 Lambda HybriZAP2.1 载体臂（St ratagene）定向连接。连接产物用 Packagene Lambda DNA system（Promega）进行体外包装，测定滴度，分装备用。

8.8.2.2 诱饵质粒的构建

采用 pBD-GAL4 Cam 噬菌粒（Stratagene）构建 pBD-GAL4 诱饵质粒。筛选诱饵是 osRACD，通过 PCR 方法（PD1：5′-TTGAATTCATGAGCGCGTCTCGGTTC-3′；PD2：5′-TTGTCGACTTACAAGATGGCACATCC-3′）在其 cDNA 编码区的 5′ 端和 3′ 端分别添加 *Eco*R Ⅰ 和 *Sal* Ⅰ 位点，亚克隆到 pBD-GAL4 Cam 噬菌粒相应的位点上，构成重组质粒 pBD-D。经上海博亚公司测序证实，osRACD 的 cDNA 序列正确并与 GAL4 的读框保持一致。

8.8.2.3 酵母双杂交的筛选

参照 Stratagene 酵母双杂交说明书进行文库的筛选。首先将 pBD-D 转化到带有 LacZ 和 HIS3 报告基因的酵母菌株 YRG-2，在 SD/-Trp 平板上筛选带有 BD 质粒的酵母转化子 D/YRG-2。然后再将删除和扩增后提取的文库质粒大量转化到 D/YRG-2 中，在 SD/-Trp-Leu-His 的平板上筛选含有 AD 和 BD 质粒的转化子。酵母转化采用的是 LiAc-PEG 法。平板在 30 ℃培养 7～10 天后，将 His^+ 的克隆挑至新的 SD/ -Trp-Leu-His 的平板，用于 β-半乳糖苷酶的显色分析。提取表型为 His^+/ $LacZ^+$ 的酵母菌落的质粒，转化到大肠杆菌 XL1-Blue MRF 中，在 LB + Amp 平板上筛选带有 AD 质粒的转化子。初步确定的阳性 AD 质粒重新转化到 D/YRG-2 中，同时以 pLamin C/ YRG-2 为阴性对照，重复上述的显色分析。然后将证实为阳性的克隆，通过 *Eco*R Ⅰ 和 *Xho* Ⅰ 酶切分析和 PCR 扩增（上游引物：5′-AGGGATGTTTAATACCACTAC-3′，下游引物：5′-GCACAGTTGAAGTGAACTTGC-3′）对插入片段的大小进行分类，挑选有意义的克隆测序。

8.8.2.4 5′ RACE

用 QuickPrep Micro mRNA Purification Kit（Pharmacia）提取水稻幼穗 mRNA 以 5′ RACE Kit（Invitrogen）用于 cDNA 末端的扩增。第一链的合成采用基因的特异引物 GSP1（5′-AGGGCTGGAAGAGGACCTCA-3′）。纯化后，在 cDNA 的 3′末端添加 TdT 尾，从而产生锚锭引物的结合位点。后续的巢式 PCR 反应分别采用了锚锭引物/基因特异引物 GSP2（5′-AGCTCATAGCTCTTCTCCACA-3′）以及 AUAP 引物/基因特异引物 GSP3（5′-CAAGCTTCTCCTTGATGTCCCT-3′）。PCR 参

数为 94 ℃，5 min；94 ℃，1 min，55 ℃，1 min，72 ℃，1 min 进行 35 个循环；72 ℃，7 min。PCR 产物克隆到 pGEM-T Easy 载体（Promega）后，测序。

8.8.2.5 cDNA 编码区的克隆

将 5′RACE 扩增得到的片段（约 800 bp）与筛库得到的片段（730 bp）拼接，推测出编码基因的 cDNA 序列。据此设计引物（P1：5′-ATGTCGACATGGCTGACGGCGAGGACATC-3′，P2：5′-ATGCGGCCGCTCATCATACTCTCCCTTTGAG-3′），采用高保真 Taq 酶（Taq plus），以水稻 58N 雌雄蕊形成期（第 IV 期）幼穗 mRNA 为模板进行 RT-PCR 扩增（循环参数同上）。将预期的大约 1.1 kb 的 DNA 回收后，连入 pGEM-T Easy 载体，测序。

8.9 宏基因组文库构建*

从红树林不同红树树种根际土壤混合样品及广东湛江红树林混合样品提取总 DNA，利用表达载体 pBluescript SK$^+$ 构建宏基因组文库，构建了一个包含 5 280 个克隆子的宏基因组文库，文库外源 DNA 总容量约为 15.5 Mb，平均插入片段 3.2 kb。这些为红树林环境微生物资源的利用提供参考依据。

8.9.1 材料

样品采自广东深圳福田红树林保护区和广东湛江红树林保护区不同红树品种的根际土壤。将同一地区的红树林根际土壤样品进行混合得到两个样品。

8.9.2 方法

8.9.2.1 红树林土壤 DNA 的提取及纯化

（1）红树林土壤 DNA 的提取方法

①称取 10 g 土壤于 50 ml 离心管，加 18.5 ml SDS 裂解液（0.25 mol/L NaCl，0.1 mol/L EDTA，4% SDS）和 1.5 ml 5 mol/L 异硫氢酸胍，涡旋 1.5 min；

②68℃温育 1 h，每 10 min 轻轻摇动，13 000 rpm 离心 15 min，将上清液移入 50 ml 干净的离心管；

③加 0.125 倍体积的 5 mol/L 醋酸钾和 0.42 倍 40% PEG8 000，－20℃下沉淀至少 15 min，13 000 rpm 离心 15 min；

④加 18 ml 2×CTAB（2% CTAB，1.4 mol/L NaCl，0.1 mol/L EDTA）中溶解沉淀，68℃温育 15 min，加等体积的氯仿，轻柔混匀，13 000 rpm 离心 10 min；

⑤在 DNA 上清液中加 0.6～1.0 倍体积的异丙醇，－20℃放置 15 min，

---

* 文献来源：刘锋．红树林可培养微生物活性评价和土壤宏基因组文库构建及生物活性筛选．中国热带农业科学院与华南热带农业大学硕士学位论文．（指导教师：洪葵 教授）

13 000 rpm 离心 15 min；

⑥加 900 μl 2.5 mol/L 醋酸铵和 2 ml 95% 乙醇，-20℃下至少沉淀 15 min；

⑦将离心管放在 DNA SpeedVac 旋转蒸发器抽干，加入 500 μl TER（含 RNase 20 μg/ml）溶解 DNA，并用核酸蛋白测定仪测其浓度。（参考 Proteous L A. *et al.*，1994）

（2）红树林土壤 DNA 的纯化

①吸取 DNA 粗提液 500 μl，移入新的 1.5 ml 离心管，加入 5 mol/L NaCl 溶液 80 μl，加入 CTAB/NaCl 溶液（10% CTAB，0.7 mol/L NaCl）60 μl，混匀，65℃水浴 10 min；

②加入等体积酚/氯仿/异戊醇（25∶24∶1），混匀，12 000 rpm 离心 10 min，吸取上清液至另一新离心管中；

③加等体积氯仿/异戊醇（24∶1），混匀，12 000 rpm 离心 5 min，吸取上清液至另一新离心管中；

④加入 0.6 倍体积的异丙醇，轻轻混匀，4℃放置 1 h，12 000 rpm 离心 10 min，轻轻倒出并除去上清液；

⑤加入 1 ml 冰冷的 70% 乙醇，12 000 rpm 离心 5 min，弃除上清液；

⑥将离心管放在 DNA SpeedVac 旋转蒸发器抽干，加入 100 μl 无菌水溶解 DNA，并用核酸蛋白测定仪测其浓度。

8.9.2.2 红树林土壤 DNA 酶切

为了使插入 DNA 片段大小范围在 2～10 kb，需先进行小量的梯度实验，以确定最适的酶切条件。首先用酶量和时间差异较大的梯度试切，然后根据电泳结果缩小范围，找出最适酶切条件。从酶的用量和作用时间来寻求合适的酶切条件。

（1）土壤总 DNA 单酶切预实验

土壤 DNA	1μg
10×H buffer	2 μl
Sau 3*A* Ⅰ（1U/μl）	1 μl（2 μl，3 μl）
无菌水	定容至 10 μl

酶切条件：37℃酶切不同的时间梯度，65℃水浴 25 min 中止酶切反应，电泳检测。

（2）土壤总 DNA 双酶切预实验体系

土壤 DNA	1 μg
10×H buffer	2 μl
Bam HⅠ	变量
Eco RⅠ	用量同 *Bam* HⅠ
无菌水	定容至 10 μl

酶切条件：37℃酶切不同的时间梯度，65℃水浴 25 min 中止酶切反应，电

泳检测。

根据预实验选择合适的酶切条件，并在此基础上大量酶切，酶切体系放大为100 μl。

8.9.2.3 红树林土壤 DNA 酶切液的纯化

采用“Wizard PCR preps DNA Purification System”试剂盒回收，操作方法参考使用说明。

8.9.2.4 质粒 DNA 的提取

①将含质粒 pSK^+ 的大肠杆菌单菌落接种于10 ml 含终浓度为80 μg/ml 氨苄青霉素的 LB 培养基，37℃ 200 rpm 摇床振荡12 h；

②将菌液分装到2 ml 离心管，4℃ 8 000 rpm 离心5 min，尽量去净培养液；

③加200 μl 冰预冷的溶液Ⅰ（50 mmol/L 葡萄糖，25 mmol/L Tris · HCl，10 mmol/L EDTA，pH 值8.0），涡旋振荡，以重悬细菌沉淀；

④加400 μl 新鲜配制的溶液Ⅱ（0.2 mol/L NaCl，1% SDS），缓慢颠倒离心管5次，确保离心管的整个内表面均匀与溶液Ⅱ接触，然后将离心管置于冰上5 min；

⑤加300 μl 冰预冷的溶液Ⅲ（5 mol/L KAc 60 ml，冰乙酸11.5 ml，蒸馏水28.5 ml），缓慢颠倒离心管数次以充分混匀，冰上放置10 min；

⑥4℃，10 000 rpm，离心10 min，将上清液移至新的离心管；

⑦加0.6～1倍体积的异丙醇，室温放置30 min，10 000 rpm 离心10 min，弃上清液；

⑧加入1 ml 冰预冷的70% 乙醇洗涤 DNA 沉淀2次，弃上清液，用 DNA Speed Vac 抽干；

⑨加适量的 TER 溶解 DNA，37℃水浴1 h 以去除 RNA。

8.9.2.5 质粒 pSK^+ 的单酶切及去磷酸化

（1）质粒 pSK^+ 的单酶切体系

质粒 pSK^+	5 μl
10 × K buffer	4 μl
BamH Ⅰ	5 μl
无菌水	26 μl
总体积	40 μl

酶切条件：30℃酶切2 h，65℃水浴20 min 终止酶切反应，电泳检测。

（2）质粒 pSK^+ 的去磷酸化体系

酶切体系	40 μl
10 × CAP buffer	5 μl
CAP（12 U/μl）	0.5 μl
无菌水	4.5 μl

酶切条件：37℃酶切30 min 后，再加0.5 μl CAP，37℃继续反应30 min，加0.5 μl 0.5 mol/ L EDTA，70℃水浴10 min 以终止酶切反应。

8.9.2.6 质粒 pSK^+ 的双酶切

质粒 pSK^+ 的双酶切体系：

质粒 pSK^+	5 μl
10 × K buffer	2 μl
Bam H Ⅰ	1 μl
Eco R Ⅰ	1 μl
无菌水	1 μl
总体积	10 μl

酶切条件：37℃酶切 2 h，65℃水浴 20 min 终止酶切反应，电泳检测。

8.9.2.7 质粒 pSK^+ 酶切液的回收纯化

采用“Wizard PCR preps DNA Purification System”试剂盒回收（同土壤 DNA 酶切液的纯化方法）。

8.9.2.8 连接

建立基因文库时，需要较高的酶连效率以确保文库具有足够的容量，一般需要进行预酶连来确定去磷酸化是否成功。

建立以下连接反应：

连接反应 A：200 ng 去磷酸化质粒 DNA；

连接反应 B：200 ng 去磷酸化质粒 DNA 加 200 ng 匹配末端的外源 DNA 片段；

连接反应 C：200 ng 未经 CIAP 处理的线状质粒 DNA，加 200 ng 匹配末端的外源 DNA 片段；

① 在每个连接反应体系中加无菌双蒸水至 8.5 ml，45℃处理 5 min，置于冰上；

② 向连接反应体系中加入 1 μl T4 连接酶缓冲液，再加入 0.5 μl T4 连接酶，混匀，16℃酶连 24 h，转化涂板进行蓝白斑计数。

确定质粒去磷酸化成功后，对两个样品进行连接测试。建立如下反应体系：载体 DNA 与外源 DNA 摩尔比按照 1∶5 ~ 5∶1 加入，于 65℃热激 5 min，使重新退火的黏端解链，将混合物冷却到 0℃，加入 1 μl T4 连接酶缓冲液和 1 μl T4 连接酶，16℃酶连 24 h 以上，再 4℃酶连过夜。

8.9.2.9 转化

（1）感受态细胞 *Escherichia coli* DH5α 的制备

①从 LB 琼脂平板上挑取 *Escherichia coli* DH5α 单菌落，接入 10 ml LB 培养基中，37℃，200 rpm 振荡培养过夜；

②过夜培养液中吸取 200 μl 于 10 ml LB 培养基中继续培养至 OD_{600} 达0.3 ~ 0.4（经验值：225 rpm，110 min）；

③吸取 10 ml 培养物，冰上放置 15 min，4℃ 5 000 rpm 离心 3 min，弃除上清液；

④加 1 ml 冰冷的 0.1 mol/L $CaCl_2$ 溶液充分重悬细胞，冰上放置 20 min，4℃

5 000 rpm 离心 3 min，弃除上清液；

⑤加 1 ml 预冷的 0. 1 mol/L $CaCl_2$ 溶液充分重悬细胞，即为感受态细胞，4℃保存。

（2）化学转化

①取 100 μl 感受态细胞与 10 μl 连接好的 DNA 混匀，冰上放置 30 min；

②42℃静止水浴 90 s，置冰上 1 ~ 3 min；

③加 800 μl LB 培养基，37℃ 200 rpm 恢复培养 45 min；

④在含有终浓度为 80 μg/ml 氨苄青霉素的 LB 培养基平板上，先涂布 40 μl 的 X-gal（浓度为 20 mg/ml）和 7 μl 的 IPTG（浓度为 200 mg/ml），晾干后再吸取 100 μl 培养液涂布；

⑤37℃培养 12 ~ 14 h，进行菌落计数，并计算蓝白斑比例。

8. 9. 2. 10 文库的构建

①LB 液体培养基（含有终浓度为 80 μg/ml 氨苄青霉素）和 40% 无菌甘油各按 100 μl/孔的量加入到无菌的 96 孔板；

②用无菌牙签挑取蓝白斑平板上的阳性单菌落至含有文库培养基的 96 孔板孔中，并同时移这根牙签到另一个 96 孔板对应的位置作备份文库；

③每个板上标明样品名称、载体、单（双）酶切、文库构建日期和编号，37℃摇床培养 12 ~ 14 h，保存于 -80℃。

8. 9. 2. 11 文库质量检查

随机挑取转化后的阳性单菌落，培养后提取质粒并酶切，电泳检测外源片段插入的几率和插入片段大小分布。

8. 9. 2. 12 文库筛选

将文库的克隆子培养液接种于发酵培养基，37℃，200 rpm 摇床培养 3 天，将培养物转入离心管中，12 000 rpm 4℃离心 10 min，取上清液，用于活性检测。

8. 10 cDNA 代表性差异分析*

8. 10. 1 材料

供试小菜蛾采自贵州贵阳市花溪区中曹乡的甘蓝地，经室内饲养 1 代后测得 4 龄幼虫的 LD_{50} 值，与武汉市蔬菜研究所提供的小菜蛾敏感种群 4 龄幼虫的 LD_{50} 值比较，证明供试小菜蛾田间种群为溴氰菊酯敏感种群。

8. 10. 2 方法

8. 10. 2. 1 RNA 提取

按 Trizo1TM 试剂盒（Gibco BRL）说明书操作分别提取 10 头 4 龄期小菜蛾

---

* 文献来源：王淑珍．小菜蛾抗性品系和敏感品系的 cDNA 代表性差异分析．南京师范大学硕士学位论文．（指导教师：程罗根 教授）

溴氰菊酯抗性及敏感品系总 RNA。具体步骤如下：

①用液氮预冷研钵 3～4 次，加入 -80℃保存的小菜蛾研磨成粉末；

②将粉末转移至匀浆仪（其内已加 1 ml Trizol），匀浆；

③4℃，12 000 rpm 离心，10 min；

④取上清，加入 100 μl 氯仿，用力震荡 15 s，温育 3 min；

⑤4℃，12 000 rpm 离心，5 min；

⑥取上清，加入 500 μl 异丙醇，翻转数次混合均匀，温育 15 min；

⑦4℃，12 000 rpm 离心，10 min，弃上清；沉淀用 75% 乙醇洗涤；

⑧4℃，7 500 rpm 离心，15 min，弃上清，置于超净台干燥；

⑨用 30 μl 无 RNA 酶的去离子水溶解，-70℃保存；

⑩用紫外分光光度计测定 RNA 的浓度，并用 1.0% 琼脂糖凝胶电泳证明其完整性。

8.10.2.2 cDNA 合成

用 Clontech 公司 SMART™ cDNA Library Construction Kit 合成 cDNA。参照说明书取 1 μg 小菜蛾总 RNA 为模板合成 cDNA 第一链。具体步骤如下：

①在 0.5 ml 的 Eppendorf 管中混合以下物质并瞬时离心：

RNA（模板）	3 μl
SMART oligomucleotide	1 μl
CDIII/3′ primer	1 μl
总体积	5 μl

②72℃温育 2 min；

③置于冰上 2 min，瞬时离心；

④再向 Eppendorf 管中加下列物质并瞬时离心：

5 ×the first strand buffer：	2 μl
DTT	1 μl
dNTP mix	1 μl
Powerscript Reverse Transcriptase	1 μl
总体积	10 μl

⑤42℃温育 1 h，冰上终止第一链反应，第一链 cDNA 可于 -20℃下保存 3 个月。

用 LD-PCR（long-distance polymerase chain reaction）合成第二链，具体步骤如下：

a. PCR 仪预热至 95℃；

b. 在 0.5 ml 的 Eppendorf 管中混合以下物质，轻弹混匀并瞬时离心：

The first strand cDNA	2 μl
Deionized H_2O	80 μl

5 × Advantage2 PCR buffer	10 μl
50 × dNTP mix	2 μl
5′PCR Primer	2 μl
CDIII/3′primer	2 μl
50 × Advantage2 polymerase mix	2 μl
总体积	100 μl

c. 95℃变性 20 s，然后95℃变性 5 s，68℃复性延伸 6 min，24 个循环。

d. 反应结束后，1. 0% 的琼脂糖凝胶电泳检测。ds cDNA －20℃保存。

8. 10. 2. 3 特定接头及引物

参照 Hubanklsgl 等的文献，具体序列如下：

R-Bgl-24 5′-AGCACTCTCCAGCCTCTCACCGCA-3′；

R-Bgl-12 5′-GATCTGCGGTGA-3′；

J-Bgl-24 5′-ACCGACGTCGACTATCCATGAACA-3′；

J-Bgl-12 5′-GATCTGTTCATG-3′；

N-Bgl-24 5′-AGGCAACTGTGCTATCCGAGGGAA-3′；

N-Bgl-12 5′-GATCTTCCCTCG-3′。

接头及引物由上海生工生物工程技术服务有限公司合成。

8. 10. 2. 4 cDNA-RDA

主要参考 Lisitsyn，Hubank 及方孝东等方法。取 1 μg cDNA 用 *Dpn* Ⅱ酶切，苯酚和氯仿抽提后与接头 R-Bgl-24/12 连接，PCR 扩增，制备代表性检测扩增子和驱赶扩增子。第一轮消减杂交：取 4 μg Driver cDNA 与 40 ng Tester cDNA 混匀，乙醇沉淀后溶于 5 μl 杂交缓冲液中 30 mmol/L EPPS（Sigma），pH 值 8. 0（20℃）；30 mmol/L EDTA；1 mmol/L NaCl；p = 0. 1g/ml PEG8000J，98℃变性 5 min，67℃杂交 22 h。加 TE 缓冲液稀释杂交后的产物，PCR 扩增 10 个循环，苯酚和氯仿抽提，异丙醇沉淀，TE 缓冲液溶解。用 20 U 的绿豆芽核酸酶（MBN）于 50 μl 反应体系中 37℃消化 20 min，酚/氯仿抽提，异丙醇沉淀后重悬于 20ml TE 中。以其为模板进行 PCR 扩增，条件为 95℃变性 3 min，然后进行 30 个循环（95℃ 1 min，70℃ 3min），最后 72℃温育 10 min。扩增产物纯化后用紫外分光光度计确定浓度即得 DP 1。按上述条件进行第二、第三和第四轮消减杂交和扩增，每轮反应中 Driver 均为 4 μg，Tester 与 Driver 的比例分别为 1∶1 000，1∶200 000，1∶4 000 000。采用的接头分别为 N-Bgl-24，J-Bgl-24，N-Bgl-24。

8. 10. 2. 5 差异片段回收与纯化

1. 5% 琼脂糖凝胶电泳回收第四轮差异片段，切下电泳条带用 Watson Gel Extraction Kit 纯化。

8. 10. 2. 6 制备感受态细胞

①用本室保存的菌种 DH5α 在新鲜平板上划线，培养 16 h（37℃）；

②从该新鲜培养的平板中挑取一个单菌落，转移到 4 ml LB Amp 培养基中，37℃振荡过夜（旋转摇床 220 rpm 12 ～16h）；

③ 按 1% 的接种量将过夜培养的菌接种转接于 50 ml LB Amp 培养基中，37℃振荡培养（250 rpm 2 ~ 2.5 h），每隔 30 min 测 OD_{600} 监测细菌生长情况；

④当细菌长到 OD_{600} 达到 0.5 ~ 0.6 时，将培养菌取出，在无菌条件下将其转移至 50 ml 无菌聚丙烯离心管中，将离心管置于冰浴中 10 min，以使培养基冷却至 0℃；

⑤4℃，1 600 rpm 离心，7 min；

⑥细胞沉淀用 10 ml 冰冷的 $CaCl_2$ 溶液重悬，4℃，1 100 rpm 离心，5 min；

⑦细胞沉淀用 10 ml 冰冷的 $CaCl_2$ 溶液重悬，冰上放置 30 min 后，4℃，1 100 rpm 离心，5 min；

⑧用 2 ml 冰冷的 $CaCl_2$ 溶液重悬管内细胞，然后按每管 100 μl 的量分装于预冷的无菌聚丙烯离心管中；若需保存，加甘油至 15%，于 -70℃储存。

（注意：［$CaCl_2$］终浓度工作液 = 100 mmol/L）

8.10.2.7　连接反应

在 200 μl 的 Eppendorf 管中混合以下物质：

pMDl8-T Vector	0.5 μl
切胶纯化后的 DNA	4.5 μl
Solution I	5 μl
总体积	10 μl

轻弹混匀并瞬时离心，置于 16℃水浴过夜。

8.10.2.8　连接产物的转化

①取一支感受态细胞（100 μl），冰上融化，取 5 μl 连接液与之混匀，冰浴 30 min；

②42℃水浴热击 90 s，勿动，冰上静置 3 min；加 100 μl LB Amp 至菌液，颠倒混匀；

③置于 37℃温箱静置 30 min，再在 37℃摇床 180 rpm/min 摇 30 min；

④在含有 60 μg/ml 的 LB 平板上涂布 100 μl，室温放置使液体完全吸收；

⑤待液体完全被吸收后，37℃倒置培养 12 ~ 16 h。

8.10.2.9　菌落 PCR 鉴定阳性克隆、测序及同源性分析

菌落 PCR 鉴定阳性克隆，反应条件为：95℃ 5 min，95 ℃ 30 s，55℃ 30 s，72℃ 30 s 进行 29 个循环，72℃延伸 7 min。送交上海博亚生物技术有限公司测序（ABI377 测序仪，美国 AB 公司），序列在 Genebank 上进行同源性分析。

8.10.2.10　泛素基因的克隆（半定量 PCR）

根据所报道已知泛素基因的保守序列设计一对引物，上游 U1：5′-AACATC-CAGAAGGAAT C-3′，下游 U2：S′-AAGATAAGACGCTGCTG-3′。利用敏感和溴氰菊酯抗性品系小菜蛾的 cDNA 为模板，50 μl 反应体系包括：3 ng 的 cDNA、各 50 pmol 的上下游引物、0.1 μmol 的 dNTP，5 μl 10 × PCR Buffer 和 3 个单位的 Taq 酶。反应条件为：94℃ 4 min，94℃ 1 min，42.5℃ 1 min，72℃ 1 min 进行 29 个循环，72℃延伸 10 min。

直接将与预期片段大小一致的扩增带切胶纯化，送交上海博亚生物技术有限公司测序，并将所得序列在 Genebank 上进行同源性分析。

8.11 基因组文库的构建*

8.11.1 材料

水稻白叶枯病菌（*Xanthomonas oryzae pv. oryzae*，*Xoo*）PR6 株系为中科院微生物所植物基因组学国家重点实验室保存，大肠杆菌（*Escherichia coli*）菌株 JM 109 由国家人类基因组南方研究中心（上海）提供；载体 pUC 18 购自 Amersham Pharmacia 公司；pBluescript II 购自 Stratagene 公司。

8.11.2 方法

8.11.2.1 水稻白叶枯病菌基因组 DNA 制备

(1) 苯酚抽提法

①基因组 DNA 少量快速提取法

a. 取 1.5 ml 过夜培养 *Xoo* 菌液于离心管中，12 000 rpm 离心 1 min，收集菌体；

b. 加 400 μl 裂解缓冲液（40 mmol/ L Tris-醋酸，pH 值 7.8 的 20 mmol/L 醋酸钠，1 mmol/L EDTA，1% SDS），吹打混匀（枪头去尖）；

c. 加 200 μl 5 mol/L NaCl 混匀后，12 000 rpm 离心 12 min（时间不能少）；

d. 将上清液移至另一离心管中，加入 10 μl RNase（10 mg/ml）37℃ 30 min；

e. 加入等体积苯酚/氯仿（1:1，v/v）抽提 1 次；

f. 离心收集上清，用氯仿抽提至无中间层；

g. 12 000 rpm 离心 3～10 min，吸取上层至新 Eppendorf 离心管中；

h. 加 2 倍体积无水乙醇沉淀 DNA 后，再用冰冷的 70% 乙醇冲洗沉淀 2 次；

i. 干燥后，溶于 50 μl TE 缓冲液或 ddH_2O 中。

②基因组 DNA 大量提取法

a. 吸取 1 ml 过夜培养 *Xoo* 菌液于 50 ml PSA 中，28℃，200 rpm 摇菌培养过夜；

b. 6 000 rpm 离心 5 min，收集菌体；

c. 用 50 ml 冰冷的 1×TE 缓冲液冲洗菌体两次；

d. 用移液枪将菌体重新打散，悬于 20 ml 1 ×TE 缓冲液中；

e. 加入蛋白酶 K 和 20% SDS 使其终浓度分别为 625 μg/ml（w/v）和 1.25%

---

* 文献来源：黄贵修．水稻白叶枯病菌致病性功能基因组学分析．中国热带农业科学院 & 华南热带农业大学博士学位论文．（指导教师：黄俊生 研究员，何朝族 研究员）

(w/v)，冰浴45 min，至有白色SDS析出；

f. 室温放置30 min，间或轻轻摇动；

g. 3% NaCl饱和的苯酚、苯酚/氯仿（1∶1，v/v）及氯仿各抽提1次，收集上清于新离心管；

h. 加入1/10体积3 mol/L NaAc（pH值4.8），再加等体积冰冷异丙醇，混匀后置室温30 min，待出现无色透明的白色絮状DNA，用Tip头吸出，室温干燥后溶于1×TE缓冲液中；

i. -20℃保存，备用。

(2) 凝胶块法

①细菌复苏与扩增

a. 从-80℃低温冰箱中取出菌种，划LB平板（不含抗生素），后立即放回；

b. 平板置37℃培养箱48 h，使菌落长至饱满；

c. 接种单个菌落到200 ml LB培养液（不含抗生素）中，37℃，220 rpm，振摇培养48 h。

②细菌收集及包埋

a. 在超净台下，菌液倒于8支50 ml塑料圆底离心管中，平衡后置高速离心机于4℃，5 000 rpm离心10 min；

b. 弃菌液，每管加20 ml 0.1×SSC轻柔悬浮后，再于相同条件下离心10 min；

c. 弃液体，每管细菌沉淀用3 ml 20%蔗糖（含0.01 mol/L磷酸钠，pH值7.0）轻柔悬浮，最后合并在一支50 ml离心管中（总体积约25 ml）；

d. 加入1.5 ml 50 mg/ml溶菌酶，颠倒混均，并置37℃水浴反应2 h，期间每10 min颠倒数次以免细菌沉淀；

e. 用电泳缓冲液配制等体积（25 ml）的1% SeaPlaque低熔点琼脂糖凝胶，冷却至42℃。此时，温热溶菌酶消化后的菌液至相同温度，将菌液和琼脂糖混合，用玻璃棒轻轻搅拌，以保证细菌均匀分布于琼脂糖中；

f. 混合液均匀铺于塑料平板上（厚约3 mm）置室温待凝固后，用手术刀片分割成体积约5 mm×10 mm×3 mm凝胶块。

③细菌原位裂解

a. 将含未裂解细菌的凝胶块转移至500 ml含有1% β-巯基乙醇的0.5 mol/L EDTA（pH值8.0），0.01 mol/L Tris·HCl（pH值7.6）中，37℃中温浴24 h；

b.. 换500 ml相同缓冲液代替原缓冲液，37 ℃中温浴24 h；

c. 凝胶块转移至200 ml含有1 mg/ml蛋白酶K和1% SDS的L缓冲液中，置50℃中温浴24h，裂解细菌；

d. 换200 ml相同的消化混合液，50℃中温浴24 h；

e. 凝胶块转移至500 ml含有40 μg/ml PMSF的TE（pH值7.6）中，50℃中温浴1 h，换500 ml相同的漂洗缓冲液，50℃中温浴1 h；

f. 凝胶块转移至500 ml TE（pH值7.6）中，37℃中温浴1 h，重复此过程两次；

g. 最后，将这些含有细菌裂解后释放的基因组（染色体和质粒）的凝胶块保存在0.5 mol/L EDTA（pH值8.0）中，4℃保存，备用。

④去除凝胶块中的质粒

a. 取10块含细菌裂解后的凝胶块置100 ml TE（pH值7.6）中，室温漂洗30 min，弃液体；

b. 凝胶块转移至电泳梳子上，周围点加1%液态凝胶，冷却后固定凝胶块；

c. 此梳子用于制备1%凝胶，待凝固后可使凝胶块垂直固定于加样孔前方；

d. 整块凝胶于30 V电压下缓慢电泳8 h；

e. 新取回凝胶块（已去除质粒），放入1.5 ml EP管中。

⑤ β-agarase 消化凝胶块

a. 将上步除去质粒后的凝胶块，置65℃，水浴10 min，融化；

b. 置42℃平衡温度10 min后，平分两管，每管体积约为800 μl；

c. 每管加80 μl 10×β-agarase buffer和4 U β-agarase（1 U/200 μl），轻轻混合后，42℃反应90 min；

d. 65℃处理15 min，灭活β-agarase；

e. 处理后的细菌基因组DNA，4℃保存，备用。

（3）*脉冲场凝胶电泳*（Pulse field Gel Electrophoresis）

① 配制2.0 L 0.5×TBE缓冲液倒入Bio-Rad CHEF-DR II电泳槽，循环预冷30 min使电泳缓冲液温度保持12~14℃；

②配制1%琼脂糖凝胶，将DNA样品胶块小心放入点样孔中，紧贴前壁，并用2%低熔点琼脂糖凝胶封孔；

③将琼脂糖凝胶放入胶槽内，180 V，电泳15 h；

④取出凝胶，EB染色后，紫外成像仪观察、照相。

8.11.2.2 pUC 18载体制备

（1）*pUC 18质粒提取*

①从-80℃冰箱取出pUC18菌种，冰上融化，用接种环在Amp抗性的LB平板上划线，37℃中培养16~20 h；

②取一只无菌的50 ml离心管，加入20 ml Amp抗性的LB液体培养基，挑取单克隆于管中37℃中250 rpm，培养过夜；

③取200 μl pUC18菌液于250 ml Amp抗性LB液体培养基中，37℃中250 rpm培养6 h，OD_{600}=0.6~0.8；

④菌液移入250 ml离心管中，4℃，3 000 rpm离心15 min，取出离心管，倒掉上清，将离心管倒置于吸水纸上使上清充分滤干；

⑤ 加入10 ml溶液I（50 mmol/L Glucose，25 mmol/L Tris·HCl，10 mmol/L EDTA，pH值8.0），加入RNase至100 μg/ml，晃动摇菌，使菌体充分悬浮，静置10 min；

⑥按1∶1 的 NaOH（0.4 mol/L）：SDS（2%）比例配制新鲜溶液 II，加入 20 ml溶液 II，静置3～5 min；

（注意：静置时间勿超过5 min，提前将溶液 III 置冰盒中。）

⑦加入15 ml 冰浴的溶液 III，冰浴 15～30 min；

⑧4℃条件下5 000 rpm 离心 15 min；

⑨转上清至 50 ml 离心管，4℃条件下 12 000 rpm（柜式离心机）/4 000 rpm（Eppendorf 离心机）离心 20 min，重复此步，直到管壁看不见沉淀为止；

⑩转移上清至 50 ml 离心管，一分为二，每管加入 0.6 倍体积异丙醇，混匀，20℃ ，12 000/4 000 rpm 离心 20 min；

⑪弃上清，用70%的乙醇洗2次；

⑫弃上清，倒扣于吸水纸上，尽量空干液体；

⑬5 ml TE 溶解沉淀，必要时可在37℃水浴箱内促进溶解，移入 1.5 ml Eppendorf 离心管中；

⑭电泳检查 DNA 质量并定量。

（2）pUC 18 的酶切

①酶切体系

DNA	X μl（10 μg）
ddH_2O	89 – X μl
10 × Buffer J	10 μl
混匀，加入限制性内切酶，总体积为	100 μl
Sma Ⅰ（10 U/μl）	1 μl

②轻弹管壁或用枪头轻轻吹打混匀，在离心机上甩一下；

③25℃，水浴1.5 h；

④电泳检测酶切结果；

⑤70℃，15 min，灭活。

（3）去磷酸化

①以如下体系进行去磷酸化：

酶切产物	X μl（10 μg）
ddH_2O	85 – X μl
10 × Buffer	10 μl
混匀，加入 CIAP，总体积为	100 μl
CIAP（10 U/μl）	5 μl

②轻弹管壁或用枪头轻轻吹打混匀，在离心机上甩一下。

③37℃，水浴1 h。

④70℃，15 min，灭活。

⑤电泳分离。

⑥胶回收。

⑦电泳定量。

(4) 载体线性化及去磷酸化效率检测

①连接反应：

DNA 连接酶

连接反应 1 pUC 18/*Sma* Ⅰ (20 ng) –

连接反应 2 pUC 18/*Sma* Ⅰ (20 ng) +

连接反应 3 pUC 18/*Sma*Ⅰ/CIAP (20 ng) –

连接反应 4 pUC 18/*Sma*Ⅰ/CIAP (20 ng) +

连接反应 5 标准 Vector (20 ng) 加标准 Insert +

连接反应 6 Vector (20 ng) 加标准 Insert +

②转化反应：

a. 2 ng/μl 连接反应 1

b. 2 ng/μl 连接反应 2

c. 2 ng/μl 连接反应 3

d. 2 ng/μl 连接反应 4

e. 2 ng/μl 连接反应 5

f. 阳性对照：2 ng pUC 18

g. 2 ng/μl 连接反应 6

h. 阴性对照：1 μl H_2O

③复苏、涂板及培养。

④计算克隆数，在此按顺序以 NA，NB，NC，ND，NE，NF，NG，NH 标记，(NH 应为 0)。(注意：具体步骤见电穿孔转化操作。)

⑤计算载体线性化效率及相对去磷酸化效率：

Sma Ⅰ 线性化效率 = (1 – NA/NF) ×100%

相对去磷酸化效率 = [1 – (ND – NC) /NG] × 100%

(注意：载体制备关键在于提取高质量的 pUC 18，必要时可回收 1 次；酶切必须完全，否则蓝斑会过多；去磷酸化要恰到好处，不及则蓝斑过多，过则连接效率低。)

8.11.2.3 小片段 (1.6～4.0 kb) 基因组文库构建

(1) 试剂

50 ×TAE 存储液：242 g Tris 碱，57.1 ml 冰醋酸，37.2 g Na_2-EDTA · $2H_2O$，加 H_2O 至 1 000 ml，pH 值 8.5；

1 ×TAE：200 ml 50 ×TAE，加 H_2O 至 10 000 ml；

3 mol/L NaAC：将 40.8 g NaAc · $3H_2O$ 溶于水，用乙酸调至 pH 值 5.2，补加水至 100 ml。

溴化乙锭 (EB)：10 mg/ml，在 20 mlH_2O 中溶解 0.2 g 溴化乙锭，均匀后于室温避光保存。

1% 盐酸：10 ml 浓盐酸，加 H_2O 至 1 000 ml。

（2）超声波随机打断基因组 DNA

①取 20 μg 基因组 DNA 加入 1.5 ml Epperdorf 管中，共 4 支；

②将各管用无菌水定容至 500 μl，充分混匀，离心机上甩一下，置冰上预冷；

③用纯水冲洗变幅杆头，用 1% HCl 和 0.1 mol/L NaOH 分别超声 1 次(2 s)，再用纯水冲洗干净；

④4 管基因组 DNA 分别超声 4 s，8 s，14 s，20 s（其中 8 s，14 s，20 s 分多个相同时间段进行，间歇时间为 10s，超声时应将变幅杆居中并伸入液面 3 mm）；

⑤各取 10 μl，加入 2 μl 6 × loading buffer，电泳检测超声效果，8 s，14 s 超声管的 DNA 片段量应以 1.6 ~ 4.0 kb 处最多，而超声时间 4 s，20 s 的 DNA 片段量应以分别在 4 ~ 10 kb 和 1 ~ 1.6 kb 处最多；

（注意：以上超声秒数仅作参照，具体时间可先做预实验摸索。）

⑥根据电泳结果，对个别超声效果欠佳的样品要再次超声，具体时间应根据实际效果而定。

⑦取 DNA 200 μl 共计 10 pg，启动程序：运行 Hydroshear，并设定参数：体积为 200 μl，循环次数为 20 次，速度代码为 7 ~ 8（剪切后的片段长度为 1.6 ~ 4.0 kb）。

⑧机器操作：

a. 自动方式　点击 Start，根据提示依次进行如下操作清洗—进样—除气泡—切割循环—出样—清洗。

b. 手动方式　点击 manul operation 按钮打开此界面，点击 Reinitialize Pump 使泵复位（即活塞到达针筒的最上端），点击 Start 使活塞往下移动吸取样品。

⑨效果鉴定：取 5 μl 样品电泳检测基因组 DNA 打断效果。

（3）DNA 片段纯化

①每管加 1/10 体积的 3 mol/L NaAc 和 2 倍体积预冷无水乙醇，-20℃ 30 min；

②13 000 rpm 离心 10 min（室温，利于 DNA 沉淀），去上清；

③各管加 1 ml 70% 乙醇，颠倒数次；

④13 000 rpm 离心 5 min；

⑤弃上清，离心机甩一下，吸去上清，置室温 15 min，以使酒精挥发干净；

⑥每管加 20 μl 无菌纯水溶解 DNA，收集四管中的样品于一管。

（4）DNA 片段末端补平

①在 DNA 样品种一次添加下列各试剂成分

DNA	80 μl
H_2O	1 μl
10 × Buffer	10 μl
dNTP（10 mmol/L）	4 μl

T4 Polymerase (5 U/μl)	5 μl
总体积	100 μl

充分混匀，离心机甩一下：

②置37℃中水浴1 h（50 μl 30 min）；

③从水浴取出后，加50 μl 酚/氯仿（等体积），充分混匀至乳白色；4℃条件下13 000 rpm离心15 min；

④吸上清至另一干净离心管中，加200 μl 氯仿，充分混匀至乳白色，4℃条件下13 000 rpm离心10 min；

⑤吸出下层氯仿，继续离心10 min；

⑥吸上清至另一干净离心管中，加20 μl 6 × loading buffer，离心机中甩一下，使样品集中于管底，4℃过夜。

（5）电泳

①取4℃保存样品上样，50 μl /孔；

②电泳60 V，3 h；

③分别切下1.6 ~2.0 kb及3.0 ~4.0 kb DNA片段，反向（大片段的一边靠前）放入二次回收胶的加样孔中；(在加样孔中先加满0.5%低熔点琼脂糖凝胶。)

④电泳150 V，2 h；

⑤紫外灯下依次切取含DNA片段的胶，分别放入已做标记的1.5 ml离心管中。

（6）DNA片段回收及透析

①用QIAEXII GEL Extraction Kit回收试剂盒，从胶中回收DNA片段：

a. 称取凝胶块重量，加入三倍体积buffer QXI；

b. 50℃水浴数分钟，至胶完全融化。用手指弹QIAEX II使其重悬，每管中加入5 μl QIAEXII；

c. 50℃水浴10 min，每隔2 min取出颠倒混匀数次，使QIAEX II保持悬浮；

d. 4℃条件下13 000 rpm离心30 s（弃上清，离心机中甩一下，吸取上清）；

e. 加入500 μl buffer QXI，弹管底使QIAEX II重悬；

f. 离心并去上清（同操作d）；

g. 加入500 μl buffer PE，重悬QIAEX II，离心30 s，去上清；

h. 在加入500 μl buffer PE，重悬QIAEX II，离心30 s，弃上清，离心机中甩一下，吸去上清；

i. 超净台上吹干（至无酒精味），加入10 μl elution buffer，重悬QIAEX II，置5 min，13 000 rpm离心30 s。吸上清，冰浴；

j. 1 μl上清上样电泳，同时做分子量标准（1 kb ladder）及DNA含量标准（20 ~40 ng）对照；

②回收DNA片段透析1 h；

③据电泳结果，取适量DNA进行连接。

(7) 连接

①在0.5 ml离心管中，依次加入下列物质

Insert（DNA样品）	X μl（80~100 ng DNA）
H_2O	(7-X) μl
10×Ligase buffer	1 μl
Vector（30 ng/μl）	1 μl
T4 DNA ligase（3 U/μl）	1 μl
总体积	10 μl

②14℃连接过夜（12~16 h）。

(8) 电穿孔转化

①大肠杆菌（*Escherichicr coli*）菌株JM 109感受态细胞制备

a. 将JM 109在LB固体培养基上划线，37℃倒置培养1~2天；

b. 挑取单菌落，接种于20 ml LB液体培养基中，37℃，200 rpm振荡培养过夜；

c. 培养液转接到500 ml LB液体培养基中，37℃，200 rpm振荡培养至对数生长中期（OD_{600}=0.5~0.6）；

d. 让细菌在冰浴中冷却20 min，4℃离心收集菌体；

e. 菌体用冰预冷的，经高压灭菌的10%的甘油洗3次；

f. 最后一次弃去上清后，靠残余的10%甘油重悬细菌，使细菌密度达10^9/ml；

g. 按每管50 μl分装，液氮速冻后，保存于-80℃备用。

②质粒纯化

a. 取10 μl连接产物，加入1 μl 3 mol/L的NaAc（pH值5.0），20 μl预冷无水乙醇轻轻混匀，上离心机甩一下，静置于-20℃，1h；

b. 小心吸弃上清，加500 μl 70%的乙醇，轻轻颠倒几次洗涤沉淀，4℃，12 000 rpm离心15 min（注意离心管的放置）；

c. 重复第二步操作一次；

d. 小心吸取上清，弃之，离心管开口置于超净台中待乙醇挥发干净；

e. 用10 μl灭菌水溶解，4℃短期保存，-20℃长期保存备用。

③电转化

a. 于-70℃冰箱内取感受态细胞置于冰上融化，用预冷好的灭菌水轻轻注入并吹打混匀（冰上操作），0℃，6 000 rpm，8 min离心；

b. 吸取上清并弃之，用灭菌水补足所需体积（冰上操作），混匀；

c. 取2 μl纯化后的质粒，加入100 μl感受态细胞中，混匀（冰上）；

d. 打开细胞导入仪，调至Manual，调电压为1.6 kV；

e. 将加有连接产物的菌液加入到0.1 cm^2的电击杯中，进行电穿孔；

f. 按一下pulse键，听到蜂鸣声后，向电击杯中迅速加入1 000 μl的SOC液体培养基，转移到1.5 ml的离心管中；

g. 于70 rpm，37℃摇床，复苏45~60 min，同时做阴性对照和阳性对照。

④涂板及菌液培养

a. 取30 μl菌液加入170 μl LB液体，共计200 μl涂在直径12 cm的涂有X-Gal，IPTG，Amp的平板上，37℃培养18h左右。取出后，观察蓝/白斑情况，并记录；

b. 取30 μl菌液加入5 ml LB培养基中做液体培养，于37℃，250 rpm摇12~14h，观察菌液生长情况（排除噬菌体污染），并记录。注：每块加有Amp的平板上涂有X-Gal，IPTG比例为：X-Gal为50 μl+50 μl LB液体，IPTG为12 μl涂均匀。

⑤电击杯清洗流程：

a. 用清水将电击杯稍冲洗一下；

b. 向电击杯中加入的75%酒精浸泡2 h；

c. 弃去酒精，再用蒸馏水冲洗2~3遍，然后用1 ml的枪吸取超纯水反复吹打电击杯10遍以上；

d. 加入无水乙醇2 ml于电击杯中，浸泡30 min；

e. 弃去无水乙醇，于通风厨内挥干乙醇；

f. 将清洗好的电击杯放入-20℃冰箱内待用。

（注意：不同样品使用的电机杯应分开；每周用1%酒精浸泡30 min。）

（9）测序检验文库随机性

①采用Milipore96孔质粒抽提试剂盒制备测序模板：

a. 96孔细菌培养板中每孔加1 ml LB培养液（含氨节青霉素100 μg/ml）；用牙签随机挑取单个无色菌落接种到每孔中，培养板上封塑料薄膜、扎孔；

b. 培养板置37℃，220 rpm振摇培养过夜；培养板于4℃，3 000 rpm离心（挂篮式离心机）10 min，弃液体；

c. 每孔加300 μl溶液I（含100 μg/μl RNase A），震荡悬浮5 min；

d. 每孔加300 μl溶液II，封塑料薄膜，上下颠倒5次，冰水中放置5 min；

e. 撕去薄膜，每孔加300 μl溶液III，封塑料薄膜，上下颠倒5次，冰水中放置20 min；整块板置于沸水中煮沸10 min；

f. 将96孔过滤板置于一块干净的96孔培养板上，转移煮沸并冷却后的每孔中的液体到过滤板相应孔中，真空抽滤；

g. 含滤过液的培养板中每孔加550 μl（0.7倍体积）异丙醇，封塑料薄膜，上下颠倒10次混匀后，4 200 rpm离心15 min；

h. 弃液体，每孔加550 μl 70%乙醇，封塑料薄膜，4 200 rpm离心5 min洗涤沉淀；

i. 弃液体，培养板置真空抽干5 min。每孔加200 μl dH_2O，室温溶解1 h；

j. 每孔取2 μl于100 V电压下电泳40 min，估计空载率和质粒DNA的浓度。

②正向测序反应：

a. 每个克隆质粒取2 μl（约200 ng），加2 μl Mix（由被四种不同荧光标记于A、T、C、G的4种三磷酸双脱氧核苷，dATP，dCTP，dITP，dUTP 4种三磷酸双脱氧核苷，AmpliTaq DNA 聚合酶和 $MgCl_2$ 按适当比例组成的混合液），3.2 pmol正向引物，用水补足体积至20 μl。

b. 混匀后进行测序反应：96℃，变性10 s；50℃，复性5 s；60℃，延长4 min；循环25次；

c. 反应物经异丙醇沉淀后于AB1 3730测序仪上电泳并读取数据。

③序列 Blastn 结果与分析。

（10）基因组文库保存

①配制 LB 液体培养基，高压灭菌；

②待培养基温度降到60℃以下，加入1 / 1 000体积的 Amp（100 mg/ml 溶于灭菌水中），终浓度为100 μg/ml，混匀；

③用移液枪将 LB 液分装入384孔菌种板，用封口膜封好，-20℃保存，备用；

④从-20℃冰箱中取出需分装的合格文库菌液（存于96孔板中），冰上放置；

⑤用枪头吹打混匀菌液，按10%甘油∶菌=1∶1的比例吸取15 μl 合格文库菌液分装入384孔菌种板，用封口膜封好，-20℃保存，备用；

⑥在板壁和板盖上标记文库号及板号；

⑦填写“文库组送培养组菌液登记表”；

⑧将登记表及保存好的文库移交测序模板组。

（注意：所有的操作必需在超净台中进行，开盖和盖盖需用酒精灯外焰灭菌；已开封的LB液弃去，禁止重复使用，以防污染；菌液必须放置于冰上。）

8.11.2.4 大片段（8.0～10.0 kb）基因组文库构建

（1）pUC18 载体 DNA 制备

载体制备及处理方法同8.11.2.2。

（2）*Sau*3A Ⅰ部分酶切基因组 DNA

①取 EP 管，分别标号1、2、3、4、5，建立酶切体系：

DNA	X μl（2 μg）
10×Buffer	5 μl
BSA	0.5 μl

混匀，分别加入0.025 U，0.05 U，0.1 U，0.2 U和0.4 U的限制性内切酶 *Sau*3A Ⅰ（10 U/μl），ddH_2O 补足总体积为50 μl；

②轻弹管壁或用枪头轻轻吹打混匀，在离心机上甩一下；

③37℃，水浴1.5 h；

④电泳检测（以酶切片段多数分布在8～10 kb范围内者为最佳酶量）；

⑤按此最佳酶用量，在完全相同条件下酶切基因组 DNA；

⑥70℃，15 min 或加入0.5 mol/L EDTA 终止酶切反应。

(3) DNA 克隆片段（8.0～10.0 kb）的选取

①酶切后的基因组 DNA，于 0.5% 低熔点琼脂糖凝胶中，4℃，13 V 电泳过夜；

②紫外灯下，切下含 8～10 kb 片段凝胶，分装入干净 EP 管；

③加 TE 缓冲液，55℃水浴 10 min 使胶块融化；

④室温 10 min 后，加等体积酚/氯仿/异戊醇，轻轻颠倒混匀，13 000 rpm 离心 5 min；

⑤取上清，加等体积氯仿/异戊醇，轻轻颠倒混匀，13 000 rpm 离心 5 min；

⑥取上清，加 1/10 体积 3 mol/L 醋酸钠（pH 值 5.2）和等体积异丙醇，颠倒混匀，－20℃放置 20 min；

⑦13 000 rpm，离心 20 min，弃上清，70% 冰冷乙醇洗两次；

⑧真空干燥 DNA，加 dd H_2O 溶解，取 2 μl 电泳定量（其余 DNA 溶液置真空干燥，浓缩体积至 6 μl），－20℃保存，备用。

(4) 连接反应

取 6 μl（约 400 ng）8～10 kb 随机酶切 DNA 片段，加 1 μl（约 100 ng）pBluescriptlI/BamHI/CIP 载体，2 μl 5×T4 连接酶缓冲液、1 μl（5 U）T4 连接酶，轻轻混匀，16℃，连接 48 h。

(5) 连接产物纯化、电泳去除空载体

①连接产物中加 40 μl ddH_2O，5 μl 3 mol/L 醋酸钠（pH 值 5.2），100 μl 无水乙醇，颠倒混匀，－20℃放置 20 min；

②13 000 rpm，离心 20 min；

③弃上清，加 70% 乙醇，13 000 rpm 离心 5 min；

④弃上清，真空干燥 DNA，加适量 ddH_2O 溶解 DNA；

⑤DNA 溶液于 50 V 电压下电泳 3 h；

⑥紫外灯下，迅速切割下 8 kb 以上 DNA 片段，装于 7.5 ml EP 管；

⑦加 ddH_2O，55℃水浴 10 min 溶解胶块；

⑧室温 10 min 后，加等体积酚，颠倒混匀；

⑨13 000 rpm 离心 5 min；

⑩取上清，加等体积酚/氯仿/异戊醇，轻轻颠倒混匀，13 000 rpm 离心 5 min；

⑪取上清，加等体积氯仿/异戊醇，轻轻颠倒混匀，13 000 rpm 离心 5 min；

⑫取上清，加 1/10 体积 3 mol/L 醋酸钠（pH 值 5.2）和等体积异丙醇，颠倒混匀，－20℃放置 20 min；13 000 rpm，离心 20 min；

⑬弃上清，70% 冰冷乙醇洗两次；真空干燥 DNA，加 ddH_2O 溶解，－20℃保存，备用。

(6) 转化

①电击转化：方法同前。

②化学法（$CaCl_2$）转化

首先制备感受态细胞。

a. 取保存菌种于 LB 平板上划线，37℃倒置培养过夜（12 ~ 14 h）；

b. 挑取单克隆（单菌落）于约 3 ml LB 液体培养基中，37℃，250 rpm过夜培养（12 ~ 14 h）；

c. 将已活化的菌液按 1∶100 的比例接种到 LB 液体培养基中，37℃，250 rpm 培养至 10^6 ~ 10^7 细胞/ml（OD_{600} = 0. 6 ~ 0. 8）；

d. 将培养液置冰浴中冷却至 0 ~ 4℃，4℃，4 000 rpm 离心 10 min，在超净台上倒去上清液（可用枪头吸去残液）；

e. 在超净台上加入等体积已灭菌、冰浴预冷的 0. 1 mol/L $CaCl_2$，在冰浴的条件下轻柔摇晃，重悬细胞，冰浴 10 min；

f. 4℃，4 000 rpm 离心 10 min，在超净台上倒去上清液（可用枪头吸去残留液）；

g. 分别用 1 /2 V 和 1/10 V 体积的预冷无菌 $CaCl_2$（0. 1 mol/L）重复步骤 5 ~ 6 一次；

h. 用 1/100 V 的预冷无菌 $CaCl_2$（0. 1 mol/L，含 15% 甘油）重悬细胞，以每管 50 μl 分装于 1. 5 ml 无菌离心管中，－70℃保存备用。

其次，进行细胞转化。

a. 约 50 μl 感受态细胞，加入 450 μl 预冷无菌 $CaCl_2$（0. 1 mol/L），加入适量质粒或连接产物，混匀冰浴 15 ~ 30 min，42℃热休克 90 ~ 120 s；

b. 立即置冰浴中静置 15 min；

c. 加入 1 ml SOC 液体培养基，37℃，250 rpm 培养 30 ~ 45 min；

d. 取适量培养液涂布于含相应抗生素平板上，37℃倒置培养过夜。

（7）插入片段长度鉴定

①质粒 DNA 提取。

②取 EP 管，分别标号，任取 13 个白色克隆和一个蓝斑（作阴性对照），建立如下：

双酶切体系：

DNA	X μl
10 × Buffer	5 μl
BSA	0. 5 μl
酶（10 U/μl）	1 μl
ddH_2O	补足总体积至 50 μl

③轻弹管壁或用枪头轻轻吹打混匀，在离心机上甩一下；

④37℃，水浴 1. 5 h；

⑤70℃，15 min 或加入 0. 5 mol/L EDTA 终止酶切反应；电泳检测。

（8）测序检验文库随机性

同 8. 11. 2. 3 的（9）。

(9) 基因组文库保存

同8.11.2.3的(10)。

8.12 cDNA文库构建*

苎麻花叶病是苎麻生产上的严重病害，其病原是苎麻花叶病毒。目前国内的研究多集中在苎麻花叶病毒的生物学特性上，对于其分类地位以及基因组结构方面的研究未见报道。根据苎麻花叶病毒的生物学特性我们初步把它归为长线形病毒科成员，该科病毒成员间亲缘关系较复杂，具所有正义ssRNA植物病毒中最长的基因组。我们在提纯苎麻花叶病毒的基础上构建了该病毒的cDNA文库，为后续的研究打下基础，以期对该病毒进行更深入的研究。

8.12.1 材料

发生花叶病毒的苎麻叶片。

8.12.2 方法

8.12.2.1 苎麻花叶病毒RNA的提取

采用蛋白酶K法，具体方法如下：

① 将病毒提取液0.4 ml (2.26 mg/ml) 分别加入3支DEPC水处理过的1.5 ml试管中。每个试管中加入蛋白酶K 1μl (20 mg/ml)；

②10% SDS 20 μl，0.5 mol/L EDTA 3.2 μl 混匀37℃水浴作用下2～4 h；

③用酚：氯仿：异戊醇和氯仿：异戊醇分别抽提1次，14 000 rpm，离心15 min；

④上清液中加入1/10体积的2.5 mol/L NaAc和2倍体积的冷无水乙醇，轻轻混匀，-80 ℃放置；

⑤15 min后，15 000 rpm，离心15 min；

⑥加入1 ml 75%乙醇洗涤沉淀，15 000 rpm，离心10 min，倒弃乙醇，真空抽干；

⑦用40 μl DEPC溶解沉淀，直接用于下一步的操作。

8.12.2.2 RNA中寄主DNA的去除

①在微量离心管中配置下列反应液：

RNA	20 μl
1 × DNase I Buffer	5 μl

* 文献来源：李峰．苎麻花叶病毒cDNA文库的构建及初步分析．中国热带农业科学院&华南热带农业大学硕士学位论文．(指导教师：郭安平 研究员)

DNase I（RNAase - free）	2 μl
RNase Inhibitor（40 U/μl）	1 μl
加无核酸酶水至	50 μl

②37 ℃反应 20 ~ 30 min；

③用酚:氯仿:异戊醇和氯仿:异戊醇分别抽提 1 次，14 000 rpm 离心 15 min；

④上清液中加入 1/10 体积 2.5 mol/L NaAc 和 2 倍体积的冷无水乙醇，轻混，-80 ℃放置 15 min 后，15 000 rpm 离心 15 min；

⑤加入 1 ml 75% 乙醇洗涤沉淀，15 000 rpm，离心 10 min，倒弃乙醇，真空抽干；

⑥用适量 DEPC 处理水溶解后，取少量在甲醛变性的凝胶上进行电泳检测，其余的 -80℃保存备用。

8.12.2.3 甲醛变性琼脂凝胶电泳分析

在 3μl 的病毒 RNA 溶液中加入 1 μl 5 × MOPS 缓冲液 1 μl、3.5 μl 甲醛、10 μl甲酰胺，轻轻的混匀，65℃温育 10 min，置冰上迅速冷却。加入 2 μl 的 6 倍体积加样液作为电泳试料。取 RNA Marker 2 μl、Buffer 4 μl 用 DEPC 水加至 10 μl,65℃温育 10 min，置冰上迅速冷却。凝胶中加入琼脂糖 0.2 g、DEPC 处理水 15.4 ml、3.6 μl 甲醛和 1 μl 甲酰胺。凝胶先预电泳 5 min，电压为 5 V/cm，随后将样品和 Marker 加至凝胶加样孔中；3 ~ 4 V/cm 电泳，当溴酚蓝迁移至凝胶的 2/3 长度时，结束电泳，紫外灯下观察结果。

8.12.2.4 cDNA 第一链的合成

①mRNA 准备：标准反应需 2 μg mRNA 和 4:1 的随机引物，加 RNAase Free H_2O 至 15 μl：

mRNA	2 μg
Primer, 0.5 mg/ml	2 μl
加无核酸酶水至	15 μl

70℃加热 5 ~ 10min，冰浴 5 min，轻微离心，以收集混合液于离心管底部。

②向离心管依次加入以下各成分：

sample or control reaction	15 μl
First Strand 5 × Buffer	5 μl
RNasin® Ribonuclease Inhibitor	1 μl

37℃加热 3 ~ 5 min，再加入：

Sodium Pyrophosphate, 40 mmol/L	2.5 μl
AMV Reverse Transcriptase	1.5 μl
加无核酸酶水至	25 μl

通过枪头轻柔吸打或轻微离心混合均匀。将离心管置于 37℃温育 1 h，然后置于冰上冷却。

（注意：反应混合液可能看起来有些混浊，但不会影响后面的反应；第一链 cDNA 若不立即使用，在 -20℃最长可以贮存 3 个月。)

8.12.2.5 cDNA 第二链的合成

①第一链反应完成后，在产物中加入以下试剂（冰上操作）：

first-strand sample reaction	25 μl
Sond Strand 2.5 × Buffer	50 μl
Acetylated BSA, 1 mg/ml	6.25 μl
DNA Polymerase I	3.6 μl
RNase H	0.65 μl
加无核酸酶水至	100 μl

14℃温浴 2 h，70℃灭活 10 min，轻微离心，以收集混合液于离心管底部。冰上放置；

②加入 2 U T4 DNA Polymerase/μg RNA，37℃温育 10 min，加入 10 μl 200 mmol/L EDTA 终止反应，冰上放置。

③cDNA 提纯：

a. 加入等体积酚/氯仿/异戊醇，剧烈振荡后，常温下 13 000 rpm 离心 5 min；

b. 吸取上清至另一 eppendof 管，加入 1/10V 的 3 mol/L NaAc（pH 值 5.2）和 2.5 V 预冷的无水乙醇，混匀，-70℃；

放置 30 min 以沉淀双链 cDNA；13 000 rpm 离心 5 min；

c. 离心完小心去除上清，加入 0.5 ml -20℃预冷的 70% 乙醇洗涤沉淀，常温下 13 000 rpm 离心 5 min；

d. 离心完毕，弃上清，干燥沉淀至无乙醇气味，加入 10 ~ 50 μl TE buffer 溶解沉淀。

8.12.2.6 双链 cDNA 加 A 尾

根据 cDNA 的量建立以下反应体系：

10 × Taq DNA Polymerase Buffer	5 μl
4 × dNTP（10 mmol/L）	1 μl
Taq DNA Polymerase	2.5 μl
双链 cDNA	10 μl
加无核酸酶水至	30 μl

72℃水浴 10 min。

8.12.2.7 多余 A 尾及小片段 cDNA 的去除

用 Promega 公司的 Resin and Spin Columns 试剂盒去处多余的 dATP 和小片段 cDNA。

①Spin Columns 的准备：

a. 弃去收集的液体并再加入 600 μl TEN buffer，流干再加入 400 μl，再流干。重复两次；

b. 将柱的末端放入 Wash Tube，放入一个大离心管并在竖直转头上 800 g 离心 5 min。柱的床呈干燥状态时从管的侧部拿出，柱现在可用于下一部的操作。

②Spin Columns 操作步骤：

a. 样品的体积控制在 20 ~ 60 μl，不要超过 60 μl。注意在加样和以后的操作中都要保持柱的竖直状态。取待分离的样品，让枪头离胶床几毫米缓慢滴加到凝胶床的中央，不能让样品和管壁接触；

b. Spin Columns 放入提供的 Collection Tube 中，将其放入一大离心管，竖直离心 800 rpm，5 min，收集管内的液体。

③乙醇沉淀浓缩 cDNA：

a. 将上述样品加入到 1/10V 的 3 mol/L NaAc（pH 值 5.2）和 2.5 V 预冷的无水乙醇，混匀，-70℃放置 30min；13 000 rpm 离心 15min；

b. 去除上清，加入 1 ml -20℃ 70% 乙醇洗涤沉淀，常温下 13 000 rpm 离心 5min，小心去除上清。真空干燥，用适当体积的 TE 缓冲液溶解沉淀。

8.12.2.8 目的片段与 T 载体的连接

将以上的 cDNA 与 T-载体连接，连接后的产物转化大肠杆菌（*E. coli* DH 5α）感受态细胞，通过蓝白菌落来筛选重组载体。

连接反应体系如下：

Lligation Solution I	5 μl
pMD19-T	1 μl
cDNA	4 μl
总体积	10 μl

充分混匀后离心数秒，16℃反应 1 h。

8.12.2.9 重组质粒的转化

（1）电转化 *E. coli* DH 5α 感受态细胞的制备

①将保存的 *E. coli* DH 5α 菌种划线接种在固体 LB 培养基平板上，37℃培养 16 ~ 18 h。从平板上挑取一个单菌落，接种到 10 ml 液体 LB 培养基中，37℃，300 rpm 振荡培养 10 ~ 12 h；

② 从上述培养液中吸取 0.2 ml 菌液，稀释 50 倍，继续在液体培养基中培养至 OD_{600}值为 0.3 ~ 0.4，培养条件同上；

③将菌液冰上预冷 30 min，然后将菌液转移到预冷的离心管中，4℃，2 500 rpm离心 10 min；弃上清，加入少量 ddH_2O 悬浮沉淀，再加满离心管，4℃，4 000 rpm 离心 10 min。然后重复该步骤一次；

④弃上清，往离心管中加入少量 10% 甘油（灭菌、预冷）重悬菌体，再加满 10% 甘油，4℃，4 000 rpm 离心 10 min。然后重复该步骤一次；

⑤弃上清，每管中加入 1/100 的 10% 的甘油，使沉淀悬浮后将菌液分装，-80℃冰箱保存。

（2）重组质粒的电击转化

①从 -80℃冰箱中取出制备的感受态细胞，冰上解冻；

②将 1 μl 的连接产物于 1.5 ml 的离心管中，将其和 0.1 cm 的电击杯冰上预冷；

③将 100 μl 解冻的感受态细胞转移至此 1.5 ml 的离心管中，小心混匀，冰浴 10 min；

④打开电转化仪，调至 Manual，调节电压 1.8 kV；

⑤将此混合物转移至已预冷的电极杯中，轻微敲击电极杯使混合物均匀进入底部；

⑥将电极杯推入电转化仪，按一下 Pause 键，听到蜂鸣声后，向电极杯中迅速加入 800 μl 的 SOC 液体培养基，重悬细胞后转移到 1.5 ml 的离心管中；

⑦37℃，250 rpm 复苏 1 h；

⑧取 100 μl 转化产物加 160 μl 的 SOC 涂板，放于 37℃静置培养 14～16 h。其余菌液加 1∶1 的 30% 甘油后混匀于 -80℃保存。

8.12.2.10 cDNA 文库的保存

用灭菌牙签从平板上挑取单个白色菌落，分别接种到 LB 液体培养基（Amp^+）中，37℃振荡扩大培养。再加入等体积的无菌甘油溶液（甘油终浓度为 30%），混匀后分装成两份存于 -70℃；共收集了约 200 个克隆，此即为构建的苎麻花叶病毒的 cDNA 文库。

8.13 扣除杂交法*

8.13.1 材料

将藏红花细胞继代培养（固体培养）20 天后，转入藏红花苷合成培养基（液体悬浮培养），在 200 ml 三角瓶中加入 50 ml 合成培养液，然后接种 10 g（鲜重）细胞，在 25℃、避光和 120 rpm 的摇床上培养，然后在第 8 天收获细胞，经真空冷冻干燥后，低温保存备用。

8.13.2 方法

8.13.2.1 总 RNA 的提取和残存 DNA 的去除

抽提处理细胞和对照细胞的总 RNA 分别作为检测样本和参照样本。总 RNA 提取采用一步法（Trizol 试剂，GIBCO/BRL 公司生产）。实验中所用仪器均经过 DEPC 水、焙烤处理以除去 RNase。取约 50 μg 的总 RNA 于 0.5 ml 的离心管中，加入 10 μl 质量浓度为 40 μg/ml 的 DNase A（Promega 公司生产）于 35 μl 反应体系中 37℃温浴 30 min，经酚、氯仿抽提后，用乙醇沉淀总 RNA。测定 RNA 260、280 nm 波长的吸光度，并经甲醛变性电泳检测其完整性。

---

* 文献来源：佘卫炜，郭志刚，刘瑞芝．用扣除杂交法分离藏红花苷合成相关基因的克隆．清华大学学报（自然科学版）．2004，44（12）：1592－1595.

8.13.2.2 扣除杂交

将处理细胞的 mRNA 反转录成 cDNA。mRNA 的反转录采用 Reverse Transcription System（Promega 公司生产）。以鉴定完好的处理细胞的总 RNA 1μg 为模板，在 AMV 反转录酶的作用下合成 cDNA 第一链。处理细胞总 RNA 在反转录之前在70℃下保温10 min 之后简短离心，置于冰上。反应体系为20 μl，在42℃下温浴1 h，然后在95℃持续5 min 终止反应。

对照细胞 mRNA 与处理细胞 cDNA 的杂交。加入 50 μg 对照细胞总 RNA 于上述合成的 cDNA 中，用6 μl 水溶解后，再加入5×杂交缓冲液2 μl 和1% SDS 2 μl。煮沸5 min 后，在70℃下温育20 h 左右。

用羟基磷灰石分离单链 cDNA。平衡装柱液为 10 mmol/L 磷酸钠缓冲液；在60℃下用0.15 mol/L 的单链缓冲液温育分离柱 5 min 后收集样品，重复操作两次。

单链 cDNA 的脱盐：用 AKTA Explorer 100 仪器（America 公司生产）脱盐，使用的柱子是经过 TE buffer 平衡的 Sephadex G－25 小柱。于0℃用2 倍体积进行乙醇沉淀，回收 cDNA。

8.13.2.3 目的序列的 PCR 扩增

同聚物加尾采用 DNA 3′末端转移酶（Promega 公司生产），在上述扣除cDNA 3′末端加上同聚物 dCTP。在 20 μl 的反应体系中，扣除cDNA 2 pmol，末端转移酶 15～30 U，dCTP 50 pmol，5×缓冲液 4 μl。

取上述加尾过的扣除 cDNA 2 μl 用于 PCR 反应。上游引物为：5′ CCG CGC GGC TAT TTT TTT TT；下游引物为 12 条锚定引物：5′ GAA TTC ATG GGG GGG GMN，其中 M 是 A、T、C 中的任一种，N 是 A、T、C、G 的任一种，共12 种组合。将参加 PCR 反应的扣除 cDNA 分为12 管，每一管的引物分别是上游引物和12 条下游引物中的一种配对进行 PCR 反应。在 20 μl PCR 反应体系中，扣除 cDNA 2 μl，10 mmol/L dNTP 0.4 μl，25 μmol/L 的引物各 0.4 μl，Taq 酶（Invitrogen 公司生产）1 U，10×缓冲液 0.4 μl。扩增条件为 GeneAmp PCR system 2 400（Perk in Elmer 公司生产）上 94℃持续 4 min 预变性；94℃持续 1 min，60℃持续1 min，72℃持续3 min，30 个循环；最后在72℃下反应10 min。每管取2 μl PCR 产物加缓冲液于0.7%的琼脂糖电泳分离，经溴化乙锭染色，以 ImageMaster VDS 仪器（Pharmacia Biotech 公司生产）在紫外下检测电泳结果。

8.13.2.4 序列测定及同源性分析

测序引物为本实验提供的引物，送大连宝生物工程有限公司测序。获得的序列通过 internet 进入 NCBI 基因序列库，申请获得基因登录号，并利用 BLA ST 对库中的所有序列进行同源性比较。

8.14 限制酶介导整合技术*

8.14.1 材料

8.14.1.1 供试菌株和质粒

在本研究中，作者以实验室保存的稻瘟菌小种 Y34 和 P131 作为转化受体，转化质粒 pV2，pCB1004 由 Purdue 大学提供。小种 Y34 和 P131 对水稻品种丽江新团黑谷都致病。

8.14.1.2 试剂与培养基

番茄燕麦片培养基：主要用于稻瘟菌转化体的保存。配制 1 L 培养基，燕麦片 40 g，加水煮沸 30 min，过滤收集液体，加入番茄汁 150 ml（每 100 ml 番茄汁中加入 0.4 g $CaCO_3$，用来调节 pH 值），再加琼脂 16 g，补水至 1 L。分装后在 121℃中灭菌 20 min，备用。

液体 LB：用于摇培大肠杆菌。配制 1L 培养基用 Tryptone 10 g，Yeast extract 5 g，NaCl 5g，然后调节 pH 值至 7.0。分装后在 121℃中灭菌 15 min，备用。固体 LB 即 1L 培养基加入 20 g 琼脂粉，灭菌后备用。

CM1 液体培养基：用于摇培小种 Y34 和 PI31 的分生孢子。yeast extract 0.1%，casein enzymatic hydrolysate 0.05%，casein acidic hydrolysate 0.05%，Glucose 1%，Ca $(NO_3)_2$ 0.1%，trace element 1%（2 g KH_2PO_4，2.5 g $MgSO_4$，2.5 g NaCl，per 100 ml）。

固体 CM：用于转化体的确认。CM1 +1.6% Agar。

STC：Sorbitol 1.2 mol/L，Tris（pH 值 7.5）10 mmol，$CaCl_2$ 50 mmol。

PTC：PEG3350 60%，Tris（pH 值 7.5）10 mmol，$CaCl_2$ 50 mmol。

LR：yeast extract 0.1%，casein enzymatic hydrolysate 0.1%，sucrose 34.2%。

SR：LR +1.6% agar。

Top agar：0.7% agar。

溶液 I：葡萄糖 50 mmol，Tris · HCl（pH 值 8.0）25 mmol，EDTA（pH 值 8.0）10 mmol。

溶液 II：NaOH 0.2 mol/L，SDS 1%，现用现配。

溶液 III：100 ml 溶液中含有 5 mol/L 乙酸钾 60 ml，冰乙酸 11.5 ml，补水至 100 ml。

8.14.1.3 裂解酶和限制性内切酶

取一支裂解酶 Drislease，加入 0.7 mol/L NaCl 溶液 25 ml，使浓度为 20 mg/ml，在 4℃5 000 rpm 离心 15 min 后，用细菌过滤器过滤，分装，-20℃保存。

---

* 文献来源：却晓娥．稻瘟菌 REMI 突变体库的构建和突变体筛选．中国农业大学硕士学位论文．(指导教师：彭友良 教授)

限制性内切酶：*Xho* Ⅰ、*Apa* Ⅰ、*EcoR* Ⅴ、*EcoR* Ⅰ。

8.14.2 实验方法

8.14.2.1 质粒制备

通过碱裂解法大量提取质粒 pV2 和 pCB1004，分别用限制性内切酶 *Xho* Ⅰ、*Apa* Ⅰ、*EcoR* Ⅴ和 *EcoR* Ⅰ酶切将其线性化，并且定量，以用于小种 Y34，P131 的 REMI 转化。具体方法如下：

从 LB 平板中挑取单菌落至装有 2 ml LB 培养基的试管中，37℃，180 rpm 摇菌 10 h，再将菌液接种到 500 ml 的液体 LB 培养基中，37 ℃，180 rpm 摇培10 h，12 000 rpm，室温离心 30 s，集菌至 250 ml 离心管中，加入溶液 I 后，剧烈震荡混匀，加入溶液Ⅱ，缓慢混匀，冰浴 3 min，加入溶液Ⅲ，缓慢混匀后冰浴 5 min，在4℃中12 000 rpm 离心10 min，加入等体积的酚∶氯仿∶异戊醇（25∶24∶1）混匀后，在4℃中12 000 rpm 离心 10 min，吸取上清，分装到50 ml 的离心管中，加入等体积氯仿和异戊醇，12 000 rpm 离心 10 min，重复操作 3 次。加入 0.6 倍体积的异丙醇沉淀过夜后，在 4℃中 12 000 rpm 离心 15 min，倒去上清，将沉淀转移到 1.5 ml 离心管中，用 70% 的乙醇洗涤沉淀两次，无水乙醇洗涤一次，真空干燥后，溶于 300 μl 的 TE/R（含 100 pg/ml 的 RNase）中，65℃，加热溶解 10 min，置于 37℃培养箱中 30 min。10 μl 酶切体系（质粒 1 μl，buffer 1 μl，酶 2 U，补水至 10 μl）鉴定。

8.14.2.2 原生质体的制备

将培养 7 ~ 10 天的稻瘟菌加入少量无菌水，用接种环轻轻洗下菌丝和孢子，吸取悬浮液转移到倒有西红柿燕麦片培养基的培养皿内，用接种环涂匀、吹干，25℃光照培养，至长出白色的气生菌丝。加入灭菌水，用灭菌的棉签轻轻洗下气生菌丝，吹干，再用 8 层灭菌纱布覆盖。25℃光照培养，至长出孢子。

在产孢平板上加入灭菌水，用灭菌棉签将孢子洗下，经过 3 层灭菌擦镜纸过滤到另一个灭菌三角瓶中，血球计数板测定孢子的浓度。根据浓度的大小加入一定量的孢子悬浮液到装有 150 mlCMl 液体培养基的三角瓶中，使孢子浓度为 10^6pfu/ml。将该三角瓶放在摇床培养（28℃，120 rpm）32 ~ 36 h，用 3 层擦镜纸过滤收集菌丝，用 0.7 mol/L 的 NaCl 预洗后将菌丝团置 50 ml 离心管中，称重后取 1 g 菌丝加入 1 ml 的裂解酶 Drislease，28℃，120 rpm 裂解 3 ~ 4 min。

取出裂解液后，用 3 层擦镜纸过滤，0.7 mol/L 的 NaCl 溶液洗涤，冰浴收集原生质体到 50 ml 离心管中，在 4℃中 4 000 rpm 离心 15 min，去掉上清，冰浴加入 STC 后，混匀，在 4℃中 4 000 rpm 离心 15 min，重复操作两次，待最后一次离心后，去掉上清液，加入 300 μl 的 STC 混匀，血球记数板记数，将浓度调至 0.5×10^8 ~ 1×10^8 个/ml。

8.14.2.3 稻瘟菌原生质体的转化

将原生质体悬浮液分装到 50 ml 离心管中，每管为 150 μl，分别加入等体积的 2 μg 线性化质粒和一定单位的内切酶混合液。混匀后冰浴 20 min，逐滴加入

PTC后，再冰浴20 min，每管加入25 ml STC，在4℃中4 000 rpm离心15 min，去上清，加入3 ml的液体再生培养基LR，室温培养12～13 h。将3 ml培养液倒入培养皿中，加入约12 ml的45～55℃固体再生培养基SR，吹干，在表面倒入10 ml含有浓度为300 μg/ml潮霉素（*hyg* B）的Top Agar，26℃培养5～8天。

8.14.2.4 转化体的确认与保存

分别将长出的菌落挑到含有*hyg* B（250 μg/ml）的固体CM平板上进行确认，并且记录从每个转化用的平板获得转化体的数量，2天后将生长的菌落转移到西红柿燕麦片培养基上，周围放上几片灭菌的小滤纸片，等菌丝长满培养皿后，取出滤纸片，编号后置于无菌的硫酸纸袋中，保存在干燥器中，备用。

8.15 实时荧光PCR*

8.15.1 材料

马铃薯腐烂茎线虫。

8.15.2 方法

8.15.2.1 单条线虫DNA的提取

①在解剖镜下将线虫挑到盛有灭菌水的表面皿中，重复两次清洗线虫；

②用移液枪取15 μl的灭菌重蒸水滴在一干净的小培养皿盖上，挑取线虫到水滴中，在解剖镜下用解剖刀将线虫切2～3段；

③将11.7 μl含有线虫片段的水溶液移入装有8 μl预冷的线虫裂解液（WLB）的小PCR管中；再加0.3 μl预冷的蛋白酶K（20mg/ml）；

④将小PCR管置于－80℃冰箱中冷冻1 h以上；再在65℃下温浴1h（蛋白酶K降解各种protein和DNase），然后94℃加热10 min（使蛋白酶K变性）；

⑤14 000 rpm离心2 min，置于－20℃冰箱待用。

8.15.2.2 大量线虫的DNA提取（苯酚－异戊醇抽提法）

①分离大量培养好的线虫，用移液枪转到1.5 ml的离心管中，12 000 rpm离心2 min浓缩至200 μl；

②加入200μl的2倍体积的裂解液（200 mmol/L NaCl，200 mmol/L Tris·HCl，100 mmol/L EDTA，2% SDS，2% β-巯基乙醇，200 μg/ml蛋白酶K），然后加少量的石英砂和液氮冷冻研磨；

③研磨后在65℃水浴30min间隔涡漩震荡；12 000 rpm离心10min，取上清液，分别加200 μl苯酚和氯仿/异戊醇（24:1），12 000 rpm离心10 min，重复两次；

---

* 文献来源：刘先宝．马铃薯腐烂茎线虫的鉴定及分子检测．中国热带农业科学院＆华南热带农业大学硕士学位论文．（指导教师：谭志琼 教授）

④ 取上清液加入 400 μl 氯仿/异戊醇（24∶1），混匀后 12 000 rpm 离心 10 min，取上清液，加入 800 μl 无水乙醇在 -20℃冰箱中放置 1h；

⑤ 12 000 rpm 离心 15 min，去上清；加入 200 μl 的无水乙醇清洗两次，晾干，加入 20 μl TE，放到 -20℃中备用。

8.15.2.3 TaqMan 探针的设计和合成

TaqMan 探针设计原则：保持 G-C 含量在 30% ~80%；避免同一碱基重复过多，特别是 G 不可超过 4 个以上；5′端不能是 G，G 有淬灭作用；尽量使探针的 Cs 多于 Gs，如果不能满足，则使用互补链上的探针；对于单探针反应，用 Primer Express 软件设计出来的 Tm 值应当在 68 ~70℃，而且至少比引物的 Tm 值高 5℃；扩增片段的长度不应太大，一般小于 300 bp；探针不能和任一引物互补；探针保证特异性的前提下尽可能的短，长度不超过 30 bp；探针应尽可能的靠近引物；探针 5′端标记 FAM 荧光素做报告染料，3′端标记 TAMRA 做淬灭染料。

从 GenBank 中调出所有茎属线虫的 ITS 序列，用 Clustalx8.1 软件把本实验测序结果与所调出序列进行比对，找出目的基因序列的特异片段。用 Primer Express 软件自动生成探针引物组合系列，选择最符合条件的一组引物探针。选择好的引物和探针递交大连宝生物公司合成。

8.15.2.4 实时荧光 PCR 检测

①反应体系：

10×PCR buffer	2.5 μl
Mg^{2+}（25 mmol/L）	1 μl
dNTP（10 μmol/L）	0.5 μl
引物 F453（20 μmol/L）	0.5 μl
引物 R517（20 μmol/L）	0.5 μl
探针（20 μmol/L）	0.5 μl
Taq 聚合酶（5 U/μl）	0.2 μl
加水补足至	25 μl

②反应程序：95℃ 3min；95℃10 s，60℃ 25 s，40 个循环。

③镁离子浓度优化：镁离子浓度从 3.5，3，2.5，2，1.5，1mmol/L 6 个浓度进行梯度优化。

④探针浓度优化：探针浓度 0.7，0.6，0.5，0.4，0.3，0.2 μmol/L 6 个浓度进行梯度优化。

⑤引物浓度的优化：引物浓度从 1.1，0.9，0.7，0.5，0.3，0.1 μmol/L 6 个浓度进行梯度优化。

⑥探针特异性的检测：将所有的线虫提取的 DNA 在紫外分光光度计上测其浓度，然后用纯水进行稀释到相同的浓度，在优化的条件下进 real time PCR 检测。

8.15.2.5 7700 SDS 软件的设置

① 选择运行类型：在文件菜单中选择 new plate，选 single reporter 和 real

time 作为运行类型。

② 编辑样品信息：在 setup 界面下，在 FAM 染料层中编辑样品名称，标明各孔或者重复，可在样品名输入处编辑详细信息。

③ 设置热循环仪：在 setup 界面下编辑热循环仪，切换到数据采集界面，选用采集的形式，一般选用在延伸时采集数据。

④ 在 analyze 界面下按 run 运行。

8.15.2.6 数据分析和结果输出

7700 在运行 PCR 的同时收集荧光信号数据，计算这些循环的平均 Rn 值及其标准偏差。7700 自定义前 15 个循环的信号代表基线信号，7700 把背景 Rn 值的平均标准偏差是 10 倍定义的阈值。然后根据阈值来搜索超出阈值得数据点。该数据点所对应的循环数定义为 CT 值。根据扩增曲线和 CT 值可直接判断样品是否扩增。当 CT 值小于总循环数时，即认为该样品被有效地扩增；当 CT 值为设定循环数时，被认为样品没有扩增或者检测样中没有检测的样品。

在 7700 SDS 软件的 Analyze 界面下，进行数据分析。一般默认仪器基线范围为 3 ~ 15 个循环。有时由于样品的含量低，反应 20 个循环之前反应都没有扩增曲线，基线终止可延至 20。反之，由于样品量高，根据特异性扩增曲线和 CT 值落点，基线提前 1 ~ 5 个循环。在 7700 SDS 软件下打印输出 △Rn 对循环数的图像。

8.16 图位克隆分离目的基因*

水稻长护颖突变体（lg）是从育种中间材料中发现的一个花器官自然突变体，突变体的护颖长于果实总长，花器官的其余部分均正常。遗传分析表明，该突变体性状受一对隐型单基因控制。双子叶植物花器官发育的 ABC 模型已基本成熟，以水稻为代表的单子叶植物花器官发育模式目前尚无定论，护颖是对应于单子叶的花萼或花瓣或两者都不对应，目前都是猜测。研究水稻长护颖突变体对完善和补充单子叶植物花器官发育模型具有重要的理论意义。

应用图位克隆（map- based cloning）的方法定位长护颖基因。利用两个遗传分离群体，分别为 g/日木晴 2 500 株和 g/ZF802 1 300 株，通过连锁遗传分析，利用 SSR，STS 和 CAPS 等分子标记，将目的基因定位到染色体上距离很近的两个分子标记之间。

8.16.1 材料

日本晴水稻和 ZF802 水稻。

* 文献来源：高玲．水稻长护颖突变体基因图位克隆．西北农林科技大学硕士学位论文．（指导教师：慕小倩　教授，程祝宽　研究员）

8.16.2　方法

8.16.2.1　CTAB 法制备植物总 DNA

① 称取水稻样木新鲜叶片 8 g，剪碎放入预冻的研钵中，用液氮磨成粉末。

② 转移粉末到预冻于 -20℃的玻璃瓶中，加入适量预热至 100℃的 1.5 × CTAB 抽提液，迅速搅匀后置于 56℃水浴中温浴 20 min。

③ 取出玻璃瓶，冷却至室温（切忌低于 15℃，以免 CTAB 发生沉淀），将瓶中混合液倒入一支 50 ml 离心管中，加入 20 ml 氯仿/异戊醇（24∶1）。反复颠倒充分混匀室温下以 4 000 rpm 的速度离心 20 min。

④ 将上层液倒入另一新的 50 ml 离心管，加入 1/10 体积 10% CTAB（预热至 56℃）及等体积的氯仿/异戊醇，充分混匀，4 000 rpm 室温离心 20 min。

⑤ 转移上清液至另一新的 50 ml 离心管，加入等量的 1% CTAB 沉淀液，轻轻摇晃直至形成 DNA 絮状沉淀。3 000 rpm 离心 10 min，使 DNA 沉淀于管底。

⑥ 加入 5 ml 1 mol/L NaCl 及 5 μl RNase A，置于 56℃水浴中过夜。待 DNA 完全溶解后，加 10 ml 95% 冰乙醇使 DNA 沉淀。挑出 DNA，用 76% 乙醇浸泡 30 min脱盐，用 95% 乙醇脱水 5 min。

⑦ 风干 DNA，溶于适量 TE 溶液中再存于 4℃备用。

8.16.2.2　PCR 程序

按照以下组分准备混合反应液：

组分	用量
ddH_2O	14.7μl
Taq 酶	0.3μl
dNTP	1μl
DNA	1μl
引物	1μl
buffer	2μl

用以下的程序扩增：95℃变性 5 min；95℃变性 30 s，退火 45 s，延伸1 min，共 34 个循环；延伸 1 min。

8.16.2.3　STS 和 CAPS 分子标记分析

由于水稻的测序工作已经基木完成，而且设计 STS 和 CAPs 分子标记非常方便、快速，操作也比较简单，耗时耗材少，结果可靠性和稳定性都比较高，因此，我们首选这两个分子标记。

8.16.2.4　STS 引物设计

①将粳稻序列在 NCBI 与籼稻序列做比较。

②在预设计位点附近寻找差异区段，一般要扩增的两个片段间相差的碱基个数占片段总碱基数的 10% 以上为 17 ~ 28 碱基；G + C% 占 50% ~ 60%；引物的 3′端应以 G 或 C，或 CG 或 GC 结束；Tm 值最好在 55 ~ 80℃；尽量避免引物自身

配对及两引物之间配对；3′端不能配对。

③将设计的片段通过 NCBI 网站在全基因组中搜索，其同源片段越少越好。

8.16.2.5 STS 引物筛选

PCR 反应体系如下：

10 ×buffer	1.5 μl
引物	2 μl
dNTP（5 ml/L）	0.4 μl
ddH_2O	0.9 μl
Taq（2 U/μl）	0.25 μl
模板	1 μl
总体积	15 μl

8.16.2.6 CAPS 引物设计

① 将粳稻序列在 NCBI 与籼稻序列做比较。

② 在预设计位点附近寻找差异区段。

③ 在差异区段的两端寻找引物，设计引物的基本原则如下：引物长度为 17～28 碱基；G+C% 占 50%～60%；引物的 3′端应以 G 或 C，或 CG 或 GC 结束；Tm 值最好在 55～80℃；尽量避免引物自身配对及两引物之间配对；3′端不能配对；尽量选择经济的限制性内切酶。将设计的片段通过 NCBI 在全基因组中搜索，其同源片段越少越好。

8.16.2.7 CAPS 引物筛选

（1）PCR 反应体系（30 μl）

10 ×buffer	3 μl
引物	2 μl
dNTP（5 ml/L）	0.7 μl
ddH_2O	22.8 μl
Taq（20 mg/μl）	0.5 μl
模板	1 μl
总体积	30 μl

将上述体系按如下程序扩增：94℃ 4 min；94℃ 50 s，58℃ 50 s，72℃ 1 min，循环 34 次；72℃ 6 min。

（注意：不同的引物退火温度有所不同；根据片段的大小，调节延伸的时间。）

（2）琼脂糖凝胶电泳

150 V 恒压下用 3%（m/v）的琼脂糖凝胶电泳，电泳时间根据产物片段的大小而定，一般为 20 min。

（3）紫外观察结果

电泳后将胶放入 EB 中浸泡 10 min，在紫外凝胶成像系统上观察电泳结果。

（4）酶切

酶切体系（15 μl）：

10×buffer	1.5 μl
100×BSA	0.15 μl
ddH_2O	4.95 μl
酶	0.4 μl
PCR 反应产物	8 μl
总体积	15 μl

37℃酶切 12 h。

(5) 琼脂糖凝胶电泳

150 V 恒压下用 3%（m/v）的琼脂糖凝胶电泳，电泳时间根据产物片段的大小而定，一般为 20 min。

(6) 观察结果

电泳后将胶放入 EB 中浸泡 10 min，在紫外凝胶成像系统上观察电泳结果。

SSR 引物根据已发表的序列合成（http：//www.gramene.org/microsat/ssr.html），扩增程序参照 Akagi 等人的方法进行。后两种标记参照 Qian 等人的方法设计。

8.16.2.8 连接反应

按照 Promega 试剂盒说明书，采用以下连接体系进行连接，混匀，10～16℃下过夜。然后 -20℃保存备用。

8.16.2.9 转化与筛选

① 准备 LB/ampicillin/IPTG/X-Gal 固体培养基。(每板涂浓度为 20 mg/ml 的 IPTG 溶液和 20 mg/ml 的 X-Gal 各 20 μl，室温下放置 1～2 h)。

② 从 -80℃冰柜中取出感受态细胞，冰浴中融化。在无菌的 1.5 ml Eppendorf 管中加入 2 μl 连接产物，其中一管加入 2 μl H_2O 作为对照。取 50 μl 感受态细胞与连接产物轻轻混匀，冰浴中放置 20min。

③ 42℃热击 70～90 s，然后立即冰浴 2 min。加入 950 μl LB 液体培养（不含 ampicillin)，37 ℃摇床（150 rpm）振荡培养 1.5 h。

④ 8 000 rpm 离心 1 min，沉淀用 100 μl LB 回溶。取适量（1/2）涂于培养基上，37℃倒置培养 16～20 h，出现蓝白菌落，选取白色菌落，提取质粒 DNA，做酶切鉴定。重组质粒 DNA 的酶切鉴定，用限制性内切酶（如 *EcoR* I）酶切重组质粒，反应体系如下：

DNA	5 μl
10× Buffer	2 μl
EcoR I	1 μl
ddH_2O	12 μl

置 37°C 反应 2 h，1.2% 的琼脂糖凝胶电泳，观察酶切片段的大小，判断所插入片段的大小是否与连入的片段一致。

8.16.2.10 序列测定

利用测序引物 T7（5′-TAATAADCGACTCACTATAGGG-3′ 和 SP6（5′-CAT-

ACGATTTAGGT GACACTATAG-3′）在测序仪 ABIPRISMTM377 DNA Sequencer 中测序，反应试剂为 BigDyeTMTer min ator Cycle Sequencing Ready Reaction Kit（PREKIN ELMER）。序列测定在上海生工生物工程公司进行。

8.16.2.11 序列分析

利用 DNASTAR 或 primer5.0 软件分析特征序列。

8.16.2.12 电泳目的基因片段的回收

① 用干净的刀片切下含目的片段的琼脂胶块（1.0% 的胶块），放入 1.5 ml eppendorf 管。

② 按 400 μl/100 mg 琼脂糖凝胶的比例 Binding Solution，置于 50～60℃水浴中 10 min 左右使胶彻底融化。加热溶胶时，每隔 2 min 摇动 1 次。

③ 将融化的胶溶液转移至套放在 2 ml 收集管内的 UNIQ-5 柱中，室温放置 2 min，8 000 rpm 下离心 2 min，倒掉收集管中的废液。

④ 取下 UNIQ-5 柱，加入 400 μl Binding Solution，8 000 rpm 下离心 2 min。

⑤ 重复步骤④一次，然后 12 000 rpm 下离心 2 min。

⑥ 将 UNIQ-5 柱放入一个新的 1.5 ml 的离心管中，在柱子膜中央加入 15 μl 的 elution buffer 在 50～60℃之间放置 2 min。

⑦ 12 000 rpm 室温离心 2 min，离心管中的液体即为回收的 DNA 片段，可立即使用或保存于 -20℃备用。

8.16.2.13 交换率计算

根据群体 STS 或 CAPS 分子标记的结果计算该分子标记位点的交换率，计算方法为：N_1 = 只有一条染色单体发生交换的交换株株数；N_2 = 两条染色单体都发生交换的交换株株数；交换率 = （$N_1 \times 1 + N_2 \times 2$）/ N×2 N = 试验群体总株数

8.17 转座子标签技术*

8.17.1 材料

①材料：粳稻品种秀水 11（*Oryza sativa* L cv. Xiushui 11），根癌农杆菌 EHA105（*Agrobacterium tumefaciens*）；

②转化载体：pDsBar1 300，NeaAc；

③菌株：大肠杆菌菌株 *E. coli* DHS。和根癌农杆菌菌株 EHA1 OS；

④目的基因：*pDsBar*1300，*NeaAc* 基因；

⑤抗生素：50 μg /ml Km，20 μg /ml Gen，20 μg /ml Rif，50 μg /ml Hyg；

⑥培养基：YEP 液体和固体培养基。

---

* 文献来源：齐高燕．转座子 Ac 和 Ds 的水稻转化与水稻 WRKY 基因的核定位分析．浙江大学硕士学位论文．（指导教师：郭泽建 教授）

8.17.2 方法

(1) 植物转化载体的构建及其农杆菌转化

①转化载体的结构：4×35S 增强子被构建在插入 DNA 右端边缘并能随着 Ds 转座，当插入到基因内部时 4×35S 增强子有可能激活 DNA 插入位点附近的基因表达，得到获得功能的突变体，pDsBar1300 中 T-DNA 区域中的潮霉素抗性基因 *Hpt* 可在转化过程中用作水稻转化植株的选择标记，载体中的 Mas 启动子当 Ds 发生转座后，可以作用于 *Bar* 基因，可以检测 Ds 的转座。

NeaAc 载体中含有 *NeaAc*、*Tms2*、*NPT* Ⅱ。NeaAc5′端被部分除掉的转座酶，自身已不能转座，但在 35S 启动子的作用下，具有转座酶的活性，能使 Ds 转座。*Tms2* 为 Auxin amides 敏感基因，当 Ac 和 Ds 株杂交并获得所需要的突变体后，可以用于清除含有 Ac 转座酶的植株，以获得只含有 Ds 的稳定突变体。

② pDsBar1300 水稻转化载体酶切鉴定

a. 0.5 ml 小管中加入提取的重组质粒 DNA 1 μg，分别取 0.5 μl *Hind* Ⅲ、*Kpn* I 和 Pst 以本研究中提到的内切酶均为 5 U/μl，10×Buffer（与内切酶对应）2μl，加水至终体积 20 μl，37℃保温 2h 以上；

b. 制备 1.0% 琼脂糖凝胶，取 10 μl 酶解液进行电泳检测。

③ NeaAc 转化载体的酶切鉴定

a. 0.5 ml 小管中加入提取的重组质粒 DNA 1μg，分别取 0.5 μl *Sma* I、10×Buffer 加水至终体积 20 μl，25℃保温 2 h 以上；

b. 制备 0.8% 琼脂糖凝胶，取 10 μl 酶解液进行电泳检测。

④ pDsBar1300 和 NeaAc 转入农杆菌感受态细胞。将 pDsBar1 300 载体和 NeaAc 载体用冻融法转入农杆菌 EHA 105 菌株中，前者用 50 μg/ml Km，50 μg/ml Hyg 和 20 μg/ml Rif 筛选，后者用 20 μg/ml Gen 和 20 μg/ml Rif 筛选，28℃培养 48 h。

⑤重组转化子的 PCR 鉴定。取农杆菌质粒 DNA 的粗提液 5 μl，pDsBar1300 转化载体以 D54SF 和 D3N4SR 为引物，NeaAc 转化载体以 35S 940/NeaAcR 为引物，50 μl 体系进行 PCR 反应。

(2) Ac/Ds 激活转座子插入水稻突变体库构建

①根癌农杆菌介导的激活转座子 Ds/NeaAc 的水稻转化

a. 水稻愈伤培养：从水稻成熟胚诱导愈伤组织以及培养，按 Hiei 等(1994) 的方法稍加改动进行，去壳的水稻成熟种子在 70% 乙醇中表面消毒 1 min后，用 1.25% 次氯酸钠溶液灭菌 30 min，或 1% 升汞溶液灭菌 20 min，无菌水冲洗 4～5 次。移到 NB 固体培养基，26℃避光培养，诱导愈伤组织。约 10 天后，剥下成熟胚盾片处长出的愈伤组织，转入新的 NB 固体培养基在相同的条件下继代培养，以后每 2 周继代一次，每次都挑选色泽淡黄的胚性愈伤组织继代。

b. 转化载体的农杆菌培养：将含有 pDsBar1 300 和 NeaAc 载体的农杆菌分

别划板于含 50 μg/ml Km 和 20 μg/ml Gen 的 YM 培养基（加 20 μg/ml Rif）上，28℃暗培养 2～3 天后，用一金属匙收集农杆菌菌体，将其悬浮于 AAM 液体悬浮培养基中，调整菌体浓度至 OD_{600} 为 0.5。加入 AS，使其终浓度为 100 μmol/L，即为供转化用的农杆菌悬浮液。

c. 水稻愈伤与农杆菌的共培养：用于转化的胚性愈伤组织在被农杆菌感染前应先在新鲜的 NB 继代培养基上预培养 4 天。转化时将经预培养 4 天的愈伤组织转移到一无菌培养皿中，然后将适量农杆菌悬浮液倒入（至少保证有足够的菌液与材料接触），室温下放置 10～20 min，并不时晃动。取出愈伤组织，在无菌滤纸上吸去多余菌液，随即转移到固体共培养培养基 NBco 上于 26℃暗培养 2～3 天。

d. 抗性愈伤的预筛选：将共培养后的愈伤组织用含 500 μg/ml 头孢霉素的 NB 液体培养基清洗 3 次，每次 10 min，再用无菌水冲洗 3 次，无菌滤纸吸干，置于预筛选培养基 NBps，26℃，暗培养 1 周。

e. 抗性愈伤的筛选：将长势较好的愈伤置于筛选培养基 NBs（转 Ds 的抗性愈伤用 50 μg/ml Hyg 筛选，转 Ac 的抗性愈伤用 150 μg/ml G418 筛选）上，26℃，暗培养 2 周；2 周后，换新的筛选培养基 NBs 继代筛选 1 次。

f. 预再生培养：将筛选出的抗性愈伤置于预分化培养基 NBpr（抗生素同上）上，26℃ ，暗培养 1 周。

g. 再生培养：将经预分化培养的抗性愈伤置于分化培养基 NBr（抗生素同上）上，26℃，每天 16 h 光照培养。

h. 生根培养：当愈伤转化子分化出芽生根后，将小苗移至生根壮苗培养基 1/2 MS 上，生根培养 2 周。

i. 温室培养：待小苗根系生长健壮，移入温室中生长。

②转基因植株的分子鉴定：CTAB 法提取水稻基因组 DNA：

a. 取 0.1～0.2 g 植物组织于研钵中，用液氮研磨成粉末，移入 1.5 ml 的离心管；

b. 加入 300 μl 2% CTAB 溶液，颠倒混合，65℃水浴 30 min；

c. 加入等体积的氯仿/异戊醇（24∶1），混合 5 min（不要太剧烈）；

d. 离心（12 000 rpm，10 min），水层（上层）移入新的 1.5 ml 离心管；

e. 重复前两步，水层移入新的 1.5 ml 离心管；

f. 加入 1～1.5 倍体积的 1 mol/L CTAB 溶液，颠倒混合，室温静置 1 h，离心（8 000 rpm，10 min）（室温 20℃以上，注意 CTAB 的沉淀，加入体积的标准：使 NaCl 的浓度低于 0.35 mol/L）；

g. 弃去上清，加入 400 μl 的 1 mol/L NaCl，使沉淀完全溶解，可加热；

h. 加入 800 μl 的无水乙醇，颠倒混合，－20℃放置 30 min，离心（12 000 rpm，5 min）；

i. 弃去上清，加入 400 μl 的 70% 乙醇，离心（12 000 rpm，5 min）；

j. 弃去上清，沉淀风干后，溶解在 20～50 μl 的 TE 中（可获得约 50 μg 的

gDNA）；

k. 加入 5 μl RNaseA（10 μg/μl），37℃条件下 10 min，除去 RNA；

l. 取 2 μl DNA 样品在 0.8% Agarose 胶上电泳，检测 DNA 的质量；

m. 转基因植株的 PCR 鉴定：取转 Ds、Ac 各株系水稻基因组 DNA 100 ng，分别用 Nos^+/Nos^- 和 35 S940/NeaAcR 作为引物，进行 PCR 扩增反应，以检测水稻基因组中是否已转入目的基因。另外取 pDsBar1300 和 NeaAc 质粒 DNA 10 ng 作为模板 DNA 进行上述操作，作为阳性对照，以秀水 11 的基因组为模板作负对照。

n. Southern 杂交分析：对水稻基因组 DNA 用 *Hind* III 酶切过夜，0.8% 琼脂糖凝胶电泳，碱变性法将基因组转移到尼龙膜上，尼龙膜 80℃烘 2 h。取 pDsBar1300 质粒 DNA 10 ng 作为模板 DNA，以 NeaAcR/35 S940 作引物，进行 PCR 反应。PCR 产物用上海 Sangon 公司提供的 UNIQ-10 柱式 DNA 胶回收 Kit 进行纯化，回收的片段即为探针模板。65℃预杂交 12 h，采用 Promega Primer-a-Gene Labeling System 试剂盒进行探针标记。标记探针在沸水浴中加热变性 5 min，迅速置于冰上放置 5 min，加入预杂交液中，65℃杂交过夜。杂交结束后，取出尼龙膜，放入 0.1% SDS，2×SSC 中，65℃轻微摇动浸洗两次，每次 15 min；取出膜转移至 0.1% SDS、0.5×SSC 中 65℃浸洗两次，每次 10 min；取出膜，保鲜膜包好，压磷屏曝光 3～5 h 之后；取出磷屏，用 Typhoon 8600 扫描输出信号，以最终检测 Ds，NeaAc 片段是否已整合到水稻基因组中及其拷贝数。

③转基因植株 T1 代表型：通常插入突变影响到的只是一对等位基因中的一个，因此，在转基因 T0 代植株中很少看到突变表型，而在 T1 代植株却能发现一些突变表型，则这一突变有可能由 Ac/Ds 插入引起。本研究因为时间关系，随机取 20 个株系的转 Ds 植株，并观察其形态。

8.18 热不对称性交互 PCR（Tail-PCR）*

热不对称交互 PCR（thermal asymmetric interlaced PCR，TAIL-PCR）已被成功应用于分离 Pl 和 YAC 克隆插入片段末端序列（Liu *et al.*，1995）以及拟南芥 T-DNA 侧翼序列（Liu *et al.*，1995）。利用根据已知序列设计较长（约 20～23 bp）的嵌套特异性引物（specific primer，SP）和一个较短（15 bp）的简并引物（arbitrary degenerate primer，AD）进行连续反应。根据引物的长短和特异性的差异，设计不对称的复性温度和循环数，使反应体系有利于特异引物的扩增，通过分级反应，选择性地扩增特异性片段。

* 文献来源：黄贵修．水稻白叶枯致病性功能基因组学分析．华南热带农业大学博士论文．（指导教师 黄俊生 研究员，何朝族 研究员）

8.18.1 材料

8.18.1.1 菌株及质粒

水稻白叶枯病菌（*Xanthomonas oryzae* pv. *oryzae*，*Xoo*）PR6 菌株，大肠杆菌（*Escherichia coli*）菌株 DHl 0B，基于转座体的 *Xoo* 突变体库为中国科学院微生物研究所植物基因组国家重点实验室保存，pGEM-T Easy 载体购自 Promega 公司。

8.18.1.2 PCR 引物设计

(1) TAIL-PCR 引物

①在转座子左端设计 3 个向外的特异性巢式引物：

SP1：5′-GATAGATTGTCGCACCTGAITG-3′；

SP2：5′-AAGACGTTTCCCGTTGAATATG-3′；

SP3：5′-GCAATGTAACATCAGAGATTTTGAG-3′。

②用同样方法，在转座子右端设计 3 个向外的巢式引物：

SPF1：5′-ATCAGATCACGCATCTTCCC-3′；

SPF2：5′-ACCTACAACAAAGCTCTCATCAACC-3′；

SPF3：5′-AGATGTGTATAAGAGACAG-3′。

③参照文献（Liu *et al*，1995；Terauchi &Kahl，2000）设计 11 个兼并倍数从 64～256 不等的兼并引物（表 8-1）。

TAIL－PCR 反应中所用的随机引物（由上海博亚生物工程有限公司合成）。

表 8-1 随机引物

引物序号	引物序列	兼并倍数
AD1	5′-NTCGA（G/C）T（A/T）T（G/C）G（A/T）GTT－3′	64
AD2	5′-NGTCGA（G/C）（A/T）GANA（A/T）GAA-3′	128
AD3	5′-（A/T）GTGNAG（A/T）ANCANAGA-3′	256
AD4	5′-TG（A/T）GNAG（A/T）ANCA（G/C）AGA-3′	128
AD5	5′-AG（A/T）GNAG（A/T）ANCA（A/T）AGG-3′	128
AD6	5′-CA（A/T）CGICNGAIA（G/C）GAA-3′	144
AD7	5′-TC（G/C）TICGNACIT（A/T）GGA-3′	144
AD8	5′-（G/C）TTGNTA（G/C）TNC′TNTGC-3′	256
AD9	5′-（A/T）CAGNTG（A/T）TNGTNCTG-3′	256
AD10	5′-TCTTICGNACITNGGA-3′	144
AD11	5′-TTGIAGNACIANAGG-3′	144

注意：引物序列中的“N”，指 A，T，C，G 4 种碱基的任一种；“I”，指次黄嘌呤，可与 T、A，C 3 种碱基配对

8.18.2 方法

8.18.2.1 水稻白叶枯病菌基因组 DNA 提取

同 8.11.2.1 方法。

8.18.2.2 TAIL-PCR 反应条件

按参照文献（Liu *et al.*，1995；Terauchi *et al.*，2000）设计 11 个兼并引物 AD1-11 用任一种兼并引物和根据转座子序列设计的 3 个嵌套式特异引物 SP1、SP2 和 SP3（分别距转座子左末端 239 bp，143 bp 和 42 bp）进行 TAIL-PCR 扩增。TAIL-PCR 反应混合液的组成（20 μl 体系）如表 8-2：

表 8-2 TAIL-PCR 反应混合液

反应液	第一轮	第二轮	第三轮
模板	DNA（5～10 ng）	1/50 μl to 1 μl	1/50 μl to 1 μl
10 × PCR 缓冲液	2	2	2
25 mmol/L $MgCl_2$	1.2	1.2	1.2
2.5 mmol/L dNTPs	1	0.5	0.5
20 μmol/L SP	0.2	0.2	0.2
25 μmol/L AD	2	2	2
5 U/μl Taq DNA 聚合酶	0.2	0.2	0.2
ddH_2O	12.4	12.9	12.9

注意：第一轮和第二轮的 PCR 产物稀释 50 倍后取 1 μl 作为第二轮和第三轮 PCR 反应的模板。

TAIL-PCR 反应条件如表 8-3 所示：

表 8-3 TAIL-PCR 反应条件

反应（引物）	程序	循环数	循环参数
	1	1	92℃ 2 min，95℃ 1 min
第一轮反应（SP1/AD）	2	5	95℃ 15 s，61℃ 20 s，72℃ 45 s
	3	1	95℃ 15 s，25℃ 3 min，ramping to 72℃ over 3 min，72℃ 3 min
第二轮反应（SP2/AD）	4	3	95℃ 15 s，44℃ 25 s，72℃ 1 min
	5	12	95℃ 10 s，61℃ 15 s，72℃ 1 min，95℃ 10 s，61℃ 15 s，72℃ 1 min，95℃ 10 s，44℃ 15 s，72℃ 1 min，
	6	1	72℃，5 min
第三轮反应（SP3/AD）	7	15	95℃ 15 s，61℃ 15 s，72℃ 45 s，95℃ 15 s，61℃ 15 s，72℃ 45 s，95℃ 10 s，48℃ 15 s，72℃ 45 s，
	8	1	72℃，5 min

8.18.2.3 TAIL-PCR 产物回收

PCR 产物用 1% 的琼脂糖凝胶电泳检测后，参照胶回收试剂盒（EZNA，USA）说明书回收纯化第三轮 PCR 产物。

8.18.2.4 TAIL-PCR 产物克隆测序

(1) 回收的 TAIL-PCR 产物和 pGEM-T Easy (Promega, USA) 载体连接

pGEM-T Easy 载体	0.3 μl
2×连接缓冲液	5.0 μl
T4 DNA 连接酶	1.0 μl
TAIL-PCR 产物	3.7 μl

16℃水浴，连接过夜。

(2) TAIL-PCR 连接产物转化大肠杆菌 DH10B

①*Xoo* PR6 电击感受态细胞制备

a. 将 *Xoo* 在 PSA 固体培养基上划线，28℃倒置培养 1~2 天；

b. 挑取单菌落，接种于 20 ml LB 液体培养基中，28℃，250 rpm 振荡培养过夜；

c. 培养液转接到 500 ml LB 液体培养基中，28℃，300 rpm 振荡培养至对数生长中期（OD_{600} = 0.5~0.6）；

d. 让细菌在冰浴中冷却 20 min，4℃离心收集菌体；

e. 菌体用冰预冷的，经高压灭菌的 10% 的甘油洗 3 次；

f. 最后一次弃去上清后，靠残余的 10% 甘油重悬细菌，使细菌密度达 109pfu/ml；

g. 按每管 50 μl 分装，液氮速冻后，保存于 -80℃备用。

②大肠杆菌 DH10B 电击转化（采用 BIO-RAD 公司 Pluse Controller 仪）

a. 取 1.5 μl 连接产物，加入 30 μl 大肠杆菌 DH10B 电击感受态细胞中，混匀；

b. 冰上放置 2 ~ 3 min 后，转入冰预冷的电击杯中，以 1.8 kV/cm 电击；

c. 立即转入 1 ml SOC 培养基中，37℃缓慢振荡培养 1 h；

d. 取 200 μl SOC 培养液，8 μl IPTG（0.1 M），50 μl X-gal（20 mg/ml）涂于含 100 mg/ml 氨苄青霉素的 LB 平板上，37℃倒置培养 14~16 h。

(3) 重组质粒鉴定（菌落 PCR）

每个连接产物分别挑取 3 个含 IPTG，X-gal 及氨苄青霉素的 LB 在固体平板上生长的白色单菌落于以下反应体系中进行 PCR 扩增，挑一蓝色菌落作对照。

10×PCR buffer	2 μl
$MgCl_2$（25 mmol/L）	1.2 μl
dNTP（2.5 mmol/L）	1 μl
M13F（20 μmol/L）	0.2 μl
M13R（20 μmol/L）	0.2 μl
Taq DNA 聚合酶（5U/μl）	0.5 μl
ddH_2O	加至 20 μl

同时，将所挑取的白色单克隆转接于另一个含 100 mg/ml 氨苄青霉素的 LB

固体平板上。PCR 扩增程序为：94℃预变性 5 min；94℃ 30 s，58℃ 30 s，72℃ 1 min，30 个循环后；72℃延伸 5 min，4℃保存。反应完成后，1% 琼脂糖凝胶电泳，凝胶成像系统中观察照相。

8.18.2.5 致病相关突变体转座子侧翼序列测定

克隆到 pGEM-T Easy 载体上的 TAIL-PCR 产物送交上海博亚生物工程有限公司完成 DNA 序列测定。对测序所得的转座子侧翼序列，去除载体和转座子序列及 DNAMAN 软件编辑后，即可与 NCBI（http：//www.ncbi.nlm.nih.gov）上的 GenBank 作核酸和蛋白的同源性分析（Blastn 和 Blastx），查找转座子插入 ORF 的位点，对网上的比较结果进一步核对分析后，归纳整理所得的致病相关基因，探讨 *Xoo* 致病的分子机制。

8.19 反向 PCR（Inverse PCR，iPCR）*

反向 PCR 的目的在于扩增一段已知序列旁侧的 DNA，也就是说这一反应体系不是在一对引物之间，而是在引物外侧合成 DNA。反向 PCR 可用于研究与已知 DNA 区段相连接的未知染色体序列，因此，又可称为染色体缓移或染色体步移。这时选择的引物虽然与核心 DNA 区两末端序列互补，但两引物 3′端是相互反向的。扩增前先用限制性内切酶酶切样品 DNA，然后用 DNA 连接酶连接成一个环状 DNA 分子，通过反向 PCR 扩增引物的上游片段和下游片段；现已制备了酵母人工染色体（YAC）大的线状 DNA 片段的杂交探针，这对于转座子插入序列的确定和基因库染色体上 DNA 片段序列的识别十分重要。

该方法的不足是：① 需要从许多酶中选择限制酶，或者说必须选择一种合适的酶进行酶切才能得到合理大小的 DNA 片段。这种选择不能在非酶切位点切断靶 DNA。② 大多数有核基因组含有大量中度和高度重复序列，而在 YAC 或 cosmid 中的未知功能序列中有时也存在这些序列；这样，通过反向 PCR 得到的探针就有可能与多个基因序列杂交。

利用反向 PCR 可对未知序列扩增后进行分析，探索邻接已知 DNA 片段的序列，并可将仅知部分序列的全长 cDNA 进行分子克隆，建立全长的 DNA 探针。适用于基因游走、转位因子和已知序列 DNA 旁侧病毒整合位点分析等研究。

8.19.1 材料与试剂

8.19.1.1 材料

原始转化植株和突变株。

---

* 文献来源：刘菊花．麝香百合 T－DNA 插入突变群体的构建与分析．中国热带农业科学院 & 华南热带农业大学博士学位论文．（指导教师：金志强　研究员）

8.19.1.2 试剂

(1) DNA 抽提液

100 mmol/L Tris · HCl (pH 值 8.0)

50 mmol/L Na_2-EDTA (pH 值 8.0)

500 mmol/L NaCl

10 mmol/L 巯基乙醇

(2) TE 缓冲液

10 mmol/L Tris · HCl (pH 值 8.0), 50 mmol/L Na_2-EDTA (pH 值 8.0)。

pMD19-T Vector, *Bam* HI, *Hind*III 等。

8.19.2 方法

8.19.2.1 反向 PCR 模板的制备

具体制备步骤如下:

①取 5 μg 基因组 DNA, 用适量的限制性内切酶 *Hind* III 进行消化, 总反应体系为 50 μl, 消化 12 h;

②补水至 400 μl, 然后分别用酚: 氯仿和氯仿抽提。加入 1/10 体积 3mol/L NaAc 和 2.5 倍体积的无水乙醇, -20℃ 放置 30 min, 室温 12 000 rpm 离心 15 min, 回收 DNA 样品, 用 70% 的乙醇洗涤后抽干最后溶于 20 μl TE 缓冲液中;

③取 4 μl 上述消化片段, 加入 5 U T4 DNA 连接酶 (Takara, Japan), 10 μl 的 10 × buffer, 加 ddH_2O 至总体积 20 μl, 16℃ 水浴放置 12 ~ 16 h;

④取适量连接产物为模板进行 PCR 反应。

8.19.2.2 引物设计

参照 pCAS04 的载体序列, 设计嵌套引物:

P1:5′-TCCGCTTCCAAAGAAACGC-3′; P2:5′-CGTGACATCGGCTTCAAATG3′;
P3:5′-TAGTTTGGGTGGGCGAGAGC-3′; P4:5′-CAGACTGAATGCCCACAGGC-3′。

8.19.2.3 反应体系及程序

(1) 反应体系

第一轮 PCR 反应模板 (100 ng/μl)	1.0 μl
$MgCl_2$PCR buffer (2.5 mmol/L)	2.5 μl
引物 P1 (0.2 μmol/L)	1.0 μl
引物 P2 (0.2 μmol/L)	1.0 μl
dNTP mixture (400 μmol/L)	0.5 μl
TaKaRa LA*Taq* (Takara, Japan) (0.05 U/μl)	0.3 μl
ddH_2O	18.7 μl
总体积	25.0 μl

(2) 反应程序

94℃ 3 min; 94℃ 30 s, 58℃ 1 min, 25 个循环; 72℃ 3 min。

25 个循环后，将第一轮 PCR 产物稀释 40 倍，取 1 μl 做模板，以 P3，P4 为引物，在同样的条件下进行第二轮 PCR 反应，35 个循环，1.2% 琼脂糖电泳检测扩增产物。

8.19.2.4 PCR 产物的回收、连接、转化、鉴定

（1）PCR 产物的回收

（2）回收产物与 pMD19-T Vector（Takara，Japan）连接

Ligation Mix	5.0 μl
PCR 回收产物（0.5 μg/μl）	4.0 μl
pMD19-T-Vector（50 ng/μl）	1.0 μl
总体积	10.0 μl

混匀后稍离心，将管壁上的液滴收集到管底，16℃连接 12 ~ 16 h。

（3）感受态受体菌的制备

① 挑取保存于 LB 固体培养基上的 *E. coli* DH 5α 单菌落接种于液体 LB 培养基（不加抗生素）中，37℃，300 rpm，培养过夜。取 1 ml 菌液转至 40 ml 液体 LB 培养基中，37℃，摇动培养 1 ~ 2 h，至 OD_{260} 约为 0.3；

② 将菌液转入 40 ml 灭菌离心管中，4℃，4 000 rpm 离心 10 min，回收菌体；

③ 加入 8 ml 冰预冷的 0.1 mol/L $CaCl_2$，重悬菌体；

④ 离心回收菌体，以 1.6 ml 冰预冷的 0.1 mol/L $CaCl_2$ 重悬菌体，所得即为感受态宿主菌。

（4）连接产物转化 *E. coli* DH 5α

① 取连接产物 5.0 μl 加入 200 μl 感受态细菌中，冰浴 30 min。同时设对照：正对照，标准质粒 DNA 及感受态细菌；负对照，不加质粒的感受态细胞；

② 42℃热激 90 s，立即放回冰浴中。5 min 后补加 800 μl LB 液体培养基（无抗生素），37℃，200 rpm 摇动培养 45 min；

③ 取 200 μl 转化菌均匀涂布于含 50 μg/ml 氨苄青霉素的 LB 固体培养基上，37℃培养 16 h，观察平板上细菌的生长情况。

（5）碱法小量制备重组质粒

① 挑取平板上的单菌落分别接种到含 50 μg/ml 氨苄青霉素的 3 ml 液体 LB 培养基中，37℃，300 rpm 摇动培养过夜；

② 转移约 1.2 ml 菌液到 1.5 ml 的离心管中，4℃，13 000 rpm 离心 1 min，收集菌体，弃上清，再离心 5 s，吸去剩余的上清；

③ 每个离心管中加入冰预冷的溶液 I 100 μl，使菌体分散混匀；

④ 每管各加入新配制的溶液Ⅱ 200 μl，缓慢倒转 5 次，混匀，冰浴 5 min；

⑤ 每管各加入 150 μl 冰预冷的溶液Ⅲ，倒转几次混匀，冰浴 10 min；

⑥ 4℃，12 000 rpm 离心 10 min。取上清，加 2.5 倍体积的无水乙醇，混匀后 −20℃放置 30 min；

⑦ 4℃，12 000 rpm 离心 10 min 得到质粒 DNA 沉淀；

⑧ 70% 乙醇洗涤沉淀一次，4℃，12 000 rpm 离心 5 min，弃上清，沉淀物真空干燥；

⑨ 将沉淀溶于 20 μl TE（pH 值 8.0），加入 1 μl RNase（10 μg/μl）消除小分子 RNA，贮于 -20℃备用。

（6）酶切鉴定重组子

重组质粒（1 μg/μl）	6.0 μl
*Bam*HI（12 U/μl）	1.0 μl
*Hind*Ⅲ（15 U/μl）	1.0 μl
10 × buffer K	2.0 μl
总体积	10.0 μl

瞬时离心，37℃酶切 2 h，将符合要求的重组质粒进行测序。

8.20 染色体步移法*

在克隆基因组基因时，已知该基因在染色体上的位置但没有该基因的序列信息，无法制备相应的探针，因此，无法直接筛查文库去克隆基因。此时，如果知道离开该基因一定距离上的 DNA 序列，则可用这个 DNA 序列作探针，通过染色体步移来逐步接近并最后达到待克隆的基因。在具体操作过程中还必须设计具体的方法，如同时构建跳步文库（jumping library）和连接文库（linking library）等，使插入片段朝着一个方向步移。

下面以克隆 MBL 基因 5′上游调控序列为例。

8.20.1 材料与试剂

8.20.1.1 材料

马槟榔叶片。

8.20.1.2 试剂

β-巯基乙醇，限制性内切酶，Tris 饱和酚，CTAB 提取缓冲液，TE 缓冲液，PCR 缓冲液，连接缓冲液，引物等。

8.20.2 方法

8.20.2.1 马槟榔叶片总 DNA 提取（CTAB 法）

①在所需量的 CTAB 提取缓冲液中加入 β-ME（β-巯基乙醇）使终浓度达到 2%（v/v），将其预热至 65℃；

---

* 文献来源：刘四新. 马槟榔（*Capparis masaikai* L.）甜蛋白 MBL 基因启动子分离及其种子特异表达功能研究. 中国热带农业科学院 & 华南热带农业大学博士学位论文.（指导教师：胡新文 教授，郭建春 研究员）

②取马槟榔叶片约 1～2 g，用液氮研磨成粉末状，加入到已预热的 2% CTAB 提取缓冲液中，65℃温浴 1 h；

③4℃、5 000 rpm 离心 2～3 min，将上清转至另一离心管中，余下的沉淀再加入 1 ml CTAB 提取缓冲液，温浴 10 min；

④再离心，取上清液与 3 中离心管合并，加入等体积氯仿:异戊醇（24:1），抽提 1 次；

⑤取上清液加氯仿：异戊醇重复抽提 1 次；

⑥在上清中加入等体积的 CTAB 沉淀液，室温放置或 65℃温浴 30 min；

⑦用枪头将丝状沉淀挑出，以 70% 的酒精洗涤 2 次，晾干，溶于加有 RNase 的 TE 缓冲液中，37℃温浴 30 min；

⑧加入等体积酚:氯仿:异戊醇（25:24:1），轻轻颠倒、混匀；

⑨取上清液加酚:氯仿:异戊醇重复抽提 1 次；

⑩在上清中加入 0.7 倍的异丙醇，混匀，室温放置 0.5 h；

⑪用枪头将丝状沉淀挑出，70% 的酒精洗涤 2 次，晾干，溶于 50 μl TE 缓冲液中。

8.20.2.2 DNA 浓度和纯度测定

取 5 μl DNA 溶液在紫外分光光度计上分别测定 230 nm、260 nm 和 280 nm 下的吸光值，以计算 OD_{260}/OD_{280} 和 OD_{260}/OD_{230} 的比值。取 2 μl 进行琼脂糖凝胶电泳并在凝胶成像系统照相，以观察条带的清晰度。

8.20.2.3 马槟榔基因组 DNA 酶切消化

根据 Universal Genome Walker Kit 的操作说明，用 4 种平末端限制性内切酶 *Dra* Ⅰ、*EcoR* Ⅴ、*Pvu* Ⅱ、*Stu* Ⅰ 分别对马槟榔基因组 DNA 进行酶切消化，对照只用 *Dra* Ⅰ 进行酶切。反应体系如下：

Genomic DNA（1 μg/μl）	5 μl
Restriction enzymes（10 U/μl）（*Dra* Ⅰ、*EcoR* Ⅴ、*Pvu* Ⅱ、*Stu* Ⅰ）	5 μl
10 × Restriction enzyme buffer	5 μl
Deionized H_2O	35 μl
总体积	50 μl

将各反应液混匀，瞬时离心，37℃消化 16～18 h。酶切结束后取 1～2 μl 跑电泳，检测酶切反应情况。

8.20.2.4 酶切产物纯化

①向每个酶切产物管中加等体积的 Tris 饱和酚，颠倒混匀，室温，12 000 rpm离心 5 min；

②小心取上清，加入等体积的氯仿，颠倒混匀，室温，12 000 rpm 离心 5 min；

③取上清，加入 2 倍体积的冰冷无水乙醇，0.1 倍的 3 mol/L NaAc（pH 值 5.2），2 μl 糖原（10 ug/μl），混匀，－20℃静置 30 min，15 000 rpm 离心

15 min；

④弃上清，沉淀用80%乙醇洗涤，12 000rpm 离心5 min，重复洗涤1次；

⑤弃上清，并除尽残液，室温下使沉淀物干燥，用20 μl TE（10/0.1，pH值7.5）缓冲溶液溶解沉淀。

8.20.2.5 酶切产物与 Genome Walker Adaptors 连接构建 Genome Walker 文库

各限制酶的酶切产物	11 μl
Genome Walker Adaptors（25μmol/L）	2.4 μl
10 × ligation buffer	1.6 μl
T4 DNA ligase（6 U/μl）	1 μl
总体积	16 μl

连接反应体系如前述，混匀后置于16℃水浴中，连接过夜。

连接反应结束后，将各样品管置于70℃水浴灭酶5 min以终止反应。向每管加入64 μl的TE（10/1，pH值8.0）缓冲液，混匀，-20℃保存备用。

8.20.2.6 以 Genome Walker 文库为模板进行第一轮 PCR 扩增

根据前面已克隆测序的MBL基因的序列结果，设计并合成2个嵌套式引物pM1和pM2，分别与试剂盒提供的2个接头引物AP1和AP2组合，分别进行第一轮和第二轮PCR扩增。首先以上述构建好的GenomeWalker文库为模板，以pM1和AP1为引物，进行第一轮PCR扩增。

反应体系如下：

Deionized H_2O	35.8 μl
10 × T_{th} PCR reaction Buffer	5 μl
dNTPs（10 mmol/L each）	1 μl
Mg（OAc)$_2$（25 mmol/L）	2.2 μl
Adaptor primer（AP1 10 μmol/L）	1 μl
Specific prime（pM1 10 μmol/L）	1 μl
Each GenomeWalker library （*Dra* Ⅰ、*EcoR* Ⅴ、*Pvu* Ⅱ、*Stu* Ⅰ）	3 μl
50 × Advantage Polymerase mix	1 μl
总体积	50 μl

按试剂盒说明书要求，在Gene AmpPCR Systems 2 400上进行PCR反应：

7 cycles：94℃ 2 s；72℃ 3 min

37cycles：94℃ 2 s；67℃ 3 min

last cycle：67℃ 4 min

PCR反应结束后取8 μl产物进行琼脂糖凝胶电泳。

按试剂盒要求，不论第一轮PCR产物是否有条带或是弥散，都进行第二轮PCR。取1 μl第一轮PCR产物稀释50倍，以其为模板进行第二轮PCR，反应体系如下：

Deionized H_2O	35.8 μl
10×T_{th} PCR reaction Buffer	5 μl
dNTPs（10 mmol/L each）	1 μl
Mg（OAc）$_2$（25 mmol/L）	2.2 μl
Adaptor primer（AP2 10 μmol/L）	1 μl
Specific prime（pM2 10 μmol/L）	1 μl
Each Primary PCR product（1/50）	3 μl
50× Advantage Polymerase mix	1 μl
总体积	50 μl

第二轮 PCR 反应条件为：

5 cycles：94℃ 2 s；70℃3 min

30cycles：94℃ 2 s；65℃ 3 min

last cycle：65℃ 4 min

反应结束后取 8μl 产物进行琼脂糖凝胶电泳。

8.20.2.7 PCR 产物回收、连接、转化

电泳结束后，在凝胶成像系统中观察条带大小及浓度。在长波紫外灯下切取目的条带，用 Glass milk 法/ UNIQ-10 Gel Extraction Kit 回收目的 DNA 片段，与 pMD18-T 载体连接，转化大肠杆菌、挑单菌落、提质粒等。

8.20.2.8 重组质粒鉴定和测序

（1）PCR 鉴定

PCR 反应体系如下：

$MgCl_2$（25 mmol/L）	1.5 μl
10×Reaction Buffer（Mg^{2+} free）	5 μl
dNTPs Mix（10 mmol/L each）	1 μl
AP2（10 μmol/L）	1 μl
pM2（10 μmol/L）	1 μl
各质粒	1 μl
ddH_2O	9 μl
Taq DNA 聚合酶（5 U/μl）	0.5 μl
总体积	20 μl

反应条件为：94℃ 2 min；94℃ 30 s，60℃ 30 s，72℃ 45 s；72℃ 7 min 。反应结束后取 10 μl 进行电泳检测。

（2）酶切鉴定

酶切鉴定：按以下反应体系，于 37℃酶切 8～12 h，取 10 μl 酶切产物进行电泳，检测是否切到目的条带。

ddH_2O	8 μl
10×H Buffer	2 μl

质粒 DNA	8 μl
*EcoR*I (10 U/μl)	1 μl
*Sal*I (10 U/μl)	1 μl
总体积	20 μl

(3) 重组质粒测序

上述各阳性重组质粒分别整合有不同大小的外源启动子片段，将其送上海生工生物工程有限公司测序。

(4) 序列的生物信息学分析

用 DNAssist 2.0 软件对测序结果进行分析，并对几个片段进行比对、拼接，最终找出含有基因特异引物和接头引物的最长的片段，该最长片段命名为 Q44，整合有该片段的重组 T-质粒命名为 pQ44。分析发现所克隆的序列 Q44 确是 MBL 基因 5′上游序列。

将 Q44 登录 NCBI 进行 Blastn 分析。Blastn 分析证明这是一个新的启动子序列。登录 BDGP 用 Neural Network Promoter Prediction 软件对 MBL 基因 5′上游序列进行核心启动子区域预测，然后登录 PLACE 进行植物顺式作用元件预测和分析。

8.21 电子克隆 (in silico cloning)*

以克隆水稻基因为例。

8.21.1 数据库、网络服务器（Web Server）和生物软件

8.21.1.1 生物信息学数据库

美国国家生物技术信息中心（National Center for Biotechnology Information，NCBI）提供并维护的 BLAST 数据库（Blast Databases）中的 nr、month、dbEST 以及 HTGs（High Thoughput Genomic Sequence）数据库，网址是：ftp://ftp.ncbi.nih.gov/blast/db/。水稻盐胁迫诱导表达 EST 库（Rice Salt Stress Library），可从网址 http://www.ncbi.nlm.nih.gov/UniLib/ 查询并下载所有水稻盐胁迫有关的 ESTs，构建本地 Rice Salt Stress ESTs 库。国际水稻基因组测序计划（The International Rice Genome Sequencing Project，IRGSP，http://rgp.dna.affrc.go.jp/IRGSP/）提供由其构建的水稻 PAC/BAC 物理图谱及序列数据。SWISS-PROT 数据库（http://www.ebi.ac.uk/swissprot/）由日内瓦大学医学生物化学系和 EMBL 数据馆共同维护，是最齐全的注释精炼的蛋白序列库。

8.21.1.2 网络服务器和软件

序列联配工具 BLAST（http://www.ncbi.nlm.nih.gov/BLAST/）是一

* 文献来源：刘庆坡，冯英，董辉．水稻线粒体丝氨酸羟甲基转移酶基因的电子克隆．生物信息学．2005，3 (1)：5-9.

个在庞大的数据库中查找同源序列的在线程序（Online Server）。也可下载到 PC 机上，做本地（Local）BLAST。Phed/ Phap/ Consed 软件包（http：/ / www. phap. org/ ）由美国华盛顿大学开发并维护，可用于 EST 序列的拼接和校正。FGENESH 位于 SoftBerry 站点（http：/ /www. softberry. com/），是目前最常用的基因组结构分析软件，它提供了多个物种的选择，其中的单子叶（Monocots）选项可用来预测水稻基因组的结构。ORF Finder（http：/ / www. ncbi. nlm. nih. gov/ gorf/ gorf. html）预测可能的 ORF 开放阅读框架。NNPP（Neural Network Promoter Prediction）用来预测可能的启动子结构，http：// www. fruitfly. org/ seq_ tools/ promoter. html 是其网址。用 SubLoc v1. 0（http：// www. bioinfo. tsinghua. edu. cn/ SubLoc/）进行目标蛋白质的亚细胞定位。MITOP II 1. 0a4（http：//www. mips. biochem. mpg. de/ cgi-bin/ proj/ medgen/ mitofilter）用于预测蛋白质序列中是否存在线粒体蛋白的目标序列及其可能的切割位点（Cleavage Site）。采用 SMART 工具（http：//smart. embl-heidelberg. de/）和 ScanProsite 工具（http：/ /us. expasy. org/ tools/ scanprosite/）在网上进行蛋白质结构域和修饰位点分析，推测其可能的功能。此外，利用软件 DNAssist v2. 0 和 Compute pI/Mw 工具（http：/ / us. expasy. org/ tools/ pi_ tool. html）分析目标蛋白的分子量、等电点及序列组分。

8. 21. 2　电子克隆的技术路线和方法

首先，从水稻盐胁迫诱导表达 EST 数据库中下载 EST 序列 582 条；在曙光 3000 大型计算机上用软件 phap 进行序列拼接和校对，获得 60 个 EST 重叠群（Contig）；从中挑选出感兴趣的、主要由 OG01H03T3、OG03B09T3 和 OG04D01T3（Accession ID 分别为 BF430526、BF430651 和 BF430757）3 条 ESTs 序列支持的大片段 cDNA 序列（本实验中为 Contig 46，序列长 1 611 bp）；将 Contig46 通过 BLAST 搜索 HTGs 数据库，找到一个同源性很高的基因组 DNA 序列；用软件 FGENESH 对该 DNA 序列中与目标 cDNA 片段高度匹配的区域进行基因预测；将推测的外显子拼接成 cDNA 序列，用 ORF Finder 程序分析其中的开放阅读框架，并分析 ORF 前后的基因组 DNA 序列，确定该基因是否客观存在；通过 BLASTP 对 SWISS-PROT 数据库进行查询以确定目标蛋白的类型；根据电子定位的原理，将目标基因定位到相应的染色体上；启用蛋白质亚细胞定位程序将其进行亚细胞定位；对目标基因和其编码的蛋白质进行一级结构的序列和功能结构分析。

8.22 基因互补技术*

8.22.1 材料

8.22.1.1 菌株和质粒

水稻白叶枯病菌（*Xanthomonas oryzae* pv. *oryzae*，*Xoo*）PR6 菌株、*Xoo*G 为致病性筛选获得的转座子插入发生在 *aro*G 基因上的突变体、*Xoo*Gc 为 *aro*G 基因互补系、pGEM-T Easy 载体购自 Promega 公司；实验中所用抗生素浓度为：卡那霉素为 25 μg/ml，壮观霉素为 100 μg/ml，氨苄青霉素为 100 μg/ml。

8.22.1.2 PCR 扩增引物

通过 TAIL-PCR 获得 *aro*G 基因突变体侧翼序列，并结合我们测序的 *Xoo* PR6 菌株基因组序列相关 Contig 信息，设计一对引物 XG1/XG2 用于 *aro*G 基因互补分析：

XG1：5′-ATGGTACCGCGATGTGTCGATGTACGTC-3′；

XG2：5′-ATAAGCTTAGTGCTGTGCCTGCAAAGC-3′。

XG1 和 XG2 序列中带下划线的 6 个碱基分别为互补分析用的 *Kpn* Ⅰ和 *Hind* Ⅲ酶切位点。

8.22.2 方法

8.22.2.1 互补载体构建

分别以 G1/G2 为引物通过 PCR 从 *Xoo* PR6 中扩增包括基因启动子序列的 *aroG* 基因，克隆到 pGEM-T Easy 载体上，经质粒酶切、序列测序鉴定后，用 *Kpn* Ⅰ和 *Hind* Ⅲ双酶切 pGEM-T Easy 载体，回收带 *Kpn* Ⅰ/*Hind* Ⅲ双酶切位点的 *aroG* 基因片段。将此基因片段与经相同酶双酶切的广寄主范围载体 pHM1 连接，转化大肠杆菌感受态细胞 DH10B。然后，提取阳性克隆中的质粒，经鉴定，将其转入 *Xoo aroG* 基因突变体中，阳性克隆即为突变体互补系。

8.22.2.2 互补株系鉴定

将 *aroG* 基因突变体及其互补系培养在 PSA 平板（含 25 μg/ml 卡那霉素，或含卡那霉素和 100 μg/ml 壮观霉素）上进行生长检测。构建的重组克隆进入细菌细胞并能在细菌中稳定存在的互补菌株能在平板上正常生长。

用碱法提取 *aro*G 基因互补系质粒进行双酶切（*Kpn* Ⅰ/*Hind* Ⅲ）鉴定。建立如下酶切反应体系：

10×双酶切反应缓冲液	5 μl

* 文献来源：黄贵修．水稻白叶枯致病性功能基因组学分析．华南热带农业大学博士论文。（指导教师：黄俊生 研究员，何朝族 研究员）

5 U/μl *Kpn* Ⅰ	0.5 μl
5 U/μl *Hind* Ⅲ	0.5 μl
质粒 DNA	2 ~ 3 μl
ddH_2O	加至 50 μl

稍混合，37℃水浴 60 min，取 10μl 在 1.0% 琼脂糖凝胶上电泳检测。凝胶成像系统中观察照相电泳结果。

8.23 基因敲除技术*

基因敲除是自 20 世纪 80 年代末以来发展起来的一种新型分子生物学技术，是通过一定的途径使特定的基因失活或缺失的技术。通常意义上的基因敲除主要是应用 DNA 同源重组原理，用目的同源片段替代靶基因片段，从而达到基因敲除的目的。随着基因敲除技术的发展，除了同源重组外，新的原理和技术也逐渐被应用，比较成功的有基因的插入突变和 iRNA，它们同样可以达到基因敲除的目的。

下面以野油菜黄单胞菌双组分信号传导系统基因的敲除所用方法为例。

8.23.1 碱裂解法提取质粒

参见本章基因组分离技术中的质粒 DNA 提取。

8.23.2 野油菜黄单胞菌基因组 DNA 的制备

① 取 1.5 ml 过夜培养的 *Xcc* 菌液于离心管中，12 000 rpm 离心 1min，弃上清，收集菌体；

② 加 400 μl 裂解缓冲液（40 mmol/L Tris-醋酸，pH 值 7.8 的 20 mmol/L 醋酸钠，1 mmol/L EDTA，1% SDS），吹打混匀（枪头去尖）；

③ 加 200 μl 5 mol/LNaCl 混匀后，12 000 rpm 离心 12min；

④ 将上清液移至另一离心管中，加入 10 μl RNase（10mg/ml）37℃温育 30 min；

⑤ 加入等体积苯酚/氯仿（1∶1，v/v）抽提，至形成乳状溶液。离心收集上清，用氯仿抽提 1 次；

⑥ 12 000 rpm 离心 3 ~ 10min，吸取上层至新 Eppendorf 离心管中；

⑦ 加 2 倍体积的无水乙醇沉淀 DNA 后，再用 70% 乙醇洗沉淀 2 次；

⑧ 干燥后，溶于 50 μl TE 或水中。

---

* 文献来源：韩仲吉．野油菜黄单胞菌双组分信号系统基因的敲除及一个多糖合成相关基因的分析．中国热带农业科学院与华南热带农业大学硕士学位论文．（指导教师：何朝族研究员，钱韦 副研究员）

8.23.3 *Xcc* ATCC 33913 感受态细胞的制备

① 将 *Xcc* 在 NYGB 固体培养基上划线，28℃倒置培养 1 ~2 天；

② 挑取单菌落，接种于 20 ml NYGB 液体培养基中，28℃，200 rpm 振荡培养过夜；

③ 培养液转接到（接种量 1%）500 ml 液体培养基中，28℃，200 rpm 振荡培养至对数生长中期（OD_{600} = 0.5 ~0.6）；

④ 让细菌在冰浴中冷却 20 min，4℃离心收集菌体；

⑤ 菌体用冰预冷的，经高压灭菌的 10% 的甘油洗 3 次；

⑥ 最后一次弃去上清后，靠残余的 10% 甘油重悬细菌，使细菌密度达 10^9/ml；

⑦ 按每管 50 μl 分装，超低温保存备用。

8.23.4 大肠杆菌 DH10B 感受态细胞的制备

参见本章中的基因互补技术。

8.23.5 PCR 扩增 *Xcc* ATCC 33913 的 RR 序列并回收

（1）反应体系

10 ×PCR 反应缓冲液	2 μl
2.5 mmol/L dNTP	1 μl
2..5 mmol/L $MgCl_2$	1.33 μl
2 μmol/L Sense Primer	2 μl
2 μmol/L Antisense Primer	2 μl
5 U/μl Taq DNA 聚合酶	0.1 μl
Xcc 基因组 DNA	10 ~20 ng
ddH_2O	加至 20 μl

（2）扩增条件

94℃预变性 3 min，94℃变性 30 s，58℃复性 1 min，72℃延伸 1min，30 个循环，72℃延伸 5 min，4℃保存。复性及延伸时间根据片段大小可有所不同。

（3）片段回收

反应完成后，在 1% 琼脂糖凝胶中电泳观察，如果片段大小正确，扩增的产物从凝胶上割下参照胶回收试剂盒说明书回收 PCR 产物，获得目的基因 PCR 产物。

8.23.6 PCR 产物与 pGEM-T Easy 相连获得 *EcoR*I 酶切位点

（1）回收的 PCR 产物和 pGEM-T Easy（Promega，USA）载体连接

pGEM-T Easy 载体	0.5 μl
10×连接缓冲液	1 μl
T4 DNA 连接酶	1 μl
PCR 产物	6 μl
ddH_2O	加至 10 μl

16℃水浴，连接过夜。

（2）PCR 连接产物电击转化大肠杆菌 DH10B（采用 BIO-RAD 公司 Micro-Pulser 仪）

① 取 2 μl 连接产物，加入 50 μl 大肠杆菌 DH10B 电击感受态细胞中，混匀；

② 冰上放置 2～3 min 后，转入冰预冷的电击杯中，以 1.6 kV/cm 电击；

③ 立即转入 1 ml SOC 培养基中，37℃缓慢振荡培养 1 h；

④ 取 200 μl SOC 培养液，8 μl IPTG（0.1 mol/L），50 μl X-gal（20 mg/ml）涂于含 100 μg/ml 氨苄青霉素的 LB 平板上，37℃倒置培养 14～16 h。

（3）重组质粒的鉴定

方法参见菌落 PCR 技术。

（4）*EcoR* I/*Kpn* I 双酶切重组质粒

方法参见 DNA 限制性酶切图谱法。

8.23.7 自杀性质粒载体的构建

① *EcoR* I 酶切 pKnockout-Ω 质粒或 pK18mob 质粒

碱裂解法提取 pKnockout-Ω 质粒或 pK18mob 质粒，*EcoR* I 酶切，反应体系如下：

10×H buffer	4 μl
EcoR I	1 μl
PKnockout-Ω 质粒或 pK18mob 质粒	30 μl
RNase	1 μl
ddH_2O	加至 40 μl

37℃酶切 4～6h，在 1% 琼脂糖凝胶中电泳观察，用 DNA 胶回收试剂盒回收大小正确的片段，获得 pKnockout-Ω 质粒或 pK18mob 质粒的 *EcoR* I 酶切片段。

②基因 *EcoR* I 酶切片段与 pKnockout-Ω 质粒 *EcoR* I 酶切片段或 pK18mob 质粒的 *EcoR* I 酶切片段相连：

pKnockout-Ω 质粒 *EcoR* I 酶切片段	1 μl
10×连接缓冲液	1 μl
T4 DNA 连接酶	1 μl
目的基因 *EcoR* I 酶切片段	6 μl

ddH$_2$O 加至 10 μl

16℃水浴，连接过夜。

③酶切连接产物电击转化大肠杆菌 DH10B（采用 BIO-RAD 公司 Pluse Controller 仪），电击过程同上，缓慢振荡培养后取 200 μl SOC 培养液，8 μl IPTG（0.1 mol/L），50 μl X-gal（20 mg/ml）涂于含壮观霉素 150 μg/ml 或含卡那霉素 50 μg/ml 的 LB 平板上，37℃倒置培养 14～16 h；

④重组质粒的鉴定

菌落 PCR 鉴定重组质粒，反应体系及扩增条件参照上述 8.23.6。防止扩增出现错误，碱裂解法提取扩增正确的重组质粒，*EcoR* I 酶切再次验证。全部质粒均进行测序，鉴定正确的插入片段。

8.23.8 突变体的获得

①碱裂解法提取鉴定好的自杀性质粒，大约 20 ml 菌液提取的质粒溶于 100 μl ddH$_2$O（不用 TE）中。

②自杀性质粒电击转化 *Xcc* ATCC 33913 感受态细胞（采用 BIO-RAD 公司 Micro-Pulser 电击转化仪）

a. 取 15 μl 自杀性质粒，加入 50 μl *Xcc* ATCC 33913 感受态细胞中，混匀；

b. 冰上放置 2～3 min 后，转入冰预冷的电击杯中，以 1.8 kV/cm 电击；

c. 立即转入 1 ml NYGB 培养基中，28℃缓慢振荡培养 3 h；

d. 取 1 ml NYGB 培养液，涂于含 150 μg/ml 壮观霉素或含 25 μg/ml 卡那霉素的 NYGB 平板上，28℃倒置培养 3～4 天。

③挑取 6 个长出的单克隆菌落，用含 150 μg/ml 壮观霉素或含 25 μg/ml 卡那霉素的 NYGB 液体培养基培养，摇起后保菌，即为待鉴定突变体。

8.23.9 Southern blotting 验证突变体

（1）基因组 DNA 的限制性内切酶酶切

10×反应缓冲液	2 μl
内切酶	1 μl
Xcc DNA	0.5～1 μg
ddH$_2$O	加至 20 μl

37℃酶切过夜。以 1% 琼脂糖凝胶电泳 5～6 h。

（2）转膜

将胶置于 0.25 mol/L NH$_4$Cl 溶液和 0.4 mol/L NaOH 溶液中各轻轻振荡 15 min。以 0.4 mol/L NaOH 溶液用毛细管法将 DNA 转移到 Hybond N$^+$ 尼龙膜（Amersham，Buckinghamshire，UK）上。

（3）标记探针

将目的基因 *EcoR* I 酶切片段回收纯化，用 Primer-a-gene Labeling System 标记

试剂盒，α-［^{32}P］-dCTP 标记目的基因 *EcoR* I 酶切片段，用作 Southern blotting 杂交探针。

反应体系如下：

5×标记缓冲液	10.0 μl
dATP，dGTP 和 dTTP 混合液	2.0 μl
α-［^{32}P］-dCTP	2.5 μl
BSA（无核酸酶）	2.0 μl
rr01-rr10 *EcoR* I 酶切片段	20～50 ng
Klenow 大片段（5 U/μl）	1.0 μl
ddH_2O	加至 50.0 μl

将上述试剂混匀，37℃温育 1 h。

（4）杂交

① 杂交液用 Church 缓冲液。将转移了 DNA 的 Hybond-N$^+$ 膜有 DNA 的一面朝向管的内侧放入杂交管中，加入杂交液（20 ml）预热至 65℃。

② 取 0.2 ml 超声波处理的 10 mg/ml 鲑精 DNA，95℃变性 5 min，冰上放置 5 min 后，加入杂交管中，65℃预杂交 5 h。

③ 将标记好的探针 95℃加热 5 min，立即置冰上冷却 5 min。加入杂交管中，杂交过夜。

④ 分别用 2×SSC，0.1% SDS 和 1×SSC，0.1% SDS 于 65℃洗膜 15 min，再用 0.1×SSC，0.1% SDS 洗膜直到膜上有放射性信号部分和无放射性信号部分对比明显为止。

⑤ 将洗好的膜用保鲜膜包好，固定于暗盒上，于暗室中压 X 光片。

⑥ 根据信号强弱调整冲洗 X 光片的时间。一般为 3～5 天。

8.24 RNA 干扰技术*

在 RNA 干扰现象被发现之前，人们就利用 T-DNA 和转座子基因转导技术、化学诱变剂或辐射诱变方法、反义 RNA 技术、基因敲除等策略来产生功能缺失的突变体而从表型的变化来推测基因的功能，这些都是植物功能基因组研究中比较直接的方法。而今 RNAi 技术作为高通量的植物功能基因组研究的工具正在被广泛的应用，利用 RNAi 技术不仅可以鉴定新基因的功能，还可以对已知基因的功能进行验证。目前，已经在水稻、油菜等植物上做了一些基因功能验证的相关研究。

RNAi 技术因其高度的序列特异性和基因沉默的高效性而成为了功能基因组

---

* 文献来源：杨超．*Maasr*1 基因 RNAi 植物表达载体的构建及有效性鉴定．中国热带农业科学院 & 华南热带农业大学硕士学位论文．（指导教师：金志强　研究员）

研究和动、植物遗传品质改良的重要工具。在动物的 RNA 干涉应用研究中，采用直接导入 siRNA 的方式来诱导基因的特异性干涉效应，而在植物 RNA 干涉应用中，多为构建表达载体将 dsRNA 转入受体抑制特定基因的表达。

现以香蕉 ABA 基因的 RNAi 载体构建为例。

8.24.1 内含子片段的获得

8.24.1.1 引物的设计

所用内含子序列是香蕉果胶裂解酶基因的第三个内含子序列，全长 370 个碱基。根据内含子两端设计引物 P1 为 5′端引物、P2 为 3′端引物，P1 的 5′加 *Sma* Ⅰ酶切位点、P2 的 3′加 *Pst* Ⅰ酶切位点（图 8-1）。由 P1、P2 引物所扩增的内含子片段为 366 个碱基，5′带有 *Sma* Ⅰ酶切位点，3′带有 *Pst* Ⅰ酶切位点（图 8-1 中的片段 1）。

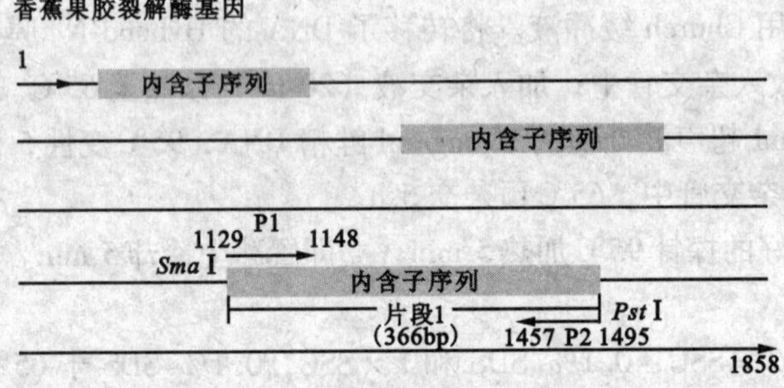

图 8-1 内含子引物设计示意

Intron 片段引物：

Sma Ⅰ

P1：GCC CCG GGG TGA GTG CGT TCG TGG GAC

P2：GCC TGC AGA CAT CCA TCG TGC TGC TTA G

Pst Ⅰ

8.24.1.2 香蕉基因组 DNA 的提取

方法参见本章中的基因组分离技术。

8.24.1.3 内含子片段的扩增

(1) 反应体系

在 0.2 ml 离心管中加入以下成分：

基因组 DNA（200 ng/μl）	1.0μl
Buffer（含 Mg^{2+}）（2.5 mmol/L）	2.5μl
dNTP（10 mmol/L）	0.5μl
5′ 引物（10 pmol/μl）	1.0μl
3′引物（10 pmol/μl）	1.0μl
Taq 聚合酶（5U/μl）	0.3μl

无菌水	18.7μl
总体积	25.0μl

（2）反应程序

94℃ 5 min

94℃ 30 s
56℃ 45 s } 35 个循环
72℃ 1 min

72℃ 10 min

8.24.1.4 回收目的片段

参照 QIAquickGel® Extraction Kit（QIAGEN，USA）的实验步骤：

①将扩增反应液进行 1.0% 低熔点琼脂糖凝胶电泳，4℃，5 V/cm 恒压，电泳 0.5 h；

②在紫外灯下切下含目的片段的琼脂糖块，并转移至 1.5 ml 离心管中；

③每 100 mg 胶加 300 μl Buffer QG，50℃水浴保温 10 min，2～3 min 间或摇动或涡旋离心管。加入 1/3 体积的异丙醇，混匀；

④将样品转入 QIAquick 收集管中，12 000 rpm 离心 1 min；

⑤加入 500 μl Buffer QG 到收集管中，12 000 rpm 离心 1 min；

⑥加入 700 μl Buffer PE 到收集管中，12 000 rpm 离心 1 min；

⑦13 000 rpm 离心 1 min。将收集管放于一干净的 1.5 ml 离心管中；

⑧加 30 μl Buffer EB，静置 1 min，13 000 rpm 离心 1 min。

8.24.1.5 回收产物与 T-Vector 连接

T4 DNA 连接酶缓冲液（1×）	1.0 μl
PCR 回收产物（180 ng/μl）	6.0 μl
pUCM-T-Vector（50 ng/μl）	1.0 μl
T4 DNA 连接酶（1.5 weiss）	1.0 μl
PEG4 000（50%）	1.0 μl
总体积	10.0 μl

混匀后稍离心，将管壁上的液滴收集到管底，16℃连接 12～16 h。

8.24.1.6 感受态受体菌的制备

①挑取保存于 LB 固体培养基上的 *E. coli* DH5α 单菌落接种于液体 LB 培养基（不加抗生素）中，37℃，300 rpm，培养过夜。取 1 ml 菌液转至 40 ml 液体 LB 培养基中，37℃，摇动培养 1～2h，至 OD_{260} 约为 0.3。

②将菌液转入 40 ml 灭菌离心管中，4℃，4 000 rpm 离心 10 min，回收菌体。

③加入 8 ml 冰预冷的 0.1 mol/L $CaCl_2$，重悬菌体。

④离心回收菌体，以 1.6 ml 冰预冷的 0.1 mol/L $CaCl_2$ 重悬菌体，所得即为感受态宿主菌。

8.24.1.7 连接产物转化 *E. coli* DH 5α

①取连接产物5.0 μl加入200 μl感受态细菌中，冰浴30 min。同时设对照：正对照，标准质粒DNA及感受态细菌；负对照，不加质粒的感受态细胞。

②42℃热激90s，立即放回冰浴中。5 min后补加800 μl LB液体培养基（无抗生素），37℃，200 rpm，摇动培养45 min。

③取200 μl转化菌均匀涂布于含50 μg/ml氨苄青霉素的LB固体培养基上，37℃培养16h，观察平板上细菌的生长情况。

8.24.1.8 碱法小量制备重组质粒

参见质粒DNA提取。

8.24.1.9 酶切鉴定重组子

参见DNA限制性酶切图谱法。

8.24.1.10 内含子片段（图8-1中片段1）的获得

①用 *Sma* Ⅰ和 *Pst* Ⅰ对重组质粒（T-I）进行双酶切，37℃温浴3h；

②取1.0 μl酶切反应液进行1%琼脂糖凝胶电泳，观察质粒的酶切是否完全；

③将剩余酶切反应液经1.2%琼脂糖凝胶电泳后，切下内含子片段，用QIAGENE的DNA回收试剂盒回收，回收产物即于-20℃保存备用。

8.24.2 Maasr1 插入片段的获得

8.24.2.1 Maasr1 的获得

该基因全长732 bp，已经由冯仁军2004年克隆（Genebank序列号AY628102），连接在T-vector，保存在 *E. coli* DH5α中。提取该重组质粒，作为扩增插入片段的模板。提取质粒步骤同8.24.1.8。

8.24.2.2 引物的设计

由于要构建两个RNAi植物表达载体，其中pBBB-FIF（F：full length；I：intron）是以 *Maasr*1基因的全序列作为目的基因，pBBB-CIC（C：coding domain sequence；I：intron）是以 *Maasr*1基因的CDS作为目的基因。因此，正义片段、反义片段的引物分别设计两对：P3为全序列正向5′引物、P4为全序列正向3′引物、P5为CDS正向5′引物、P6为CDS正向3′引物、P7为全序列反向5′引物、P8为全序列反向3′引物、P9为CDS反向5′引物、P10为CDS反向3′引物（如图8-2）。正义片段的引物和反义片段的引物序列相同，只是添加的酶切位点不同，正义片段5′引物加 *Xba* Ⅰ、3′引物加 *Bam*H Ⅰ，反义片段5′引物加 *Sal* Ⅰ、3′引物加 *Hind* Ⅲ。

由P3、P4引物所扩增的片段为正向全序列插入片段，5′末端含有 *Xba* Ⅰ，3′末端含有 *Bam*H Ⅰ（图8-2中片段2）；由P5、P6引物所扩增的片段为正向CDS插入片段，5′末端含有 *Xba* Ⅰ，3′末端含有 *Bam*H Ⅰ（图8-2中片段3）；由P7、P8引物所扩增的片段为反向全序列插入片段，5′末端含有 *Sal* Ⅰ，3′末端含有 *Hind* Ⅲ（图8-2中片段4）；由P9、P10引物所扩增的片段为反向CDS插入片

段，5′末端含有 *Sal* Ⅰ，3′末端含有 *Hind* Ⅲ（图 8-2 中片段 5）

Sense 片段引物

Xba Ⅰ

P3：G TC TAG A AC CCG TCG CAA ACC ACT GT

P4：GCG GGA TCC ACC AAG CAT CCC ACA CTCA

*Bam*H Ⅰ

Xba Ⅰ

P5：G TC TAG A AT GGC CGA GGA GAA GCA C

P6：GC G GAT CC T GCT TCT TTC CGC TCG CT

*Bam*H Ⅰ

Anti-sense 片段引物

sal Ⅰ

P7：G GT CGA CA C CCG TCG CAA ACC ACT GT

P8：GC A AGC TT A CCA AGC ATC CCA CAC TCA

Hind Ⅲ

sal Ⅰ

P9：G GT CGA C AT GGC CGA GGA GAA GCA C

P10：GC A AGC TT T GCT TCT TTC CGC TCG CT

Hind Ⅲ

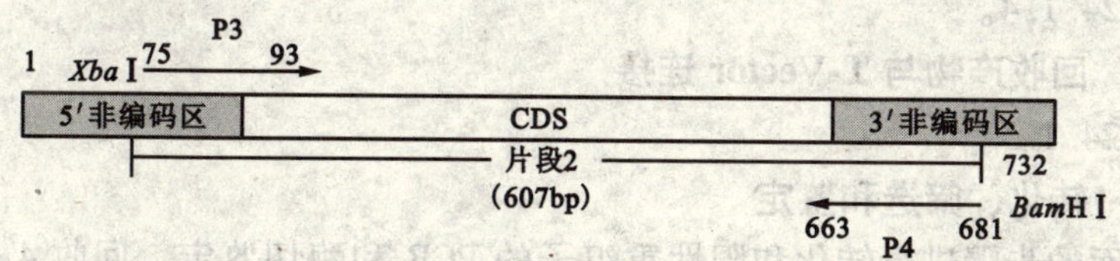

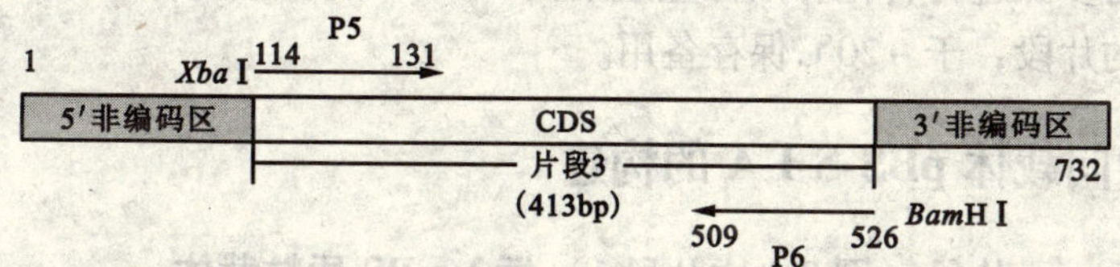

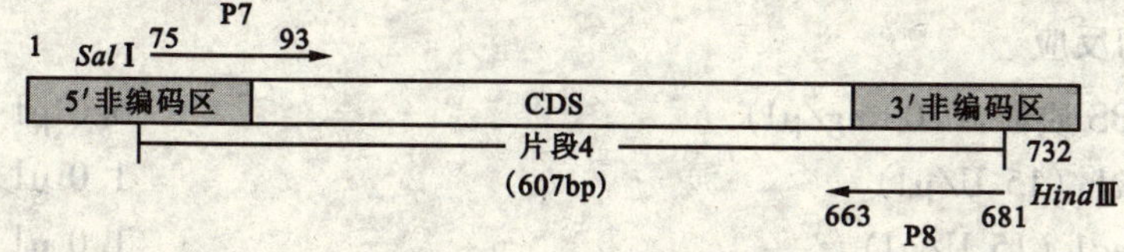

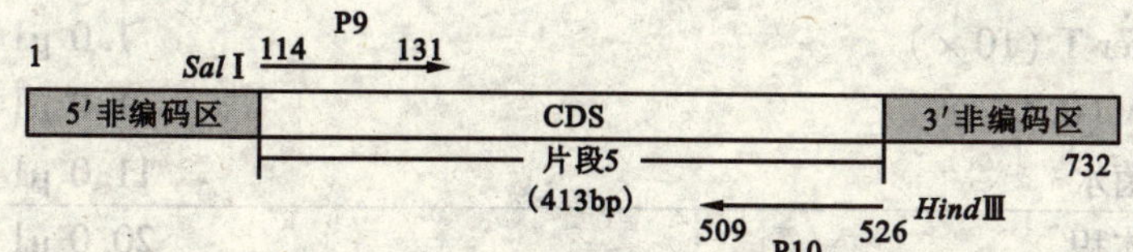

图 8-2 引物设计示意

8.24.2.3 目的片段的扩增

(1) 反应体系

在0.2 ml离心管中加入以下成分:

*Maasr*1 质粒 DNA (200 ng/μl)	1.0 μl
Buffer (含 Mg^{2+}) (2.5 mmol/L)	2.5 μl
dNTP (10 mmol/L)	0.5 μl
5′引物 (10 pmol/μl)	1.0 μl
3′引物 (10 pmol/μl)	1.0 μl
Taq 聚合酶 (5 U/μl)	0.3 μl
无菌水	18.7 μl
总体积	25.0 μl

(2) 反应程序

94℃ 5min

94℃ 30 s
58℃ 45 s } 35 个循环
72℃ 1min

72℃ 10min

8.24.2.4 目的片段的回收

同8.24.1.4。

8.24.2.5 回收产物与 T-Vector 连接

同8.24.1.5。

8.24.2.6 转化、筛选和鉴定

按前面的步骤进行转化和阳性重组子的 PCR 和酶切鉴定，回收4个带有酶切位点的目的片段，于-20℃保存备用。

8.24.3 中间载体 pBS-S-I-A 的构建

8.24.3.1 Intron 片段（图8-1中片段1）插入 pBS 质粒载体

①酶切反应

pBS 质粒 (200 ng/μl)	5.0 μl
*pst*1 (15 U/μl)	1.0 μl
*sma*1 (15 U/μl)	1.0 μl
buffer T (10×)	1.0 μl
BSA (0.1%)	1.0 μl
无菌水	11.0 μl
总体积	20.0 μl

混匀后，瞬时离心，37℃温浴3 h。

②取1.0 μl 酶切反应液进行1%琼脂糖凝胶电泳，观察质粒的酶切是否

完全；

③将剩余酶切反应液经 1.2% 琼脂糖凝胶电泳后，切下目的条带，用 QIAGENE 的 DNA 回收试剂盒回收，回收产物于 -20℃保存备用；

④用 T4 DNA 酶将已回收的内含子片段和 pBS 片段连接，转化 *E. coli* DH 5α 感受态细胞，筛选，鉴定。将所得重组质粒命名为 pBS-I。

8.24.3.2 正向（Sense orientation）特异片段（图 8-2 中片段 2、3）的插入

①用 *Xba* Ⅰ 和 *Bam*H Ⅰ 对 pBS-I 质粒进行酶切，加样量如下：

PBS-I 质粒（200 ng/μl）	5.0 μl
Xba Ⅰ （15 U/μl）	1.0 μl
buffer T（10×）	1.0 μl
BSA（0.1%）	1.0 μl
无菌水	11.0 μl
总体积	20.0 μl

②混匀，瞬时离心，37℃酶切 3 h；

③加入 1/10 倍体积 3mol/L NaAc（pH 值 5.2），2 倍体积无水乙醇，静置数分钟（可适当延长），沉淀已酶解的质粒；

④4℃，12 000 rpm 离心 5 min；

⑤弃尽上清，室温干燥；

⑥加入 15.5 μl 无菌 ddH_2O，溶解沉淀；依次加入 10×K buffer 2.0 μl，*Bam*H Ⅰ （20 U/μl）1.5 μl，0.2 μl BSA 37℃，酶解 4 h；

⑦回收酶切后的 pBS-Ⅰ片段；

⑧用 T4 DNA 连接酶将两个正向片段和酶切后的 pBS-I 载体片段连接；

⑨转化 *E. coli* DH 5α，筛选阳性重组子，鉴定，即可获得中间载体 pBS-S-I（pBS-FI、pBS-CI）。

8.24.3.3 反向（Anti-sense orientation）特异片段（图 8-2 中片段 4、5）的插入

用 *Sal* Ⅰ 和 *Hind* Ⅲ 对 pBS-FI、pBS-CI 分别进行双酶切，回收载体片段，将前面回收所得的反向特异片段分别与其对应的载体连接，转化 *E. coli* DH 5α，筛选阳性重组子，鉴定，即可获得表达载体 pBS-S-I-A（pBS-FIF、pBS-CIC）。

8.24.3.4 中间表达载体 pBS-S-I-A 进行测序

将重组质粒 pBS-S-I-A 进行测序分析。

8.24.4 植物表达载体 pBBB-S-I-A 的构建

①用 *Sal* Ⅰ 和 *Xba* Ⅰ 对 pBBB 植物表达载体和中间载体 pBS-S-I-A 进行双酶切。

②经 1% 琼脂糖凝胶电泳后，用 QIAHENE DNA 回收试剂盒分别回收 pBBB 载体部分，和约 1 500 bp 的目的片段。

③然后用 T4 DNA 连接酶将两者连接，转化 *E. coli* DH 5α，筛选阳性重组子，

经 PCR 和酶切鉴定，即可获得植物表达载体 pBBB-S-I-A。

8.24.5 植物表达载体 pBI121-F 的构建

①用 *Bam*HⅠ和 *Xba*Ⅰ对 pBI121 植物表达载体和中间载体 pBS-FIF 进行两次单酶切。

②经 1% 琼脂糖凝胶电泳后，用 QIAHENEDNA 回收试剂盒分别回收 PBI121 载体部分，和约 600 bp 的目的片段。

③然后用 T4 DNA 连接酶将两者连接，转化 *E. coli* DH 5α，筛选阳性重组子，经 PCR 和酶切鉴定，即可获得植物表达载体 pBI121-F。

8.24.6 植物表达载体 pBI121-F 和 RNAi 载体转入农杆菌

8.24.6.1 农杆菌感受态的制备

①培养农杆菌（在加 Rif 的 LB 培养基中，Rif 浓度为 20 ~ 50 mg/L）

②活化农杆菌从摇好的菌液中取适量的培养液（5 ml）加入 100 ml 的新鲜的 LB 培养基活化，活化的 OD 值为 0.4 ~ 0.5 为最好。

③将菌液加入灭过菌的 50 ml 的离心管中，冰上静置 30 ~ 60 min，使溶液冷却至 0℃，离心 5 000 rpm，离心 5 min，2℃，以回收细胞。

④弃上清，加入冰水（预冷）10 ml ddH_2O（灭过菌），重悬细胞沉淀。5 000 rpm 离心 5 min，2℃，回收细胞。

⑤重复步骤④3 次。

⑥加入适量的 10% 预冷的甘油（1 ml 或 2 ml）重悬，分装，每管 40 μl。-70℃冰箱保存。

8.24.6.2 碱法小量制备重组质粒

实验步骤同 8.24.1.8，分别提取植物表达载体 pBBB-FIF，pBBB-CIC，pBI121-F，pBI121 的质粒。

8.24.6.3 农杆菌转化（电转化）

①将 40 μl 感受态和 1 ml 转化质粒混匀好，转移到电击杯中（此步在冰上进行）；

②在电转化仪上电击一下，拿出后立刻加入 1 ml 的 LB 培养基（不加任何抗生素）混匀；

③吸出，转移到 1.5 ml 的 eppendorf 管中，28℃温育 1 ~ 2h，使细胞恢复生长；

④涂板，从恒温箱中取出 eppendorf 管，在离心机上甩一下，使菌沉淀下来，然后，从管中吸出 800 μl 的 LB 培养基，剩余的用枪混匀，涂在 LB（Kan 50 mg/L Rif 50 mg/L）板上，置于 28℃恒温箱中培养，直到长出菌落。

（注意：电阻：农杆菌 400 欧姆；电容：25 μF；电压：2 500 V；电击杯：0.2 cm；标准反应体系为每管 40 μl 感受态，加入 1 μl 的质粒。）

8.24.6.4 重组质粒的 PCR 鉴定

①挑菌落接种于含抗生素［Kan（100 mg/L）、Rif（25 mg/L）］的 YEP 培养基中；

②28℃，300 rpm，培养 48 h；

③分别转移 1.4～1.5 ml 离心管中，12 000 rpm 离心 40 s；

④尽可能将上清倒尽，加入 200 μl 灭菌 ddH_2O，涡旋重悬；

⑤将重悬的菌液 100℃煮沸，10 min；

⑥12 000 rpm 离心 1 min，收集上清作为模板进行 PCR 扩增，鉴定重组质粒。

所需培养基及试剂的配制：

①LB 液体培养基（Luria-Bertani 液体培养基）：

细菌培养用胰蛋白胨（bacto-tryptone）	10g（OXOID LTD.）
细菌培养用酵母提取物（bacto-yeast extract）	5g（OXOID LTD.）
NaCl	10g

加入 950 ml 蒸馏水并用玻璃棒搅拌至组分全部溶解，用 10 mol/L NaOH 调 pH 值至 7.0，加入蒸馏水至总体积为 1 L，在 121 ℃高温下蒸汽灭菌 20 min。

②LB 琼脂（固体）培养基：

在 LB 液体培养基中按每 100 ml 加入 1.5 g 琼脂粉的比例加入适当量的琼脂粉，并于 121 ℃高温下蒸汽灭菌 20 min。（使用前需加热再融化）

③YEP 液体培养基：

细菌培养用胰蛋白胨（bacto-tryptone）	10g（OXOID LTD.）
细菌培养用酵母提取物（bacto-yeast extract）	10g（OXOID LTD.）
NaCl	5g

加入 950 ml 蒸馏水并用玻璃棒搅拌至组分全部溶解，用 10 mol/L NaOH 调 pH 值至 7.0，加入蒸馏水至总体积为 1 L，在 121 ℃高温下蒸汽灭菌 20 min。

④YEP 液体培养基：

在 YEP 液体培养基中按每 100 ml 加入 1.5 g 琼脂粉的比例加入适当量的琼脂粉，并于 121 ℃高温下蒸汽灭菌 20 min。（使用前需加热再融化）

⑤溶液Ⅰ：

50 mmol/L 葡萄糖，25 mmol/L Tris-Cl（pH 值 8.0），10 mmol/L EDTA（pH 值 8.0），高温灭菌。

⑥溶液Ⅱ：

0.2 mol/L NaOH，1% SDS（现用现配）。

⑦溶液Ⅲ：

5 mol/L KAc 60 ml，冰乙酸 11.5 ml，ddH_2O 28.5 ml（pH 值 4.8）。

第9章　热带植物基因组核酸制备

9.1　细菌基因组 DNA 提取[*]

以水稻白叶枯病菌基因组 DNA 制备为例，参见本书 8.11.2.1。

9.2　细菌基因组 RNA 提取

新鲜培养的 *Xoo* PR6 及 *xps* 基因簇相关突变体，用 TRIZOL（Gibco BRL）一步法提取基因组总 RNA（注意 RNA 分析中所用的所有试剂皆用 0.1% 的 DEPC ddH_2O 处理或用 0.1% 的 DEPC ddH_2O 配制)。

①离心收集过夜培养的细菌细胞（OD_{600} 为 0.6 ~ 0.8)，1 ml 细菌细胞（约 10^8 个）加入 1ml Trizol（注意菌量不要过大)，用枪头吹打菌体，完全混匀；

②15 ~ 30℃，放置 5 min，彻底裂解核蛋白复合物，加入 0.2 ml 氯仿，剧烈振荡 15 s，15 ~ 30℃放置 2 ~ 3min；

③2 ~ 8℃，12 000 rpm 离心 15 min；

④吸取上清（约 600 μl)，加 0.5 ml 异丙醇，置于 -20℃，20 ~ 30 min；

⑤2 ~ 8℃，12 000 rpm 离心 12min；

⑥用 75% 的乙醇洗 1 次，2 ~ 8℃，8 000 rpm 离心 5 min；

⑦沉淀溶于 30 μl DEPC ddH_2O，紫外/可见分光光度计定量、电泳检测完整性后，-20℃保存，备用。

9.3　真菌基因组 DNA 提取

以杧果炭疽菌基因组 DNA 制备为例，参见本书 8.7.2.6. 中的（1)。

9.4　真菌基因组 RNA 提取

以拟青霉基因组 RNA 制备为例，具体方法如下（采用 trizol 试剂盒)：

---

* 文献来源：蒋桂芳．拟青霉 E7 蛋白酶基因克隆表达及产酶条件研究．中国热带农科学院与华南热带农业大学硕士学位论文．(指导教师：黄俊生　研究员)

①收集菌体，用蒸馏水清洗，干燥；

②将菌体用液氮研磨后，按每 100 mg 加入 1 ml trizol 溶液，室温放置 5 min，使其充分裂解（注：此时可放入 -70℃长期保持）。12 000 rpm 离心 5 min，弃沉淀；

③按 200 μl 氯仿/ml trizol 加入氯仿，振荡混匀后室温放置 15 min。（注：禁用旋涡振荡器，以免基因组 DNA 断裂）

④4℃ 12 000 rpm 离心 15 min。吸取上层水相，至另一离心管中。（注：千万不要吸取中间界面；若同时提取 DNA 和蛋白质，则保留下层酚相存于 4℃冰箱，若只提 RNA，则弃下层酚相）

⑤按 0.5 ml 异丙醇/ml trizol 加入异丙醇混匀，室温放置 5 ~ 10 min；

⑥4℃ 12 000 rpm 离心 10 min，弃上清，RNA 沉于管底；

⑦按 1 ml 75% 乙醇/ml trizol 加入 75% 乙醇，温和振荡离心管，悬浮沉淀。4℃ 8 000 rpm 离心 5 min，尽量弃上清；

⑧室温晾干或真空干燥 5 ~ 10 min。（注：RNA 样品不要过于干燥，否则很难溶解）

⑨可用适量 DEPC 处理水或 TE buffer 溶解 RNA 样品，55 ~ 60℃，5 ~ 10 min。放入 -70℃保存备用；

⑩测 OD 值，定量 RNA 浓度，TAE 电泳缓冲液检测 RNA 的完整性。

9.5 热带植物土壤基因组 DNA 制备*

9.6 质粒 DNA 提取**

9.6.1 碱裂解法小量提取质粒

① 用无菌牙签从 LB 抗性平板上挑取大肠杆菌单菌落，接种到盛有 1 ml 含相应抗生素的 LB 培养液的 2 ml 离心管中；

② 37℃，250 ~ 300rpm 条件下振荡培养 12 ~ 15h；

③ 4℃，12 000 rpm 条件下离心 40 ~ 60 s，尽可能地除尽上清；

④ 加入 100 μl 溶液Ⅰ，涡旋振荡将细胞沉淀彻底重悬；

⑤ 加入 200 μl 溶液Ⅱ，盖紧管盖并颠倒 3 ~ 4 次至溶液呈透明黏稠状；

⑥ 加入预冷的 150 μl 溶液Ⅲ，盖紧管盖并颠倒数次至白色絮状沉淀呈均匀分散状；

⑦ 4℃，12 000 rpm 条件下离心 15 min；

⑧ 取 400 μl 上清液，加 1 ml 无水乙醇沉淀质粒 DNA，必要时于 -20℃放置

---

* 以红树林土壤基因组 DNA 提取为例，参见本书 8.9.2.1。

** 文献来源：http://bbs.22cs.net 中的分子生物学常用实验技术。

10～15 min；

⑨ 4℃，12 000 rpm 条件下离心 5～8 min，去上清，沉淀用 1 ml 70% 乙醇洗 2 次，除尽残液，抽干或室温下晾干，用 20 μl 无菌 ddH_2O 或 TE 缓冲液溶解备用。

9.6.2 碱裂解法中量提取质粒

① 将已活化的 *E. coli* 培养物以 1%～2% 接种量接种到 50～100 ml 含相应抗生素的 LB 液体培养基中 37℃，250～300 rpm 条件下培养 15～16 h；

② 将培养物转移到 50 ml 离心管中，4℃，12 000 rpm 条件下离心 5 min，收集菌体。尽量地除尽上清；加入 200 μl 溶液Ⅰ，涡旋振荡将细胞沉淀彻底重悬；

③ 加入 400 μl 溶液Ⅱ，盖紧管盖并颠倒数次至溶液呈透明黏稠，室温放置 2～5 min；

④ 加入预冷的 300 μl 溶液Ⅲ，盖紧并颠倒数次至白色絮状沉淀呈均匀分散状；4℃，12 000 rpm 条件下离心 15 min；

⑤ 取上清加 0.7 倍的异丙醇，混匀，室温放置以沉淀质粒 DNA；

⑥ 室温，12 000 rpm 条件下离心 5 min。去上清，沉淀用 70% 乙醇洗 2 次，除尽残液，真空抽干，用 500 μl TE 缓冲液（pH 值 8.0）溶解；

⑦ 加等量 5 mol/L LiCl，充分混匀后于 4℃，12 000rpm 条件下离心 5 min；

⑧ 将上清液转移至另一离心管中，加入 0.7 倍的异丙醇，混匀。室温，12 000rpm 条件下离心 5 min；

⑨ 去上清，沉淀用 70% 乙醇洗涤 2 次，真空抽干后溶于 600 μl TE 缓冲液（pH 值 8.0）中；

⑩ 加入 2 μl RNase A（10 mg/ml）酶，混匀，室温或 37℃放置 10～30 min。转移溶液至 1.5 ml 离心管中备用。

9.6.3 碱裂解法大量提取质粒 DNA

在制作酶谱、测定序列、制备探针等实验中需要高纯度、高浓度的质粒 DNA，为此需要大量提取质粒 DNA。

① 取培养至对数生长后期的含 pBS 质粒的细菌培养液 250 ml，4℃下 5 000 rpm 离心 15 min，弃上清，将离心管倒置使上清液全部流尽；

② 将细菌沉淀重新悬浮于 50 ml 用冰预冷的 STE 中（此步可省略）；

③ 同步骤①方法离心以收集细菌细胞；

④ 将细菌沉淀物重新悬浮于 5 ml 溶液 I 中，充分悬浮菌体细胞；

⑤ 加入 12 ml 新配制的溶液 II，盖紧瓶盖，缓缓地颠倒离心管数次，以充分混匀内容物，冰浴 10 min；

⑥ 加 9 ml 用冰预冷的溶液 III，摇动离心管数次以混匀内容物，冰上放置 15 min，此时应形成白色絮状沉淀。4℃下 5 000rpm 离心 15 min；

⑦ 取上清液，加入 50 ml RNase A（10 mg/ml），37℃水浴 20min。加入等体积的饱和酚/氯仿，振荡混匀，4℃下12 000rpm 离心 10 min；

⑧ 取上层水相，加入等体积氯仿，振荡混匀，4℃下 12 000 rpm 离心 10 min；

⑨ 取上层水相，加入 1/5 体积的 4 mol/L NaCl 和 10% PEG（分子量6 000），冰上放置 60 min；

⑩ 4℃下 12 000rpm 离心 15 min，沉淀用数毫升 70% 冰冷乙醇洗涤，4℃下 12 000rpm 离心 5 min。真空抽干沉淀，溶于 500ml TE 或水中。

（注意：提取过程中应尽量保持低温；加入溶液Ⅱ和溶液Ⅲ后操作应混和，切忌剧烈振荡；由于 RNA 酶 A 中常存在有 DNA 酶，利用 RNA 酶耐热的特性，使用时应先对该酶液进行热处理（80℃，1 h），使 DNA 酶失活。）

9.6.4 质粒纯化

采用聚乙二醇（PEG）沉淀法纯化质粒：

① 向质粒溶液中加等体积含 1.6 mol/L NaCl 的 13% PEG 8 000溶液，混匀，室温放置 5 min，12 000rpm 离心 5 min，弃上清，将沉淀溶于 500 μl TE 缓冲溶液（pH 值 8.0）中；

② 用等体积的酚: 氯仿: 异戊醇（25: 24: 1）溶液和氯仿: 异戊醇（24: 1）溶液分别抽提 1 次；

③ 向抽提后的上清液中加 1/10 体积的 3 mol/L NaAc（pH 值 5.2）溶液和 2 倍体积的无水乙醇，振荡均匀，置冰上 10 min，4℃，12 000rpm 离心 10min；

④ 弃上清，加入预冷的 70% 乙醇洗涤沉淀 2 次，超净台中吹干或抽干；

⑤ 用适量的 TE 缓冲溶液（pH 值 8.0）溶解质粒，琼脂糖电泳估测纯度和浓度。

9.7 橡胶树叶片基因组总 DNA 提取*

①称取 0.1 g 左右叶片于研钵中，在液氮下研磨至粉末；

②将粉末转移至 1.5 ml 离心管中，加入 400 μl DNA 提取缓冲液；

③解冻后置于冰上，加入 200 μl 冰预冷的 20% PVP，存贮液（在 -20℃保存）；

④加入 75 μl 20% SDS 溶液；

⑤轻轻颠倒数次，混匀后于 65℃水浴保温 15 min，其间颠倒 2~3 次；

⑥冷却至室温，加入 75 μl 5 mol/L KAc，混匀后，冰浴 30 min；

⑦4℃，12 000rpm 条件下离心 10 min；

---

* 文献来源：彭世清．巴西橡胶树 43kD 橡胶粒子膜蛋白 cDNA 的克隆及表达．中国热带农业科学院 & 华南热带农业大学博士学位论文．（指导教师：陈守才 研究员）

⑧转移600 μl上清至另一1.5 ml离心管中，加入等体积异丙醇，混匀后，冰浴10 min；

⑨4℃，12 000rpm条件下离心15 min；

⑩将上清液尽可能地去除，沉淀溶于500 μl TE（pH值8.0）缓冲液中；

⑪加入1 μl RNase A（10 mg/ml），混匀后，室温放置10 min；

⑫用等体积的酚:氯仿:异戊醇（25:24:1）抽提1次；

⑬20℃，12 000rpm离心5 min，取上相400 μl至另一1.5 ml离心管中；

⑭加入20 μl 3 mol/L NaAc（pH值5.2），420 μl异丙醇，混匀后，室温放置5 min；

⑮4℃ 12 000rpm条件下离心5 min，去上清液，沉淀用1 ml 70%乙醇洗一遍；

⑯干燥后溶于50 μl TE（pH值8.0）中，存于4℃；

⑰DNA紫外分析：取4 μl DNA原液加入到400 μl TE（pH值8.0）缓冲液中，混匀后，紫外分光光度计测定260 nm、280 nm处吸收值，并计算DNA原液浓度。

9.8 橡胶树叶片和茎基因组总RNA提取*

①分别将1g叶片和茎用液氮研磨成粉末，然后把粉末转入到10 ml的提取缓冲液中；

②随后加入30 ml的25:24:1的苯酚:氯仿:异戊醇（PCI），充分混匀，冰浴15 min；

③4℃，12 000 rpm离心10 min；取上清，加等体积的PCI，重抽提1次；

④将上清转入另一离心管中；加入1/10体积预冷的3 mol/L NaAc（pH值5.2），2.5倍体积预冷的无水乙醇，-20℃放置30 min；

⑤4℃，12 000 rpm离心10 min，取上清，加入1.5 ml无核酸酶的水溶解沉淀，再加入等体积的4 mol/L LiCl溶液，冰浴1 h；

⑥4℃，12 000 rpm离心10 min，收集沉淀；沉淀用预冷的75%乙醇洗涤2次，晾干后溶于水中；

⑦紫外分光光度计测定RNA的浓度和纯度，1%甲醛变性胶电泳检测RNA的完整性。

---

* 文献来源：彭世清. 巴西橡胶树43kD橡胶粒子膜蛋白cDNA的克隆及表达. 中国热带农业科学院 & 华南热带农业大学博士学位论文.（指导教师：陈守才 研究员）

9.9 橡胶树胶乳基因组总 RNA 提取*

9.10 橡胶树树皮基因组总 RNA 提取**

9.11 香蕉基因组总 DNA 提取***

①用 2 ml 离心管在 65℃水浴上预热 1 ml CTAB 缓冲液；

②取 0.2 g 材料，在液氮中研磨后，迅速转入含有 CTAB 缓冲液的离心管中，立即涡旋 30 s，然后 65℃水浴中温浴 30 min，不断混匀；

③加入等体积的氯仿: 异戊醇（24: 1），颠倒混匀，室温，11 000 rpm 离心 10 min（Eppendorf，5810R）；

④取上清，加入等体积的氯仿/异戊醇，颠倒混匀，室温，11 000 rpm 离心 10 min；

⑤取上清，加入 2 倍体积的无水乙醇，颠倒混匀，－20℃沉淀 30 min，4℃，6 000 rpm 离心 10 min；

⑥沉淀用 70% 乙醇洗涤 2 次，风干，用 200 μl 高盐 TE 溶解；

⑦4℃，6 000rpm 离心 10 min，上清转入新的离心管，加入 3 μl 10 mg/ml 的 RNase A，37℃温浴 30min；

⑧加入等体积的苯酚: 氯仿: 异戊醇（25: 24: 1），混匀，4℃，11 000rpm 离心 10 min；

⑨取上清，加入等体积的氯仿/异戊醇，混匀，4℃，11 000rpm 离心 10min；

⑩取上清，加入 2 倍体积无水乙醇，混匀，－20℃沉淀 30 min，4℃，6 000 rpm 离心 10 min；

⑪沉淀用 70% 乙醇洗涤 2 次，风干，用 30 μl TE 溶解沉淀；

⑫取 2 μl 电泳检测，并利用核酸/蛋白分析仪（Eppendorf BiopHotometer）检测其浓度和纯度，其余样品－20℃保存。

9.12 香蕉基因组总 RNA 提取****

①取 1 ml CTAB 提取液分装到 2 ml 离心管中，65℃预热；

* 参见本书 8.3.2.1 的①。

** 参见本书 8.3.2.1 的②。

*** 文献来源：徐立．香蕉果皮带毛和早花突变体的筛选、鉴定及突变机理初步研究．中国热带农业科学院 & 华南热带农业大学硕士学位论文．(指导教师：黄俊生 研究员)

**** 文献来源：徐立．香蕉果皮带毛和早花突变体的筛选、鉴定及突变机理初步研究．中国热带农业科学院 & 华南热带农业大学硕士学位论文．(指导教师：黄俊生 研究员)

②称取0.2 g材料，在液氮中研磨后立即转入含有CTAB提取液的离心管中，涡旋混合，65℃温浴2～3 min；

③立即加入等体积的氯仿∶异戊醇（24∶1），涡旋混合，室温，10 000 rpm离心15 min；

④吸取上清到一新的离心管中，重复步骤③；

⑤取上清到一新的离心管中，加入1/3体积的8 mol/L LiCl，4℃沉淀过夜；

⑥4℃，10 000 rpm离心30 min；

⑦弃上清，沉淀用70%乙醇洗涤，再用无水乙醇洗涤；

⑧将沉淀溶解在100 μl STE（65℃预热）中，立即用氯仿/异戊醇抽提1次；

⑨取上清，加入2倍体积的无水乙醇，－80℃沉淀30 min，或－20℃沉淀2 h；

⑩4℃，10 000 rpm离心20 min；

⑪沉淀分别用70%乙醇和无水乙醇洗涤，干燥后用20 μl无核酸酶的水溶解。

⑫取1 μl电泳检测完整性，并利用核酸/蛋白分析仪检测浓度和纯度。

9.13 杧果基因组总DNA提取*

①用少许酒精烧研钵，冷却；预置水浴锅温度至65℃；

②叶片用蒸馏水冲洗干净，擦干后，称取约0.3 g叶片，加入少许PVP，在液氮冷冻下迅速研磨成粉末；

③用钥匙将粉末转移至2 ml离心管中，然后加入700 μl DNA提取缓冲溶液[2% CTAB，1.4 mol/L NaCl，50 mmol/L Tris，20 mmol/L Na_2－EDTA（pH值8.0）]中，再加70μl偏重亚硫酸钠（终浓度约为1%）和35 μl β－巯基乙醇（终体积约为2%），小心混匀；

④混匀后用封口膜封口，然后于65℃水浴30 min，其间颠倒3～5次；再调整水浴锅温度至37℃；

⑤冷却至室温，加入70 μl 20% PVP（1.6%），混匀后，加入等体积的氯仿∶异戊醇（24∶1），混匀；

⑥室温，12 000 rpm离心10 min，取上清至另一离心管；

⑦加入等体积的氯仿∶异戊醇（24∶1），混匀；

⑧室温，12 000 rpm离心10 min，取上清至另一离心管；

⑨加入等体积异丙醇和1/10体积3 mol/L NaAc（pH值5.2），于－20℃沉淀30 min；

---

* 文献来源：徐兵强．香蕉、番木瓜和杧果NBS-LRR类和STK类抗病基因同源序列的克隆和特征分析．中国热带农业科学院 & 华南热带农业大学硕士学位论文．（指导教师：黄俊生研究员，杜中军　副研究员）

⑩4℃，12 000 rpm 离心 10 min，弃上清；

⑪用 70% 乙醇洗涤沉淀 3 次，干燥后，溶于 50 μl TE 溶液［10 mmol/L Tris · HCl（pH 值 8.0），1 mmol/L EDTA（pH 值 8.0）］中；

⑫加入 1 μl RNase（10 μg/ml），混匀，37℃放置 30 min 后，加水至总体积 750 μl；

⑬加入等体积 Tris 饱和酚（pH 值≥7.5），混匀；

⑭4℃，12 000 rpm 离心 10 min，取上清至另一离心管；

⑮加入等体积的氯仿: 异戊醇（24:1），混匀；

⑯4℃，12 000 rpm 离心 10min，取上清至另一离心管；

⑰重复步骤⑬～⑯，加 50 μl TE 溶液溶解并于 -20℃贮存；

⑱紫外检测产量和纯度，并用 0.8% 琼脂糖凝胶电泳检测 DNA 的完整性，稀释到所需的浓度，置 -20℃保存。

9.14 杧果基因组总 RNA 提取*

①预先用 75% 的工业酒精燃烧处理研钵、药匙和剪刀各 1，置冰中冷却后，再连续两次加入液氮以冷却研钵、药匙和剪刀；

②预先称量估计 0.3 g 样品的多少，然后根据估计直接剪取约 0.3 g 样品放入经液氮冷却的研钵中，立即加入液氮，再加入约 2% W/V 的聚乙烯吡咯烷酮 PVP-40，研磨样品至细粉状，用燃烧处理并液氮冷却后的药匙将细粉状样品转入到预先在室温下加入 600 μl 提取缓冲液的 2 ml 离心管中，然后在通风橱中立即加入 30 μl 约 5% 体积巯基乙醇，0.25 体积无水乙醇和 0.11 体积的 5 mol/L 醋酸钾溶液 pH 值 4.8，旋涡混匀 1min；

③立即加入 0.8 体积的氯仿: 异戊醇 49:1，混匀后于冰上静置 5 min，再在 4℃下 20 000 rpm 离心 10 min；

④取上清液，加入等体积酚酸: 氯仿 1:1，混匀后于 4℃下 20 000 rpm 离心 10 min；

⑤取上清液，再加入 0.25 体积无水乙醇，等体积氯仿: 异戊醇 49:1 混匀，4℃下 20 000 rpm 离心 10 min；

⑥取上清液加入 0.6 体积 8 mol/L LiCl 至终浓度 3 mol/L LiCl，-20℃下放置 8 h 后，于 4℃下 20 000 rpm 离心 90 min；

⑦用 3 mol/L LiCl 洗涤两次，用 600 μl 的 DEPC 水重新溶解沉淀；

⑧加入 0.8 体积的氯仿，混匀后 4℃下 18 000 rpm 离心 10 min；

⑨加入 5 mol/L 醋酸钾溶液 pH 值 4.8 至终浓度 0.3 mol/L，用 2 体积无水乙醇沉淀，-20℃放置过夜或 8 h 以上；并于 4℃下 18 000 rpm 离心 20 min；

* 文献来源：杜中军，徐兵强，黄俊生，等．一种改进的富含多糖的杧果组织中完整总 RNA 提取方法．植物生理学通讯．2005，41（2）：202-204.

⑩用70%乙醇洗涤2次，以50 μl的DEPC水重悬RNA或以乙醇沉淀的形式于-80℃超低温冰箱保存。

9.15 荔枝基因组总DNA提取*

①吸4.9 ml CTAB抽提液+0.1 ml β-巯基乙醇于10 ml离心管中，在65℃水浴下预热；

②称1 g幼嫩的荔枝叶片，加液氮磨成细粉后转入离心管中，充分混匀；

③于65℃温浴1.5~2h，不时地搅拌至混匀；

④25℃，8 000 rpm离心5 min，将上清液转入新管；

⑤用等体积的酚:氯仿:异戊醇（25:24:1）抽提上清液，颠倒使充分混合；

⑥25℃，10 000 rpm离心10 min，回收上相；

⑦加入等体积的氯仿:异戊醇（24:1），再抽提1次，颠倒混匀；

⑧重复第6步；

⑨加入0.6倍体积的异丙醇，混匀后可见丝状或絮状沉淀，即为DNA粗提物；

⑩收集沉淀，用75%的乙醇洗涤3遍，吹干；

⑪将沉淀物用高盐TE（500 μl）溶解，65℃助溶；

⑫加入RNAase液，37℃保温30min；

⑬用等体积的酚:氯仿:异戊醇（25:24:1）抽提1次；

⑭12 000 rpm离心5min，回收上相；

⑮加入等体积的氯仿:异戊醇（24:1），再抽提1次。12 000 rpm离心5min，回收上相；

⑯加入1/10体积的NaAc，2倍体积的无水乙醇，充分混匀，置于-20℃过夜；

⑰4℃，12 000 rpm离心5min，收集沉淀；

⑱用75%、85%的乙醇各洗1次，吹干；

⑲50~100 μl的TE或无菌双蒸水溶解，-20℃保存备用。

9.16 无核荔枝胚胎总RNA提取**

①分别取15 ml提取缓冲液加到两个无核酸酶的无菌50 ml离心管中，再分别加入1 ml β-巯基乙醇，65℃预热；

---

* 文献来源：李明芳．荔枝SSR标记的研究及其对部分荔枝种质的遗传多样性分析．中国热带农业科学院&华南热带农业大学硕士学位论文．（指导教师：郑学勤　教授）

** 文献来源：李蕾．无核荔枝胚败育相关蛋白质的分离鉴定及cDNA克隆．中国热带农业科学院&华南热带农业大学硕士学位论文．（指导教师：郑学勤　教授）

②取材料 3～5 g，DEPC 水洗，液氮中碾磨成细粉末，等份转入上述 50 ml 预热的无酶离心管中，迅速涡旋匀浆，65℃水浴温育 30～40 min；

③每管加入 15 ml 氯仿∶异戊醇（24∶1），涡旋混匀，冰浴 10 min，4℃，12 000 rpm 离心 10 min；

④取上清，加入 1/3 体积 8 mol/L LiCl 和 1 ml β－巯基乙醇，－20℃下沉淀过夜；

⑤4℃，12 000 rpm 离心 40 min；

⑥沉淀用 4 ml 异硫氰酸胍变性液溶解，加入 120 μl β-巯基乙醇和 880 μl 2 mol/L NaAc（pH 值 4.0）混匀后加入 5 ml（水饱和）酚∶氯仿∶异戊醇（25∶24∶1），涡旋混匀，冰浴 10 min；

⑦4℃，12 000 rpm 离心 15 min；

⑧取上清，加入等体积酚∶氯仿∶异戊醇（25∶24∶1），涡旋混匀，冰浴 10 min；

⑨4℃，12 000 rpm 离心 15 min；

⑩取上清，加入等体积氯仿∶异戊醇（24∶1），涡旋混匀，4℃，12 000 rpm 离心 10 min；

⑪取上清，加入等体积氯仿∶异戊醇（24∶1），涡旋混匀，4℃，12 000 rpm 离心 10 min；

⑫取上清，加入 1/3 体积的 3 mol/L NaAc（pH 值 5.2）和 2 倍体积无水乙醇，－20℃下放置 2 h；

⑬4℃，12 000 rpm 离心 20 min，沉淀用预冷的 75% 乙醇漂洗 3 次，每次漂洗 5 min；

⑭超净工作台中，冰上空气干燥 RNA 沉淀 10 min；

⑮加入 300 μl DEPC 水溶解沉淀。取 1 μl 进行 RNA 电泳检测 RNA 的完整性，取 3～5 μl 测 OD_{230}；OD_{260}；OD_{280}。其余样品加入 3 倍体积的无水乙醇于－70℃下保存。

注意：本实验中 RNA 提取试剂配制

a. CTAB 抽提液：配制 200 ml

2% CTAB	4 g
100 mmol/L Tris · HCl, pH 值 8.0	2.423 g
20 mmol/L EDTA, pH 值 8.0	1.4888 g
1.4 mol/L NaCl	16.36 g

上述成分称量至一无酶的三角瓶中，加 DEPC 水溶解后，用浓盐酸调 pH 值 8.0，用 DEPC 水定容至 200 ml，转入无酶的棕色瓶中室温下保存。

b. 8 mol/L LiCl：配制 100 ml

48.328 g LiCl，加入 ddH_2O 定容至 100 ml，加入 0.1 ml DEPC 摇匀，37℃下放置过夜，高压灭菌（30 min）后，4℃保存。

c. 3 mol/L NaAc，pH 值 5.2：配制 100 ml

40.8 g NaAc · $3H_2O$，用冰醋酸调 pH 值 5.2，加 ddH_2O 定容至 100 ml，加 0.1 ml DEPC 摇

匀，37℃下放置过夜，高压灭菌后，4℃保存。

d. 2 mol/LNaAc，pH值4.0，配制：100 ml

NaAc 16.41 g，冰醋酸64 ml调pH值4.0，加ddH_2O定容至100 ml，加0.1 ml DEPC摇匀，37℃下放置过夜，高压灭菌后，4℃保存。

e.（水饱和）酚∶氯仿∶异戊醇（25∶24∶1）

f. 氯仿∶异戊醇（24∶1）

g. 4 mol/L异硫氰酸胍变性液

h. CBS缓冲液：配制200 ml

42 mmol/L柠檬酸钠	2.47 g
0.83%（w/v）十二烷基肌氨酸钠	1.66 g

用ddH_2O溶解上述成分，定容至200 ml，加0.2 ml DEPC摇匀，37℃放置过夜，高压灭菌后，4℃保存

i. 4 mol/L异硫氰酸胍变性液：配制100 ml

异硫氰酸胍25 g，CBS缓冲液66 ml，两者混匀后置于4℃保存。

9.17 龙眼基因组总DNA提取*

① 取0.5 g组织材料，液氮中研磨成粉；

② 加入5 ml提取缓冲液，混匀，50℃放置5 min；

③ 加入1.5 ml，氯仿/异戊醇，混匀，12 000 rpm离心10 min；

④ 取上相，加入1.5 ml氯仿/异戊醇，重新抽提1次；

⑤ 取上相，加入200 μl无水乙醇，混匀，室温放置5 min，12 000 rpm离心10 min；

⑥ 去上清液，加入1 ml体积分数70%乙醇洗涤沉淀，离心，去上清液，自然吹干，加入适量无菌水溶解沉淀，-20℃保存备用。

以上提取的DNA在紫外分光光度计比色检测纯度，10 g/L的琼脂糖凝胶电泳检测完整性。

9.18 龙眼基因组总RNA提取**

采用LiCl沉淀法和上海生工试剂盒抽提法（试剂盒购自上海生工，参照说明书）提取RNA。

---

* 文献来源：王凤华等．龙眼胚性愈伤组织体胚发生的同步化调控及其DNA与RNA的提取方法．热带作物学报，2003，24（3）：31-35.

** 文献来源：王凤华等．龙眼胚性愈伤组织体胚发生的同步化调控及其DNA与RNA的提取方法．热带作物学报，2003，24（3）：31-35.

9.19 番木瓜基因组总 DNA 提取*

①用少许酒精烧研钵，冷却后再预置水浴锅温度至 65℃；

②叶片用蒸馏水冲洗干净，擦干后，称取约 0.3 g 叶片，加入少许 PVP，在液氮冷冻下迅速研磨成粉末；

③用钥匙将粉末转移至 2 ml 离心管中，然后加入 700 μl DNA 提取缓冲溶液［2% CTAB，1.4 mol/L NaCl，50 mmol/L Tris，20 mmol/L Na_2－EDTA（pH 值 8.0）］中，再加 70 μl 偏重亚硫酸钠（终浓度约为 1%）和 35 μl β－巯基乙醇（终体积约为 2%），小心混匀；

④混匀后用封口膜封口，然后于 65℃水浴 30 min，其间颠倒 3～5 次；再调整水浴锅温度至 37℃；

⑤冷却至室温，加入 70 μl 20% PVP（1.6%），混匀后，加入等体积的氯仿∶异戊醇（24∶1），混匀；

⑥室温，12 000 rpm 离心 10 min，取上清至另一离心管；

⑦加入等体积的氯仿∶异戊醇（24∶1），混匀；

⑧室温，12 000 rpm 离心 10 min，取上清至另一离心管；

⑨加入等体积异丙醇和 1/10 体积 3 mol/L NaAc（pH 值 5.2），于－20℃沉淀 30 min；

⑩4℃，12 000 rpm 离心 10 min，弃上清；

⑪用 70% 乙醇洗涤沉淀 3 次，干燥后，溶于 50 μl TE 溶液（10 mmol/L Tris · HCl（pH 值 8.0），1 mmol/L EDTA（pH 值 8.0））中；

⑫加入 1 μl RNase（10 μg/ml），混匀，37℃放置 30 min 后，加水至总体积 750 μl；

⑬加入等体积 Tris 饱和酚（pH≥7.5），混匀；

⑭4℃，12 000 rpm 离心 10 min，取上清至另一离心管；

⑮加入等体积的氯仿∶异戊醇（24∶1），混匀；

⑯4℃，12 000 rpm 离心 10 min，取上清至另一离心管；

⑰重复步骤⑬～⑯，加 50 μl TE 溶液溶解并于－20℃储存；

⑱紫外检测产量和纯度，并用 0.8% 琼脂糖凝胶电泳检测 DNA 的完整性，稀释到所需的浓度，置－20℃保存。

---

* 文献来源：徐兵强．香蕉、番木瓜和杧果 NBS－LRR 类和 STK 类抗病基因同源序列的克隆和特征分析．中国热带农业科学院 & 华南热带农业大学硕士学位论文．（指导教师：黄俊生 研究员，杜中军 副研究员）

9.20 番木瓜基因组总 RNA 提取*

①预置65℃水浴；

②取1.0 g植物组织，加液氮研磨呈粉末状，及时转入10 ml离心管中；

③加3.0 ml提取缓冲液［组织（g）：缓冲液（v）=1∶3］，封口膜封住离心管盖，颠倒离心管振荡混匀，65℃水浴20 min，中途混匀2～3次，使RNA充分析出；

④加0.6体积的氯仿，充分混匀，然后冰浴静置10 min；

⑤4℃，8 000 rpm离心20 min，将上清液转移到另一新10 ml离心管中；

⑥加入1/3体积的8 mol/L LiCl溶液（终浓度约为3 mol/L），混匀，冰浴6～8 h；

⑦4℃，8 000 rpm离心20 min，弃上清，沉淀用70%乙醇洗涤1次，并转移到2 ml离心管中；

⑧4℃，8 000 rpm离心5 min，用枪头尽可能吸走乙醇；

⑨加2 ml ddH_2O_{DEPC}溶解沉淀，并将溶液分装入两个1.5 ml离心管中；

⑩每管中加入0.8 ml的酚∶氯仿（1∶1），混合均匀，然后室温静置5 min；

⑪4℃，12 000 rpm离心20 min，将上清液转移到另一新2 ml离心管中；

⑫上清液加0.8 ml氯仿抽提1次，4℃，12 000 rpm离心20 min；

⑬上清液加入1/10体积3 mol/L NaAc（pH值5.2）溶液和1体积预冷的异丙醇，-20℃放置过夜；

⑭4℃，12 000 rpm离心20 min，收集RNA沉淀，用70%乙醇洗2次，4℃，8 000 rpm离心5 min，吸去乙醇溶液，用适量ddH_2O_{DEPC}溶解，放入-70℃低温保存。

9.21 马槟榔叶片基因组总 DNA 提取**

①在所需量的CTAB提取缓冲液中加入2-ME（β-巯基乙醇）使终浓度达到2%（v/v），将其预热至65℃；

②取马槟榔叶片约1～2 g，用液氮研磨成粉末状，加入到已预热的2% CTAB提取缓冲液中，65℃温浴1 h；

---

* 文献来源：徐兵强．香蕉、番木瓜和杧果NBS-LRR类和STK类抗病基因同源序列的克隆和特征分析．中国热带农业科学院与华南热带农业大学硕士学位论文．（指导教师：黄俊生 研究员，杜中军 副研究员）

** 文献来源：刘四新．马槟榔（*Capparis masaikai* L.）甜蛋白*MBL*基因启动子分离及其种子特异表达功能研究．中国热带农业科学院与华南热带农业大学博士学位论文．（指导教师：胡新文 教授，郭建春 研究员）

③4℃，5 000 rpm 离心 2～3min，将上清转至另一离心管中，余下的沉淀再加入 1ml CTAB 提取缓冲液，温浴 10 min；

④再离心，取上清液与③中离心管合并，加入等体积氯仿: 异戊醇（24:1），抽提 1 次；

⑤取上清液加氯仿: 异戊醇重复抽提 1 次；

⑥在上清中加入等体积的 CTAB 沉淀液，室温放置或 65℃温浴 30 min；

⑦用枪头将丝状沉淀挑出，以 70% 的酒精洗涤 2 次，晾干，溶于加有 RNase 的 TE 缓冲液中，37℃温浴 30 min。加入等体积酚: 氯仿: 异戊醇（25:24:1），轻轻颠倒、混匀；

⑧取上清液加酚: 氯仿: 异戊醇重复抽提 1 次；

⑨在上清中加入 0.7 倍的异丙醇，混匀，室温放置 0.5 h；

⑩用枪头将丝状沉淀挑出，70% 的酒精洗涤 2 次，晾干，溶于 50 μl TE 缓冲液中。

⑪取 5 μl DNA 溶液在紫外分光光度计上分别测定 230 nm、260 nm 和 280 nm 下的吸光值，以计算 OD_{260}/OD_{280} 和 OD_{260}/OD_{230} 的比值。取 2 μl 进行琼脂糖凝胶电泳并在凝胶成像系统照相，以观察条带的清晰度。

9.22 马槟榔种仁基因组总 RNA 提取*

①取新鲜马槟榔果实，劈开，分别取果肉和种仁各约 1.0 g，DEPC 水稍稍淋洗，液氮中碾磨成细粉末，转入冰上预冷的 50 ml 无酶离心管中；

②每管加入 15 ml 65℃预热的 CTAB 提取液和 1 ml β-巯基乙醇，剧烈涡旋匀浆，65℃水浴温育 30～60 min；

③每管加入 15 ml 氯仿: 异戊醇（24:1），涡旋混匀，冰浴 10 min，4℃，12 000 rpm 离心 10 min；

④取上清，加入 1/3 体积 4 mol/L LiCl 和 500 μl β-巯基乙醇，−20℃下沉淀过夜；

⑤4℃，12 000 rpm 离心 40 min；

⑥ 沉淀用 4 ml 异硫氰酸胍变性液溶解，加入 120 μl β-巯基乙醇和 880 μl 2 mol/L NaAc（pH 值 4.0），混匀后加入 5 ml（水饱和）酚: 氯仿: 异戊醇（25:24:1），涡旋混匀，冰浴 10 min；

⑦4℃，12 000 rpm 离心 15 min；

⑧取上清，加入等体积酚: 氯仿: 异戊醇（25:24:1），涡旋混匀，冰浴 10 min；

---

* 文献来源：刘四新．马槟榔（*Capparis masaikai* L.）甜蛋白 *MBL* 基因启动子分离及其种子特异表达功能研究．中国热带农业科学院与华南热带农业大学博士学位论文．（指导教师：胡新文 教授，郭建春 研究员）

⑨4℃，12 000 rpm 离心 15 min；

⑩取上清，加入等体积氯仿∶异戊醇（24∶1），涡旋混匀，4℃，12 000 rpm 离心 10 min；

⑪取上清，加入等体积氯仿∶异戊醇（24∶1），涡旋混匀，4℃，12 000 rpm 离心 10 min；

⑫取上清，加入1/3 体积的 3 mol/L NaAc（pH 值 5.2）和 2 倍体积无水乙醇，-20℃下放置 2 h；

⑬4℃，12 000 rpm 离心 20 min，沉淀用预冷的 75% 乙醇漂洗 3 次，每次漂洗 5 min；

⑭超净工作台中，冰上空气干燥 RNA 沉淀 10 min；

⑮加入 300 μl DEPC 水溶解沉淀。取 5 μl 进行甲醛变性胶电泳，鉴别 RNA 是否完整。取 3 μl 测 OD_{230}/OD_{280} 和 OD_{260}/OD_{280}。其余样品加入 3 倍体积的无水乙醇于 -70℃下保存。

9.23　木薯基因组总 DNA 提取*

本实验用的木薯材料采自大田，为除去糖、蛋白质等杂质，在提取 DNA 时加入 1% 的 PVP。同时为了增加模板 DNA 的纯度，加入 RNaseA 酶和增加抽提次数是比较有效的方法。

①取木薯叶片 1 g，液氮下研磨后置经灭菌的 2 ml 离心管中，加入 800 μl 预热到 60 ~65℃的 2×CTAB（十六烷基三甲基溴化铵）抽提液（100 mmol/L Tris-HCl，20 mmol/L EDTA，1.4 mmol/L NaCl，2% CTAB），温和混匀，65 ℃水浴 1.5 h 后取出冷却至室温；

②加 40 μl 20% PVP 和 16 μl β-巯基乙醇，加入等体积的苯酚∶氯仿∶异戊醇（25∶24∶1）进行抽提，12 000 rpm 室温离心 15 min；

③取上清液至另一离心管，加等体积的氯仿∶异戊醇（24∶1）12 000 rpm 离心 15 min；

④重复③；

⑤取上清液，加等体积异丙醇，可见絮状沉淀，用枪头挑出置于另一离心管中，用 75%、85%、100% 的乙醇洗涤 3 次，风干后溶于 800 μl 1×TE（0.01 mol/L Tris-HCl，pH 值 8.0，0.001 mol/L EDTA）中，待完全溶解，加入 10 mg/ml RNase 液 10 μl，37℃消化 3 h；

⑥分别用等体积苯酚∶氯仿∶异戊醇和氯仿∶异戊醇各抽提 1 次，4℃下10 000 rpm 离心；

⑦取上清液加入 1/10 体积的 3 mol/L NaAc 和 2 倍体积的冰冷无水乙醇轻轻

---

* 文献来源：李杰．木薯高淀粉等重要经济性状相关基因的 QTL 标记．中国热带农业科学院 & 华南热带农业大学硕士学位论文．（指导教师：王文泉　研究员）

混匀，-20 ℃静置 10 min，4℃下10 000 rpm 离心 10 min，沉淀用 70% 乙醇洗 3 次，风干后加 1×TE 溶解待用。

9.24 木薯基因组总 RNA 提取*

木薯（*Cassava*）幼嫩组织总 RNA 的提取（参照 RNA 提取纯化操作手册）。

①取木薯新鲜幼叶于液氮中研磨 3~4 次至粉末；

②待液氮自然挥发后，用枪头将粉末分装到 1.5 ml Eppendorf 离心管（EP 管）中，每只管内加入 500 μl TCP 液，用枪头抽打几次以悬浮样品；

③10 000 rpm，离心 3 min 后立刻将上清液转移入另一个离心管中；

④取现配制的 75% 乙醇 250 μl 加入上清中，彻底混匀后，全部移入吸附柱中，再经10 000 rpm 离心 30 s，然后倒掉收集管中的液体，将吸附柱移入同一收集管中；

⑤加入 500 μl RP 液，10 000 rpm 离心 30 s，倒掉收集管中的液体，将吸附柱移入同一收集管中；

⑥加入 500 μl W3 液，静置 1 min 后，10 000 rpm 离心 15 s，将吸附柱移入一个干净的收集管中，加入 500 μl W3 液，10 000 rpm 离心 15 s；

⑦倒掉收集管中的液体，将吸附柱移入同一个收集管，10 000 rpm 离心 1 min；

⑧将吸附柱放入另一个干净的 1.5 ml 离心管中，再向吸附膜中央加入 50 μl 纯水，室温静置 1 min 后，10 000 rpm 离心 1 min，最后将提取的 RNA（1.5 ml 离心管中）吸取 4.5 μl，用于电泳检测，其余储存在液氮罐中备用。

9.25 甘蔗基因组总 DNA 提取**

9.25.1 试剂

DNA extraction buffer 组成如下：

(1 mol/L) Tris·HCl pH 值 8.0	100 ml
0.5 mol/L EDTA	10 ml
2 mol/L NaCl	250 ml
SDS	15 g
H_2O	加至 1L

* 文献来源：王丹．木薯醇腈酶 cDNA 的克隆及其表达的研究．四川师范大学硕士学位论文．(指导教师：李维　副教授)

** 文献来源：庄南生，郑成木，黄东益，唐燕琼，高和琼．甘蔗种质遗传基础的 AFLP 分析．作物学报．2005，31（4）：444-450.

9.25.2 步骤

①在 50 ml 离心管中加入 DNA 提取液 15 ml，2-ME 350 μl，PVP 2.5 ml，放入 65℃恒温水浴中；

②取甘蔗材料约 5 g，剪碎用液氮快速研磨成粉末；

③将粉末迅速转入经 65℃恒温水浴后的提取液中，摇匀后放回恒温水浴中保温 30 min，其间颠倒几次；

④加入 KAc（5 mol/L）8 ml，颠倒摇匀后放入冰浴 20 min；

⑤加入氯仿∶异戊醇（24∶1）10 ml，颠倒混匀平衡；

⑥4℃条件下 12 000 rpm 离心 10 min，小心吸取上清液，并转入另一个盛有 14 ml 预冷异丙醇（－20℃）的离心管中，缓慢翻转几分钟使 DNA 絮状沉淀凝成团状，用微量移液器吸取 DNA 至 1.5 ml Eppendorf 管中，用 70% 乙醇冲洗 2 次，沉淀物在超净工作台上吹干。

9.26 甘蔗基因组总 RNA 提取*

用 Trizol 提取总 RNA：

① 液氮研磨 0.5 g 叶片成粉末，迅速加入 1 ml Trizol 试剂混匀；

② 室温静止 5 min，12 000 rpm 离心 10 min；

③ 取上清，加入 0. 2 ml 氯仿充分混匀，室温静止 3 min；

④ 4℃条件下 11 800 rpm 离心 15 min；

⑤ 小心移取上层液，加入－20℃欲冷的异丙醇中混匀，室温放置 10 min；

⑥ 11 800 rpm 离心 10 min，弃上清，加入 75% 乙醇洗两次，室温凉干，溶于适量 DEPC 处理水，－70℃保存备用。

9.27 油棕叶片基因组总 DNA 提取**

①称取 1 g 冰冻材料，放入置于冰上的研钵中（或液氮研磨），加入 4 ml 提取液（0.4 mol/L 葡萄糖，10% PVP，2% $Na_2S_2O_5$）研磨成糊状，并转至 15 ml 的无菌离心管中，冰浴 10 min，于 4℃条件下12 000rpm 离心 12 min，弃上清；

②沉淀加 4 ml CTAB 裂解液［0.1 mol/L Tris-HCl（pH 值 8.0），1.4 mol/L NaCl，20 mmol/L EDTA（pH 值 8.0），3% CTAB，2% $Na_2S_2O_5$］，混匀后于 65℃水浴 30 min；

---

* 文献来源：余爱丽．斑茅抗逆性评价及其 BADH 基因的克隆表达．福建农林大学博士学位论文．（指导教师：陈如凯 张木清 教授）

** 文献来源：丁灿．新引种油棕种质评价及其遗传多样性分析．中国热带农业科学院 & 华南热带农业大学博士学位论文．（指导教师：林位夫 研究员）

③加入等体积氯仿: 异戊醇: 乙醇（80:16:4），摇匀后 12 000 rpm（18℃）离心 12 min；

④上清液转入新试管中，加入 0.1 倍体积 NaAc，轻摇 1 min，加入等体积预冷的异丙醇，置于 -20℃下沉淀 20 min，取出离心 1 ~ 2 min，沉淀用 70% 乙醇洗涤 2 次，晾干；

⑤用 1 ~ 1.5 ml TE 溶解，并加入 20 μl RNase 溶解 30 min；

⑥加入 0.5 倍体积 5 mol/L 的 NaCl，混匀，再加入 2 倍体积预冷的无水乙醇，于 -20℃下沉淀 2 h，将絮状 DNA 沉淀用宽口吸管吸出（或取出离心 1 ~ 2 min），将沉淀转入 1.5 ml 小离心管中，用 70% 乙醇洗涤 2 次，晾干；

⑦将 DNA 溶于 50 ~ 150 μl TE 溶液中，放入 -20℃冰箱中保存。

9.28 水稻基因组总 DNA 提取*

9.28.1 试剂

提取缓冲液（Extraction Buffer）：

1 mol/L Tris - HCl（pH 值 8.0）	100 ml
50 mmol/L EDTA（pH 值 8.0）	100 ml
500 mmol/L NaCl	100 ml
1.25% SDS	125 ml
10 mmol/L β - 巯基乙醇	1.5 ml
ddH_2O	加至 1 000 ml

9.28.2 步骤

①取 3 ~ 5 g 新鲜水稻叶片，用液氮速冻，在研钵中快速研成粉末状，转入 50 ml 离心管中。立即加入 20 ml 预热至 65 ℃的提取缓冲液，65 ℃水浴 30 min；

②加入 7.5 ml 5 mol/L 醋酸钾，轻轻混匀，冰上放置 20 min，4 000 rpm 离心 20 min。将上清转入另一个干净的 50 ml 离心管中；

③加入 15 ml 氯仿: 异戊醇（24:1），轻轻颠倒混匀，4 000 rpm 离心 20 min。将上清转入另一个干净的 50 ml 离心管中；

④加入 15 ml 冰预冷的异丙醇，轻轻颠倒混匀，-20 ℃放置 30 min；

⑤4 000 rpm 离心 20 min，弃上清，用 20 ml 70% 的乙醇洗一遍，倒置离心管于干净的滤纸，室温晾干沉淀；

⑥将沉淀重悬于 0.6 ml TE 缓冲液，加 10 μl 10 mg/ml RNA 酶，37℃保温 10 min。转入干净的 2 ml 离心管中，加入等体积的酚: 氯仿: 异戊醇（25:24:1），

* 文献来源：沙优宝．水稻 T - DNA 插入群体的建立和突变体的分析．中国科学院研究生院博士学位论文．（指导教师：何朝族 研究员，田颖川 研究员）

12 000 rpm 离心 10 min；

⑦将上清转入一干净的 2 ml 离心管中，加入 1/10 体积冰预冷的 3 mol/L 醋酸钠（pH 值 5.2），2 倍体积冰预冷的无水乙醇，12 000 rpm 离心 30 min。弃上清，用 70% 的乙醇洗一遍，晾干后，溶于 500 μl TE，保存于 -20 ℃备用。

9.29 水稻基因组总 RNA 提取*

用硫氰酸胍法提取水稻基因组总 RNA。

①取植株新鲜叶片，在液氮中充分研磨，称取 100 mg 于 1.5 ml 离心管中，加入 300 μl 冰预冷的 4 mol/L 硫氰酸胍 RNA 提取液；

②加入 30 μl 2 mol/L NaAc（pH 值 4.6）充分混匀，再加入 300 μl 酸性酚混匀；

③加入 100 μl 氯仿，充分混匀，冰上放置 20 min，4℃下 12 000 rpm 离心 15 min；

④取上清，加入等体积（约 400 μl）的异丙醇，-20℃放置至少 30 min；

⑤4℃下 12 000 rpm 离心 15 min，去上清；

⑥用 100 μl 4 mol/L LiCl 重悬沉淀，-20℃放置至少 30 min；

⑦4℃下 12 000 rpm 离心 15 min。去上清，加入 300 μl DEPC 处理的 ddH_2O；

⑧等体积氯仿抽提 1 次，加入 1/10 体积的 3 mol/L NaAc（pH 值 5.8），两倍体积的无水乙醇；

⑨ -20℃放置至少 30 min，4℃下 12 000 rpm 离心 15 min；

⑩去上清，加入 300 μl 用 DEPC 处理的去离子水配制的 75% 乙醇，4℃下 12 000 rpm 离心 5 min。超净工作台内吹干残余乙醇，加入 30 μl DEPC 处理的去离子水。

---

* 文献来源：沙优宝．水稻 T-DNA 插入群体的建立和突变体的分析．中国科学院研究生院博士学位论文．（指导教师：何朝族　田颖川　研究员）

第10章　热带植物基因工程受体系统建立

10.1　橡胶（*Hevea basiliensis* Mull. Arg.）组织培养*

10.1.1　取材和消毒

橡胶树的春花、夏花、秋花均可作为花药培养的外植体。外植体取处于单核期和少数进入双核期的花药，此时的花蕾长为2.5～3 mm，颜色为黄绿色。常用的消毒程序是75%酒精浸泡数秒钟，再以0.1%～0.2% 升汞浸10～15 min，最后用无菌水清洗4～5遍。有研究表明花药在低温条件下保存数个小时后再进行消毒培养，有利于其愈伤组织诱导和胚状体分化。

10.1.2　愈伤组织诱导

花药接种到诱导愈伤组织的培养基上，20天左右产生愈伤组织。基本培养基采用MS或MB（含MS培养基的大量元素和铁盐，Bourgin和Nitsch烟草培养基中的微量元素，H培养基的有机物质），2，4-D和KT对花药愈伤组织的形成来说是极需要的。在培养基中加入椰乳（5%～10%）和高浓度蔗糖（8%～10%）对愈伤组织的生长虽有一定程度的抑制，但此种愈伤组织在随后的分化培养中则有较强的分化成胚状体能力。

10.1.3　胚状体诱导

愈伤组织培养45～50天是最适的胚状体诱导时期。以附加KT 0.5 mg/L、NAA 0.2 mg/L、GA_3 0.5 mg/L、CM 5%、蔗糖7%、活性炭0.1%的改良MS培养基，再添加6-BA 2 mg/L或ABA 0.5 mg/L，都可提高胚状体的诱导率。

---

* 文献来源：

①谭德冠，孙雪飘，张家明．巴西橡胶树的组织培养．植物生理学通讯．2005，41（5）：674－676.

②吴胡蝶，王泽云，陈雄庭．6-BA、ABA对橡胶花药体细胞胚形成及植株再生的影响．热带农业科学，1994，(3)：1－3.

10.1.4　植株诱导

基本培养基应用改良的 MS 培养基（大量元素下降至 80%，微量元素加倍）；GA_3 对胚状体的萌芽、生根、抽茎十分重要；GA_3 与 IAA 配合使用对根分化有良好作用；培养基中添加适量的 5-溴尿嘧啶有利于植株抽茎；蔗糖浓度适当下调，以 4% ~6% 为最佳；活性炭能使植株的诱导率成倍增加。

10.1.5　培养条件

诱导愈伤组织阶段以 26℃、黑暗培养；诱导胚状体阶段以 24 ~25℃、自然散射光照射培养；诱导植株阶段以 26 ~27℃ 为最好，每天光照 10 h，光照度为 1 500 ~2 000lx。

10.2　蓝桉（*Eucalyptus globulus* Labill.）组织培养*

以刚果 12 号桉（*Eucalyptus* 12ABL）组织培养为例。

10.2.1　外植体的选取与消毒

用纱布包扎好种子，置自来水下冲洗 2 h，然后移入超净工作台，在 75% 的酒精浸泡 2 ~3 s，分别用 10% H_2O_2 或 10% NaClO 消毒 10 min，无菌水清洗 5 遍，接种在无激素 MS 培养基上，暗条件下培养。

10.2.2　愈伤组织的诱导

将 7 天苗龄的种子下胚轴切 0.3 ~0.5 cm 长，接种于诱导培养基：改良 H 培养基 + 6 – BA 0.5 mg/L + NAA 0.5 mg/L + 蔗糖 40 g/L + 琼脂粉 7 g/L 上诱导愈伤组织形成。

10.2.3　不定芽诱导与从生芽的分化

将愈伤组织移入诱导培养基：改良 H + 6 – BA 1 mg/L + NAA 0.1 mg/L + 蔗糖 40 g/L + 琼脂 7 g/L 中诱导不定芽的产生。

把已分化不定芽的愈伤组织接到改良 H + 6 – BA 1 mg/L + NAA 0.1 mg/L + 蔗糖 40 g/L + 琼脂 7 g/L 的培养基中进行培养，经过 3 次继代培养后，愈伤组织表面上逐渐形成密集的丛生芽。

---

* 文献来源：谭德冠．刚果 12 号桉（*Eucalyptus* 12ABL）组织培养及多倍体诱导的研究．中国热带农业科学院与华南热带农业大学硕士学位论文．（指导教师：庄南生　教授）

10.2.4 增殖培养

分割丛生芽转入增殖培养基 MS + 6 - BA 1 mg/L + NAA 0.1 mg/L + 蔗糖 30 g/L + 琼脂 7g/L 中培养。

10.2.5 生根培养

切割高 1.5 cm 左右、具 5 ~ 8 片叶的无根苗，转入生根培养基 1/2MS + IBA 0.5 mg/L + 蔗糖 30 g/L + 琼脂 7 g/L 中培养。

10.3 胡椒（*Piper nigrum* L.）组织培养*

10.3.1 外植体的选取及消毒

培养无菌实生苗采用胡椒充分成熟的果实（果皮为亮红色），采摘后立即在饱和洗衣粉水中去皮，然后用流水冲洗掉残余洗衣粉液和果皮渣，用 75% 酒精浸泡 2 min，0.1% 升汞消毒 15 ~ 20 min，然后无菌水漂洗 3 ~ 5 次。成熟种子在接入萌发培养基（MS + 2% 蔗糖 + 0.5% 琼脂）培养 50 天左右。

10.3.2 增殖培养

取无菌实生苗约 1 ~ 2 mm 的茎尖竖直或水平接入增殖培养基 MS + BA 1.0 ~ 1.5 mg/L + IAA 0.1 ~ 0.2 mg/L 上。每个月继代转接 1 次，至少增殖 3 代后切成单芽接入生根培养基。

10.3.3 生根培养

丛生小芽数量较多但较为弱小，需要接入壮苗培养基生长，经 1 个月的壮苗培养后，嫩茎粗壮，叶片宽大，绿色加深，苗芽高度可达 3 ~ 5 cm，方可转入生根培养基 1/2MS + IBA 1 mg/L + IAA 0.5 mg/L 上。

10.3.4 试管苗的移栽

生根瓶苗（高度约 3 cm 以上）在移栽前置于强日光下闭瓶炼苗 1 周，后在散射光下开瓶炼苗 1 周，移栽时在清水中洗去培养基，插入细沙: 土: 椰糠（1: 1: 1）的基质中。移栽在室内或温室中进行。

以上培养基 pH 值均为 5.8。培养温度 28 ± 2℃，每天光照周期 12 h，光照强度 2 000 ~ 2 500 lx。

---

* 文献来源：刘进平．胡椒离体培养和抗瘟病无性系选育．中国热带农业科学院 & 华南热带农业大学博士学位论文．（指导教师：郑成木 教授）

10.4 咖啡（*Coffea* spp.）组织培养*

10.4.1 材料的消毒及接种

授粉后4～5个月，从大田中摘取合适的小粒种咖啡幼果，经自来水冲洗后，用体积分数为70%的酒精表面消毒1 min，无菌水冲洗1次，接着用20 g/L的次氯酸钠水溶液消毒10 min，无菌水冲4～5次，在无菌条件将胚乳小心挑出。

10.4.2 愈伤组织的诱导

将挑出的胚乳小心接种在MB + 6 - BA 1～2 mg/L + NAA 2.0 mg/L诱导愈伤组织。

10.4.3 胚状体的诱导

将愈伤组织块接种在分化培养基MB + KT 0.5～1.0 mg/L + NAA 0.1～0.2 mg/L上诱导胚状体。

10.4.4 胚乳植株的再生、移苗

在分化培养基中形成的胚状体长根很慢。将子叶期绿色胚状体转移到含有0.5 mg/L NAA或IBA及2 g/L活性炭的1/2MS培养基中15～20天后即可长出1.5～2.0 cm的根系，形成完整的胚乳再生植株。当胚乳植株抽出4～6片真叶时，可将其移栽到由2份珍珠岩+1份腐殖土构成的培养基上，注意保温保湿。

以上培养基pH值均为5.8，胚乳愈伤组织的诱导和增殖为暗培养，其余均在光照条件下进行。光照强度2 000 lx，每天照明14 h，培养温度26±2℃。

［注意：基本培养基（MB）由MS无机盐附加盐酸硫胺素（VB_1）10 mg/L，胱胺酸50 mg/L、肌醇120 mg/L、蔗糖40 g/L构成。］

10.5 香蕉（*Musa nana* Lour.）组织培养**

10.5.1 外植体的选取

在华南地区，一般于春暖季节，香蕉开始生长后，于晴天到蕉田选取产量高、无病虫害的蕉茎，挖取其健壮的吸芽。

---

* 文献来源：叶一枝，陈春满，凌绪柏．咖啡小粒种六倍体和中小粒杂种四倍体胚乳的组织培养．热带作物学报，2004，25（4）：13－16.

** 文献来源：郭欣．香蕉的组培育苗技术．林业实用技术．2005，23（2）：28.

10.5.2 消毒和接种

挖回的吸芽经自来水冲洗和75%的酒精擦洗后，切成2 cm的假茎，茎长2 cm，直径2 cm，放入0.1%升汞中消毒20 min，倒出升汞，再用无菌水冲洗3~4次，用无菌纱布吸干水，剥去苞叶，露出分生组织，用锋利解剖刀切成2块，马上接种到消毒过的培养基上（培养基成分为MS+6-BA 5 mg/L+NAA 0.2 mg/L+蔗糖40 g/L），在25~30℃、1 200 lx光照下培养25~35天。

10.5.3 继代培养

外植体在诱导培养基上经过20~25天后露出顶芽，将无污染的芽转入增殖培养基上进行增殖培养（培养基成分为MS+6-BA 4 mg/L+NAA 0.11 mg/L+蔗糖40 g/L）。在25~30℃、1 200 lx光照下培养25~35天。第1次转瓶，将顶芽的叶切去，茎尖对半切开即可，每20天继代1次，经过4~5次继代，茎尖产生大量的枝芽，可进行生根培养。

10.5.4 生根培养

选取健壮的枝芽接入生根培养基（培养基成分为MS+IBA 0.15 mg/L+NAA 2 mg/L+30 g/L蔗糖），诱导生根而形成完整植株。同一瓶材料中，不能培养生根的，继续接入增殖培养基中进行继代培养。

10.5.5 炼苗

生根培养苗室温25℃左右，光照强度为1 500 lx，每天光照时间为12 h的条件下，大约8天可生根，生根后将瓶苗放到光线较好的地方培养，并经常转动瓶身，让苗均匀受光，炼出的瓶苗健壮，不弯曲，不徒长。

10.6 杧果（*Mangifera indica* L.）组织培养*

10.6.1 外植体的选取与消毒

采取杧果3~5 cm长的完全伸展的嫩叶，在每片树叶上切取2~3个直径8 mm的叶片作为外植体。外植体的消毒过程如下：流水冲洗30 min→1%的吐温-80处理5 min→清水洗几次→70%的乙醇处理30 s→0.05%的$HgCl_2$处理2 min→双蒸馏水至少清洗5次。

---

* 文献来源：罗安定，符少萍，张银东．杧果的组织培养．热带农业科学，1999，(6)：80-83.

10.6.2 愈伤组织的诱导

将无菌的外植体接种到改良的 MS 培养基：50% 主要盐和螯合铁 +2，4-D（1~2 μmol/L）+ 6% 蔗糖 +400 μmol/L 谷氨酰胺 +100 μmol/L 抗坏血酸 + 20%（v/v）椰子水 +0.8% 琼脂或 50% 主要盐 +2，4-D 4.5 μmol/L +6% 蔗糖 + 2.74 μmol/L 谷氨酰胺 + ABA 0.57 μmol/L + 0.55 μmol/L 肌醇 + 0.8% 琼脂上。

10.6.3 愈伤组织的继代培养

增殖的原胚及小细胞聚集物转移到继代培养基：MS + NAA 1.3 μmol/L + BA 8.9 μmol/L 上培养。

10.6.4 芽及根的诱导

将上述得到的不定芽接种到芽诱导培养基：MS + IAA 1.1 μmol/L + KT 13.0 μmol/L 上进行培养。一段时间后再将它们转入添加 9.8 μmol/L IBA 的生根培养基中。

杧果的组织培养采用白色荧光灯发出的冷光为光源，光强 1 000 lx，每天光照时间 16 h，温度 25℃。

10.7 荔枝（*Litchi chinensis* Sonn.）组织培养*

10.7.1 外植体的选取与灭菌

在田间取处于花蕾吐白期的花蕾自来水冲洗 0.5 h 后，在超净台上用 75% 的酒精浸泡 30 s，再放入 0.1% 的升汞中灭菌 8 min，然后用无菌水冲洗 3~5 遍。

10.7.2 花药胚性愈伤组织的诱导

将灭菌后的花蕾在超净工作台上剥出花药接种到花药胚性愈伤组织培养基 MS + 2，4-D 2.0 mg/L + NAA 0.5 mg/L（或 MS + 2，4-D 2.0 mg/L + KT 2.0 mg/L）+ PVP 500 mg/L + 蔗糖 50 g/L 上。培养条件：暗培养，培养温度为 26 ±2℃。

10.7.3 胚性愈伤组织的继代培养

将外观上为黄色或淡黄色颗粒状的、质地松散的、长势快的胚性愈伤组织转

---

* 文献来源：梅新．荔枝体细胞胚胎发生及原生质体培养的研究．华中农业大学硕士毕业论文．(指导教师：蔡礼鸿 副教授，易干军 研究员)

入新鲜的诱导培养基 MS + 2，4-D 2.0 mg/L 上，使其增殖。为了保证胚性愈伤组织能健康地增殖，一般采用固液交替培养。培养条件：暗培养，培养温度为 26 ± 2℃。

10.7.4 胚性愈伤组织体胚的诱导

以长势良好的胚性愈伤组织为材料进行体胚的诱导。此过程采用体胚诱导培养基 MS + KT 0.5 mg/L + NAA 0.1 mg/L + AC 3 g/L。培养条件：黑暗或弱光，培养温度为 26 ± 2℃。

10.7.5 体胚的成熟培养

将在诱导培养基上诱导出的体胚，转移到体胚成熟培养基 MB + 谷氨酰胺 1 600mg/L + 蜂王浆 400 mg/L + CW 100 mg/L + CH 500 mg/L 上。培养条件：光照强度为 1 500 lx，每天光照时间为 10 h，培养温度为 26 ± 2 ℃。

10.7.6 生根诱导

体胚在成熟培养基土培养 50 天后，转移到成苗培养基 MS + GA_3 5 mg/L + NAA 0.1 mg/L 上诱导体胚萌芽生根，再生植株。培养条件：光照强度为 1 500 lx，每天光照时间为 10 h，温度为 26 ± 2 ℃。

10.8 龙眼（*Dimocarpus longan* Lour.）组织培养*

10.8.1 外植体的选取与消毒

在夏季或秋季时分，截取 3 cm 长含有芽的茎段为外植体。用肥皂水洗净，再用流水冲洗 1 个晚上，第 2 天取出。用体积分数为 0.75 的乙醇浸泡 1 min，再用 1g/L 升汞（加几滴吐温-20）处理 10 min，30g/L 次氯酸钠处理 30 min，最后用无菌水冲洗数次。

10.8.2 芽的诱导

将消毒过的茎段切成 0.5 cm 长，接种在诱导芽萌发的培养基 MS + BA 0.5 mg/L + IAA 0.2 mg/L + GA_3 0.5 mg/L 上。

10.8.3 芽的增殖

将茎段培养的芽切取 0.5 cm 茎尖接种在增殖培养基 MS + BA 0.3 mg/L +

---

* 文献来源：王家福，何碧珠．龙眼茎尖的培养．福建农业大学学报，2000，29（1）：23 – 26.

IAA 0.2 mg/L 进行培养。

10.8.4 生根与移栽

将2 cm以上生长健壮的芽苗转入生根培养基：1/2MS + BA 0.1 mg/L + IBA 0.5 mg/L上。生根的试管苗经炼苗后移栽到消毒过的泥炭土、或沙和园土（比例1∶1）、或蛭石、珍珠岩的钵头。初期罩上塑料膜以保持湿度，置于15～25℃温室中。1周后，经常打开塑料膜以降低湿度，以免出现烂根，导致植株死亡。

培养条件：温度25±1℃、每天光照8～10 h、光照强度为2 000 lx。

10.9 椰子（*Cocos nucifera* L.）组织培养*

10.9.1 外植体的采集与消毒

取10～11月龄的椰果去皮，用直径1.6 cm的打孔器取出胚乳包裹着的完整胚。胚包埋的“眼”由于其细胞未木质化而通常呈凹陷状，取下的圆柱状胚乳（内有完整胚）置于椰子水中，再用自来水清洗，然后在95%的酒精中快速漂洗，除去脂肪。用100%的漂白粉（或5.25%的NaClO）溶液表面消毒20 min，后用无菌水清洗3次以除去残余漂白粉。在超净工作台上先用5%的NaClO溶液表面消毒2 min，再用无菌水多次清洗。细心地将椰子胚解剖下来，避免损伤。将胚收集在洁净烧杯内，最后用10%漂白粉或1% NaClO消毒1 min，无菌水洗3次以上，再用无菌滤纸吸干水分。选择质量好（饱满而不变形）的胚接入长试管或玻璃瓶的培养基中。

10.9.2 组培苗的生成

椰子胚接种在改良Y3培养基 + 活性炭1 g/L + 蔗糖60 g/L的液体培养基上进行初代培养。培养温度28～30℃，光照强度4 000～5 000 lx，每天光照9 h。接种后每个月继代转接1次。

第1和第2次继代时都转接到改良Y3培养基 + 1g/L活性炭 + 60 g/L蔗糖（从培养开始一直维持此用量，直至第3到第4个月芽和根已发育较好后采用45 g/L蔗糖）+7 g/L琼脂的固体培养基上。

当形成根和芽后，培养物第3次以及其后的继代转接都采用同样配方的液体培养基。为方便继代转接，可去除吸器以促进萌发，可在接种1个月后的第1次转接的固体培养基上添加20 mg/L BAP。当根较少时，可在第4次继代培养中添加10 mg/L NAA。另外，除去实生苗基部老的褐色组织，并在产生根的部位刺2～3个创伤点，有利于根发生。在第3到第4次继代转接时，切断初生根有利

* 文献来源：刘进平，陈良秋．椰子胚培养研究．热带农业科技，2006，29（1）：21－23.

于次生根的发育，修剪次生根有利于三级根的发育。

10.9.3　炼苗移栽

首先将试管苗转移至温室中培养，约1周之后移出瓶苗，洗净培养基，经2.5 g/L的杀真菌剂溶液浸泡后移栽到经灭菌的沙、蛭石等移栽基质中，并用透明塑料布覆盖保湿。移栽3～4周可逐渐打开，再经1～2周后完全撤去。根据需要及时浇水、喷施叶面肥溶液及防治病虫害。3个月后，可将移栽苗转移到更大的塑料袋中，并采用未灭菌的土壤作基质，在部分遮荫的苗圃中生长。再经3～5个月可直接移到大田，移栽最好避免在夏季高温季节，移栽后可用蕨类遮荫。

10.10　木薯（*Manihot esculenta* Crantz）组织培养*

10.10.1　外植体的获取

对温室培养的植株，取新枝条切去叶片后，用洗衣粉浸泡20 min，接着用自来水冲洗20 min后，在超净工作台上先用70%酒精浸泡3～5 s，再放入0.2%氯化汞溶液浸泡6～8 min，用无菌水冲洗4～5次接种于MS + GA_3 0.02 mg/L + NAA 0.02 mg/L + 30 g/L蔗糖培养基上培养，获得无菌试管苗。

10.10.2　愈伤组织和胚状体诱导培养

选取试管苗3～6 mm大小的嫩叶，将其切成约4 mm^2的小块，接种于诱导培养基：MS + $CuSO_4$ 0.5 mg/L + 2，4-D 4mg/L或12mg/L Picloram，暗培养，温度为26±2℃。

10.10.3　胚状体增殖培养

将获得的处于球形或心形期的胚状体块继续接种于诱导培养基（MS + $CuSO_4$ 0.5 mg/L + 2，4-D 4 mg/L或Picloram12 mg/L + 20 g/L蔗糖）上，2周后可以诱导出次生胚状体，从而获得更多的胚状体。暗培养，温度为26±2℃。

10.10.4　胚状体的成熟培养

将在诱导培养基上诱导出的胚状体块或次生胚状体接种到胚状体成熟培养基（MS + $CuSO_4$ 0.5 mg/L + BA 1.0 mg/L）上进行培养。培养条件为：每日光照培养8～10 h，光照强度为1 000～1 200 lx，培养温度为26±2℃。

---

* 文献来源：朱文丽．木薯胚胎发生再生植株及离体保存技术的初步研究．中国热带农业科学院 & 华南热带农业大学硕士学位论文．（指导教师：王文泉　研究员，莫饶　副教授）

10.10.5 成熟胚状体的子叶诱导次生胚状体和不定芽

(1) 成熟胚状体的子叶诱导次生胚状体

胚状体成熟培养后子叶明显长大并逐渐变绿，此时将子叶切成 0.2 ~ 0.4 cm^2 的小块接种于诱导培养基（MS + $CuSO_4$ 0.5 mg/L + 2，4-D 4 mg/L 或 Picloram 12 mg/L + 20 g/L 蔗糖）上，2 周后可以诱导出次生胚状体。暗培养，培养温度为 26 ± 2℃。

(2) 成熟胚状体的子叶诱导不定芽

选取子叶将其切成小块接种于诱导器官培养基：MS + $CuSO_4$ 0.5 mg/L + BA 1.0 mg/L + IBA 0.5 mg/L + $AgNO_3$ 4 mg/L + 20 g/L 蔗糖上培养。每日光照培养 8 ~ 10 h，光照强度为 1 000 ~ 1 200 lx，培养温度为 26 ± 2℃。

10.10.6 成苗培养

将子叶转绿的成熟胚状体接种到成苗培养基（即 MS + BA 0.01 mg/L + GA_3 0.02 mg/L + NAA 0.01 mg/L + 30 g/L 蔗糖）上进行光照培养，每日光照培养 8 ~ 10 h，光照强度为 1 000 ~ 1 200 lx，培养温度为 26 ± 2℃。

10.10.7 炼苗移栽

再生植株经室内培养 5 周后即可移至大棚炼苗。再经过 2 周，可将小苗取出试管，用水洗净附着在根系上的培养基，用 0.2% 多菌灵浸泡 30 min 直接移栽到营养杯中。

10.11 甘蔗（*Saccharum sinense* Roxb.）组织培养*

10.11.1 外植体的选取

以田间材料为外植体，选用生长健壮植株，取其尾梢部分带回实验室，逐层剥去外部老叶，取其距顶端生长点约 10 cm 的幼叶组织作为外植体。

10.11.2 消毒和愈伤组织的诱导

将采取的外植体先用 70% 乙醇浸泡 30 s 后，再用 0.1% 的升汞水溶液处理 10 min，然后用无菌水洗 3 ~ 4 次，吸干水珠，将其横切成 0.2 ~ 0.5 mm 厚的薄片接种于胚性愈伤组织诱导培养基：MS + 2，4-D 1 mg/L + 30 g/L 蔗糖（pH 值 5.8）上，20 天左右可以长出胚性愈伤组织。

---

* 文献来源：曾艳波．干旱诱导启动子驱使下的海藻糖合酶基因遗传转化甘蔗的研究．中国热带农业科学院 & 华南热带农业大学硕士学位论文．（指导教师：张树珍 研究员）

10.11.3 芽的诱导

将所得到的愈伤组织用无菌水清洗3遍后接种在小植株分化培养基：MS+6-BA 1 mg/L+KT 0.5 mg/L+30 g/L 蔗糖（pH 值5.8）上，诱导芽的分化。

10.11.4 根的诱导及炼苗

当小苗长到3~4 cm 高时，转移到小植株根诱导培养基：MS+IAA 1 mg/L+PPT 1.0 mg/L+20g/L 蔗糖（pH 值5.8）上，诱导根的生成。当小植株长到7~8 cm 以上后，选根系发育良好，生长健壮的种植于沙床2周以后，在大棚内定植与土壤上。

10.12 牧草（*Grazing breeding*）组织培养*

10.12.1 愈伤组织的诱导培养

外植体的灭菌：黑籽雀稗种子用70%的酒精消毒2 min，再用0.1%~0.2%（w/v）的氯化汞消毒35 min，无菌水冲洗5次，每次4~5 min，然后接种到愈伤组织的诱导培养基：MS+2，4-D 2.0 mg/L 上，室温25±1℃，黑暗培养，诱导愈伤。

10.12.2 继代培养和胚性愈伤诱导

将诱导出来的愈伤组织转入继代培养基改良 MS + 2，4-D 2.0 mg/L + KT 0.1 mg/L（pH 值5.8）上。每周观察1次，视愈伤状况适时更换新培养基继代。

10.12.3 分化培养

将外表致密性好、颜色浅黄嫩绿的胚性愈伤无菌条件下转移到分化培养基改良 MS + 6-BA 6.0 mg/L（pH 值5.8）上，接种之后放到培养架上，每天光照16 h，光照强度1 000 lx、培养温度25±1℃进行培养，诱导愈伤分化。

10.12.4 生根培养和植株再生

将分化出茎（芽）的株丛移植到生根培养基改良 MS + NAA 0.5 mg/L（pH 值5.8）上，1周后统计植株再生频率。之后再将分化出茎叶和根的再生苗转入营养土中。

---

* 文献来源：侯海军．热带牧草黑籽雀稗再生体系建立及 *AtGolS2* 基因克隆和载体构建．中国热带农业科学院与华南热带农业大学硕士学位论文．（指导教师：胡新文 教授，郭建春 研究员）

10.13 笔花豆（*Stylosanthes* spp.）组织培养*

10.13.1 无菌苗的获得

种子经浓硫酸处理5 min，以解除种子硬实，提高发芽率。用蒸馏水冲洗后晾干种子，分别用3.0%次氯酸钠、70%酒精进行表面灭菌15 min，无菌蒸馏水冲洗3～4次，并在无菌滤纸上晾干后接种在MS培养基上，26℃暗培养2天后转移到光下生长，接种后7～8天便成苗。

10.13.2 愈伤组织及丛生芽的诱导

切下苗龄7～8天的无菌苗真叶，用手术刀切成小片并置于培养基MS＋6-BA 4.0 mg/L＋NAA 1.0 mg/L上，7天继代培养1次，15天后即可获得大量愈伤组织。将愈伤组织转移至培养基MS ＋ 6-BA 4.0 mg/L ＋ NAA 0.01 mg/L上，10天继代1次，继代2次后，部分愈伤组织分化产生绿色丛生芽点，并逐渐长成丛生芽。分切丛生芽，将分切的芽点转接到新鲜培养基MS＋6-BA 4.0 mg/L＋NAA 0.01 mg/L上，7天后形成大量绿色丛生不定芽。

10.13.3 苗的诱导及伸长培养

将获得的丛生芽分切，接种到培养基MS＋6-BA 0.4 mg/L＋NAA 0. 1 mg/L上，7天后长出小苗。在培养基MS ＋ 6-BA 0.4 mg/L ＋ NAA 0. 1 mg/L上继代培养1次，10天后便形成健壮的小苗，但无分枝。

10.13.4 生根与移栽

当分化的小苗长至6～7cm高时。切下插在培养基1/4MS＋ NAA 0.1 mg/L中，12天后，在苗的基部长出发达根系，生根率为95%以上。拧松瓶盖，让生根的再生苗在室温、自然光条件下锻炼5～6天，用镊子轻轻夹出培养瓶，洗去基部培养基，并用杀菌剂（如0.1%的多菌灵）漂洗，移栽到营养钵中（营养土采用普通土∶塘泥∶蛭石＝1∶1∶1，高压杀菌后，拌入小量复合肥），淋透水，在遮荫处培养2天，然后转至玻璃房中培养，适时浇水。移栽成活率可达100%。

上述培养基均含0.8%琼脂，2.0%蔗糖，pH值5.8。培养温度为25±1℃，每天光照12 h，光照强度2 000 lx。

---

* 文献来源：蒋昌顺，邹冬梅，张义正．柱花草的组织培养及植株再生．植物生理学通讯，2003，39（1）：33.

10.14 益智（*Alpinia oxyphylla* Mig.）组织培养*

10.14.1 愈伤组织诱导及增殖培养

从室内沙盆培养的益智母株中切下新抽出的笋芽，用清水洗净芽上的杂物，接着用洗衣粉浸泡20 min左右，用清水冲。在超净工作台上，按常规方法消毒灭菌，无菌水冲洗4～5次，切取长约1 cm的芽尖，接种于诱导培养基MS+6-BA 3.0 mg/L + NAA 0.1 mg/L上。培养30天左右，将膨大、愈伤化的外植体转接于培养基MS + 6-BA 3.0 mg/L + NAA 0.1 mg/L上进行愈伤组织的增殖培养。

10.14.2 不定芽的分化及增殖培养

将愈伤组织转接于培养基MS + 6-BA 6.0 mg/L上进行不定芽分化培养。

10.14.3 生根培养

将丛生不定芽分切为单芽，接种于生根培养基1/2MS + NAA 0.2 mg/L上。

10.14.4 移栽

在50%荫蔽度的大棚内炼苗1周后，将小苗取出试管，用清水洗净附着在根系上的培养基，再用0.2%多菌灵浸泡20 min后，栽植在装满营养土（表土∶河沙∶椰糠=2∶2∶1）的营养杯中，浇透定根水后覆盖50%遮荫网。1周左右，小苗恢复生长，以后按常规育苗方法管理。

以上培养基均添加蔗糖30 mg/L、卡拉胶5.8 mg/L，pH值6.0。培养温度26～28℃，光照强度1 500～2 000 lx，每天光照时间8～10 h。

10.15 砂仁（*Amomum villosum* Lour.）组织培养**

10.15.1 外植体选取

选取海南砂仁笋芽作为外植体，按常规方法进行外植体表面消毒。

---

* 文献来源：朱文丽，刘小涛，莫饶，吴繁花．益智的组织培养与快速繁殖．植物生理学通讯，2005，43（1）：335.

** 文献来源：莫饶，朱文丽，吴繁花，戚春霖，黄贵修．海南砂仁的离体快繁．热带农业科学，2003，23（4）：1－4.

10.15.2 芽的诱导分化

将灭菌后的组织块接种在培养基MS + BA 3.0 mg/L + NAA 0.05 mg/L上诱导芽的分化，培养30天左右。

10.15.3 芽的增殖培养

切取分化的芽接种在增殖培养基MS + BA 8.0 mg/L + NAA 0.05 mg/L上。

10.15.4 生根壮苗培养

剥取单芽接种在生根诱导培养基1/2MS + NAA 1.0 mg/L上。

10.15.5 炼苗

单芽经生根30天后，移到荫棚中炼苗14天，再移栽栽植在用表土、河沙、椰糠、腐熟牛粪配制成营养土的营养杯中，按常规育苗技术进行水肥管理。

以上培养基均添加蔗糖30 mg/L、卡拉胶5.8 mg/L，pH值6.0。培养温度25～28℃，光照强度1 200～1 500 lx，每天光照时间10～12 h。

10.16 白豆蔻（*Amomum kravanh* Pierre ex Cagnep.）组织培养*

10.16.1 外植体选取

选取白豆蔻笋芽作为外植体。

10.16.2 外植体的灭菌与不定芽的诱导

外植体经常规方法灭菌后，用无菌水冲洗4～5次，然后切取长约1 cm的芽尖，接种在培养基MS + 6-BA 3.0 mg/L + NAA 0.1 mg/L上。30天后，组织块膨大，切口愈伤化，膨大处分化出2～3个不定芽。

10.16.3 增殖培养与生根培养

将不定芽接种于培养基MS + 6-BA 5.0 mg/L + NAA 0.1 mg/L上进行增殖培养，30天后繁殖系数可达2～2.5。将丛生不定芽分切成单芽接种于培养基MS + NAA 0.3 mg/L上进行生根培养，3～4天可见不定根突起，30天后株高平均5

---

* 文献来源：莫饶，朱文丽，吴繁花，黄承和．白豆蔻的组织培养．植物生理学通讯，2004，40（2）：208.

cm 以上，根数 2～3 条，较粗短，多根毛。

10.16.4 炼苗与移栽

移栽前，先在大棚内炼苗 7 天，植株更健壮，叶色变浓绿。移栽时，将附在根系上的培养基清洗干净，植于表土: 椰糠: 河沙（2:2:1）为基质的培养杯中，覆盖一层 50% 遮荫网。4 天后小苗恢复生长，这时可揭开遮荫网。7 天后可薄施叶面肥，以后按常规育苗方法管理。

以上培养基均添加蔗糖 30 mg/L、卡拉胶 5.6 mg/L，pH 值 5.8。培养温度 26～27℃，光照强度 1 200～1 500 lx，每天光照时间 10 h。

10.17 长春花［*Catharanhus roseus*（L.）G. Don］组织培养*

10.17.1 无菌材料的制备

选饱满、干燥的新鲜长春花种子用蒸馏水冲洗干净后置于无菌烧杯中，加入少量 75% 酒精 3～5 s，无菌水冲洗后，再转入 0.1% 升汞溶液中 10 min，最后用无菌水冲洗 5 遍，接种在培养基上。

10.17.2 愈伤组织的诱导

将外植体接种到诱导愈伤组织培养基 MS + 2，4-D 1.0 mg/L + NAA 1.0 mg/L + ZT 0.1 mg/L + 0.8% 琼脂 + 3% 蔗糖上，3 周后种子开始萌动、发芽，并突破种皮，胚体上长满白色的瘤状愈伤组织，再经 2 周，愈伤组织团径可达 0.5 cm 以上。

10.17.3 芽的分化

将愈伤组织转接到诱导分化培养基 MS + 6-BA 2.0 mg/L + NAA 0.3 mg/L + 0.8% 琼脂 + 3% 蔗糖上约经 2 周，在其表面产生 50～60 个浅绿色小体，约经 20 天小体生长分化成芽，再经 20 天芽可长至 2 cm 高。

10.17.4 丛芽的增殖

切取分化培养基中高约 2 cm 的单芽转接到丛生芽增殖培养基 MS + 6-BA 3.0 mg/L + NAA 0.5 mg/L + 0.8% 琼脂 + 3% 蔗糖上继续培养，约 30 天，单芽基部长出许多淡绿色芽点，并逐渐长大形成十几个芽的芽丛，可以在短时间内

* 文献来源：黄勇，郭善利，钱关泽，朱奇．长春花的组织培养与快速繁殖．植物生理学通讯，2000，36（1）：39.

繁殖大批量丛芽。约30天为1个继代周期。

10.17.5 根的诱导

切取高约2~3 cm的芽体，接种到生根培养基1/2MS + NAA 0.3 mg/L + IBA 0.2 mg/L + 0.8% 琼脂 + 2% 蔗糖上，2周后在芽体基部分化出3~5条不定根，4周后可长成4~5 cm高、具2~3对叶片的试管苗。

10.17.6 试管苗的移栽

将长有生根苗的三角瓶的瓶盖打开，并加入1 ml蒸馏水，在实验室内散射光下炼苗3~5天；用镊子小心取出小苗后，洗去根部培养基，栽植于由蛭石和细沙各半配制的基质中，放半阴处，注意浇水；5天后浇1次不含生长素和琼脂的液体培养基，10天后移植于培养土中。

以上培养基pH值均调至5.8；培养温度白天25℃，夜间20℃；光照强度为2 000 lx，每天光照时间12 h。

10.18 海南粗榧（*Cephalotaxus hainanensis* Li）组织培养*

10.18.1 无菌培养物的建立

取海南粗榧当年生幼嫩茎段，在流水下冲洗40 min，滤纸吸干。75%酒精浸泡30 s，5%次氯酸钠浸泡15 min，无菌水漂洗3~4次，吸干水分。然后将茎段切成1 cm左右的小段，接种到启动培养基1/2MS + 5% CM上。20天后，腋芽开始膨大，随后叶片展开，抽生新梢。

10.18.2 芽的增殖与嫩梢的生长

将启动培养40天后的海南粗榧茎段接种到增殖培养基MS + 6-BA 2.0 mg/L + NAA 0.1 mg/L + 5% CM + 0.2%活性炭上进行继代培养。当腋芽枝条伸长至3~4 cm时，利用腋芽萌发与枝条伸长，不断进行切段培养，平均增殖系数可达2.5。

10.18.3 生根与移栽

芽长至3 cm左右即可切下转接到生根培养基1/2MS + IBA 10 mg/L上，进行不定根的诱导。生根培养30天左右，即可长出2~4条约1 cm长的根，不定根的诱导频率达60%。将生根瓶苗打开瓶盖，炼苗3天，洗净后移栽至育苗盘

---

* 文献来源：李志英，王祝年，徐立．海南粗榧的离体快速繁殖．植物生理学通讯，2005，41（6）：786.

中。栽培基质为椰糠和河沙（3:1），移栽前浇透水，移栽后遮荫保湿，小苗成活率达80%左右。

10.19 海南猫须草［*Clerodendranthus spicatus*(Thunb.) C. Y. Wu］组织培养*

10.19.1 外植体的选取

选海南猫须草的幼嫩枝条为外柱体。

10.19.2 外植体消毒及接种

将采回来的幼嫩枝条用流水冲洗30 min，用手术刀小心切取茎尖、节间、幼嫩叶片和带单个侧芽的茎段。

（1）茎尖

用70%的乙醇将茎尖浸泡5～8 s，无菌水清洗1次，再用0.1% $HgCl_2$ 溶液浸泡8～10 min，无菌水清洗4次。最后切成1 cm长的小段作为外植体，平放接种到固体培养基中进行培养。

（2）节间

用70%的乙醇将节间浸泡10～15 s，无菌水清洗1次，再用0.1% $HgCl_2$ 溶液浸泡8～10 min，无菌水清洗4次。最后切1 cm长的小段作为外植体，平放接种到固体培养基中进行培养。

（3）幼嫩叶片

用70%的乙醇将茎尖浸泡5～8 s，无菌水清洗1次，再用0.1%的 $HgCl_2$ 溶液浸泡8～10 min，无菌水清洗4次。最后切成1 cm小块作为外植体，平放接种到固体培养基中进行培养。

（4）带单个侧芽的茎段

用70%的乙醇将节间浸泡10～15 s，无菌水清洗1次，再用0.1%的 $HgCl_2$ 溶液浸泡8～10 min，无菌水清洗4次。最后切成1 cm长的小段作为外植体，平放接种到固体培养基中进行培养。

10.19.3 愈伤组织的诱导

将上述得到的外植体接种到愈伤组织诱导培养基 MS + NAA 0.1 mg/L + BA 1.0 mg/L + 30%蔗糖或MS + 2，4-D 0.1 mg/L + BA 1.0 mg/L + 30%蔗糖上。培养条件为：前期30天培养为自然散射光培养（即置于培养室中，无须用

---

* 文献来源：于旭东．海南产猫须草的栽培方式与其药用活性成分比较分析．中国热带农业科学院与华南热带农业大学硕士学位论文．（指导教师：胡新文 教授）

日光灯照射)，以后每天光照10～12 h，光照强度为1 000～2 000 lx，培养温度为26～29℃。

接种后，每隔15天将每个处理转接一次，连转两次，再过30天后观察愈伤化程度，并统计愈伤组织的数量。

10.19.4 猫须草的愈伤组织继代及分化

将得到的愈伤组织接种在MS + NAA 0.1 mg/L + BA 1.0 mg/L +30%蔗糖或MS + 2，4-D 0.1 mg/L + BA 1.0 mg/L + 30%蔗糖上，30天后观察愈伤组织的增殖情况与分化不定芽的情况。

10.19.5 生根与壮苗培养

将愈伤组织经过分化产生高约1.0～2.5 cm的不定芽，转入生根与壮苗培养基1/2 MS + CM 10% + NAA 0.1 mg/L中进行生根与壮苗培养。

10.19.6 炼苗与移栽

组培苗的移栽，炼苗是一个关键的环节，一定要把握时间、遮荫度、湿度等因素，如时间不够则会影响成活率，但时间又不能过长，特别是在打开盖子炼苗时，时间不能太长，因培养基的营养成分较齐全，有利于微生物生长，如时间太长就会导致烂苗，以致死亡。经过5天在遮荫度为60%～80%的荫棚中炼苗，再经过遮荫度为40%的荫棚3天打开盖子炼苗，便可移栽到育苗杯中，成活率可达95%以上。

10.20 海南龙血树（*Dracaena cambodiana* Pierre ex Cagnep.）组织培养*

10.20.1 外植体选取和接种

选取海南龙血树幼嫩茎段，常规方法消毒后，一分为二纵切成1.5 cm长的小块作为外植体，接种在诱导培养基：MS + 6-BA 5 mg/L + NAA 0.5 mg/L + Ad（腺嘌呤）40 mg/L上。培养至外植体膨大，切口产生嫩绿色的愈伤组织。

10.20.2 增殖培养

将膨大、愈伤化的外植体分成2～3块转接在培养基MS +6-BA 5.0 mg/L + NAA 0.5 mg/L + Ad 0.4 mg/L上。

---

* 文献来源：吴繁花，朱文丽，莫饶，符常明．海南龙血树的组织培养．植物生理学通讯，2005，41（2）：186.

10.20.3 分化壮苗培养

将培养后的愈伤组织分成2～3块，接种于培养基MS + 6-BA 5.0 mg/L + NAA 0.5 mg/L + Ad（腺嘌呤）40 mg/L + AC（活性炭）1 g/L上进行分化及壮苗培养。50天后观察是否有不定芽生成。

10.20.4 生根培养

将组织块上的不定芽切成单芽，接种于生根培养基MS + NAA 0.3 mg/L + AC 1 g/L上。

10.20.5 移栽

移栽前，先在50%荫蔽度的大棚内炼苗2周。移栽时，将附着在根系上的培养基清洗干净，用0.3%的多菌灵浸泡小苗20 min后栽植于椰糠、河沙（1:3）为基质的培养杯中，置于50%荫蔽度的大棚内。浇足定根水后2周内不需再浇水。1个月后按常规育苗方法管理。

以上培养基均添加30 g/L蔗糖、5.8 g/L卡拉胶，pH值6.0。培养温度26～28℃，每天光照时间8～10 h，光照强度1 500～2 000 lx。

10.21 蝴蝶兰（*Phalaenopsis* hybrid）组织培养*

10.21.1 外植体的选取和消毒

切取蝴蝶兰母株的花梗，切割成2～3 cm长的切段，用自来水冲洗20 min，用70%酒精浸泡30 s，再用0.1% $HgCl_2$水溶液浸泡10 min，然后用无菌水冲洗4～5次，剪去茎段两端接触消毒的切口部分，每个外植体带一个节，按其自然生长方向接种到培养基上。将花梗培养中所得的试管内实生苗的叶片、茎尖作外植体接种到基本培养基上诱导原球茎并进行继代增殖。

10.21.2 原球茎诱导和继代增殖

MS + 花宝（N-P-K = 6.5-6-19）2.5 g/L + BA 3 mg/L效果较好，第40天诱导萌发率可达55%。在继代培养中，蝴蝶兰原球茎增殖培养以较低无机盐浓度为好，其浓度以花宝（N-P-K = 6.5-6-19）1.0 g/L处理原球茎的增殖速度最快，原球茎生长势强，增殖倍数为8.5。在6-BA 2.0 mg/L + NAA 0.5 mg/L的培养基中，原球茎的增殖系数2个月内能达5倍以上，是最佳浓度组合。

---

* 文献来源：邹金环，赵大勇，刘艳梅，岳常彦，徐嗣英．蝴蝶兰组织培养快繁技术研究．北方园艺，2005（6）：86－87.

10.21.3 生根培养

在生根培养基中添加无机盐花多多1号（N-P-K=20-20-20）2.7 g/L效果最好，较为理想激素浓度配比为6-BA 0.1 mg/L + NAA 0.5 mg/L，植株生根率高，根数多，生根长。

10.22 水稻（*Oryza sativa* L.）组织培养*

10.22.1 外植体的选取及消毒

取水稻成熟的种子，脱去外壳。用70%的酒精处理90 s，再用0.1%的升汞处理20 min。用无菌水冲洗3～4次，以无菌滤纸吸干表面水分。

10.22.2 愈伤组织的诱导

将上述外植体接种于含2.0 mg/L 2，4-D的NB_0培养基中。25℃黑暗培养。7～10天后，取出水稻种子盾片上诱导出的愈伤组织，继代培养于相同的培养基中，25℃黑暗培养3周，即可长出旺盛生长的胚性愈伤组织。

10.22.3 芽的诱导

将此愈伤组织转接于含2.0 mg/L 6-BA，1.0 mg/L IAA，1.0 mg/L NAA，1.0 mg/L KT的NB_0培养基中。在25℃下2 000 lx，16 h光照8 h黑暗条件下培养。每隔15天继代培养1次。

10.22.4 根的诱导及炼苗

切下再生芽接入含0.1 mg/L IBA的1/2 MS培养基中，直到转化体长出完整的根系。将形成完整植株的转化体移入不含糖分和激素的1/2 MS液体培养基中90%湿度下，4 000 lx，16 h光照8 h黑暗培养7～10天后，移植于温室中。

---

* 文献来源：沙优宝．水稻T-DNA插入群体的建立和突变体的分析．中国科学院研究生院博士学位论文．（指导教师：何朝族 研究员，田颖川 研究员）

第 11 章　热带植物基因工程转化技术

11.1　Cohen 转化法*

11.1.1　实验材料

大肠杆菌 DH5α，载体 pMDT-18，香蕉 DNA 片段。

11.1.2　实验步骤

11.1.2.1　大肠杆菌感受态的制备

①取 －80℃保存的 DH5α 菌种 200 μl，加入 3 ml LB Am^- 培养基，37℃振荡培养过夜；

②取 2ml 过夜培养的菌液加入到 50 ml LB Am^- 培养基中，37℃振荡培养2 ~ 4 h 至 OD_{600} =0.4 ~0.6；

③4℃条件下 2 500 rpm 离心 5 min，弃上清，沉淀用 2 ml 冷的无菌 0.1 mol/L $MgCl_2$ 重悬；

④4℃条件下 2 500 rpm 离心 5 min，弃上清，沉淀用 5 ml 冷的无菌 0.1 mol/L $CaCl_2$ 重悬，冰浴 20 min；

⑤4℃条件下 2 500 rpm 离心 5 min，弃上清，沉淀用 1 ml 冷的无菌 0.1 mol/L $CaCl_2$（加甘油）重悬，分装后，－80℃保存。

11.1.2.2　DNA 片段与 TA 克隆载体的连接

选用 pMDT-18 vector，连接体系为：

pMDT-18 vector	1 μl
PCR 产物	1 μl
Solution I buffer	1 μl

加 H_2O 至总体积 10 μl，混匀后 16℃连接过夜，取 3 μl 进行转化。

11.1.2.3　连接产物转化大肠杆菌

①取 50 μl 感受态细胞，冰上解冻，均匀悬浮；

②加入 3 μl 连接产物，轻轻混匀，冰上静置 30 min；

---

* 文献来源：徐立．香蕉果皮带毛和早花突变体的筛选、鉴定及突变机理初步研究．中国热带农业科学院与华南热带农业大学博士学位论文．（指导教师：黄俊生　研究员）

③42℃水浴热击90 s后，冰上放置2 min；

④加入950 μl LB Am^-液体培养基，37℃条件下200～250 rpm振荡培养1h；

⑤室温，4 000 rpm离心5 min，弃900 μl上清，剩余上清悬浮细胞；

⑥将40 μl悬浮细胞涂布在含IPTG和X-gal的LB Am^+固体培养基上，37℃培养24 h。

⑦挑取白色单菌落，于LB Am^+液体培养基中，37℃振荡培养8 h。

11.2 电转化法*

11.2.1 实验材料

大肠杆菌（*Escherichia coli*）菌株JM109，质粒DNA。

11.2.2 实验方法

11.2.2.1 大肠杆菌（*Escherichia coli*）菌株JM109感受态细胞制备

①将JM109在LB固体培养基上画线，37℃倒置培养1～2天；

②挑取单菌落，接种于20 ml LB液体培养基中，37℃条件下200 rpm振荡培养过夜；

③培养液转接到500 ml LB液体培养基中，37℃条件下200 rpm振荡培养至对数生长中期（OD_{600}=0.5～0.6）；

④让细菌在冰浴中冷却20 min，4℃离心收集菌体；

⑤菌体用冰预冷的，经高压灭菌的10%甘油洗3次；

⑥最后一次弃去上清后，靠残余的10%甘油重悬细菌，使细菌密度达10^9/ml；

⑦按每管50 μl分装，液氮速冻后，保存于－80℃备用。

11.2.2.2 质粒纯化

①取10 μl连接产物，加入1 μl 3 mol/L的NaAC（pH值5.0），20 μl预冷无水乙醇轻轻混匀，上离心机甩一下，－20℃，静置1h；

②小心吸弃上清，加500 μl 70%的乙醇，轻轻颠倒几次洗涤沉淀，4℃条件下12 000 rpm离心15 min（注意离心管的放置）；

③重复第二步操作一次；

④小心吸取上清，弃之，离心管开口置于超净台中，待乙醇挥发干净；

⑤用10 μl灭菌水溶解，4℃短期保存，－20℃长期保存备用。

11.2.2.3 电转化

①于－70℃冰箱内取感受态细胞置于冰上融化，用预冷好的灭菌水轻轻注入

---

* 文献来源：黄贵修．水稻白叶枯病菌致病性功能基因组学分析．中国热带农业科学院与华南热带农业大学博士学位论文．（指导教师：黄俊生　何朝族　研究员）

并吹打混匀（冰上操作），0℃条件下 6 000 rpm 离心 8 min；

②吸取上清，弃之，用灭菌水补足所需体积（冰上操作），混匀；

③取 2 μl 纯化后的质粒，加入 100 μl 感受态细胞中，混匀（冰上）；

④打开细胞导入仪，调至 manual，调电压为 1.6 kV；

⑤将加有连接产物的菌液加入到 0.1cm^2 的电击杯中，进行电穿孔；

⑥按一下 pulse 键，听到蜂鸣声后，向电击杯中迅速加入 1 000 μl 的 SOC 液体培养基，转移到 1.5 ml 的离心管中；

⑦于 37℃条件下 70 rpm 摇床上，复苏 45 ~ 60 min，同时做阴性对照和阳性对照。

11.2.2.4 涂板及菌液培养

①取 30 μl 菌液，加入 170 μl LB 液体，共计 200 μl 涂在直径 12 cm 的涂有 X-Gal、IPTG、Amp 的平板上，37℃培养 18h 左右。取出后，观察蓝/白斑情况，并记录；

②取 30 μl 菌液加入 5 ml LB 培养基中做液体培养，于 37℃条件下 250 rpm 摇 12 ~ 14h，观察菌液生长情况（排除噬菌体污染），并记录。（注：每块加有 Amp 的平板上涂有 X-Gal、IPTG 比例为：X-Gal 为 50 μl ＋ 50 μl LB 液体，IPTG 为 12 μl 涂均匀。）

11.2.2.5 电击杯清洗流程

①用清水将电击杯稍冲一下；

②向电击杯中加入的 75% 酒精浸泡 2 h；

③弃去酒精，再用蒸馏水冲洗 2 ~ 3 遍，然后用 1ml 的枪吸取超纯水反复吹打电击杯 10 遍以上；

④加入无水乙醇 2 ml 于电击杯中，浸泡 30 min；

⑤弃去无水乙醇，于通风橱内挥干乙醇；

⑥将清洗好的电击杯放入 -20℃冰箱内待用。

（注意：不同样品使用的电击杯应分开；每周用 1% 酒精浸泡 30 min。）

11.3 原生质体转化法（CryK13V 基因对绿色木霉原生质体的转化）*

11.3.1 实验材料

绿色木霉（*T. viride*），pCSNTCCm 线性 DNA。

---

* 文献来源：刘士旺，郭泽建，蒋冬花，王政逸．*CryK13V* 基因对绿色木霉原生质体的转化．浙江大学学报，2006，32（3）：270 - 272.

11.3.2 实验步骤

11.3.2.1 菌丝培养

在CM液体培养基中接入CM固体培养基培养的菌丝或孢子，25℃培养30 h，二层纱布过滤，无菌滤纸吸干，收集菌丝体。

11.3.2.2 菌丝酶解

取1 mol/L $MgSO_4 \cdot 7H_2O$ 溶液0.6 ml，磷酸缓冲液（pH值6.98）0.4 ml，将上述溶液混于小瓶中。将培养36 h的菌丝用无菌滤纸吸去水分。酶液用0.25 μl的微孔滤膜过滤除菌。称取菌丝250 mg放入菌丝清洗液中（1 mol/L $MgSO_4 \cdot 7H_2O$: 磷酸缓冲液 = 3∶2）洗2次，然后用灭菌的吸水纸吸干，放入5 ml的酶解液中酶解。

11.3.2.3 原生质体纯化

用四层灭菌的擦镜纸过滤酶解液，除去没被酶解的菌丝碎段，将滤液放入5 ml的离心管中，4 000 rpm离心10 min，用无菌吸管吸取上清液，显微镜检查发现无原生质体存在，弃去上清液，在离心管中加入2 ml原生质体保存液STC，轻轻混合均匀，用计数板计数。

11.3.2.4 原生质体再生

先在培养皿底部铺上一薄层OCM BOTTOM培养基，再将原生质体与冷却至40～45℃的再生培养基轻轻混合倒入上述平板，黑暗培养4～5天，记再生菌落数。原生质体再生率按下列公式计算：原生质体再生率 = 再生培养基上生长的菌落数（个）/涂布原生质体数量（个）×100%。

11.3.2.5 原生质体转化

取150 μl原生质体（浓度1×10^7个/ml），加入10 μl *Xho* Ⅰ酶切的pCSNTC-Cm线性DNA，冰浴20 min，加入40单位*Xho* Ⅰ，然后加入PTC 1.5 ml，缓慢混匀，室温放置20 min，再加入5 ml OCM培养基5 ml，40rpm轻摇20～30 h。

11.3.2.6 转化子筛选

按原生质体转化方法处理的原生质体，加入冷却到45℃含有200 μg/ml hygromycin B的OCM TOP培养基中，并立即倒入铺有200 μg/ml hygromycin B的OCM BOTTOM平板上，25℃黑暗培养3～4天，培养基上生长的菌落即为转化子。

11.3.3 注意事项

原生质体制备是丝状真菌外源基因转化的一个难点，要制备数量比较多、质量比较好的原生质体，需要对不同菌株的菌丝进行合适的处理。培养24 h的木霉菌丝，生长旺盛，菌丝量比较多，适合制备大量的原生质体，且菌丝不需进行预处理。转化率的高低与再生率密切相关。

菌丝培养固体CM培养基：20×硝酸盐50 ml（$NaNO_3$ 120 g，KCl 10.4 g，

$MgSO_4 \cdot 7H_2O$ 10.4 g，KH_2PO_4 30.4 g，H_2O 1 000 ml)，微量元素混合液 1 ml（$ZnSO_4 \cdot 7H_2O$ 2.2 g，H_3BO_3 1.1 g，$MnCl_2 \cdot 4H_2O$ 0.1 g，$FeSO_4 \cdot 7H_2O$ 0.5 g，$CoCl_2 \cdot 6H_2O$ 0.17 g，$CuSO_4 \cdot 5H_2O$ 0.16 g，$Na_2MoO_4 \cdot 2H_2O$ 0.15 g，Na_4EDTA 5 g，H_2O 80 ml)，复合维生素液 1 ml（Biotin 0.01 g，Pyridoxin 0.01g，Thiamine 0.01g，Riboflavinn 0.01g，PABA0.01 g，Nicotinicacid 0.01g，H_2O 100 ml）D-葡萄糖 10 g，蛋白胨 2 g，酵母提取物 1g，酪蛋白 1g，琼脂 15 g，水补足 1 000 ml，pH 值 6.5。

转化培养基：PTC 培养基［60% PEG 4 000，10mmol/L Tris-HCl（pH 值 7.5)，10mmol/L$CaCl_2$］，OCM 培养基（1mol/L 蔗糖的 CM 培养基)，OCM TOP 培养基（OCM 中加入 1% 琼脂)，OCM BOTTOM 培养基（OCM 中加入 1.5% 琼脂)。

11.4 转染*

11.4.1 实验材料

呈指数生长的真核细胞（如 HeLa，BALB/c 3T3，NIH 3T3，CHO，或鼠胚胎成纤维细胞)；CsCl 纯化的质粒 DNA（10 ~ 50 μg/次转染，二次纯化)。

11.4.2 实验步骤

①传代细胞准备　细胞在转染前 24 h 传代，待细胞密度达 50% ~ 60% 满底时即可进行转染。加入沉淀前 3 ~ 4 h，用 9 ml 完全培养液培养细胞。

②DNA 沉淀液的准备　首先将质粒 DNA 用乙醇沉淀（10 ~ 50 μg/10 cm 平板)，空气中晾干沉淀，将 DNA 沉淀重悬于无菌水中，加 50 μl 2.5mol/L $CaCl_2$。

③用巴斯德吸管在 500 μl 2 × HeBS 中逐滴加入 DNA-$CaCl_2$ 溶液，同时用另一吸管吹打溶液，直至 DNA-$CaCl_2$ 溶液滴完，整个过程需缓慢进行，至少需持续 1 ~ 2 min。

④室温静置 30 min，出现细小颗粒沉淀。

⑤将沉淀逐滴均匀加入 10 cm 平板中，轻轻晃动。

⑥标准生长条件下培养细胞 4 ~ 16 h。除去培养液，用 5 ml 1 × HeBS 洗细胞 2 次，加入 10 ml 完全培养液培养细胞。

⑦收集细胞或分入培养皿中选择培养。

11.4.3 注意事项

①在整个转染过程中都应无菌操作。

②为获得最佳实验结果，DNA 应不含蛋白质和酚。乙醇沉淀后的 DNA 应保

* 文献来源：http：//www.biox.cn/content/20050414/10476.htm.

持无菌，并在无菌水或 Tris EDTA 中溶解。

③沉淀物的大小和质量对于磷酸钙转染的成功至关重要。在磷酸盐溶液中加入 DNA-$CaCl_2$ 溶液时需用空气吹打，以确保形成尽可能细小的沉淀物，因为成团的 DNA 不能有效地粘附和进入细胞。

④在实验中使用的每种试剂都必须小心校准，保证质量，因为甚至偏离最优条件十分之一个 pH 都可能导致磷酸钙转染的失败。

[注意：2×HEPES 缓冲盐水（HeBS）：（pH 值 6.95～7.05）50.0 mmol/L HePes；280 mmol/L NaCl；10 mmol/L KCl；1.5 mmol/L 葡萄糖。用 0.5 mmol/L NaOH 调 pH 值至 6.95～7.05，过滤除菌后，－20℃保存备用。]

11.5 转导*

11.5.1 实验材料

①供体菌：*E. coli* K12 F2 gal^+——带有原噬菌体（λ）和缺陷型噬菌体（λ gal）能发酵半乳糖。

②受体菌：*E. coli* K12 F2 gal^-——不带噬菌体不发酵半乳糖，对（λ）噬菌体敏感。

11.5.2 实验步骤

11.5.2.1 噬菌体（λ）裂解液的制备

①用无菌操作方法从供体菌（*E. coli* K12 F2 gal^+）斜面试管中挑取一供体菌单菌落接种于 2 ml 缓冲葡萄糖肉汤培养基中，放置于 37℃恒温培养箱中培养 18 h。

②18 h 后取出，用移液管以无菌的操作方式取 1 ml 供体菌液于 9 ml 缓冲葡萄糖肉汤培养基中，于 37℃恒温培养箱中继续培养 6 h。

③6 h 后取出，将 9 ml 缓冲葡萄糖肉汤培养基移入离心管放于离心机内，3 000rpm 离心 5 min，弃去上清液，剩下沉淀备用。

④用移液管向沉淀中加入 3 ml 含镁离子的磷酸缓冲液重新制成悬浮液，混合均匀后，取出其悬浮液 2 ml 放入直径为 7.5 cm 的培养皿中，在红光中放于 20 W 的紫外线灯下，距离 50 cm 打开皿盖照射 10 min，立即加入冷却至 45℃左右的双倍缓冲葡萄糖肉汤培养基 2 ml，用黑布包好，放于 37℃恒温培养箱内避光培养 3 h。

⑤3h 后取出该培养物，用移液管移入带有棉花塞的离心管中，加入 0.2 ml 的氯仿，剧烈振荡 0.5 h，静止 5min。于离心机 3 000 rpm 离心 10 min，将上清

---

* 文献来源：朱佳珍．大肠杆菌（λ）噬菌体效价的测定和半乳糖发酵基因的转导实验探讨．http：//we b. sctbc. org/ jjyky /zj_ xb/xb/detail. asp？n_ id＝242.

液用移液管移入无菌试管中，此液即为噬菌体（λ）裂解液。

11.5.2.2 点滴法转导

①取已制好的 EMB 琼脂平板培养基 3 个，在平皿底部用玻璃铅笔画线，并标记。

②用移液管取 *E. coli* K12 F2 gal^+ 1 ml 放入 EMB 琼脂平板培养基内，用玻璃涂布棒在 EMB 琼脂平板培养基上按画好的线涂出一条菌带，放入 37℃恒温培养箱内培养 6 h。

③将培养 6 h 后的带菌 EMB 琼脂平板培养基取出，用接种环蘸取噬菌体（λ）裂解液，在菌带的两个方格处和方格外各滴接一环，点滴完毕，将 EMB 琼脂平板培养基放于 37℃恒温培养箱培养 48 h，观察结果。

④将接有噬菌体（λ）裂解液的 EMB 琼脂平板培养基取出，进行观察，在 EMB 琼脂平板培养基的菌带上出现了数个呈紫黑色带金属光泽的菌落。由此证明，受体菌 *E. coli* K12 F2 gal^+ 已接受了供体菌 *E. coli* K12 F2 gal^+ 的 DNA 片段（基因），能产生分解乳糖的酶，故能分解乳糖。因此，在 EMB 琼脂平板培养基上出现紫黑色带金属光泽的菌落。

（注意：半乳糖 EMB 琼脂平板培养基：蛋白胨 10g，K_2HPO_4 2 g，半乳糖 10 g，琼脂 20 g，2% 伊红液 20 ml，0.65% 美蓝液 10 ml，水 1 000 ml。）

11.6 根癌农杆菌 Ti 质粒转化系统

11.6.1 共感染法*

11.6.1.1 实验材料

①棉花品种鲁原 890，鲁原 1138 和 8626；

②农杆菌菌株 LBA4404。

11.6.1.2 实验步骤

（1）棉花品种和无菌苗产生

棉花种子经硫酸脱绒后，用 70% 乙醇浸泡 1 min，用 0.1% $HgCl_2$ 浸泡 15 min，然后用无菌水洗涤 5 遍。消毒后种子放入铺有三层滤纸的无菌瓶中，加入适量无菌水，于 30℃温箱中萌发。2 ~ 3 天后下胚轴长到 1 ~ 2 cm，将萌发种子插到 M_1 固体培养基（MS 无机盐，B_5 培养基维生素，蔗糖 30 g/L，琼脂 6 ~ 7 g/L，pH 值 5.8 ~ 6.0）中继续培养，取株高 7 ~ 12 cm 小苗用于茎尖转化。

（2）农杆菌菌株及培养

农杆菌菌株为 LBA4404，携带 mini-Ti 质粒 pCAMBIA1300-betA-als，T-DNA 区含有目的基因胆碱脱氢酶基因 *bet*A 和筛选标记基因乙酰乳酸合成酶突变基因 *als*。

---

* 文献来源：吕素莲，尹小燕，张可炜，张举仁. 农杆菌介导的棉花茎尖遗传转化及转 *betA* 植株的产生. 高技术通讯，2004，11：20 - 23.

挑取细菌单克隆培养物，接种到加含有利福平 25 mg/L、链霉素 50 mg/L、壮观霉素 100 mg/L 的液体 YEP 培养基中振荡培养。对数生长期的菌液用 4 000 rpm 离心，倒掉上清液，菌体用液体培养基（MS 无机盐，B_5 培养基维生素，葡萄糖 10 g/L，蔗糖 20 g/L，pH 值 5.2～5.4）重悬，稀释到不同浓度备用。在浸染前向此细菌悬液加入 0.1% 的乙酰丁香酮（AS）。在部分转化实验中，加入表面活性剂 Silwet2L77（Lehleseeds，USA）或 Tween80。

（3）茎尖转化和共培养

当种皮脱落或快脱落时，去掉种皮和一片子叶，裸露出小苗茎尖。若苗端已有小叶出现，则用镊子剥去。轻轻划伤顶端分生组织后，将蘸有农杆菌菌液的棉球（由灭菌脱脂棉制备）放到小苗顶端，持续一定时间后取下棉团，用无菌吸水纸吸去感染部位的残留菌液。侵染过的幼苗于 21℃ 左右暗培养 3 天，然后置于光下培养 2～3 天后移栽入花盆。花盆下部为壤土，上部为 6～8 cm 厚的蛭石，隔天浇灌 MS 无机盐溶液。2～3 周后转化小苗长出 2～3 片新叶，然后喷洒除草剂氯磺隆（8 mg/L），喷药后 21 天时统计植株成活率。

11.6.2 叶盘法（农杆菌叶盘法转化矮牵牛）*

11.6.2.1 实验材料

单瓣红花矮牵牛（*Petunie hybrida* Vilm.）组培苗；农杆菌。

11.6.2.2 实验步骤

（1）受体材料预处理

①将组织培养得到的新生叶片取出，剪成 0.5 cm×0.5 cm 的小块，接种在愈伤组织诱导培养基上进行预培养，要求叶片近轴面向下；

②预培养 2 天，当材料切口出刚刚开始膨大时进行侵染。

（2）农杆菌培养

①从平板上挑取单菌落，接种到 25 ml 附加利福平和卡那霉素的细菌液体 YEB 培养基（pH 值 7.0）中，在恒温摇床上，于 27℃ 条件下 180 rpm 培养 16 h，直到 OD 值为 0.5 左右；

②取菌液 1 ml 接种到 100 ml 新鲜配制的无抗生素的液体培养基中，27℃ 条件下 180 rpm 培养，OD 值达到 0.5。

（3）侵染

于超净工作台上，将经过预培养的叶片从培养瓶中取出，放入装有菌液的三角瓶中，浸泡 6～8 min，以叶片边缘充分湿润为度，取出外植体置于无菌滤纸上吸去附着的菌液。

（4）共培养

将侵染过的外植体接种在新配制的愈伤组织培养基：MS + NAA 0.1 mg/L +

* 文献来源：周兰愉．雪花莲凝集素（*GNA*）基因转化矮牵牛的研究．中国热带农业科学院 & 华南热带农业大学硕士学位论文．（指导教师：张银东 研究员）

BA 1.0 mg/L 上，用封口膜封严，在28℃暗培养条件下共培养4天。

(5) 脱菌培养和选择培养

将经过共培养的外植体转移到含有400 mg/L头孢霉素+100 mg/L卡那霉素的愈伤组织培养基上（脱菌同时起到选择作用），封口，放置到培养架上，在光照强度2 000 lx，25℃条件下培养。

(6) 继代培养

选择培养3周后，叶片边缘长出大量愈伤组织，将这些组织块取出，放置在无菌培养皿中，用剪刀切成小块，接种到含有氨苄青霉素和卡那霉素的分化培养基 MS + NAA 0.1 mg/L + BA 1.0 mg/L 上，诱导生成不定芽。

11.6.2.3　注意事项

(1) 在制备农杆菌菌液时，可先用离心管取一定数量的菌液进行4 000 rpm 短暂离心，倒掉上清液，再加入植物外植体诱导愈伤组织的液体培养基，使其光密度 OD 值达到0.5，即可用作接种外植体的菌液。此操作是为了去除菌液里含有成分复杂的次生代谢物，防止影响外植体正常生长。

(2) 外植体在转化前进行预培养是必要的，通过预培养，细胞正处于分裂状态，更容易整合外源 DNA。还可减少外植体转化过程中的杂菌污染率，在预培养阶段将被污染的材料筛选掉，外植体在开始培养过程中，由于迅速生长而出现上翘或卷曲，使农杆菌的接种切面离开培养基致使农杆菌不能生长实现转化，而通过预培养可以解决这些问题，矮牵牛叶片在侵染前预培养4天最佳。

11.6.3　原生质体共培养转化法*

11.6.3.1　实验材料

烟草，带目的基因的根癌农杆菌。

11.6.3.2　实验步骤

(1) 烟草叶肉原生质体制备

①以12周龄烟草植株为试材，选取已伸展开的幼嫩叶片接下面程序进行表面消毒：先浸于70%乙醇30 s，无菌水冲洗1次。然后浸入5%次氯酸钠溶液（其中可加入少许吐温20）30 min，无菌水冲洗3遍。再浸入1%次氯酸钠溶液10 min，无菌水冲洗3次；

②无菌操作剪碎叶片，放入培养皿中，加入25 ml左右的原生质体分离酶液，于28℃、20~30 rpm轻摇4~6 h；

③用倒置显微镜观察原生质体分离情况；

④将分离良好的原生质体悬液用60~80 μm孔径的滤网过滤，原生质体进入滤液；

⑤滤液经600 rpm离心5 min，原生质体沉于管底，除去上清酶液；

* 文献来源：王关琳，方宏筠．植物基因工程［M］．第2版．北京：科学出版社，2002.

⑥离心管内加入 2 ml 原生质体分离缓冲液重悬沉淀，然后在管底缓缓加入 16% 蔗糖溶液，800 rpm 离心 10 min，原生质体漂浮在蔗糖溶液与分离缓冲液中间界面上；

⑦吸取原生质体，用分离缓冲液洗涤，600 rpm 离心 3 min，去上清液。

⑧反复洗涤 2 ~ 3 次后供转化使用。

（2）原生质体预培养

①用含 0.4 mol/L 蔗糖的 K_3 + NAA 0.1 mg/L + KT 0.2 mg/L 的液体培养基重悬原生质体，使终浓度为 $1\times10^5 \sim 2\times10^5$/ml；

②将原生质体悬液分装于 9 cm 的培养皿中，每皿 5 ml 左右，在弱光照（400 lx）下培养至原生质体第一次分裂前。

（3）农杆菌培养

①将农杆菌接种于 YEB 液体培养基中，在 27℃、200 rpm 条件下振荡培养至 OD_{600} 为 0.5 左右；

②将菌液转入无菌离心管中，5 000 rpm 离心 5 min 收集菌体；

③用原生质体液体培养基悬浮、稀释至细胞浓度为 1×10^9 放置冰上待用。

农杆菌培养的另一种做法是经步骤①后，取 1ml 菌液加入到 50 ~ 100 ml 新鲜的 YEB（pH 值 7.0）或原生质体培养液（pH 值 5.8）中，同时加入 AS 100 μmol/L，继续培养至 OD_{600} 为 0.2 左右时即可直接使用。

（4）共培养

取 50 μl 农杆菌加入到盛有原生质体的培养皿中轻轻地摇匀，使农杆菌：原生质体约为 100∶1，农杆菌终浓度约为 10^7 个细胞/ml。于室温下共培养 2 天。

（5）脱菌培养

将共培养液转入无菌离心管中，700 rpm 离心 5 min，弃上清。用原生质体培养基轻轻悬浮，再次离心，用含有 500 μg/ml 的羧苄青霉素的原生质体再生液体培养基悬浮，使细胞浓度约为 $3\times10^4 \sim 6\times10^4$，于室温脱菌培养并诱导分裂。原生质体细胞分裂至 10 个细胞期时，逐渐降低培养基中的渗透压至原始培养基的 1/2。

（6）选择培养

离心收集小细胞团及微小的愈伤组织，转至含有 100 ~ 200 μg/ml 卡那霉素和 500 μg/ml 的羧苄青霉素的诱导愈伤组织或芽再生选择培养基上，进一步培养。

11.6.3.3 注意事项

原生质体的预培养是本实验的一个关键。游离的原生质体在适宜的条件下形成细胞壁，然后进行分裂。将分裂之前刚形成新壁的细胞与农杆菌共培养，就能够成功地转化，在形成新壁之前及经多天培养之后都不易被转化。这很可能是因为转化与原生质体新壁的成分有关。对于不同的植物材料，需进行预备实验，摸索原生质体壁至细胞第一次分裂前所需的时间，烟草需 1 ~ 2 天。

11.7 发根农杆菌 Ri 质粒载体基因转化（发根农杆菌介导的茶树遗传转化）*

11.7.1 实验材料

茶树（*Camellia sinensis*（L.）O. Kuntze）无菌苗；发根农杆菌 LBA902。

11.7.2 实验步骤

（1）发根农杆菌的制备

发根农杆菌 LBA902，在添加 100 mg/L 利福平（浙江医药股份有限公司新昌制药厂）的 YMB 固体培养基上，28℃黑暗培养活化两次。挑取单菌落接种于 20 ml 含 100 mmol/L 乙酰丁香酮（AS）液体 YMB 培养基中，28℃条件下 250 rpm 振荡培养至 OD_{600}为 0.5 ~ 0.8 用于侵染。

（2）发根农杆菌的侵染

将茶树无菌苗的茎段和叶片切块、愈伤组织子叶、胚性愈伤组织、温室扦插苗茎段和叶片切块置于发根农杆菌菌液中，侵染一定时间后无菌滤纸吸干多余的菌液，转移于含 100 mmol/L AS 的 YMB 培养基（共培养培养基）黑暗共培养 2 天后，无菌水冲洗 3 ~ 4 次，1 000 mg/L 头孢噻肟钠（齐鲁制药有限公司）浸泡 20 min 以杀死农杆菌，无菌滤纸吸干材料表面水分，转移于含 500 mg/L 头孢噻肟钠的 MS 培养基（抑菌培养基）。在 25 ± 2℃条件下黑暗培养 30 天后统计发根和愈伤组织诱导频率。

（3）转化后培养

侵染 60 天后，切下发根转移于不含激素的 MS 培养基上。由于发根在 MS 培养基上生长速度较慢，且较少产生侧根，所以尝试将其转移于 LG_0 培养基上培养。LG_0培养基微量元素与 MS 培养基相同，大量元素中不含硝酸铵，有机成分中含生物素、D-泛酸钙和水解酪蛋白。

11.8 植物病毒载体介导基因转化（植物病毒载体介导的蚕豆遗传转化）**

11.8.1 实验材料

植物病毒载体 pClYVV/CP/W；含 *sMMO* 全长基因序列的质粒 psMMO/

---

* 文献来源：张广辉，梁月荣，陆建良．发根农杆菌介导的茶树发根高频诱导与遗传转化．茶叶科学，2006，26（1）：1 – 10.

** 文献来源：王振东．植物病毒载体介导的可溶性甲烷单加氧酶 B 亚单位在蚕豆植物中的表达．辽宁农业科学，2005（4）：5 – 8.

Top2XL；蚕豆。

11.8.2 实验步骤

(1) 含 *sMMO-B* 基因的侵染性重组病毒克隆的构建

①编码 *sMMO-B* 基因的 PCR 扩增 根据编码 *sMMO-B* 基因的两端序列，设计合成一对引物。为便于克隆，在各引物的5′端附加了限制性内切酶 *Spe* I 的识别位点。5′端引物为正义，引物序列为 5′-CCACTAGTATGTCTA- GCGCGCAT-3′；3′端引物为反义，引物序列为 5′-CCACTAGTAATGTCGGTCAGGGC-3′。PCR 反应体系按 Takara ShuzoExTaqKit 使用说明混装，模板为 psMMO/Top-XL DNA 1μg。PCR 条件为95℃变性 1min，56℃退火 0.5 min，72℃合成 0.5 min，30 次循环后于72℃合成3 min。PCR 产物经 1.2% agarose-Et-Br 电泳检测确认后，用等体积的酚:氯仿 1:1 抽提，100%的酒精沉淀，75%的酒精洗涤，真空抽干后溶解在纯净水中，-30℃保存备用。PCR 扩增产物按 Top-XL 试剂盒（Invitrogen，USA）所描述的实验程序进行亚克隆、测序。

②重组病毒克隆的构建 从经测序确认为序列正确的亚克隆中用 *Spe* I 切出目的基因片段，克隆到植物病毒载体 pClYVV/CP/W 的相应位点中构建重组病毒克隆 pCV-mmoB。

(2) pCV2mmoB 的侵染性测定

用1mmol/L pH 值 8.0 TE 缓冲液调整 pCV-mmoB 浓度为 1 μg/μl，再用 TE 缓冲液稀释500倍，取 20 μl 接种播种后 12 天并预先撒上金刚砂（carborundum）的蚕豆植物顶叶，以 20 μl TE 缓冲液作对照同时接种。以症状表现为依据判断 pCV-mmoB 的侵染性。

(3) 重组病毒子代病毒基因组中目的基因转录的 RT-PCR 检测

取接种 pCVmmoB 发病后的蚕豆叶片 0.1 g，用 TRIzol Reagent（Molecular Research Center，Inc.，USA）提取总 RNA，以纯化的 RNA 为模板，用 AMV reverse transcriptase XL（Takara Shuzo）和反义引物合成 cDNA。然后按进行 PCR。取 PCR 产物 3 μl，用 1.0% agarose-EtBr 电泳检测 PCR 扩增效果，拍照。

11.9 DNA 直接导入基因转化*

11.9.1 化学法诱导 DNA 直接转化（PEG 介导原生质体转化）

11.9.1.1 实验材料

水稻种子；表达载体 pH23。

* 文献来源：李文彬．PEG 介导原生质体转化获得水稻转基因植株．植物学报，1995，37（5）：409-412.

11.9.1.2 实验步骤

(1) 胚性悬浮细胞系的建立

去壳的水稻成熟种子经表面灭菌后在添加 2 mg/L 2，4-D 的 MS 固体培养基上诱导出愈伤组织。经多次继代后，选出颜色淡黄、由松散小颗粒组成的胚性愈伤组织转移到 AA 液体培养基中。在 90 rpm 的摇床上黑暗培养（27℃），每周继代培养 1 次，建立起水稻胚性悬浮细胞系。

(2) 原生质体游离及纯化

混合酶液的组成为：Cellulase Onozuka R-10 1%（w/v），Cellulase Onozuka RS 0.5%（w/v），Maceroxyme R-10 1%（w/v），PectolyaseY23 0.1%（w/v），$CaCl_2 \cdot 2H_2O$ 1 470 mg/L，KH_2PO_4 95 mg/L，MES 600 mg/L，甘露醇 0.4 mol/L，pH 值 5.7。

取 5 ml 悬浮细胞到离心管中。自然沉降后弃去上层液体，加入 2 倍体积的酶液，27℃下暗培育 4 h。悬浮有原生质体的混合酶液依次通过孔径为 40 μm 和 20 μm 的尼龙网。离心收集原生质体并用每 100 ml 含 KCl 29 g、$MgCl_2 \cdot 6H_2O$ 5.56 g 和 $CaCl_2 \cdot 2H_2O$ 4.14 g（pH 值 6.0）的溶液洗涤 1 次。

(3) 质粒 DNA

表达载体 pH23 带有 CaMV 35S 启动子驱动下的新霉素磷酸转移酶基因（*NPT*Ⅱ）和 NOS（poly A）转录终止信号。常规方法提取质粒 DNA 并纯化。

(4) PEG 转化

原生质体以 2×10^5ml 的密度悬浮于每 100 ml 含 $MgCl_2 \cdot 2H_2O$ 0.31 g、MES 0.10 g 和甘露醇 7.29 g（pH 值 5.6）的转化介质中。加入质粒 DNA，其浓度为 40 μg 质粒 DNA/2×10^5 原生质体/ml。该混合液在室温下培育 15 min 后，加入 40% 的 PEG6000 溶液，使 PEG 的终浓度为 25%（w/v）。再在室温下静置 15 min 后加入 30 ~ 40 ml 每 100 ml 含 KCl 29 g、$MgCl_2 \cdot 6H_2O$ 5.56 g 和 $CaCl_2 \cdot 2H_2O$ 4.14 g（pH 值 6.0）的溶液停止 PEG 处理，并用该溶液洗涤 3 ~ 4 次彻底去除 PEG。最后用原生质体培养基洗涤 1 次并将原生质体以 2×10^5/ml 的密度悬浮于该培养基中。

(5) 原生质体培养

原生质体培养基为含 0.35 mol/L 葡萄糖、2，4-D 1 mg/L、NAA 0.5 mg/L 和 ZT 0.5 mg/L 的 KM8p 培养基。悬浮有原生质体的液体培养基与预先熔化的 2% 低熔点琼脂糖培养基等量混合，使琼脂糖的最终浓度为 1% 和原生质体的接种密度为 10^5/ml。而后迅速将混合液滴到 60mm × 15 mm 的培养皿中，每滴约 0.2 ml，每皿 15 ~ 20 滴。在琼脂糖珠完全冷却并固定在培养皿底部后，每皿再加入 2 ml 液体培养基，使液体完全铺满皿底而又不淹没琼脂糖珠顶部。最后在液体培养基中加入少量悬浮细胞（每皿约 50 ~ 100 mg）作为看护细胞。这种悬浮细胞是与原生质体游离时使用的相同的悬浮细胞系。培养皿封口后置于黑暗、27℃条件下培养。

(6) 转化体的筛选

原生质体培养10天后，将看护细胞洗掉，更换液体培养基。15天后，可以看到10余个细胞组成的小细胞团产生，此时用含G-418 20 mg/L的液体培养基完全替代原来的培养基以筛选转化体。

(7) 原生质体的植株再生

当从原生质体发育来的愈伤组织直径达1 mm时，转到NMB（N_6大量元素、MS微量元素、B_5有机成分）附加2，4-D 2 mg/L的培养基上增殖1周，再转到附加KT 2 mg/L、NAA 0.1 mg/L、琼脂糖0.5%的MS培养基上诱导植株再生。

11.9.2 物理法诱导DNA直接转化——基因枪法*

11.9.2.1 实验材料

巴西香蕉组培苗；质粒PBI121，pBI-ACTPS，pCAMBIA-ACTP。

11.9.2.2 实验步骤

(1) 香蕉转化材料的准备

将香蕉果实用0.1% $HgCl_2$溶液消毒10 min，用灭菌蒸馏水冲洗数次，再将其徒手切成薄片；纵剖香蕉组培苗的根再截短并将组培苗的叶切为小块（为使不同组织的材料受弹面积相同，切片时应注意使各种组织薄片的大小均匀、数量一致，然后在9 cm的培养皿底划线分区，各小区随机放置相同数量的根、茎、叶薄片）置上述材料于无附加激素的MS培养基上，使之集中于培养皿中央6 cm范围内，室温放置3 h。

(2) 质粒PBI121，pBI-ACTPS和pCAMBIA-ACTP的大量提取

具体提取方法参见第9章。

(3) 基因枪轰击香蕉材料

① 打开超净工作台电源及通风开关，使其处于工作状态；

② 对基因枪及其配件进行消毒：用75%乙醇擦洗真空室及其内部装置，可裂圆片、微粒子弹载片和阻挡网于121℃高压灭菌20 min；

③ 打开基因枪电源开关、真空泵及氦气瓶阀；调节三相开关至氦气瓶压力表读数为1 300kPa；

④ 用无菌镊子将可裂圆片装入固定盖，安回原位，用螺丝刀旋紧；

⑤ 取8 μl包被DNA的金粉颗粒无水乙醇悬浮液，均匀涂布于微粒子弹载片中心，吹干；

⑥ 将载有微弹的载片及阻挡网装入微弹发射装置；

⑦ 抽真空：按VAC键，当真空度达到660 ~ 760 mmHg（1 mmHg = 133.322Pa）时，将VAC按至HOLD位置；

---

* 文献来源：刘歌．香蕉*actin*1启动子的分离及功能鉴定．中国热带农业科学院与华南热带农业大学硕士学位论文．（指导教师：金志强 研究员）

⑧ 轰击：靶距 6 cm；按 FIRE 键，氦气压力达到 1 100kPa 时高压打枪；按 VENT 键消真空；待基因枪压力表读数为零时，取出样品；

⑨ 移去破损的可裂圆片、载片及阻挡网，重复步骤④～⑧，至样品全被转化；阴性对照用无 DNA 包被的金粒轰击。

⑩ 将轰击过的香蕉材料放置于 26℃暗培养 24～48 h；

11.9.3 物理诱导 DNA 转化——显微注射法*

11.9.3.1 试验材料

以百合（*Lilium davidii* Duch.）为试验材料。

11.9.3.2 试验步骤

（1）百合花粉培养

花粉培养液组成为蔗糖（0.25 mol/L），$CaCl_2$（1 mmol/L），H_3BO_3（1 mmol/L），KNO_3（1 mmol/L），$MgSO_4$（1 mmol/L）及柠檬酸-磷酸缓冲液（2 mmol/L，pH 值 6.0）。花粉放入微量培养皿中，饱和湿度下 25±1℃培养 0.5～1 h 后即可铺片。

（2）铺片培养

以花粉培养液配 3% 低熔点琼脂，在 60℃水浴中熔解。取一片洁净的载玻片，分别滴一滴琼脂和一滴培养的花粉，迅速铺平，4℃冷却 20 s，使琼脂凝结，尔后在琼脂上加一层培养介质，放在湿盒中 25±1℃培养 2 h 左右。选取长为 100～300μm 的花粉管进行显微注射。

（3）显微注射

选长度在 100～300 μm 的花粉管，在 Nikon TMDQ16 倒置显微镜（Nikon，Tokyo，Japan）下进行注射，注射针用硅化玻璃针（modelGD-1；Narishige Scientific Instruments，Tokyo，Japan）在垂直拉针仪（model PB-7；Narishige Scientific Instruments）上拉制。注射针液体采用前端直接吸入法，一般液体吸至肩部时，用 2 ml 注射器 Q17 自针后端注入液体石蜡油至满。在距花粉管顶端 50～100 μm 处用显微操作仪和手动压力注射器（model MO-189 和 IM-188；Narishige Scientific Instruments）进行注射。针尖扎进花粉管胞质不超过 3 μm，注射液体轻轻流入胞质中。注射进花粉管胞质中的液体体积约 1 pL。针尖扎进花粉管注入液体后至少留针 5 min，然后慢慢退出。

---

* 文献来源：王昕，崔素娟，马力耕，等，PLC-IP3 信号途径参与花粉管伸长调控的显微注射实验．植物学报，2000，42（7）：697－702.

11.9.4 物理诱导DNA转化——激光转化*

11.9.4.1 实验材料

(1) 植物材料

以甘蓝型油菜（*Brassica napus* L.）的双低（低硫苷、低芥酸）品种“H 165”为实验材料。该品种在我国有大面积种植。

(2) 质粒

用于转化的植物表达载体（PBBt9）含有苏云金杆菌的杀虫蛋白基因 *cryIA*（*a*）（3.5 kb）和筛选标记基因 *NPT*II。

11.9.4.2 实验步骤

(1) 穿刺前材料的预处理

油菜种子用70%酒精消毒1 min，再用0.1% $HgCl_2$ 表面灭菌15 min，无菌水冲洗5次，置于固体MS基本培养基上萌发。在无菌条件下切取4~6天龄的带有2mm长子叶柄的完整子叶，用高渗液（10 mmol/L Tris，0.7 mol/L 山梨醇，pH值7.2）浸泡25~30 min。然后去掉高渗液，加入新鲜的MB液体培养基（MS基本培养基附加6.0 mg/L的6-BA，pH值5.8）洗一次，置于Rose小室中，加入50~100 μl质粒DNA（0.1 μg/μl）封闭小室。

(2) 穿刺过程

激光微束穿刺时，使用波长0.35 μm，脉宽15 ns，输出能量大于2 MJ，光斑直径0.5~1.0 μm。将Rose小室放于显微镜载物台上。在40倍物镜下调焦使被照射的子叶柄清晰。然后对准子叶柄切口处进行激光穿刺，使每个子叶柄受到15个脉冲的穿刺。

(3) 转化植株的筛选

无菌条件下打开Rose小室，将子叶转入MB固体培养基（MB液体培养基附加琼脂6.5 g/L），使子叶柄插入培养基内，培养2~3天后，再转入筛选培养基（MB固体培养基附加30 mg/L卡那霉素），使植株再生并进行筛选。将再生的绿芽转入相同的筛选培养基继续筛选2个月以上，存活的绿苗被转入生根培养基（MS基本培养基附加0.1 mg/L NAA）诱导生根，根系发育良好的植株移栽于盆土并生长至开花结籽。

[注意：所用的激光仪是中国科学院遗传与发育生物学研究所和重庆京渝激光生物研究所共同研制的Nd：YAG激光细胞显微照射系统。能够发射4种波长的激光（1.06 μm，0.53 μm，0.35 μm，0.26 μm），输出激光微束的脉宽及能量均可调，脉宽调节范围10~15 ns，输出能量调节范围为2~50 MJ。激光器引入一台相差显微镜，激光微束通过显微镜可聚焦到生物样品。激光器还配备有电视监视系统，可监视整个激光穿刺过程。]

---

* 文献来源：侯丙凯，宋桂英，王兰岚等．利用激光微束穿刺法将杀虫蛋白基因导入油菜的研究．激光生物学报，1999，8（4）：271－273.

11.10 种质系统介导基因转化*

11.10.1 花粉管通道技术(花粉管介导番木瓜 *PRSV-CP* 基因同源片段转化)

在番木瓜进入盛花期时，进行转基因操作。由于番木瓜的花朵比较大，直接采用液滴法导入含目的基因的质粒 DNA 溶液或含重组体的农杆菌菌液，选用 1 μg/μl 的 DNA 处理浓度和 OD_{600} 值为 0.8 ~ 1.0 的农杆菌菌液处理番木瓜“solo Ⅱ”。进入盛花期后，选择在晴朗天气早上 7：30 左右开始进行操作，用移液枪吸取 2 ~ 5 μl DNA 溶液或 10 ~ 200 μl 农杆菌菌液直接滴注于花朵柱头上。每一种处理液处理 20 朵花以上。

11.10.1.1 试验材料

番木瓜；质粒 DNA。

11.10.1.2 试验步骤

(1) 质粒直接导入技术

①质粒 DNA 的提取：从固体 LB 培养基平板上挑白色单菌落于 50 ml LB（含 Kan）中，37℃条件下 300 rpm 振荡培养过夜（16 ~ 20 h）；提取质粒。

②质粒的纯化：质粒的纯化采用聚乙二醇（PEG）沉淀法，操作步骤为：

a. 向上述质粒溶液中加等体积 13% PEG 8 000 的 1.6 mol/L NaCl 溶液，混匀，室温放置 5 min，12 000 rpm 离心 5 min，弃上清，将沉淀溶于 500 μl TE 溶液（pH 值 8.0）中；

b. 用等体积的酚: 氯仿: 异戊醇（25: 24: 1）溶液和氯仿: 异戊醇（24: 1）溶液分别抽提 1 次；

c. 向抽提后的上清液中加 1/10 体积的 3 mol/L NaAc（pH 值 5.2）溶液和 2 倍体积的无水乙醇，振荡混匀，置冰上 10 min，4℃条件下 12 000 rpm 离心 10 min；

d. 弃上清，加入预冷的 70% 乙醇洗涤沉淀 2 次，超净台中吹干；

e. 用适量的 TE 溶液（pH 值 8.0）溶解质粒，电泳检测纯度及估计浓度。

③质粒 DNA 质量检测：经 Gene Quant Ⅱ型 DNA calculator 检测 dsRNA 浓度后分别将其稀释为 1 μg/μl 作为导入液。

④导入质粒 DNA

a. 选花及转化：选择未开放的，长为 2.0 ~ 4.0 cm 长的雌花为受体，而选择长 3.5 cm 左右的两性花为供体。此时雄花的特点是：去掉花瓣后，可见雄蕊的花药与雌蕊的柱头合抱一体，看上去花药很新鲜，呈淡黄色。选好花后，用带

* 文献来源：蔡群芳．利用 RNA 介导技术培育番木瓜广谱抗环斑病毒品种（系）的初步研究．中国热带农业科学院与华南热带农业大学硕士学位论文．（指导教师：周鹏　研究员）

手套的手掰开雌花花瓣，用移液枪打进2~5 μl导入液，用镊子夹取花粉粒置于柱头上；

b. 挂标签：在标签上注明含质粒的导入液名称、花的长度以及日期。挂于该朵花的花托部；

c. 疏花疏果：每隔7~10天检查1次，若转化的花已死，则摘去标签。为了保证转基因番木瓜生长所需要的营养，可以适当地除去此植株上的其他未转化的果实；

d. 统计：统计导入花的朵数、坐果率。

(2) 菌液导入

①菌液准备

a. 从保存的菌种中吸取菌液以100倍稀释到5 ml LB（含Kan 50 μg/ml、Rif 25 μg/ml，Str 25 μg/ml）中，28℃，280 rpm振荡培养过夜（24~28 h）；

b. 从上述培养液中吸取1 ml菌液，稀释50倍，继续在液体LB培养基（Kan 50 μg/ml、Rif 25 μg/ml，Str 25 μg/ml）中培养至OD_{600}值为0.4~0.6，培养条件同上；

c. 取50 ml OD_{600}值为0.4~0.6的培养液到无菌的50 ml离心管中，置冰上放置10 min，4℃条件下8 000 rpm离心2 min；

d. 收集菌体，用Sucrose溶液（5 mg/100 ml）重悬细胞并附加Silwet L-77（一种表面活性剂，0.5 μl/ml），作为导入液。

②导入菌液　方法同11.10.1.2，只是选择长为3.0~4.5 cm长的未开苞雌花，导入液为10~200 μl。

11.10.2 真空渗入法转化*

11.10.2.1 试验材料

拟南芥；分别携带*MBL*基因启动子的缺失片段、35S启动子、*legA*启动子的农杆菌。

11.10.2.2 试验步骤

(1) 拟南芥苗期管理

用于真空渗入转化的拟南芥要求苗株健壮，抽苔多，花序饱满。苗期用8 h光照/16 h黑暗的短日照培养，有利于植株的营养生长，可使莲座直径大，植株健壮；培养温度控制十分关键，要求不能高于25℃，以控制光照时20~22℃、黑暗时18~20℃为宜，应时常检查培养箱工作是否正常，防止出现仪器故障；由于所用培养箱不能自动加湿，需要每天浇水，将花盆或花杯置于浅盘或浅皿中，使其中保持少量水，有利于保证相对湿度稳定在80%左右。

---

* 文献来源：刘四新．马槟榔（*Capparis masaikai* L.）甜蛋白*MBL*基因启动子分离及其种子特异表达功能研究．中国热带农业科学院 & 华南热带农业大学博士学位论文．（指导教师：胡新文　教授，郭建春　研究员）

真空渗入转化法的转化事件主要发生在拟南芥花的受精作用之前（Bechtold，1993），为提高转化率，在植株抽薹至7～8 cm时摘去主苔，可使尽量多的侧苔抽出。待花序高达10～12 cm、多数花蕾含苞欲放时即可用于转化。

（2）农杆菌真空转化菌悬液制备

①准备6瓶50 ml加有3种抗生素的YEP培养液（含Kan 100 μg/ml，Rif 25 μg/ml，Str 25 μg/ml），将PCR鉴定为阳性、携带有各个相应表达载体的农杆菌（包括4个含有*MBL*基因启动子的缺失片段，1个含有*legA*启动子，1个含有35S启动子），以2%接种量分别接种，于28℃条件下250 rpm振荡培养2天，此为农杆菌的种子培养液，放冰箱4℃保存；

②根据拟南芥的生长情况，在适于真空转化的前2天对农杆菌进行扩大培养。2个1 L的三角瓶中各装300 ml YEP培养液，都接种2%的农杆菌种子液，28℃振荡培养至OD_{600}达到0.8；

③离心收集菌体，把两瓶的菌体合并，用无菌真空渗入液洗涤，再重悬于真空渗入液中，使此时的OD_{600}达到1.0～1.2，装于500 ml烧杯至近满。真空转化前按200 μl/L加入表面活性剂，充分混匀。

（3）真空渗入法转化拟南芥

①准备真空转化的当天，不要给拟南芥浇水，若有结角的把已有的种角剪去；

②将装有农杆菌真空渗入液的烧杯放入真空转化装置的干燥器中，将拟南芥连同花盆倒置于烧杯上，尽量使所有花序、花苔都浸于农杆菌真空渗入液；

③将干燥器盖好，检查是否密封。打开真空泵抽取真空，至叶片上有气泡上浮、真空度达0.08 MPa时开始记时，维持10～12 min，此时浸没的叶片变成深绿色、水渍状，停止抽空，放气使干燥器恢复常压；

④取出拟南芥，用吸水纸将植株上的菌液尽量吸干，放倒花盆使之平置于能保湿、遮光的容器中，将容器内铺上报纸，喷水将报纸湿润以利于保湿，室温下闭光放置过夜；

⑤第二天将拟南芥移入光照培养箱，22℃、长日照、相对湿度90%条件下培养；10～15天后给每个花盆套上透光的硫酸纸袋，每盆单独收获种子（T_1代种子），待种子干燥后于冰箱冷藏。

第 12 章 重组体的筛选和鉴定

由于重组体导入宿主细胞的比例通常较低，因此，需要对含有重组体的宿主细胞进行筛选并作鉴定。下面就以实例来列举可以采用的主要方法。

12.1 抗药性筛选法*

12.1.1 感受态细胞制备

参见本书 8.24.1.6。

12.1.2 转化大肠杆菌

取 100 μl 大肠杆菌感受态细胞，加入含有抗性基因的 10 ~ 20 ng 质粒或 5 ~ 10 μl 连接反应产物，混匀，冰浴 30 min；42℃ 热激 90 s，冰浴 1 ~ 2 min；加入 200 μl LB 液体培养基，37℃ 振荡培养 45 ~ 60 min 后，将菌液涂布于含相应抗生素（100 μg/ml Amp 或 100 μg/ml Kan）的 LB 固体培养基平板。37℃ 培养 12 ~ 16 h 后观察菌落生长情况，挑取抗药性菌落。

12.2 显色模型筛选法

12.2.1 GUS 组织化学染色检测

12.2.1.1 试剂

（1）50 mmol/L 磷酸钠缓冲液（pH 值 7.0）

A 液：称取 $NaH_2PO_4 \cdot 2H_2O$ 3.12 g 溶于无菌蒸馏水，定容 100 ml；

B 液：称取 $Na_2HPO_4 \cdot 2H_2O$ 7.17 g 溶于无菌蒸馏水，定容 100 ml；

取 38 ml A 液与 612 ml B 液混合。

（2）染色液

50 mmol/L 磷酸钠缓冲液 20 ml，Triton X-100 100 μl，100 mmol/L $K_3[Fe(CN)_6]$和 $K_4[Fe(CN)_6]$ 400 μl，X-Gluc 10 mg；

---

* 文献来源：刘四新. 马槟榔（*Capparis masaikai* L.）甜蛋白 *MBL* 基因启动子分离及其种子特异表达功能研究. 中国热带农业科学院 & 华南热带农业大学博士学位论文.（指导教师：胡新文 教授，郭建春 研究员）

(3) 一般固定液

1%甲醛，50 mmol/L 磷酸钠缓冲液，0.05% Triton X-100；

(4) FAA 固定脱色液

5%甲醛，5%乙酸，5%乙醇。

12.2.1.2 步骤

①将准备好的受侵染后的实验材料浸入固定液，室温下轻摇 30 ~ 60 min；

②取出材料，用磷酸钠缓冲液漂洗 3 ~ 4 次；

③将实验材料放入 1.5 ml 无菌离心管中，加入染色液，浸没材料，盖上管盖，于 37℃水浴中保温过夜；

④取出材料，用 75%的乙醇漂洗，或放入 FAA 液中 20 min；

⑤先后用 20%乙醇、50%乙醇各浸泡 20 min 以上；

⑥显微镜下观察，白色背景上的蓝色斑点即为 Gus 表达位点；

⑦染色后的材料可浸入含 80%乙醇的 FAA 液中保存。

12.2.2 GUS 活性比色测定法

12.2.2.1 新鲜的植物组织 GUS 提取

(1) 试剂

GUS 提取缓冲液：50 mmol/L 磷酸钠（pH 值 7.0），10 mmol/L EDTA，0.1% Triton X-100，0.1% Sarcosyl，10 mmol/L β-巯基乙醇。

(2) 步骤

①称取 0.5 g 材料，置液氮中研磨成粉；

②加入 3 倍体积的提取缓冲液，研成匀浆；

③4 000 rpm 离心 10 min，收集上清液，于冰箱中保存备用。

12.2.2.2 GUS 提取液蛋白含量测定（Bradford）

(1) 试剂

①考马斯亮蓝 G250 溶液 100 mg 考马斯亮蓝 G250 溶于 50 ml 95%乙醇中，加 100 ml 磷酸 H_2O 定容 1L，过滤后于 4℃贮存；

②反应缓冲液 50 mmol/L Na_3PO_4（pH 值 7.0），1 mmol/L EDTA，0.1% Triton X-100，10 mmol/L β-巯基乙醇，1 mmol/L PNPG；

③反应终止液 1 mol/L 2-amino-2-methyl-1，3-Propanadiol；

④1 μmol/L 对硝基苯酚（标准样品）。

(2) 步骤

①制作标准曲线 配置 25 μg/ml BSA 母液：称取 2.5 mg BSA，加入 0.5 ml 提取缓冲液，用 H_2O 定容到 100 ml。按表 12-1 制作 BSA 梯度液。

表 12-1 BSA 浓度梯度

BSA 母液（ml）	H_2O（ml）	BSA 浓度（μg/ml）
0.25	4.75	1.25
0.5	4.5	2.5
1.0	4.0	5.0
1.5	3.5	7.5
2.0	3.0	10.0
2.5	2.5	12.5
5.0	0.0	25.0

从中取 4 ml 加入 1 ml 考马斯亮蓝溶液，混匀，室温下放置 2min，测定 595 nm的吸光值。吸收值对蛋白浓度作图绘制标准曲线。

②提取液蛋白含量的测定　取材料 Gus 提取液 20 μl。加入 H_2O 至 4 ml，加入考马斯亮蓝溶液，混匀，室温下放置 2min。测定 595 nm 的吸光值，根据标准曲线计算样品蛋白质含量。

12.2.2.3　酶反应

①取 6 支试管，编号，分别加入总蛋白含量约为 35 μg 的 GUS 提取液，再加入反应缓冲液至反应总体积为 1 ml，混匀。

②立即向 1 号管中加入 400 μl 反应终止液。此为反应 0 时的样品。

③其他 5 管置于 37℃保温，分别在 5、10、15、30 和 60 min 向管内加入 400 μl 反应终止液。即为不同反应时间的样品。

④比色测定：将样品置分光光度计中，以 0 时样品为空白，测定不同反应时间的样品及标准样品（1 μmol/L 对硝基苯酚）415 nm 的光吸收值。

⑤酶活力计算：

以酶反应时间对硝基苯酚含量作图，直线部分的斜率即为酶反应初始速度。酶活力单位定义为：每分钟水解硝基苯酚生成 1 nmol 或 1 mg、1 μg、1 ng 硝基苯酚的酶用量为一个活力单位，根据定义求出各样品的酶活力。GUS 基因表达活性以每毫克蛋白的酶活力表示，将样品除以上测得的样品蛋白含量。

在本实验条件下，对硝基苯酚消光系数为 14 000，反应体积为 1.4 ml 时，0.010 的光吸收值代表 1 nmol 反应产物。

12.2.3　蓝白斑筛选

①划线复壮宿主菌，37℃过夜。挑一单菌落于 30 ml LB 液体培养基中，37℃条件下 200 rpm 摇至 $OD_{600}=0.2\sim0.4$，取出置于冰上 10～15 min。

②取 1 ml 菌液于灭菌的 1.5 ml 离心管中。4℃条件下 5 000 rpm 离心 5 min 回收细胞。弃上清，吸干残存培养基，加 500 μl 冰预冷的 0.1 mol/L $CaCl_2$，重悬菌体，置冰浴 15～30 min。4℃条件下 5 000 rpm 离心 5 min 回收细胞。弃上

清，吸干水，加100 μl 冰预冷的0.1 mol/L $CaCl_2$ 重悬菌体。放置于4℃用于转化，若不用则加30%甘油置 -70℃备存。

③加入10 μl 连接产物到100 μl 感受态细胞中，轻旋以混和内含物，置于冰上30 min。

④42℃热休克90 s，不要摇动试管。置冰上1~2 min。

⑤加400 μl 液体培养基，37℃条件下150 rpm，摇菌培养45~60 min。

⑥微波炉融化LB固体培养基，待冷却至50℃左右时，根据载体的抗性加入相应的抗生素，如Km母液至终浓度50 μg/ml或Amp母液至终浓度60 μg/ml，摇匀，趁热倒平板，每板20 ml左右，室温下凝固10~15 min。

⑦取适量菌液（体积不超过200 μl，如果想多涂菌，可以先室温下5 000 rpm离心5 min回收细胞，弃去一部分培养基后，重悬细菌后再涂），加5 μl IPTG（0.5 mol/L）和30 μl X-gal（100 mg/ml），混匀，加到抗性平板上，用烧过灭菌的涂布器涂匀，涂布器应凉下来用，否则容易烫死细菌。

⑧培养皿封好后，37℃倒置培养过夜。待出现蓝色时取出放在4℃冰箱中，使其颜色更加明显。

12.3 噬菌斑 PCR 筛选法

①挖取单个噬菌斑至1.5 ml离心管中，加入100 μl的无菌水，液氮中速冻1 min，室温融化；

②重复冻融一次；

③离心后，吸取30 μl上清液作为模板进行PCR扩增。

反应条件：95℃ 1 min，55℃ 1 min，72℃ 1.5 min，进行30个循环后，72℃延伸10 min。

12.4 DNA 限制性酶切图谱法

12.4.1 质粒的提取

方法参见本书9.6。

12.4.2 质粒的酶切鉴定

（1）单酶切鉴定

在0.2 ml离心管中加入以下成分：

质粒 DNA	8 μl
10 × M Buffer	2 μl
*Eco*R Ⅰ	10 U
10mg/ml RNase A	1 μl

ddH_2O	加至20μl

轻轻混匀，微离心，37℃温浴1 h，用1%琼脂糖凝胶电泳检测。

(2) 双酶切鉴定

*Eco*R I/*Sal* I 双酶切反应体系：

10×buffer H	2.5 μl
*Eco*R I (10 U/μl)	0.5 μl
Sal I (10 U/μl)	0.5 μl
重组质粒	5.0 μl
ddH_2O	16.5 μl
总体积	25.0 μl

充分混匀后离心片刻，再置于37℃水浴锅中酶切2 h以上，然后用1.2%琼脂糖凝胶电泳分析酶切产物，筛选阳性克隆。

12.5 菌落PCR*

①将获得的每个连接产物转化大肠杆菌DH10B；

②分别用牙签挑取3个在含IPTG，X-gal及氨苄青霉素的LB固体平板上生长的白色单菌落于以下反应体系中进行PCR扩增，挑一蓝色菌落作对照。

反应体系：

10×PCR buffer	2 μl
$MgCl_2$ (25 mmol/L)	1.2 μl
dNTP (2.5 mmol/L)	1 μl
M13F (20 μmol/L)	0.2 μl
M13R (20 μmol/L)	0.2 μl
Taq DNA聚合酶 (5U/μl)	0.5 μl
ddH_2O	加至20 μl

PCR扩增程序为：94℃预变性5 min；94℃ 30 s，58℃ 30 s，72℃ 1 min，进行30个循环后；72℃延伸5 min，4℃保存。

③同时，将所挑取的白色单克隆转接于另一个含100 mg/ml氨苄青霉素的LB固体平板上。

④反应完成后，1%琼脂糖凝胶电泳，凝胶成像系统中观察照相。

12.6 菌落（或噬菌斑）原位杂交法**

菌落原位杂交（colony *in situ* hydridization）是将细菌从一平板转移到硝酸纤

* 文献来源：黄贵修．水稻白叶枯病菌致病性功能基因组学分析．中国热带农业科学院与华南热带农业大学博士学位论文．（指导教师：黄俊生 何朝族 研究员）

** 文献来源：http://bio.jewelove.net/print.php?articleid=20614

维素滤膜上，然后将滤膜上的菌落裂菌以释放出 DNA，将 DNA 烘干固定于膜上与 ^{32}P 标记的探针杂交，放射自显影检测菌落杂交信号，并与主平板上的菌落对位。

操作步骤：

①将硝酸纤维素滤膜置于含抗生素的平皿琼脂培养基上，用无菌牙签挑取单菌落接种于滤膜和主琼脂平板上，排列成方格栅，膜和板上菌落位置相同；

②培养细菌至产生 1 ~2 mm 大小的菌落；

③在一块平皿中置 4 张滤纸，用 10% SDS 浸透，倒掉多余液体，将带有菌落的滤膜取下轻轻置于滤纸上，菌落面在上，注意防止滤膜底面存在有气泡；

④5 min 后，将滤膜转至用变性溶液（0. 5 mol/L NaOH，1. 5 mol/L NaCl）浸湿的滤纸上，放置 10 min；

⑤将滤膜转至中和溶液（1. 5 mol/L NaCl，0. 5 mol/L Tris-HCl pH 值 8. 0）浸湿的滤纸上，放置 10 min，重复中和一次；

⑥将滤膜移至 2 × SSPE 溶液浸过的滤纸上，放置 10 min，SSPE 配成 20 × 储备液：3. 6 mol/L NaCl，0. 2 mol/L NaH_2PO_4（pH 值 7. 4），20 mmol/L Na_2-EDTA（pH 值 7. 4）；

⑦将滤膜用滤纸吸干，80℃真空烘干 2 h。

12. 7　原位 PCR*

原位 PCR 是一种通过在单细胞或组织切片上对特异的 DNA（或 cDNA）进行 PCR 扩增，然后采用原位杂交或免疫组织化学反应、荧光检测等技术进行细胞内特定核酸序列的检出及定位的分子技术。在植物上进行原位 PCR 的基本步骤大致包括：标本制备、预处理、原位扩增、后处理和检测等。可应用于构建 DNA 物理图谱、染色体结构变异的分析、异源染色质（体）检测、遗传转化材料的鉴定等。其最大优点就是可以使靶序列在 PCR 过程中呈量极扩大，大大提高了灵敏度。

12. 7. 1　染色体标本制备

①切取成熟茎切段，在 28 ~30℃黑暗条件下保湿培养 3 ~5 天（不同材料培养时间有所差异）发根；

②取幼嫩、健壮的根尖 3 ~ 5 mm，置于对二氯苯饱和水溶液（现用现配）中预处理 1. 5 ~3 h（28℃）增加有丝分裂中期分裂相；

③倒弃预处理液，用蒸馏水冲洗 3 ~5 次，每次 5 min。然后转入固定剂（无

---

* 文献来源：吴文嫱．甘蔗染色体上斑茅特异 DNA 序列的原位 PCR 定位．中国热带农业科学院 & 华南热带农业大学硕士学位论文．（指导教师：郑成木　黄东益　教授）

水乙醇: 冰乙酸 =3∶1）中于 4℃ 冰箱固定 12 h 以上；

④倒弃固定液，用蒸馏水洗根尖 3 ~5 次，每次 5 min，然后在 25℃ 的蒸馏水中低渗 0. 5 ~1 h；

⑤移弃低渗液，加入用蒸馏水配制的终浓度为 3. 5% 的纤维素酶和 1. 75% 的果胶酶混合液，材料和酶液体积比为 1∶4。置 37℃ 酶解 5 ~6 h（不同品种以及同一品种大小不同根尖酶解时间有所差异），酶解过程中轻摇数次以使解离充分；

⑥移弃酶液，用蒸馏水清洗 2 ~3 次（动作尽量轻缓，防止细胞游离），然后在蒸馏水中低渗 30 min；

⑦移弃低渗液后，加入新配制的固定剂（无水乙醇: 冰乙酸 =3∶1）中固定 30 min；

⑧取 1 ~2 个根尖于一片载玻片（经过清洗和 PLL 包被）上，滴上一滴固定液，迅速用镊子将根尖白色部位解离出并均匀涂布（防止细胞重叠）于载玻片的涂面上，夹去大块残渣。再滴一滴固定液，使细胞展开；

⑨空气干燥；

⑩用万能研究显微镜相差观察，挑取中期分裂相多且染色体分散良好的载片；

⑪将染色体标本载片存放于 -20℃ 冰箱中。

12. 7. 2 直接法原位 PCR 体系的建立

12. 7. 2. 1 预处理

①RNase 处理：每载片加 100 μl（100 μg/ml）RNase A，盖上塑料盖片，放在保湿盒中 37℃ 处理 1 h。

②胃蛋白酶处理

a. 0. 01 mol/L HCl 中处理 2 min；

b. 浸入 5 μg/ml 胃蛋白酶溶液（0. 01 mol/L HCl）中 37℃ 处理 5 ~10 min；

c. 消化合适后，95℃ 加热 2 min，以灭活胃蛋白酶；

d. 0. 5 × TBS 洗涤 10 min；

e. 用灭菌水漂洗玻片 2 ×5 min；

f. 空气干燥。

12. 7. 2. 2 原位扩增

①玻片置于 70% 甲酰胺（0. 1 × SSC）溶液中 70℃ 变性 10 min，立即浸入冰浴的 0. 1 × SSC 洗 1 min，然后浸入冰浴的灭菌水洗 1 min。玻片依次经 -20℃ 的 70%、90%、100% 乙醇脱水，各 3 min，空气干燥。

②将 50 μl PCR 反应液加在标本上，滴加 20 μl 矿物油，密封。以不加 Taq 酶或引物为阴性对照。

③开始热循环

循环参数为：

95℃ 3 ~10 min

94℃ 1 min
65℃ 1 min } 循环 25 ~ 30 次
72℃ 1 ~ 2 min
72℃ 5 ~ 10 min

12.7.2.3 荧光检测结果

①扩增后，揭开原位克隆框及塑料盖片，将玻片置于 0.1 × PBS，37℃洗脱 5 min；

②每载片加 5% BSA（4 × SSC/吐温 20）100 μl，盖上塑料盖片孵育 20 min，37℃（保湿盒中）；

③去盖片，去除 BSA 溶液，每片加 20 μg/ml Anti-DIG-Fluorescein 50 μl，盖上塑料盖片孵育 1 ~2 h，37℃（保湿盒中）；

④每片加 1 μg/ml PI 50 μl，盖上压膜盖片孵育 15 min，37℃（保湿盒中）；

⑤ 0.1 × SSC/（吐温 20）漂洗 2 × 5 min，空气干燥；

⑥用抗褪色剂 Vectashield 封片；

⑦选择 WIB 荧光激发块，用荧光显微镜 BX51TR-32FA1-A03 观察，用 Penguin/Pro Series Camera Systems 软件进行拍照，发黄绿色为扩增点，无扩增信号的核酸为红色。

12.8 Southern 杂交*

以橡胶树叶片基因组 DNA 的 Southern 杂交为例。

12.8.1 橡胶树叶片基因组 DNA 的提取

方法参见本书 9.7。

12.8.2 基因组 DNA 的 *EcoR* Ⅰ，*Hind* Ⅲ，*Xba* Ⅰ消化

①在 3 个 1.5 ml 离心管中各加入 DNA 50.0 μg，然后用 TE（pH 值 8.0）缓冲液稀释至 170 μl，再加入 20 μl 10 倍的缓冲液，温和地混匀后，于 4℃放置 2 ~ 4 h；

②分别加入 40 U 的 *EcoR* Ⅰ，*Hind* Ⅲ，*Xba* Ⅰ，轻轻混匀后，37℃温育 4 h；

③再加入和步骤②等量的酶，继续保温 1 h；

④分别取 2.5 μl 酶切反应液进行 0.8% 琼脂糖凝胶电泳，观察酶切情况；

⑤分别加入 10 μl 3.0 mol/L NaAc（pH 值 5.2）和 500 μl 无水乙醇沉淀 DNA，－20℃放置 30 min；

* 文献来源：彭世清．巴西橡胶树 43kD 橡胶粒子膜蛋白 cDNA 的克隆及表达．中国热带农业科学院与华南热带农业大学博士学位论文．（指导教师：陈守才 研究员）

⑥40℃条件下12 000 rpm条件下离心10 min，弃上清，沉淀用1 ml 70%乙醇洗一遍，干燥后溶于10 μl ddH_2O中，存于4℃冰箱备用。

12.8.3 DNA的印迹转移

①将上述的总DNA酶切产物进行0.8%琼脂糖凝胶电泳，电泳在室温、1v/cm电压的条件下进行。当溴酚兰电泳至离胶边缘约1 cm处时停止电泳；

②用0.5 mol/L NaOH，1.5 mol/L NaCl溶液浸泡胶45 min，并低速摇动；

③用1.0 mol/L Tris·HCl（pH值7.4），1.5 mo1/L NaCl中和30 min，更换中和液后再摇动15 min；

④裁剪一长度和宽度均比胶大1 mm的醋酸纤维素膜，将其浮在ddH_2O表面至膜完全湿透，然后在20×SSC中至少浸泡5 min；

⑤用一滤纸条和一支持物在一容器中搭成滤纸桥，往容器中添加10×SSC至液面略低于台面，待滤纸完全湿透后，用玻棒将滤纸与台面之间的气泡赶尽；

⑥将胶背面朝上放置在台中央，并将胶的左上角切除一小块，然后将膜取出置于胶上方，使之与胶重叠（注意：膜放好后最好不要再移动），并切除左上角；

⑦在膜上方再叠加两张与膜同样大小的用2×SSC浸泡过的滤纸；

⑧用Parafilm膜将胶四周覆盖，然后将面巾纸叠在滤纸上方，高度为5～8 cm，并用500 g左右的重物将面巾纸压实；

⑨适时更换浸湿的面巾纸，转移持续10～24 h；

⑩将膜取出，然后浸泡在6×SSC溶液中5 min，靠胶的一面朝上；

⑪将膜取出，室温下晾干30 min；

⑫将膜夹在两张滤纸中间，80℃烘烤30～120 min。

12.8.4 探针的标记

将3′ RACE PCR产物溶于20 μl TE（pH值8.0）缓冲液中。取1.0 μl进行1.5%琼脂糖凝胶电泳，估算各目的片段浓度。取目的片段约0.5 μg，分别进行如下探针标记反应：

①取目的片段各15 μl至标记好的0.2 ml薄壁离心中，沸水浴保温10 min，迅速冰浴冷却；

②将管置于冰上，分别加入2.0 μl六聚寡核苷酸混合物、2.0 μl dNTPs标记混和物、1.0 μl Klenow大片段，混匀后稍稍离心片刻，将管壁液滴收集到管底，37℃温育24 h。加入2.0 μl 0.2 mol/L EDTA（pH值8.0），终止反应；

③加入2.5 μl 4 mol/L LiCl和75 μl冰预冷的无水乙醇，混匀后－70℃放置30 min或－20℃2 h；

④4℃条件下14 000 rpm条件下离心15 min，弃上清，沉淀物用100 μl 70%乙醇洗一遍，干燥后溶于50 μl TE（pH值8.0）缓冲液中，储存于－20℃备用。

12.8.5 Southern 杂交

①将膜置于适量预杂交液中，42℃水浴缓慢摇动 30 min；

②将膜取出，向预杂交液中按每毫升预杂交液 0.5 μl 探针的比例加入适量对应的 DNA；

③探针，混匀后再将膜放回杂交液中。42℃水浴缓慢摇动 18 ~24 h；

④2 ×SSC，0.1% SDS 室温下洗膜两次，每次 5 min；

⑤0.1 ×SSC，0.1% SDS 于 68℃洗膜两次，每次 15 min；

⑥洗液 I 浸泡膜 1 ~5 min；

⑦将膜置于缓冲液 I 中 30 min；

⑧将膜取出，按每 10 ml 缓冲液 I 加 1.0 μl DIG-AP 抗体的比例加入适量的 DIG-AP 抗体，混匀后，再将膜放回，继续放置 30 min；

⑨用洗液 I 洗膜两次，每次 15 min；

⑩缓冲液 II 浸泡膜 1 ~5 min；

⑪显色：取 100 μl 显色剂加入到 5 ml 缓冲液Ⅱ中，混匀后，将膜置于该显色液中黑暗静置。根据目的带颜色的深浅，确定反应终止时间；

⑫将膜转移到 TE（pH 值 8.0）缓冲液中，几分钟后取出，凉干并照相。

12.9 Northern 杂交*

以橡胶树叶片基因组 DNA 的 Northern 杂交为例。

12.9.1 叶片和茎的 RNA 提取

方法参见本书 9.8。

12.9.2 探针的标记

方法参见本书 5.8.4。

12.9.3 RNA 的印迹转移

①电泳前，先用 DNase I（无 RNase）消化各样品 1 h；

②取各样品的总 RNA 40 μg，进行 1.0% 变性琼脂糖凝胶电泳；

③电泳结束后，用 DEPC 处理过的 ddH_2O 漂洗胶两次，每次各 20 min；

④用 20 ×SSC 平衡胶 20 min；

---

* 文献来源：彭世清．巴西橡胶树 43kD 橡胶粒子膜蛋白 cDNA 的克隆及表达．中国热带农业科学院 & 华南热带农业大学博士学位论文．（指导教师：陈守才　研究员）

⑤RNA 的印迹转移。

（注意：转膜缓冲液为 20 × SSC）

12.9.4 Northern 杂交

方法参见 12.8.5 的步骤进行。

12.10 Western 杂交技术*

以橡胶粒子膜蛋白的 Western Blot 技术为例。

12.10.1 橡胶粒子膜蛋白的分离和纯化

12.10.1.1 试剂

稳定液：200 mmol/L Tris-HCl（pH 值 8.0），10 mmol/L EDTA（pH 值 8.0），3%（w/v）叠氮钠，38.5% 甘油，0.2%（v/v）巯基乙醇；

洗涤液：10 mmol/L Tris-HCl（pH 值 8.0），10 mmol/L EDTA（pH 值 8.0），1%（w/v）叠氮钠，0.2%（v/v）巯基乙醇；

反应缓冲液：50 mmol/L Tri-HCl（pH 值 8.0），10 mmol/L EDTA（pH 值 8.0），0.3 mmol/L 谷胱甘肽，1% Chaps；

样品缓冲液：62.5 mmol/L Tris-HCl（pH 值 6.8），2%（w/v）SDS，10% 甘油，5%（v/v）巯基乙醇。

12.10.1.2 操作步骤

预先在 250 ml 离心管中装 50 ml 稳定液，置于冰上，到橡胶园采取胶乳。割开橡胶树皮层，让胶乳自流几分钟以洗去割面的杂质。然后，按体积比 1∶1 的比例收集 50 ml 胶乳到冰浴的离心管中。收集过程中要不时地振荡离心管，然后进行以下操作（0 ~ 4℃条件下进行）：

①7 000 rpm 离心 12 h，倒去中层乳清，将贴在离心管壁的橡胶粒子转移到另一装有 80 ml 稳定液的离心管；

②7 000 rpm 离心 12 h，重复①的步骤后，再用稳定液洗涤橡胶粒子两遍；

③再用 5 ~ 6 倍体积的洗涤液洗四遍，彻底除尽沾在橡胶粒子上的水溶性蛋白；

④将橡胶粒子悬浮于 20 ml 的反应液中，在 0℃下轻轻搅拌过夜；

⑤16 000 rpm 离心 1 h，保留下层清液，用 0.22 μm 滤膜过滤以除去余留的橡胶粒子。此操作重复两遍；

⑥在轻微搅拌下缓缓地往滤液中加入等体积的丙酮，冰上沉淀过夜；

---

* 文献来源：彭世清．巴西橡胶树 43kD 橡胶粒子膜蛋白 cDNA 的克隆及表达．中国热带农业科学院 & 华南热带农业大学博士学位论文．（指导教师：陈守才　研究员）

⑦1 000 rpm 离心 20 min 以沉淀蛋白，收集沉淀，用适当体积的丙酮悬浮后，用冰冷的正己烷洗涤沉淀两次，每次 1 000 rpm 离心 10 min，室温下晾干；

⑧把蛋白质粉末溶于适量的样品缓冲液中，-20℃保存备用。

12.10.2 橡胶粒子膜蛋白的 SDS-PAGE 电泳

12.10.2.1 试剂

分离胶浓度为 10%，浓缩胶浓度为 3%，胶厚 1.5mm。电泳条件：恒流 30 mA，7 h。电泳完成后小心剥下凝胶，在考马斯亮蓝 R250 中染色 4 h，然后用洗脱液脱色，照相。

分离胶缓冲液：0.75 mmol/L Tris-HCl（pH 值 8.8），0.2%（w/v）SDS；

浓缩胶缓冲液：0.25 mmol/L Tris-HCl（pH 值 6.8），0.2%（w/v）SDS；

电泳缓冲液：0.025 mmol/L Tris-HCl（pH 值 6.8），0.1%（w/v）SDS，0.192 mol/L 甘氨酸；

30% Acr/Bis 储存液：30 g 丙烯酰胺，0.8 g N，N′-亚基双丙烯酰胺，加入去离子水溶解并定容至 100 ml，用 0.22 μm 滤膜过滤，4℃保存。

1×SDS 凝胶加样缓冲液：62.5 mmol/L Tris-HCl（pH 值 6.8），2%（w/v）SDS，10% 甘油，5%（v/v）巯基乙醇

12.10.2.2 染色与脱色

①染色：电泳结束后，取出凝胶，于 10 倍体积的染色液中染色过夜。染色液含 0.125%（w/v）考马斯亮蓝 R-250，5% 乙酸和 50% 乙醇。

②脱色：第一步，取 200 ml 95% 乙醇 +300 ml 5% 乙酸混合，1~2 h；

第二步，取 150 ml 95% 乙醇 +350 ml 5% 乙酸混合，1~2 h；

第三步，重复第二步；

第四步，取 100 ml 95% 乙醇 +400 ml 5% 乙酸混合，1~2 h。

12.10.3 橡胶粒子膜蛋白从 SDS 聚丙烯酰胺凝胶转移至硝酸纤维素膜

①SDS-PAGE 结束后，小心取出凝胶。用 ddH_2O 漂洗 5 min。然后于 1 倍电转移缓冲液中漂洗 10 min。与此同时，切取同凝胶体积等大的硝酸纤维素膜，先于 ddH_2O 中浸没 5 min，再浸泡于 1 倍电转移缓冲液中备用；

②按夹心三明治方式装好凝胶和硝酸纤维素膜，注意凝胶应位于转移电泳槽的负极，然后室温下 120 mA 转移 3 h；

③电泳结束后，小心取出硝酸纤维素膜，用足量的 ddH_2O 漂洗硝酸纤维素膜，然后于考马斯亮蓝染色液中染色到蛋白带出现。

12.10.4 Western Blot

12.10.4.1 试剂

①封闭液

脱脂奶粉	5%（w/v）
放沐剂 A	0.02%
叠氮钠	0.02%（溶于 PBS）

②PBS（pH 值 7.4）

NaCl	8.0 g/L
KCl	0.2 g/L
Na_2HPO_4	1.44 g/L
KH_2PO_4	0.24 g/L

③无叠氮钠、无磷酸盐的封闭液

脱脂奶粉	5%（w/v）
NaCl	150 mmol/L
Tris·HCl（pH 值 7.5）	50 mmol/L

④NBT 溶液：在 10 ml 70% 的二甲基甲酰胺中溶解 0.5 g NBT。

⑤BCIP 溶液：在 10 ml 100% 的二甲基甲酰胺中溶解 0.5 g BCIP。

⑥碱性磷酸酶缓冲液

NaCl	100 mmol/L
$MgCl_2$	5 mmol/L
Tris·HCl（pH 值 9.5）	100 mmol/L

12.10.4.2 操作步骤

①把硝酸纤维素膜放入可以加热的塑料袋中，根据硝酸纤维素膜面积以 0.1 ml/cm² 的量加入封闭液，排除气泡，然后密封袋口，平放在平缓摇动的摇床上室温温育 1~2 h；

②将封闭处理后的硝酸纤维素膜重新装入另一塑料袋中，按 0.1 ml/cm² 的量加入封闭液和适量的第一抗体，尽可能排除气泡，然后密封袋口，平放在平缓摇动的摇床，4℃温育 2 h；

③剪开塑料袋，废弃封闭液和第一抗体，用 250 ml PBS 漂洗硝酸纤维素膜 3 次，每次 10 min；

④把经 PBS 漂洗后的硝酸纤维素膜转移到装有 200 ml 150 mmol/L NaCl 和 50 mmol/L Tris·HCl（pH 值 7.5）的溶液的托盘中，于室温平缓摇动温育 10 min；

⑤把硝酸纤维素膜放入可以加热的塑料袋中，根据硝酸纤维素膜面积以 0.1 ml/cm² 的量加入无叠氮钠、无磷酸盐的封闭液；

⑥加入第二抗体，排除气泡，然后密封袋口，平放在平缓摇动的摇床上室温温育 1 h；

⑦将硝酸纤维素膜转移到装有 200 ml 150 mmol/L NaCl，50 mmol/L Tris·HCl（pH 值 7.5）的溶液的托盘中，于室温平缓摇动温育 10 min，再重复 3 次；

⑧取 66 μl NBT 溶液与 10 ml 碱性磷酸酶缓冲液混匀，加入 33 μl BCIP 溶液；

⑨把洗涤的硝酸纤维素膜转移到一浅托盘中，按硝酸纤维素膜面积以 0.1 ml/cm² 的量加入生色底物混合物，于室温平放在平缓摇动进行温育；

⑩细心观察反应过程，待蛋白质的颜色深度达到要求后，把硝酸纤维素膜转移到一托盘中，内装有 200 μl 0.5 mol/L EDTA（pH 值 8.0）和 PBS；

⑪拍摄照片。

12.11 酶联免疫吸附法（enzyme-linked immunosorbent assay）*

12.11.1 模板基因组 DNA 的提取

12.11.2 PCR 扩增生物素标记的 DNA 片段

根据 MTHFR 基因（AY338232）设计引物序列，上游引物：5′Biotin-CTG ACC TGA AGC ACT TGA AGC-3′；下游引物：5′-ATG TCG GTG CAT GCC TTC AC-3′。50 μl PCR 反应体系中含有：10×PCR 反应缓冲液 5 μl，dNTP 各 200 μmol/L，$MgCl_2$ 2.0 mmol/L，引物各 20 pmol，模板 0.2～0.5 μg，TaqDNA 聚合酶 1 U。扩增条件为：94℃预变性 3 min，然后 94℃变性 30 s，58℃退火 45 s，72℃延伸 45 s，35 个循环后 72℃延伸 7 min。目的 DNA 片段大小为 115 bp。

12.11.3 杂交及显色检测

（1）杂交

针对 MTHFR 基因（AY338232）C677T 位点设计合成两条探针，P1：5′-地高辛-TGC GGG AGC CGA TTT-3′；P2：5′-地高辛-TGC GGG AGT CCA TTT-3′分别与野生型及突变型基因完全互补。每个取 PCR 产物两份，每份 5 μl，分别加入两种检测探针各 1.5 pmol，补充 1×SSC 杂交缓冲液至终体积 30 μl，混匀，95℃变性 10 min，冷却至 52℃。然后取 20 μl 加入到链霉亲和素包被的酶标板微孔中，补充杂交缓冲液至终体积 200 μl，52℃杂交 40 min。杂交完成后，倾去杂交缓冲液，用 200 μl 清洗缓冲液（PBS）于 52℃洗涤两次，室温下洗涤 3 次。

（2）显色检测

向微孔中加入 200 μl 辣根过氧化物酶标记的抗-地高辛抗体（10 mU/ml），室温孵育 40 min，PBS 洗涤 5 次，最后加入 200 μl ABTS（1 mg/ml）显色底物，室温放置至颜色能与 ABTS 空白溶液明显区分（约 30 min），测定 405 nm 处吸光度（仪器自动扣除 ABTS 溶液空白值），计算野生型探针与突变型探针吸光度之比。

---

* 文献来源：姚群峰，等．酶联免疫法检测 MTHFRC677T 位点基因多态性．湖北中医学院学报．2006，8（1）：51－53.

12.12 基因组 DNA 序列测定技术

近几年来，随着 DNA 测序技术的不断改进，以基因组学为先导的分子生物学正以前所未有的速度飞速发展。

下面以水稻白叶枯病菌 PR6 菌株基因组全序列初步测定为例，介绍基因组 DNA 序列测定技术。

在本工作中采用在微生物基因组测序中广泛使用的“鸟枪法（shotgun）”测序策略进行测序。选用超声方法打断 PR6 基因组 DNA，选取 1.6 ~ 3.0 kb，3.0 ~4.0 kb 长度的片段克隆入 pUC18 载体构建两套小片段基因组文库。随机挑选部分克隆进行单方向测序以鉴定文库的随机性。与此同时，用 *Sau*3A Ⅰ 部分酶切基因组 DNA，选取 8.0 ~10.0 kb 长度的片段克隆入 pBluescript Ⅱ （Stratagene）载体构建大片段基因组文库。用酶切和随机挑选部分克隆进行单方向测序的方法分别鉴定插入片段长度及文库随机性。然后，通过 ABI-3730 测序仪对 1.6 ~ 3.0 kb，3.0 ~4.0 kb 两套小片段基因组文库进行了大规模随机测序（大片段基因组文库备用）。至今，已完成21 211reads 测序工作，测序总长度达16 459 736 bp（21 211 ×776 = 16 459 736），3.3 倍基因组序列覆盖率。最后，利用 Phred/phrap 软件进行序列读取和 Consed 软件的 Autofinish 功能进行序列组装，获得了 529 个 Contigs，组装序列达 4.94 Mb，构成 *Xoo* PR6 菌株基因组全序列基本框架。PR6 菌株基因组全序列测定流程如图 9-1 所示。

12.12.1 实验材料

12.12.1.1 菌种及质粒

水稻白叶枯病菌（*Xanthomonas oryzae* pv. *oryzae*, *Xoo*）PR6 株系为中国科学院微生物研究所植物基因组学国家重点实验室保存，大肠杆菌（*Escherichia coli*）菌株 JM109 由国家人类基因组南方研究中心（上海）提供；载体 pUC18 购自 Amersham Pharmacia 公司；pBluescript Ⅱ 购自 Stratagene 公司。

12.12.1.2 生化试剂

T4 DNA 聚合酶购自 TaKaRa 公司，T4 DNA 连接酶购自 Invitrogen 公司；胶回收试剂盒购自 QIAGEN 公司；ABI PRISM BigDyeTMTeminator 测序反应试剂盒购自 PE 公司；pUC18 通用引物 P2（5′→ 3′：TGTAAAACGACGGCCAGT）、P4（5′→ 3′：CAGGAAACAGCTATGACC）由上海申友公司合成；其他试剂均为国产分析纯，购自上海试剂一厂和北京化工厂。

（1）培养基

LB 培养基：

细菌培养用蛋白胨	10 g
细菌培养用酵母膏	5 g
NaCl	10 g

加水至 1 000 ml，调 pH 值至 7.0，121℃灭菌 20 min。固体培养基加 1.5% 琼脂。

PSA 培养基：

细菌培养用蛋白胨	10 g
蔗糖	10 g
谷氨酸	1.0 g

加水至 1 000 ml，调 pH 值至 7.0，121 ℃灭菌 20 min。固体培养基加 1.5% 琼脂。

10×菌保液（用于突变体克隆的保存）：

K_2HPO_4	6.27 g
KH_2PO_4	1.80 g
柠檬酸钠	0.50 g
$MgSO_4 \cdot 7H_2O$	0.10 g
$(NH_4)_2SO_4$	0.90 g
甘油	44 ml
H_2O	100 ml

（2）缓冲液

质粒提取缓冲液Ⅰ：

配制终浓度为 50 mmol/L 葡萄糖，25 mmol/L Tris·HCl（pH 值 8.0），10 mmol/L EDTA（pH 值 8.0），混匀后高压灭菌 15 min，保存于 4℃。

质粒提取缓冲液Ⅱ：

将 10 mol/L NaOH 稀释成 0.2 mol/L，加入 SDS，使其浓度为 1%。

质粒提取缓冲液Ⅲ：

5 mol/L 乙酸钾 60 ml，冰乙酸 11.5 ml，水 28.5 ml 混合。

12.12.2 实验方法

12.12.2.1 水稻白叶枯病菌基因组 DNA 制备

方法参见本书 8.11.2.1。

12.12.2.2 凝胶块法

（1）细菌复苏与扩增

① 从 -80℃低温冰箱中取出菌种，划 LB 平板（不含抗生素），后立即放回；

② 平板置 37℃培养箱 48 h，使菌落长至饱满；

③ 接种单个菌落到 200 ml LB 培养液（不含抗生素）中，37℃条件下 220 rpm 振摇培养 48 h。

（2）细菌收集及包埋

① 在超净台下，菌液倒于 8 支 50 ml 塑料圆底离心管中，平衡后置高速离心机于 4℃条件下 5 000 rpm 离心 10 min。

② 弃菌液，每管加 20 ml 0.1 × SSC 轻柔悬浮后，再于相同条件下离心 10 min；

③ 弃液体，每管细菌沉淀用 3 ml 20% 蔗糖（含 0.01 mol/L 磷酸钠，pH 值 7.0）轻柔悬浮，最后合并在一支 50 ml 离心管中（总体积约 25 ml）；

④ 加入 1.5 ml 50 mg/ml 溶菌酶，颠倒混匀，并置于 37℃水浴反应 2 h，期间每 10 min 颠倒数次以免细菌沉淀。

⑤ 用电泳缓冲液配制等体积（25 ml）的 1% SeaPlaque 低熔点琼脂糖凝胶，冷却至 42℃。此时，温热溶菌酶消化后的菌液至相同温度，将菌液和琼脂糖混合，用玻璃棒轻轻搅拌，以保证细菌均匀分布于琼脂糖中；

⑥ 混合液均匀铺于塑料平板上（厚约 3 mm），置室温待凝固后，用手术刀片分割成体积约 5 mm × 10 mm × 3 mm 凝胶块。

(3) 细菌原位裂解

① 将含未裂解细菌的凝胶块转移至 500 ml 含有 1% β-巯基乙醇的 0.5 mol/L EDTA（pH 值 8.0）、0.01 mol/L Tris · HCl（pH 值 7.6）中，37℃条件下温浴 24 h；

② 换 500 ml 相同缓冲液代替原缓冲液，37℃条件下温浴 24 h；

③ 凝胶块转移至 200 ml 含有 1 mg/ml 蛋白酶 K 和 1% SDS 的 L 缓冲液中，置 50℃，温浴 24 h，裂解细菌；

④ 换 200 ml 相同的消化混合液，50℃条件下温浴 24 h；

⑤ 凝胶块转移至 500 ml 含有 40 μg/ml PMSF 的 TE（pH 值 7.6）中，50℃条件下温浴 1 h，换 500 ml 相同的漂洗缓冲液，50℃条件下温浴 1 h；

⑥ 凝胶块转移至 500 ml TE（pH 值 7.6）中，37℃条件下温浴 1 h，重复此过程两次；

⑦ 最后，将这些含有细菌裂解后释放的基因组（染色体和质粒）的凝胶块保存在 0.5 mol/L EDTA（pH 值 8.0）中，4℃冰箱中保存，备用。

(4) 去除凝胶块中的质粒

① 取 10 块含细菌裂解后的凝胶块置 100 ml TE（pH 值 7.6）中，室温漂洗 30 min，弃液体；

② 凝胶块转移至电泳梳子上，周围点加 1% 液态凝胶，冷却后固定凝胶块；

③ 此梳子用于制备 1% 凝胶，待凝固后可使凝胶块垂直固定于加样孔前方；

④ 整块凝胶于 30 V 电压下缓慢电泳 8 h；

⑤ 新取回凝胶块（已去除质粒），放入 1.5 ml EP 管中。

(5) β-agarase 消化凝胶块

① 将上步除去质粒后的凝胶块，置 65℃，水浴 10 min，融化；

② 置 42℃平衡温度 10 min 后，平分两管，每管体积约为 800 μl；

③ 每管加 80 μl 10 ×β-agarase buffer 和 4 U β-agarase（1 U/200 μl），轻轻混合后，42℃反应 90 min；

④ 65℃处理 15 min，灭活 β-agarase；

⑤ 处理后的细菌基因组 DNA，4℃保存，备用。

(6) 脉冲场凝胶电泳 (pulse field gel electrophoresis)

① 配制 2.0 L 0.5×TBE 缓冲液倒入 Bio-Rad CHEF-DR Ⅱ电泳槽，循环预冷 30 min，使电泳缓冲液温度保持 12～14℃；

② 配制 1% 琼脂糖凝胶，将 DNA 样品胶块小心放入点样孔中，紧贴前壁，并用 2% 低熔点琼脂糖凝胶封孔；

③ 将琼脂糖凝胶放入胶槽内，180V 电压下电泳 15 h；

④ 取出凝胶，EB 染色后，紫外成像仪观察、照相。

12.12.3 pUC18 载体制备

12.12.3.1 pUC18 质粒提取

①从 -80℃冰箱取出 pUC18 菌种，冰上融化，用接种环在 Amp 抗性的 LB 平板上划线，37℃培养 16 ～ 20 h；

② 取一只无菌的 50 ml 离心管，加入 20 ml Amp 抗性的 LB 液体培养基，挑取单克隆于管中，37℃条件下 250 rpm 培养过夜；

③ 取 200 μl pUC18 菌液于 250 ml Amp 抗性 LB 液体培养基中，37℃条件下 250 rpm 培养 6 h，OD = 0.6～0.8；

④ 菌液移入 250 ml 离心管中，4℃条件下 3 000 rpm 离心 15 min，取出离心管，倒掉上清，将离心管倒置于吸水纸上使上清充分滤干；

⑤ 加入 10 ml 溶液Ⅰ (50 mmol/L Glucose，25 mmol/L Tris-HCl，10 mmol/L EDTA，pH 值 8.0)，加入 RNase 至 100 μg/ml，晃动摇菌，使菌体充分悬浮，静置 10 min；

⑥ 按 1∶1 的 NaOH (0.4 mol/L) ∶SDS (2%) 比例配制新鲜溶液Ⅱ，加入 20 ml 溶液Ⅱ，静置 3～5 min；

(注意：静置时间勿超过 5 min，提前将溶液Ⅲ置冰盒中。)

⑦ 加入 15 ml 冰浴的溶液Ⅲ，冰浴 15 ～ 30 min；

⑧ 4℃条件下 5 000 rpm 离心 15 min；

⑨ 转上清至 50 ml 离心管，4℃条件下 12 000 rpm (柜式离心机) /4 000 rpm (Eppendorf 离心机)，

离心 20 min，重复此步，直到管壁看不见沉淀为止；

⑩ 转移上清至 50 ml 离心管，一分为二，每管加入 0.6 倍体积异丙醇，混匀，20℃条件下 12 000/4 000 rpm，离心 20 min；

⑪ 弃上清，用 70% 的乙醇洗 2 次；弃上清，倒扣于吸水纸上，尽量空干液体；

⑫ 5 ml TE 溶解沉淀，必要时可在 37℃水浴箱内促进溶解，移入 1.5 ml Eppendorf 离心管中；

⑬ 电泳检查 DNA 质量并定量。

12.12.3.2 pUC18 的酶切

① 按如下体系进行酶切：

DNA X μl(10 μg)
ddH_2O 89-X μl
10 × Buffer 10 μl

混匀，加入限制性内切酶，总体积为 100 μl

Sma I(10 U/μl) 1 μl

② 轻弹管壁或用枪头轻轻吹打混匀，在离心机上甩一下；

③ 25℃条件下水浴 1.5 h；

④ 电泳检测酶切结果；

⑤ 70℃条件下灭活 15 min。

12.12.3.3 去磷酸化

① 按如下体系进行去磷酸化：

酶切产物 X μl(10 μg)
ddH_2O 85-X μl
10 × Buffer 10 μl
混匀，加入 CIAP，总体积为 100 μl
CIAP(10 U/μl) 5 μl

②轻弹管壁或用枪头轻轻吹打混匀，在离心机上甩一下。

③ 37℃条件下水浴 1 h。

④ 70℃条件下灭活 15 min。

⑤ 电泳分离。

⑥ 胶回收。

⑦ 电泳定量

⑧ 复苏、涂板及培养。

（注意：载体制备关键在于提取高质量的 pUC18，必要时可回收一次；酶切必须完全，否则蓝斑会过多；去磷酸化要恰倒好处，过犹不及。不及则蓝斑过多，过则连接效率低。）

12.12.4 小片段（1.6 ~ 4.0 kb）基因组文库构建

12.12.4.1 试剂

50 × TAE 存储液：242 g Tris 碱，57.1 ml 冰醋酸，37.2 g Na_2-EDTA · $2H_2O$，加 H_2O 至 1 000 ml，pH 值 8.5；

1 × TAE：200 ml 50 × TAE，加 H_2O 至 1 000 ml；

3 mol/L NaAc：将 40.8 g NaAc · $3H_2O$ 溶于水，用乙酸调至 pH 值 5.2，补加水至 100 ml；

溴化乙锭（EB）：10 mg/ml，在 20 ml H_2O 中溶解 0.2 g 溴化乙锭，均匀后于室温避光保存；

1% 盐酸: 300 ml 浓盐酸，加 H_2O 至 10 000 ml。

12.12.4.2 超声波随机打断基因组 DNA

① 取 20 μg 基因组 DNA 加入 1.5 ml Epperdorf 管中，共 4 支；

② 将各管用无菌水定容至500 μl，充分混匀，离心机上甩一下，置冰上预冷；

③ 用纯水冲洗变幅杆头，用1% HCl 和0.1 mol/LNaOH 分别超声一次（2s），再用纯水冲洗干净；

④ 4管基因组DNA分别超声4 s、8 s、14 s、20 s（其中8、14、20 s分多个相同时间段进行，间歇时间为10s，超声时应将变幅杆居中并伸入液面3 mm）；

⑤ 各取10 μl，加入2 μl 6 × loading buffer，电泳检测超声效果，8、14 s超声管的DNA片断量应以1.6～4.0 kb处最多，而超声时间4、20 s的DNA片段量应以分别在4～10 kb和1～1.6 kb处最多；

（注意：以上超声秒数仅作参照，具体时间可先做预实验摸索。）

⑥ 根据电泳结果，对个别超声效果欠佳的样品要再次超声，具体时间应根据实际效果而定。

⑦ 取DNA 200 μl共计10 μg，启动程序：运行Hydroshear，并设定参数：体积为200 μl，循环次数为20次，速度代码为7～8（剪切后的片断长度为1.6～4.0 kb）。

⑧ 机器操作：

a. 自动方式：点击Start，根据提示依次进行如下操作清洗—进样—除气泡—切割循环—出样—清洗。

b. 手动方式：点击manul operation 按钮打开此界面，点击Reinitialize Pump使泵复位（即活塞到达针筒的最上端），点击Start使活塞往下移动吸取样品。

⑨效果鉴定：取5 μl样品电泳检测基因组DNA打断效果。

12.12.4.3　DNA片段纯化

① 每管加1/10体积的3 mol/L NaAc和2倍体积预冷无水乙醇，-20℃条件下30 min；

② 离心：13 000 rpm，10 min。（室温，利于DNA沉淀），弃上清；

③ 各管加1 ml 70% 乙醇，颠倒数次；

④ 离心，13 000 rpm，5 min；

⑤ 弃上清，离心机甩一下，吸去上清，置室温15 min，以使酒精挥发干净；

⑥ 每管加20 μl无菌纯水溶解DNA，收集4管中的样品于1管。

12.12.4.4　DNA片段末端补平

①在DNA样品种一次添加下列各试剂

DNA	80 μl
H_2O	1 μl
10 × Buffer	10 μl
dNTP（10 mmol/L）	4 μl
T4 Polymerase（5U/μl）	5 μl
总体积	100 μl

充分混匀，离心机甩一下；

② 置37℃水浴1 h（50 μl 30 min）；

③ 从水浴取出后，加50 μl 酚/氯仿（等体积），充分混匀至乳白色；4℃条件下13 000 rpm 离心15 min；

④ 吸上清至另一干净离心管中，加200 μl 氯仿，充分混匀至乳白色，4℃条件下13 000 rpm 离心10 min；

⑤ 吸出下层氯仿，继续离心10 min；

⑥ 吸上清至另一干净离心管中，加20 μl 6 × loading buffer，离心机中甩一下，使样品集中于管底，4℃过夜。

12.12.4.5 电泳

① 取4℃保存样品上样，50 μl / 孔；

② 电泳60V，3 h；

③ 分别切下1.6 ~2.0 kb 及3.0 ~4.0 kb DNA 片段，反向（大片段的一边靠前）放入二次回收胶的加样孔中；（在加样孔中先加满0.5% 低熔点琼脂糖凝胶）。

④ 电泳150 V，2 h；

⑤ 紫外灯下依次切取含DNA 片段的胶，分别放入已做标记的1.5 ml 离心管中。

12.12.4.6 DNA 片段回收及透析

① 用QIAEXII GEL Extraction Kit 回收试剂盒，从胶中回收DNA 片段；

a. 称取凝胶块重量，加入三倍体积buffer QXI；

b. 50℃ 水浴数分钟，至胶完全融化。用手指弹QIAEX II 使其重悬，每管中加入5 μl QIAEXII；

c. 50℃水浴10 min，每隔2 min 取出颠倒混匀数次，使QIAEX II 保持悬浮；

d. 4℃条件下13 000 rpm 离心30 s（弃上清，离心机中甩一下，吸取上清）；

e. 加入500 μl buffer QXI，弹管底使QIAEX II 重悬；

f. 离心并去上清（同操作d）；加入500 μl buffer PE，重悬QIAEX II，离心30 s，弃上清；

g. 在加入500 μl buffer PE，重悬QIAEX II，离心30 s，弃上清，离心机中甩一下，吸去上清；

h. 超净台上吹干（至无酒精味），加入10 μl elution buffer，重悬QIAEX II，置5 min，13 000rpm 离心30 s。吸上清，冰浴；

i. 取1 μl 上清上样电泳，同时做分子量标准（1 kb ladder）及DNA 含量标准（20 ng ~40 ng）对照。

② 回收DNA 片段透析1 h；

③ 据电泳结果，取适量DNA 进行连接。

12.12.4.7 连接

① 在0.5 ml 离心管中，依次加入下列物质：

Insert（DNA 样品） X μl（80 ~100 ng DNA）

H_2O	(7-X)μl
10×Ligase buffer	1 μl
Vector(30 ng/μl)	1 μl
T4DNA ligase(3 U/μl)	1 μl
总体积	10 μl

② 14℃连接过夜（12 ~ 16 h）；

12.12.4.8 电穿孔转化

① 大肠杆菌（*Escherichia coli*）菌株JM109感受态细胞制备

方法参见第8章中的基因敲除技术。

② 质粒纯化

方法参见9.6。

③ 电转化

a. 于-70 ℃冰箱内取感受态细胞置于冰上融化，用预冷好的灭菌水轻轻注入并吹打混匀（冰上操作），0℃条件下6 000 rpm离心8 min；

b. 吸取上清并弃之，用灭菌水补足所需体积（冰上操作），混匀；

c. 取2 μl纯化后的质粒，加入100 μl感受态细胞中，混匀（冰上）；

d. 打开细胞导入仪，调至Manual，调电压为1.6 kV；

e. 将加有连接产物的菌液加入到0.1 cm^2的电击杯中，进行电穿孔；

f. 按一下pulse键，听到蜂鸣声后，向电击杯中迅速加入1 000 μl的SOC液体培养基，转移到1.5 ml的离心管中；

g. 于37℃条件下70 rpm摇床上，复苏45~60 min，同时做阴性对照和阳性对照。

④ 涂板及菌液培养

a. 取30 μl菌液加入170 μl LB液体，共计200 μl涂在直径12 cm的涂有X-Gal、IPTG、Amp的平板上，37 ℃培养18 h左右。取出后，观察蓝/白斑情况，并记录；

b. 取30 μl菌液加入5 ml LB培养基中做液体培养，于37℃条件下250 rpm摇12~14 h，观察菌液生长情况（排除噬菌体污染），并记录。

（注意：每块加有Amp的平板上涂有X-Gal、IPTG比例为：X-Gal为50 μl+50 μl LB液体，IPTG为12 μl涂均匀。）

⑤ 电击杯清洗流程

a. 用清水将电击杯稍冲一下；

b. 向电击杯中加入的75%酒精浸泡2 h；

c. 弃去酒精，再用蒸馏水冲洗2~3遍，然后用1 ml的枪吸取超纯水反复吹打电击杯10遍以上；

d. 加入无水乙醇2 ml于电击杯中，浸泡30 min；

e. 弃去无水乙醇，于通风橱内挥干乙醇；

f. 将清洗好的电击杯放入-20 ℃冰箱内待用。

（注意：不同样品使用的电机杯应分开；每周用 1% 酒精浸泡 30 min。）

12.12.4.9 测序检验文库随机性

（1）采用 Milipore 96 孔质粒抽提试剂盒制备测序模板

①96 孔细菌培养板中每孔加 1 ml LB 培养液（含氨苄青霉素 100 μg/ ml）；

②用牙签随机挑取单个无色菌落接种到每孔中，培养板上封塑料薄膜、扎孔；

③培养板置 37℃条件下 220 rpm 振摇培养过夜；

④培养板于 4℃条件下 3 000 rpm 离心（挂篮式离心机）10 min，弃液体；

⑤每孔加 300 μl 溶液Ⅰ（含 100 μg/μl RNaseA），振荡悬浮 5 min；

⑥每孔加 300 μl 溶液Ⅱ，封塑料薄膜，上下颠倒 5 次，冰水中放置 5 min；

⑦ 撕去薄膜，每孔加 300 μl 溶液Ⅲ，封塑料薄膜，上下颠倒 5 次，冰水中放置 20 min；

⑧ 整块板置于沸水中煮沸 10 min；

⑨将 96 孔过滤板置于一块干净的 96 孔培养板上，转移煮沸并冷却后的每孔中的液体到过滤板相应孔中，真空抽滤；

⑩含滤过液的培养板中每孔加 550 μl（0.7 倍体积）异丙醇，封塑料薄膜，上下颠倒 10 次混匀后，4 200 rpm 离心 15 min；

⑪弃液体，每孔加 550 μl 70% 乙醇，封塑料薄膜，4 200 rpm 离心 5 min 洗涤沉淀；

⑫弃液体，培养板置真空抽干 5 min。每孔加 200 μl dH_2O，室温溶解 1 h；

⑬每孔取 2 μl 于 100 V 电压下电泳 40 min，估计空载率和质粒 DNA 的浓度。

（2）正向测序反应

① 每个克隆质粒取 2 μl（约 200 ng），加 2 μl Mix（由被 4 种不同荧光标记于 A、T、C、G 的 4 种三磷酸双脱氧核苷，dATP、dCTP、dITP、dUTP 4 种三磷酸双脱氧核苷，AmpliTaq DNA 聚合酶和 $MgCl_2$ 按适当比例组成的混合液），3.2 pmol 正向引物，用水补足体积至 20 μl。

② 混匀后进行测序反应：96℃变性 10 s；50℃复性 5 s；60℃延长 4 min；循环 25 次；

③ 反应物经异丙醇沉淀后于 ABI 3730 测序仪上电泳并读取数据。

（3）序列 Blastn 结果与分析

12.12.4.10 基因组文库保存

①配制 LB 液体培养基，高压灭菌；

②待培养基温度降到 60℃以下，加入 1/1 000 体积的 Amp（100 mg/ml，溶于灭菌水中），终浓度为 100 μg/ml，混匀；

③用移液枪将 LB 液分装入 384 孔菌种板，用封口膜封好，－20℃保存，备用；

④从－20℃冰箱中取出需分装的合格文库菌液（存于 96 孔板中），冰上放置；

⑤用枪头吹打混匀菌液，按 10% 甘油: 菌 = 1∶1 的比例吸取 15 μl 合格文库菌液分装入 384 孔菌种板，用封口膜封好，－20℃保存，备用；

⑥在板壁和板盖上标记文库号及板号；

⑦填写“文库组送培养组菌液登记表”；

⑧将登记表及保存好的文库移交测序模板组。

（注意：所有的操作必需在超净台中进行，开盖和盖盖需用酒精灯外焰灭菌；已开封的 LB 液弃去，禁止重复使用，以防污染；菌液必须放置于冰上。）

12.12.5 大片段（8.0～10.0 kb）基因组文库构建

12.12.5.1 pUC18 载体 DNA 制备

载体制备及处理方法同 12.12.3。

12.12.5.2 *Sau*3A Ⅰ 部分酶切基因组 DNA

①取 EP 管，分别标号 1、2、3、4、5，建立酶切体系；

DNA	X μl（2 μg）
10 × Buffer	5 μl
BSA	0.5 μl

混匀，分别加入 0.025 U、0.05 U、0.1 U、0.2 U 和 0.4 U 的限制性内切酶 *Sau*3A Ⅰ（10 U/μl），ddH_2O 补足总体积为 50 μl；

②轻弹管壁或用枪头轻轻吹打混匀，在离心机上甩一下；

③37 ℃，水浴 1.5 h；

④电泳检测（以酶切片段多数分布在 8～10 kb 范围内者为最佳酶量）；

⑤按此最佳酶用量，在完全相同条件下酶切基因组 DNA；

⑥70℃，15 min 或加入 0.5 mol/L EDTA 终止酶切反应。

12.12.5.3 DNA 克隆片段（8.0～10.0kb）的选取

① 酶切后的基因组 DNA，于 0.5% 低熔点琼脂糖凝胶中，4℃、13 V 电压下电泳过夜；

② 紫外灯下，切下含 8～10 kb 片段凝胶，分装入干净 EP 管；

③ 加 TE 缓冲液，55℃水浴 10 min 使胶块融化；

④ 室温 10 min 后，加等体积酚/氯仿/异戊醇，轻轻颠倒混匀，13 000 rpm 离心 5 min；

⑤ 取上清，加等体积氯仿/异戊醇，轻轻颠倒混匀，13 000 rpm 离心 5 min；

⑥ 取上清，加 1/10 体积 3 mol/L 醋酸钠（pH 值 5.2）和等体积异丙醇，颠倒混匀，－20℃放置 20 min；

⑦ 13 000 rpm 离心 20 min；

⑧ 弃上清，70% 冰冷乙醇洗两次；

⑨ 真空干燥 DNA，加 ddH_2O 溶解，取 2 μl 电泳定量（其余 DNA 溶液置真空干燥，浓缩体积至 6 μl），－20℃保存，备用。

12.12.5.4 连接反应

取6 μl（约400 ng）8～10 kb 随机酶切 DNA 片段，加1 μl（约100 ng）pBluescriptⅡ/*Bam*H I/CIP 载体（脱磷及检测同12.12.3.3）、2 μl 5×T4 连接酶缓冲液、1 μl（5 U）T4 连接酶，轻轻混匀，16℃条件下连接48 h。

12.12.5.5 连接产物纯化、电泳去除空载体

① 连接产物中加40 μl ddH_2O、5 μl 3mol/L 醋酸钠（pH 值5.2）、100 μl 无水乙醇，颠倒混匀，－20℃放置20 min；

② 13 000 rpm 离心20 min；

③ 弃上清，加70%乙醇，13 000 rpm 离心5 min；

④ 弃上清，真空干燥 DNA，加适量 ddH_2O 溶解 DNA；

⑤ DNA 溶液于5 V 电压下电泳3 h；

⑥ 紫外灯下，迅速切割下8 kb 以上 DNA 片段，装于1.5 ml EP 管；

⑦ 加 ddH_2O，55℃水浴10 min 溶解胶块；

⑧ 室温10 min 后，加等体积酚，颠倒混匀；

⑨ 13 000 rpm 离心5 min；

⑩ 取上清，加等体积酚/氯仿/异戊醇，轻轻颠倒混匀，13 000 rpm 离心5 min；

⑪ 取上清，加等体积氯仿/异戊醇，轻轻颠倒混匀，13 000 rpm 离心5 min；

⑫取上清，加1/10体积3 mol/L 醋酸钠（pH 值5.2）和等体积异丙醇，颠倒混匀，－20℃放置20min；

⑬13 000 rpm 离心20 min；

⑭ 弃上清，70%冰冷乙醇洗两次；

⑮ 真空干燥 DNA，加 ddH_2O 溶解，－20℃保存，备用。

12.12.5.6 转化

(1) 电击转化

方法同12.12.4.8。

(2) 化学法（$CaCl_2$）转化

① 感受态细胞制备方法

a. 取保存菌种于 LB 平板上划线，37℃倒置培养过夜（12～14 h）；

b. 挑取单克隆（单菌落）于约3 ml LB 液体培养基中，37℃条件下250 rpm 过夜培养（12～14 h）；

c. 将已活化的菌液按1∶100的比例接种到 LB 液体培养基中，37℃条件下250 rpm 培养至10^6～10^7细胞/ml（OD_{600}＝0.6～0.8）；

d. 将培养液置冰浴中冷却至0～4℃，4℃条件下4 000 rpm 离心10 min，在超净台上倒去上清液（可用枪头吸去残留液）；

e. 在超净台上加入等体积已灭菌、冰浴预冷的0.1 mol/L $CaCl_2$，在冰浴的条件下轻柔摇晃，重悬细胞，冰浴10 min；

f. 4℃条件下4 000 rpm 离心10 min，在超净台上倒去上清液（可用枪头吸去

残留液）；

g. 分别用 1/2V 和 1/10V 体积的预冷无菌 $CaCl_2$（0.1 mol/L）重复步骤 e 和 f 一次；

h. 用 1/100 V 的预冷无菌 $CaCl_2$（0.1 mol/L，含 15 % 甘油）重悬细胞，以每管 50 μl 分装于 1.5 ml 无菌离心管中，－70℃保存备用。

② 转化

a. 约 50 μl 感受态细胞，加入 450 μl 预冷无菌 $CaCl_2$（0.1 mol/L），加入适量质粒或连接产物，混匀，冰浴 15 ～30 min，42℃热休克 90～120 s；

b. 立即置冰浴中静置 15min；

c. 加入 1 ml SOC 液体培养基，37℃条件下 250 rpm 培养 30～45 min；

d. 取适量培养液涂布于含相应抗生素平板上，37℃倒置培养过夜。

12.12.5.7 插入片段长度鉴定

①质粒 DNA 提取：方法参见第 3 章中的基因组分离技术；

②取 EP 管，分别标号，任取 13 个白色克隆和一个蓝斑（作阴性对照），建立如下双酶切体系：

DNA	X μl
10 × Buffer	5 μl
BSA	0.5 μl
酶（10U/μl）	
ddH_2O	加至 50 μl

③ 轻弹管壁或用枪头轻轻吹打混匀，在离心机上甩一下；

④ 37 ℃，水浴 1.5 h；

⑤ 70℃，15 min 或加入 0.5 mol/L EDTA 终止酶切反应；

⑥ 电泳检测。

12.12.5.8 测序检验文库随机性

方法同 12.12.4.9。

12.12.5.9 基因组文库保存

方法同 12.12.4.10。

12.12.6 大规模测序模板制备

12.12.6.1 细菌的培养

取一块灭菌的 96 深孔板，每孔中加入 300 μl 含抗生素的高浓度培养液（含终浓度 Amp100 μg/ml），用牙签挑取单个白色菌落，并接种于培养液中。用打孔器打孔，在 37℃条件下 250 rpm 摇菌培养 17.5 h。

12.12.6.2 菌种保存

在保菌种板中，每孔加入 60 μl 85% 的甘油（已高压灭菌过），然后吸培养好的菌液 100 μl 加入保菌种板中，冰箱保存。

12.12.6.3 抽提质粒

① 将保菌种后剩余的菌液收集菌体，离心2 750 rpm 8 min，弃上清；

② 加buffer Ⅰ70 μl（含RNaseA 100 μl/ml），用旋涡振荡器悬浮菌体；

③ 加buffer Ⅱ70 μl，封膜并颠倒4次，静置5 min；

④ 加buffer Ⅲ 70 μl，封膜并颠倒7次；

⑤ 沸水浴5 min，然后冰浴至室温；

⑥ 吸上清100 μl至Millipore过滤器中，真空抽滤到接收板里；

⑦ 每孔加100 μl异丙醇，封膜颠倒，使其混匀。封膜3 250 rpm离心20 min，弃上清；

⑧ 每孔加200 μl 70%的乙醇，3 250 rpm离心8 min，弃上清；

⑨ 用真空泵抽干，加50 μl Tris（10 mmol/L Tris · HCl pH8.5）溶解抽提出的DNA（把质粒板放在脱色摇床上摇10 min）。

12.12.6.4 电泳检测

吸2 μl样品于1%的琼脂糖胶中跑电泳，检测质粒的质量。

12.12.7 大规模序列测定

先在登记纸上记下反应的库名、板号、引物、MIX用量、PCR循环数及日期，最终一个序列的命名至少应包含以下几个层次的信息：Library ID；Plate ID；Clone ID；Sequencing direction。

参照ABI-Prism3730测序系统反应试剂盒说明书进行操作：

① 在96孔板的每孔中加入Primer 2 μl，mix 1 μl，DNA（100～200 ng/μl）2 μl，组成5 μl体系，加完后用离心机甩一下；

② PCR扩增：96℃变性10 s；96℃变性10 s，50℃退火5 s，60℃延伸4 min，30循环；60℃延伸4 min；

③ 沉淀：每孔中加入45 μl 70%乙醇，至63%的乙醇终浓度，室温静置15 min；

④ 封上塑料贴膜，4℃条件下3 500 rpm离心30 min，撕下贴膜，倒置于草纸上，甩至1 300 rpm即可；

⑤ 每孔加20 μl ddH_2O，振荡溶解，4℃保存；

⑥ 上样：将制好的96孔板放入3730测序仪进行测序。

12.12.8 基因组序列组装*

以台式电脑为终端，通过telnet程序在Sun3500工作站上运行phred程序，读取测序产生的Chromat文件，得到碱基序列文件及其对应的分值文件；再通过telnet程序在Sun3500工作站上运行Phrap程序对碱基序列及其对应分值文件进

---

* 文献来源：黄贵修．水稻白叶枯病菌致病性功能基因组学分析．中国热带农业科学院&华南热带农业大学博士学位论文．（指导教师：黄俊生 何朝族 研究员）

行处理，完成序列组装；最后在 x-win 中运行 Consed 软件显示组装结果，并对组装得到的 contigs 进行观察并编辑。具体操作如下：

① 打开连接软件 TTERMPRO，登录到服务器上；

② 新建 3 个文件夹：chromat_ dir，edit_ dir，phd_ dir；

③ 将 3730 测序仪所得的序列的图像格式文件上传至 chromat_ dir 子目录中；

④ 在 edit_ dir 子目录中运行 phredphrap 脚本，该脚本首先调用 phred 程序将图像格式文件转换成 FASTA 序列格式文件，并对每条序列的每个碱基作出质量评价，结果将存在 phd_ dir 子目录下；

⑤ 调用 cross_ match 程序遮蔽载体序列；

⑥ 调用 phrap 程序将所有序列按最佳匹配原则组装成序列重叠群，结果保存在 edit_ dir 子目录中。

12.13 RAPD 技术*

目前分子标记的检测技术多种多样，已有几十种技术可用于分子标记的筛选。针对甘蓝型油菜雄性不育恢复基因，以沪油 4004 和 4136 双低油菜为材料，利用随机扩增多态性 DNA（random amplification polymorphic DNA，RAPD）分子标记技术研究与恢复基因连锁的分子标记，开展相应的分子标记辅助育种，提高恢复基因的选择效率，缩短恢复系培育周期，同时还能用于杂交种的纯度鉴定，代替周期长、容易受环境条件限制的异地、异季鉴定，减少人力财力的投入。

12.13.1 材料

植物材料是由上海农业科学院作物栽培研究所选育的甘蓝型显性核不育油菜（田间编号为 4004 和 4136），群体内携有恢复基因的单株表现为可育（Fertile）记为：F，基因型为 MsMsRfrf（Rf 为恢复基因）；没有恢复基因的单株表现为不育（Sterile）记为：S，其基因型为 MsMsrfrf。

在油菜开花期，根据单株的育性进行幼嫩组织取样。在每个近等基因系中分别随机选 6 株可育植株和 6 株不育植株，分别记为 F1、F2、F3、F4、F5、F6 和 S1、S2、S3、S4、S5、S6。摘取幼嫩叶片提取基因组 DNA，作为 RAPD 扩增反应的模板。

12.13.2 方法

12.13.2.1 油菜基因组 DNA 的提取

（1）基因组 DNA 的提取

①取新鲜的或 -70℃保存的油菜幼嫩叶片，加液氮研磨至粉末状。

---

* 文献来源：何秋香．甘蓝型显性核不育油菜恢复基因分子标记研究．中国热带农业科学院 & 华南热带农业大学硕士学位论文．（指导教师：魏小弟 研究员）

②取200 μl叶子粉末加到1.5 ml离心管中，然后向管中加入500 μl DNA抽提Buffer，混匀，56℃水浴20 min。

③12 000 rpm离心5 min，取上清，加等体积酚/氯仿/异戊醇，混匀，12 000 rpm离心5 min。

④取上清，再加等体积酚/氯仿/异戊醇，混匀，12 000 rpm离心5 min。

⑤等体积的氯仿/异戊醇，混匀，12 000 rpm离心10 min。

⑥取上清，加0.5倍体积的5 mol/L NaCl，混匀，再加入2倍体积的乙醇使DNA沉淀，-20℃，30 min。

⑦加1 ml 75%乙醇，12 000 rpm离心10 min弃上清，把离心管倒扣在吸水纸上，使液体吸干。

⑧12 000 rpm离心10min弃上清，加200 μl TER溶解，37℃，30 min。

⑨加等体积的酚/氯仿抽提1次，12 000 rpm离心10 min，取上清。

⑩加1/10体积的3 mol/L NaAc（pH值5.2），2倍体积的无水乙醇，-20℃，30 min。

⑪12 000 rpm离心10 min，收集沉淀。

⑫加1ml 75%乙醇，12 000 rpm离心10 min；弃上清，把离心管倒扣在吸水纸上，自然风干。

⑬100 μl TE溶解。

⑭-20℃保存，备用。

（2）DNA样品质量测定

①电泳检测　由于基因组DNA片段较大，配制0.8%的琼脂糖凝胶，分别在样品槽中加入DNA marker（2 000 kb）和样品DNA 2 μl，120 V电泳1 h，在紫外凝胶成像系统下比较样品DNA条带与marker标准条带的位置及样品DNA弥散程度以确定样品DNA的质量。

②紫外检测　取2 μl DNA溶液用ddH_2O稀释至200 μl，用紫外分光光度计测定其在230 nm、260 nm、280 nm处的紫外吸收光谱，根据OD_{260}的值估测DNA的浓度（1.0 OD_{260}=50 μg/μl），根据OD_{260}/OD_{280}和OD_{260}/OD_{230}估测其纯度。

③电泳检测　配制1.5%的琼脂糖凝胶，分别在样品槽中加入DNA marker和DNA 1 μl 100 V电泳2 h。在紫外凝胶成像系统下比较样品DNA的弥散程度，以确定样品DNA是否被降解。

12.13.2.2　引物筛选

（1）RAPD分析

随机引物由上海博亚生物技术有限公司合成：BA1-20，BA40-60，BA100-120总计60条引物。可育群体中6个样品中每两个样品混合，共混合成3个样品，不育群体中也是6个样品每两个样品混合，共3个样品。

（2）RAPD反应体系和反应程序

①通过对反应体系中各因子的优化组合试验，确定反应体系。

dNTPs　　2 μl（2 μmol/L）

引物	1 μl(0.3 μmol/L)
TaqDNA 聚合酶：	0.4 μl(2 U)
模板	1 μl(50 ng)
反应缓冲液	2 μl(10 × Buffer)
ddH_2O	13.6 μl
总体积	20 μl

②反应程序

94℃预变性	3 min	
92℃变性	50 s	35 个循环
35℃退火	50 s	
72℃延伸	100 s	
72℃延伸	10 min	
4℃保存		

(3) 电泳检测

PCR 产物取 7 μl，1.5% 琼脂糖凝胶电泳检测。

12.14 RFLP 技术*

利用 RFLP 技术对抗肿瘤活性海洋放线菌 16S rDNA 多样性进行分析。

12.14.1 材料

具有强抗肿瘤活性的 30 株放线菌。

12.14.2 方法

12.14.2.1 放线菌基因组 DNA 的提取

(1) 提取方法一

①将长至对数期的放线菌离心 5 min (12 000 rpm)，收集菌丝；

②将约为 200 μl 的湿菌丝转到 1.5 ml 的离心管中；

③将湿菌丝重悬到 500 μl 溶菌酶缓冲液 (25 mmol/L Tris · HCl pH8.0，50 mmol/L 葡萄糖 25 μl，5 mg/ml 溶菌酶) 中，37℃处理 3 min；

④溶菌酶消化后，加入终浓度为 1% 的 SDS，65℃处理 30 min；

⑤细胞裂解物用等体积的苯酚抽提两次，用氯仿: 异戊醇 (24: 1) 抽提 1 次；

⑥用 1 体积的异丙醇在室温下沉淀核酸，直到线状 DNA 出现；

---

* 文献来源：闫莉萍．抗肿瘤活性海洋放线菌的分离筛选及其 16S rRNA 多样性分析．中国热带农业科学院与华南热带农业大学硕士学位论文．(指导教师：洪葵 教授)

⑦离心后，将核酸重悬到 100 μl 的 100 mmol/L Tris · CL^{-1} mmol/L EDTA (pH7.5)，其中含有 100 μg/μl DNase-free RNase A，37℃，30 min。

(2) 提取方法二

①室温离心菌液；

②菌体悬浮在 0.5 ml 的 50 mmol/L Tris-HCl (pH 7.2)，再离心，然后重悬于 0.5 ml 冰冻丙酮中 (ice-cold actone) 5 min；

③离心，倒掉丙酮，将残留的丙酮轻微风干；

④菌体重悬于 0.2 ml TE 缓冲液中，然后加终浓度为 1 mg/ml 溶菌，37℃处理 30 min；

⑤然后加终浓度为 1% (w/v) 的 SDS 和终浓度为 1 mol/L 的 NaCl，-20℃处理 1 h；

⑥4℃下离心 15 min，除去细胞残体；

⑦得到大约原体积 3% 的上清液，上清液用终浓度为 200 μg /ml 的 RNase A 处理 15 min；

⑧然后用终浓度为 50 μg/ ml 的蛋白酶 K 处理 50 min；

⑨上清液用等体积的氯仿: 异戊醇 (24:1) 处理两次，然后用两倍乙醚处理；

⑩用 95% 乙醇沉淀 DNA (-20 ℃下过夜)。

(3) 提取方法三

在方法一的基础上根据具体情况进行改进，步骤②和③之间，即加入溶菌酶消化前，用 ddH_2O 洗涤 2 ~3 次；产后进行方法二步骤②和③的操作，其余步骤完全同方法一。

12.14.2.2 琼脂糖凝胶电泳检测 DNA 的纯度及浓度

①制胶：称取一定量的琼脂糖，加入电泳缓冲液 (TAE)，加热溶解，微冷后加入 1 μl EB；

②灌胶：将电泳槽两端封口，把凝胶液倒入槽上，插梳，凝固约 30 min；

③液中加入点样：将梳子及两端的封口板去掉，把槽放入电泳池中，在 5 μl 溶于溴酚蓝，混匀后加到点样孔中；

④接通电源，80 ~90 V 电泳约 30 min，紫外检测。

12.14.2.3 16S rDNA 的 PCR 扩增

(1) 经多次实验建立适宜的反应体系和反应条件

PCR 反应体系：

模板 DNA(1 ~3 μg)	1 μl
引物 1 (10 μmol/L)	2 μl
引物 2 (10 μmol/L)	2 μl
LA Taq	0.25 μl
GCI Buffer	12.5 μl

dNTPs(each 2.5 mmol/L)	4 μl
ddH_2O	3.75 μl
总体积	25 μl

标准反应条件:

预变性	95℃	5 min	
变性	94℃	1 min	
退火	58℃	1 min	30 个循环
延伸	72℃	3 min	
后延伸	72℃	10 min	

降落反应条件:

预变性	95℃	5 min	
变性	94℃	1 min	10 个循环
退火	65℃	1 min	
延伸	72℃	3 min	
变性	94℃	1 min	20 个循环
退火	58℃	1 min	
延伸	72℃	3 min	

(2) 产物检测

1.2% 琼脂糖凝胶电泳检测产物。

12.14.2.4 PCR 产物的纯化

下一步的酶切对 DNA 的纯度要求较高,PCR 产物需要采用酒精沉淀法或利用纯化试剂盒来进行纯化,实验中发现酒精沉淀法与试剂盒纯化法相比,DNA 损失很大,且纯化度也不高,因此改用试剂盒进行纯化。步骤如下:

①向 PCR 反应液中加入 3 倍量的 DB Buffer,然后均匀混合;

②将试剂盒中的 Spin Column 安置于 Collection Tube 上;

③将上述操作 1 的溶液转移至 Spin Column 中,3 600 rpm 离心 1 min,弃废液;

④将 500 μl 的 Rinse A 加入 Spin Column 中,3 600 rpm 离心 30 s,弃滤液;

⑤将 700 μl 的 Rinse B 加入 Spin Column 中,3 600 rpm 离心 30 s,弃滤液;

⑥重复操作步骤⑤,然后 12 000 rpm 再离心 1 min;

⑦将 Spin Column 安置于新的 1.5 ml 的离心管上,在 Spin Column 膜的中央出加入 25~30 μl 的水或洗脱夜,室温静置 1min。(把水或洗脱夜加热至 60℃使用时有利于提高洗脱效率)

⑧12 000 rpm 离心 1 min 洗脱 DNA。

12.14.2.5 酶切

参照生产厂家的操作指南。对于单酶切反应,一般在 20 μl 反应体系当中,加入生产厂家推荐的相应缓冲液，1 μg 的 DNA 及 10 U 的限制性内切酶，37℃酶切2 hr，为了防止新活性的产生，反应体系中的甘油含量应控制在10%以下。对于双酶切反应，通常希望在同一个反应体系中进行，应尽量选用生产厂家推荐的缓冲液，TaKaRa 公司的限制性内切酶提供多种 Buffer，可以满足不同的需要。如果两个反应体系相差太大或需不同的温度，则需按先后分别酶切。

参照厂家推荐的体系结合实际情况建立合适的酶切体系：

表 12-2 *Afa* I，*Msp* I，*Hha* I，*Hae* III4 种酶的酶切体系

酶	酶切体系		酶切条件
Afa I (GTA↑C)	*Afa* I/*Msp* I	1 μl	
Msp I (C↑CGG)	10×T Buffer	2 μl	
	BSA	2 μl	
	DNA	5 μl	
	ddH_2O	10 μl	37℃ 2 h
Hha I (GC↑GC)	*Hha* I/*Hae* III	1 μl	
Hae III (GG↑CC)	10×M Buffer	2 μl	
	DNA	5 μl	
	ddH_2O	10 μl	

酶切产物的检测：

制备2%的琼脂糖凝胶，加样10 μl，65 V条件下电泳。凝胶成像系统检测。

12.15 AFLP 技术*

以柱花草炭疽病原菌遗传多样性 AFLP 分析为例。

12.15.1 实验材料

用于 AFLP 分析的病原菌材料，为 1997~2004 年从海南、广东、广西主要柱花草种植区所收集和保存的 703 份单孢分离菌株（isolate）中选取有代表性的 181 个菌株。

12.15.2 实验方法

12.15.2.1 DNA 的提取

DNA 提取方法采用 CTAB 法：

①取约 20 g 着生有柱花草炭疽菌丝的培养基放入 2 ml 离心管，加 800 μl

* 文献来源：易克贤．柱花草炭疽病原菌遗传多样性分析及抗病育种研究．中国热带农业科学院 & 华南热带农业大学博士学位论文．（指导教师：黄俊生 研究员）

CTAB 提取液，研磨；

②65℃水浴 30 min，其间混匀 2～3 次，冷却至室温，加 800 μl 氯仿: 异戊酸（24: 1）；

③12 000 rpm 离心 15 min；吸上清，加 1.5 倍 CTAB 沉淀液，放置 15 min；

④8 000 rpm 离心 15 min；

⑤弃上清，晾干，加 120 μl 水，洗去沉淀；

⑥加 2 倍体积的无水乙醇，1/10 体积 pH5.0 NaAc，沉淀 1 h；

⑦4℃条件下 12 000 rpm 离心 10 min；

⑧75% 乙醇清洗，晾干，溶于 50 μl 双蒸水；

⑨最后用 0.8% 琼脂糖凝胶电泳检测其浓度。

12.15.2.2 AFLP 实验流程

（1）接头的碱基序列

Pst I 接头 I：5′－CTC GTA GAC TGC GTA CAT GCA－3′

Pst I 接头 2：5′－TGT ACG CAG TCT AC－3′

Mse I 接头 1：5′－GAC GAT GAG TCC TGA G－3′

Mse I 接头 2：5′－TAC TCA GGA CTC AT－3′

（2）酶切连接一步进行

限制性酶切及连接（20 μl 反应体系）：在 0.5 ml 离心管中加入：

对照模板 DNA	2 μl（80～100 ng/μl）
Adapter	1 μl
Pst I/*Mse* I	2 μl
10 × Reaction buffer	2.5 μl
10 mmol/L ATP	2.5 μl
T4 Ligase	1 μl
APLP-Water	9 μl

混匀离心数秒，37℃保温 5 h，8℃下保温 4 h，4℃下过夜。

（3）预扩增

①预扩增引物

Pst I 预扩增引物序列：5′－GAC TGC GTA CAT GCA G－3′

Mse I 预扩增引物序列：5′－GAT GAG TCC TGA GTA AC－3′

②预扩增反应体系　在 0.2 ml 离心管中按下列方式加入：（25 μl 反应体系）

模板 DNA	2 μl
Pre-ampmix	1 μl
dNTPs	1 μl
10 × PCR buffer	2.5 μl
Taq DNA polymease	0.5 μl
H_2O	18 μl

离心数秒，按下列参数进行 PCR 扩增循环 30 轮。

③预扩增反应

变性 94℃	2 min
变性 94℃	30 s
复性 56℃	30 s
延伸 72℃	80 s
延伸 72℃	5 min

(4) 选择性扩增

①将预扩产物 1:20 稀释，作为选扩模板

Pst I primers(5 ng/μl)：

Primer A：5′－GAC TGC GTA CAT GCA GAA－3′

Primer B：5′－GAC TGC GTA CAT GCA GAC－3′

Primer C：5′－GAC TGC GTA CAT GCA GAG－3′

Primer D：5′－GAC TGC GTA CAT GCA GAT－3′

Primer E：5′－GAC TGC GTA CAT GCA GTA－3′

Primer F：5′－GAC TGC GTA CAT GCA GTC－3′

Primer G：5′－GAC TGC GTA CAT GCA GTG－3′

Primer H：5′－GAC TGC GTA CAT GCA GTT－3′

Mse I primers(30 ng/μl)：

FAM 标记 *Mse*I-1：5′－GAT GAG TCC TGA GTA ACA A－3′

FAM 标记 *Mse*I-2：5′－GAT GAG TCC TGA GTA ACA C－3′

FAM 标记 *Mse*I-3：5′－GAT GAG TCC TGA GTA ACA G－3′

FAM 标记 *Mse*I-4：5′－GAT GAG TCC TGA GTA ACA T－3′

FAM 标记 *Mse*I-5：5′－GAT GAG TCC TGA GTA ACT A－3′

FAM 标记 *Mse*I-6：5′－GAT GAG TCC TGA GTA ACT C－3′

FAM 标记 *Mse*I-7：5′－GAT GAG TCC TGA GTA ACT G－3′

FAM 标记 *Mse*I-8：5′－GAT GAG TCC TGA GTA ACT T－3′

②选择性扩增体系　在 0.2 ml 离心管中，按下列方式加入：(25 μl 体系)

预扩增稀释样品	2 μl
10×PCR buffer	2.5 μl
dNTPs	0.5 μl
Pst I 引物	1 μl（共 8 种）
Mse I 引物	1 μl（共 4 种）
Taq 酶	0.5 μl
H_2O	17.5 μl

以上混匀，离心数秒，按下列参数 PCR 循环。

扩增的温度和时间控制：第一轮扩增参数：94℃ 30 s，65℃ 30 s，72℃ 80s。以后每轮循环温度递减 0.7℃，扩增 12 轮。接着按下列参数扩增 23 轮：94℃ 30s，55℃ 30 s，72℃ 80 s。

③使用的主要仪器 3K18 离心机（德国 Sigma），ABI377 测序仪、DG-III 电泳仪、DG-3D 大型水平电泳槽、PCR 仪。

12.15.2.3 AFLP 图谱分析和数据处理：

AFLP 多态性分析在 ABI377 测序仪上进行，得到一系列电泳图谱，最后将电泳图谱上相同 DNA 扩增片段迁移位置（相同分子量水平）上多态性扩增条带有的记为 1 或无的记为 0 进行编码制成二元矩阵。采用非加权配对算数平均法（unweighted pair-group method using arithmetic averages，UPGMA）对二元数据进行带纹相似性分析，这种分析是基于 Jaccard 相似系数而得到的一个成对关联矩阵（paired association matrix）。最后利用多变元统计软件 Ntsys. 2. 11 进行聚类分析。

附　录

附录 1　常用的测量单位及换算

1. 常用的测量单位

英文全名	符　号	中文名称	换　算
litre	L	升	
millilitre	ml	毫升	10^{-3}L
microlitre	μl	微升	10^{-6}L
kilogram	kg	千克	10^{3}g
gram	g	克	
milligram	mg	毫克	10^{-3}g
microgram	μg	微克	10^{-6}g
nanogram	ng	纳克	10^{-9}g
picogram	pg	皮克	10^{-12}g
molar	mol	摩尔	
millimolar	mmol	毫摩尔	10^{-3}molar
micromolar	μmol	微摩尔	10^{-6}molar
nanomolar	nmol	纳摩尔	10^{-9}molar
picomolar	pmol	皮摩尔	10^{-12}molar
dalton	Da	道尔顿	
kilodalton	kDa	千道尔顿	10^{3} 道尔顿
basepair	bp	碱基对	
kilobase	kb	千碱基对	10^{3}bp
megabase	Mb	百万碱基对	10^{6}bp

2. DNA 片段的分子质量

核　酸	长度（核苷酸数）	分子质量（Da）	核　酸	长度（核苷酸数）	分子质量（Da）
双链 DNA（钠盐）	1 000	6.6×10^{5}	23S rRNA	3 700	1.2×10^{6}
单链 DNA（钠盐）	1 000	3.3×10^{5}	18S rRNA	1 900	6.1×10^{5}
单链 RNA（钠盐）	1 000	3.4×10^{5}	16S rRNA	1 700	5.5×10^{5}
λDNA（双链）	48 502	3.0×10^{7}	5S rRNA	120	3.6×10^{4}
pBR322（双链）	4 363	2.8×10^{6}	tRNA（大肠杆菌）	75	2.5×10^{4}
28S rRNA	4 800	1.6×10^{6}	脱氧核糖核苷		3.3×10^{2}

3. DNA 物质的量与质量间的换算

DNA	长度（bp）	质量（μg）	物质的量（pmol）
双链	1 000	1	1. 52
双链	1 000	0. 66	1
pBR22	4 363	1	0. 36

4. 核酸摩尔浓度溶液的配制

（1）先计算出分子质量

双链 DNA 的分子质量 = bp 数 × 330 × 2

单链 DNA 及 RNA 的分子质量 = bp 数 × 330

（2）根据所配体积求出用量

例：配制 1 pmol/L pBR322 溶液 1 ml 需称取多少 μgDNA?

解：pBR322 DNA 分子质量 = $4\ 363 \times 330 \times 2 = 2.8 \times 10^6$ Da

1 pmol/L = $2.8 \times 10^6 \times 10^{-12} = 2.8 \times 10^{-6}$（g/L） = 2. 8 μg/L

配制 1 ml 所需的 pBR322 = 2. 8 μg × 10^{-3}；

可先配制成 10^6 × 母液，取 2. 8 mg，溶于 1 ml TE 或 dH_2O，使用时稀释。

附录 2　常用的分子质量标准物

1. DNA 分子质量标准（bp）

（1）Lambda DNA（λDNA）及其限制酶片段的长度（bp）

λDNA	λDNA/*EcoR* Ⅰ	λDNA/*Hind* Ⅲ	λDNA/*EcoR* Ⅰ + *Hind* Ⅲ
48 502			
（线性、双链）	21 226	23 130	21 227
	7 421	9 416	5 148
	5 804	6 557	4 973
	5 643	4 361	4 268
	4 878	2 322	3 530
	3 530	2 027	2 027
		564	1 904
		125	1 584
			1 375
			974
			831
			564
			125

（2）pBR322 DNA 及其限制酶片段的长度（bp）

pBR322	pBR322/*Taq* I	pBR322/*Hinf* I	pBR322/*Alu* I	
4363				
（双链）	1 444	1 631	910	65
	1 307	517	659	57
	475	506	655	49
	368	396	521	19
	315	344	403	15
	312	298	281	11
	141	221	257	
		220	226	
		154	136	
		75	100	

2. RNA 分子质量标准物

RNA 种类	分子质量（Da）	核苷酸数	RNA 种类	分子质量（Da）	核苷酸数
丝心蛋白 mRNA	5.7×10^6	19 000	免疫球蛋白轻链 mRNA（小鼠）	0.39×10^6	1 250
肌球蛋白重链 mRNA	2.02×10^6	6 500	β－珠蛋白 mRNA（小鼠）	0.24×10^6	783
28S rRNA（HeLa）	1.9×10^6	6 330	β－珠蛋白 mRNA（兔）	0.22×10^6	710
25S rRNA（曲霉菌）	1.24×10^6	4 000	α－珠蛋白 mRNA（小鼠）	0.22×10^6	696
23S rRNA（大肠杆菌）	1.07×10^6	3 566	α－珠蛋白 mRNA（兔）	0.20×10^6	630
18S rRNA（HeLa）	0.71×10^6	2 366	组蛋白 H_4 mRNA（海胆）	0.13×10^6	410
17S rRNA（曲霉菌）	0.62×10^6	2 000	5.8S rRNA（曲霉菌）	4.89×10^4	158
16S rRNA（大肠杆菌）	0.53×10^6	1 776	5S rRNA（大肠杆菌）	3.72×10^4	120
A_2 晶体蛋白 mRNA（牛）	0.45×10^6	1 460	4S rRNA（曲霉菌）	2.63×10^4	85

3. 蛋白质分子质量标准

蛋白质	分子质量（Da）	蛋白质	分子质量（Da）
肌红蛋白（F_3）	2 500	醛缩酶	40 000
肌红蛋白（F_2）	6 200	过氧化氢酶	57 500
肌红蛋白（F_1）	8 100	牛血清白蛋白	66 200
溶菌酶	14 400	磷酸化酶 B	97 400
大豆胰蛋白酶抑制剂	21 500	肌球蛋白	212 000
碳酸酐酶	31 000		

附录3 凝胶电泳中凝胶浓度的分离范围

1. 琼脂糖凝胶浓度有效分离的线状 DNA 的大小范围

琼脂糖质量浓度（%）（mg·dl^{-1}）	大小范围（kb）	琼脂糖质量浓度（%）（mg·dl^{-1}）	大小范围（kb）
0.3	5~60	0.9	0.5~7
0.6	1.0~20	1.2	0.4~6
0.7	0.8~10	1.5	0.2~4
0.8	0.5~10	2.0	0.1~3

2. PAGE 凝胶浓度有效分离的蛋白质分子质量范围

凝胶浓度（%）	分子质量范围（Da）	凝胶浓度（%）	分子质量范围（Da）
20~30	$<10^4$	5~10	1×10^5~5×10^5
15~20	1×10^4~4×10^4	2~5	$>5\times10^5$
10~15	4×10^4~1×10^5		

附录4 常用限制酶的主要性质及缓冲液

1. 常用限制酶的主要性质

酶	识别序列**	反应缓冲液	最适温度（℃）	热灭活
Acc Ⅰ*	GT↓MKAC	低盐	37	-
Aac Ⅰ	C↓YCGRG	中盐	37	-
BamH Ⅰ	G↓GATCC	中盐	37	-
Bcl Ⅰ	T↓GATCA	中盐	60	
Bgl Ⅰ	GCCNNNN↓GGC	中盐	37	+
Bgl Ⅱ	A↓GATCT	中盐	37	-
Bste Ⅱ	G↓GTNACC	高盐	60	
Cla Ⅰ	AT↓CGAT	中盐	37	
Dra Ⅰ	TTT↓AAA	中盐	37	-
EcoR Ⅰ	G↓AATTC	高盐	37	+
EcoR Ⅰ	↓AATT		37	
EcoR Ⅴ	GAT↓ATC	高盐	37	+
Hae Ⅲ	GG↓CC	中盐	37	-
Hind Ⅲ	A↓AGCTT	中盐	37~55	-
Hinf Ⅰ	G↓ANTC	中盐	37	+
Hpa Ⅰ	CTT↓AAC	低盐	37	-
Hpa Ⅱ	C↓CGG	低盐	37	+
Kpn Ⅰ	GGTAC↓	低盐	37	+
Mlu Ⅰ	A↓CGCGT	中盐	37	-

(续)

酶	识别序列**	反应缓冲液	最适温度(℃)	热灭活
Nar Ⅰ	GG↓CGCC	低盐	37	+
Pst Ⅰ	CTGCA↓G	中盐	21~37	-
Rsa Ⅰ	GT↓AC	中盐	37	+
Sma Ⅰ	CCC↓GGG	***	30	+
Taq Ⅰ	T↓CGA	中盐	65	-
Xba Ⅰ	T↓CTAGA	高盐	37	++
Xno Ⅰ	C↓TCGAG	高盐	37	+

注:*切割位点用↓表示;

**双关的核苷酸识别序列标准缩写字母[国际生化联合会命名委员会(NC-IVB)1985]:R=G或A,Y=C或T,M=A或C,K=G或T,S=G或C,W=A或T,H=A或C或T,B=G或A或C,V=G或C或A,D=G或A或T,N=A或C或G或T;

***缓冲液特别,10×buffer为200 mmol/L KCl,100 mmol/L Tris·Cl(pH8.0),100 mmol/L $MgCl_2$,10 mmol/L DTT。

2. 限制性内切核酸酶作用的3种缓冲液

缓冲液	Tris·HCl (mmol/L)	NaCl (mmol/L)	$MgCl_2$ (mmol/L)	DTT (mmol/L)	pH/(37℃)
高盐缓冲液	50	100	10	1	7.5
中盐缓冲液	10	50	10	1	7.5
低盐缓冲液	10	-	10	1	7.5

附录5 常用抗生素配制及使用浓度

抗生素	配制方法	储存浓度(mg/ml)	储存条件	使用浓度(mg/L)
氨苄青霉素(Ap、Amp)	溶于无菌蒸馏水0.22 μm滤膜过滤	100	4℃保存1周 -20℃长期保存	细菌培养:100 植物脱菌培养:250~500
羟苄青霉素(Cb)	溶于无菌蒸馏水0.22 μm滤膜过滤	50	4℃保存1周 -20℃长期保存	细菌培养:50 植物脱菌培养:250~500
头孢霉素(Cef)	溶于无菌蒸馏水0.22 μm滤膜过滤	250	4℃保存1周 -20℃长期保存	植物脱菌培养:250~500
卡那霉素(Km)	溶于无菌蒸馏水0.22 μm滤膜过滤	50	4℃保存1周 -20℃长期保存	细菌培养:50~100 植物脱菌培养:10~100
新霉素(Nm)	溶于无菌蒸馏水0.22 μm滤膜过滤	50	4℃保存1周 -20℃长期保存	细菌培养:25~50 植物脱菌培养:10~100
氯霉素(Cm)	溶于乙醇	17	-20℃保存	细菌培养:25~175 植物脱菌培养:10~100
四环素*(Tc)	溶于乙醇	5	-20℃保存	细菌培养:10~50

（续）

抗生素	配制方法	储存浓度（mg/ml）	储存条件	使用浓度（mg/L）
链霉素	溶于无菌蒸馏水 0.22 μm 滤膜过滤	10	-20℃保存	细菌培养：10～50
链霉素（Sp）	溶于无菌蒸馏水 0.22 μm 滤膜过滤	10～50	-20℃保存	细菌培养：10～50
利福平（Rif）	溶于甲醇或 NaOH 后用无菌蒸馏水定容	20	-20℃保存 3 个月	细菌培养：50～100

注：* 镁离子是四环素的颉颃剂，筛选四环素抗性菌时不应使用含镁盐的培养基。

附录 6　主要溶液（母液）及缓冲液配制

（1）1 mol/L Tris · HCl 缓冲液

Tris：三羟甲基氨基甲烷，分子质量 121.1 Da

称取 121.1 g Tris，溶于 800 ml 水中，搅拌条件下加入浓盐酸（pH 值 7.4 约使用浓盐酸 70 ml；pH 值 7.6 约使用浓盐酸 60 ml；pH 值 8.0 约使用浓盐酸 42 ml），待接近所需 pH 值时用稀盐酸准确调 pH 值至所需值。加入重蒸水至总体积 1 L，分装，高压灭菌。

Tris · HCl 溶液的 pH 值随温度变化而变化，温度每升高 1℃，pH 值大约降低 0.03 单位，配制及使用时需注意。

（2）0.5 mol/L EDTA（pH 值 8.0）溶液

EDTA：乙二胺四乙酸

Na_2-EDTA · $2H_2O$：二水乙二胺四乙酸二钠盐

称取 186.1 g Na_2-EDTA · $2H_2O$，加入 800 ml 重蒸馏水，磁力搅拌器上搅拌，加入 NaOH 调 pH 值至 8.0，重蒸馏水定容 1L。

只有在 pH 值接近 8.0 时 Na_2-EDTA · $2H_2O$ 才能完全溶解。调整 pH 值时可以用固体 NaOH，大约使用 20g，也可以用 10 mol/L 的 NaOH 溶液，大约使用 70 ml。待 Na_2-EDTA · $2H_2O$ 完全溶解后，再用稀 NaOH 准确调 pH 值至 8.0。

（3）5 mol/L NaCl

称取 292.2 g NaCl，溶解于 800 ml 蒸馏水中，此时已接近饱和，所以溶解较慢，完全溶解后用蒸馏水定容 1 L，分装，高压灭菌。

（4）3 mol/L NaAc（pH 值 5.2）（pH 值 7.0）

称取 408.1 g $CH_3COONa \cdot 3H_2O$，溶于 800ml 重蒸馏水中。用稀乙酸调 pH 值 7.0，重蒸馏水定容 1L，分装后高压灭菌。

（5）20%（10%）SDS

称取 20（10）g SDS，加入 90 ml 重蒸馏水中，于 42～68℃水浴中溶解，重蒸馏水定容 100 ml。

（6）10 mol/L NaOH

称取 40g NaOH 溶于适量蒸馏水后定容 100 ml。

（7）1 mol/L HCl

取 86.2 ml 浓盐酸加入到 913.8 ml 蒸馏水中。

(8) 1 mol/L $MgCl_2$

称取203.3 g $MgCl_2 \cdot 6H_2O$，溶于800 ml蒸馏水中，溶解后用蒸馏水定容1L，分装后高压灭菌。

(9) 5 mol/L KAC（pH值4.8）

称取29.4 g乙酸钾，溶于60 ml重蒸馏水中，溶解后再加入11.5 ml冰乙酸，重蒸馏水定容100 ml，所得溶液称为5 mol/L乙酸钾，溶液中含有3 mol/L的钾及5 mol/L的乙酸根。本试剂还可以先配制5 mol/L乙酸钾溶液，然后取60 ml与冰乙酸11.5 ml、dH_2O 28.5 ml混合。

(10) 5 mol/L 乙酸铵

称取385 g乙酸铵，溶解于蒸馏水中，定容1 L，过滤灭菌。

(11) 1 mol/L 乙酸镁

称取214.6 g含4分子结晶水的乙酸镁，溶解于蒸馏水中，定容1 L，过滤灭菌。

(12) 0.2 mol/L 磷酸盐缓冲液（pH值7.0）

A液：0.2 mol/L $NaH_2PO_4 \cdot 2H_2O$(31.2 g/L)；B液：0.2 mol/L Na_2HPO_4(28.39 g/L)。

取39 ml A液与61 ml B液混合。

(13) 100%三氯乙酸

称取500 g三氯乙酸，加入227 ml蒸馏水中溶解。

(14) TE（10 mmol/L Tris，1 mmol/L EDTA）

有pH值为7.4、7.6、8.0三种TE溶液，分别由1 ml的pH值为7.4、7.6、8.0的1 mol/L Tris·Cl缓冲液与0.2 ml pH值8.0的0.5 mol/L EDTA溶液混合后，用重蒸馏水定容100 ml而成。

(15) TEN（10 mmol/L Tris，1 mmol/L EDTA，0.1 mol/L NaCl）

1 L TE溶液中加入5.85 g NaCl

(16) 50×TAE

称取242 g Tris溶于适量蒸馏水中，加入57.1 ml冰乙酸，100 ml 0.5 mol/L EDTA pH值8.0，蒸馏水定容1 L。电泳时使用1×TAE溶液。

(17) 5×TBE

称取54 g Tris，27.5 g硼酸，溶于适量蒸馏水中，加入20 ml 0.5 mol/L EDTA pH值8.0溶液。蒸馏水定容1L。电泳时使用0.5×TBE或1×TBE溶液。

(18) 10×TPE

称取108 g Tris，15.5 ml 85%磷酸，40 ml 0.5 mol/L EDTA pH值8.0，混匀，电泳时稀释10倍。

(19) 重蒸酚

将苯酚置65℃水浴中融化，置蒸馏装置中蒸馏，收集160℃馏分于棕色瓶中，于-20℃储存。

(20) Tris平衡酚

将-20℃保存的重蒸酚置65℃水浴融化后平衡至室温。加入0.1%的8-羟基喹啉，混匀后加入等体积的1 mol/L Tris·HCl pH值8.0缓冲液，于磁力搅拌器上搅拌20 min；也可将酚置分液漏斗中用力振摇。然后静置，分相后去上层水相，再加入等体积的0.5 mol/L Tris·HCl缓冲液重复操作，至酚相pH值达8.0时为止。取出酚相置棕色瓶中，加入0.1体积的含0.2%巯基乙醇的0.1 mol/L Tris·HCl pH值8.0溶液覆盖于酚相上，防止酚氧化，置4℃保存。

(21) 酚:氯仿 (1:1)

将酚及氯仿等量混合。用0.1 mol/L Tris·HCl pH值7.6重复抽提数次，加入等体积的10 mmol/L Tris·HCl，储于棕色瓶中。也有采用酚与氯仿等体积混合的简单作法的。

(22) 酚:氯仿:异戊醇 (25:24:1)

将氯仿与异戊醇按24:1 (v/v) 混合，然后将混合液与酚等体积混合，储于棕色瓶中。

(23) 水饱和醚

乙醚与重蒸馏水等体积混合，于磁力搅拌器上搅拌 10 min，取上层醚相置密封容器中保存。

(24) 1 mol/L DTT(二硫苏糖醇)[HS - CH_2($CHOH$)$_2$$CH_2$ - SH]

称取 3.09 g DTT，溶解于 20 ml 0.01 mol/L 乙酸钠溶液（pH 值 5.2）中，用滤膜过滤去菌后分装，每份 1 ml，储存于 -20℃。

(25) 20 × SSC（3 mol/L NaCl，0.3 mol/L 柠檬酸钠）

称取 175.3 g NaCl，88.2 g 柠檬酸钠，溶于 8 000 ml 蒸馏中。用 10 mmol/L NaOH 调 pH 值至 7.0，定容 1L，高压灭菌。

(26) 20 × SSPE（3 mol/L NaCl，0.2 mol/L NaH_2PO_4，0.02 mol/L EDTA）

称取 175.3 g NaCl 27.68 g $NaH_2PO_4 \cdot H_2O$，7.4 g EDTA，溶于 800 ml 水中，用 10 mmol/L NaOH（约 6.5 ml）调 pH 值 7.4。定容 1 L，分装，高压灭菌。

(27) 10 mg/ml EB

称取 1 g 溴化乙锭，溶于 100 ml 蒸馏水中，磁力搅拌器上搅拌数小时，或称取 10 mg EB，置 Eppendorf 管中，加入 1 ml 蒸馏水中，涡旋混合。注意 EB 必须充分溶解。

(28) 10 mg/ml RNase

称取 100 mg RNase 溶于 10 ml 10 mmol/L Tris · Cl（pH 值 7.5），15 mmol/L NaCl 中，于 100℃ 加热 15 min，缓慢冷却至室温，分装后于 -20℃ 保存。

附录 7 常用的农杆菌培养基成分（g/L）

成 分	LB	YEB	YEP	TY	PA	523	MinA	MG	MG/L
蛋白胨	10	5	10	5	4	8			5
酵母浸膏	5	1	10	3		4			2.5
牛肉浸膏		5	5						
NaCl	10							0.2	5
$MgSO_4 \cdot 7H_2O$		0.493			0.493	0.3	0.01(mol/L)	0.2	0.1
K_2HPO_4						2	3.5		
KH_2PO_4							1	0.5	0.25
$(NH_4)_2SO_4$							1		
蔗糖						10			
葡萄糖							2		
甘露醇								10	5
柠檬酸钠							0.5		
谷氨酸								2.32	
甘氨酸									1.16
生物素								0.0002	0.001
pH 值	7.2	7.0	7.0	7.2	7.2	6.9	7.2	7.0	

注：MG/L 由 LC 与 LB 培养液以 1∶1 混合而成。

附录8 植物细胞工程常用的培养基配方（mg/L）

1. Tukey(1934)

成 分	用 量	成 分	用 量
KNO_3（硝酸钾）	300	$CaCl_2$（氯化钙）	375
$MgSO_4 \cdot 7H_2O$（硫酸镁）	370	KH_2PO_4（磷酸二氢钾）	414

2. Nitsch (1951)

成 分	用 量	成 分	用 量
$Ca(NO_3)_2 \cdot 4H_2O$（硝酸钙）	500	KNO_3（硝酸钾）	125
$MgSO_4 \cdot 7H_2O$（硫酸镁）	125	KH_2PO_4（磷酸二氢钾）	125
$MnSO_4 \cdot H_2O$（硫酸锰）	3	$ZnSO_4 \cdot 7H_2O$（硫酸锌）	0.05
H_3BO_3（硼酸）	0.5	$CuSO_4 \cdot 5H_2O$（硫酸铜）	0.025
$Na_2MoO_4 \cdot 2H_2O$（钼酸钠）	0.025	Fe-cittrate（柠檬酸铁）	10
蔗糖	20 000	琼脂	10 000
pH 值	6.0		

3. Rijven(1952)

成 分	用 量	成 分	用 量
$Ca(NO_3)_2 \cdot 4H_2O$（硝酸钙）	168	KNO_3（硝酸钾）	149
$MgSO_4 \cdot 7H_2O$（硫酸镁）	101	$MnSO_4 \cdot H_2O$（硫酸锰）	0.4
H_3BO_3（硼酸）	0.4	$ZnSO_4 \cdot 7H_2O$（硫酸锌）	0.2
$CuSO_4 \cdot 5H_2O$（硫酸铜）	0.1	$(NH_4)_2MoO_4$（钼酸铵）	0.05
Fe-cittrate（柠檬酸铁）	50		

注：用 0.01 mol/L 磷酸缓冲液稀释到 1 L。

4. Heller(1953)

成 分	用 量	成 分	用 量
$CaCl_2 \cdot 2H_2O$（氯化钙）	75	$MgSO_4 \cdot 7H_2O$（硫酸镁）	250
$ZnSO_4 \cdot 7H_2O$（硫酸锌）	1.0	$CuSO_4 \cdot 5H_2O$（硫酸铜）	0.03
$NaNO_3$（硝酸钠）	600	$NaH_2PO_4 \cdot H_2O$（磷酸二氢钠）	125
KCl（氯化钾）	750	KI（碘化钾）	0.01
H_3BO_3（硼酸）	1.0	$MnSO_4 \cdot H_2O$（硫酸锰）	0.1
$CoCl_2 \cdot 6H_2O$（氯化钴）	0.03	$NiCl_2 \cdot 6H_2O$（氯化镍）	0.03
$FeCl_3 \cdot 6H_2O$（三氯化铁）	1.0	蔗糖	20 000

5. Randolph & Cox(1960)

成 分	用 量	成 分	用 量
KNO_3(硝酸钾)	85	KCl(氯化钾)	65
$Ca(NO_3)_2\cdot 4H_2O$(硝酸钙)	236.8	$MgSO_4\cdot 7H_2O$(硫酸镁)	36
$Na(PO_5)_n$	10	$FeSO_4\cdot 7H_2O$(硫酸亚铁)	2

6. Tulecke(1960)

成 分	用 量	成 分	用 量
KNO_3(硝酸钾)	80	KCl(氯化钾)	65
$Ca(NO_3)_2\cdot 4H_2O$(硝酸钙)	280	$MgSO_4\cdot 7H_2O$(硫酸镁)	730
Na_2SO_4(硫酸钠)	200	$NaH_2PO_4\cdot H_2O$(磷酸二氢钠)	165
Fe-cittrate(柠檬酸铁)	2	$MnSO_4\cdot H_2O$(硫酸锰)	3
$ZnSO_4\cdot 7H_2O$(硫酸锌)	0.5	$CuSO_4\cdot 5H_2O$(硫酸铜)	0.025
$Na_2MoO_4\cdot 2H_2O$(钼酸钠)	0.025	H_3BO_3(硼酸)	0.1

7. Straus(1960)

成 分	用 量	成 分	用 量
KNO_3(硝酸钾)	80	KCl(氯化钾)	65
$Ca(NO_3)_2\cdot H_2O$(硝酸钙)	325	$MgSO_4\cdot 7H_2O$(硫酸镁)	530
Na_2SO_4(硫酸钠)	200	$NaH_2PO_4\cdot H_2O$(磷酸二氢钠)	165
Fe-cittrate(柠檬酸铁)	10	$MnSO_4\cdot H_2O$(硫酸锰)	3
$ZnSO_4\cdot 7H_2O$(硫酸锌)	0.5	$NiSO_4\cdot H_2O$(硫酸镍)	0.044
$CuSO_4\cdot 5H_2O$(硫酸铜)	0.025	$Na_2MoO_4\cdot 2H_2O$(钼酸钠)	0.025
H_3BO_3(硼酸)	0.5		

8. Rangaswany(1961)

成 分	用 量	成 分	用 量
KNO_3(硝酸钾)	80	$Ca(NO_3)_2\cdot 4H_2O$(硝酸钙)	260
KCl(氯化钾)	65	$MgSO_4\cdot 7H_2O$(硫酸镁)	360
Na_2SO_4(硫酸钠)	200	$NaH_2PO_4\cdot H_2O$(磷酸二氢钠)	165
$MnSO_4\cdot H_2O$(硫酸锰)	3	H_3BO_3(硼酸)	0.5
$ZnSO_4\cdot 7H_2O$(硫酸锌)	0.5	$Na_2MoO_4\cdot 2H_2O$(钼酸钠)	0.05
$CuSO_4\cdot 5H_2O$(硫酸铜)	0.05	$Fe(C_6H_5O_7)\cdot 3H_2O$(柠檬酸铁)	10
烟酸	1.25	甘氨酸	7.5
维生素 B_6	0.25	维生素 B_1	0.25
泛酸钙	0.25	蔗糖	20 000

9. MS(Murashige & Skoog,1962)

成 分	用 量	成 分	用 量
NH_4NO_3(硝酸铵)	1 650	KNO_3(硝酸钾)	1 900
KH_2PO_4(磷酸二氢钾)	170	$MgSO_4 \cdot 7H_2O$(硫酸镁)	370
$CaCl_2$(氯化钙)	440	$FeSO_4 \cdot 7H_2O$(硫酸亚铁)	27.8
Na_2-EDTA(乙二胺四乙酸二钠)	37.3	$MnSO_4 \cdot H_2O$(硫酸锰)	22.3
$ZnSO_4 \cdot 7H_2O$(硫酸锌)	8.6	H_3BO_3(硼酸)	6.2
KI(碘化钾)	0.83	$Na_2MoO_4 \cdot 2H_2O$(钼酸钠)	0.25
$CuSO_4 \cdot 5H_2O$(硫酸铜)	0.025	$CoCl_2 \cdot 6H_2O$(氯化钴)	0.025
甘氨酸	2	维生素 B_1	0.4
维生素 B_6	0.5	烟酸	0.5
肌-肌醇	100	蔗糖	30 000
琼脂	10 000		

10. White(1963)

成 分	用 量	成 分	用 量
KNO_3(硝酸钾)	80	$Ca(NO_3)_2 \cdot 4H_2O$(硝酸钙)	300
$MgSO_4 \cdot 7H_2O$(硫酸镁)	720	Na_2SO_4(硫酸钠)	200
KCl(氯化钾)	65	$CuSO_4 \cdot 5H_2O$(硫酸铜)	0.001
MoO_3(氧化钼)	0.000 1	甘氨酸	3
维生素 B_1	0.1	维生素 B_6	0.1
$NaH_2PO_4 \cdot H_2O$(磷酸二氢钠)	16.5	$Fe_2(SO_4)_3$(硫酸铁)	2.5
$MnSO_4 \cdot H_2O$(硫酸锰)	7	$ZnSO_4 \cdot 7H_2O$(硫酸锌)	3
H_3BO_3(硼酸)	1.5	烟酸	0.3
肌醇	100	蔗糖	20 000
琼脂	10 000	pH 值	5.6

11. LS 培养基(Linsmaier & Skoog, 1965)

成 分	用 量	成 分	用 量
NH_4NO_3(硝酸铵)	1 650	KNO_3(硝酸钾)	1 900
KH_2PO_4(磷酸二氢钾)	170	$MgSO_4 \cdot 7H_2O$(硫酸镁)	370
H_3BO_3(硼酸)	6.2	KI(碘化钾)	0.83
$Na_2MoO_4 \cdot 2H_2O$(钼酸钠)	0.25	$CuSO_4 \cdot 5H_2O$(硫酸铜)	0.025
$CaCl_2$(氯化钙)	440	Fe-Na_2-EDTA	5 ml/L
$MnSO_4 \cdot H_2O$(硫酸锰)	22.8	$ZnSO_4 \cdot 7H_2O$(硫酸锌)	8.6
$CoCl_2 \cdot 6H_2O$(氯化钴)	0.025	肌-肌醇	100
维生素 B_1	0.1	蔗糖	30 000
琼脂	10 000		

12. WS(Woiter & Skoog,1966)

成 分	用 量	成 分	用 量
NH_4NO_3(硝酸铵)	50	KNO_3(硝酸钾)	170
KCl(氯化钾)	140	$Ca(NO_3)_2\cdot 4H_2O$(硝酸钙)	425
Na_2SO_4(硫酸钠)	425	$NaH_2PO_4\cdot H_2O$(磷酸二氢钠)	35
Fe-Na_2-EDTA	5ml/L	$MnSO_4\cdot H_2O$(硫酸锰)	27.8
$ZnSO_4\cdot 7H_2O$(硫酸锌)	9	KI(碘化钾)	3.2
H_3BO_3(硼酸)	1.6		

13. H(Bourgig & Nitsch,1967)

成 分	用 量	成 分	用 量
KNO_3(硝酸钾)	950	NH_4NO_3(硝酸铵)	720
$MgSO_4\cdot 7H_2O$(硫酸镁)	185	$CaCl_2\cdot 2H_2O$(氯化钙)	166
KH_2PO_4(磷酸二氢钾)	68	$MnSO_4\cdot H_2O$(硫酸锰)	25
$ZnSO_4\cdot 7H_2O$(硫酸锌)	10	H_3BO_3(硼酸)	10
$Na_2MoO_4\cdot 2H_2O$(钼酸钠)	0.25	Fe-Na_2-EDTA	5ml/L
$CuSO_4\cdot 5H_2O$(硫酸铜)	0.025	肌醇	100
甘氨酸	2	烟酸	5
维生素 B_1	0.5	维生素 B_6	0.5
叶酸	0.5	生物素	0.05
蔗糖	20 000	琼脂	8 000
pH 值	5.5		

14. B_5(Gamborg 等,1968)

成 分	用 量	成 分	用 量
$NaH_2PO_4\cdot H_2O$(磷酸二氢钠)	150	KNO_3(硝酸钾)	3 000
$(NH_4)_2SO_4$(硫酸铵)	134	$MgSO_4\cdot 7H_2O$(硫酸镁)	500
$CaCl_2\cdot 2H_2O$(氯化钙)	150	Fe-Na_2-EDTA	5 ml/L
$MnSO_4\cdot H_2O$(硫酸锰)	10	H_3BO_3(硼酸)	3
$ZnSO_4\cdot 7H_2O$(硫酸锌)	2	$Na_2MoO_4\cdot 2H_2O$(钼酸钠)	0.25
$CuSO_4\cdot 5H_2O$(硫酸铜)	0.025	$CoCl_2\cdot 6H_2O$(氯化钴)	0.025
KI(碘化钾)	0.75	维生素 B_1	10
维生素 B_6	1	烟酸	1
肌醇	100	蔗糖	20 000
琼脂	10 000	pH 值	5.5

15. SH(1972)

成 分	用 量	成 分	用 量
KNO_3(硝酸钾)	2 500	$CaCl_2 \cdot 2H_2O$(氯化钙)	200
$MgSO_4 \cdot 7H_2O$(硫酸镁)	400	$NH_4H_2PO_4$(磷酸二氢铵)	300
KI(碘化钾)	1.0	H_3BO_3(硼酸)	5.0
$MnSO_4 \cdot H_2O$(硫酸锰)	10	$ZnSO_4 \cdot 7H_2O$(硫酸锌)	10
$Na_2MoO_4 \cdot 2H_2O$(钼酸钠)	0.1	$CuSO_4 \cdot 5H_2O$(硫酸铜)	0.2
$CoCl_2 \cdot 6H_2O$(氯化钴)	0.1	Na_2-EDTA(乙二胺四乙酸二钠)	20
$FeSO_4 \cdot 7H_2O$(硫酸亚铁)	15	蔗糖	30 000
pH 值	5.8		

16. N_6(朱至清等,1974)

成 分	用 量	成 分	用 量
KNO_3(硝酸钾)	2 830	$(NH_4)_2SO_4$(硫酸铵)	460
KH_2PO_4(磷酸二氢钾)	400	$MgSO_4 \cdot 7H_2O$(硫酸镁)	185
$CaCl_2 \cdot 2H_2O$(氯化钙)	166	Fe-Na_2-EDTA	5 ml/L
$MnSO_4 \cdot H_2O$(硫酸锰)	404	$ZnSO_4 \cdot 7H_2O$(硫酸锌)	1.5
H_3BO_3(硼酸)	1.6	KI(碘化钾)	0.8
甘氨酸	2.0	维生素 B_1	1.0
维生素 B_6	0.5	烟酸	0.5
蔗糖	50 000	琼脂	10 000
pH 值	5.8		

17. C_{17}(王等,1980)

成 分	用 量	成 分	用 量
NH_4NO_3(硝酸铵)	200	KNO_3(硝酸钾)	300
KCl(氯化钾)	150	$CaCl_2 \cdot 2H_2O$(氯化钙)	250
$MgSO_4 \cdot 7H_2O$(硫酸镁)	325	KH_2PO_4(磷酸二氢钾)	150
$NaH_2PO_4 \cdot H_2O$(磷酸二氢钠)	100	Fe-Na_2-EDTA	17.5
Fe-cittrate(柠檬酸铁)	3.0	$MnSO_4 \cdot H_2O$(硫酸锰)	0.5
$ZnSO_4 \cdot 7H_2O$(硫酸锌)	0.25	$CoCl_2 \cdot 6H_2O$(氯化钴)	0.012
$CuSO_4 \cdot 5H_2O$(硫酸铜)	0.012	$Na_2MoO_4 \cdot 2H_2O$(钼酸钠)	0.012
KI(碘化钾)	0.1	H_3BO_3(硼酸)	5.0

18. DPD(Durand, J. Et. ,1973)

成 分	用 量	成 分	用 量
NH_4NO_3(硝酸铵)	270	KNO_3(硝酸钾)	1 480
$MgSO_4 \cdot 7H_2O$(硫酸镁)	340	$CaCl_2 \cdot 2H_2O$(氯化钙)	570
KH_2PO_4(磷酸二氢钾)	80	Fe-Na_2-EDTA	5ml/L
$MnSO_4 \cdot H_2O$(硫酸锰)	5.0	KI(碘化钾)	0.25
烟酸	4.0	维生素 B_1	0.7
维生素 B_6	4.0	肌醇	100
叶酸	0.4	甘氨酸	1.4
$Na_2MoO_4 \cdot 2H_2O$(钼酸钠)	0.1	H_3BO_3(硼酸)	2.0
$ZnSO_4 \cdot 7H_2O$(硫酸锌)	2.0	$CuSO_4 \cdot 5H_2O$(硫酸铜)	0.015
$CoCl_2 \cdot 6H_2O$(氯化钴)	0.01	生物素	0.04
甘露醇	0.3 mol/L	2,4-D	1.0
KT	0.5	pH 值	5.8

19. Halperin's

成 分	用 量	成 分	用 量
$MgSO_4 \cdot 7H_2O$(硫酸镁)	185	$CaCl_2$(氯化钙)	166
KH_2PO_4(磷酸二氢钾)	68	$MnSO_4 \cdot H_2O$(硫酸锰)	7
$ZnSO_4 \cdot 7H_2O$(硫酸锌)	4.05	H_3BO_3(硼酸)	2.4
KI(碘化钾)	0.375	$(NH_4)_6MoO_4 \cdot 4H_2O$(钼酸铵)	0.092 5
$CuSO_4 \cdot 5H_2O$(硫酸铜)	0.01	Na_2-EDTA(乙二胺四乙酸二钠)	18.6
$FeSO_4 \cdot 7H_2O$(硫酸铁)	13.9		

20. Street's

成 分	用 量	成 分	用 量
$Ca(NO_3)_2 \cdot 4H_2O$(硝酸钙)	288	KNO_3(硝酸钾)	80
KCl(氯化钾)	65	$MnSO_4 \cdot H_2O$(硫酸锰)	740
NaH_2PO_4(磷酸二氢钠)	21.5	Na_2SO_4(硫酸钠)	453.4
Fe-Na_2-EDTA	5 ml/L	H_3BO_3(硼酸)	1.5
$CuSO_4 \cdot 5H_2O$(硫酸铜)	0.02	$ZnSO_4 \cdot 7H_2O$(硫酸锌)	2.65
KI(碘化钾)	0.75	H_2MoO_4(钼酸)	0.001
$MnCl_2 \cdot 4H_2O$(氯化锰)	6.0		

附录 9 分子生物学常用缩语

缩 语	英 文	中 文
4-MU	(4-Methyl Umbelliferone)	4-甲基伞形酮
ANOVA	Analysis Of Variance	方差分析
AP	Alkaline Phosphatase	碱性磷酸酶
AP-PCR	Arbitrarily Primed Polymerase Chain Reaction	任意引物 PCR
ATP	Adenosine Triphsphate	腺苷三磷酸
BC	Back Cross	回交
BCIP	5-Bromo-4-Chloro-3-Indolyl-Phosphate, also known as X-phosphate	5-溴-4-氯-3-吲哚-磷酸,也称 X-磷酸
bp	base pairs	碱基对
BSA	Bovine Serum Albumen	牛血清白蛋白
cDNA	complementary Deoxyribonucleic Acid	互补 DNA
CIAP	Calf Intestinal Alkaline Phosphatase	牛肠碱性磷酸酶
cM	centi Morgan	厘摩
CMS	Cytoplasmic Male Sterility	细胞质雄性不育
cos	cohesive end sites	黏末端位点
cpDNA	chloroplast DNA	叶绿体 DNA
CTAB	Cetyl Triethyl Ammonium Bromide	十六烷基三乙基溴化铵
DAB	DiAmino Benzidine	二氨基联苯胺
DAPI	4′-6-Diamidino-2-PhenylIndole	4,6-二脒基-2-苯基吲哚
dATP	deoxy Adenosine Triphosphate	脱氧腺苷三磷酸
dCTP	deoxy Cytidine Triphosphate	脱氧胞苷三磷酸
DEPC	Di Ethyl Pyro Carbonate	焦碳酸二乙酯
dGTP	deoxy Guanidine TriPhosphate	脱氧鸟苷三磷酸
DH	Doubled Haploids	双单倍体
DIG	DIGoxigenin	地高辛
DMSO	Di-Methyl Sulph Oxide	二甲基亚砜
DNA	Deoxytibonucleic Acid	脱氧核糖核酸
DNase	Deoxytibo Nuclease	脱氧核糖核酸酶
dNTP	deoxy Nucleotide Triphosphates (usually a mix of dATP/dTTP/dCTP/dGTP)	脱氧核苷三磷酸(通常为 dATP/dTTP/dCTP/dGTP 的混合物)
dTTP	deoxy Thymidine Triphosphate	脱氧胸苷三磷酸
dUTP	deoxy Uridine Triphosphate	脱氧尿苷三磷酸
EDTA	Ethylene Dismine Tetracetic Acid	乙二胺四乙酸

（续）

缩　语	英　文	中　文
EGTA	Ethylene Gycol Tetracetic Acid	乙二醇双乙胺醚四乙酸
EPPS	(N-[hydroxyEthyl] Piperazine-N-[3-Propane-Sulphonic acid];HEPPS)	羟乙哌嗪丙烷磺酸
EtOH/EthOH	ethanol	乙醇
FTTC	Fluoroscene Iso Thio Cyanate	异硫氰酸荧光素
gDNA	genomic Deoxyribo Nucleic Acid	基因组 DNA
GISH	Genomic In Situ Hybridization	基因组原位杂交
GUS	β-GIUcoronidase	β-葡萄糖苷酸酶
HAP	Hydroxy A Patite	羟基磷灰石
IPTG	IsoPropyl-β-ThioGalactopyranoside	异丙基-β-硫代半乳糖苷
ISH	*In Situ* Hybridization	原位杂交
KAc	potassium acetate	乙酸钾
kb	kilobase pairs	千碱基对
LB	Luria-Bertani media	Luria-Bertani 培养基
LOD	Log Of Odds	优势对数值
Lumigen PPD	4-methoxy-4-(3-phosphatepheny) spiro-(1,2-dioxetane-3,2′-adamantane)	甲氧基磷酸苯基螺旋-1,2-二氧环烷-3,2′-金刚烷
MAS	Marker-Assisted Selection	标记辅助选择
MLE	Maximum Likelihood Estimator	最大似然测量值
mRNA	messenger RNA	信使 RNA
mtDNA	mitochondrial DNA	线粒体 DNA
MUG	4-Methyl Umbelliferone Glucuronide	4-甲基伞形酮葡萄糖苷酸
NaAc/NaOAc	sodium Acetate	乙酸钠
NBT	4-Nitro Blue Tetrazolium chloride	氮蓝四唑
NIL	Near Isogenic Lines	近等基因系
O/N	Over Night	过夜
ORF	Open Reading Frame	可读框
PAH	Phen Anthroline Hydrate	水合邻二氮杂菲
PCR	Polymerase Chain Reaction	聚合酶链式反应
PEG	Poly Ethylene Glycol	聚乙二醇
PFGE	Pulsed Field Gel Elecreophoresis	脉冲电场凝胶电泳
PI	Propidium Iodide	碘化丙锭
PVP	Poly Vinyl Pyrrilodone	聚乙烯吡咯烷酮
QTL	Quantitative Trait Loci	数量性状位点
RAPD	Randomly Amplified Polymorphic DNAs	随机扩增多态 DNA

（续）

缩 语	英 文	中 文
RFLP	Restritative Fragment Length Polymorphism	限制性片段长度多态性
Ri	*Agrobacterium rhizogenes*	根毛农杆菌
RI	Recombinant Inbred lines	重组自交系
RNA	Ribo Nucleic Acid	核糖核酸
RT-PCR	Reverse Transcriptase Polymerase Chain Reaction	逆转录 PCR
SDS	Sodium Dodecyl Sulphate	十二烷基磺酸钠
SDS-PAGE	SDS-Poly Acrylamide Gei Eletrophoresis	SDS-聚丙烯酰胺凝胶电泳
SDW	Sterile Distilled Water	灭菌蒸馏水
SSC	Standard Saline Citrate	标准柠檬酸钠盐
T-DNA	region of plasmid DNA transferred and integrated into plant with *Agrobacterium* transformation	在农杆菌转化过程中转移并整合植物中的质粒DNA 区段
TB	Terrific Broth	Terrific Broth 培养基
TCA	Tri Chloroacetic Acid	三氯乙酸
TEMED	N,N,N′,N′-TEtra Methyl Ene Diamine	N,N,N′,N′-四甲基乙二胺
Ti	*Agrobacterium tumifaciens*	土壤农杆菌
UV	Ultraviolet	紫外光
X-gal	5-bromo-4-chloro-3-indolyl-β-D-galactoside	5-溴-4-氯-3-吲哚-β-D-半乳糖
X-gluc	5-bromo-4-chloro-3-indolyl glucuronide	5-溴-4-氯-3-吲哚糠醛酸
YAC	Yeast Artificial Chromosome	酵母人工染色体

附录 10 热带植物细胞工程常用缩语

缩 语	英 文	中 文
A	angystrom	腺嘌呤
ABA	abscisic acid	脱落酸
ADP	adenosine diphosphate	二磷酸腺苷
alc	alcohol	乙醇
AMP	adenosine monophosphate	磷酸腺苷
AP	analyticallypure/2-aminopurine	分析纯/2-氨基嘌呤
ATP	adenosine triphosphate	三磷酸腺苷
ADP	adenosine diphosphate	腺苷二磷酸
ACE	alcohol-chloroform-enter mixture	乙醇-氯仿-醚混合剂
amino-	amino acid	氨基酸
BA(BAP)	6-Benzylaminopurine	6-苄基氨基嘌呤
BTDA	2-Benzothiazoleacetic acid	2-苯丙噻唑乙酸

（续）

缩 语	英 文	中 文
bicab	sodium bicarbonate	碳酸氢钠
CPA	(4-Chlorophenoxy) acetic acid	对氯苯氧乙酸
CH	casem hydrolysace	水解酪蛋白
CW	cocount water	椰子水
CM	cocount milk	椰乳
(chp. cp)	chemically pure, Chempure	化学醇
C.	cytosine	胞嘧啶
Cent.	centrifugal	离心
Chloro	chloroform	氯仿
Co.	coenzyme	辅酶
concn	concentration	浓度
criot	critical	临界的
crys.	crystal	结晶
C. V.	coefficient of variation	变异系数
Cyt.	cytology	细胞学
GA. (GA_3)	Gibberellic acid(3)	赤霉素
D.	density	密度
dbl	double	二倍(双)
DNA	de[S]oxyribonucleic acid	脱氧核糖核酸
DPN	diphosphopyridine nucleotide	辅酶Ⅰ,二磷酸吡啶核苷酸
2,4-D	2,4-Dichlorophenoxy acetic	2,4-二氯苯氧乙酸
emul	emulsion	乳剂
epit	epitome	摘要
exp	experiment	实验、试验
EDTA	(Ethylenedinitrolo) tetraacetic	乙二胺四乙酸
F	Fahrenheit	华氏温度
FAA	formlain acetic alcohol	福尔马林、甲醛、乙醇水溶液
fl.	fluid	液态、液体
freq	frequenvy	频率
hered	heredity	遗传
heterog	heterogeneous	异源的
hf.	high frequency	高频
hyd	hydrate	水合物
IAA	indole acetic acid	吲哚乙酸
IBA	indole butyric acid	吲哚丁酸

（续）

缩 语	英 文	中 文
imp	impulse	脉冲
ind.	index	索引
IPA	indole propionic acid	吲哚丙酸
Lf	low frequency	低频
2ip	（2-isopentenyl） adenine	2-异戊烯基腺嘌呤
LD	lethal dose	致死剂量
LD_0	lethal dose-0	安全剂量
LD_{50}	lethal dose-50	半致死剂量
$LD_{50/30}$	lethal dose-50/30	30d 后 50% 致死剂量
LD_{100}	lethal dose-100	全致死剂量
LD_{50} time	lethal dose-50 time	死亡 50% 所需时间
KT(KIN)	kinetin	激动素
mix	mixture	混合物
MLD	minimum lethal dose	最小致死剂量
mol.	molecule	分子
mole.	molecular	分子的
mol. wt	molecular weight	分子质量
myo-	myo-inositol	肌-肌醇
NAA	naphthylacetic acid	萘乙酸
NBA	naphthyl butyric acid	萘丁酸
pptn	precipitation	沉淀
press	pressure	压力
P. S	per second	每秒
RNA.	ribonucleic acid	核糖核酸
RNase.	ribonuclease	核糖核酸酶
RNP.	ribonucleoprotein	核糖核蛋白
rps.	revolutions per second	每秒钟转速
RTF.	resistance transfer factor	抗性转移因子
satd.	saturated	饱和的
sec.	second	秒
sol.	solubility	溶解度
solv	solvent	溶剂、溶媒
	solution	溶液
sRNA	soluble RNA	可溶性核糖核酸
S. T. P.	standard temperature and pressure	标准温度和压力

（续）

缩 语	英 文	中 文
sum.	summary	摘要
T.	temperature	温度
	thymine	胸腺嘧啶
temp.	temperature	温度
TIBA.	2，3，5-triiodobenzoic acid	三碘苯甲酸
TMV.	tabacco mosaic virus	烟草花叶病毒
T. P.	transformation principle	转化因素
TPN.	triphosphopyridine nucleotide	辅酶Ⅱ，三磷酸吡啶腺苷酶
tRNA.	transfer RNA	转移 RNA
U.	uracil	尿嘧啶
u. v.	ultraviolet	紫外线
V. P.	vapour pressure	蒸汽压力
VS.	versus	对照
VB_6	Vitamin B_6	盐酸吡哆素
VB_1	Vitamin B_1	盐酸硫胺素
VC	Vitamin C	抗坏血酸
Vpp	Vitamin PP	烟酸
VBc	Vitamin Bc	叶酸
X.	experimnetal	实验的、试验的
ZT(ZEA)	Zeatin	玉米素

附录 11 百年诺贝尔奖(生理学医学)

时 间	获奖者及国籍	获奖事由
1901 年	E. A. V. 贝林(德国)	从事有关白喉血清疗法的研究
1902 年	R. 罗斯(英国)	从事有关疟疾的研究
1903 年	N. R. 芬森(丹麦)	发现利用光辐射治疗狼疮
1904 年	I. P. 巴甫洛夫(俄国)	从事有关消化系统生理学方面的研究
1905 年	R. 柯赫(德国)	从事有关结核的研究
1906 年	C. 戈尔季(意大利) S. 拉蒙-卡哈尔(西班牙)	从事有关神经系统精细结构的研究
1907 年	C. L. A. 拉韦朗(法国)	发现并阐明了原生动物在引起疾病中的作用
1908 年	P. 埃利希(德国) E. 梅奇尼科夫(俄国)	从事有关免疫力方面的研究

（续）

时 间	获奖者及国籍	获奖事由
1909 年	E. T. 科歇尔（瑞士）	从事有关甲状腺的生理学、病理学以及外科学上的研究
1910 年	A. 科塞尔（德国）	从事有关蛋白质、核酸方面的研究
1911 年	A. 古尔斯特兰德（瑞典）	从事有关眼睛屈光学方面的研究
1912 年	A. 卡雷尔（法国）	从事有关血管缝合以及脏器移植方面的研究
1913 年	C. R. 里谢（法国）	从事有关抗原过敏的研究
1914 年	R. 巴拉尼（奥地利）	从事有关内耳前庭装置生理学与病理学方面的研究
1915 ~ 1918 年	未颁奖	
1919 年	J. 博尔德特（比利时）	做出了有关免疫方面的一系列发现
1920 年	S. A. S. 克劳（丹麦）	发现了有关体液和神经因素对毛细血管运动机理的调节
1921 年	未颁奖	
1922 年	A. V. 希尔（英国） 迈尔霍夫（德国）	从事有关肌肉能量代谢和物质代谢问题的研究 从事有关肌肉中氧消耗和乳酸代谢问题的研究
1923 年	F. G. 班廷（加拿大） J. J. R. 麦克劳德（加拿大）	发现胰岛素
1924 年	W. 爱因托文（荷兰）	发现心电图机理
1925 年	未颁奖	
1926 年	J. A. G. 菲比格（丹麦）	发现菲比格氏鼠癌（鼠实验性胃癌）
1927 年	J. 瓦格纳 - 姚雷格（奥地利）	发现治疗麻痹的发热疗法
1928 年	C. J. H. 尼科尔（法国）	从事有关斑疹伤寒的研究
1929 年	C. 艾克曼（荷兰）	发现可以抗神经炎的维生素
	F. G. 霍普金斯（英国）	发现维生素 B_1 缺乏病并从事关于抗神经炎药物化学研究
1930 年	K. 兰德斯坦纳（美籍奥地利）	发现血型
1931 年	O. H. 瓦尔堡（德国）	发现呼吸酶的性质和作用方式
1932 年	C. S. 谢林顿 E. D. 艾德里安（英国）	发现神经细胞活动的机制
1933 年	T. H. 摩尔根（美国）	发现染色体的遗传机制，创立染色体遗传理论
1934 年	G. R. 迈诺特、W. P. 墨菲、G. H. 惠普尔（美国）	发现贫血病的肝脏疗法
1935 年	H. 施佩曼（德国）	发现胚胎发育中背唇的诱导作用
1936 年	H. H. 戴尔（英国）、O. 勒韦（美籍德国）	发现神经冲动的化学传递
1937 年	A. 森特 - 焦尔季（匈牙利）	发现肌肉收缩原理
1938 年	C. 海曼斯（比利时）	发现呼吸调节中颈动脉窦和主动脉的机理

（续）

时 间	获奖者及国籍	获奖事由
1939 年	G. 多马克（德国）	研究和发现磺胺药
1940～1942 年	未颁奖	
1943 年	C. P. H. 达姆（丹麦） E. A. 多伊西（美国）	发现维生素 K 发现维生素 K 的化学性质
1944 年	J. 厄兰格 H. S. 加塞（美国）	从事有关神经纤维机制的研究
1945 年	A. 弗莱明、E. B. 钱恩 H. W. 弗洛里（英国）	发现表霉素以及表霉素对传染病的治疗效果
1946 年	H. J. 马勒（美国）	发现用 X 射线可以使基因工诱变
1947 年	C. F. 科里、G. T. 科里（美国） B. A. 何赛（阿根廷）	发现糖代谢中的酶促反应 发现脑下垂体前叶激素对糖代谢的作用
1948 年	P. H. 米勒（瑞士）	发现并合成了高效有机杀虫剂 DDT
1949 年	W. R. 赫斯（瑞士）	发现动物间脑的下丘脑对内脏的调节功能
1950 年	E. C. 肯德尔 P. S. 亨奇（美国）	发现肾上腺皮质激素及其结构和生物效应
1951 年	T. 赖希施泰因（瑞士） M. 蒂勒（南非）	发现黄热病疫苗
1952 年	S. A. 瓦克斯曼（美国）	发现链霉素
1953 年	F. A. 李普曼（英国） H. A. 克雷布斯（英国）	发现高能磷酸结合在代谢中的重要性，发现辅酶 A 发现克雷布斯循环（三羧酸循环）
1954 年	J. F. 恩德斯、T. H. 韦勒 F. C 罗宾斯（美国）	研究脊髓灰质炎病毒的组织培养与组织技术的应用
1955 年	A. H. 西奥雷尔（瑞典）	从事过氧化酶的研究
1956 年	A. F. 库南德、D. W. 理查兹（美国） W. 福斯曼（德国）	开发了心脏导管术
1957 年	D. 博维特（意籍瑞士人）	从事合成类箭毒化合物的研究
1958 年	G. W. 比德乐、E. L. 塔特姆（美国） J. 莱德伯格（美国）	发现一切生物体内的生化反应都是由基因逐步控制的 从事基因重组以及细菌遗传物质方面的研究
1959 年	S. 奥乔亚、A. 科恩伯格（美国）	从事合成 RNA 和 DNA 的研究
1960 年	F. M. 伯内特（澳大利亚） P. B. 梅达沃（英国）	证实了获得性免疫耐受性
1961 年	G. V. 贝凯西（美国）	确立“行波学说”，发现耳蜗感音的物理机制
1962 年	J. D. 沃森（美国） F. H. C. 克里克	发现核酸的分子结构及其对住处传递的重要性

（续）

时 间	获奖者及国籍	获奖事由
1963 年	M. H. F. 威尔金斯（英国）、J. C. 艾克尔斯（澳大利亚）、A. L. 霍金奇	发现与神经的兴奋和抑制有关的离子机构
1964 年	A. F. 赫克斯利（英国） K. E. 布洛赫（美国）、F. 吕南（德国）	从事有关胆固醇和脂肪酸生物合成方面的研究
1964 年	A. F. 赫克斯利（英国）、K. E. 布洛赫（美国）、F. 吕南（德国）	从事有关胆固醇和脂肪酸生物合成方面的研究
1965 年	F. 雅各布、J. L. 莫诺 A. M. 雷沃夫（法国）	研究有关酶和细菌合成中的遗传调节机构 发现肿瘤诱导病毒
1966 年	F. P. 劳斯（美国） C. B. 哈金斯（美国）	发现内分泌对于癌的干扰作用
1967 年	R. A. 格拉尼特（瑞典） H. K. 哈特兰、G. 沃尔德（美国）	发现眼睛的化学及重量视觉
1968 年	R. W. 霍利、H. G. 霍拉纳 M. W. 尼伦伯格（美国）	研究遗传信息的破译及其在蛋白质合成中的作用
1969 年	M. 德尔布吕克、A. D. 赫尔 S. E. 卢里亚（美国）	发现病毒的复制机制和遗传结构
1970 年	B. 卡茨（英国）、U. S. V. 奥伊勒（瑞典）、J. 阿克塞尔罗行（美国）	发现神经末梢部位的传递物质以及该物质的储藏、释放、受抑制机理
1971 年	E. W. 萨瑟兰（美国）	发现激素的作用机理
1972 年	G. M. 埃德尔曼（美国） R. R. 波特（英国）	从事抗体的化学结构和机能的研究
1973 年	K. V. 弗里施、K. 洛伦滋（奥地利） N. 廷伯根（英国）	发现个体及社会性行为模式（比较行为动物学）
1974 年	A. 克劳德、C. R. 德·迪夫（比利时） G. E. 帕拉德（美国）	从事细胞结构和机能的研究
1975 年	D. 巴尔摩、H. M. 特明（美国） R. 杜尔贝科（美国）	从事肿瘤病毒的研究 发现澳大利亚抗原
1976 年	B. S. 丰卢姆伯格（美国） D. C. 盖达塞克（美国）	从事慢性病毒感染症的研究
1977 年	R. C. L. 吉尔曼、A. V. 沙里（美国） R. S. 雅洛（美国）	发现下丘脑激素 开发放射免疫分析法
1978 年	W. 阿尔伯（瑞士）、H. O. 史密斯 D. 内森斯（美国）	发现限制性内切酶以及在分子遗传学方面的应用
1979 年	A. M. 科马克 （美国） G. N. 蒙斯菲尔德（英国）	开始了用电子计算机操纵的 X 射线断层扫描仪（简称扫描仪）

（续）

时 间	获奖者及国籍	获奖事由
1980 年	B. 贝纳塞拉夫、G. D. 斯内尔（美国） J. 多塞（法国）	从事细胞表面调节免疫反应的遗传结构的研究
1981 年	R. W. 斯佩里（美国）、D. H. 休伯尔（美国）、T. N. 威塞尔（瑞典）	从事大脑半球职能分工的研究 从事视觉系统的信息加工研究
1982 年	S. K. 贝里斯德伦、B. I. 萨米埃尔松（瑞典）、J. R. 范恩（英国）	发现前列腺素，并从事这方面的研究
1983 年	B. 麦克林托克（美国）	发现移动的基因
1984 年	N. K. 杰尼（丹麦）、G. J. F. 克勒（德国）、C. 米尔斯坦（英国）	确立有免疫抑制机理的理论，研制出了单克隆抗体
1985 年	M. S. 布朗、J. L. 戈德斯坦（美国）	从事胆固醇代谢及与此有关的疾病的研究
1986 年	R. L. 蒙塔尔西尼（意大利） S. 科恩（美国）	发现神经生长因子以及上皮细胞生长因子
1987 年	利根川进（日本）	阐明与抗体生成有关的遗传性原理
1988 年	J. W. 布莱克（英国）、G. B. 埃利昂 G. H. 希钦斯（美国）	对药物研究原理作出重要贡献
1989 年	J. M. 毕晓普 H. E. 瓦慕斯（美国）	发现了动物肿瘤病毒的致癌基因源出于细胞基因，即所谓原癌基因
1990 年	J. E. 默里、E. D. 托马斯（美国）	从事对类器官移植、细胞移植技术和研究
1991 年	E. 内尔、B. 萨克曼（德国）	发明了膜片钳技术
1992 年	E. H. 费希尔 E. G. 克雷布斯（美国）	发现蛋白质可逆磷酸化作用
1993 年	P. A. 夏普、R. J. 罗伯茨（美国）	发现断裂基因
1994 年	A. G. 吉尔曼 M. 罗德贝尔（美国）	发现 G 蛋白及其在细胞中转导信息的作用
1995 年	E. B. 刘易斯、E. F. 维绍斯（美国） C. N. 福尔哈德（德国）	发现了控制早期胚胎发育的重要遗传机理
1996 年	P. C. 多尔蒂（澳大利亚） R. M. 青克纳格尔（瑞士）	发现细胞的中介免疫保护特征
1997 年	S. B. 普鲁西纳（美国）	发现全新的蛋白致病因子——朊蛋白（PRION）
1998 年	芬奇戈特、伊格纳罗、穆拉（美国）	发现氧化氮可以传递信息
1999 年	君特－布洛伯尔（美国）	发现蛋白质有内部信号决定蛋白质在细胞内的转移和定位
2000 年	阿尔维德·卡尔松（瑞典） 保罗·格林加德（美国） 埃里克·坎德尔	研究脑细胞间信号的相互传递

（续）

时 间	获奖者及国籍	获奖事由
2001 年	利兰·哈特韦尔（美国）、保罗·纳斯（英国）、蒂莫西·亨特	发现了导致细胞分裂的关键性调节机制
2002 年	悉尼·布雷内（英国）、约翰·苏尔斯顿、罗伯特·霍维茨（美国）	研究器官发育和程序性细胞死亡过程中的基因调节作用
2003 年	保罗·劳特布尔（美国） 彼得·曼斯菲尔德（英国）	在核磁共振成像技术上获得关键性发现
2004 年	理查德·阿克塞尔（美国） 琳达·巴克	从分子层面到细胞组织层面清楚地阐明了嗅觉系统的工作原理
2005 年	巴里·马歇尔（澳大利亚） 罗宾·沃伦	发现了幽门螺旋杆菌以及这种细菌在胃炎和胃溃疡等疾病中扮演的角色

附录 12　部分重要的生物信息学网络资源

数据库	网 址
EMBL	http://www. embl-heidelberg. de/
GenBank	http://www. ncbi. nlm. nih. gov/Web/Genbank/
DDBJ	http://www. ddbj. nig. ac. jp/
SWISS-PROT	http://www. expasy. ch/sport-top. html
PIR	http://www-nbrf. georgetown. edu/pir/
GDB	http://gdbwww. gdb. org/
PDB	http://www. ipc. pku. edu. cn/npdb/
SCOP	http://www. ipc. pku. edu. cn/scop/
EBI	http://www. ebi. ac. uk/
NCBI	http://www. ncbi. nlm. nih. gov/
ExPASy	http://www. expasy. ch/
SRS	http://srs. ebi. ac. uk:5000/
Entrez	http://www3. ncbi. nlm. nih. gov/Entrez/
Weizmann Insititute	http://bioinformatics. weizmann. ac, il/
Pedro's BioMolecular Research tools	http://www. pulic. iastate. edu/ ~ pedro/research-tools. html
Medline	http://www2. ncbi. nlm. nih. gov/medline/query-form. html
BioMedNet	http://www. BioMedNet. com/

附录13 热带植物基因工程相关术语解释

A

Abundance（**mRNA** 丰度）：指每个细胞中 **mRNA** 分子的数目。

Abundant mRNA（高丰度 **mRNA**）：由少量不同种类 **mRNA** 组成，每一种在细胞中出现大量拷贝。

Acceptor splicing site（受体剪切位点）：内含子右末端和相邻外显子左末端的边界。

Acentric fragment（无着丝粒片段）：（由打断产生的）染色体无着丝粒片段缺少中心粒，从而在细胞分化中被丢失。

Active site（活性位点）：蛋白质上一个底物结合的有限区域。

Allele（等位基因）：在染色体上占据给定位点基因的不同形式。

Allelic exclusion（等位基因排斥）：形容在特殊淋巴细胞中只有一个等位基因来表达编码的免疫球蛋白质。

Allosteric control（别构调控）：指蛋白质一个位点上的反应能够影响另一个位点活性的能力。

Alu-equivalent family（**Alu** 相当序列基因）：哺乳动物基因组上一组序列，它们与人类 **Alu** 家族相关。

Alu family（**Alu** 家族）：人类基因组中一系列分散的相关序列，每个约 **300 bp** 长。每个成员其两端有 **Alu** 切割位点（名字的由来）。

α-Amanitin（鹅膏覃碱）：是来自毒蘑菇 ***Amanita phalloides*** 二环八肽，能抑制真核 **RNA** 聚合酶，特别是聚合酶Ⅱ转录。

Amber codon（琥珀密码子）：核苷酸三联体 **UAG**，引起蛋白质合成终止的 3 个密码子之一。

Amber mutation（琥珀突变）：指代表蛋白质中氨基酸密码子占据的位点上突变成琥珀密码子的任何 **DNA** 改变。

Amber suppressors（琥珀抑制子）：编码 **tRNA** 的基因突变使其反密码子被改变，从而能识别 **UAG** 密码子及之前的密码子。

Aminoacyl-tRNA（氨酰-**tRNA**）：是携带氨基酸的转运 **RNA**，共价连接位在氨基酸的 $-NH_2$基团和 **tRNA** 终止碱基的 **3′**或者 **2′-OH** 基团上。

Aminoacyl-tRNA synthetases（氨酰-**tRNA** 合成酶）：催化氨基酸与 **tRNA 3′**或者 **2′-OH** 基团共价连接的酶。

Amphipathic structure（两亲结构）：具有两个表面，一个亲水，一个疏水。脂类是两亲结构，一个蛋白质结构域能够形成两亲螺旋，拥有一个带电的表面和中性表面。

Amplification（扩增）：指产生一个染色体序列额外拷贝，以染色体内或者染色体外 **DNA** 形式簇存在。

Anchorage dependence（贴壁依赖）：指正常的真核细胞需要吸附表面才能在培养基上生长。

Aneuploid（非整倍体）：组成与通常的多倍体结构不同，染色体或者染色体片段或成倍丢失。

Annealing（退火）：两条互补单链配对形成双螺旋结构。

Anterograde（顺式转运）：蛋白质从内质网沿着高尔基体向质膜转运。

Antibody（抗体）：由 **B** 淋巴细胞产生的蛋白质（免疫球蛋白质），它能识别特殊的外源“抗原”，从而引起免疫应答。

Anticoding strand（反编码链）：**DNA** 双链中作为模板指导与之互补的 **RNA** 合成的链。

Antigen（抗原）：进入基体后能引起抗体（免疫球蛋白质）合成的分子。

Antiparallel（反式平行）：**DNA** 双螺旋以相反的方向组织，因此一条链的 **5′**端与另一条链的 **3′**端相连。

Antitermination protein（抗终止蛋白质）：能够使 **RNA** 聚合酶通过一定的终止位点的蛋白质。

AP endonucleases（**AP** 核酸内切酶）：剪切掉 **DNA 5′**端脱嘌呤和脱嘧啶位点的酶。

Apoptosis（细胞凋亡）：细胞进行程序性死亡的能力；对刺激应答使通过一系列特定反应摧毁细胞的途径发生。

Archeae（古细菌）：进化中与原核和真核不同的一个分支。

Ascue（子囊）：真菌的子囊包含**4**个或**8**个（单一的）孢子，表示一次减数分裂的产物。

Att sites（**Att**位点）：在噬菌体和细菌染色体中将噬菌体插入或切除细菌染色体的位点。

Attenuation（衰减）：控制一些细菌启动子表达中涉及的转录终止调控。

Attenuator（衰减子）：衰减发生处的一种内部终止子序列。

Autogenous control（自体调控）：基因产物减弱（负自体调控）或者激活（正自体调控）其编码基因表达的作用。

Autonomous controlling element（自主控制元件）：玉米中一种具有转座能力的转座元件。

Autoradiography（放射性自显影）：通过放射性标记分子在胶卷上留下图像检测分子的方法。

Autosomes（常染色体）：除性染色体外的所有染色体。二倍体细胞拥有两套常染色体。

B

Blymphocytes or B cell（**B**淋巴细胞或**B**细胞）：合成抗体的细胞。

Backcross（回交）：杂交检测的另一种（早期的）说法。

Back mutation（回复突变）：逆转产生基因失活效果突变的突变，从而使细胞恢复野生型。

Bacteriophage（细菌噬菌体）：侵染细菌的病毒，通常简称为噬菌体。

Balbiani ring（**B**环）：多线染色体条带中一个很大的泡状环。

Normal chromosomes（常染色体）：相对较大，一定区域内在特定化学处理下保持着色。

Base pair（碱基对）：是**DNA**双链中一对**A**和**T**或**G**和**C**。在**RNA**中特定条件下也能形成其他的配对。

Bidirectinal replication（双向复制）：当两个复制叉在同一起始点以不同的方向移动时形成。

Bivalent（二价染色体）：在减数分裂初期一种包括**4**条染色单体的结构（两个染色单体代表同源染色体）。

Blastoderm（囊胚层）：昆虫胚胎发育的一个阶段，其中胚胎周围的一层细胞核或细胞围绕着中央的卵黄。

Blocked reading frame（闭锁读框）：由于被终止密码子打断而不能被翻译成蛋白质的读码框。

Blunt-end ligation（平端连接）：直接在末端连接两个**DNA**双链分子的反应。

bp：是碱基对的简称，表示**DNA**之间的距离。

Branch migration（分支迁移）：指双链中与其互补链部分配对的**DNA**链通过延伸与其同源的固定链配对的能力。

Breakage and reunion（断裂与重连）：指一种遗传重组的模式，其中两个**DNA**双链分子在相应的位置打断并十字交叉重新连接（涉及在连接位点异源双链的形成）。

Buoyant density（漂浮密度）：衡量一种物质漂浮在一些标准液体上的能力，如**CsCl**。

C

C banding：在着丝粒附近产生着色区域的染色体分带技术。

C gene（**C**基因）：编码免疫球蛋白质链恒定区域的基因。

C value（**C**值）：单倍体基因组中**DNA**的总量。

CAAT box（**CAAT**盒）：真核生物转录单位起始点上游的保守序列，被一组转录因子识别。

Cap（帽）：是真核生物**mRNA 5′**端的结构，在转录后通过末端**5′GTP**的磷酸基团和**mRNA**的末端碱基而引入。增加的**G**（有时是其他碱基）是甲基化的，产生了**Me G5′pppNp**…的结构。

CAP（**CRP**）：由**cAMP**激活的正调控蛋白质。对**RNA**聚合酶起始 ***E. coli*** 中一些操纵子（分解代谢敏感）是必须的。

Capsid（衣壳）：是病毒微粒外部的蛋白质衣壳。

Caspases：一个蛋白质酶家族，其成员在调亡（细胞程序性死亡）中起作用。

Catabolite repression（分解代谢物阻碍）：由于葡萄糖增加引起一些细菌操纵子表达降低。是 **cAMP** 水平降低使 CAP 调控蛋白质失活所导致。

cDNA：与 **RNA** 互补的单链 **DNA**，通过体内 **RNA** 逆转录而合成。

cDNA clone（**cDNA** 克隆）：代表一个 **RNA** 的双链 **DNA** 进入一个克隆载体。

Cell cycle（细胞周期）：一次细胞分裂到另一次分裂的时期。

Cell hybrid（细胞杂交）：包含来自不同种属亲本细胞染色体的体细胞（如人—鼠融合细胞杂交），通过融合细胞形成融合的异型核而产生。

Centrioles（中心粒）：在减数分裂期聚集在中轴附近、由微管组成的小空圆柱体，位于着丝粒上。

Centromere（着丝粒）：染色体聚集区域，包含减数分裂或有丝分裂纺锤体结合位点。

Centrosomes（中心体）：减数分裂细胞微管组织的区域。在动物细胞中，每一个中心体包括一对由微管附接的、高密度不定型区域围绕的中心粒构成。

Chaperone（分子伴侣）：使一些蛋白质装备或者恰当折叠所需的蛋白质，但是这种蛋白质并不是目标复合物的成分。

Chemical complexity（化学复杂度）：化学分析测量的 **DNA** 成分量。

Chi* sequemce**（Chi*** 序列）：一个提供 ***E. coli*** 中 **RecA** 介导遗传重组热点的八聚体序列。

Chi* structure**（Chi*** 结构）：两个双链 **DNA** 之间的接头通过去掉两个连在一起的环而使每个环产生线形末端暴露出来。它类似于希腊文 ***chi***，从而得此名字。

Chiasma（交叉）：两个同源染色体在减数分裂中交换物质的位点。

Chromatids（染色单体）：复制时产生的染色体拷贝。此名字通常用来形容处于随后的细胞分裂期它们分开的之前的染色体。

Chromatin（染色质）：是细胞中期核内 **DNA** 和蛋白质复合体。个别的染色体不能区分开。它只能通过与 **DNA** 特异性作用的染料而识别。

Chromatin remodeling（染色体重建）：指发生在基因活化转录时核小体能量依赖型的排列或重排。

Chromocenter（染色中心）：来自不同染色体的异染色质聚集。

Chromomeres（染色粒）：在某一时期的染色体中，特别是减数分裂初期，染色很深的可见小颗粒，此时染色体可能表现为一系列的染色粒。

Chromosome（染色体）：携带很多基因的基因组的分离单位。每一条染色体包含长的双链 **DNA** 分子以及等量的蛋白质。只在细胞分裂中才为可见的形态单位。

Chromosome walking（染色体步移）：连续分离携带重叠 **DNA** 序列的克隆，使染色体大部分被覆盖。步移通常用于获得某个感兴趣的位点。

***cis*-acting locus**（顺式作用位点）：只影响处于同一 **DNA** 分子上的 **DNA** 序列，此性质通常暗示该位点不编码蛋白质。

***cis*-acting protein**（顺式作用蛋白质）：不同寻常的、只作用于表达它的 **DNA** 序列上的蛋白质。

***cis* configuration**（顺势构型）：指在同一个 **DNA** 分子上的两个位点。

***cis*/trans assays**（顺/反测验）：分析两个突变相对构型对表达的影响，双杂合体中，同一基因上的两个突变在反式构型中表现出突变表型，顺势构型中表现出野生表型。

Ciston（顺反子）：是由顺/反测验定义的遗传单位，与基因等同，都是代表一个蛋白质的 **DNA** 单位组成。

Class switching（类别转换）：在淋巴细胞分化过程中免疫球蛋白质重链 **C** 区表达的转换。

Clone（克隆）：指大量与祖先细胞和分子相同的细胞和分子。

Cloning vector（克隆载体）：携带插入外源片段的质粒或噬菌体，从而产生更多物质或蛋白质产物。

Closed reading frame（关闭读框）：包含阻碍它翻译成蛋白质的终止密码子。

Coated vesicles（包被膜泡）：膜表面有一层蛋白质，如网格蛋白质、**COP-Ⅰ**、**COP-Ⅱ**的膜泡。

Coconversion（共转变）：在基因转换中两个位点的同时修改。

Coding strand（编码链）：与 **mRNA** 有相同序列的 **DNA** 链。

Codominant alleles（共显性等位基因）：两个都对表型有贡献，谁也不占优势。

Codon（密码子）：三连体核苷酸，代表一个氨基酸或者终止信号。

Coevolution（共进化）：见协同进化。

Cognate tRNAs（同功 **tRNA**）：能够被一个特殊的氨酰基-**tRNA** 合成酶识别的 **tRNA**。

Coincidental evolution（重合进化）：见协同进化。

Cointegrate structure（共合结构）：两个复制子融合产生的结构，一个复制子带有一个转座子，另外一个缺少，但是整合体中出现两个在复制子汇合处的转座子，方向是正向复制。

Cold-sensitive（冷敏）：这种突变在低温下是缺陷型的，但是在高温下正常。

Colon hybridization（菌落杂交）：使用原位杂交来确定携带一个特定同源序列的插入 **DNA** 片段载体的技术。

Compatibility group（相容组）：含有不能同时存在一个细菌细胞内的质粒。

Complementation（互补）：不同的（非等位）基因提供扩散型产物，从而使含有两个反式突变的杂合体产生野生表型的能力。

Complementation assay（互补测验）：见体内互补测验。

Complementation group（互补群）：互相反式重组时不互补的一系列突变，它定义了一个遗传单位（顺反子）。

Complex locus（复合基因座）：果蝇中拥有与代表单个蛋白质的基因功能不一致的遗传性质。在分子水平上复合基因座通常很大（**>100 kb**）。

Complexity（复杂度）：在给定样本中不同 **DNA** 序列的总长度。

Composite transposons（复合转座子）：两个插入序列包围着一段中央区域，这两个序列中的一个或者两个可能使整个元件转座。

Concatemer（多联体 **DNA**）：包含一系列一前一后重复的基因组单位。

（**Con**）**catenated** circle（多联环）：**DNA** 环如同链上的环一样连接起来。

Concerted evolution（协同进化）：两个相关基因如同组成一个等位基因那样共同进化。

Condensation reaction（缩合反应）：由于失去水分子使共价键形成，例如往多肽链中加入氨基酸的反应。

Conditional lethal mutations（条件致死突变）：在特定的（非许可的）条件下杀死一个细胞或病毒的突变，但是在其他（许可的）条件下使其存活。

Conjugation（接合）：指两个细菌之间的杂交，部分染色体从一个细胞转入另一个细胞。

Consensus sequemce（共有序列）：当许多实际序列比较时，每个位点上的碱基能够代表最常出现的碱基理想序列。

Conservative recombination（保守重组）：在没有任何新 **DNA** 链形成情况下，已经存在 **DNA** 链的打断和重新连接。

Conservative transposition（保守转座）：即大的序列移动，原认为是转座子，现在认为是附加体。这种机制类似于噬菌体 **λ** 位点。

Constant regions（恒定区）：免疫球蛋白质的保守区由 **C** 基因编码，是变化很少的链的一部分。重链的恒定区决定免疫球蛋白质的类型。

Constitutive genes（结构基因）：由于 **RNA** 聚合酶与启动子作用而表达的基因，不需要额外的调控。有时候也被称为看家基因，因为它在所有细胞中都有低水平表达。

Constitutive heterochromatin（组成型异染色质）：指永久不表达序列的钝化状态，通常是卫星 **DNA**。

Constitutive mutations（组成型突变）：引起需要调控的基因在不被调控的状态下持续表达。

Contractile ring（收缩环）：在有丝分裂后期中轴附近形成的激动蛋白质纤维环，负责将子代细胞分开。

Controlling elements（控制成分）：玉米中的控制成分是最初由其遗传性质确认的转座单位。分自主（能够独立转座）或者非自主（只有在一个自主元件存在下转座）两类。

Coordinate regulation（协同调控）：即对一组基因的调控。

Cordycepin（蛹虫草菌素）：是3′脱氧腺苷，是RNA聚腺苷化的阻扼子。

Core DNA（核心DNA）：核心颗粒中包含的146 bp DNA。

Core particle（核心颗粒）：核小体的消化产物，包含组蛋白质八聚体和146 bp DNA，其结构与核小体本身相似。

Corepressor（共阻碍物）：是一个小分子，通过结合到调控蛋白质上抑制转录。

Cosmid（黏粒）：包含1噬菌体cos位点的质粒，因此，质粒DNA能够在体内被噬菌体衣壳包裹。

Cot（浓度时间常数）：在复性反应中DNA浓度和反应时间的乘积。

Cot1/2（半变Cot值）：反应完成一半时所需的Cot值，它直接与复性DNA成正比。

Cotransfection（共转染）：两个标记的共同转染。

Crossing-over（交换）：发生在减数分裂中染色体间互相交换物质，引起遗传重组。

Crossover fixtion（交换固定）：不均等交换的一种可能结果，能使前后连接簇中一个成员的突变延伸到每一簇。

Cruciform（十字架）：在同一链中插入其互补链（而不是与双链中另一条链中的互补片段）配对的DNA重复序列所形成的结构。

Cryptic satellite（隐蔽卫星）：不能通过密度梯度上的峰值分离的卫星，即隐藏在主带中。

ctDNA：即叶绿体DNA。

cAMP：磷酸基团连接核糖3′和5′位置的AMP分子，其结合可激活CAP，原核生物转录中的正调控因子。

Cyclins（细胞周期蛋白质）：在细胞周期中连续积累的蛋白质，随后在减数分裂中被蛋白质水解作用消除。

Cytokinesis（胞质分裂）：在减数分裂中涉及子代细胞分裂和离开的最终过程。

Cytological hybridization（细胞学杂交）：见原位杂交。

Cytoplasm（细胞质）：指质膜和核之间的物质。

Cytoplasmic inheritance（胞质遗传）：定位在线粒体或者叶绿体（也可能是其他细胞器）的基因性质。

Cytoplasmic protein synthesis（胞质蛋白质合成）：代表核基因mRNA的翻译，通过附加在细胞骨架上的核糖体进行。

Cytoskeleton（细胞骨架）：真核细胞质中纤维组成的网络。

Cytosol（胞质溶胶）：容纳细胞器（如线粒体）的胞质容积。

D

D loop（D环）：线粒体DNA上的一个区域，其上一小段RNA与DNA的一条链配对，使DNA原始配对链在此区域闲置。也用来描述在RecA蛋白质催化的反应中单链“入侵者”的进入，使双链DNA中的一条被闲置。

Degeneracy（简并性）：指密码子的第三个碱基上的变化不会改变它所代表的氨基酸。

Deletion（缺失）：一段DNA序列被删除，两边的区域连接起来产生的。

Denaturation of DNA or RNA（DNA或RNA变性）：指它们从双链转变成单链状态，双链分开一般因加热产生。

Denaturation of protein（蛋白质变性）：指蛋白质的物理结构向另一结构（不活泼的）转变。

Depressed state（抑制状态）：指关闭的基因。当描述一个基因的一般状态时，它与“诱导”同义。在描述突变的效果时，它与“组成型”同义。

Dicentric chromosome（双着丝粒染色体）：两个染色体片段融合的产物，每一片段都有一个着丝粒。通常稳定，在减数分裂中当两个中心粒向两极运动时被拉断。

Diploid（二倍体）：二倍体染色体包括两个拷贝的常染色体和两个性染色体。

Direct repeat（同向重复）：在同一个DNA分子中，相同的（或者相近的）序列以相同的方向出现两次或多次，但并不一定相邻。

Discontinuous replication（不连续复制）：指 DNA 以小片段（岗崎片段）合成然后连接起来。

Disjuction（间断分布）：指在细胞分裂中染色体成分向两极运动。在减数分裂和有丝分裂 II 期，分裂的是姊妹染色单体，在有丝 I 期分裂的是姊妹染色单体对。

Divergence（差异百分率）：两个相关 DNA 的核苷酸序列或者两个蛋白质氨基酸序列间差异百分率。

Divergent transcription（异向转录）：相反方向两个启动子之间的转录起始，因此转录从中央区域开始向两边进 行。

DNA mutant（DNA 突变）：这种突变的细菌是温度敏感型的，它们不能在 42℃下合成 DNA，但是能在 37℃合成。

DNAase（DNA 酶）：攻击 DNA 之间化学键的酶。

DNAase I hypersensitive（DNA 酶 I 超敏位点）：由于对 DNA 酶 I 和其他核酸酶切割高度敏感而被发现的染色单体上一小段区域。可能由不包括核小体的区域构成。

DNA-driven hybridization（DNA 驱动杂交）：涉及到额外 DNA 与 RNA 反应的杂交。

DNA polymerase（DNA 聚合酶）：合成子代 DNA 链（在 DNA 模板的指导下）的酶。可能在修复或复制中涉及。

DNA replicase（DNA 复制酶）：在复制中特异性需要的一种 DNA 合成酶。

Domain of a chromasome（染色体结构域）：指一个连续的结构整体，其中超螺旋结构独立于其他结构域。也可指包含表达基因的一个广泛区域，这个基因对 DNAase I 有高度敏感性。

Domain of a protein（蛋白质结构域）：氨基酸序列的一个整体连续的部分，具有某种具体的功能。

Dominant allele（显性等位基因）：决定杂合中表型的等位基因。

Donor splicing site（供体剪接位点）：见左剪切点。

Dosage compensation（剂量补偿效应）：补偿一个性别中出现两条 X 染色体和另一个性别中出现一条 X 染色体偏差的机制。

Down promoter mutation（启动子下降突变）：减少转录起始频率的突变。

Downstream（下游）：沿着表达方向的序列。例如，编码区是在起始区的下游。

E

Early development（早期发育）：指噬菌体侵染中在 DNA 复制起始前的一段时期。

Ectopic expression（异位表达）：基因在它通常不表达的组织中的表达，例如，在转基因动物中或感染进入胚胎中不常见的位置。

Elongation factors（延伸因子）：原核中为 EF，真核中为 eEF，在每一个氨基酸加入多肽链的过程中周期性作用于核糖体的蛋白质。

End labeling（末端标记）：指在链 5′或者 3′端加上放射性标记的 DNA 分子。

End-product inhibition（终产物抑制）：代谢过程中的一个产物能够抑制途径中前些阶段所需酶活性的能力。

Endocytic vesicle（内吞膜泡）：通过内吞运输蛋白质的包被膜泡，也称为网格膜泡。

Endocytosis（内吞作用）：细胞表面的蛋白质内聚，在包被膜泡中转移到细胞内部的过程。

Endonucleases（内切核酸酶）：切割核酸链内的化学键。可能特异性的切割 RNA 或者单链或双链 DNA。

Endoplasmic reticulum（内质网）：高度回绕的膜结构，从核膜最外层延伸到细胞质内。

Enhancer（增强子）：是一个顺式作用序列，能够提高一些真核生物启动子的利用，并能够在启动子任何方向以及任何位置（上游或者下游）作用。

Envelopes（包膜）：某些细胞器外膜（如细胞核或线粒体），由同中心的膜构成，每一个膜由磷脂双分子层组成。

Episome change（后天改变）：不影响基因型但是改变表型。它们包括细胞性质的改变，这是遗传的但是在遗传信息上没有表现出改变。

Episome（附加体）：能够整合进细菌 **DNA** 中的质粒。

Epistasis（上位性）：指一个基因的表达会模糊另一个基因的表型效果。

Essential gene（必须基因）：缺失会使生物致死的基因（见致死等位基因）。

Established cell lines（确立细胞株）：能够在不确定培养基中生长的真核细胞（它们据说是永生的）。

Eubacteria（真细菌）：组成原核生物中的大部分。

Euchromatin（常染色体）：间期核内除了异染色质之外的所有基因组。

Evolutionary clock（进化钟）：特定基因突变积累的速度定义。

Excision（切除）：噬菌体、附加体或其他序列的切除是指它们以自主 **DNA** 分子形式从宿主染色体中释放出来。

Excision-repair（切除修复）：这个系统移开包含损伤和错误配对碱基的 **DNA** 序列，在双链中通过合成与保留链互补的链来替换它们。

Exocytosis（外排）：从细胞向培养基中分泌蛋白质的过程，通过以膜被小泡从内质网、高尔基体向储存器官运输，最终（依赖调控信号）通过质膜。

Exon（外显子）：割裂基因中在成熟 **mRNA** 产物中表达的任何片段。

Exonucleases（核酸外切酶）：从核酸链中每次从一头切割一个核苷酸，可能特异性切割 **DNA** 或者 **RNA** 的 **5′**或者 **3′**端。

Expression vector（表达载体）：设计好的克隆载体，使编码序列插入特定的位点，能够转录和翻译成蛋白质。

Extranuclear genes（核外基因）：核外的、定位在细胞器，如线粒体或叶绿体中的基因。

F

F factor（**F** 因子）：细菌性或繁殖质粒。

F_1 generation（**F_1** 代）：两个亲本系（同源）杂交后的第一代。

Facultative heterochromatin（兼并性异染色质）：指同时存在活泼型拷贝的惰性序列。如，哺乳动物雌性中的一条 X 染色体。

Fast component（快速变性区）：复性反应中的快成分是首先复性，含有高重复 **DNA** 的成分。

Fate map（原基分布图）：在胚胎上标示该区域内细胞的后代将会发育而成的成熟组织。

Figure eight（8 字型）：由尚未完成的重组生成的两个相互连接的环状 **DNA**。

Filter hybridization（滤膜杂交）：将变性 **DNA** 样本固定于硝酸纤维膜上，然后用放射性标记的 **DNA** 或 **RNA** 进行杂交。

Fingerprint of DNA（**DNA** 指纹图谱）：指不同基因组间的不同多形态限制性片段模式。

Fingerprint of protein（蛋白质指纹图谱）：酶（如胰蛋白酶）切割蛋白质后产生的片段模式（通常用双向凝胶电泳分离）。

Fluidity（游动性）：指膜的性质，脂质在其单层膜上双向移动的能力。

Focus formation（转化灶形成）：指转化后的真核细胞以高密度的簇生长。

Focus formation units（转化灶单位）：转化灶的数量单位。

Foldback DNA（折回 **DNA**）：指插入重复组成 **DNA** 通过变性后重新复性产生的结构。

Footprinting（足纹法）：一种检测 **DNA** 位点的技术，通过某些蛋白质结合保护化学键，使被保护位置免受酶切割。

Forward mutations（正向突变）：失活野生型基因的突变。

Founder effect（始创效应）：指从一个祖先起源、具有相同染色体（或者染色体一个区域）的个体集合。

Frameshift mutations（移码突变）：因非 3 **bp** 整数倍碱基插入或缺失造成的、改变三联体翻译成蛋白质读框的突变。

G

G banding（G 分带）：在中期染色体上产生条纹，从而区分出单倍体各个成员的技术。

G_1：真核细胞周期中减数分裂后期到 **DNA** 复制开始的时期。

G_2：真核细胞周期中 **DNA** 复制结束到下一次减数分裂开始的时期。

Gamete（配子）：指任何一种类型的生殖细胞，精子或者卵，具有单倍体染色体物质。

Gap in DNA（**DNA** 裂隙）：在双链中的一条上一个或多个核苷酸缺失。

Gene /ciston（基因/顺反子）：指能产生一条多肽链的 **DNA** 片段。包括编码区和其上下游区域（引导区和尾），以及在编码片段间（外显子）的割裂序列（内含子）。

Gene cluster（基因簇）：一组相同或者相似的基因。

Gene conversion（基因转换）：指异源双链 **DNA** 中的一条链转换，使其在出现碱基配对处与另一条链互补。

Gene dosage（基因剂量）：在一个基因组中某个基因的重复数量。

Gene family（基因家族）：一系列外显子相关联的基因，其成员是由一个祖先基因复制或趋异产生。

Genetic code（遗传密码）：**DNA**（或 **RNA**）三联体与蛋白质中氨基酸的对应关系。

Genetic marker（遗传标记）：见标记。

Genomic（**chromosomal**）**DNA clone**（基因组或染色体 **DNA** 克隆）：由克隆载体携带的基因组序列。

Genotype（基因型）：一个生物的遗传组成。

Golgi apparatus（高尔基体）：在内质网附近由膜堆积而成结构，在蛋白质糖基化和存储转运中起重要作用。

G protein（G 蛋白质）：位于质膜上的鸟嘌呤核苷酸结合蛋白质三聚体。当三聚体结合 **GDP** 时，它保持完整并且没有活性。当结合在 **a** 亚基上的 **GDP** 被 **GTP** 代替时，**a** 亚基与 **bg** 二聚体脱离。分离得亚基（**a** 或者 **bg**）随后激活或者抑制一个靶蛋白质。

Gratuitous（安慰诱导物）：与转录中实际诱导物相似，但不是该诱导酶的底物。

GT-AC rule（**GT-AG** 规则）：指在核基因内含子开始和结束出现的两个固定的脱氧核苷酸。

Gyrase（螺旋酶）：大肠杆菌中 **II** 型拓扑异构酶，能够向 **DNA** 中引入负超螺旋。

H

Hairpin（发夹）：指在单链 **RNA** 或 **DNA** 相邻的互补区域形成的双螺旋结构。

Haploid（单倍体）：单倍染色体组中仅含有每个常染色体的一个拷贝和一个性染色体。单倍体数 **n** 是二倍体生物配子的特征常数。

Haplotype（单元型）：一些染色体特定区域内等位基因的特殊组合，其缩小模型就是基因型。本来是用来描述 **MHC** 等位基因组合的，现在用来描述 **RELPs** 之间的特殊组合。

Hapten（半抗原）：一些小分子物质，与蛋白质结合后能像抗原一样引发免疫应答。

Histone acetyltransferase，**HAT**（组蛋白乙酰化酶）：向组蛋白添加乙酰基团来修饰它的酶，一些转录辅激活物有 **HAT** 活性。

Histone deacetyltransferase，**HDAC**（组蛋白去乙酰化酶）：从组蛋白质上除去乙酰基团的酶，通常与转录阻遏子相联系。

Helper virus（辅助病毒）：提供缺陷型病毒缺乏的功能，使后者能完成侵染循环。

Hemizygote（半合体）：失去某个基因拷贝（如由于一条染色体的丢失），从而只有一个拷贝的单倍体个体。

Heterochromatin（异染色质）：永久处于高聚集状态的基因组区域，它不转录而且复制较晚，可能是组成型的或者兼性的。

Heteroduplex（**hybrid**）**DNA**（异源双链 **DNA**）：由不同亲本双链分子中的互补单链产生碱基配对的双链 **DNA**，

在遗传重组中产生。

Heterogametic sex（异配性别）：具有 2A + XY 的双倍染色体组成。

Heterogeneous nuclear（hn）RNA（不均一核 RNA）：由 RNA 聚合酶 II 产生的核基因转录，它有宽广的范围和低的稳定性。

Heterokaryon（异核体）：在一个共同的细胞质中包含两个核的细胞，由体细胞融合产生。

Heteromultimeric proteins（异源多聚体蛋白质）：有不同的亚基（不同基因编码）组成的蛋白质。

Heterozygote（杂合体）：在某个位点上有不同等位基因的个体。

Highly repetitive DNA（高度重复 DNA）：即卫星 DNA，是复性中的第一成分。

Histones（组蛋白）：真核生物中保守的 DNA 结合蛋白质，是染色质的基本亚单位。

Homeobox（同源框）：黑腹果蝇同源基因编码区域的一部分保守序列。在两栖和哺乳动物早期胚胎发育中也已发现。

Homeotic genes（同源异形基因）：由将身体的一部分转化成另一部分的突变所定义，例如，昆虫的腿可以代替触角。

Homogametic sex（同配性别）：单倍染色体组成为 2A + XY。

Homologs（同源染色体）：携带同样的遗传位点的染色体，二倍体细胞含有每个同源染色体的两个拷贝，分别来自父母本。

Homomultimeric protein（同源多聚体蛋白质）：由相同亚基组成的蛋白质。

Homozygote（纯合体）：同源染色体相应位点有相同等位基因的个体。

Hotspot（热点）：突变或者重组频率显著增加的位点。

Housekeeping（constitutive）genes（持家或组成型基因）：是那些（理论上）在所有细胞中都表达的基因，因为其功能对任何细胞型都是必要的。

HOX genes（HOX 基因）：包括同源框的哺乳动物基因簇，单独成员与黑腹果蝇中 ANT-C 和-BX-C 座位相近。

Hybrid-arrested translation（杂交捕获翻译）：确定与 mRNA 相应的 cDNA 的一种技术，它依赖其与 RNA 配对的能力阻止翻译。

Hybrid DNA（杂交 DNA）：见异源双链 DNA。

Hybrid dysgenesis（杂种败育）：指黑腹果蝇某些株系杂交后代不育（尽管它们在表型上是正常的）的现象。

Hybridization（杂交）：使互补 DNA、RNA 配对形成杂合 RNA 或 DNA。

Hybridoma（杂交瘤）：通过骨髓瘤细胞与淋巴细胞融合产生的细胞株，它们能无限制地产生两种亲本的免疫球蛋白。

Hydrolytic reaction（水解反应）：伴随着水分子解离而使共价键打开的反应。

Hydropathy plot（亲水性分析）：蛋白质某区域疏水度的检测，也是其位于膜表面的可能程度的检测。

Hydrophilic groups（亲水基团）：与水结合从而蛋白质的亲水区域或脂质双分子层处于水环境中。

Hydrophobic groups（疏水基团）：排斥水分子，因此互相作用产生非水性环境。

Hyperchromicity（增色效应）：当 DNA 变性时吸光度增加的现象。

Hypervariable region（高度可变区）：当不同抗体比较时表现出最大变化的区域。

I

Ideogram（理数图）：代表染色体 G 带图表。

Idling reaction（空转反应）：当空载 tRNA 进入 A 位点时，核糖体产生 pppGpp 和 ppGpp，诱发应急型反应。

Immortalization（永生或无限增值化）：指真核细胞系获得在培养基中进行无数次分裂的能力。

Immunity in phages（噬菌体免疫）：由于原噬菌体基因组合成的噬菌体抑制物，而阻止同一类型噬菌体侵染细胞的能力。

Immunity in plasmids（质粒免疫）：一个质粒阻止其他同类型质粒在细胞中存活的能力。主要是阻碍复制能力。

Immunity in transposons（转座子免疫）：指某些转座子阻止其他同类型转座子向相同 **DNA** 分子中转移的能力。有多种机制。

Imprinting（印记）：指一个基因通过精子或者卵子发生的改变，使在早期胚胎中父本和母本等位基因有不同的性质。可能是由于 **DNA** 甲基化产生的。

In *situ* hybridization（原位杂交）：变性压在显微镜切片中的细胞 **DNA**，当加入放射性标记的单链 **RNA** 时可以进行反应，杂交接过可通过自动放射性自显影检测。

In *vitro* complementation assay（体外互补分析）：确定野生型细胞成分的方法，可以赋予从突变细胞获得的提取物活性。可用于分析确定由突变造成失活的细胞成分。

Incompatibility（不相容性）：某些细菌质粒不能共存在一个细胞中的能力，由质粒免疫造成。

Indirect end-labeling（间接末端标记）：检查 **DNA** 组织的一种技术，是通过在特殊位点上加入一个切口，分离出含有与切口一端相邻序列的所有片段，可揭示从切口到 **DNA** 上另一断点的距离。

Induced mutation（诱发突变）：加入诱变剂造成的突变。

Inducer（诱导物）：通过与调控蛋白结合激活基因转录的小分子。

Induction（诱导）：指细菌或者酵母只有当底物存在时才会合成某种酶的能力。当用在基因表达中，指诱导物与调控蛋白结合造成的转录转换。

Induction of prophage（原噬菌体诱导）：由于溶源阻碍物的破坏，噬菌体从宿主基因组切除进入溶源（非感染的）循环。

Initiation factors（起始因子，原核中 **IF**，真核中 **eIF**）：在蛋白质合成起始阶段特异性作用于核糖体小亚基的蛋白质。

Insertion sequence（插入序列，**IS**）：仅携带其转座所需基因的小型细菌转座子。

Insertions（插入）：**DNA** 中碱基对的增加。

Integral membrane protein（嵌膜蛋白质）：通过非共价键插入膜中的蛋白质，它通过 **25** 个不带电的或者疏水性氨基酸与膜保持联系。

Integration（整合）：病毒或者其他 **DNA** 序列插入到宿主基因组中，并且与宿主 **DNA** 序列两端共价结合。

Interallelic complementation（等位基因间互补）：指异源多具体蛋白质由两个不同突变等位基因编码的亚单位间作用引起的性质改变。混合型蛋白质可能比一种类型亚单位构成的蛋白质活性强或者弱。

Interbands（间带）：多线染色体中位于带之间相对较分散的区域。

Intercistronic region（顺反子间区）：一个基因终止密码和另一个基因起始密码间的距离。

Intermediate component（中间组分）：复性反应中处于快成分（卫星 **DNA**）和慢成分（非重复 **DNA**）之间的组分，由中度重复 **DNA** 组成。

Interphase（间期）：减数细胞分裂间的时期，分为 G_1、**S** 和 G_2 期。

Intervening sequence（间插序列）：即内含子。

Intron（内含子）：一段 **DNA** 片段，它转录但通过将其两端的序列（外显子）剪接在一起而被移出转录本。

Inversion（倒位）：是染色体的一种改变，一个片段相对两端区域旋转了 **180°**，然后又重新插入。

Inverted repeats（反向重复）：同一个序列的两个拷贝在一个分子中以相反的方向重复，相邻重复组成回文序列。

Inverted terminal repeats（末端反向重复）：在一些转座子末端以相反方向出现的、小的相关或同样序列。

IS：是插入序列的缩写，只携带其转座必须遗传功能的小型细菌转座子。

Isoaccepting tRNAs（同工 **tRNA**）：携带相同的氨基酸的 **tRNA**。

Isotype（同型）：一组密切相关的免疫球蛋白链。

K

Karyotye（核型）：一个细胞或种属中整个染色体物质。

Kilobase，kb（千碱基）：1 000 个 DNA 碱基对或 1 000 个 RNA 碱基的缩写。

Kinase（激酶）：磷酸化（加上一个磷酸基团）底物的酶，蛋白质激酶的底物是其他蛋白质的氨基酸，分为酪氨酸特异性及丝氨酸/苏氨酸特异性激酶两类。

Kinetic complexity（动力学复杂度）：DNA 复性动力学检测的 DNA 成分的复杂度。

Kinetochore（动粒纤维）：染色体的结构特点，减数分裂纺锤体的微管通过它与染色体相连。

L

Lagging strand of DNA（DNA 后随链）：总体上沿着 3′→5′方向延伸，但以小片段形式(5′→3′）不连续合成，最后共价连接起来。

Lampbrush chromosomes（灯刷染色体）：在两栖卵母细胞内发现的减数分裂大染色体。

Lariat（套索）：RNA 剪接过程中的中间结构，其中有由 5′→2′键形成的带尾巴的环形结构。

Late period of phage development（噬菌体发育晚期）：噬菌体 DNA 复制后的部分感染期。

Late-replication materials（延迟复制物）：在 S 期前不复制，通常由异染色体组成。

Leader（前导区）：在 mRNA 5′端起始密码子之前的非翻译区。

Leader sequence of a protein（蛋白质前导序列）：短的 N 端序列，负责进出膜。

Leading strand（前导链）：以 5′→3′方向连续合成的 DNA 链。

Leaky mutations（渗漏突变）：允许残留水平的基因表达。

Left splicing junction（左剪接点）：一个外显子右末端和内含子左末端的分界点。

Lethal locus（致死座位）：可以获得致死突变（通常是该基因被删除）的任何基因。

Library（文库）：代表整个基因组的一系列克隆片段集合。

Ligation（连接反应）：在双螺旋 DNA 单链上，连接缺口处两个相邻碱基形成磷酸二脂键（也可用于连接 RNA 平末端连接）。

LINES：哺乳动物基因组中长散布序列，由 RNA 聚合酶Ⅱ转录本反转座产生。

Linkage（连锁）：指由于位于同一染色体上的基因具有一起遗传的倾向，用位点间的重组率来表征。

Linkage disequilibrium（连锁不平衡）：指某些遗传标记的重组发生在物种中的频率高于或低于从其距离位点推测的值。表明一组标记是协同遗传的，可能是由于某个区域的退化重组或始创效应，当一个标记引入时无足够时间达到平衡。

Linkage group（连锁群）：包括通过连锁关系联系起来的（直接或者间接的）所有位点，等同于染色体。

Linker DNA（连接 DNA）：核小体中除 146 bp 核心 DNA 外的所有 DNA。

Linker fragment（连接片段）：指包含几个限制性酶靶位点的合成双链寡核苷酸。在重组 DNA 的重建中可加在准备用其他酶切割的 DNA 片段末端。

Linker scanner mutations（接头分区突变）：体外在限制性片段加上位点，使两个 DNA 分子发生重组产生，结果在重组的位点加上连接序列。

Linking number（连环数）：闭合 DNA 双螺旋一条链绕过另一条链的次数。

Linking number paradox（连接数矛盾）：指核小体 DNA 中-2 超螺旋的存在和当组蛋白质移开时测量的-1 超螺旋间不一致。

Lipids（脂质）：具有极性头，包括磷酸盐（磷脂）、固醇（如胆固醇）或糖类（糖脂）与由脂肪酸组成的疏水性尾结合。

Lipid bilayer（脂质双分子层）：脂质聚集形成的形式，疏水性的脂肪酸在外边而极性头朝向中间。

Liquid (solution) hybridization（液相杂交）：在溶液中进行互补核酸链的反应。

Locus（基因座）：染色体上某个具有特殊作用的基因所处的位置。它可能被等位基因中一个所占据。

LOD score（LOD 分数）：遗传连锁的一种计算，定义为连锁基因的可能性数据与非连锁基因的可能性数据之比率的 Log10。通常认定基因连锁时 LOD 值应为 3.0，即1 000:1 的比率（必须同任何两各位点不连锁的可能性 50:1 相比较）。

Long-period interspersion（长周期散布）：一种基因组类型，其上一长段重复序列与非重复 DNA 交替出现。

Loop（环）：RNA（或者单链 DNA）发夹结构末端的单链区域，与双链 DNA 中反向重复之间的区域一致。

LTR：是长末端重复的缩写，在逆转录病毒 DNA 两端的正向重复序列。

Lumen（腔）：由膜围绕的器官，通常指内质网或者线粒体的内部。

Luxury genes（奢侈基因）：在特别细胞类型中大量（通常）表达并编码特殊功能产物的基因。

Lysogen（溶原）：指在噬菌体感染后期，当它们冲破细胞来释放感染噬菌体子代时细胞死亡。也可用于真核细胞，例如，感染细胞被免疫系统攻击时。

Lysogenic immunity（溶原免疫）：前噬菌体阻止另一相同噬菌基因组在细胞中存活的能力。

Lysogenic repressor（溶原阻遏蛋白）：阻止原噬菌体再次进入溶原循环的蛋白质。

Lysogeny（溶原性）：指噬菌体能够以稳定的细菌基因组原噬菌体形式在细菌中存活的能力。

Lysosomes（溶酶体）：由膜包围的小体，在真核细胞中包括水解酶。

Lytic infection（裂解性感染）：细菌感染后，将以细胞破坏和子代噬菌体的释放结束。

M

Main band of genomic DNA（基因组 DNA 主带）：密度离心中由一个宽峰度组成，不包括可见的卫星 DNA 组成的分离条带。

Major histocompatibility（主要组织相容性）：包含一个巨大基因簇的大染色体区域，这些基因编码移植抗体和其他在淋巴细胞表面发现的蛋白质。

Map distance（图距）：用 cM（厘米摩尔根）=重组百分率（有时有调整）来测量。

MAR（基质附着位点，有时也称为 SAR 即支架附着位点）：附着到核基质的 DNA 区域。

Marker（DNA 标记）：已知大小的 DNA 片段，用来计算琼脂糖凝胶电泳条带。

Marker (genetic)（遗传标记）：在试验中任何感兴趣的等位基因。

Maternal inheritance（母性遗传）：指只有一个亲本提供的遗传标记在子代更容易存活。

Mb（兆碱基）：10^6 bp DNA 的缩写。

Meiosis（减数分裂）：由两次连续的分裂（减数分裂Ⅰ期，减数分裂Ⅱ期），使最初的 4 n 染色体减少为 4 个 1 n 染色体的产物细胞。产物可能是成熟或生殖细胞（精子或者卵）。

Melting of DNA（DNA 溶解）：即变性。

Melting temperature（解链温度 Tm）：DNA 变性过程中温度范围的中值。

Membranes（膜）：由不对称的磷脂双分子层组成，具有侧向流动性并有蛋白质。

Membrane proteins（膜蛋白）：有疏水性区域使蛋白质部分或全部结构能够位于膜上，通产非共价连接。

Metastasis（转移）：指肿瘤细胞从它开始所在的位点向身体其他部位迁移并产生新群落。

Micrococcal nuclease（微球菌核酸酶）：切割 DNA 的内切核酸酶，在染色质核小体之间的 DNA 更容易被切开。

Microsomes（微粒体）：与核糖体结合的碎片状内质网。

Microtubules（微管）：由微管蛋白质二聚体组成的纤维。中期的微管被重新组织成有丝分裂中的纺锤体纤维，负责染色体的移动。

Microtubule associated proteins（微管相关蛋白，MAPs）：与微管相关的蛋白质，影响微管稳定性和组织形式。

Microtubule organizing center（微管组织中心，MTOC）：延伸出微管的结构，有丝分裂细胞中最主要的

MTOC 是中心粒。

Minicell（微小细胞）：大肠杆菌中一种无核细胞，通过无核分裂的细胞质分裂而形成。

Minichromosome（SV40 或多瘤病毒微型染色体）：多瘤病毒环形 DNA 的核小体形式。

Mitosis（有丝分裂）：真核肌体细胞分裂的方式。

Modification of DNA or RNA（DNA 或 RNA 修饰）：在最初合成聚核苷酸链之后核苷酸上所做的任何改变。

Modified bases（修饰碱基）：除通常在 DNA（T、C、G、A）和 RNA（U、C、G、A）4 种碱基以外的碱基，通常是在核酸合成后发生改变。

Molecular chaperone（分子伴侣）：协助一些蛋白质装配或者恰当折叠所需的蛋白质，但这种蛋白质并不是靶复合物的成分。

Monocistronic mRNA（单顺反子 mRNA）：编码一个蛋白质的 mRNA。

Monolayer（单细胞层）：指真核细胞在培养基上生长，只能形成一个细胞深度的一层。

Morphogen（形态发生因子）：诱导特别细胞型以依赖其浓度形式发育的因子。

MPF（促成熟因子）：是二聚体激酶，包括 p34 催化亚基和周期蛋白调控亚基，其激活能引发有丝分裂进行。

MtDNA：线粒体 DNA。

MTOC：见微管组织中心。

Multicopy plasmids（多拷贝质粒）：以大于一个拷贝出现在细菌中的质粒。

Multiforked chromosome（多叉染色体）：在细菌中，有一个以上复制叉，因为在第一个复制循环结束之前第二个就已开始。

Multimeric protein（多亚基蛋白质）：由一个以上亚基组成的蛋白质。

Mutagens（诱变剂）：通过诱导 DNA 上的突变增加突变率的物质。

Mutation（突变）：指基因组 DNA 序列上的任何改变。

Mutation frequency（突变频率）：在种群中某个突变被发现的频率。

Mutation rate（突变率）：某个突变发生的速率，通常用每个基因每代出现的次数表示。

Myeloma（骨髓瘤细胞）：起源于淋巴细胞的一个肿瘤细胞株，通常产生一种免疫球蛋白质。

N

Negative complementation（负互补）：当等位基因间互补允许多亚基蛋白质中突变亚基抑制野生型亚基的活性时发生。

Negative regulators（负调控物）：通过关闭转录或者翻译来行使功能。

Negative supercoiling（负超螺旋）：双链 DNA 在空间以双螺旋链旋转方向相反的方向形成的扭曲。

Neutral substitution（中性置换）：蛋白质中不改变活性氨基酸的变化。

Nick（切口）：指双链 DNA 中一条链上两个相邻核苷酸间缺少磷酸二脂键。

Nick translation（切口平移）：指大肠杆菌中 DNA 聚合酶 I 能够将切口作为一个起点，将双链 DNA 中的一条链分解并用新物质重新合成新链代之。可用来在体外向 DNA 内引入放射性标记核苷酸。

Noautonomous controlling elements（非自主成分）：有缺陷的转座子，只有在同类型自主成分帮助下才能转座。

Nondisjunction（不分离）：指染色单体（双染色体）在减数分裂或有丝分裂中不能向两极移动。

Nonpermissive conditions（非许可条件）：不允许条件致死突变存活。

Nonrepetitive DNA（非重复 DNA）：表现出与单个序列一样的复性动力学特征的 DNA。

Nonreplicative transposition（非复制型转座）：指转座子将供体部位序列直接移到新的位点（通常产生一个双链断口）。

Nonsense codon（无义密码子）：UAG、UAA、UGA 中的任何一个，引起蛋白质合成终止（UAG 被称为琥珀密码子，UAA 被称为赭石密码子）。

Nonsense mutation（无义突变）：指 **DNA** 上任何代表氨基酸的密码子变为终止密码的突变。

Nonsense suppresser（无义抑制）：编码能识别一个或多个终止密码子的突变 **tRNA** 基因。

Nontranscribed spacer（非转录间区）：基因组中前后转录单位之间的区域。

Northern blotting（**Northern** 杂交）：将琼脂糖凝胶上的 **RNA** 转移到硝酸纤维膜上从而能够与互补 **DNA** 杂交的技术。

Nuclear envelope（核膜）：围绕核的一层双膜结构，其上有核孔。内膜在内部与核层粘连蛋白结合。外膜在细胞质中延伸到内质网的骨架。

Nuclear lamina（核纤层）：在核膜内由 **3** 种以上核粘连蛋白质构成的蛋白质层。

Nuclear matrix（核基质）：围绕和穿透核的骨架。

Nuclear pores（核孔）：在核膜上延伸的大孔状结构，可运输大分子进出核。

Nucleoid（类核）：细菌中包含基因组的紧凑结构。

Nucleolar organizer（核仁组织区）：携带编码 **rRNA** 基因的染色体区域。

Nucleolus（核仁）：由于 **rRNA** 基因的转录而形成的核内紧凑区域。

Nucleolytic reaction（溶核反应）：涉及到核酸中磷酸二脂键的水解。

Nucleosome（核小体）：染色质的基本结构亚单位，由 **200 bp DNA** 和组蛋白质八聚体组成。

Null mutation（空白突变）：能够完全消除基因功能，通常是由于基因的物理删除导致。

O

Ochre codon（赭石密码子）：**UAA**，是引起蛋白质合成终止的 **3** 个密码子之一。

Ochre mutation（赭石突变）：任何产生 **UAA** 的 **DNA** 突变。

Ochre suppressor（赭石型抑制子）：编码能识别 **UAA** 密码子从而使蛋白质合成继续的突变 **tRNA** 基因。该突变子也能抑制琥珀突变。

Okazaki fragment（岗崎片段）：在非连续复制中产生的 **1 000 ~ 2 000 bp** 短片段，随后被连接成完整的共价链。

Oncogenes（癌基因）：其基因产物具有转化真核细胞的能力，使之与肿瘤细胞相同的方式生长。逆转录病毒携带的癌基因通常 ***v-onc*** 表示。

Open reading frame（**ORF**，开放读码框）：不含终止密码子、由编码氨基酸的三联体组成的连续 **DNA** 序列，能翻译成蛋白质。

Operator（操纵基因）：**DNA** 上的一个位点，阻遏蛋白能与之结合抑制相邻启动子从而抑制转录。

Operon（操纵子）：细菌基因表达和调控的单位，包括结构基因和能被调控基因产物识别的 **DNA** 控制元件。

Organelles（细胞器）：细胞质中的结构单元，被膜所包围。

Origin（原点，**Ori**）：复制起始处的 **DNA** 序列。

Orphans（孤独基因）：在独立位点上发现的单个基因，但它与一个基因簇相关。

Overwinding of DNA（**DNA** 过旋）：沿双链中两条链的缠绕方向使之更紧的正超螺旋。

P

Packing ratio（包装比）：指 **DNA** 长度与其包含纤维单位长度的比值。

Pairing of chromosomes（染色体配对）：见联会染色体。

Palindrome（回文序列）：**DNA** 序列中一条链从左到右阅读和另一条链从右到左读是一样的序列，由相邻的反向重复组成。

Papovaviruses（乳头多瘤病毒）：是一类基因组较小的动物病毒，包括 **SV40** 和多瘤病毒。

Paranemic joint（平行汇接）：指两个 **DNA** 互补序列肩并肩连接在一起而不是以双螺旋结构缠绕在一起的区域。

pBR322：一个标准的质粒克隆载体。

PCR（聚合酶链式反应）：指通过变性与引物退火，在 **DNA** 聚合酶作用下使 **DNA** 延伸的循环技术，能将目标 **DNA** 序列数量扩增到 **106** 倍以上。

Perinuclear space（核周隙）：内核膜和外核膜之间的区域。

Periodicity of DNA（**DNA** 的周期率）：每个双螺旋转弯中所包含的碱基对数。

Permissive condition（许可条件）：允许条件致死突变存活的条件。

Peptite strains of yeast（酵母小菌落株）：缺少线粒体功能的酵母突变株。

Phage /bacteriophage（噬菌体/细菌噬菌体）：一种细菌病毒。

Phase variation（相转变）：指细菌鞭毛类型的改变。

Phenotype（表型）：一个生物的表现或其他特点，是遗传和环境相互作用的最终表现。

Phosphatase（磷酸酶）：一种从底物上移开磷酸基团的酶。

Plasma membrane（质膜）：限定每个细胞界限的连续膜体。

Plasmid（质粒）：染色体外自主复制的环形 **DNA**。

Playback experiment（再现试验）：重新获得与 **RNA** 杂交的 **DNA**，从而通过快速复性反应检查其是非重复序列。

Plectonemic winding（相缠螺旋）：指典型的双螺旋 **DNA** 中两条链的相互缠绕。

Pleiotropic gene（多效基因）：影响表型上不止一个特点（是不相关的）的基因。

Ploidy（倍数）：指一个细胞中出现的染色体拷贝数，单倍体只有一个拷贝，二倍体有两个拷贝，等等。

Point mutation（点突变）：**DNA** 上单个碱基对的改变。

Polarity（极性）：指一个基因突变影响同一转录单位下游基因的表达（转录或者翻译）的效果。

Polyadenylation（多聚腺苷酸化）：真核 **RNA** 转录时，向其 **3′**端加入一系列聚腺苷酸的过程。

Polycistronic mRNA（多顺反子 **mRNA**）：包括不止一个基因编码区域的 **mRNA**。

Polymorphism（多态性）：指基因组群中同时发生的等位基因不同（不同表型的等位基因或限制性模式的 **DNA** 变化）。

Polyploid（多倍体）：有两套以上单倍体基因组。

Polyrotein（多聚蛋白质）：能剪切成几个独立蛋白质的基因产物。

Polysome/polyribosome（多聚核糖体）：是一条 **mRNA** 上结合多个参加翻译的核糖体。

Polytene chromosomes（多线染色体）：由一条染色体多次复制但不分离产生。

Position effect（位置效应）：指转移到基因组上新位置而引起基因表达的改变，如活性基因置于异染色质附近会失活。

Position effect variegation（位置效应斑驳）：指一个基因在某些细胞中失活而在其他细胞中有活性，是异染色质非活性区域延伸的结果。

Positive regulator protein（正调控蛋白）：一个转录单位激活所必须的蛋白质。

Positive supercoiling（正超螺旋）：双链以两条链缠绕的方向形成的超螺旋。

Postmeiotic segregation（减数分裂后分离）：当复制后允许两条链分开时，含有不同信息的异源双链 **DNA** 两条链分离现象。

Primary cells（原始细胞）：直接从动物中取出放入培养基中的真核细胞。

Primary transcript（初级转录本）：与一个转录单位相对应的未修饰 **RNA** 产物。

Primer（引物）：与一条 **DNA** 链配对的短序列（通常是 **RNA**），提供自由 **3′**末端 **OH**，使 **DNA** 聚合酶开始合成 **DNA** 链。

Primosome（引发体）：指在非连续 **DNA** 复制中，每个岗崎片段合成引发反应中涉及的蛋白质复合体。引发体能沿着 **DNA** 移动，参与连续的引发反应。

Prion（阮病毒）：一种蛋白质感染颗粒，尽管它不含有核酸但是可遗传的。例如，羊骚痒病和牛海绵状脑病因

子 **PrPsc** 和在酵母中保持遗传状态的 **Psi**。

Procentriole（原中心粒）：未成熟的中心粒，在成熟中心粒附近形成。

Processed pseudogene（已加工假基因）：缺少内含子的非活性基因拷贝，与活性基因的割裂结构相反。可能起源于 **mRNA** 逆转录物和双拷贝插入基因组。

Processive enzyme（进行性酶）：连续作用于特殊底物的酶，在重复的催化过程中不分离。

Prokaryotic（原核生物）：无核低等生物，尤指细菌。

Promoter（启动子）：结合 **RNA** 聚合酶并起始转录的 **DNA** 区域。

-10 sequence（**-10** 区）：位于细菌基因起始位点上游 **10 bp** 的一段保守序列 **TATAATG**。在 **RNA** 聚合酶诱导 **DNA** 溶解起始时起作用。

-35 sequence（**-35** 区）：细菌基因起始位点上游 **35 bp** 处的保守序列，在 **RNA** 聚合酶起始识别中作用。

Proofreading（校正）：指蛋白质或核酸合成中的纠错机制。涉及对加入链中的单个单体检查。

Prophage（原噬菌体）：噬菌体基因组共价整合成为细菌基因组线性部分。

Proteolytic（蛋白质水解）：包括蛋白质中肽键的水解。

Proto-oncogene（原癌基因）：真核基因组中与逆转录病毒携带的癌基因对应基因，常用 ***c*-onc** 表示。

Provirus（原病毒）：真核染色体中与 **RNA** 逆转录病毒基因组对应的双链 **DNA** 序列。

Pseudogenes（假基因）：由原始活性基因突变引起的基因组中稳定但不活泼的成分。

Puff（胀泡）：指多线染色体某些条带位点 **RNA** 合成相关的条带扩展。

Pulse-chase experiments（脉冲追踪试验）：将细胞与放射性标记的合成底物（属于某些途径或大分子）一起培养，则标记结果将在下一步与非标记底物共培养中延续。

Q

Quaternary structure of protein（蛋白质四级结构）：指蛋白质的多亚基组成。

Quick-stop DNA mutant（快停突变体）：当温度升高到 **42℃**时大肠杆菌 **DNA** 迅速停止复制的突变类型。

R

R loop（**R** 环）：当 **RNA** 与 **DNA** 双链中互补链杂交时，使原来的 **DNA** 链以环的形式延伸出杂交区域而形成的结构。

Rapid lysis mutants（裂解突变体）：**T**-噬菌体侵染后使大肠杆菌表现出裂解形式的突变。

Reading fram（读码框架）：将一条核苷酸链以 3 种三连体形式读出的形式之一。

Reassociation of DNA（**DNA** 复性）：指互补单链间配对形成双螺旋。

RecA：是大肠杆菌中 **recA** 基因座的产物，具有双重功能，能激活蛋白酶并能改变单链 **DNA** 分子。蛋白酶一激活活性控制 **SOS** 反应；核酸酶活性涉及重组修复途径。

Receptor（受体）：是一种位于脂膜上的跨膜蛋白质，在胞外区域与配体结合，从而引发胞内结构域活性改变（有时也用于固醇类受体，它们是被胆固醇或其他小分子配体结合激活的转录因子）。

Recessive alleles（隐性等位基因）：在杂合体表型上被显性等位基因所覆盖。通常是隐性基因产物的缺失或失活所致。

Recessive lethal（隐性致死）：当细胞具有一个等位基因纯合体时是致死的。

Reciprocal recombination（互惠重组）：按照等位基因父本和母本的来源反向安排所产生的新基因型。

Reciprocal translocation（相互易位）：一个染色体部分和另一个染色体部分交换。

Recombinants（重组体）：子代与父母有不同的基因型。

Recombinant joint（重组接点）：两个重组双链 **DNA** 分子连接的位点（异源双链区的边缘）。

Recombination nodules（重组节）：联会复合体上出现的稠密物质，涉及染色体交换。

Recombination-repair（重组修复）：通过从另一双链中获得同源单链来修补双链 DNA 一条链上缺口的模式。

Regulatory gene（调控基因）：编码一个 RNA 或蛋白质产物，其作用是控制其他基因表达。

Relaxed mutants（松弛突变体）：使大肠杆菌对氨基酸（或其他营养来源）不严格反应突变。

Relaxed replication control（松弛型复制控制）：有些质粒在细菌停止分裂后继续复制的能力。

Release（termination）factors（释放因子）：识别终止密码子引起完整的多肽链和核糖体从 mRNA 上释放的蛋白质。

Renaturation（复性）：指 DNA 双螺旋的两条互补单链重新结合。

Repeating unit（串联重复单位）：是重复序列的长度，在限制性图谱上呈环状。

Repetition frequency（重复频率）：在二倍体基因组中特定序列出现的次数，非重复 DNA 为 1，重复 DNA >2。

Repetitive DNA（重复 DNA）：在复性反应中有很多（相同或相近的）序列在组分中出现，使任何一对互补序列复性。

Replacement sites（置换位点）：指基因中突变改变其编码氨基酸的位置。

Replication-defective virus（复制缺陷病毒）：缺少一个或者多个侵染循环必需基因的病毒。

Replication eye（复制眼）：在一个长的未复制区域内 DNA 已经被复制的区域。

Replication fork（复制叉）：双螺旋 DNA 两条亲本链分开使复制进行的部位。

Replicative transposition（复制性转座）：指复制型转座子的移动，其机制是首先它被复制，然后其一个拷贝转移到新位点。

Replicon（复制子）：基因组中 DNA 复制的单位，包括复制原点。

Replisome（复制复合体）：在细菌复制叉上形成的多蛋白质结构，它能完成复制。包括 DNA 聚合酶和其他酶。

Reporter gene（报告基因）：产物（如氯霉素乙酰转移酶）很容易被检测的编码单位，将其与感兴趣的启动子连接，通过该基因表达可检测启动子功能。

Repression（阻遏）：当其产物存在时，阻止某种酶合成的能力。泛指通过阻遏蛋白与 DNA（或 RNA）特定位点结合阻止转录（或翻译）。

Repressor protein（阻遏蛋白）：与 DNA 或 RNA 结合来阻止转录或者翻译的蛋白质。

Resolvase（解离酶）：将共整合体拆分成两个转座子的位点特异性重组所涉及的酶。

Restriction Enzyme（限制性酶）：特异性识别短的 DNA 序列并且切割双链（在靶位点或别处，因类型而异）。

Restriction fragment length polymorphism（限制性片段长度多态性，RFLP）：指限制性酶位点上的遗传差异（例如，靶位点上的碱基改变产生），这些差别引起相关限制性酶切割产生不同长度片段。RELPs 可用于遗传作图，将基因组与常见的遗传标记联系起来。

Restriction map（限制性图谱）：DNA 上能够被很多不同限制性酶切割的位点排列。

Retrograde transport（逆向运输）：指蛋白质在网状内皮系统中以相反方向移动，通常在高尔基体向内质网转运。

Retroposon（反转座子）：以 RNA 形式移动的转座子，DNA 元件转录成 RNA，再逆转录为 DNA，然后插入基因组中某一新位点。

Retrovirus（逆转录病毒）：是一种 RNA 病毒，通过向双链 DNA 的转变而繁殖。

Reverse transcription（逆转录）：以 RNA 为模板合成 DNA，由逆转录酶催化。

Reversion translation（反向翻译）：从已知的蛋白质序列推测出其核酸序列，从而用以小段寡核苷酸链与基因或 mRNA 杂交分离基因的技术。

Reversion mutation（反向突变）：指能逆转（真逆转）或补偿原来突变（同一基因上的第二个突变）DNA 突变。

Revertant（回复突变体）：能逆转一个细胞或机体表型的突变。

RFLPs：见限制性酶切片段长度多态性。

Rho-factor（r 因子）：协助大肠杆菌 RNA 聚合酶在特殊位点（r-依赖型）终止转录的蛋白质。

Rho-independent terminators（不依赖 r 因子的终止子）：DNA 上能够引起大肠杆菌聚合酶在没有 r 因子的情况下外终止转录的序列。

Rifamycins（利福平）：阻止细菌转录的一种抗生素。

Right splicing junction（右剪接点）：内含子右末端和相邻外显子左末端的边界。

RNAase：底物为 RNA 的酶。

RNA-driven hybridization（RNA-驱动杂交）：以过量 RNA 与单链 DNA 样本中互补序列反应。

RNA polymerase（RNA 聚合酶）：使用 DNA 作为模板合成 RNA 的酶（正式应为 DNA-依赖性 RNA 聚合酶）。

RNA replicase（RNA 复制酶）：使用 RNA 为模板合成 RNA 的酶（在 RNA 病毒的复制中使用）。

Rolling circle（滚环）：一种复制模式，复制叉沿环形模板复制一定次数，每个反应中新合成的链将前一反应中合成的链抛出，形成与环状模板链互补的一系列线性序列。

Rot：RNA 驱动杂交反应中 RNA 浓度和反应时间的乘积。

Rough ER（粗糙内质网）：由结合核糖体的内质网组成。

S

S phase（S 期）：真核细胞循环中 DNA 合成的时期。

S Ⅰ nuclease（S Ⅰ 核酸酶）：特异性分解未配对（单链）DNA 的酶。

Saltatory replication（跳跃复制）：产生某些序列大量拷贝的偶然单向扩增。

Satellite DNA（卫星 DNA）：由一个短基本重复单位构成的许多连续重复（相同或者相似的）组成。

Saturation density（饱和密度）：分裂在因细胞—细胞接触而被抑制之前，培养细胞在体外生长的密度。

Saturation hybridization（饱和杂交试验）：一个成分过量，使另一成分中所有互补序列形成双链结构。

Scaffold（染色体支架）：当染色体失去组蛋白质的时，形成一个以姊妹染色体对形式存在的蛋白质结构。

Scarce（complex）mRNA（稀少 mRNA）：由大量的不同 mRNA 成分组成，每一个在细胞中只有很少的拷贝。

scRNA：出现在胞质和核中的小胞质 RNA 分子。

scRNPs：scRNAs 与蛋白质结合形成的小核糖体蛋白颗粒。

Segmentation genes（体节基因）：控制昆虫体节数量或极性的基因。

Selection（选择）：指使用特殊条件从而只能使带有特殊表型的细胞存活。

Semiconservative replication（半保留复制）：通过亲本 DNA 双螺旋两链分开，每一链作为模板合成新的互补链的复制方式。

Semidiscontinuous replication（半不连续复制）：一条新链连续合成而另一条链不连续合成的模式。

Septum（隔膜）：在细胞中部形成的物质，在分裂周期末能将细胞分成两个子细胞。

Serum dependence（血清依赖性）：指真核细胞需要血清中的某些因子才能在培养基上生活。

Sex chromosome（性染色体）：在两个性别中内容不同的染色体，通常标记为 X 或 Y（或 W 和 Z），一个性别是 XX（或 WW），另一个性别是 XY（或 WZ）。

Sex linkage（性连锁）：一种遗传方式，在性染色体（通常是 X）上所携带基因的表现。

Sex plasmid（性质粒）：实际上是一个附加体，能够起始接合过程，在此过程中染色体物质从一个细菌细胞转移到另一个细菌细胞。

Shine-Dalgarno sequence（SD 序列）：部分或所有细菌 mRNA 上 AUG 起始密码之前的 AGGAGG 序列，与 16S RNA 上 3′末端序列互补，在核糖体与 mRNA 结合中起作用。

Short-period interspersion（短散布序列）：基因组的一种形式，其中，300 bp 的中等重复序列与1 000bp 左右的非重复序列交替出现。

Shotgun experiment（鸟枪法试验）：以随机产生的片段形式克隆整个基因组。

Shuttle vector（穿梭载体）：构建的具有两种宿主（例如，大肠杆菌和酿酒酵母）复制原点的质粒。可用来在真核生物和原核生物中携带外源片段。

Sigma factor（s 因子）：起始必须的 **RNA** 聚合酶的一个亚基，主要影响 **RNA** 聚合酶结合位点（启动子）的选择。

Signal hypothesis（信号假说）：指分泌蛋白质 **N**-端序列新生肽链连接到膜上的作用，即 **mRNA** 和核糖体通过正在合成的蛋白质 **N**-端衔接到膜上。

Signal sequence（信号序列）：蛋白质上负责共转移进入内质网膜的区域（通常是 **N**-端）。

Signal transduction（信号传导）：指受体和配体在细胞表面作用并传递引发细胞内途径信号的过程。

Silent mutations（沉默突变）：不改变基因产物的突变。

Silent sites（沉默位点）：指突变不影响基因产物的位点。

Simple-sequence DNA（简单序列 **DNA**）：等同于卫星 **DNA**。

SINES：短散布序列，是一类反转座子，以短的散布重复在哺乳动物基因组中出现，来自 **RNA** 聚合酶Ⅲ介导的转录。

Single-copy plasmid（单拷贝质粒）：在细菌中以每个宿主染色体一个质粒的比率存在。

Single-strand assimilation（单链同化）：指 **RecA** 蛋白质引起 **DNA** 单链替换双螺旋中其同源链的能力，即能使单链同化进双链。

Single-strand exchange（单链交换）：双螺旋 **DNA** 一条链离开其原来的配对链，而与另一分子中的互补链配对从而替换第二个分子中同源链的反应。

Single X hypothesis（单 **X** 假说）：指雌性哺乳动物中一个 **X** 染色体失活现象。

Sister chromatids（姊妹染色单体）：由复制产生的一个染色体的拷贝。

Site-specifix recombination（位点特异性重组）：发生在两个特异序列（不一定同源）之间，如噬菌体整合/切除或转座中共整合结构的拆分。

Slow component（慢成分）：复性反应中最后复性的成分，通常由非重复 **DNA** 组成。

Slow-stop DNA mutant（慢停突变）：大肠杆菌中，在 **42℃**下能够完成当前复制但不能起始第二轮复制的突变。

Smooth ER（光滑内质网）：由不与核糖体结合的内质网组成。

snRNA（核小 **RNA**）：指任何一个限制在核内的小分子 **RNA**，一些 **snRNA** 在涉及剪接过程，另一些涉及 **RNA** 合成反应。

snRNPs：核小核糖体蛋白质（**snRNA** 与蛋白质结合）颗粒。

Solution hybridization（液相杂交）：见液态杂交。

Somatic cells（体细胞）：生物体内除生殖细胞以外的所有细胞。

Somatic mutation（体细胞突变）：发生在体细胞内的突变，只影响其子代细胞，不遗传后代。

SOS box（**SOS** 框）：能被 **LexA** 抑制蛋白质所识别约 **20 bp DNA** 序列（启动子）。

SOS response（**SOS** 反应）：指大肠杆菌对放射性或其他 **DNA** 损伤反应而诱导许多酶，包括激活修复活性。其原因是 **RecA** 激活蛋白酶活性，从而切割 **LexA** 抑制因子。

Southern blotting（**Southern** 杂交）：指将变性 **DNA** 从琼脂糖凝胶转移到硝酸纤维膜从而与互补核酸杂交的过程。

Spheroplast（原生质球）：指细胞壁被大部分或者全部除掉的细菌或者酵母细胞。

Spindle（纺锤体）：指真核细胞在分裂中重新组织的结构，核膜崩裂，染色体通过微管衔接到纺锤体上。

Splice site（剪接位点）：外显子—内含子交界处周围的序列。

Splicing（剪接）：指内含子切除和外显子连接，因此内含子被剔除，而外显子剪接到一起。

Spontaneous mutation（自发突变）：无任何诱变剂加入时发生的突变。

Sporulation（孢子形成）：细菌（由形态转变）或者酵母（作为减数分裂的产物）中产生孢子。

SSB：单链结合蛋白，大肠杆菌中一种与单链 **DNA** 结合的蛋白质。

Staggered cuts（交错切口）：当 **DNA** 两条链在不同的相邻位点切割时产生交错切口。

Start point（起始点）：指 **DNA** 上转录成 **RNA** 第一个碱基所在的位置。

Stem（中轴）：发夹结构中的碱基配对层。

Sticky ends（黏端）：指双链 **DNA** 相反突出端或不同 **DNA** 双链分子末端的互补单链，可由双螺旋 **DNA** 上的交错切口产生。

Stop codons（终止密码子）：**3** 个终止蛋白质合成的核苷酸三链体（**UAA**、**UAG**、**UGA**）。

Strand displacement（链置换）：一些病毒复制的模型，其中合成一条新链代替双螺旋 **DNA** 中的互补链。

Streptolydigins（利迪链霉素）：阻遏细菌聚合酶转录的延伸的一种抗生素。

Stringent replication（严谨型复制）：指限制单拷贝质粒在细菌染色体之外多次复制。

Stringent response（应急反应）：指细菌在恶劣生长环境中关闭 **tRNA** 和核糖体形成的能力。

Structural gene（结构基因）：编码非调控 **RNA** 或蛋白质的基因。

Supercoiling（超螺旋）：指闭合环状双链 **DNA** 在空间中螺旋，并绕过自身中轴的结构。

Superrepressed（超阻遏）：与不可诱导的意思相同。

Suppression（抑制）：指降低突变效果而不逆转 **DNA** 本身变化的突变。

Suppressor（**extragenic**）（抑制子）：通常是编码突变 **tRNA** 的基因，此 **tRNA** 能够识别突变的密码子，按原意或可接受的错意替代。

Suppressor（**intragenic**）（抑制因子）：是在移码突变后恢复原来读码框的补偿突变。

SWI/SNF：染色质重建复合体，用 **ATP** 的水解提供能量改变核小体结构。

Synapsis（联会）：指在减数分裂初期同源染色体的两对姊妹染色单体联合，产生二价染色体结构。

Synaptonemal complex（联会复合体）：联会染色体的形态结构。

Syntenic genetic loci（同线基因座）：位于同一个染色体上的基因座。

T

T cells（T 细胞）：**T** 淋巴细胞，可分为几个功能类型，携带 **TCR**（**T** 细胞受体）并且涉及细胞免疫。

Tm：溶解温度的缩写。

Tandem repeats（连续重复）：连续存在的多拷贝相同序列。

TATA box（**TATA** 框）：在真核 **RNA** 聚合酶Ⅱ转录单位起始点前 **25 bp** 处发现的富含 **AT** 的保守区，可能涉及 **RNA** 聚合酶的正确起始定位。

Telomerase（端粒酶）：是核糖体蛋白酶，能通过加入单个碱基在端粒末端产生重复单位。

Telomere（端粒）：是染色体的实际末端，**DNA** 序列包括简单的重复单位以及突出的、可形成发夹结构的单链末端。

Temperature-sensitive mutation（温敏型突变）：产生在低温下正常而在高温下无活性基因的突变（相反突变通常称为冷敏型突变）。

Terminal redundancy（末端冗余）：指噬菌体基因组两端同一个序列的重复。

Termination codon（终止密码子）：**UAG**（琥珀）、**UAA**（赭石）或者 **UGA** 之一，引起蛋白质合成终止，也称为无义密码子。

Terminator（终止子）：转录本后部所代表的 **DNA** 序列，能够引起 **RNA** 聚合酶终止转录。

Tertiary structure of a protein（蛋白质三级结构）：指蛋白质多肽链空间组织形式。

Testcross（测交）：用一个基因型未知的个体与隐性纯合体杂交，其后代的表型与未知基因型亲本携带的染色体直接相关。

Thalassemia（地中海贫血症）：是一种缺少 **a** 或者 **b** 株蛋白质的红细胞疾病。

Thymine dimer（胸腺嘧啶二聚体）：由紫外照射引起 DNA 上相邻胸腺嘧啶化学交联而形成的一种突变。

Topoisomerase（拓扑异构酶）：能够改变 DNA 连环数的酶（I 型一次一个，II 型一次两个）。

Topological isomers（拓扑异构体）：具有不同连接数的相同 DNA 分子。

Tracer（示踪）：指复性反应中带有放射性标记的成分，其量很少，不足以改变反应进程。

Trailer（非转录尾区）：指 mRNA 3′末端位于终止密码子之后的非翻译序列。

Trans **configuration**（反式构型）：指两个基因座在不同 DNA 分子（染色体）上出现。

Transcribed spacer（被转录间隔）：指 rRNA 转录单位的一部分，它被转录但是在成熟过程中被抛弃，即它不产生 rRNA。

Transcription（转录）：以 DNA 模板合成 RNA。

Transcription units（转录单位）：指 RNA 聚合酶起始位点和终止位点间的距离，可能包括不止一个基因。

Transduction（转导）：指噬菌体将细菌基因从一种细菌中转移到另一种细菌中。一个携带自身以及宿主基因的噬菌体称为转导噬菌体。也可指逆转录病毒获得和转移真核基因。

Transfection（转染）：接受加入的 DNA 从而获得新的基因标记。

Transformation（转化）：细菌接纳外源 DNA 而引入新的基因标记。

Transformation of eukaryotic cells（真核细胞的转化）：指真核细胞在培养基中向非限制生长状态的转化。

Transgenic animals（转基因动物）：通过卵注入将新的 DNA 序列引入遗传系产生的动物。

Transit peptide（转运多肽）：通过膜上翻译后通道进入细胞器的蛋白质上切下的短引导序列。

Transition（转换）：是一种突变，嘌呤代替另一种嘌呤，或嘧啶代替另一种嘧啶。

Translation（翻译）：是在 mRNA 模板上进行蛋白质合成。

Translocation of a chromosome（染色体易位）：指部分染色体通过切割分开然后与其他染色体结合的重组。

Translocation of a gene（基因易位）：指在基因组上原拷贝位点以外尾点出现新的拷贝。

Translocation of a protein（蛋白质转运）：指蛋白质跨膜运动。

Translocation of the ribosome（核糖体位移）：是其在往多肽链中加入一个氨基酸后沿着 mRNA 移动一个密码子。

Transmembrane protein（跨膜蛋白质）：是膜的组成成分，其一个或多个疏水区域位于膜上，亲水区域暴露在膜的一边或者两边。

Transplantation antigen（移植抗体）：在所有哺乳动物细胞中，由主要组织相容性位点编码的一种蛋白质，涉及淋巴细胞的作用。

Transposase（转座酶）：催化转座子插入新位点的酶。

Transposition immunity（转座免疫）：指某些转座子阻止其同类型转座子转座到同一个 DNA 分子的能力。

Transposon（转座子）：能将自身插入基因组新位置的 DNA 序列（与靶位点无任何相关序列）。

Transposition（转座）：指转座子移到基因组新的位点（参见非重复转座、复制型转座和保守性转座）。

Transvection（转位）：指仅当两个染色体联会时影响另一个同源染色体上等位基因的能力。

Transversion（颠换）：指一个嘌呤被嘧啶代替或相反的突变。

True-breeding organisms（培育纯合体）：是正在考虑的性状纯合体。

Twisting number（DNA 扭转数）：指碱基对数目与双螺旋每个螺旋的碱基数之比。

U

Underwinding of DNA（欠旋 DNA）：由负超螺旋产生（因双螺旋本身以链缠绕反方向螺旋）。

Unequal crossing-over（不等交换）：指重组位点在两个亲本 DNA 分子上不同位置交换。

Unidirectional replication（单向复制）：指单个复制叉从起始处向特定移动。

Uninducible mutants（不可诱导型突变）：失去被诱导能力的突变。

Unscheduled DNA synthesis（期外 DNA 合成）：真核细胞 S 期以外合成的任何 DNA。

Up promoter mutations（启动子上升突变）：增加转录起始频率的突变。

Upstream（上游）：转录起点之前的序列，例如，细菌启动自在转录单位的上游，起始密码在编码区上游。

URF（准开放读框）：推测能编码蛋白质，但尚未发现其任何产物。

V

V gene（V 基因）：编码免疫球蛋白链中主要可变区（N 端）的序列。

Variable region（可变区）：免疫球蛋白中由 V 基因编码的区域，高度可变，因构建有活性基因时引入不同基因拷贝和改变产生。

Variegation（斑驳）：表型斑驳在机体发育中由基因型的改变产生。

Vector（载体）：见克隆载体。

Vesicle（膜泡）：结合于膜上的小体，由膜出芽产生，通常能和其他膜融合。

Virion（病毒颗粒）：是病毒物理颗粒（与其侵染细胞和复制的能力无关）。

Virulent phage（烈性噬菌体）：不能产生溶原态的噬菌体。

W

Wobble hypothesis（摆动假说）：一个 tRNA 通过与密码子第三个碱基非寻常配对（不是 GC，AT）而识别不止一个密码子。

Writhing number（缠绕数）：双链中轴在空间绕过自身的次数。

Z

Zero time-binding DNA（零时间结合 DNA）：在复性反应开始时进入双螺旋形式，是由于反向重复在分子内配对引起。

Zinc finger protein（锌指蛋白）：具有重复结构的氨基酸模式，相隔特定距离的胱氨酸结合锌指，能与某些 RNA/DNA 结合。

Zoo blot（动物杂交）：指使用 Southern 杂交检验与一个种属的 DNA 与其他很多种属基因组 DNA 杂交的能力。

Zygote（合子）：由两个配子融合产生，即一个受精卵。

（文献来源：《Gene Ⅶ》（中文版），李明刚等译。）